普通高等教育“十一五”国家级规划教材

中国轻工业“十三五”规划教材

食品工厂设计

（第二版）

主编　何东平

中国轻工业出版社

图书在版编目（CIP）数据

食品工厂设计 / 何东平主编. — 2 版. — 北京 ：
中国轻工业出版社，2023.6
ISBN 978-7-5184-3296-7

Ⅰ. ①食… Ⅱ. ①何… Ⅲ. ①食品厂—设计 Ⅳ.
①TS208

中国版本图书馆 CIP 数据核字（2020）第 242798 号

责任编辑：张 靓
文字编辑：王宝瑶　　责任终审：白 洁　　封面设计：锋尚设计
版式设计：砚祥志远　　责任校对：吴大朋　　责任监印：张 可

出版发行：中国轻工业出版社（北京东长安街 6 号，邮编：100740）
印　　刷：北京君升印刷有限公司
经　　销：各地新华书店
版　　次：2023 年 6 月第 2 版第 2 次印刷
开　　本：787×1092　1/16　印张：32.75　插页：2
字　　数：760 千字
书　　号：ISBN 978-7-5184-3296-7　定价：72.00 元
邮购电话：010-65241695
发行电话：010-85119835　传真：85113293
网　　址：http://www.chlip.com.cn
Email：club@chlip.com.cn
如发现图书残缺请与我社邮购联系调换
230728J1C202ZBW

本书编写人员

主　　编　何东平（武汉轻工大学）

副 主 编　雷芬芬（武汉轻工大学）

刘玉兰（河南工业大学）

胡爱军（天津科技大学）

参编人员　潘　坤（益海嘉里金龙鱼粮油食品股份有限公司）

郑竞成（武汉轻工大学）

张四红（武汉轻工大学）

前言（第二版）| Preface

食品工厂设计是食品科学与工程专业的主干课程之一。本教材自 2009 年出版以来，受到院校的广泛欢迎，并入选了普通高等教育“十一五”国家级规划教材。

“民以食为天”，食品消费是人类生存发展的第一需要。食品工业的发展直接关系到国计民生，食品工厂设计是食品工业发展过程中的一个重要环节，是食品工厂内应该配置的一切单项工程的完整设计，一般包括总平面布置、生产车间、动力车间、厂内外运输、自控仪表、采暖通风、环境保护工程、福利设施、办公楼和技术经济概算等单项工程设计。食品工厂设计需要参考较多的标准和规范，近年来部分标准进行了修订，同时在本教材的使用过程中，也发现了一些不足之处，为了使之更具有实用性，以方便教学和学习，特对本教材进行了修订。

本教材第二版基本保留了第一版的结构与框架，以食品工厂为主要介绍对象，在以下几方面进行了修订：

（1）根据食品工厂的实际发展情况，增加了现代化食品工厂的参观空间建筑设计及实例。

（2）对部分章节进行了增减与整合，如第四章增加了“第八节　典型食品工厂设计”，将第一版中第十一章“安全食品与质量管理”的内容整合在第六章“第四节　食品安全与卫生标准”中等。

（3）将所参考的标准及规范更新为现行版本，对相应的文字及具体指标进行了修订。

（4）优化了图表内容及章节结构。

在本教材修订过程中，力求在系统地反映课程基本内容的同时，保证语言简练、通俗易懂，避免因文字、图表等不够准确的情况影响教学质量。

本教材由何东平任主编，雷芬芬、刘玉兰、胡爱军任副主编，具体编写分工如下：雷芬芬编写第一章、第六章、第八章，何东平编写第二章、附录，郑竟成编写第三章，刘玉兰编写第四章，胡爱军编写第五章，潘坤编写第七章，张四红编写第九章。

本教材的编写过程受到了教育部高等学校食品科学与工程类专业教学指导委员会委员的大力支持，得到了同行专家指导，武汉轻工大学油脂及植物蛋白创新团队的老师和研究生参与了本教材的修订和绘图工作，在此表示衷心感谢。

诚邀武汉轻工大学陈文麟、李庆龙教授为本教材主审，感谢他们为本教材付出的辛勤劳动。

由于编者水平及修订时间的限制，书中不妥或疏漏之处恐难避免，敬请读者批评指正。

编　者

2021 年 12 月

前言（第一版）| Preface

本教材是经教育部批准的普通高等教育“十一五”国家级规划教材，是食品科学与工程专业的主干课程教材。

“民以食为天”，食品消费是人类生存发展的第一需要。食品工业的发展直接关系到国计民生，尤其是对于我们这个拥有13亿多人口的大国。据统计，中国食品工业经济总量已达4万亿元人民币，约占GDP的1/5，是名副其实的中国第一大支柱产业。食品工业还是一个高度关联的产业，它涉及农林牧水产业、加工制造业、流通、包装、生物化工等诸多产业部门。所以食品工业链条涉及面很广，工业链条很长，发展潜力很大。

食品工厂设计是食品工业发展的重要保证，它是食品工厂工业化生产安全卫生又营养的主富食品的基础，是食品工厂内应该配置的一切单项工程的完整设计，一般包括总平面布置、生产车间、动力车间、厂内外运输、自控仪表、采暖通风、环境保护工程、福利设施、办公楼和技术经济概算等单项工程设计。

本教材由何东平任主编，刘玉兰、刘长海任副主编。各章编写者如下：何东平编写绪论、第一章、第十一章、第十二章，贾友苏编写第二章，刘玉兰编写第三章，肖安红编写第四章、第八章，胡爱军编写第五章，刘良忠编写第六章，刘长海编写第七章、第十章，胡秋林编写第九章。全书由何东平统稿。

在教材的编写过程中，我们得到了教育部高等学校轻工与食品学科教学指导委员会委员们的大力支持，得到了管华诗、殷涌光、夏文水、曹小红、曾名涌、刘静波、薛长湖、卢晓黎、朱蓓薇、何国庆、董文宾、吴晖、李云飞、李开雄、李德远、陈辉、姜绍通、周家华、王锡昌、马中苏、孙俊良和罗欣等教授的指导，华中农业大学刘丽娜，丁丹华、夏辉，武汉工业学院郭涛、杜蕾蕾、万辉、毛晓妍、徐曼、童愈元、黄威、李阳阳、王川等研究生参与了本书的书稿修订和绘图工作，在此表示衷心感谢。

诚请武汉工业学院陈文麟、李庆龙教授为本书主审，并感谢他们为本书付出的辛勤劳动。

限于编者水平，书中恐多疏漏，请批评指正，衷心希望聆听各方意见。

编　者

目录 Contents

第一章 绪论

CHAPTER 1

一、食品工厂设计的背景和意义

食品加工既包括对农林牧渔的动植物产品及其物料进行加工，以满足市场和消费者对食物和享用品的需求的过程，也包括对国家允许的野生动植物资源的加工与利用的过程。加工产品广泛应用于人类食品、动物饲料及精细化工等领域，伴随着中国经济发展的脚步，食品加工业已步入了黄金发展时期。在食品工业发展的过程中，要求食品工业设计工作者不仅具有计算、绘图、表达等基本功和专业理论、专业知识，还应熟练掌握和运用食品工厂设计的工作程序、范围、设计方法、步骤、内容、设计的规范标准、设计的经济性等内容。不管是新建、改建或扩建一个食品工厂，还是进行新工艺、新技术、新设备的研究，都需要进行设计。食品工厂设计必须符合国民经济发展的需要，符合科学技术发展的新方向，食品工厂才能为民众提供更多、更好、更优质的既安全卫生又营养丰富的新食品。因此，食品工厂设计工作是食品工业发展过程中的一个重要环节。在当前我国食品工业产品大幅度增长、质量不断提高、技术装备迅速更新的形势下，学习“食品工厂设计”这门课程更具有特别重要的意义。

二、食品工厂设计的任务和内容

良好的工厂设计是生产安全、优质食品的重要前提。设计工作的基本任务是在符合国家相关方针政策的前提下，对投资项目进行全面的、系统的、详尽的设计，以合理的投入和期望的产出为目标，实现方案的优化。食品工厂设计的内容一般包括：食品工厂基本建设和工厂设计的组成；食品工厂厂址选择和总平面图设计；食品工厂工艺设计；食品工厂生产性辅助设施设计；食品工厂卫生及全厂生活设施设计；食品工厂公用系统、环境保护措施设计；食品工厂基本建设概算；食品企业技术经济分析等内容。这些都围绕着食品工厂设计这个主题，并按工艺对各专业设计的要求分别进行设计。各专业之间应相互配合，密切合作，发挥集体的智慧和力量，共同完成食品工厂设计的任务。

三、食品工厂设计的原则和要求

食品工厂设计要求经济上合理，技术上先进，且在三废治理和环境保护方面必须符合国家相关规定。原则上应符合经济建设的总原则，满足精心设计、投资省、技术新、质量好、收效快、回收期短等特点。设计的技术经济指标以达到或超过国内同类型工厂生产实际平均先进水平为宜。积极采用新技术和现代化建设，结合实际，因地制宜，体现设计的通用性和独特性相结合的原则，并留有适当的发展余地。食品类工厂应当严格贯彻国家食品安全有关规定，充分体现卫生、优美、流畅并能让参观者放心的原则。

四、“食品工厂设计”课程的特点和学习要求

食品工业产品一般具有批量大、品种多、功能特定、专用性强等特点，且要求一个生产装置、一条生产线的设计尽可能达到优化、多用的目的。因此，我们在进行食品工厂设计时，必须根据实际情况，因地制宜地采用综合生产流程与多功能生产装置，力求做到“一线多用，一机多能”的目的，以取得最佳的经济效益。

这就要求在设计中必须了解国家基本建设的有关方针政策，掌握基本建设的工作程序、内容和范围；了解食品工厂工艺设计在总体设计中的地位和作用，掌握生产工艺及其设计的方法和步骤；了解生产工艺设计与公用工程设计的关系，熟悉公用工程设计的有关知识；了解国家在环境保护方面的有关法规、标准和要求，熟悉食品工厂工艺设计的设计说明书和工艺设计图的有关内容、特点、表示方法、规范和标准等知识。同时还应注意在商品激烈竞争中的反馈信息，进一步改进设计，完善工艺，提高质量，不断开发、设计、研制更好更多的新产品。食品工业产品生产的另一特点是生产方法的多样化，即工艺路线或技术路线的多样化。生产同一种产品可以选择不同的起始原料，采用不同的生产方法，而选择同样的起始原料，经过不同的加工过程，可得到不同的终端产品，而且在相同的技术路线中，又可采用不同的生产工艺流程。

食品工业工厂设计，涉及许多专业内容，包括食品工艺学、化学工程学、机械工程学、土建工程学、电气工程学、控制工程学、地质工程学和环境工程学等。在整个工程设计中，工艺是核心，直接为工艺服务的有机械、设备、自控、电气、建筑和结构等专业知识。“食品工厂设计”是属于食品工程专业的一门专业课程，它是以工艺设计为主要内容的多学科的综合性课程，同时又是一门实用性很强的课程，通过学习本课程，学生初步了解食品工厂基本建设的重要意义，了解食品工厂建设的一般程序和有关设计文件，学习食品工厂有关工艺设计的基本理论，掌握食品工厂设计的基本内容和方法，培养查阅资料、标准和规范、使用手册以及整理数据、运算和绘图的能力，能把在学校所学的知识，通过毕业设计的实践进行综合运用。但因食品种类复杂，在本教材中无法面面俱到，只能根据食品工厂设计的特点，叙述其基本原理及设计方法，因此在学习过程中要求学生多参阅相关专业设计的参考书及资料，以便把本课程学习好，为即将从事的专业工作打下坚实的基础。

第二章

CHAPTER 2

食品工厂基本建设和工厂设计的组成

［本章知识点］

了解基本建设程序中的主要阶段、食品工厂设计类型和设计阶段划分。

基本建设是国民经济中的重要组成部分。遵循国家规定的有关基本建设程序，是完成基本建设的重要保证，而建设项目的完成和组织施工的实现又必须以设计文件为依据。从事食品工厂设计，首先必须了解工厂基本建设的程序和有关设计文件的编制规定。根据中华人民共和国成立以来食品工厂基本建设的实践经验，目前我国建设一个大、中型食品工厂（工程）必须经过可行性研究、初步设计、施工图设计以及建设施工、试车验收等过程。

第一节　食品工厂基本建设概述

一、食品工厂基本建设的阶段

一个食品建设工程从项目提出、建设实施到建成投产一般要经过的阶段如图 2-1 所示。

根据国发（2004）20 号文件《国务院关于投资体制改革的决定》，项目的审批按项目投资主体、资金来源、项目性质分别实行审批制、核准制、备案制，其中：

（1）政府投资主要用于关系国家安全和市场不能有效配置资源的经济和社会领域，包括加强公益性和公共基础设施建设，保护和改善生态环境，促进欠发达地区的经济和社会发展，推进科技进步和高新技术产业化。对于政府投资项目，采用直接投资和资本金注入方式的，从投资决策角度只审批项目建议书和可行性研究报告，除特殊情况外不再审批开工报告，同时应严格进行政府投资项目的初步设计、概算审批工作。

（2）对于企业不使用政府投资建设的项目，一律不再实行审批制，区别不同情况实行核准制和备案制。政府仅对重大项目和限制类项目从维护社会公共利益角度进行核准，其

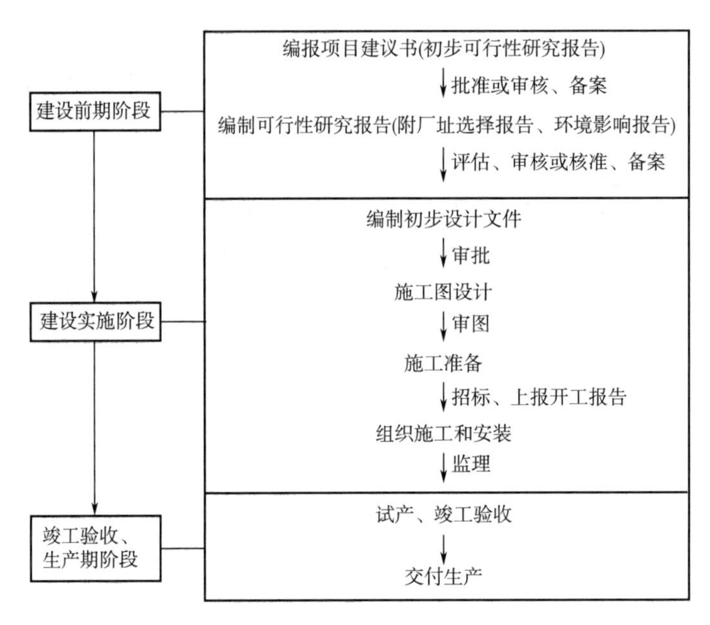

图 2-1　食品工厂基本建设的阶段

他项目无论规模大小，均改为备案制，项目的市场前景、经济效益、资金来源和产品技术方案等均由企业自主决策，自担风险，并依法办理环境保护、土地使用、资源利用、安全生产、城市规划等许可手续和减免税确认手续。对于企业使用政府补助、转贷、贴息投资建设的项目，政府只审批资金申请报告。

（3）实行核准制的项目详见中华人民共和国国务院《政府核准的投资项目目录》。企业投资建设实行核准制的项目，仅需向政府提交项目申请报告，不再经过批准项目建议书、可行性研究报告和开工报告的程序。政府对企业提交的项目申请报告，主要从维护经济安全、合理开发利用资源、保护生态环境、优化重大布局、保障公共利益、防止出现垄断等方面进行核准。对于外商投资项目，政府还要从市场准入、资本项目管理等方面进行核准。

（4）《政府核准的投资项目目录》以外的企业投资项目属于备案制，除国家另有规定外，由企业按照属地原则向地方投资主管部门备案。

新建、扩建和改建工程以及企业设备更新和技术改造工程与其中有关环境保护的工程，即对废气、废水、废渣的控制和综合利用以及美化环境、绿化区等措施要与主体工程，同时设计、同时施工、同时建成投产，简称基本建设“三同时”。

二、食品工厂基本建设程序

食品工厂基本建设工作的涉及面广，内外协作配合的环节多，必须按计划有步骤、有程序地进行，才能达到预期的效果。按规定，一个项目从计划建设到建成投产，一般要经过下列几个阶段：

（1）根据国民经济发展长远规划和布局的要求，进行初步调查研究，提出项目建议书。

（2）根据有关单位批准的项目建议书，进行预可行性研究或可行性研究，同时选择厂址。

（3）可行性研究报告经过评估、获得批准后，编制设计计划任务书。

（4）根据批准的设计计划任务书，进行勘察、设计、施工、安装、试产和验收，最后交付生产使用。

三、食品工厂设计工作程序

（一）初步设计阶段的工作程序

（1）各专业部门做设计准备，由工艺专业部门做开工报告。

（2）讨论设计方案，选定工艺路线，设计生产流程。

（3）工艺专业部门向有关专业部门提出条件和要求，进行协调，确定有关方案。

（4）完成各专业部门的具体工作。工艺专业部门应从方案设计开始，陆续完成物料衡算、能量衡算、设备选型和设计、工艺设备布置、绘出初步设计阶段的工艺流程图；其他专业部门也应相应完成这一阶段的工作任务；此外，要组织好中间审核及最后校核，及时改正错误，保证质量。

（5）在完成各专业部门的设计文件和图纸并进行审核后，由各专业部门进行有关图纸的会签，以解决各专业间发生的漏失、重复、碰撞等问题。

（6）编制初步设计总概算，论证设计的经济合理性。

（7）审定设计文件，并报送上级主管部门审批，审批核准后的初步设计文件，即作为施工图阶段开展工作的依据。

（二）施工图设计阶段的工作程序

施工图设计阶段的工作程序大体上与初步设计阶段相同。一般分为设计准备、方案确定、各专业部门互提设计条件并相互协商和返回设计条件，设计文件和图纸的编制和校核，有关图纸会签，修正概算，设计文件和图纸归档入库和管理工作等。在这个阶段中，各专业之间关联内容多，设计条件往返多，必须很好地协调配合，才能保证设计工作顺利完成。

第二节 食品工厂基本建设程序中的主要阶段

一、项目建议书

必须根据国民经济发展长远规划和工业布局的要求，进行初步调查研究，而后提出项目建议书。项目建议书是投资决策前对建设项目的轮廓设想，主要是从项目建设的必要性方面考虑，同时也初步分析项目的可行性。项目建议书的主要内容包括产品品种、生产规模、投资大小及产供销的可能性、今后发展方向和经济效果等方面。项目建议书是进行各项准备工作的依据，经国家相关部门批准后，即可开展可行性研究。

食品工厂的项目建议书，一般内容如下：

（1）建设项目提出的必要性和依据。

（2）市场预测，重点是市场调查和产品的需求现状、发展趋势预测、销售预测。

（3）拟建规模、产品方案的设想。

（4）主要工艺技术设想，包括引进技术和进口设备情况。

（5）建设条件分析，包括建设地点和自然条件、社会条件、资源情况（原料来源、燃料、水源的条件）协作关系。

（6）投资估算和资金筹措设想，重点是资金筹集方式和还贷能力。

（7）项目的进度安排。

（8）企业经济效益和社会效益的初步估计。

以上要求可视项目的大小作适当增减。我国食品企业绝大多数为中、小型企业，其项目按隶属关系分别由主管部委或省（市）发展和改革委员会或地（市）发展和改革委员会批准或核准、备案后，进入下一阶段——可行性研究报告的编制。

二、可行性研究报告

可行性研究报告是项目建设前期工作的主要内容，是工程建设程序中的一个不可缺少的阶段。它是在项目决策前对项目的技术经济进行综合分析论证的技术性文件，是项目投资决策的依据。可行性研究报告是关于在项目建议书得到批准或核准、备案之后，对拟建项目在技术上是否先进、适用、可靠以及在经济上是否合理，用静态和动态的分析方法进行的评价。拟建项目是否可行，最终取决于经济效益和社会效益的有无和大小。所以可行性研究十分重视市场调查和需求预测，市场容量决定了项目的必要性和迫切程度，是一个项目成立与否的关键。

三、设计任务书

设计任务书是根据可行性研究的结论编制出的建设计划，它是确定基本建设项目和编制设计文件的主要依据。所有的新建、改扩建项目，都要根据国家发展国民经济的长远规划和建设布局，按照项目的隶属关系，在初步设计进行之前，由主管部门或项目建设单位组织人员或委托设计部门编制设计计划任务书。

（一）主要内容

设计任务书的内容，因建设项目的不同有所差别。大、中型食品工业项目一般应包括以下几个方面的内容：

（1）建设的目的和根据　叙述原料产销关系，产品生产水平和市场需求状况；说明项目建成投产后的经济效益、社会效益和生态效益。

（2）建设规模　说明年产量、生产范围及生产发展规划。分期建设的项目，应说明每一期的生产能力及项目最终生产能力。

（3）产品方案或纲领　说明产品品种、规格标准和各种产品的产量以及各种产品生产的时间安排。

（4）生产方式或工艺原则　提出主要产品的生产方式，说明这种方式的技术先进性、成熟性、技术来源，提出主要设备的订购计划。

（5）工厂的组成　新建项目包括哪些部门、有哪些车间及辅助车间和仓库、需要哪些交通工具等，以及利用其他单位生产资源的协作计划，劳动定员与人员来源等。

（6）资源综合利用和“三废”治理的要求　提出副产物综合利用的要求和方案，根据国家和地方政府的要求提出“三废”治理的标准与方案。

（7）建设地区或地点以及占用土地的估算。

（8）防空、抗震、安全生产与食品卫生的要求。

（9）建设工期。

（10）投资控制数。

（11）要求达到的技术水平和经济效益估算。

此外，改扩建的大、中型项目计划任务书还应包括原有固定资产的利用程度和现有生产潜力发挥情况。小型项目计划任务书的内容，可以参考上述内容进行简化。

（二）附件

设计任务书还应包括以下附件：

（1）经国家或省、市、自治区主管部门批准的矿产资源、水文、地质资料。

（2）生产所需主要原材料、协作产品、燃料、水源、电源、运输等协作关系的意见或协议文件。

（3）建设用地要有当地政府同意的意向性协议书。

（4）产品销路、经济效果和社会效益应有经济技术负责人、经济负责人签署的调查分析与论证资料。

（5）环境保护部门的环境评价报告。

（6）采用新技术、新工艺时，要有技术部门签署的技术工艺成熟、可用于工程建设的技术鉴定书。

四、设计文件

设计文件是工程项目设计的最终文件。下面按两段设计介绍设计文件的编制。

（一）初步设计文件的编制

初步设计文件是组织施工的依据。根据设计阶段的不同，初步设计是基本建设前期工作的组成部分，是实施工程建设的基本依据。一个建设项目，当初步设计通过审批后，便可进行主要设备和材料的订货，审批和控制总概算，做基建准备，并以此作为施工图设计的依据。

1. 总论

总论应包括以下内容：扼要说明工程的建设规模、技术特征；着重综合各设计专业部门提出的主要技术结论和建设条件；论述设计的技术先进性和经济的合理性以及环境保护、节能、安全措施等；对存在的问题提出解决的办法或建议。

2. 技术经济

技术经济内容主要包括设计依据和范围，企业组织和定员，技术经济分析和评价及存在问题和建议等。

3. 工厂总平面布置及运输

工厂总平面图布置是指厂区范围内的车间、仓库、运输线路、管道及其他建筑物的空间总体配置。主要任务是把整个企业作为一个系统，根据厂区地形和生产工艺流程要求，统筹兼顾，全面安排企业内各建筑物的位置，以利于生产的正常进行和经济效果的提高。其总目标为：单一的流向，最短的距离，最大的利用空间，满足生产、运输、动力、环保、安全及建筑工程的经济、美观和适用等多方面要求。运输是指把人、财、物由一个地方转移到另外一个地方的过程。运输是物质资料，包括原材料的物理性移动，是从供应者到使用者的运输、包装、保管、装卸搬运、流通加工、配送以及信息传递的过程，这就是说，活动本身一般并不创造产品价值，只创造附加价值。

4. 工艺

工艺设计应着重说明设计依据和范围，生产规模，产品方案，生产方法，工艺流程的特点，车间组织，主要工艺技术指标，原料、辅助原材料用量及规格，设备的选型和确定，测量和计量要求等。

5. 自动控制测量仪表

自动控制测量仪表设计应包括设计依据、范围和水平，控制仪表选取标准及其效果，计算机过程控制的说明及计算机选型、重要控制系统和连锁报警系统的说明，仪表用电和压缩空气的要求，仪表的防爆、防干扰、防腐蚀等环境保护及接地说明等。

6. 建筑结构

建筑结构应说明设计依据和范围，自然条件和数据，采用新结构、新材料的方案比较。

7. 给水排水

给水排水是给水系统和排水系统的简称。给水工程是为居民和厂、矿、运输企业供应生活、生产用水的工程，由给水水源、取水构筑物、输水道、给水处理厂和给水管网组成，具有取集和输送原水、改善水质的作用。排水工程是排除人类生活污水和生产中的各种废水、多余的地面水的工程，由排水管系（或沟道）、废水处理厂和最终处理设施组成，通常还包括抽升设施（如排水泵站）。

8. 供电

供电设计应着重说明全厂用电负荷、照明、厂区供电及户外照明。

9. 电信

电信设计应包括总变电所及配电所（一次变电），车间变电所及车间配电和全厂防雷与接地说明等，以及提出电信任务和要求，与当地电信局的中继方式、设备和线路的确定等。

10. 供热

供热设计包括燃料、水质的分析资料，全厂热负荷，锅炉房设计，燃料的卸、贮和运输，渣处理，锅炉给水处理，全厂供热设施及蒸汽成本等。

11. 采暖通风

采暖通风设计应提出设计基础资料（如温度、湿度、风向、风速等）、设计参数、系统型式、主要设备选型、设计指标要求等。

12. 空压站、氮氧站、冷冻站采暖、通风和空气调节

空压站、氮氧站、冷冻站采暖、通风和空气调节等的设计应说明工艺流程和工艺要求，负荷和参数，主要设备选择等，提出设备布置图。

13. 维修

维修设计应包括机修（含防腐）、电修、仪表修理等；制定设备及电动机一览表以及车间布置图。

14. 仓库（堆场）

仓库（堆场）的设计包括物料的品种，贮存量、贮存时间和方法，仓库面积，对易燃、易爆、有毒物质的防护要求。

15. 环境保护及综合利用

环境保护及综合利用设计包括设计依据和范围，环境现状，绿化、噪声污染与防治等。

16. 节约能源

节约能源设计包括废气、废渣、粉尘的综合治理及利用，污水处理。

17. 劳动保护、工业卫生、安全防护（职业安全卫生）

劳动保护和安全防护必须说明重点设防的车间、工段或工种以及全厂性劳动保护，安全防护设施和制度；必须着重说明消防措施、消防机构、人员及工作制度；综合说明需着重设计的场所的消防设施情况。

18. 生活福利设施

生活福利设施设计着重说明生活区的现状和周围关系（应附示意图），公用设施与生活区的连接及生活区总平面布置原则和采用标准情况，制定生活区总平面布置图。

19. 总概算书

总概算书是确定建设项目从筹建到竣工验收、交付使用所需的全部建设费用的总文件，它由单项工程综合概算表、其他费用概算表及预备费用表等组成。

（二）施工图设计文件的编制

施工图设计在初步设计通过审批后进行。它所产生的设计文件是工程施工安装的依据，其主要任务是，根据初步设计审批的意见，解决初步设计中特定的问题，并由此进行施工单位的编制施工组织设计、编制施工预算以及确定施工实施的步骤等。

施工图设计的详细内容包括：

（1）施工图设计说明。

（2）设备表。

（3）初步设计阶段的工艺流程图。

（4）施工图设计阶段的工艺流程图（管道和仪表系统图）。

（5）工艺设备布置图。

（6）工艺管路布置图。

（7）工艺设备安装图。

（8）设备修改图。

（9）工艺管道一览表。

（10）管架表。

第三节　食品工厂设计类型和设计阶段划分

一、食品工厂设计的组成

食品工厂设计包括工艺设计和非工艺设计两大组成部分。所谓工艺设计，就是按工艺要求进行工厂设计，其中又以车间工艺设计为主，并对其他设计部门提出各种数据和要求，作为非工艺设计的设计依据。食品工厂工艺设计的内容大致包括：全厂总体工艺布局；产品方案及班产量的确定；主要产品和综合利用产品生产工艺流程的确定；物料衡算；设备生产能力的计算、选型及设备清单；车间平面布置；劳动力计算及平衡；水、电、汽、冷、风、暖等用量的估算；管道布置、安装及材料清单；施工说明等。

工艺设计除上述内容外，还必须提出工艺对总平面布置中相对位置的要求和对车间建筑、采光、通风、卫生设施的要求；对生产车间的水、电、汽、冷能耗量及负荷进行计算；提出对给水水质的要求，对排水和废水水质处理的要求，对各类仓库面积的计算及仓库温湿度的特殊要求等。

非工艺设计包括：总平面、土建、采暖通风、给排水、供电及自控、制冷、动力、环保等的设计，有时还包括设备的设计。非工艺设计都是根据工艺设计的要求和所提出的数据进行设计的。它们之间的相互关系是：工艺设计向土建设计提出工艺要求，而土建设计给工艺设计提供符合工艺要求的建筑设计；工艺设计向给排水、电、汽、冷、暖、风等提出工艺要求和有关数据，而水、电、汽等设计又反过来为工艺设计提供有关车间安装图；土建设计对给排水、电、汽、冷、暖、风等设计提供有关建筑设计，而给排水、电、汽等设计又给建筑设计提供涉及建筑布置的资料；用电各工程部门如工艺、冷、风、汽、暖等，向供电设计提供用电资料；用水各工程部门如工艺、冷、风、汽、消防等，向给排水设计提供用水资料。整个设计涉及工种多，相互关系纵横交叉，所以，各工种间的相互配合是搞好工厂设计的关键。

二、设计类型

食品工厂的设计类型一般分为三类，即新建，改建或扩建，局部修建。其中以新建工厂的设计工作量最大，牵涉面最广，最有代表性。

三、设计阶段的划分

食品工厂设计阶段的划分，必须根据工程的大小、技术的复杂程度而定。对一般的大、中型基建项目，常采用两段设计，即初步设计和施工图设计两个阶段。对重大的复杂的基建项目和特殊项目，均采用三段设计，即设计方案确定后先进行初步设计，经审查批准后进行技术设计，再经审批后进行施工图设计。

食品工厂的设计，均采用两段设计。初步设计的作用是供筹建单位的主管部门进行设计审查之用。初步设计经审查通过后，设计中已经确定并审定的原则，即成为下一阶段施工图设计的依据。初步设计阶段着重解决设计中各专业的设计原则和主要技术问题。施工图设计阶段是在已经审批的初步设计基础上，对批准的原则进一步具体化，作为工厂设计施工的依据。工厂设计的基本任务是将一个系统（如一个工厂、一个车间、一套装置等）的基建任务以图纸、表格及必要的文字说明（说明书）描述出来，即主要把技术装备转化为工程语言，然后通过基本建设的方法把这个系统建设起来。

基本建设主要包括：

（1）提出可行性研究报告。

（2）初步设计。

（3）施工图设计。

（4）验收及投产。

其中，设计工作的主要任务在初步设计和施工图设计两个阶段。

思考题

1. 什么是食品工厂的组成？
2. 什么是食品工厂的基本建设阶段？
3. 食品工厂的基本建设程序中的主要阶段是什么？
4. 食品工厂设计类型和设计阶段如何划分？

第三章

CHAPTER 3

食品工厂厂址选择和总平面设计

[本章知识点]

厂址选择和技术勘查；总平面设计。

第一节　食品工厂厂址选择和技术勘查

在食品工厂设计的过程中需要考虑多种因素，如厂址选择需要考虑当地的资源、交通、通信、气象等条件是否合乎食品工厂的建设要求，食品工厂的建设是否符合远景规划和可持续发展的要求；对于初步选定的厂址还必须根据不同设计方案进行全面实地勘察，从技术上进行充分的可行性论证。

一、厂址选择的基本要求

食品工业布局涉及地区的长远规划，与当地及周边地区的资源、交通、环保、农牧业发展状况、经济实力、电力、市场等因素密切相关。在食品工厂设计过程中，厂址的合理选择十分重要。厂址选择工作应当在当地城建部门的统筹下进行，会同主管部门、建设部门、规划部门和基层政府，经过广泛、深入、细致的调查研究、讨论、筛选和比较，进行综合考虑后拟定初步方案，经过批准最终选择具体建厂地址。厂址选择的合理与否，对工厂的建设速度、产品质量、生产管理水平、产品销售、经济效益和员工的劳动环境都起着重要的作用。

厂址选择的基本要求如下：

（1）食品工厂的厂址应由当地城乡规划部门统一规划，以适应当地发展规划的统一布局。如果加工原料为农、林、牧、副、渔产品，则厂址应尽量靠近原料产地，以减少原料运输成本及运输途中有可能造成的原料变质和污染。

（2）节约用地，尽量不占或少占良田，为了便于产品销售，并有效地利用城市学校、住房、医院、商场等各种生活资源，一般可建在大、中型城市的郊区或远郊区。

(3) 地质条件和环境条件可靠，厂址应远离流沙、土崩断裂层、放射性物质、文物风景区、污染源存在的区域、易发生洪水和滑坡的地带、传染病医院、有严重粉尘灰砂或昆虫滋生的场所。

(4) 厂区标高，特别是主厂房及仓库标高，应高于当地历史最高洪水水位，自然排水坡度应在（4/1000）~（8/1000）。

(5) 水源充足且水质符合生活饮用水国家标准，若采用地下水或江水、河水、湖水，须建立水质监测和水质处理系统。同样，为避免造成新的污染，食品工厂生产中所产生的污水、废水也要建立相应的处理系统，经处理达到国家环保部门规定的排放标准后方可排放。

(6) 交通运输方便是厂址选择的重要条件之一，食品工厂应尽量靠近铁路、公路或水路，便于工厂原料和产品的输入和输出。

(7) 动力要有充分保证，电力负荷足够且电压正常平稳才能保证工厂冷库等24h连续运转设施的电力需求。

(8) 有足够面积用来美化工厂环境，在食品工厂四周及厂区内采用树木花草进行充分绿化，可有效改善周边的微小区域气候，净化空气，降低噪声，杜绝生产过程中的产品污染。

二、技术勘查的内容和目的

(一) 技术勘查的目的

技术勘查是在收集基本技术资料的基础上进行实地调查和核实，通过实地观察和了解获得真实和直观的形象，其内容包括：

(1) 勘察地形图所标示的地形、地物的实际状况，研究食品工厂自然地形改造和利用方式以及场地内原有设施加以保留或利用的可能性。

(2) 研究食品工厂在现场基本区划中几种可供选择的方案。

(3) 确定铁路专用线的接轨地点和线路走向，巷道和码头的适宜建造地点，公路的连接和厂区主要出入口位置。

(4) 实地调查厂区规划位置在历史上被洪水淹没的情况。

(5) 工程地质现象（滑坡、岩溶等）实地观察。

(6) 工厂水源地、排水出口及工厂外各种管线可能走向勘查。

(7) 现场及周边环境污染状况的了解。

(8) 调查和研究厂区周围其他工厂分布和居民区协调要求。

(二) 基本技术资料

1. 气象

(1) 气温　月平均气温和年平均气温，绝对最高温度和绝对最低温度，最热月的干球温度和湿球温度，采暖天数，土壤冻结深度。

(2) 湿度　平均、最大和最小相对湿度。

(3) 降水　当地采用的雨量公式，历年和逐月的平均、最大和最小降雨量，暴雨持续时间及最大降雨量，积雪最大深度。

(4) 风　历年平均及最大风速，全年的风向和频率（风向玫瑰图）。

(5) 日照　全年晴天、雨天及大雾天数。

（6）气压　年平均、绝对最高、绝对最低气压。

2. 地形

（1）区域地形图　比例尺（1：5000）~（1：50000），等高距1~5m，其范围包括厂址及厂外工程。

（2）厂址地形图　比例尺（1：500）~（1：2000），等高距0.5~1.0m，其范围包括厂址及厂址周围100m左右。

（3）厂外工程（铁路、公路、水源地、渣场及厂外管线等）的沿线带状地形图　比例尺（1：500）~（1：2000），宽度范围为50m左右。

（4）采用的测量坐标系统和标高系统　注意地形图、水位资料和铁路系统的坐标和标高系统是否一致。

3. 工程地质

工程地质资料包括厂区及附近地区的地质钻探报告，土壤特性及允许耐力，当地对于工程地质现象（滑坡、岩溶等）的防治和处理手段，水文地质资料，地震基本烈度等。

4. 交通运输

（1）铁路　接轨车站或专用线的位置，车站现有和规划的股道及有效长度，机务设施，接轨点的坐标和标高，专用线进入厂区的可能走向，当地铁路局对新建专用线的规定，超限超重设备运输沿线桥涵和隧道条件。

（2）公路　厂区临近公路等级和路面宽度，公路连接点的坐标和标高，适合当地采用的路面结构，当地运输及装卸能力，超限超重设备运输沿线桥涵和隧道条件。

（3）水路　工厂附近通航河流通行季节的航道宽度，水深变化，通行船只吨位，当地采用的船型（船只吨位、宽度及吃水深度），当地运输能力及运输价格，建造码头的地点、前沿水域情况。

5. 厂区及其邻近地区情况

厂区及其邻近地区的情况包括厂区所在城市或工业区规划情况，相邻企业的生产品种、规模及厂区布置情况，附近居民点位置、人口和居住情况，当地农作物，特别是与食品工厂原料直接相关的农作物的耕作情况，厂区现有设施（居民点、铁路、公路等）的使用状况和邻近拆迁可能以及费用要求。

6. 环境保护

环境保护资料包括厂区所在地区大气、河流、土壤的污染状况，临近工厂废水、废气、废渣的排放情况等。

7. 水源

（1）地面水　厂区所在地区历年最大、最小和平均流量及含沙量，最高和最低水位，洪水持续时间，水质分析及水文资料，上游城市和工业现有取水点位置、数量及排放水质、水温情况，取水构筑物建造地点附近河岸和河床的变迁和河床断面。

（2）地下水　厂区附近现有深井的地质柱状图、井群剖面图，说明含水层位置、厚度和静动水位变化；现有深井的涌水量和影响半径，不同含水层的水质和水温，扬水实验报告。

（3）自来水　厂区所在城市自来水管网联接点的位置、管径和水压，自来水水质分析和水温及水价。

8. 排洪和排水

排洪和排水资料包括厂区所在地区降雨强度公式，所在山区洪水汇水面积，排洪渠道走向和排水地点，河流最高洪水位淹没的实地调查和核实，城市下水道采用分流制或合流制，与城市下水道联结点的坐标、标高与管径。

9. 供电与通信

供电与通信资料包括厂区所在区域变电站位置，现有或规划容量及允许供电容量，供电电压及回路数，输电线路敷设方式及距离，最低功率因素、短路容量及继电器容许最大动作时间等技术要求，电价，附近电话、网络设施情况及电话线路敷设方式及距离。

收集基本技术资料之后，随即进行技术勘查，两项工作如有较长时间间隔，须注意各种数据有无变化和更新。

厂址选择基本确定后，要由项目主管部门或投资单位主持编写厂址选择报告。报告内容包括选址依据及基本情况简介，如厂址地点及周边情况简介，厂址地质及自然条件简介，征地面积及发展计划，民房拆迁情况，土石方工程，原料情况，水、电、汽、燃料、交通运输和职工生活供应条件，废水排放方式，经济效益分析及可供选择比较的其他方案等。

第二节　食品工厂总平面设计

一、食品工厂总平面设计的内容

总平面设计是食品工厂厂址选定后进行的一项综合性技术工作，是食品工厂设计的重要组成部分。在总平面设计工作中，要根据设计任务书中规定的原料种类、产品性质、生产规模、工艺要求、建设条件、交通线路、工程管线等要求，将全厂不同使用功能的建筑物和构筑物按照整个生产工艺流程及用地条件进行合理布局，充分利用地形，全面考虑各项因素的功能及其关联性，使所有生产、管理、生活及辅助设施统一、有效地结合在一起，最终采用总平面设计图纸的形式完整、明确、准确地表示出来。

总平面设计的工作内容可分为平面布置和竖向布置两大部分。平面布置就是合理地对用地范围内所有建筑物、构筑物、工程设施及辅助设施在水平方向进行布置；竖向布置则是依据用地范围内地形标高的变化进行的与水平方向垂直的布置。如果整个厂区地形比较平坦，允许只做平面布置。

（一）平面布置

平面布置工作包括以下内容。

1. 建筑物和构筑物的位置设计

食品工厂建筑群的位置是总平面设计的核心，通常包括生产车间、辅助车间、动力车间、经营管理办公室、职工生活设施及绿化带等。而总平面设计的基本任务就是把生产过程中使用的机器设备、各种物料和从事生产的操作人员合理地放置在最恰当的位置，以保证生产过程顺利进行。通常把有职工在里面工作的房屋称为建筑物，如生产车间、辅助车间、动力车间、仓库、经营管理办公室、食堂、宿舍等；而把没有职工在里面工作的建筑称为构筑物，如水塔、循环水池等。建筑物和构筑物的位置设计须考虑以下因素：

（1）生产车间　生产车间是食品工厂的主体，担负着把原料变成产品的任务。根据食品工厂所要加工产品的特性，生产车间可以由一个或若干个厂房建筑构成，如原料预处理车间、各加工车间、灌装和包装车间等。

（2）辅助车间　辅助车间是协助生产车间实现正常生产的部门，由若干建筑物构成，如原料仓库、半成品暂存仓库、成品库、冷库、生产过程中废弃物堆场、原料检验收购站、中间化验室、产品检验室、辅料贮藏室、清洗消毒间、机修车间等。

（3）动力车间　动力车间为正常生产中各个环节提供能源保证，包括锅炉房、水泵房、压缩空气站、配电室、废水处理站等。

（4）经营管理办公室　经营管理办公室负责行政、财务、采购、技术、后勤、保卫、图书资料、通信、运输、调度、销售等能够保证全厂各部门正常运转的工作，一般统一设置在行政办公大楼内。

（5）职工生活设施　职工生活设施包括员工宿舍、食堂、浴室、招待所、传达室、工会俱乐部、运动场、托儿所、医务室等建筑物。为了便于管理，保证安全，远离污染，生活设施一般与生产厂区分开。

（6）绿化带　为了有效地调节空气，降低粉尘和噪声，改善生产和生活环境，很有必要根据生产车间和生活设施的布局有计划地安排绿化带、种植花草。

在进行建筑物和构筑物的位置设计时，还应该参考当地的地理、气象、运输、周边环境等特点，各种辅助设施应围绕着生产主体过程综合考虑，合理排布。

2. 交通运输设计

结合厂区的各种自然条件和外部条件确定生产过程中物料和人员的流动路线和最佳运输方案就是交通运输设计的内容。合理的交通运输设计能够使整个生产过程完全避免人流和物流混杂，避免运输路线交叉往返，避免洁净物和污染物接触，这些要点对食品工厂显得尤为重要。交通运输设计的内容包括：

（1）运输方式的选择　厂内外运输方式应根据原料和产品数量、产品性质、产品流向及所在地区的运输条件的不同分别采用水路、铁路、公路等。

（2）不同运输方式需要考察的条件　厂内外具体采用何种运输方式，需要考察现有交通运输条件，如厂区周边的铁路、公路、河流状况，与之连接需要修建的专用铁路和公路的投资及地理条件，厂区内连接各建筑物的运输管线状况等。应尽可能地充分利用已有资源，以减少一次性工程投资和投产后的运输成本。

3. 工程管线布置

工程管线包括厂内外的物料管道、给排水管道、蒸汽管道及公用系统管道如电线、电话线等，工程管线的布置对工厂的平面布置和竖向布置及运输设计均产生影响，因此，工程管线的布置非常重要。工程管线的设计必须将各种围绕生产区域的管线布置得整齐、合理、方便，避免各种管线的拥挤和冲突，保证合理的间距和相对位置，与工厂总体布置协调，既不影响地面运输又便于定期检查维修，必要时可以采用空中架管或地下埋管等措施。

（二）竖向布置

竖向布置是与平面设计方向相垂直的设计。竖向布置依照自然地形条件，把实际地形组成一定形态，使整个厂区在一定范围内既保持地形平坦，又便于雨水排除，同时注意协调厂内外的高程关系。在各个小范围之间虽然标高不一致，但应当遵循单个小范围地形高度一致、各个小范围相互之间联系便利的原则进行设计，同时必须考虑合理利用高差，尽可能地减少工程土石方工作量，以节省工程投资。

1. 竖向布置工作的内容

（1）确定竖向布置方式。

（2）确定全厂建筑物、构筑物、道路、排水构筑物和露天场地的设计标高，使之互相协调并与厂外线路衔接。

（3）确定场地平整方案及排水方式，拟定排水措施。

（4）进行工厂的土石方工程规划，计算土石方工程量，拟定土石方调配方案。

（5）确定必须设置的工程构筑物和排水构筑物，如道路、护坡、桥梁、涵洞及排水沟等，进行设计或提出条件委托设计。

2. 竖向布置应满足的技术要求

（1）满足生产工艺和运输、装卸对高程的要求，并为这些要求创造良好的条件。

（2）充分考虑地形及地质因素因地制宜，合理利用和改造地形，使场地的设计标高尽量与自然地形相适应，力求各个厂区填挖方基本平衡，土石方调配距离最短。

（3）充分考虑工程地质和水文地质条件，提出合理的应对措施（如防洪、排水、防崩塌、滑坡等）。

（4）适应建筑物和构筑物的基础和管线埋设深度的要求。

（5）场地标高和坡度的确定应满足场地不受洪水威胁，不受雨水冲刷等要求。

（6）保证厂内外的出入口和交通线路在高程上合理衔接。

（7）考虑方便施工问题，并符合分期建设要求。

（8）遵循各种建设、施工和验收规范。

3. 竖向布置的方式

根据工厂场地设计的各平面之间连接或过渡方法的不同，竖向布置可分为以下几种方式。

（1）平坡式　当整个厂区自然地形坡度小于4%时，可采用平坡式竖向设计，即设计整体平面之间的连接处的标高没有急剧变化。这种设计适用于建筑密度较大，铁路、道路、管网较密的情况。

（2）阶梯式　整个工程场地划分为若干个台阶，台阶连接处标高变化较大。这种设计的优点在于，当自然地形坡度较大时，与平坡式布置相比土石方工程量可显著降低，容易就地平衡，排水条件好。阶梯式布置适用于运输简单、管线不多的山区和丘陵地带，必要时应架设护坡挡墙装置。

（3）混合式　平坡式和阶梯式兼用的设计方法称为混合式竖向设计，这种方法吸取两者的优点，多用于厂区面积较大、局部地形变化较大的场地设计中。实际中往往采用此种方法，建筑物和道路的混合式竖向设计示例如图3-1所示。

二、总平面设计的基本原则

食品工厂的原料种类、产品种类、生产规模、加工工艺以及建设条件各不相同，但总平面设计的基本原则是相同的。食品工厂的总平面设计可分为以下几个要点：

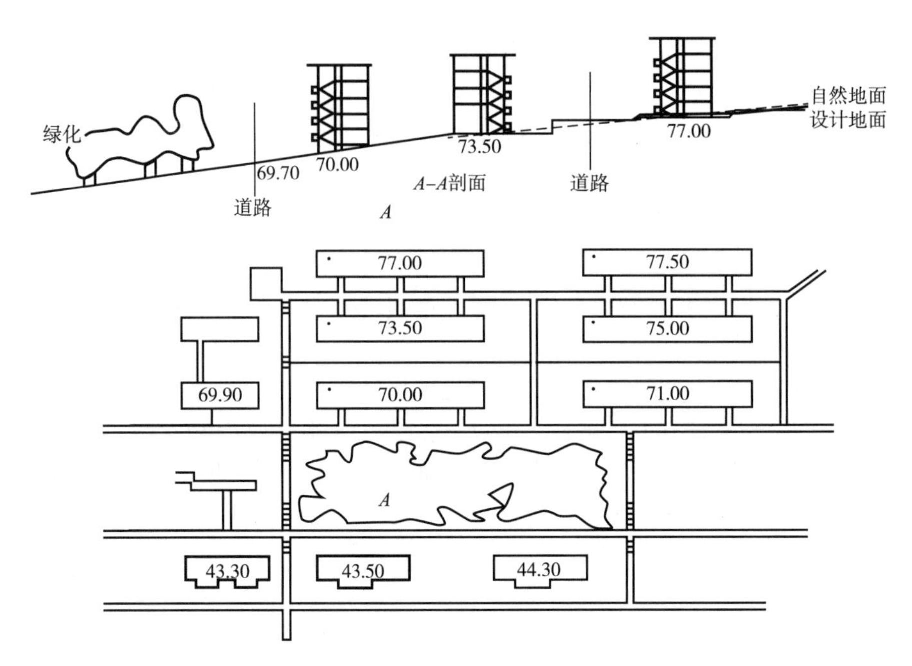

图 3-1 建筑物和道路的混合式竖向设计示例

（注：图中数字为标高，单位为 m。）

（1）根据任务书的要求进行　按照设计任务书的要求，厂区内各个建筑物和构筑物的设置和分布首先应当满足食品工厂生产工艺的需要，要考虑整个生产过程的连续性，各建筑物和构筑物相互关系紧凑，保证生产作业线最短、最方便，运输工作量最小。

（2）根据生产工艺流程进行　主要车间按照工艺流程的要求合理布局，车间之间的操作不得互相妨碍，应尽量缩短各车间之间的运输距离，同时避免物料往返运输，杜绝交叉污染。

（3）考虑节能要求　动力设施如变电站应靠近高压电网输入本厂一侧，同时靠近耗电量最大的车间如冷库、空压机房、制冷机房等。锅炉房则应靠近蒸汽用量较大的车间如杀菌、蒸发、干燥等工段，以减少管线长度和热能损耗。

（4）考虑卫生条件　各生产车间和原料仓库、产品仓库应和生活区如宿舍、食堂、商店、浴室等严格分开，以保证能够完全满足食品加工过程的卫生条件。在厂区内不设置饲养场和屠宰车间，以避免对生产车间造成污染。车间内人流和物流要分开，成品与原料及半成品要分开，生食品与熟食品分开，进入成品车间要设置人流和物流消毒通道，以防止食品被污染。

（5）考虑风向　主要车间的分布轴线应与主导风向垂直，以保证车间自然通风良好。清洁要求较高的车间如成品车间应布置在上风侧，运送原料的道路和锅炉房等产尘量大的设施和建筑应设置在厂区主导风向的下风侧，以避免造成厂内二次污染。

（6）考虑消防要求　火灾、爆炸危险性较大的车间、装置或设备应尽可能敞开、半敞开布置，有道路能使消防设备从两个不同方向迅速通过。

（7）考虑节约用地　厂区应预留发展用地以备远期发展，同时考虑土地利用紧凑合理节约。坚持“近期集中，远期外围，由近及远，自内向外”的原则，既保证必要的安全距离，又可使土地得到充分利用。可以采用多层厂房向空中发展，利用坡地脊地等方法适当减少土地使用面积。

三、不同使用功能的建筑物、构筑物在总平面设计中的相互关系

食品工厂以生产为主要目的，因此以生产车间为中心，其他各建筑物和构筑物均围绕着生产车间布局，建筑物、构筑物在总平面布置中的关系如图 3-2 所示。

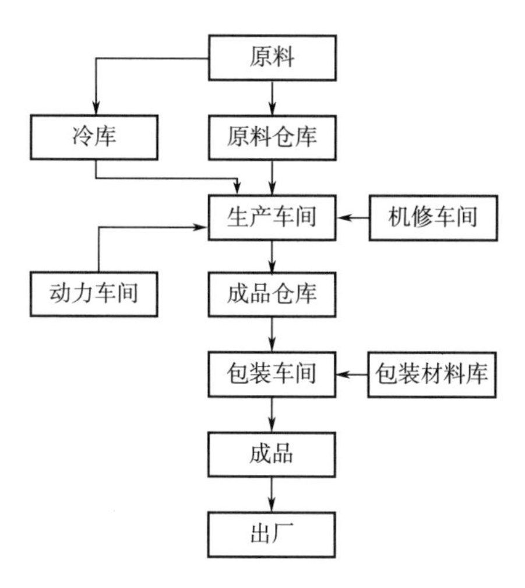

图 3-2 建筑物、构筑物在总平面布置中的关系示意

四、总平面设计中交通线路和工程管线的布置

（一）交通线路的布置

交通线路保证食品工厂在整个生产过程中的货物运输和人员流动正常进行，它把厂区内各建筑物和构筑物连接在一起，实际上起着联系所有生产活动和生活活动的作用。在进行总平面设计时，交通线路的布置非常重要，应特别注意以下几点：

（1）根据运输货物的性质及运输频繁程度设置厂区主干道、次干道、厂内运输道及人行通道。原料进厂和产品出厂等有大型货车频繁通行的道路要与人员通道分开，并设置明显的安全标志。

（2）厂区道路应保证通畅以便于机动车辆通行，推荐采用环形道路，方便大型货车掉头转向，同时保证消防要求，厂区道路边缘至建筑物、构筑物的最小间距见表 3-1，厂区道路的主要指标见表 3-2。

表 3-1 厂区道路边缘至建筑物的最小间距

类别		最小间距/m
建筑物外墙与道路边缘间距		
	无车辆出入时	1.50
	有非机动车和电瓶车出入时	3.0
	有汽车出入时	6.00~9.00（根据车型选定）
厂区围墙与道路边缘间距		6.0~8.6

（3）厂区道路、停车场和堆场地面应采用便于清洗的混凝土、沥青及其他硬质材料铺设，防止灰尘飞扬，造成产品及环境污染。道路两旁可采用绿化方式避免存在裸露泥土，保证食品工厂生产环境良好。道路路面应有一定坡度，道路两侧设置排水沟，防止路面积水（表3-2）。

表3-2 厂区道路的主要指标

指标名称	汽车道	电瓶车道
路面宽/m		
城市型：单车道	3.5	2.0
双车道	6.0~6.5	3.5
公路型：单车道	3.0~3.5	2.0
双车道	5.5~6.0	3.5
车间引道宽度/m	3.0~4.0	2.0~3.5
路肩宽度/m	1.0~1.5	0.6
平曲线最小半径/m	15.0	—
交叉口转弯半径/m		
单车	9.0	5.0
带一辆拖车	12.0	7.0
最大纵坡/%	8.0	3.0~4.0
最小纵坡/%	0.4	—
车间引道最小半径/m	8.0	4.0
纵向坡度最小长度/m	50.0	50.0

（二）工程管线的布置

工程管线的布置及敷设方式对食品工厂的总平面布置、竖向布置、工厂建筑群体以及运输设计都产生影响，合理的管线布置至关重要。

1. 管线布置的内容

（1）确定管线的敷设方式，尽量布置在地面之上（必须埋设地下的管线除外），以节约投资，便于检修和施工。

（2）确定管道走向和具体位置，确定管道坐标和相对尺寸。

（3）协调专业管线，避免相互冲突和拥挤。

2. 管线布置应满足的技术要求

（1）一般平直敷设，与道路、建筑、管线之间互相平行或垂直交叉。

（2）尽可能线路最短，直线敷设，减少转弯，减少交叉。

（3）压缩管线占地，各种管线设计不同的埋设深度，由浅入深的顺序为：弱电电缆、电力电缆、管沟、给水管、循环水管、雨水管、污水管、照明电缆。

（4）管线相互之间以及管线与公路、铁路之间的关系应满足维修时不损坏相邻管道或建筑物、构筑物基础，不妨碍公路和铁路的正常运行，尽可能满足机械化施工。

（5）管线交叉式的避让原则是小管让大管，软管让硬管，临时管让永久管，新管让旧管。

管线尽量靠近使用车间，管线敷设应满足国家有关规范、规程、规定的要求。

五、总平面设计的步骤

食品工厂的总平面设计分为以下几个步骤。

1. 设计准备

总平面设计工作开始之前，应具备以下资料：

（1）已经批准的设计任务书。

（2）已经确定的厂址具体位置、场地面积、地质、地形资料。

（3）厂区地形图。

（4）风向玫瑰图。

风向玫瑰图表示当地的风向和频率，是由食品工厂建设地当地气象台站提供的重要风向资料。风向频率是指在一定时间内各方向风向出现次数占总风向次数的百分比，图中最长线段就是当地的主导风向。各方向的风向都由风向玫瑰图的外缘指向中心。上海、广州、西安等地的风向玫瑰图示例如图3-3所示。

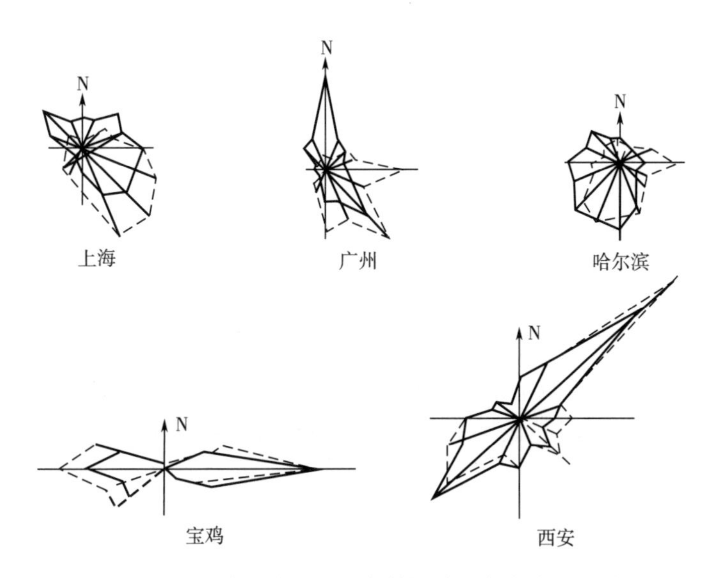

图3-3　上海、广州、西安等地的风向玫瑰图示例

建筑物和构筑物的朝向和布置与当地的主导风向密切相关。

2. 设计方案的比较和确定

经过厂址选择和技术勘查获得工厂总平面设计所必需的资料后，根据设计任务书中提交的食品工厂产品名称和种类、生产规模、原料来源、产品销售情况以及其他条件，对可能采取的几种总平面设计方案进行综合研究、讨论和比较，选用最为符合设计规范、适于产品生产、保证产品质量要求、满足节能条件、符合环境保护要求的方案作为最终设计方案。

3. 初步设计

完成初步设计时，需要提交一张总平面布置图和一份总平面设计说明书。图纸中展示各建筑物、构筑物、道路、管线的布置情况，一般采用 1∶500 或者 1∶1000 的比例绘制，在图纸的适当位置需要绘制当地的风向玫瑰图。设计说明书中则要写明本设计的依据、本平面设计的特点、该食品工厂的各项主要经济技术指标以及概算情况，要求文字简洁，数据准确，必要时可以列表展示。

主要经济技术指标的内容包括厂区总占地面积、生产区占地面积、生活区占地面积、办公区面积、各建筑物和构筑物面积、道路长度、围墙长度、露天堆场面积、绿化带面积、建筑系数和土地利用系数等。

建筑系数是指厂区内建筑物、构筑物占地面积之和与厂区总占地面积之比，土地利用系数则是指建筑物、构筑物、辅助配套工程占地面积之和与厂区总占地面积之比。所谓辅助配套工程是指铁路、公路、人行道、管线、绿化等内容。建筑系数和土地利用系数在一定程度上反映厂区占地面积的利用是否经济合理。部分食品工厂的建筑系数和土地利用系数见表 3-3。

表 3-3　部分食品工厂的建筑系数和土地利用系数

工厂类型	建筑系数/%	土地利用系数/%
罐头厂	25~35	45~65
乳品厂	25~40	40~65
面包厂	17~23	50~75
糖果厂	22~27	65~80
啤酒厂	34~37	—
植物油厂	24~33	60

初步设计经上级主管部门批准后进行施工图设计，施工图设计将深化和细化初步设计，全面落实设计意图，精心设计和绘制全部施工图纸，提交总平面布置施工设计说明书。

4. 施工图设计

施工图包括以下内容：

（1）建筑总平面施工图　绘图比例为 1∶500 或 1∶1000，图纸上显示等高线，用红色细实线绘制原有建筑物和构筑物，黑色粗实线绘制新设计的建筑物和构筑物。图中标明各建筑物和构筑物的外形尺寸和定位尺寸，建筑物和构筑物之间留有必要的发展空间和余地，图纸绘制应符合《建筑制图标准》的要求。

（2）竖向布置图　标明各建筑物和构筑物的标高、层数、各层面积、室内地坪标高，道路转折点标高、坡向和距离等。

（3）管线布置图　图中标明管线间距、转折点、标高、纵坡、阀门和检查位置及各类管线的图例，图中所采用的绘图比例与总平面图一致。

施工设计说明书要求说明设计意图，施工顺序及施工中应当注意的问题，可以将主要建筑物和构筑物列表加以说明，同时提供各种经济技术指标。

施工图是整个食品工厂总平面的施工依据，由具备设计资质的单位和工程师设计、校对、审核和审定，交付施工单位进行施工。在施工过程中如果需要变更施工图设计，必须经设计单位和施工单位会签并注明变更原因和时间，同时留有必要的文字性文件。

某啤酒厂总平面设计施工图示例如图 3-4 所示，总平面设计施工图明细见表 3-4。

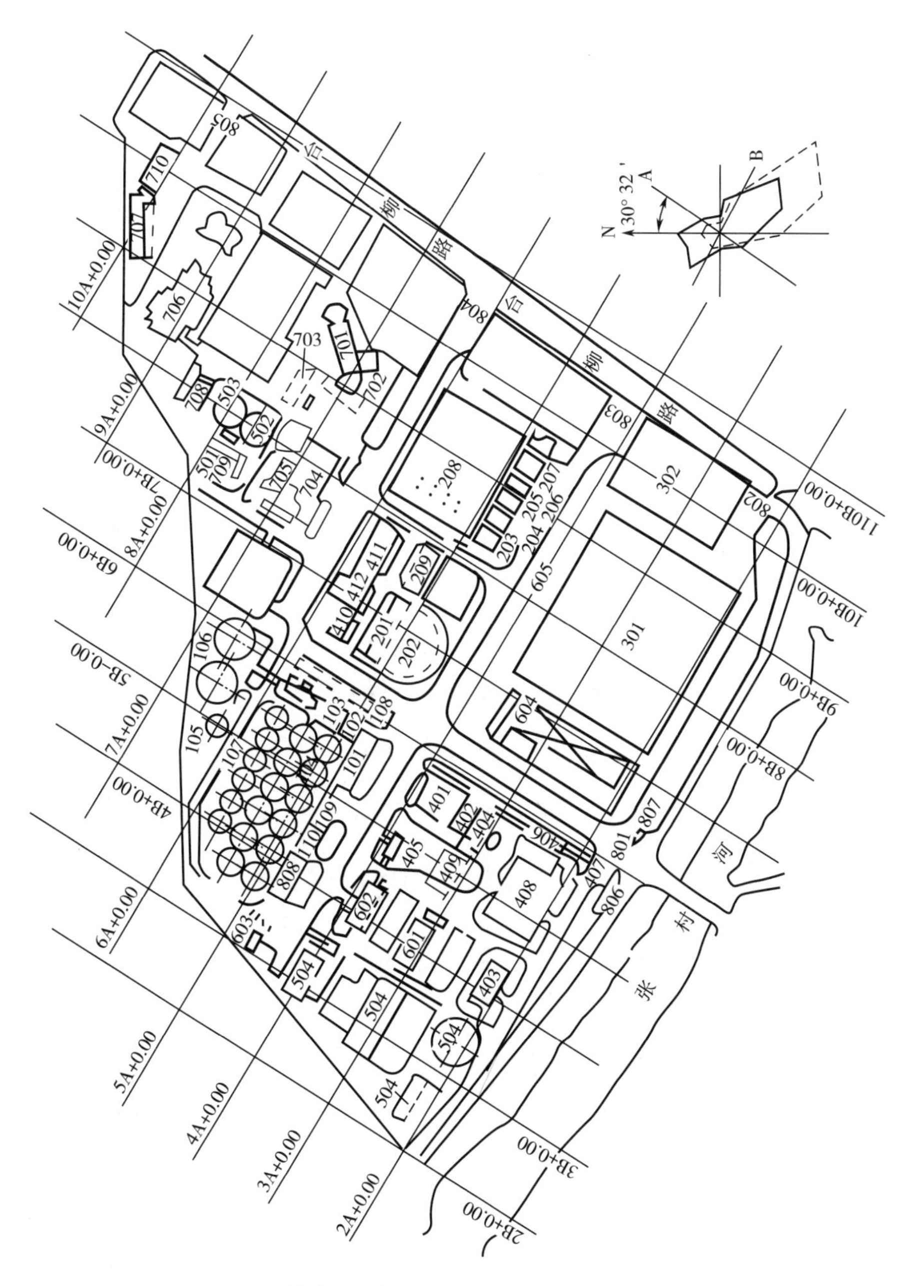

图 3-4　某啤酒厂总平面设计施工图示例（1：1000）

（注：此图上只放主要设施，辅助设施不在其中，表 3-4 同。）

表 3-4　　某啤酒厂总平面设计施工图明细表

编　号	名　称	编　号	名　称
101	卸麦间	405	热交换站
102	计量间	406	粉煤袋
103	精选塔	407	粉碎机房
104	大麦仓	408	贮煤棚
105	发芽塔	409	灰渣池
106	干燥塔	410	渣斗
107	麦芽仓	412	变电所
108	浸麦水池	413	总电压变电所
109	制麦辅助楼	414	制冷站
110	变电所	415	空压站
201	粉碎间	416	变电所
202	糖化间	501	给水泵房
203	蓄热器	502	大井
204	浮选间	503	清水池
205	酵母槽	504	水塔
206	酵母繁殖室	505	污水站
207	酵母综合间	601	机修车间
208	酵母贮存间	602	电器仪表维修间
209	酵母处理室	603	危险品仓库
210	废啤酒器	604	瓶堆场
211	控制室	605	停车场
213	发酵罐	701	办公楼
214	辅助间	702	接待室
301	包装车间	703	小啤酒间
302	成品库	704	礼堂餐厅
401	锅炉房	705	浴室
402	引风机房	706	招待所
403	水处理间	707	单身职工宿舍
404	灰渣泵房	708	幼儿园

续表

编号	名称	编号	名称
709	厂前区变电所	805	售酒间
710	汽车库	806	洗手间
801	1#大门	807	人行横道
802	2#大门	808	综合管廊
803	3#大门	809	淀粉处理间
804	4#大门	810	综合仓库

思考题

1. 食品工厂厂址选择的基本要求是什么?
2. 食品工厂平面布置中包括什么内容?
3. 食品工厂总平面设计基本原则是什么?
4. 如何进行食品工厂总平面布置图的设计?

第四章

食品工厂工艺设计

[本章知识点]

生产工艺（流程）设计、车间设备布置设计；管路设计；工艺设计计算；设备计算及选型等。

第一节　食品工厂工艺设计的内容和步骤

食品工厂工艺设计是整个设计的主体和中心，决定食品工厂生产工艺技术的先进性和合理性，并对工厂建设的投资费用以及产品质量、生产成本、劳动强度有着重要影响，同时又是其他专业设计的依据。因此，食品工厂工艺设计具有重要的作用和地位。

一、工艺设计的内容

食品工厂工艺设计的内容包括生产工艺（流程）设计、车间设备布置设计、工艺设计计算（物料衡算、热量衡算、用水量、用汽量）、设备计算与选型、管路设计与配置等。

生产工艺设计主要是在前期可行性研究的基础上，对生产的产品方案、生产过程和工艺流程进行设计，其主要目的是选择技术上先进可行、经济上合理的生产技术，同时满足食品工厂生产过程中高产、优质、低耗等要求。

车间工艺设计是在生产工艺流程确定的基础上，对车间的设备进行合理布局，以取得车间空间利用的最佳方案。它将直接影响食品工厂建设投资的大小、物流和人流的合理性、建成后的工厂能否正常运转和生产安全等。

二、工艺设计的步骤

食品工厂工艺设计的重点是在由原料到各个生产过程中，设计物料的流向及变化，包括所需设备的运用，具体步骤如下：

（1）根据前期可行性研究，确定产品方案及生产规模。

（2）根据当前的技术和经济水平选择生产方法。
（3）生产工艺流程设计。
（4）物料衡算和热量衡算。
（5）设备计算和选型。
（6）车间设备布置设计。
（7）管路设计。
（8）其他工艺设计。
（9）绘制工艺流程图、设备布置图、管路布置图，编制设计计算说明书等。

第二节　产品方案及班产量的确定

一、制定产品方案的意义和要求

产品方案又称生产纲领，是食品工厂全年生产产品品种、数量、生产周期、生产班次的计划安排。在制定产品方案时，首先要根据市场调研得到的资料，确定主要产品的品种、规格、产量和生产班次，优先安排受季节性影响强的产品的生产；然后是调节产品，用以调节生产忙闲不均的现象，合理利用人力和设备；最后尽可能综合利用原材料及贮存加工半成品，待到淡季时加工（如果汁制品）。

例如，尽管乳品厂全年的主要原料是乳，但随着市场需求的变化乳品厂的产品品种也应随之变化，这就需要制定一个合理的产品方案。在冬季主要生产人们喜欢的鲜乳产品，在夏季鲜乳销量下降时，把部分鲜乳制成人们喜欢吃的冰淇淋、棒冰、酸乳、乳粉等。又例如，根据市场对小包装食用油脂产品消费的淡季和旺季之分，在旺季到来之前，组织充足的力量生产，使工厂有一定的小包装食用油脂产品的贮备，以满足节日期间市场的集中消费需求。再例如，有些植物油料经夏季高温条件贮存后，其加工产品的品质变差，需要在夏季到来之前加工完毕，故应安排好季节性的加工计划，在夏季不加工这些原料的时候，给这些生产线和设备安排其他油料的加工及产品生产任务。

在安排产品方案时，应尽量做到“四个满足”和“四个平衡”。

产品方案的四个满足：满足主要产品产量的要求；满足经济效益的要求；满足淡旺季节平衡生产的要求；满足原料综合利用的要求。

产品方案四个平衡：产品产量与原料供应的平衡；生产班次的平衡；产品产量与设备生产能力的平衡；水、电、汽负荷的平衡。

二、班（日、年）产量的确定

主要产品的班（日）产量是工艺设计中最主要的计算基础，班（日）产量直接影响到车间布置、设备配套、占地面积、劳动定员、经济效益以及辅助设施、公共设施的配套规格等。影响班（日）产量大小的因素有：原料供应、设备生产能力及产品市场销售状况等，即班（日）产量受原料供应、设备生产能力和产品市场销售等因素制约。

一般情况下，班（日）产量越大，单位产品的生产成本越低，经济效益越好。但在受到投资、原料供应、产品市场的限制的同时，班（日）产量必须达到或超过预定的经济规模，最适宜的班（日）产量实质上就是经济效益最好的规模。

（一）年产量

年产量（生产能力）按式（4-1）估算。

$$Q_{年} = Q_1 + Q_2 - Q_3 - Q_4 \tag{4-1}$$

式中 $Q_{年}$——新建食品厂某类食品年产量，t

Q_1——本地区该类食品消费量，t

Q_2——本地区该类食品年调出量，t

Q_3——本地区该类食品年调入量，t

Q_4——本地区该类食品原有厂家的年产量，t

（二）工作日及生产班制

食品工厂的全年工作日数一般为250~300d，对于生产连续性强的食品工厂，一般要求每天24h、3班连续生产；对于生产连续性不强的食品工厂，每天1~2个生产班次，旺季实行3班制，这样有利于劳动力平衡、充分利用设备以及产品的正常销售。

三、产品方案的制定

在制定产品方案时，班（日）产量是最重要的依据，同时还要考虑产品品种、规格、包装方式等。为了尽可能的提高原料的利用率和使用价值，或为了满足消费者的需求，往往有必要将一种原料生产成几种规格的产品。食品工厂的产品方案是用表格的形式表现的，其内容包括产品名称、年产量、班产量、1~12月的生产安排等，例如日处理50~80t原乳乳品厂产品方案见表4-1。

表4-1 日处理50~80t原乳乳品厂产品方案

产品名称	年产量/t	1月	2月	3月	4月	5月	6月	7月	8月	9月	10月	11月	12月
消毒奶	××	—	—	—	—	—	—	—	—	—	—	—	—
酸乳	××	—	—	—	—	—	—	—	—	—	—	—	—
冰淇淋	××				—	—	—	—	—	—	—		
麦乳精	××	—	—	—	—	—					—	—	—
奶油	××	—	—	—	—	—	—	—	—	—	—	—	—
全脂乳粉	××	—	—	—	—	—	—	—	—	—	—	—	—

续表

产品名称	年产量/t	1月	2月	3月	4月	5月	6月	7月	8月	9月	10月	11月	12月
淡炼乳	××												
甜炼乳	××												

四、产品方案的比较与分析

在制定产品方案时，为保证方案合理，有利于食品工厂发展和管理，应该按设计计划任务书中确定的年产量和品种，制定出两种以上产品方案，从生产可行性和技术先进性入手，对产品方案进行比较分析，从中选择具有比较优势的可行性产品方案。产品方案比较与分析表示例见表4-2。

表4-2 产品方案比较与分析表

项目方案	方案一	方案二	方案三
产品年产量/t			
产品年产值/元			
平均每人年产值/［元/(人·a)］			
劳动生产率/［t/(人·a)］			
基建投资/元			
经济效益/利税/(元/a)			
水、电、汽消耗量/元			
员工人数/人			
原料损耗率/%			

第三节 生产工艺流程设计

生产工艺流程设计是工艺设计的一个重要内容。选用先进合理的工艺流程并进行正确设计，对食品工厂建成投产后的产品质量、生产成本、生产能力、操作条件等产生重要影响。工艺流程设计是从原料到成品的整个生产过程的设计，是根据原料的性质、成品的要求把所采用的生产过程及设备组合起来，并通过工艺流程图的形式，形象地反映食品生产由原料进入到产品输出的过程，其中包括物料和能量的变化、物料的流向以及生产中所经历的工艺过程和使用的设备仪表。生产工艺流程设计的主要任务包括两个方面：一是确定生产流程中各个生产过程的具体内容、顺序和组合方式，达到由原料制得所需产品的目的；二是绘制工艺流程图，要求以图解的形式表示生产过程中，当原料经过各个单元操作过程制得产品时，物料和能量发生的变化及其流向，以及采用了哪些生产过程和设备，再进一步通过图解形式表示出管道流程和计量控制流程。

一、工艺流程设计的原则、依据和步骤

（一）工艺流程设计的原则

（1）选用先进、成熟、可靠的新工艺、新技术、新设备，生产过程尽量实现连续化和自动化。

（2）采用先进可行的工艺指标，在能达到该工艺指标的前提下，尽量缩短工艺流程的线路，减少输送设备。

（3）充分利用原料，在获得高产品得率和保证产品质量优良的同时，尽量做到综合利用。

（4）要考虑加工不同原料和生产不同产品的可能性。

（5）要考虑生产调度的可行性，估计生产中可能发生的故障，使生产能正常进行。

（6）保证安全生产，工艺过程要配备较完善的控制仪表和安全设施，如安全阀、报警器、阻火器、呼吸阀、压力表、温度计等。加热介质尽量采用高温、低压、非易燃易爆物质。

（二）工艺流程设计的依据

（1）加工原料的性质　依据加工原料品种和性质的不同，选用和设计不同的工艺流程。如经常需要改变原料品种，就应选择适应多种原料生产的工艺，但这种工艺和设备配置通常较复杂；如加工原料品种单一，应选择单纯的生产工艺，以简化工艺和节省设备投资。

（2）产品质量和品种　依据产品用途和质量等级要求的不同，设计不同的工艺流程。

（3）生产能力　生产能力取决于：原料的来源和数量；配套设备的生产能力；生产的实际情况预测；加工品种的搭配；市场的需求情况。一般生产能力大的工厂，有条件选择较复杂的工艺流程和较先进的设备；生产能力小的工厂，根据条件可选择较简单的工艺流程和设备。

（4）地方条件　在设计工艺流程时，还应考虑当地的工业基础、技术力量、设备制造能力、原材料供应情况及投产后的操作水平等。确定适合当前情况的工艺流程，并对今后的发展作出规划。

（5）辅助材料　如水、电、汽、燃料的预计消耗量和供应量。

（三）工艺流程设计的步骤

工艺流程设计过程所涉及的内容繁多，往往要经过多次修改才能确定，是一个由定性到定量的过程，可分为以下几个步骤：

（1）工艺流程方框图（定性图）设计

①确定生产方法和生产过程。在这个阶段，要对工艺流程进行方案比选，一个优秀的工艺流程设计只有在多种方案的比较中才能产生。进行方案比较首先要明确判据，工程上常用的判据有产品得率、原材料消耗、能量消耗、产品成本、工程投资等，此外，也要考虑环保、安全、占地面积等因素。

②绘制工艺流程方框图。

③进行工艺计算，包括物料衡算、热量衡算以及用水量、用汽量的计算等。

④进行设备计算和选型。

（2）绘制工艺流程草图（定量图）

①验证并优化工艺路线。此时，应初步进行车间平面布置设计，审查生产工艺流程是否合理。

②确定设备之间的立面连接位置。

（3）绘制正式工艺流程图。

二、工艺流程图

把各个生产单元按照一定的目的和要求，有机地组合在一起，形成一个完整的生产工艺过程，并用图形描绘出来，即工艺流程图。工艺流程图的图样有若干种，用途不同的图样，在内容、重点和深度上都不一致，但这些图样之间有紧密的联系。

（一）工艺流程图的类型

1. 物料流程图

物料流程图（或称工艺流程示意图）又可分为全厂物料流程图和车间（工序或工段）物料流程图。

全厂物料流程图（或全厂工艺流程图）是在食品工厂设计中，为总说明部分提供的全厂总流程图样，综合性粮油食品工厂则是全厂物料平衡图。它表明各车间（各工段）之间的物料关系，图上各车间（各工段）用细实线画成方框来表示，流程线可以只画出主要物料，用粗实线表示。流程方向用箭头画在流程线上。图上还注明了车间名称，各车间原料、半成品和成品的名称、平衡数据及来源、去向等。如图 4–1 所示，是以方框形式表达的全厂物料平衡图。

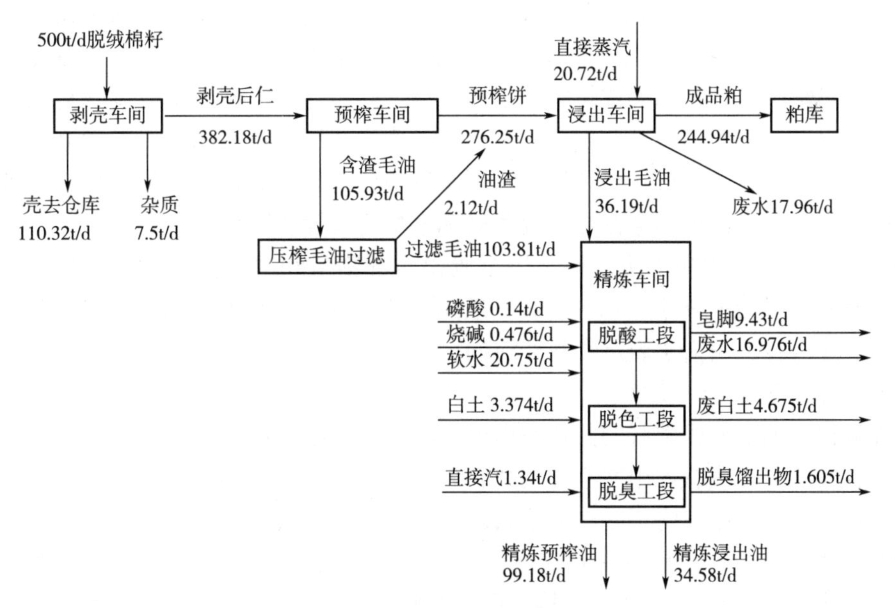

图 4–1　全厂物料平衡图

车间物料流程图是在全厂物料流程图的基础上绘制的、表明车间内部工艺物料流程的图样，是进行物料衡算和热量衡算的依据，也是设备选型和设备设计的基础。它可以是用方框的形式来表示生产过程中各工序或设备的简化的工艺流程图。图中应包括工序名称或设备名称、物料流向、工艺条件等。在方框图中，应以箭头表示物料流动方向，其中以实线箭头表示物料由原料到产品的主要流动方向，细实线箭头表示中间产物、废料的流动方向，如图 4-2 所示。

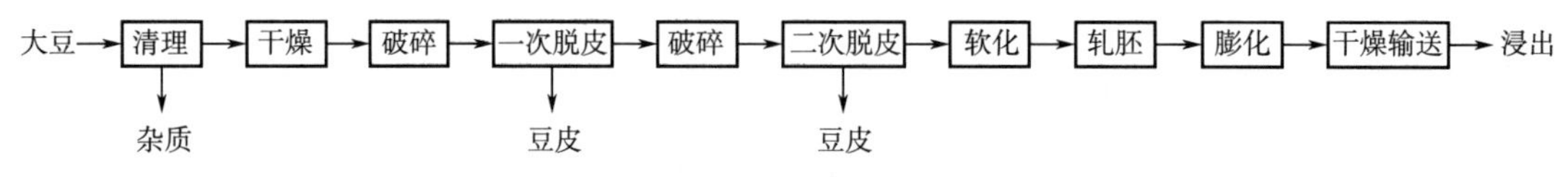

图 4-2 大豆脱皮膨化预处理生产工艺流程方框图

2. 生产工艺流程图

生产工艺流程图是在物料衡算、热量衡算以及设备选型后绘制的。工艺流程图的绘制需大致按比例进行，在图样内容的表达上比物料流程图更为全面。

3. 工艺管道及仪表流程图

工艺管道及仪表流程图又称带控制点工艺流程图，是以物料流程图为依据，在生产工艺流程图的基础上绘制的，内容较为详细，其主要目的和作用是清楚地标出设备、配管、阀门、仪表以及自动控制等方面的内容和数据，直接用于工程施工。

（二）物料流程图

1. 物料流程图的作用和内容

物料流程图是一种以图形与表格结合的形式，反映设计中某些计算结果的图样。它既可用作提供审查的资料，又可作为进一步设计的依据，还可供今后生产操作时参考。图样采用展开图形式，按工艺流程顺序，由左至右画出一系列设备的图形，并配以物料流程线和必要的标注与说明，一般由设备示意图、物料流程线、标注和图例、标题栏及设备一览表组成。

（1）设备示意图　由于在此阶段尚未进行物料计算和设备计算，不需要按比例画出设备示意图，只须画出设备的大致轮廓和示意结构，或用化工设备图例绘制，甚至画一个方框代替也可以。设备的相对高低位置也不要求准确，备用设备在图中一般省略不画。但设备一般都要编号，并在图纸空白处按编号顺序集中列出设备名称。流程简单、设备较少的流程草图中设备也可以不编号，而将设备名称直接注写设备图形上。

（2）流程管线和流向箭头　应在图中画出全部物料和部分动力（水、汽、压缩空气等）的流程管线及流向箭头。物料管线一般用粗实线画出，动力管线一般用中粗实线或细实线画出。在管线上用箭头表示物料的流向。

（3）文字注解

①在流程图的下方或图纸的其他空白处列出设备的编号和名称。

②在管线的上方或右方用文字注明物料名称、组成、流量等。

③在流程线的起始和终了处注明物料的名称、来源及去向。

（4）图例、标题栏、设备一览表　图例中只须标出管线图例，阀门、仪表等无须标出。设备一览表也只包括序号、位号、设备名称、备注等。有时也可省略设备一览表和图框。标题栏包括图名、图号、设计阶段等。

2. 物料流程图的绘图方法

物料流程图的画法采用由左至右展开式，先是物料流程，然后是图例、最后是设备一览表及标题栏。如图 4-3 所示，为一油脂浸出车间物料流程图（示意图），它是以设备外

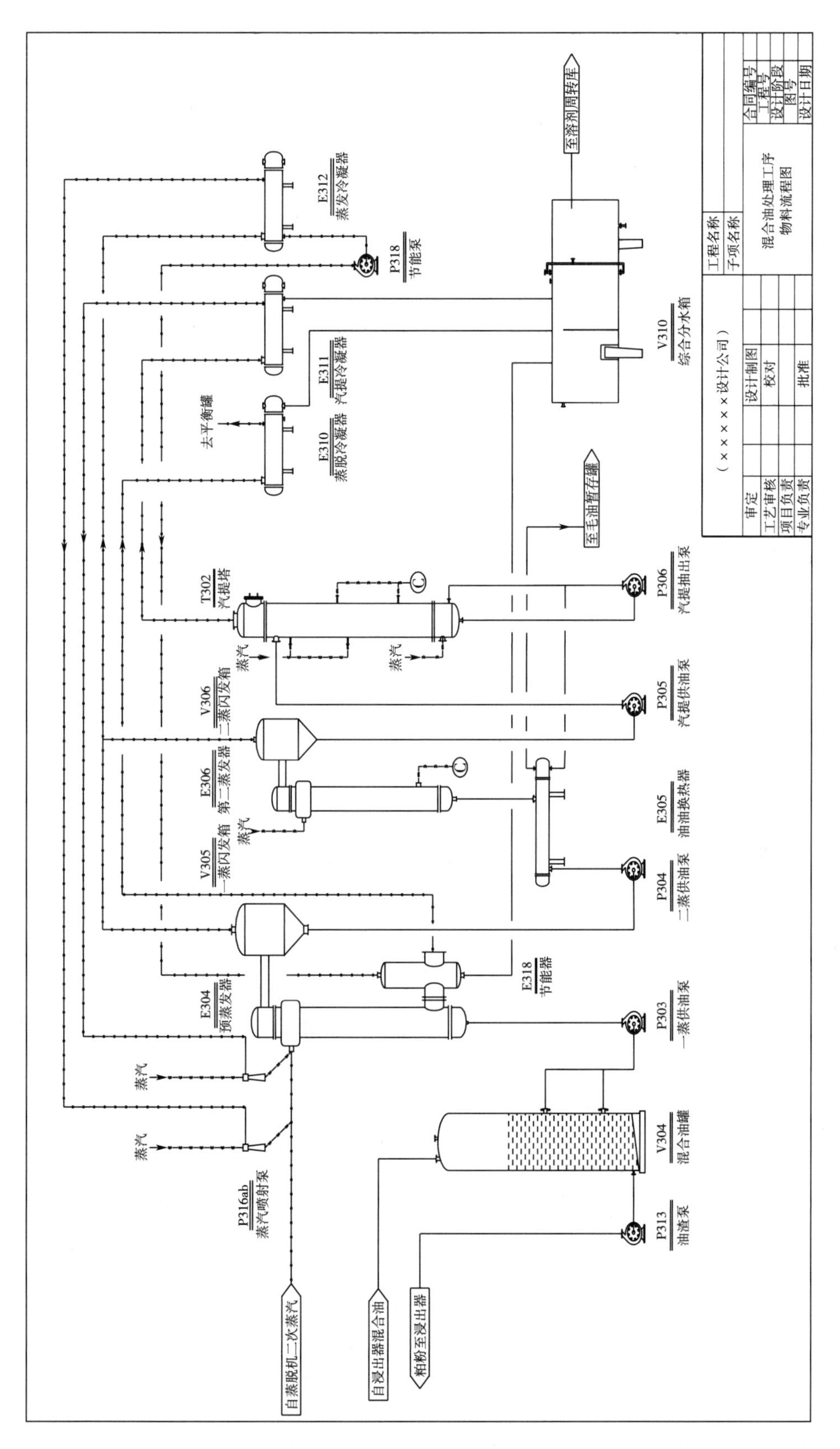

图4-3　油脂浸出车间（混合油处理工序）物料流程图（示意图）

形表示的某一生产工序，图中设备外形不一定按比例绘制，但应保持它们的相对大小。各设备之间的高低位置应大致符合实际情况。

物料流程图的幅面一般采用 A2 或 A3 绘图纸，也可以加长，图幅过长时也可分张绘制。

3. 物料流程图中设备的表示方法

物料流程图上的设备用细实线画出简单外形，也可参考有关标准用简化了的符号来表达某一设备。如表 4-3 是工艺流程图中常用设备和机器的图例，在绘制时应注意以下几点事项：

（1）各图例在绘制时的尺寸和比例可在一定范围内调整。一般在同一个工程中，同类设备的外形尺寸和比例应有一个定值或一规定范围。

（2）各图形在绘制时允许有方位变化，也允许几个图例进行组合或叠加。

（3）图形线条宽度一般为 0.25mm 或 0.3mm。

表 4-3　　工艺流程图中常见设备和机器图例

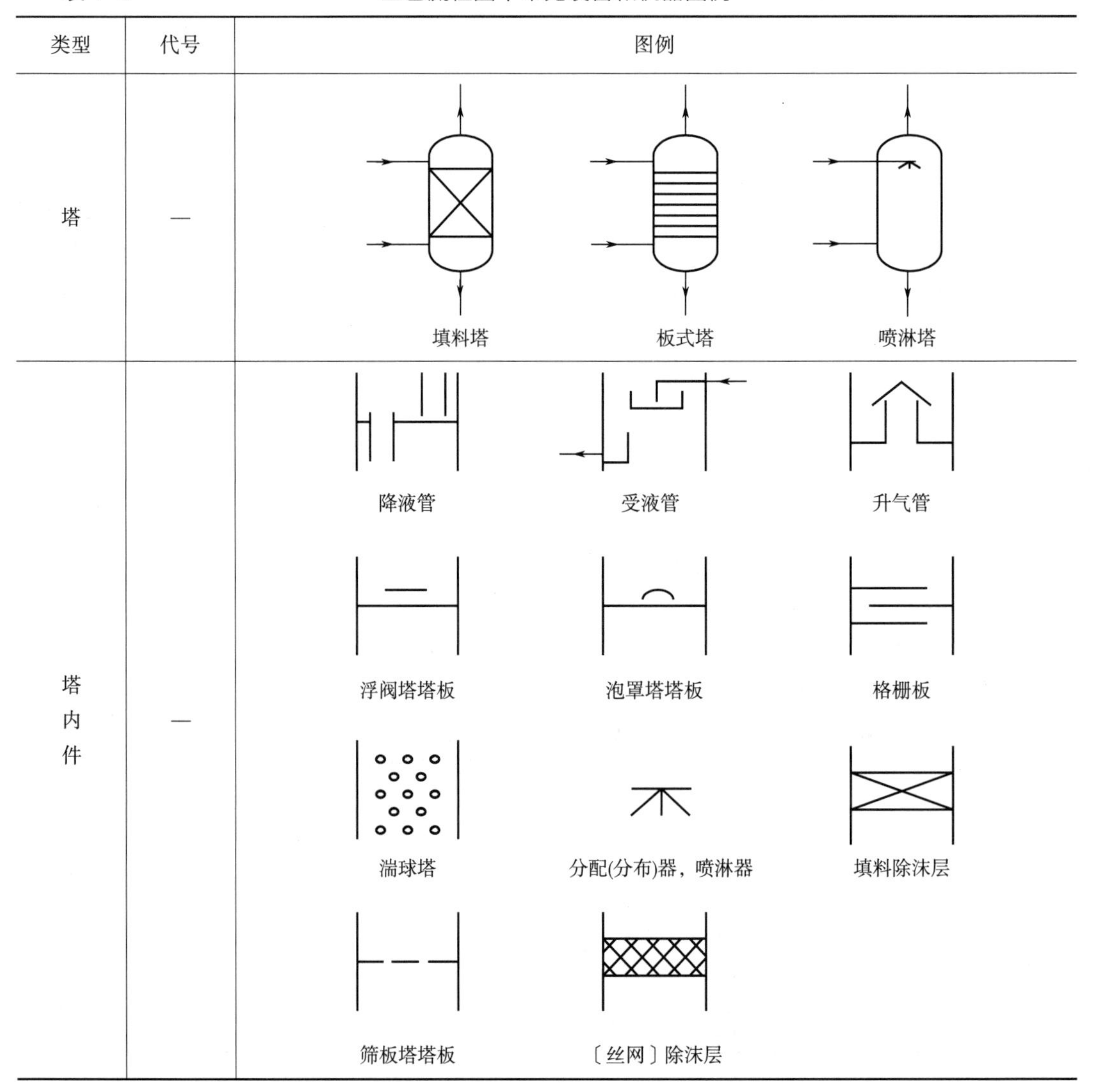

类型	代号	图例
塔	—	填料塔　板式塔　喷淋塔
塔内件	—	降液管　受液管　升气管 浮阀塔塔板　泡罩塔塔板　格栅板 湍球塔　分配(分布)器，喷淋器　填料除沫层 筛板塔塔板　〔丝网〕除沫层

续表

类型	代号	图例
反应器	R	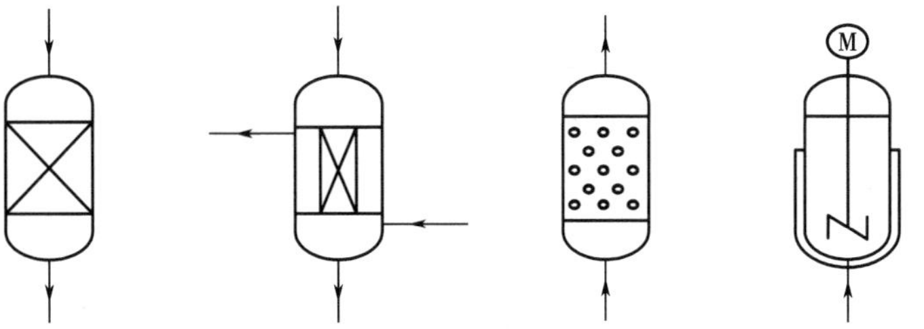 固定床反应器　列管式反应器　流化床反应器　反应釜(带搅拌夹套)
工业炉	F	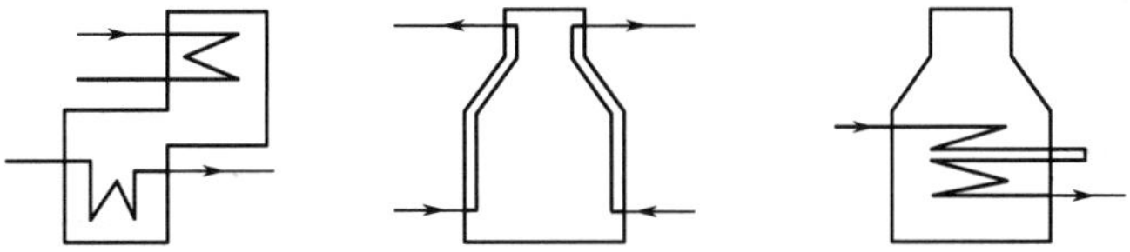 箱式炉　圆筒炉　圆筒炉
火炬烟囱	S	 烟囱　火炬
换热器	E	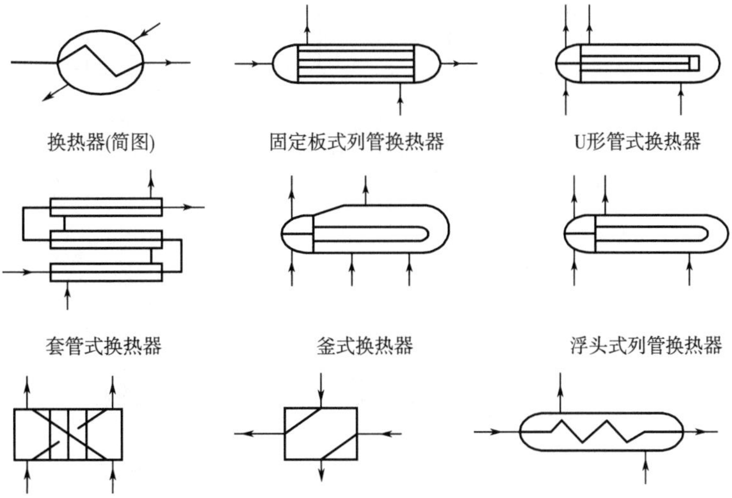 换热器(简图)　固定板式列管换热器　U形管式换热器　套管式换热器　釜式换热器　浮头式列管换热器　板式换热器　螺旋板式换热器　蛇管/盘管式换热器

续表

类型	代号	图例
换热器	E	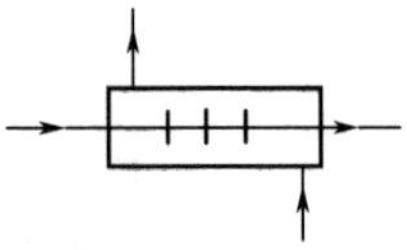 短片换热器 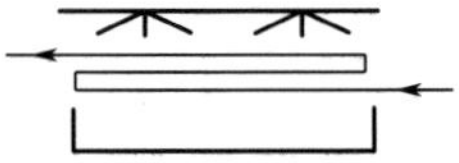　喷淋式冷却器 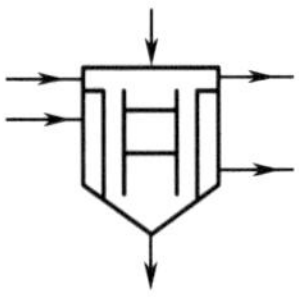　刮板式薄膜蒸发器 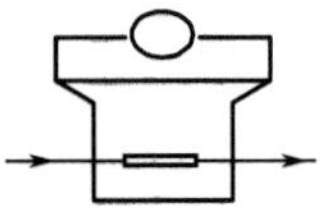 抽风式冷却器 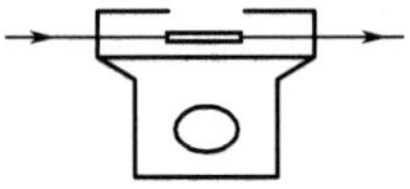　送风式冷却器 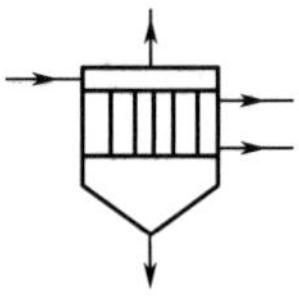　列管式薄膜蒸发器
容器	V	 锥顶罐 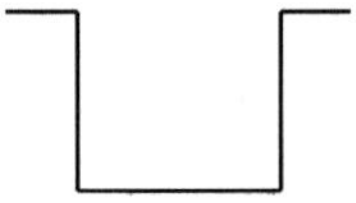　地下/半地下池槽坑 　浮顶罐  圆顶锥底罐 　蝶形封头容器 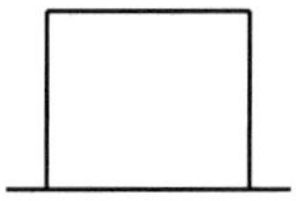　平顶容器 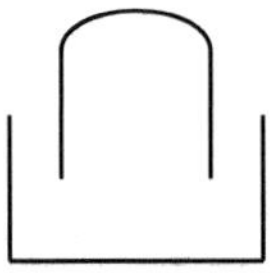 干式气柜 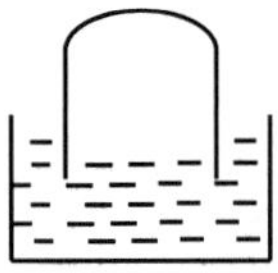　湿式气柜 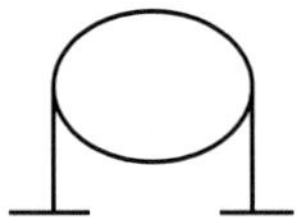　球罐 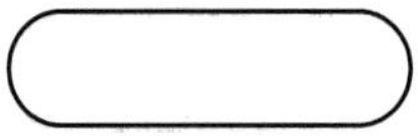 卧式容器1 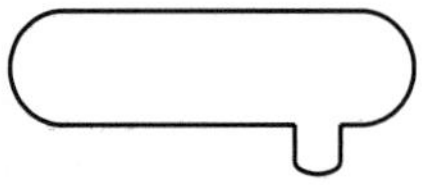　卧式容器2 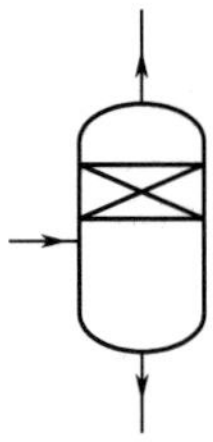 填料除沫分离器 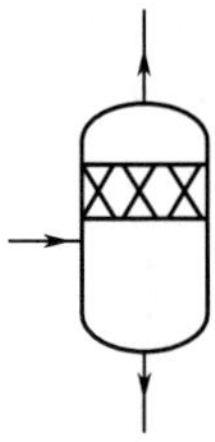　丝网除沫分离器 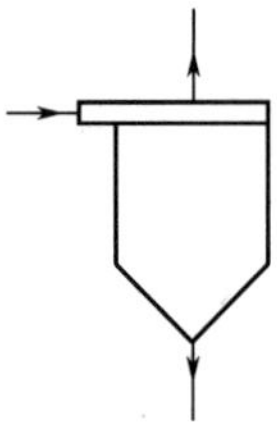　旋风分离器

续表

类型	代号	图例
容器	V	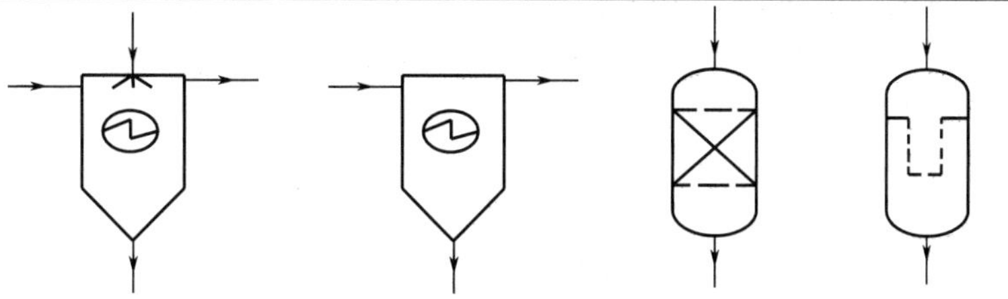 湿式电除尘器　干式电除尘器　固定床过滤器　固定床过滤器
起重运输机械	L	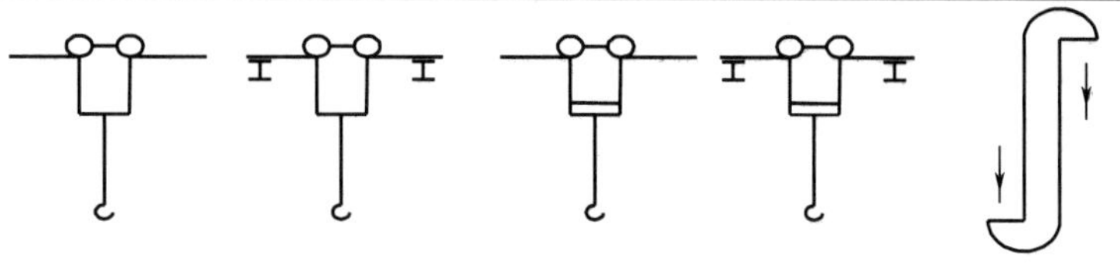 手动葫芦　手动单梁起重机　电动葫芦　电动单梁起重机　斗式提升机 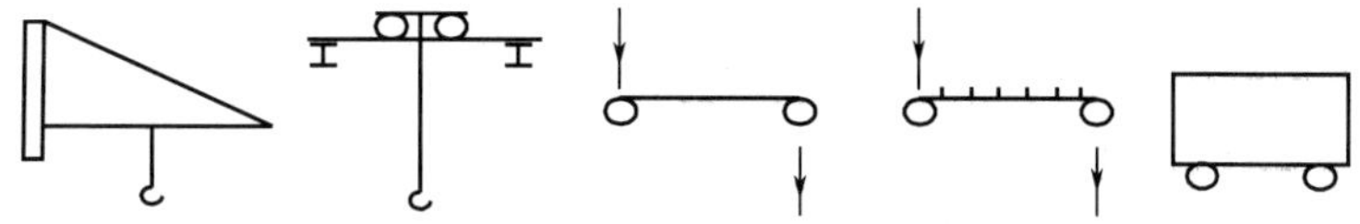 手动葫芦　手动单梁起重机　带式输送机　刮板输送机　手推车
称重设备	W	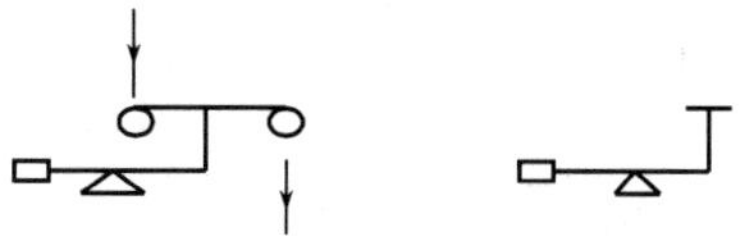 带式定量给料秤　地上衡
其他机械	M	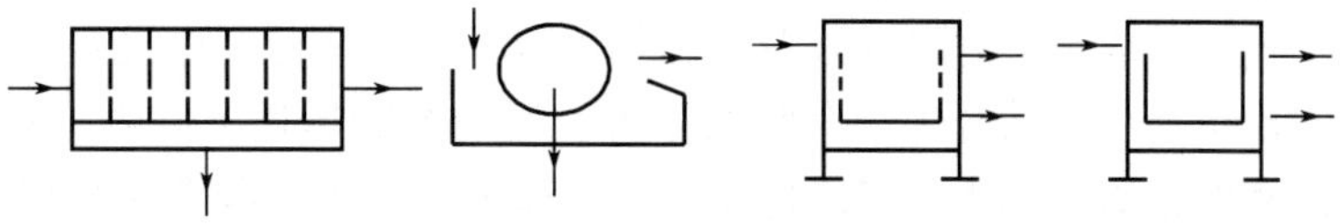 压滤机　转鼓式过滤机　有孔壳体离心机　无孔壳体离心机 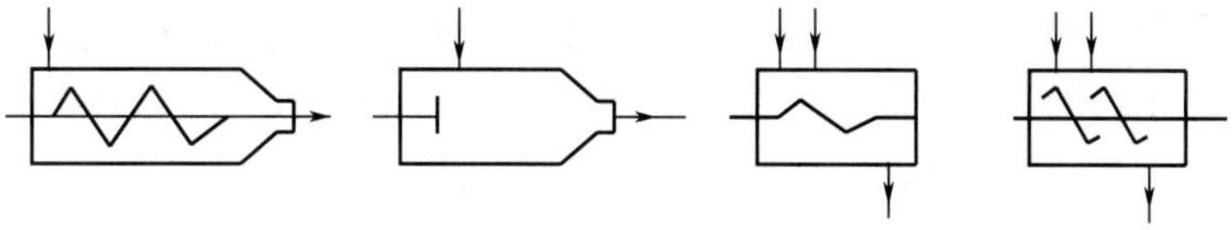 螺杆压力机　挤压机　糅合机　混合机
动力机	—	M 电动机　E 内燃机燃气机　S 汽轮机　D 其他动力机 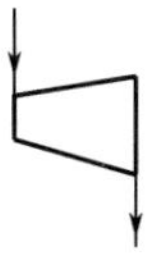 离心式膨胀机,透平机 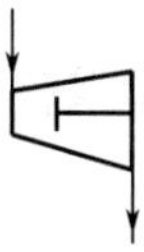　活塞式膨胀机

如图 4-4 所示是一些换热器的简化画法。其中图 4-4（1）为冷却器，CW 表示循环冷却水，箭头斜着向上表示冷却水由冷却器的下部进入上部排出；图 4-4（2）为加热器，LS 表示蒸汽，箭头斜着向下表示蒸汽从加热器的上部进入，乏汽从下部排出；图 4-4（3）表示两个物料间的换热，两个箭头分别表示两换热物质的流向，有时还在图形旁标注物料和载热体的进出口温度及每小时换热量等。

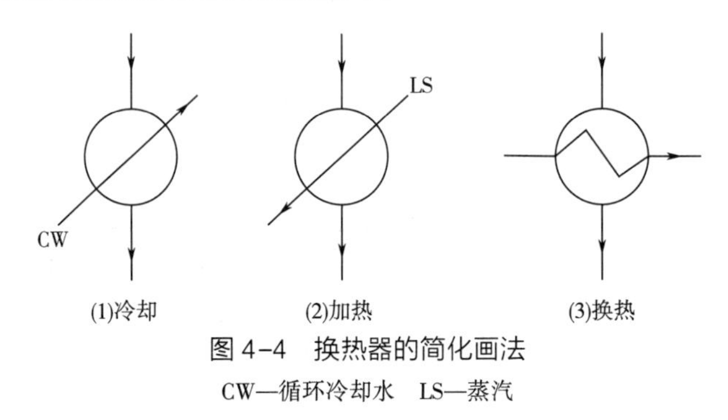

图 4-4 换热器的简化画法

CW—循环冷却水 LS—蒸汽

物料流程图中的设备要统一编注位号，有时还须注明某些特性数据，同一工程项目中位号的编写应一致。

在物料流程图中还有一些重要的内容就是流程中各组分的数量、名称、流量（如 kg/h、m^3/h 等）等，这些内容可以用表格标注在流程线上，用指引线将表格和流程线连接起来，指引线和表格线均用细实线绘制。在一个流程图中可以有很多这样的表格。在图中列多个表格有困难时，可以在流程图的下方，由左至右按流程顺序逐一列表，以表达每一单元的物流组分，各组分的名称也可以代号表示。

（三）工艺流程图

在物料流程图完成之后，即可着手物料衡算和热量衡算。从计算结果中可知车间原料、半成品、成品、副产品以及废弃物的流量，并依此开始设备设计和设备选型。设备外形尺寸确定之后，结合生产车间的布置，对物料的输送方式做出选择，完成工艺流程图。工艺流程图相对于作为施工图之用的工艺管道及仪表流程图而言仅能算是草图，因此又称之为工艺流程草图，它一般由设备示意图（按比例绘制）、设备位号、流程线、管线上的主要阀门、附件、计量仪表、必要的文字注释、图例、设备一览表等内容组成。

在生产工艺比较简单的情况下，生产工艺流程图也可以为施工所用。但工艺管道及仪表流程图才是施工图设计阶段的主要图样。

三、工艺管道及仪表流程图

工艺管道及仪表流程图也称控制点工艺流程图，是工程设计中的重要图种，与之配套的还有辅助管道及仪表流程图、公用系统管道及仪表流程图。它用图示的方法把生产工艺流程和全部设备、管道、阀门及管件和仪表表示出来。它是设计和施工的依据，也是操作运行及检修的指南。

（一）绘制工艺管道及仪表流程图的一般规定

1. 图幅

管道及仪表流程图的幅面一般为 A1，横幅绘制，流程简单时也可采用 A2 幅面绘制。

2. 比例

管道及仪表流程图不按比例绘制，一般设备（机器）图例只取相对比例。允许实际尺寸过大的设备（机器）比例适当缩小，实际尺寸过小的设备（机器）比例可适当放大，可以相对示意出各设备位置的高低。整个图面要协调、美观。

3. 相同系统的绘制方法

当一个流程中包括有两个或两个以上的相同的系统时，可以只绘出一个系统的流程图，其余系统以细双点划线的方框表示，框内注明系统名称及其编号。当整个流程比较复杂时，可以绘制一张单独的局部系统流程图。在总流程图中，局部系统采用细双点划线方框表示，框内注明系统名称、编号和局部系统流程图图号。

4. 图线和字体

工艺管道及仪表流程图中工艺物料管道用粗实线，辅助管道用中粗线，其他用细实线。在辅助系统管道及仪表流程图中的总管用粗实线，其相应支管采用中粗线，其他用细实线。管道及仪表流程图中的设备（机器）阀门、管件和管道附件都用细实线绘制（有特殊要求者除外）。

对于图线和字体的具体要求见表 4-4、表 4-5。

表 4-4　流程图/设备、管道布置图/管道轴测图/管件图/设备安装图的图线宽度

类别	图线宽度/mm		
	0.9~1.2	0.5~0.7	0.15~0.3
工艺管道及仪表流程图	主物料管道	其他物料管道	其他
辅助管道及仪表流程图	辅助管道总管	支管	其他
公用系统管道及仪表流程图	公用系统管道总管		
设备布置图	设备轮廓	设备支架	其他
设备管口方位图		设备基础	
管道布置图	单线管道	双线管道	法兰、阀门及其他
管道轴测图	管道	法兰、阀门、承插焊接、螺纹连接的管道	其他
设备支架图、管道支架图	设备支架及管架	虚线部分	其他
管件图	管件	虚线部分	其他

注：凡界区线、区域分界线、图形接续分界线的图线宽度均为 0.9mm。

表 4-5　字体要求表

书 写 内 容	推 荐 字 号/mm
图标中的图名及视图符号	7
工程名称	5
图纸中的文字说明及轴线号	5

续表

书写内容	推荐字号/mm
图纸中的数字及字母	3 或 3.5
图名	7
表格中的文字	5
表格中的文字（格子小于 6mm 时）	3.5

注：①图纸中地方不够时，数字与字线才允许为 2.5mm。
②字宽度约等于字高度的 2/3。

（二）工艺管道及仪表流程图的内容和深度

1. 设备的表示方法

绘出工艺设备一览表所列的所有设备（机器）。设备（机器）图形按表 4-3 绘制。如果有行业标准规定，按规定绘制，标准中未规定的设备（机器）的图形可以根据其实际外形和内部结构特征，只取相对大小，不按实物比例绘制。

如有可能，设备（机器）上全部接口（包括入孔、手孔、卸料口等）均应画出，其中与配管有关以及与外界有关的管口（如直连阀门的排液口、排气口、放空口及仪表接口等）则必须画出。管口一般用单细实线表示，也可以与所连管道线宽度相同，允许个别管口用双细实线绘制。一般设备管口法兰可不绘制。

图中各设备（机器）的位置安排要便于管道连接和标注，其相互间物流关系密切者（如高位槽液体自流入贮罐，液体由泵送入塔顶等）的高低相对位置与设备实际布置应相吻合；低于地面的需相应绘制在地平线以下，尽可能符合实际安装情况；对于有位差要求的设备，还要注明其限定尺寸。设备间的横向距离，则视管线绘制后图面清晰的要求而定，应避免因管线过长或过于密集而导致标注不便、图面不清晰的情况。设备的横向顺序应与主要物料管线一致，勿使管线形成过量往返。

工艺管道及仪表流程图上设备应标注位号。设备位号一般在两个地方标注：一是在图的上方或下方，要求排列整齐，并尽可能正对设备，在位号线的下方标注设备名称；二是在设备内或其近旁，在设备近旁时要用指引线指示清楚。当几个设备为垂直排列时，它们的位号和名称可以由上到下按顺序标注，也可水平标注。

施工图设计与初步设计中的编号应该一致。整个车间内设备位号不得重复，如果施工图设计中有增减，则位号应按原顺序补充在最后或取消原有位号及设备名称（保留空号）。设备的名称也应前后一致。

对于需隔热的设备要在其相应的部位画出一段隔热层图例，必要时注出其隔热等级。有伴热者也要在相应部位画出一段伴热管，必要时可注出伴热类型和介质代号。地上或地下设备在图上要表示出一段相关的地面。

2. 管道的表示方法

绘出和标注全部管道，包括阀门和管件；绘出和标注全部工艺管道以及工艺有关的一段辅助管道；绘出和标注上述管道上的阀门、管件和管道附件（不包括管道之间的连接头，如弯头、三通、法兰等，但为安装和检修等原因所加的法兰、螺纹连接件等仍需绘出和标注)。当辅助管道系统比较简单时，待工艺管道布置设计完成后，另绘制辅助管道及仪表流程图予以补充，此时流程图上只绘出与设备相连接位置的一段辅助管道（包括操作所需要的阀门等)，如图 4-5 所示，图上各支管与总管连接的先后位置应与管道布置图一致。公用管道比较复杂的系统，通常还需另绘公用系统管道及仪表流程图。

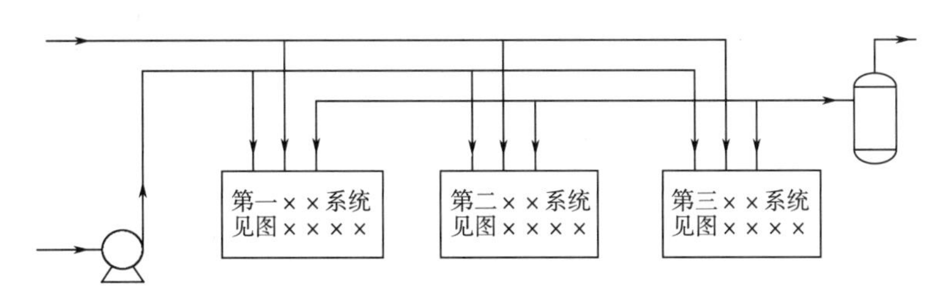

图 4-5　管道的表示方法

(1) 管道的画法

工艺管道包括正常操作所用的物料管道、工艺排放系统管道、开停车和必需的临时管道。管道及仪表流程图中管道、管件、阀门及管道附件图例见表 4-6。其线形及字体规定见表 4-4 和表 4-5。

当图纸与其他图纸有关时，一般将其端点截止在图的左方或右方，以空心箭头标出物流方向（入或出)，注明管道编号或来去设备位号、主项号或装置号（或名称）及其管道及仪表流程图图号（该图号或图号的序号写在前述空心箭头内)。

表 4-6　　　　管道及仪表流程图中管道、管件、阀门及管道附件图例

名称	图例	备注
物料管道		粗实线
物料管道		中实线
引线、设备、管件、阀门、仪表等图例		细实线
可拆短管		
伴热（冷）管道		
电伴热管道		
夹套管		
管道隔热层		
翅片管		
柔性管		
管道连接		

续表

名称	图例	备注
管道交叉		
地面		仅用于绘制地下和半地下设备
管道等级，管道编号分界	×××× ×××× ×××× ××××	××××表示管道编号或管道等级代号
责任范围分界线	×× ×× ×× ××	WE 随设备成套供应；B，B 买方负责；B，V 制造厂负责；B，S 卖方负责；B，I 仪表专业负责
隔热层分界线		隔热层分界线的标示“×”与隔热层功能类型代号相同
伴热分界线		伴热分界线的标示“×”与伴热功能类型代号相同
流向箭头		
坡度	i=5/1000	
进出装置或主项的管道或仪表信号线的图纸接续标识，相应图纸编号填在空心箭头内	40 3 进 6 自图×××-×××× 3 40 出 至图×××-×××× 6	尺寸单位为 mm，在空心箭头内注明来或去的设备位号或管道号或仪表位号
同一装置或主项内的管道或仪表信号线的图纸接续标识，相应图纸编号填在空心箭头内	10 3 进 6 自图×× 3 10 出 至图×× 6	尺寸单位为 mm，在空心箭头内注明来或去的设备位号或管道号或仪表位号
取样、特殊管阀件的编号框	A SV SP	A：取样；SV：特殊阀门；SP 特殊管件 圆直径 10mm
闸阀		
截止阀		
节流阀		
球阀		
旋塞阀		

续表

名称	图例	备注
隔膜阀		
角式截止阀	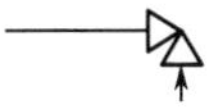	
角式节流阀		
角式球阀	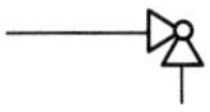	
三通截止阀		
三通球阀		
三通旋塞阀		
四通截止阀	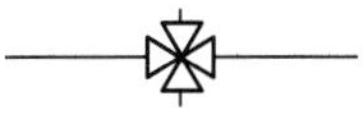	
四通球阀	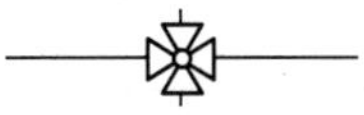	
四通旋塞阀	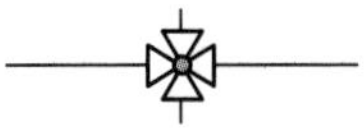	
升降式止回阀	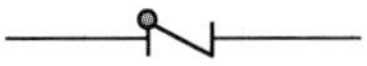	
旋启式止回阀		
蝶阀		
减压阀		
角式弹簧安全阀	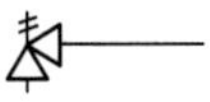	阀出口管为水平方向
角式重锤安全阀	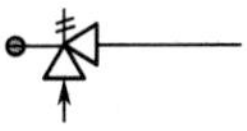	阀出口管为水平方向
疏水阀		
底阀		
直流截止阀		
呼吸阀		

续表

名称	图例	备注
阻火器		
视镜、视钟		
消声器 1		在管道中
消声器 2		放大气
阻流孔板	RO 多板　RO 单板	圆直径 10mm
爆破板		
喷射器		
文氏管		
Y 形过滤器		
锥形过滤器		方框 5mm×5mm
T 形过滤器		方框 5mm×5mm
罐式（篮式）过滤器		方框 5mm×5mm
管道混合器		
膨胀节		
喷淋管		
焊接连接		仅用于表示设备管口与管道为焊接连接
螺纹管帽		
法兰连接		
软管连接		
管端盲板		
管端法兰		
管帽		

续表

名称	图例	备注
同心异径管	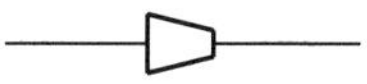	
偏心异径管		
圆形盲板	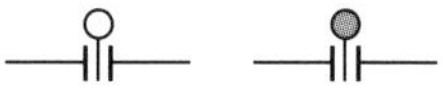	
8 字盲板	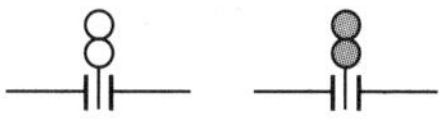	
放空帽管		
漏斗		
鹤管		
安全淋浴管		
洗眼器		
常开阀门 1	 C.S.O	未经批准，不得关闭（加锁或铅封）
常闭阀门 2	 C.S.C	未经批准，不得关闭（加锁或铅封）

（2）管道的标注　每段管道上都要有相应的标注，即标注管道组合号，但下述内容除外：

①阀门、管路附件的旁通管道，例如调节阀的旁路，管道过滤器的旁路，疏水阀的旁路，大阀门的开启旁路等。

②管道上直接排入大气的放空管以及对地排放的短管，阀门直排大气无出气管的安全阀前入口管等，管道和短管连同其阀门、管件均编入其所在的（主）管道中。

③设备管口与设备管口支连、中间无短管者（如重叠直连的换热器接管）。

④直接连于设备管口的阀门或盲板（法兰盖）等，这些阀门、盲板（法兰盖）仍要在管道综合材料表中作为附件予以统计。

⑤仪表管道。

⑥卖方（或制造厂）在成套设计（机组）中提供的管道及管件等（卖方提供管道仪表流程图或管道布置图）。

管道及仪表流程图的管道标注内容应有四个部分，即管道号（管段号）（由三个单元组成)、管径、管道等级和隔热或隔声，总称为管道组合号。管道号和管径为一组，用一短横线隔开，管道等级和隔热为另一组，用一短横线隔开，两组间留适当的空隙。一般标注在管道的上方，如下所示：

PG	13	10-300		AIA-H	
第1单元	第2单元	第3单元	第4单元	第5单元	第6单元

也可将管道号、管径、管道等级和隔热或隔声分别标注在管道的上、下方，如下所示：

$$\frac{\text{PG1310-300}}{\text{AIA-H}}$$

以上标注中的第1单元为物料代号，按化工标准填写，见表4-7。为避免与数字0混淆，规定物料代号中的字母O应写成ō。

表4-7 物料代号表

物料代号	物料名称	物料代号	物料名称
1. 工艺物料代号			
PA	工艺空气	PL	工艺液体
PG	工艺气体	PS	工艺固体
PW	工艺水	PGS	气固两相流工艺物料
PGL	气液两相流工艺物料	PLS	液固两相流工艺物料
2. 辅助、公共工程物料代号			
(1) 空气			
AR	空气	LA	仪表空气
CA	压缩空气		
(2) 蒸汽、冷凝水			
HS	高压饱和蒸汽	HUS	高压过热蒸汽
LS	低压饱和蒸汽	LUS	低压过热蒸汽
MS	中压饱和蒸汽	MUS	中压过热蒸汽
SC	蒸汽冷凝水	TS	伴热蒸汽
(3) 水			
BW	锅炉给水	CWS	冷却水上水
FW	消防水	CWR	冷却水回水

续表

物料代号	物料名称	物料代号	物料名称
RW	原水、新鲜水	HWS	热水供水
HW	热水	HWR	热水回水
SW	软水	CSW	化学污水
DW	生活水，饮用水	DNW	脱盐水
DR	排水	WW	生产废水
（4）燃料			
FG	燃料气	FL	液体燃料
FS	固体燃料	NG	天然气
（5）油			
DO	污油	FO	燃料油
GO	填料油	LO	润滑油
RO	原油	SO	密封油
（6）制冷剂			
AG	气氨	AL	液氮
ERG	气体乙烯或乙烷	ERL	液体乙烯或乙烷
FRG	氟利昂气体	FRL	氟利昂液体
PRG	气体丙烯或丙烷	PRL	液体丙烯或丙烷
RWR	冷冻盐水回水	RWS	冷冻盐水上水
（7）其他			
DR	排液、导淋	FSL	熔盐
FV	火炬排放气	H	氢
HO	加热油	IG	惰性气体
N	氮	O	氧
SL	泥浆	VE	真空排放气
VT	放空		

注：按物料的名称和状态取其英文名词的字头组成物料代号，一般采用2~3个大写英文字母来表示，如有行业标准尽量采用行业标准，无论采用哪种标准，工艺物料代号都应在图例中说明。

物料代号使用和增补规定：根据工程项目具体情况，可以将辅助、公用工程系统物料代号作为工艺物料代号，也可以适当增补新的物料代号，但不得与前述规定的物料代号相同。

第 2 单元为主项代号，按工程规定的主项（或者是车间号、工段号）编写填写，采用两位数字，从 01、02 开始至 99 为止。

第 3 单元为管道顺序号，相同类别的物料在同一主项以流向先后为序，顺序编号采用两位数字，从 01、02 开始至 99 为止。

以上三个单元组成管道号（管段号）。

第 4 单元为管道尺寸，一般标注公称通径，以 mm 为单位，只注数字，不注单位。

第 5 单元为管道等级。

第 6 单元为隔热或隔声代号。

当工艺流程简单、管道品种规格不多时，则管道组合号中的第 5、第 6 单元可省略。第 4 单元管道尺寸可直接填写管子的外径×壁厚，如：

PG301-325×8

在满足设计、施工和生产的要求且不会产生混淆和错误的前提下，管道号的数量应尽可能减少。

辅助和公用系统管道、室外管道的管道组合号均按上述方法编制。同一根管道在进入不同主项时，其管道组合号中的主项编号和顺序号均要变更。在图纸上要注明变更处的分界标志。

装置外供给的原料的主项编号以接受方的主项编号为准。

放空和排液管道若有管件、阀门和管道，则要标注管道组合号。若放空和排液管道系排入工艺系统中，其管道组合号按工艺物料编制。

一个设备管口到另一个设备管口之间的管道，无论其规格或尺寸改变与否，都应编号；一个设备管口与一个管道之间的连接管道也应编号；各管道之间的连接管道也应编号。

一个管道与多个并联设备相连时，若以管道作为总管出现，则总管编一个号，总管到各设备的连接支管也要分别编号；若此管不作为总管出现，一端与设备直连（允许有异径管），则此管到离其最远设备的连接管编一个号，与其余各设备间的连接管也分别编号。

外界管道作为厂区外管或编单独主项号时，其编号中的主项编号要以界外管道主项为准；当管道转折较多时，管道标注可作适当重复，以便看图。管道上的物料流向，一般以箭头画在管线上。

3. 阀门与管件的表示方法

管道上的阀门、管件、管道附件的公称通径与所在管道公称通径不同时要注出它们的尺寸，如有必要还需要注出它们的型号，它们之间的特殊阀门和管道附件还要进行分类和编号，必要时以文字、放大图和数据表加以说明。

在管道上需用细实线画出全部阀门和部分管件（如视镜、阻火器、异径接头、盲板、下水漏斗等）的符号。管件中的一般连接件，如法兰、三通、弯头、管接头等，若无特殊需要均不予画出。竖管上的阀门在图上的高低位置应大致符合实际高度。

管线、阀门、管件和管道附件要按化工标准进行绘制（表 4-6）。

4. 全部检测仪表、调节控制系统、分析取样系统的绘制和标注

绘出和标注全部与工艺有关的检测仪表、调节控制系统、分析取样点和取样阀（组）。其符号、代号和表示方法同首页图规定并符合自控专业规定。

如图 4-6 所示，一个仪表控制点图形符号表示一个仪表控制点，它包含图形符号、字母代号和数字编号，其中图形符号和字母代号组合起来，可以表示工业仪表处理的被测变量和功能，或表示仪表、设备、元件、管线的名称。字母代号和数字编号组合起来，就组成了仪表的位号。

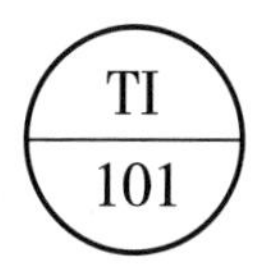

图 4-6　一个仪表控制点图形符号

(1) 图形符号　检测、显示、控制等仪表在图上用 *b*/3 细线圆（直径约 10mm）表示（*b* 指主物料管道图线宽度），仪表的表示如图 4-7（1）所示，需要时允许圆圈断开，仪表的表示如图 4-7（2）所示。仪表用 *b*/3 的连接线指向工艺设备轮廓工艺管线上的测量点（包括检出元件、取样点），测量点的表示如图 4-8 所示。如果需标出测量点在工艺设备中的位置时，连接线应引到工艺设备轮廓线内适当的位置上，并在连接线的起点加一个直径约 2mm 的小圆，测量点的位置表示如图 4-9 所示。

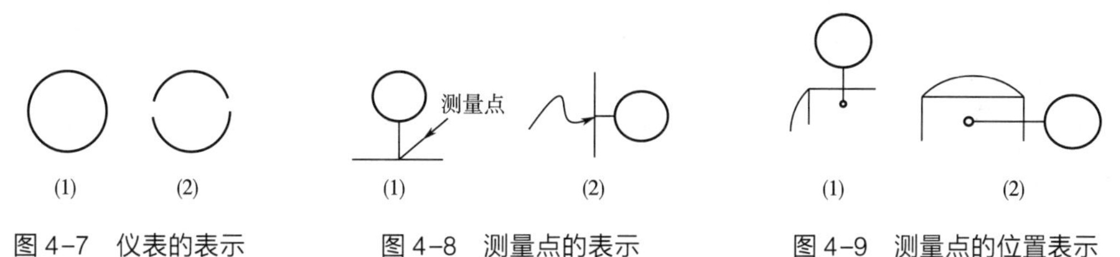

图 4-7　仪表的表示　　图 4-8　测量点的表示　　图 4-9　测量点的位置表示

仪表的安装位置也可用不同的符号表示，仪表安装位置符号如图 4-10 所示。更详细内容请参考化工制图标准执行器的图形符号。执行器由执行机构和调节机构两部分组合而成，执行机构的图形符号如图 4-11 所示。在工艺管道及仪表流程图上，执行机械上的阀门定位器一般可不表示。常用的调节机构——控制器（又称调节阀）的图形符号见表 4-6。

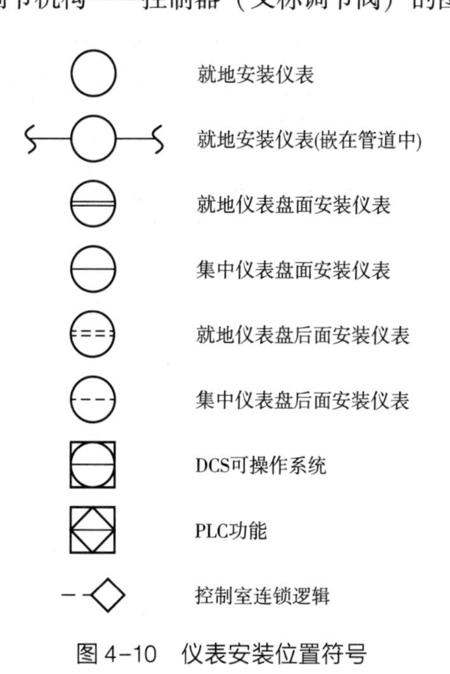

图 4-10　仪表安装位置符号

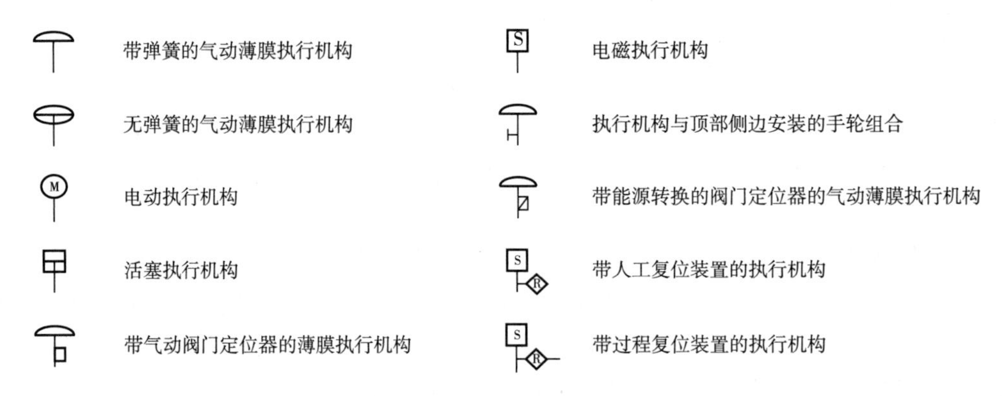

图 4-11　执行机构的图形符号

（2）仪表位号　在工艺管件及仪表流程图中，构成一个仪表回路的一组仪表可以用主要仪表的仪表位号或仪表位号的组合来表示，例如 TRC-131 可以代表一个装于第一工段、序号为 31 的温度记录控制回路。

仪表位号的编制方法有两种：一种是只编回路的自然顺序号；另一种是工段号加仪表顺序号，如下所示：

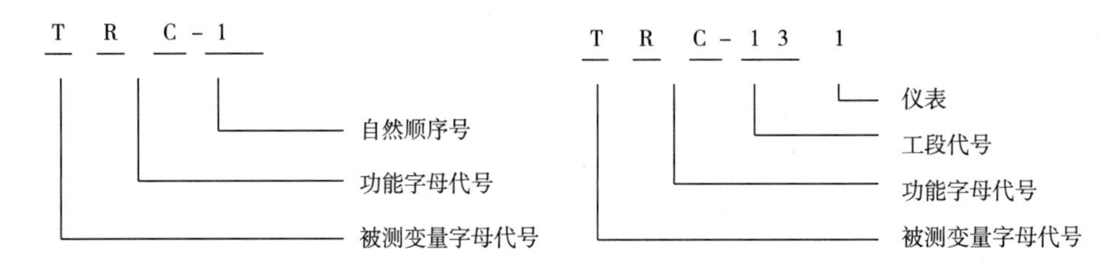

在工艺管道及仪表流程图和自控专业的仪表系统图中，仪表位号的标注方法如图 4-6 所示，其字母代号填写在圆圈上半圆中，数字编号填写在圆圈的下半圆中。

被测变量和仪表功能字母的代号见表 4-8。

表 4-8　　被测变量和仪表功能字母的代号

字母	第一字母		后续字母
	被测变量或初始变量	修饰词	功　能
A	分析		报警
B	喷嘴火焰		供选用
C	电导率		控制
D	密度	差	
E	电压	检出元件	
F	流量	比（分数）	
G	尺度		玻璃
H	手动		
I	电流		指示

续表

字母	第一字母		后续字母
	被测变量或初始变量	修饰词	功 能
J	功率		扫描
K	时间或时间程序		自动-手动操作器
L	料位		指示灯
M	水分或湿度		
N	供选用		供选用
O	供选用		节流孔
P	压力或真空		试验点
Q	数量或件数	积分、累计	积分、累计
R	放射性		记录或打印
S	速度或频率	安全	开关或连锁
T	温度		传送（变送）
U	多变量		多功能
V	黏度		阀、挡板、百叶窗
W	质量或力	套管	
X	未分类		未分类
Y	供选用		继动器或计算器
Z	位置		驱动、执行或未分类的执行器

5. 设备位号

工艺管道及仪表流程图上的设备位号应与初步设计相一致，如要取消某一设备，则被取消的设备位号应空留，若某类设备需要增加，则所增设备应在该类设备原有的位号后按顺序继续编号，每一设备均应编注一个位号。在流程图、设备布置图和管道布置图上标注位号时，应在位号下方画一条 0.6mm 宽的粗实线，线上方写位号，线下方在需要时可书写名称。位号的组成如下所示：

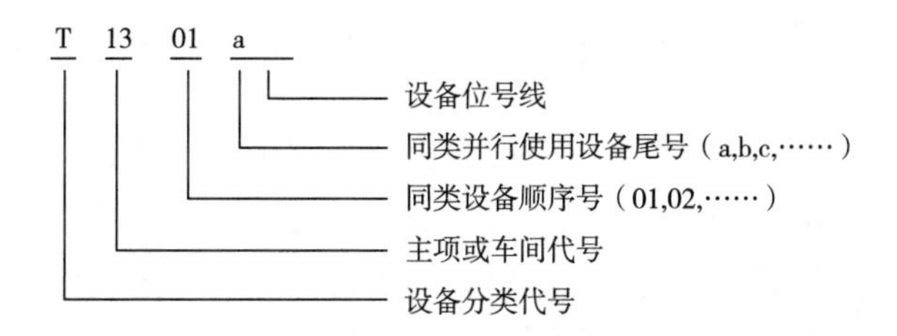

（1）设备分类代号如下：

设备分类	代号
塔	T
泵	P
压缩机、鼓风机	C

反应釜 R
容器（槽、罐） V
工业炉 F
火炬、烟囱 S
换热器、冷却器、蒸发器 E
起重机、运输机 L
其他机械 M
称量设备 W
其他设备 X

（2）主项代号采用两位数字，从01开始编号。

（3）设备顺序号采用两位数字（01，02，03，……）表示。

（4）区别同一位号的相同设备时，用英文大写字母（A，B，C……）作为尾号表示。

由制造厂提供的成套设备（机组）在工艺管道及仪表流程图上以双点划线框图表示出制造厂的供货范围。框图内注明设备位号，绘出与外界连接的管道和仪表线，如果采用制造厂提供的工艺管道及仪表流程图则要注明厂方的图号，也可以画出其简单的外形（参照设备、机器图例规定）及其与外部相连的管路，注明位号、设备或机组自身的管道及仪表流程图（以流程图另行绘制）图号。

若成套设备（机组）的工艺流程简单，可按一般设备（机组）对待，但仍需注出制造厂供货范围。一般对随成套设备（机组）一起供应的管道、阀门、管件和管道附件加文字标注——卖方提供（也可加注英文字母B、S表示）。

6. 特殊设计要求

对一些特殊设计要求，可以在管道及仪表流程图上加注说明或者加简图说明。

设计中设备（机器）、管道、阀门、管件和管道附件相互之间或其本身可能有一些特殊要求，这些要求均要在图中相应部位予以表达。

（1）特殊定位尺寸

①设备间相对高差有要求的，需注出其最小限定尺寸。

②液封管应注出其最小高度，其位置与设备（或管道）有关系时，应注出所要求的最小距离。

③异径管位置有要求时，应标注其定位尺寸；必须限制管道的长度时，也需注出其长度尺寸限度。

④支管与总管连接，对支管上的阀门位置有特殊要求时，应标注尺寸；支管与总管连接，对支管上的管道等级分界位置有要求时，应标注尺寸和管道等级。

⑤对安全阀入口管道压降有限制时，要在管道近旁注明管道长度及弯头数量。

⑥对于火炬、放空管最低高度有要求时，以及对排放点的低点高度有要求时，均应标注。

（2）流量孔板前后直管段长度要求。

（3）管线的坡向和坡度要求。

（4）一些阀件、管件或支管安装位置的特殊要求；某些阀门、管件的使用状态要求（例如在正常操作状态下阀门是开还是关，是否是临时使用的阀门、管件等）。

（5）其他特殊设计要求。

对于上述这些特殊要求应加文字、数字注明，必要时还要有详图表示。

7. 附注

设计中一些特殊要求和有关事宜在图上不宜表示或表示不清楚时，可在图上加附注，采用文字、表格、简图加以说明，如对高点放空、低点排放设计要求的说明，对泵入口直管段长度的要求，对限流孔板的有关说明等。一般附注加在图签附近（上方或左侧）。油脂浸出车间（控制点）工艺流程图（示意图）如图 4-12 所示。

（三）工艺管道及仪表流程图标题栏

标题栏的规格与设备布置图、管路布置图等基本相同。有关部门正在考虑将化工工艺、化工设备、自控、土建等专业图纸的标题栏制定为统一规格。在未正式统一之前，允许各专业各部门暂按各原有规格使用。

四、首页图

在工艺设计施工图中，将设计中所采用的部分规定以图表形式绘制成首页图，以便更好地了解和使用各设计文件，首页图包括以下内容：

（1）工艺管件及仪表流程图中所采用的图例、符号、设备位号、物料代号和管道编号等。

（2）装置及主项的代号和编号。

（3）自控（仪表）专业在工艺过程中所采用的检测和控制系统的图例、符号、代号等。

（4）其他需要说明的事项。

首页图可以为物料流程图、管道及仪表流程图、设备布置图和管路布置图共用，用于整套施工图之首。

五、设备一览表

在施工图设计中往往需要单独设计一张设备一览表，这样物料流程图、工艺管道及仪表流程图、设备布置图、管路布置图等的图面上就不再重复出现设备一览表，只标明设备位号即可。它包括装置（或主项）内所有化工工艺设备（机器）与化工工艺有关的辅助设备（机器），一般把设备（机器）分为定型和非定型两大类，编制设备一览表时可按此两类分别填写，非定型设备在先。

设备一览表中的内容应包括序号、设备在流程图中的位号、设备名称、设备规格型号、数量、质量、配备功率等，有时还需要有材料、防腐、保温、设备图号、管口方位图号等栏目。

第四节　工艺计算

食品工厂工艺计算主要是应用守恒定律来研究生产过程的物料衡算和能量衡算问题。物料衡算和能量衡算是进行食品工厂工艺设计、过程经济评价、节能分析以及过程优化的基础。此外，还要对生产用水、用汽作出计算。

一、物料衡算

物料衡算是工艺计算中最基本也是最重要的内容之一，它是能量衡算的基础。物料衡算的理论依据是质量守恒定律，即在一个孤立体系中，不论物质发生任何变化，它的质量始终不变（不包括核反应，因为核反应能量变化非常大，此定律不适用）。根据这一定律，输入某一设备的原料量必定等于生产后所得产品的量加上生产过程中物料损失的量。物料衡算适用于整个生产过程，也适用于生产过程的每一阶段。计算时，既可作总的物料衡算，也可以对混合物中某一组分做物料衡算。

经过物料衡算，可以得出加入设备和离开设备的物料（包括原料、中间产品、产品）各组分的质量和体积。由此可以进一步计算出产品的原料消耗定额、昼夜或年消耗量以及有关的排出物料量。在设计中往往要进行全厂的物料衡算和工序的物料衡算两种计算，根据计算的结果分别绘制出全厂的物料平衡图和工序的物料平衡图。

1. 物料衡算的作用

（1）取得原料、辅助材料的消耗量及主产品、副产品的得率。

（2）为热量衡算、设备计算和设备选型提供依据。

（3）是编制设计说明书的原始资料。

（4）制定最经济合理的工艺条件、确定最佳工艺路线。

（5）为成本核算提供计算依据。

2. 物料衡算的依据

（1）生产工艺流程示意图。

（2）所需的理化参数和选定的工艺参数，产品的质量指标。

3. 物料衡算的结果

（1）加入设备和离开设备的物料各组分名称。

（2）各组分的质量。

（3）各组分的成分。

（4）各组分的100%物料质量（即干物料量）。

（5）各组分物料的相对密度。

（6）各组分物料的体积。

4. 计算步骤

（1）收集计算数据、列出已知条件和选定工艺参数。

（2）按工艺流程顺序用方框图和箭头画出物料衡算示意图。

图中用简单的方框表示过程中的设备，用线条和箭头表示每个流股的途径和流向。并标出每个流股的已知变量（如流量、组成）及单位。对一些未知的变量，可用符号表示。

（3）选定计算基准，一般以t/d或kg/h为单位。

（4）列出物料衡算式，然后用数学方法求解。

在食品生产过程中，一些只有物理变化、未发生化学反应的单元操作，如混合、蒸馏、干燥、吸收、结晶、萃取等，可以根据物料衡算式，列出总物料和各组分的衡算式，再用代数法求解。

图4-13表示无化学反应的连续过程物料流程。图中方框表示一个体系，虚线表示体系边界。有三个流股，即进料 F、出料 P 和出料 W，每个流股有两个组分。

关于图4-13的物料衡算式如下所示：

总物料衡算式：$F = P + W$

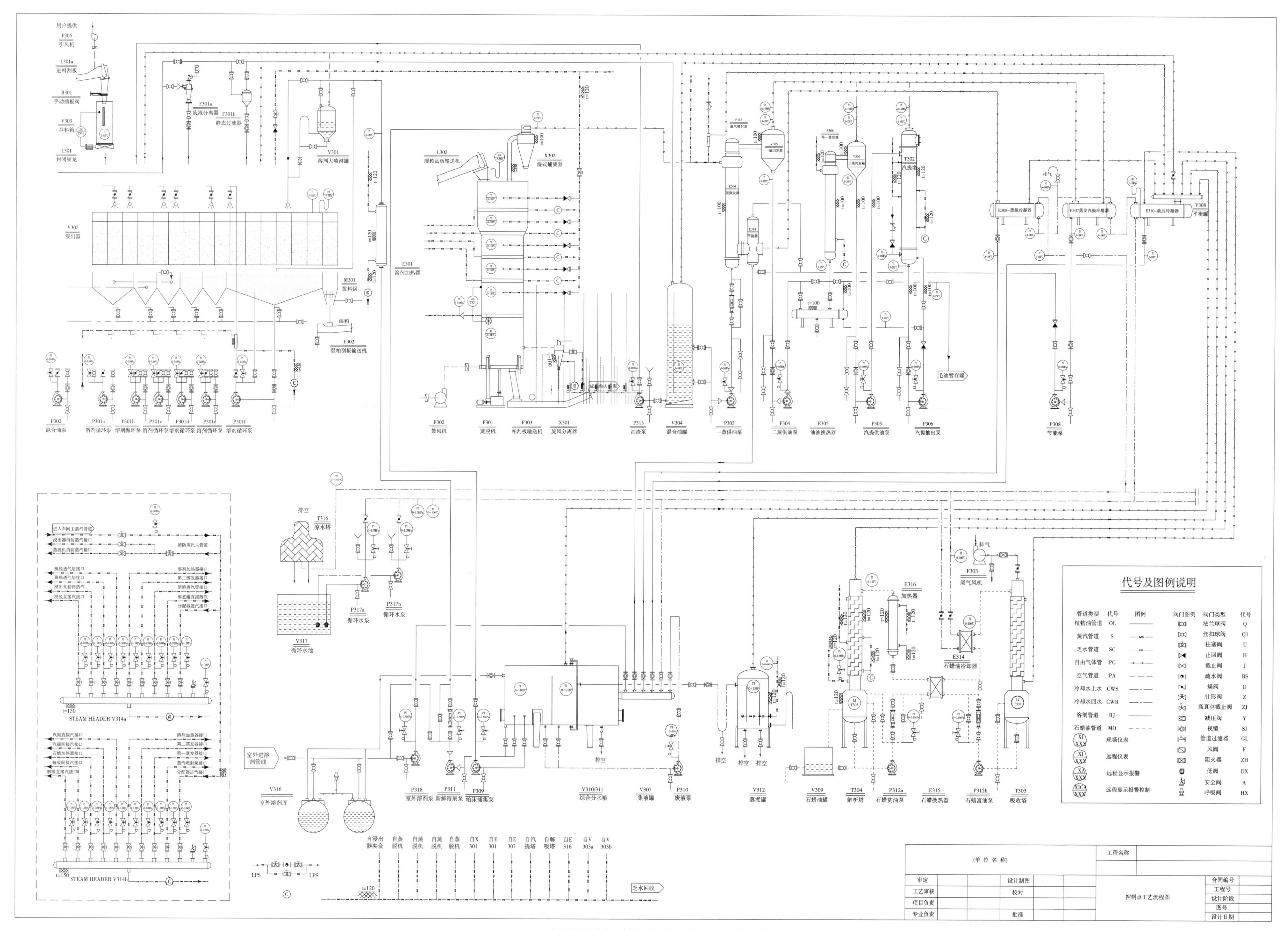

图4-12 油脂浸出车间（控制点）工艺流程图（示意图）

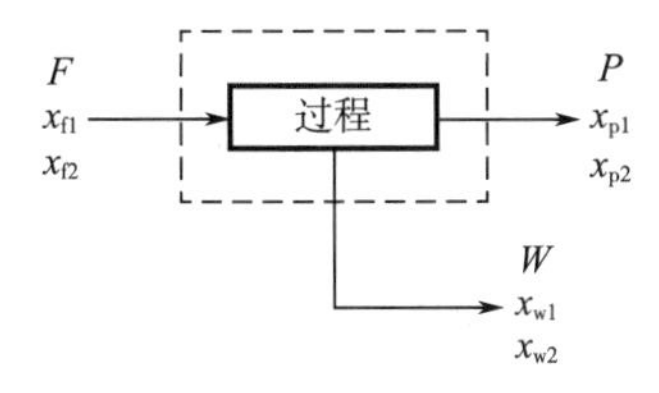

图 4-13 无化学反应的连续过程物料流程

x_{f1}—进料 F 的组分 f1 的质量分数 x_{f2}—进料 F 的组分 f2 的质量分数

x_{p1}—进料 P 的组分 p1 的质量分数 x_{p2}—进料 P 的组分 p2 的质量分数

x_{w1}—进料 W 的组分 w1 的质量分数 x_{w2}—进料 W 的组分 w2 的质量分数

每种组分衡算式：$F \cdot x_{f1} = P \cdot x_{p1} + W \cdot x_{w1}$

$$F \cdot x_{f2} = P \cdot x_{p2} + W \cdot x_{w2}$$

（5）将计算结果用物料平衡图或物料平衡表（输入-输出物料平衡表）表示。

物料平衡图是根据任一物料的质量与经过加工处理后得到的成品及少量损耗之和在数值上相等的原理绘制的。平衡图的内容包括：物料名称、质量、成品质量、物料流向、投料顺序等。绘制平衡图时，实线箭头表示物料主流向，必要时用细实线表示物料支流向。油脂浸出车间混合油蒸发工序物料平衡图如图 4-14 所示。

（6）校核计算结果。

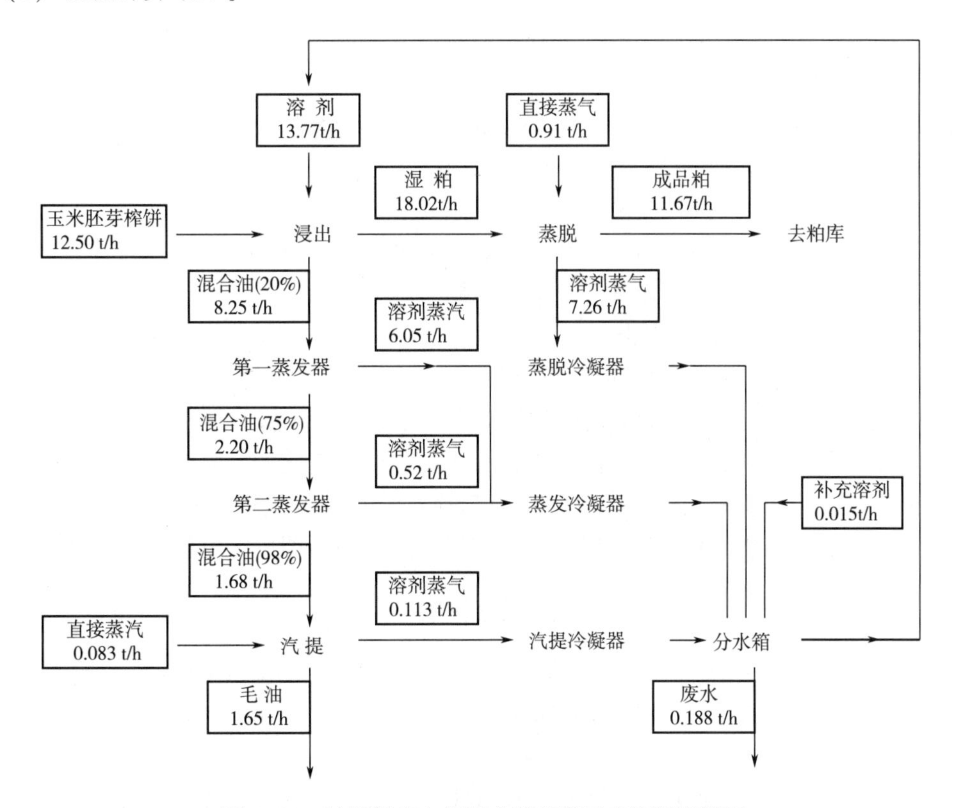

图 4-14 油脂浸出车间混合油蒸发工序物料平衡图

二、热量衡算

在食品工厂生产中，能量的消耗是一项重要的技术经济指标，它是衡量工艺过程、设备设计、操作制度是否先进合理的主要指标之一。

能量衡算的基础是物料衡算，只有在完成物料衡算后才能进行能量衡算。

（一）热量衡算的作用

热量衡算是能量衡算的一种表现形式，遵循能量守恒定律，即输入的总热量等于输出的总热量。

（1）可确定输入、输出热量，从而确定传热剂和制冷剂的消耗量，确定传热面积。

（2）提供选择传热设备的依据。

（3）优化节能方案。

（二）热量衡算的依据

（1）基本工艺流程及工艺参数。

（2）物料计算结果中有关物料流量或用量。

（3）介质（加热或冷却）名称、数量及确定的参数（如温度、压力等）。

（4）基本物性参数（热交换介质及单一物料的物化参数：热焓、潜热、始末状态以及混合物性能参数等）。

（三）热量衡算的方法和步骤

（1）列出已知条件，即物料衡算的量和选定的工艺参数。

（2）选定计算基准，一般以 kJ/h 为单位。

（3）对输入、输出热量分项进行计算。

（4）列出热平衡方程式，求出传热介质的量。热量衡算如式（4-2）所示。

$$Q_1+Q_2=Q_{3+}+Q_4+Q_5 \tag{4-2}$$

式中 Q_1——所处理原料带入热量

Q_2——由加热剂（或制冷剂）传给设备（或物料）的热量

Q_{3+}——所处理的物料从设备中带走的热量

Q_4——消耗在设备上的热量

Q_5——设备向四周散发的热量（热损失）

（四）连续式与间歇式设备操作的热量衡算的区别

（1）间歇式操作的条件是随时间的变化而产生周期性变化的，因此热量衡算须按每一周期为单位进行，计算单位为 kJ/次循环，然后换算成 kJ/h，热损失取最大值。

（2）连续设备操作则不受时间变化的影响仅取其平均值即可，单位为 kJ/h 或 kJ/h。

三、用水量计算

在食品生产中水是必不可少的物料。食品生产用水量的多少随生产性质和产品种类的不同而异。用水量计算是根据不同食品生产中对水的不同需求对其用水量进行的计算。

食品工厂生产车间用水量的计算方法有两种：按单位产品耗水量定额估算或按实际生产用水量计算。

1. 按单位产品耗水量定额估算

按单位产品耗水量定额估算即根据目前我国相应食品工厂的生产用水量经验数值来估算生产用水量。这种方法简便，但因不同食品工厂所在地区的不同、原料品种差异以及设备条件、生产能力大小、管理水平等实际情况的不同，同类食品工厂的技术经济指标会有较大幅度的差异，故用这种方法估算的用水量只是粗略的，如每生产 1t 肉类罐头，用水量在 35t 以上；每生产 1t 啤酒，用水量在 10t 以上（不包括麦芽生产）；每生产 1t 软饮料，用水量在 7t 以上；每生产 1t 全脂奶粉，用水量在 130t 以上等。部分罐头食品生产的单位耗水量见表 4-9、部分乳制品生产平均每吨成品耗水量见表 4-10。

表 4-9　部分罐头食品的单位耗水量

成品类别或产品名称	耗水量/(t/t 成品)	备注
肉类罐头	35~50	
禽类罐头	40~60	不包括原料的速冻及冷藏
水产类罐头	50~70	
水果类罐头	60~85	以橘子、桃子、菠萝为高
蔬菜类罐头	50~80	番茄酱例外，180~200 t/t 成品

表 4-10　部分乳制品平均每吨成品耗水量

产品名称	耗水量/（t/t 成品）	产品名称	耗水量/（t/t 成品）
消毒奶	8~10	奶油	28~40
全脂乳粉	130~150	干酪素	380~400
全脂甜乳粉	100~120	乳粉	40~50
甜炼乳	45~60		

2. 按实际生产用水量计算

对于规模较大的食品工厂，在进行用水量计算时必须采用计算方法，保证用水量的准确性。

（1）首先明确题意和计算的目的及要求　例如，要做一个生产过程设计，就要对其中的每一个设备和整个生产过程作详细的用水量计算，计算项目要全面、细致，以便为后一步设备计算提供可靠依据。

（2）绘出用水量计算流程示意图　为了使研究的问题形象化和具体化，使计算的目的准确、明了，通常使用方框图显示所研究的系统，图形表达的内容应准确、详细。

（3）收集设计基础数据　需收集的数据资料一般应包括：生产规模，年生产天数，原料、辅料和产品的规格、组成及质量等。

（4）确定工艺指标及消耗定额等　设计所需的工艺指标、原料消耗定额及其他经验数据，应根据所用生产方法、工艺流程和设备，对照同类生产工厂的实际水平来确定，且必须是先进而又可行的。

（5）选定计算基准　计算基准是工艺计算的出发点，正确的选取能使计算过程大为简化且保证结果的准确性。因此，应该根据生产过程特点，选定计算基准，食品工厂常用的基准有：

①以单位时间产品或单位时间原料作为计算基准。

②以单位质量、单位体积的产品或原料为计算基准，如肉制品生产用水量计算中以100kg 原料作为基准进行计算。

③以加入设备的一批物料量为计算基准，如啤酒生产以投入糖化锅、发酵罐的每批次用水量作为计算基准。

（6）由已知数据，根据质量守恒定律进行用水量计算　此计算既适用于整个生产过程，也适用于某一个工序和设备。根据质量守恒定律列出相关数学关联式并求解。

（7）列出计算表　校核并处理计算结果，列出用水量计算表。

四、用汽量计算

用汽量计算的目的在于通过用汽量计算了解生产过程中蒸汽消耗的定额指标，以便进行生产成本核算和管理，以及对工艺技术和操作进行优化改进。

食品生产用汽量计算的方法有两种：单位产品耗汽量定额估算法和用汽量计算法。

（一）单位产品耗汽量定额估算法

对于规模较小的食品工厂，其生产用汽量可采用单位产品耗汽量定额估算法。它又可分为三个方法，即按单位（t）产品耗汽量估算、按主要设备的用汽量估算及按食品工厂生产规模拟定给汽能力。表 4-11 列出了部分乳制品平均每吨产品耗汽量，表 4-12 列出了部分罐头和乳品用汽设备的用汽量以供参考。

表 4-11　部分乳制品平均每吨产品耗汽量

产品名称	耗汽量/(t/t 成品)	产品名称	耗汽量/(t/t 成品)
消毒奶	0.28~0.4	奶油	1.0~2.0
全脂乳粉	10~15	甜炼乳	3.5~4.6

表 4-12　部分罐头和乳品用汽设备的用汽量表

设备名称	设备能力	用汽量/(kg/h)	进汽管径/mm	用汽性质
可倾式夹层锅	300L	120~150	25	间歇
五链排水箱	10212 号 235 罐	150~200	32	连续
立式杀菌锅	8113 号 522 罐	200~250	32	间歇
卧式杀菌锅	8113 号 2300 罐	450~500	40	间歇
常压连续杀菌机	8113 号 608 罐	250~300	32	连续
番茄酱预热器	5t/h	300~350	32	连续
双效浓缩锅 1	蒸发量 1000kg/h	400~500	50	连续
双效浓缩锅 2	蒸发量 4000kg/h	2000~2500	100	连续
蘑菇预蒸机	3~4 t/h	300~400	50	连续

续表

设备名称	设备能力	用汽量/(kg/h)	进汽管径/mm	用汽性质
青刀豆预蒸机	2~2.5 t/h	200~250	40	连续
擦罐机	6000 罐/h	60~80	25	连续
KDK 保温缸	100L	340	50	间歇
片式热交换器	3t/h	130	25	连续
洗瓶机	2000 瓶/h	600	50	连续
洗桶机	180 个/h	200	32	连续
真空浓缩锅 1	300L/h	350	50	间歇或连续
真空浓缩锅 2	700L/h	800	70	间歇或连续
真空浓缩锅 3	1000L/h	1130	80	间歇或连续
双效真空浓缩锅	1200L/h	500~720	50	连续
三效真空浓缩锅	3000L/h	800	70	连续
喷雾干燥塔 1	75kg/h	300	50	连续
喷雾干燥塔 2	150kg/h	570	50	连续
喷雾干燥塔 3	250kg/h	875	70	连续
喷雾干燥塔 4	350kg/h	1050	80	连续
喷雾干燥塔 5	700kg/h	1960	100	连续

食品工厂中的动力蒸汽，如蒸汽喷射真空泵、蒸汽往复泵、蒸汽发电机等设备的用汽量，可根据铭牌上的数量确定。

（二）用汽量的计算法

对于规模较大的食品工厂，在进行用汽量计算时必须采用数学方法以保证用汽量的准确性。

（1）画出单元设备的物料流向及变化的示意图。

（2）分析物料流向及变化，写出热量计算式，见式（4-3）。

$$\sum Q_{入}=\sum Q_{出}+\sum Q_{损} \tag{4-3}$$

式中　$\sum Q_{入}$——输入的热量总和，kJ

$\sum Q_{出}$——输出的热量总和，kJ

$\sum Q_{损}$——损失的热量总和，kJ

通常有：

$$\sum Q_{入}=Q_1+Q_2+Q_3$$

$$\sum Q_{出}=Q_4+Q_5+Q_6+Q_7$$

$$\sum Q_{损}=Q_8$$

式中　Q_1——物料带入的热量，kJ

Q_2——由加热剂（或冷却剂）传给设备和所处理的物料的热量，kJ

Q_3——过程的热效应，包括生物反应热、搅拌热等，kJ

Q_4——物料带出的热量，kJ

Q_5——加热设备需要的热量，kJ

Q_6——加热物料需要的热量，kJ

Q_7——气体或蒸汽带出的热量，kJ

Q_8——损失的热量总和，kJ

值得注意的是，对具体的单元设备，上述的 Q_1～Q_8 各项热量不一定都存在，故在进行热量计算时，必须根据具体情况进行具体分析。

（3）收集数据　为了使热量计算顺利进行且计算结果无误又节约时间，首先要收集数据，如物料量、工艺条件以及必需的物性数据等。这些有用的数据可以从专业手册中查阅，或取自工厂实际生产数据，或根据试验研究结果选定。

（4）确定合适的计算基准　在热量计算中，取不同的基准温度，按照热量计算式所得到结果就不同，所以必须选定一个设计温度，且每一物料进出口基准温度必须一致。通常，取0℃为基准温度可简化计算。此外，为使计算方便、准确，可灵活选取适当的基准，如按100kg原料或成品、每小时或每批次处理量等作为基准进行计算。

（5）进行具体的热量计算

①物料带入的热量 Q_1 和带出热量 Q_4 按式（4-4）计算。

$$Q_1(\text{或 } Q_4) = \sum m_1 c_1 T \tag{4-4}$$

式中　m_1——物料质量，kg

c_1——物料比热容，kJ/(kg·K)

T——物料进入或离开设备的温度，℃

②过程的热效应 Q_3 主要由合成热 Q_B、搅拌热 Q_S 和状态热（例如汽化热、溶解热、结晶热等，因无法量化忽略不计），计算见式（4-5）。

$$Q_3 = Q_B + Q_S \tag{4-5}$$

式中　Q_B——合成热（呼吸热），视不同条件、环境进行计算，kJ

Q_S——搅拌热，kJ，$Q_S = 3600P\eta$，其中 P 为搅拌功率，kW，η 为搅拌过程功热转化率，通常 $\eta = 92\%$

③加热设备耗热量 Q_5：为了简化计算，忽略设备不同部分的温度差异，计算见式（4-6）。

$$Q_5 = m_2 c_2 (T_2 - T_1) \tag{4-6}$$

式中　m_2——设备总质量，kg

c_2——设备材料比热容，kJ/(kg·K)

T_1、T_2——设备加热前后的平均温度，℃

④气体或蒸汽带出热量 Q_7，计算见式（4-7）。

$$Q_7 = \sum m_3 (c_3 T_q + r) \tag{4-7}$$

式中　m_3——离开设备的气体物料（如空气、CO_2 等）质量，kg

c_3——液态材料由0℃升温至蒸发温度的平均比热容，kJ/(kg·K)

T_q——气态物料温度，℃

r——蒸发潜热，kJ/(kg·K)

⑤设备向环境散热 Q_8：计算见式（4-8）。

$$Q_8 = A\lambda_T (T_W - T_a) t \tag{4-8}$$

式中　A——设备总表面积，m^2

λ_T——壁面对空气的联合热导率，W/(m²·℃)，空气作自然对流时 λ_T 数值为 $8+0.05T_W$，空气作强制对流时 λ_T 数值为 $5.3+3.6v$（空气流速 $v \leq 5m/s$）或 $6.7v^{0.78}$（空气流速 $v > 5m/s$）

T_W——壁面温度，℃

T_a——环境空气温度，℃

t——操作过程时间，s

⑥加热物料需要的热量 Q_6，计算见式（4-9）。

$$Q_6 = m_1 c_1 (T_3 - T_4) \tag{4-9}$$

式中　m_1——物料质量，kg

c_1——物料比热容，kJ/(kg·K)

T_3、T_4——物料加热前后的平均温度，℃

⑦加热（或冷却）介质传入（或带出）的热量 Q_2：对于热量计算的设计任务，Q_2 是待求量，也称为有效热负荷。若计算出的 Q_2 为正值，则过程需加热；若 Q_2 为负值，则过程需从操作系统中移出热量，即需冷却。

最后，根据 Q_2 来确定加热（或冷却）介质及其用量。

第五节　设备计算及选型

一、设备计算及选型的一般原则

食品工厂的生产设备总体上可以分为两类：一类是标准设备或定型设备；另一类是非标准设备或非定型设备。标准设备是专业设备厂家成批成系列生产的设备，有产品目录或产品样本手册，有各种规格型号和不同生产厂家，设备计算和选型的任务是根据工艺要求，计算并选择某种型号的设备，直接列表，以便订货。非标准设备是需要专门设计和制作的特殊设备，非标准设备计算和选型就是根据工艺要求，通过工艺计算，提出设备的型式、材料、尺寸和其他要求，再由设备专业进行机械设计，由设备制造厂制造。在设计非标准设备时，也应尽量采用已经标准化了的图纸。

设备计算和选型的一般原则如下：

（1）合理性　设备必须满足工艺一般要求，设备与工艺流程、生产规模、工艺操作条件、工艺控制水平相适应，又能充分发挥设备的能力。

（2）先进性　要求设备的运转可靠性、自控水平、生产能力、转化率、收率、效率要尽可能达到先进水平。

（3）安全性　要求安全可靠、操作稳定、弹性好、无事故隐患。对工艺和建筑、地基、厂房等无苛刻要求；工人在操作时，劳动强度少，尽量避免高温高压高空作业，尽量不用有毒有害的设备附件、附料。

（4）经济性　设备投资节省，易于加工、维修、更新，没有特殊的维护要求，运行费用低。引用先进设备，亦应反复对比报价，参考设备性能，考虑是否易于被国内消化吸收和改进利用，避免盲目性。

设备计算和选型的依据是物料衡算和热量衡算。设备选型又是工艺设计和设备布置的基础，还为配电、水、汽用量计算提供依据。设备选型的好坏对保证产品质量、生产稳定运行都至关重要，要认真地进行设计。

二、定型设备的计算和选型

在选择定型设备时，必须充分考虑工艺要求和各种定型设备的规格型号、性能、技术特性与使用条件，在选择设备时，一般先确定类型，再考虑规格。

（一）主要定型设备的选择和计算

在进行工艺设计时，这些设备只需根据工艺要求和产量选择合适的型号，或计算确定所需的台数。

在选用定型产品时，可以根据式（4-10）算出所需选用设备的台数。

$$n = G/g \tag{4-10}$$

式中 G——由物料衡算得知某工序的物料处理量，t/d

g——由产品目录查知某设备的生产能力，t/d

n——选用设备的台数，所得 n 值不能取小数，应取相邻较大的整数，台

（二）辅助定型设备的选择

辅助设备是协助主要设备完成工作的设备，如电机、泵、输送设备、计量设备等。应根据不同的工艺要求进行选择。

三、非定型设备的计算与选型

非定型设备计算和选型的主要工作和程序如下：

（1）根据工艺流程和工艺要求确定设备类型，如使用旋风分离器实现气固分离，使用过滤机实现液固分离等。

（2）根据各类设备的性能、使用特点和适用范围选定设备的基本结构型式。

（3）确定设备材质，根据工艺操作条件和设备的工艺要求，确定适应要求的设备材质。

（4）汇集设计条件，根据物料衡算和热量衡算，确定设备负荷、转化率和效率要求，确定设备的工艺操作条件如温度、压力、流量、流速、投料方式和投料量、卸料、排渣形式、工作周期等，作为设备设计和工艺计算的主要依据。

（5）根据必要的计算和分析确定设备的基本尺寸，如设备外径、高度、搅拌器主要尺寸、转速、容积、流量、压力等；设备的各种工艺附件，如进出料口、排料装置等。设备基本尺寸计算和设计完成之后，画出设备示意草图，标注各类特性尺寸。应注意，在设计出基本尺寸之后，应查阅有关标准规范，将有关尺寸规范化，尽量选用标准图纸。

（6）向设备设计（机械设计）专业提出设计条件和设备草图，由设备设计人员根据各种规范进行机械设计，强度设计和检验，完成施工图等。

（7）汇总列出设备一览表。

四、食品工厂主要设备的选用

为了方便、正确地进行设备计算和选用，将食品工厂常用设备的选用和设计方法介绍

如下。

（一）泵的选用与设计

1. 确定泵型

根据工艺条件及泵的特性，首先决定泵的型式再确定泵的尺寸。从被输送物料的基本性质出发，如物料的温度、黏度、挥发性、毒性、化学腐蚀性、溶解性和物料是否均一等因素来确定泵的基本型式。此外，还应考虑到生产的工艺过程和动力、环境等条件，如生产操作连续或间断运转、扬程和流量的波动范围、动力来源、厂房层次高低等因素。在选择泵的型式时，应以满足工艺要求为主要目标。

2. 确定泵的流量和扬程

（1）流量的确定和计算　选泵时以最大流量为基础。如果数据是正常流量，则应根据工艺情况可能出现的波动，开车和停车的需要等，在正常流量的基础上乘以安全系数（通常为1.1~1.2）。流量通常必须换算成体积流量，因为泵生产厂家的产品样本中的数据是体积流量。

（2）扬程的确定和计算　先计算出所需要的扬程，即用来克服两端容器的位能差和两端的速度差引起的动能差。扬程值用伯努利原理计算，用米液柱表示。计算出的扬程一般要放大5%~10%作为选泵的依据。

（3）确定泵的安装高度。

（4）确定泵的台数和备用率　按泵的操作台数，一般只设一台泵，在特殊情况下，也可采用两台泵同时操作。输送泥浆或含有固体颗粒及其他杂质的泵和一些重要操作岗位用泵应设有备用泵。对于大型的连续化流程，可适当提高泵的备用率，而对于间歇性操作、泵的维修简易、操作很成熟的情况常常不考虑设备用泵。

（5）校核泵的轴功率　泵的样本上给定的功率和效率都是用水试验出来的，输送介质不是水时，应考虑流体密度、黏度等对泵的流量、扬程性能的影响。

（6）确定冷却水或驱动蒸汽的耗用量。

（7）选择电动机。

（8）填写选泵规格表。

（二）容器类设备的设计

食品工厂中有许多设备，有的用来贮存物料，如贮罐、计量罐、高位槽等；有的用来进行物理处理，如换热器、蒸发器、蒸馏塔等；有的用来进行化学反应，如中和锅、皂化锅、氢化釜、酸化锅等，这些设备虽然尺寸大小不一，形状结构各不相同，内部构件的形式更是多种多样，但它们都可以归为容器类设备。

容器类设备的外壳一般由筒体（又称壳体）、封头（又称端盖）、法兰、支座，接管及人孔、手孔、视镜等部件组成，容器的结构如图4-15所示。

组成容器的零部件在化工部门已有标准通用件，在设计中应该尽可能的选用这些标准通用件。食品工厂中常见的容器形状有：①方形或柜形容器，由平板焊成，制造简便，但承受压力较差，只用作小型常压贮槽。②圆筒形容器，由圆柱形筒体和各种成型封头组成。作为容器主体的圆柱形筒体，制造容易、安装内件方便，而且承压能力较好，因此这种容器应用最多。

容器按承受压力的性质可以分为内压容器和外压容器。当容器内部介质的压力大于外界压力时为内压容器；反之，则为外压容器。内压容器的设计压力低于10MPa时，为中、

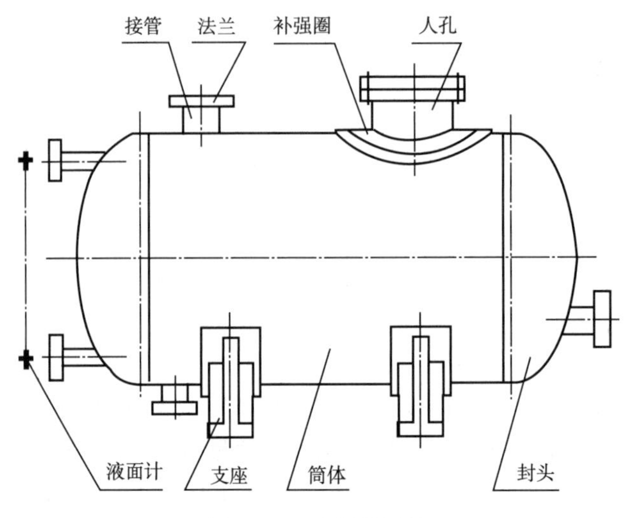

图 4-15 容器的结构

低压容器。习惯上将压力为 1.6~10MPa 的容器称为中压容器；压力为 0.07~1.6MPa 的为低压容器；压力低于 0.07MPa 的为常压容器。

容器的材料一般采用低碳钢或普通碳素钢，在腐蚀严重或对产品纯度要求高的场合，则使用不锈钢、不锈复合钢或铝板。为了便于设计，有利于成批生产，提高质量，便于互换，从而降低成本，提高劳动生产率，我国有关部门已制定了一系列容器零部件标准。容器零部件标准的最基本参数是公称直径和公称压力。

公称直径对于筒体及封头来说，是指它们的内径。压力容器的公称直径系列见表 4-13。

表 4-13 压力容器的公称直径系列 单位：mm

300	(350)	400	(450)	500	(550)	600	(650)
700	800	900	1000	(1100)	1200	(1300)	1400
(1500)	1600	(1700)	1800	(1900)	2000	(2100)	2200
(2300)	2400	2600	2800	3000	3200	3400	3600
3800	4000						

注：带括号的公称直径应尽量不采用。

对于法兰来说，它的公称直径是指与它相配的筒体的公称直径。

在选定零部件时，只有公称直径一个参数是不够的。因为即使是公称直径相同的筒体、封头或法兰，若工作压力不相等，那么它们的其他尺寸就不一样。所以，还需要把容器零部件所承受的压力，也分成若干个等级。这种标准压力等级即公称压力，公称压力的等级系列见表 4-14。

表 4-14 公称压力等级 单位：MPa

2.5	6	10	16	25	40	64

设计时，只须将操作温度下的最高工作压力（或设计压力）圆整到所规定的某一公称压力等级，然后根据公称直径和公称压力选用标准零件尺寸。

1. 容器设计的一般程序

（1）汇集工艺设计数据　包括物料衡算和热量衡算的计算结果数据，贮存物料的温度和压力，最大使用压力、最高使用温度、最低使用温度、腐蚀性、毒性、蒸气压、进出量、贮罐的工艺方案等。

（2）选择容器材料　对有腐蚀性的物料可选用不锈钢等金属材料，在温度、压力允许时可用非金属贮罐、搪瓷容器或由钢制压力容器衬胶、搪瓷、衬聚四氟乙烯等。

（3）容器型式的选用　我国已有许多化工贮罐实现了标准化和系列化。在贮罐型式选用时，应尽量选择已经标准化的产品。

（4）容积计算　容积计算是贮罐工艺设计的尺寸设计的核心，它随容器的用途而异。根据容器的用途不同可将贮罐分为：原料贮罐或产品贮罐（一般至少有一个月的贮量，罐的装满系数一般取 80%）；中间贮罐（一般为 24h 的贮量）；计量罐（一般至少 10~15min 的贮量，多则 2h 的贮量，装满系数一般取 60%~70%）；缓冲罐（其容量通常是下游设备 5~10min 用量，有时可以超过 20min 用量）等。

（5）确定贮罐基本尺寸　根据物料密度、卧式或立式的基本要求、安装场地的大小，确定贮罐的大体直径。依据国家规定的设备零部件，即筒体与封头的规范，确定一个尺寸，据此计算贮罐的长度，核实长径比，如长径比太大（即偏长）或太小（即偏圆），应重新调整，直到大体满意。

（6）选择标准型号　各类容器有通用设计图系列，根据计算初步确定它的直径、长度和容积，在有关手册中查出与之符合或基本相符的标准型号。

（7）开口和支座　在选择标准图纸之后，要设计并核对设备的管口。在设备上考虑进料、出料、温度、压力（真空）、放空、液面计、排液、放净以及人孔、手孔、吊装等装置，并留有一定数目的备用孔。如标准图纸的开孔及管口方位不符合工艺要求而又必须重新设计时，可以利用标准系列型号在订货时加以说明并附管口方位图。容器的支承方式和支座的方位在标准图系列上也是固定的，如位置和形式有变更时，则在利用标准图订货时加以说明，并附有草图。

（8）绘制设备草图（条件图），标注尺寸，提出设计条件和订货要求　选用标准图系列的有关图纸，应在标准图的基础上，提出管口方位、支座等的局部修改和要求，并附图纸作为订货的要求。如标准图不能满足工艺要求，应重新设计，绘制设备容器的外形轮廓，标注一切有关尺寸，包括容器管口的规格，并填写“设计条件表”，由设备专业的人员，进行非标准设备设计。

2. 内压圆筒的设计

（1）圆筒壁厚强度（S）计算见式（4-11）。

$$S = \frac{P_{设} D_{i}}{2[\sigma]_{t}\Phi - P_{设}} + C \tag{4-11}$$

式中　$P_{设}$——设计压力，MPa

D_{i}——圆筒的内直径，cm

$[\sigma]_{t}$——设计温度 t 下筒体材料的许用应力，MPa

Φ——焊缝系数

C——壁厚附加量，cm

（2）应用式（4-11）时，设计参数的确定如下：

①设计压力：系指在相应设计温度下用以确定容器壳壁计算壁厚及其元件尺寸的压力，略高于或等于最大工作压力。

最大工作压力是指容器顶部正常工作过程中可能产生的最大表压力。

按经验可取：

$$P_{设}=（1.05\sim1.1）\times 最大工作压力$$

当容器内装有液体物料时，应考虑液体的静压力。装有液化气体时，选取与最高工作温度相应的饱和蒸气压力为设计压力。

②设计温度：系指容器在正常工作过程中，在相应设计压力下，壁壳可能达到的最高或最低温度（指-20℃以下的温度）。

③许用应力：钢材在不同温度下的许用应力按《钢制石油化工压力容器设计规定》选取。

④焊缝系数：焊缝系数 Φ 应根据焊接接头的型式和焊缝的无损探伤检验要求，按下列规定选取。

双面焊的对接焊缝：

100%无损探伤　　$\Phi=1.0$

局部无损探伤　　$\Phi=0.85$

不作无损探伤　　$\Phi=0.70$

单面焊的对接焊缝，在焊接过程中沿焊缝根部全长有紧贴基本金属的垫板：

100%无损探伤　　$\Phi=0.90$

局部无损探伤　　$\Phi=0.80$

不作无损探伤　　$\Phi=0.65$

单面焊的对接焊缝，无垫板：

层板纵焊缝　　$\Phi=0.95$

局部无损探伤　　$\Phi=0.70$

不作无损探伤　　$\Phi=0.60$

⑤壁厚附加量：按式（4-12）计算。

$$C=C_1+C_2+C_3 \tag{4-12}$$

式中　C——壁厚附加量，mm

C_1——钢板或钢管厚度的负偏差，mm（可按《钢制石油化工压力容器设计规定》中所列表选取）

C_2——根据介质的腐蚀性和容器的使用寿命而定的腐蚀裕度，mm（对碳素钢和低合金钢取 C_2 不小于 1mm，对不锈钢，当介质的腐蚀性极微时，取 $C_2=0$）

C_3——椭圆形、蝶形、折边锥形和球形封头冲压时的壁厚拉伸减薄量，mm（对热压封头可取计算壁厚的 0.1 倍，但不大于 4mm）

（3）最小壁厚　对于设计压力很低的容器，按强度公式算出的壁厚很小，不能满足制造、运输和安装的刚度要求。因此规定碳钢和低合金钢制容器，在内径≤3800mm 时，最小壁厚为 3mm；对不锈钢制容器，最小壁厚取 2mm。

（4）内压圆筒壁厚表　为了减少计算，将 A_3、A_3F、1Crl8Ni9Ti 等钢材所制造的内压圆筒，按公称直径与工作压力的不同，将其所需壁厚算出，列成表格供设计选用。（可从《化工设备设计手册（第一册）》所列表中选取。）

（5）压力试验　容器制成后，要检查容器有无渗漏现象，须进行压力试验，试验合格后才能交付使用，一般采用水压试验。对内压容器的试验压力计算见式（4-13）。

$$P_T = 1.25P_{设}[\sigma]/[\sigma]_t \tag{4-13}$$

式中　P_T——内压容器的试验压力，MPa，$P_T \geq (P_{设}+1)$ MPa

$P_{设}$——设计压力，MPa

$[\sigma]$——实验温度下材料的许用应力，MPa

$[\sigma]_t$——设计温度下材料的许用应力，MPa

$[\sigma]$ 与 $[\sigma]_t$ 之比值最高不超过 1.8。

对外压容器，按内压容器试验，其试验压力为 1.5P（MPa）。

真空容器以 0.2MPa 作内压试验。

不同种类容器压力试验的试验压力见表 4-15。

表 4-15　不同种类容器压力试验的试验压力

容器种类	试验压力
内压容器	1.25$P_{设}$，且≥$P_{设}$+1
外压容器	
带夹套	带夹套的试验压力按 1.5$P_{设}$ 计算
不带夹套	1.5$P_{设}$（做内压试验）
真空压力容器	0.2MPa（做内压试验）

注：①$P_{设}$ 为设计压力，试验压力保持时间为 10~30min，之后降至设计压力，再保持足够的时间。
②耐压试验不能重复进行，因为它是具有破坏性质的。
③耐压试验不能代替无损探伤，也不能用耐压试验反推压力。
④旧设备不允许做耐压试验。
⑤试验时压力要缓慢上升。

3. 外压圆筒的设计

食用油脂工厂里脱色器、脱臭器、大气冷凝器等设备都属于受外压设备，其壳体为受外压容器。对于外压容器，有两种形式可能使其失效：一是因强度不够而破裂；二是因刚度不够而失稳，主要的形式是后者。

使容器失稳而在筒壁上出现波纹时的外压力称为临界压力。临界压力与圆筒的尺寸有关系。

令 S_o 为计算壁厚，D_o 为圆筒外直径，L 为圆筒计算长度，则当 L/D_o 相同时，S_o/D_o 大者临界压力高；当 S_o/D_o 相同时，L/D_o 小者临界压力高，当 S_o/D_o、L/D_o 都相同时，有加强圈者临界压力高。

（1）外压圆筒的壁厚设计　外压圆筒所需的最小壁厚可利用《钢制石油化工压力容器设计规定》中“外压圆筒和球壳壁厚计算图 5-2~图 5-10”进行图算。

（2）外压容器的设计压力　其数值应不小于在实际工作过程中任何时间内可能产生的

最大内外压力差。

真空容器按外压容器设计，在无安全控制装置时，取设计压力为 0.1 MPa，对有夹套的真空容器，按上述原则再加夹套压力。

（3）外压容器的试压　一般用内压试验来代替。

4. 封头设计

封头按其形状可分三类：凸形封头、锥形封头和平板封头。其中凸形封头包括椭圆形封头、蝶形封头、无折边球形封头和半球形封头四种。锥形封头有无折边的和带折边的两种。平板封头根据其与筒体联接方式不同也有多种结构。这里仅介绍食品工厂设备中常用的椭圆形封头、锥形封头、蝶形封头等几种封头形式。这几种封头的形式及尺寸依据 GB/T 25198—2010《压力容器封头》的规定，其壁厚计算可按《钢制石油化工压力容器设计规定》第五章所列方法和公式进行。

（1）椭圆形封头　椭圆形封头如图 4-16 所示，是由半椭球和具有高度的短圆筒（称为直边）两部分构成。直边的作用是避免筒体与封头间的环向焊缝受边缘应力。

（2）锥形封头　锥形封头广泛用于食品工厂设备的底盖，例如食用油脂精炼的精炼锅、脱色锅、皂化锅的底盖。它的优点是便于收集并排出这些设备中的黏稠物料或带固体的悬浮液物料。

锥形封头有两种形式，一种是无折边的锥形封头，它一般应用在锥体半顶角 $\alpha \leqslant 30°$ 时；当半顶角 $\alpha > 30°$ 时，往往采用带折边的锥形封头。带折边锥形封头的转折部分有一半径为 r 的过渡圆弧区，这样就使过渡区避开了焊缝，因为转角处的应力集中对焊缝的强度不利。带折边锥形封头如图 4-17 所示。

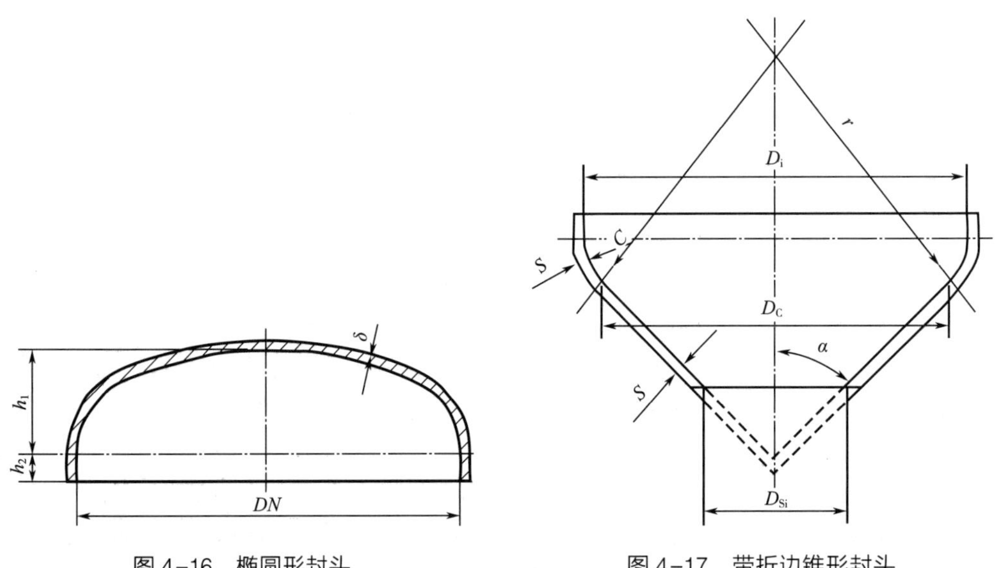

图 4-16　椭圆形封头　　图 4-17　带折边锥形封头

由图 4-17 可见，带折边锥形封头由三个部分组成：圆筒部分、圆锥部分和连接这两部分的半径为 r 的过渡区。该过渡区的圆弧半径 r 应不小于锥体大端内直径 D_i 的 10%，且不小于锥体壁厚 S 的三倍值（即 $r \geqslant 10D_i$ 且 $r \geqslant 3S$），以避免产生过大的边缘应力。

标准折边锥形封头有半顶角 $\alpha=30°$ 及 $\alpha=45°$ 两种，其锥体大端过渡区圆弧半径 $r=0.15D_i$。

（3）蝶形封头　如图 4-18 所示，蝶形封头的球面部分的内半径应不大于封头的内直径，蝶形封头过渡区半径应不小于封头内直径的 10%，且应不小于封头厚度的 3 倍。封头厚度（不包括壁厚附加量）应不小于封头内直径的 0.30%。

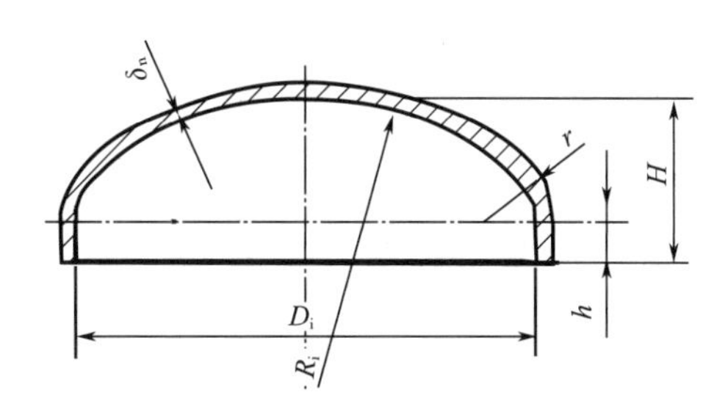

图 4-18　蝶形封头

5. 法兰联接

在食品工厂设备和管道中，考虑到生产工艺的要求，或者制造、运输、安装检修的方便，常采用可拆的结构形式。常见的可拆结构有法兰联接、螺纹联接和插套联接等。由于法兰联接有较好的强度和紧密性，而且适用的尺寸范围较广，在设备和管道上都能应用，所以采用法兰联结最普遍。

设备法兰与管道法兰均有相应的国家标准，在很大的公称直径和公称压力范围内的法兰都可以直接查取。

在 NB/T 47020~47027—2012《压力容器法兰分类与技术条件［合订本］》中，规定了压力容器法兰的分类、规格，法兰、螺柱、螺母的材料及与垫片的匹配，各级温度下的最大允许压力，技术要求以及标记。标准适用于公称压力 0.25~6.40MPa，工作温度-70~450℃的碳钢、低合金钢制压力容器法兰。

在 GB/T 9124.1—2019 和 GB/T 9124.2—2019 关于钢制管法兰的内容中，规定了钢制管法兰的公称压力、公称直径与钢管外径、法兰类型及其适用范围和密封面型式及代号。另在 GB/T 9124—2010《钢制管法兰技术条件》中，规定了钢制管法兰的材料、尺寸公差、密封面表面粗糙度及试验、检验和验收等技术要求。

（1）法兰的结构与种类　从法兰与设备或法兰与管道的联接方式看，法兰可分成：活套法兰、螺纹法兰及整体法兰三类。对于中、低压设备和管道，常采用整体法兰，即法兰与设备或管道不可拆地固定在一起。常见的整体法兰型式有平焊法兰和对焊法兰两种，整体法兰如图 4-19 所示。

平焊法兰适用于压力范围较低（≤4.0MPa）的场合，而对焊法兰适宜用于压力、温度较高和设备直径较大的场合。

①平焊法兰：平焊法兰分成甲、乙两型。乙型法兰具有比甲型法兰更好的刚性。甲型法兰的公称压力有 0.25，0.6，1.0，1.6MPa 四个等级，并在较小的直径范围内使用，最高工厂温度为 300℃。乙型平焊法兰则用于公称压力为 0.25~1.6MPa 四个压力等级中较大直径范围并与甲型平焊法兰相衔接的情况中，还可以用于公称压力为 2.5，4.0 MPa 两个

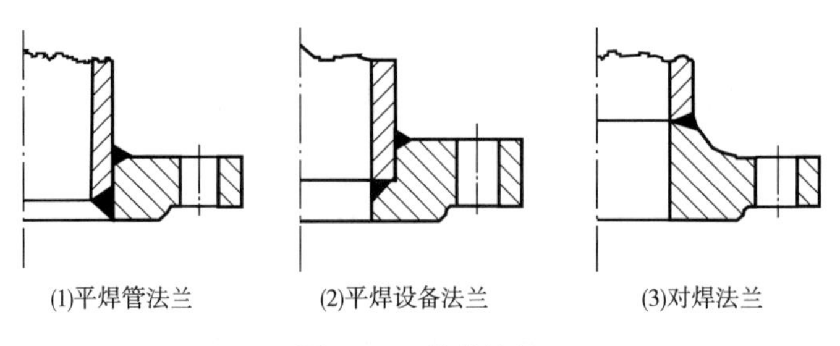

图 4-19 整体法兰

压力等级中的较小直径，最高使用温度为 350℃。平焊法兰的标准有 NB/T 47021—2012《甲型平焊法兰》和 NB/T 47022—2012《乙型平焊法兰》。

②对焊法兰：《长颈对焊法兰》（NB/T 47023—2012）用于更高的公称压力（0.6~6.4MPa）和公称直径（300~2000mm）的范围内。在乙型平焊法兰中公称直径在 2000mm 以下的规格均已包括在长颈对焊法兰的规格范围之内。这两种法兰的联接尺寸和法兰厚度完全一样。所以，公称直径在 2000mm 以下的乙型平焊法兰，可以用轧制的长颈对焊法兰代替，以降低法兰的生产成本。

（2）法兰密封面的型式及其所用垫片　常用的法兰密封面型式有以下三种，如图 4-20 所示。

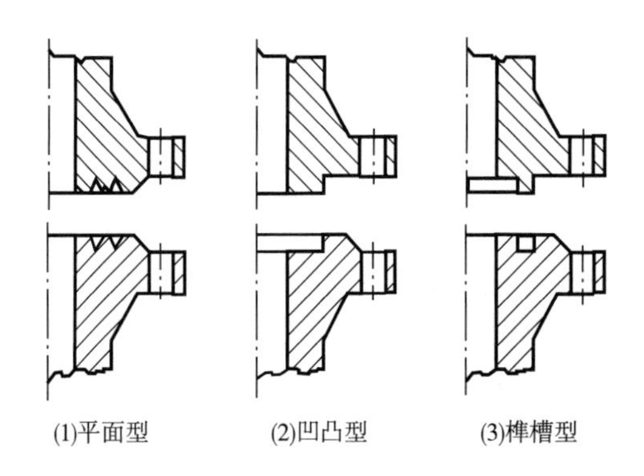

图 4-20 中、低压法兰密封压紧面的形状

①平面型：密封表面是一个光滑的平面，有时在平面上车出 2~3 条沟槽。其结构简单，但密封性能较差，故适用于压力不高，介质无毒的场合。

②凹凸型：它由一个凸面和一个凹面所组成，在凹面上放置垫片，压紧后密封性较好，故可用于压力稍高处。

③榫槽型：密封面由一个榫和一个槽所组成，垫片置于槽中，不会因受挤而移动。这种密封适用于易燃、易爆、有毒的介质以及压力较高的场合。

垫片的材料应根据温度、压力及介质的腐蚀性而定。普通橡胶、垫片适用于温度小于 120℃的场合。石棉橡胶板适用于水蒸气温度小于 450℃、油类温度小于 350℃、压力小于 5MPa 的场合。对于一般腐蚀性介质，最常用的是耐酸石棉板。

（3）法兰的公称直径和公称压力

①压力容器法兰的公称直径与压力容器的公称直径取同一系列数值，例如公称直径1000mm 的压力容器，应当配用公称直径 1000mm 的压力容器法兰。

②法兰公称压力的确定与法兰的最大操作压力、温度以及法兰的材料有关。国家所制定的法兰尺寸系列，计算法兰厚度是以 16Mn 钢在 200℃时的机械性能为基础确定的。不同的操作压力及不同的法兰材料，在不同温度下可查阅《化工设备设计手册》进行换算或选定。

③只要法兰的公称直径一定，公称压力确定后，其尺寸也就确定了。法兰的各部分尺寸可从《化工设备设计手册》中查阅，同时，螺栓螺母材料及垫片等也均可查出。食品工厂中多采用甲型平焊法兰。

6. 容器的支座

（1）卧式容器支座　卧式容器多采用鞍式支座。NB/T 47065. 1—2008《容器支座第 1 部分：鞍式支座》中规定了鞍式支座的结构型式、系列参数尺寸、允许载荷、材料及制造、检验、验收和安装技术要求。该标准适用于双支点支承的钢制卧式容器的鞍式支座。对多支点支承的卧式容器鞍式支座其结构型式和结构尺寸亦可参照该标准使用。卧式容器支座如图 4-21 所示，由护板、横向直立筋板、轴向直立筋板、底板组成。

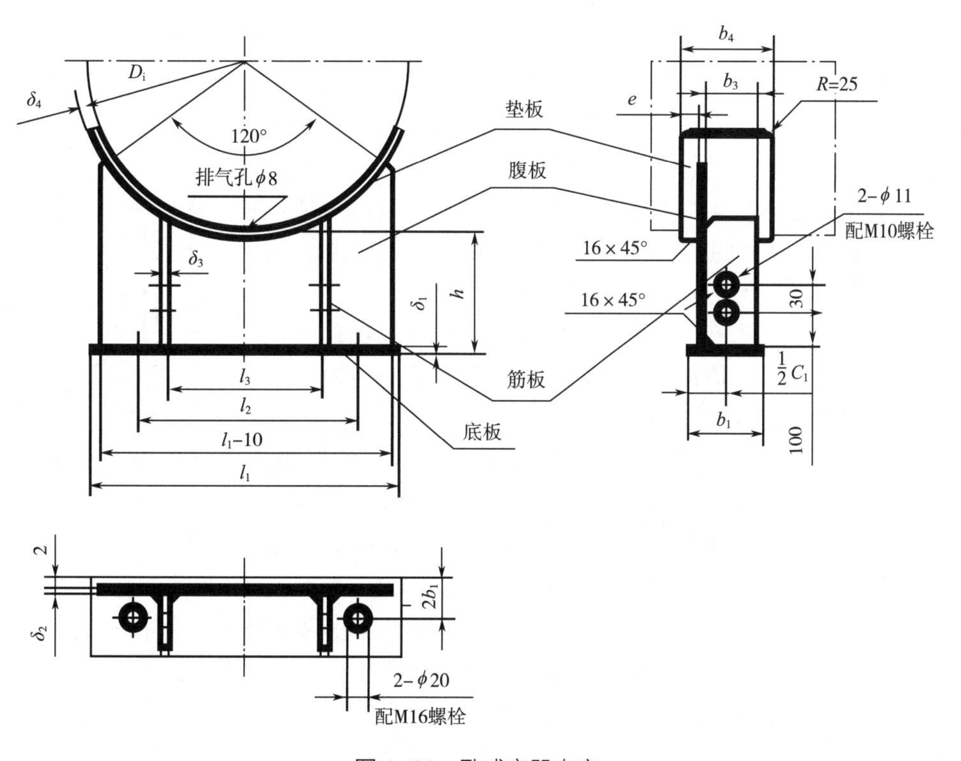

图 4-21　卧式容器支座

护板并不是所有的鞍座都需设置的，主要依筒壁在鞍座支承反力作用下所产生的环向应力大小而定。如果筒壁较厚，在鞍座支承反力作用下，筒壁内的环向应力不大时，可以不加护板。直立筋板的厚度与鞍座的高度（即自筒体圆周最低点至基础表面的距离），直接决定鞍座允许负荷的大小。根据设备的公称直径及支座的允许负荷，鞍座有四种定型结构，它们的尺寸可在《化工设备设计手册》中选取。在选取时应注意 A 型鞍座及 B 型鞍座各选一个，因 B 型鞍座的地脚螺栓孔为长圆形，便于安装时调节位置。

卧式容器应尽可能设计成支承在两个横截面上。因为当支承点多于两个时，各支承面平面的细微差异均会影响反力的分布而造成不利的影响。采用双支座时，为了充分利用封头对筒体邻近部分的加强作用，应尽可能将支座设计得靠近封头，取 $A \leqslant R_i/2$（A 为支座中心线至封头切线的距离，R_i 为筒体内半径）。

选用标准鞍座的步骤如下：

①根据设备的公称直径，查出所需鞍座的图型及其允许的负荷 $Q_{允}$。

②根据设备及内容物的总质量，算出鞍座的实际负荷 $Q_{实}$，若 $Q_{实}<Q_{允}$，则该标准鞍座是适用的；若 $Q_{实}>Q_{允}$，则需加大筋板厚度，并按《钢制石油化工压力容器设计规定》中有关公式进行强度校核。

（2）立式容器支座　立式容器支座有三种：悬挂式支座、支承式支座、裙式支座。小型直立设备采用前两种支座，而高大的塔设备则应采用裙式支座。

①悬挂式支座：悬挂式支座如图 4-22 所示，它由筋板和支脚板组成，广泛用于反应釜和立式换热器上，优点是简单、轻便，但对器壁会产生较大的局部应力，因此一般在支座和器壁之间加一垫板。

悬挂式支座标准有 A、B 两型。B 型悬挂式支座有较宽的安装尺寸，故又称长脚支座。当设备外面包有保温层，或者将设备直接放置在楼板上时，采用 B 型悬挂支座较适宜。悬挂式支座的尺寸可从《化工设备设计手册》中查选。

每台设备可配置 2~4 个支座。考虑到设备在安装时可能出现全部支座未能同时受力的情况，故在确定支座尺寸时，不论实际上支座是 2 个还是 4 个，均按 2 个计算。

悬挂式支座的选用步骤如下：根据设备及内容物的质量，算出每个支座需要承担的负荷 $Q_{实}$。确定支座型式后，从表中按照 $Q_{允}>Q_{实}$ 的原则选出合适的支座。

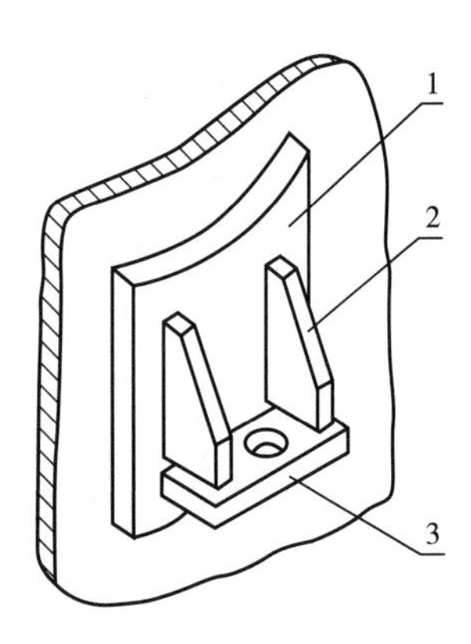

图 4-22　悬挂式支座

1—垫板　2—筋板　3—底板

②支承式支座：支承式支座可以用钢管、角钢、槽钢制成，也可以用数块钢板焊成，用钢板焊成的支承式支座已经标准化，即 NB/T 47065.4—2018《容器支座　第 4 部分：支承式支座》，在这个标准中规定了支承式支座的结构型式、系列参数尺寸、允许载荷、制造要求及选用方法。标准适用于公称直径 800~4000mm，圆筒长度与公称直径之比小于 5，容器总高度小于 10m 的钢制立式圆筒形容器。此外，也可从《化工设备设计手册》中查选。

钢制立式容器也采用 NB/T 47065.2—2018《容器支座　第 2 部分：腿式支座》，这个标准规定了腿式支座（简称支腿）的结构型式、系列参数、尺寸、允许载荷、材料及制造、检验与验收技术要求。它适用于安装在刚性基础上，且符合下列条件的容器：公称直径 400~1600mm；圆筒长度与公称直径之比小于 5；容器总高度小于 5000mm；不适用于通过管线直接与产生脉动载荷的机器设备刚性连接的容器。

③裙式支座：这是高大塔设备最广泛采用的一种支座，用在石油、化工部门的塔设备

中。食品工厂的塔设备较矮，且安装于室内，因此多采用支承式支座。

④耳式支座：对于公称直径不大于 4000mm 的立式圆筒形容器，也可采用 NB/T 47065.3—2018《容器支座　第 3 部分：耳式支座》。

7. 容器的开孔与附件

（1）容器的开孔和补强　为了使设备能够正常操作和维修，在筒体和封头上需要有各种开孔，这将引起器壁开孔边缘处的应力增大，易于遭受破坏。所以根据具体情况，有时需要做补强措施。

①考虑到焊接方便，比较广泛采用的补强方法是把补强圈放在接管外面的单面补强，单面补强如图 4-23 所示。补强圈的材料一般与容器的材料相同，其厚度也与器壁厚度相同。补强圈与容器的器壁之间要很好地焊接，使其与器壁能同时受力。为了检验焊缝的紧密性，补强圈上有一个 M10 的小螺纹孔，从这里通入压缩空气，并在补强圈与器壁的联接焊缝处涂抹肥皂水，如焊缝有缺陷，就会在该处吹起肥皂泡。

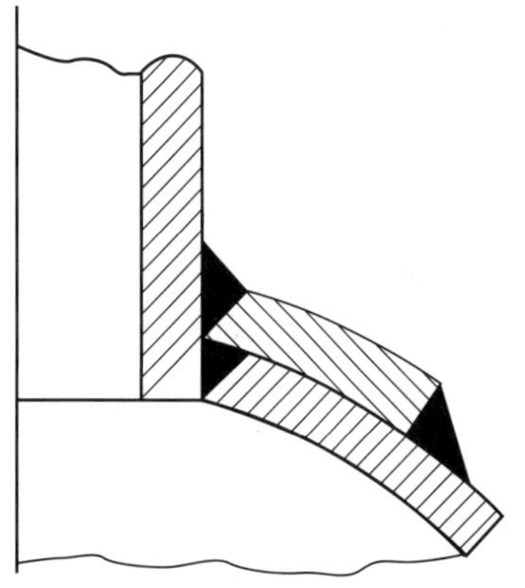

图 4-23　单面补强

补强圈的标准为 JB/T 4736—2002《补强圈钢制压力容器用封头》，也可查阅《化工设备设计手册》。

②允许不另行补强的最大孔径：在圆筒体、球体、锥体及凸形封头（以封头中心为中心的 80%封头直径的范围内）上，焊以一定直径范围内接管或单个开孔直径小于等于 $0.14\sqrt{D_iS_o}$（D_i 为筒体或封头内直径，S_o 为筒体或封头开孔处的计算壁厚，单位均是 mm）时，允许不另行补强。

允许不另行补强的最大孔径可由《钢制石油化工压力容器设计规定》中查取。

（2）容器的接口管　用于连接管路、仪表、管件等的连接形式有法兰型、螺纹型等，容器的接口管长度见表 4-16。

表 4-16　容器的接口管长度

公称直径/mm	不保温设备接管长/mm	保温设备接管长/mm	适用公称压力/MPa
≤15	80	130	≤4.0
20~50	100	150	≤1.6
70~350	150	200	≤1.6
350~500	150	200	≤1.0

（3）人孔、手孔和视镜　为了检查设备内部空间及安装和拆卸设备内部装置，须安设手孔及人孔。人孔的大小要考虑人的安全进出，又要尽量减少因开孔过大而使器壁的强度削弱。手孔的大小要使操作人员戴上手套并握有工具的手能顺利通过。

手孔的直径一般为 150~250mm，它的结构一般是在容器上接短管，并在其上盖一盲板。当设备的直径超过900mm时，应开设人孔。圆形人孔的直径一般为400~600mm。椭圆形人孔的最小尺寸为400mm×300mm。容器在使用过程中，若人孔需经常打开，可选用快开人孔。

根据设备的公称压力、工作温度及其材料的不同，人孔和手孔有各种类型的定型结构，可查阅《化工设备设计手册》，食品工厂设备可依据HG/T 21515—2014《常压人孔》，HG/T 21516—2014《回转盖板式平焊法兰人孔》设计。

视镜除了用来观察设备内部情况之外，也可以作料面指示镜，不带颈视镜（HG/T 21612—1996）及带颈视镜（HG/T 21620—1986），可根据相应标准选取。

8. 容器设计的程序

（1）确定工艺尺寸，液体贮罐的容积见式（4-14）。

$$V=m/\gamma\lambda \tag{4-14}$$

式中 V——容积，m^3

m——所贮液体的质量，t

γ——所贮液体的容重，N/m^3

λ——容积充满系数，一般取0.8~0.9

对于连续流进、流出的容器，所贮液体的质量要根据设备内存液体的周转量及周转时间来确定，容积确定后，其直径应按“压力容器公称直径”系列数，根据工艺要求选取，然后确定容器相应的长度，并确定封头的形状及尺寸。

（2）根据所贮液体的性质，合理地选择材料　在满足设备的耐腐蚀和机械性能的前提下应选用碳钢材料。

（3）确定筒体和封头的壁厚。

（4）确定人孔及接口管、法兰等容器的附件。

（5）选用支座。

容器的总质量（$\sum m$）按式（4-15）计算。

$$\sum m=m_1+m_2+m_3+m_4 \tag{4-15}$$

式中 $\sum m$——容器的总质量

m_1——罐体质量

m_2——封头质量

m_3——内贮液体质量，当液体的密度比水小时，以内贮水的质量计算；当液体的密度比水大时，则以液体质量计算

m_4——所有附属装置及保温层的质量

（6）绘制容器的总装图。

（三）换热器设备的设计

在食品工厂中，换热器应用很广泛，如冷却、冷凝、加热、蒸发等。列管式换热器是目前生产上应用最广泛的一种传热设备，它的结构紧凑，制造工艺较成熟，适应性强，使用材料范围广。

1. 换热器设计的一般原则

（1）基本要求　换热器设计要满足工艺操作条件，能长期运转，安全可靠，不泄漏，维修清洗方便，满足工艺要求的传热面积，尽量有较高的传热效率，流体阻力尽量小，还

要满足工艺布置的安装尺寸等要求。

（2）介质流程　何种介质走管程，何种介质走壳程，可按下列情况确定：腐蚀性介质走管程，可以降低对外壳材质的要求；毒性介质走管程，泄漏的几率小；易结垢的介质走管程，便于清洗与清扫；压力较高的介质走管程，可以减小对壳体的机械强度要求；温度高的介质走管程，可以改变管子材质，满足介质要求；黏度较大，流量小的介质走壳程，可提高传热系数。从压力损失考虑，雷诺数小的介质走壳程。

（3）终端温差　换热器的终端温差通常因工艺过程的需要而定。但在工艺确定温差时，应考虑换热器的经济合理和传热效率，使换热器在较佳范围内操作。一般认为：

①热端的温差应在20℃以上。

②用水或其他冷却介质冷却时，冷端温差可以小一些，但不要低于5℃。

③当用冷却剂冷凝工艺流体时，冷却剂的进口温度应当高于工艺流体中最高凝点组分的凝点59℃以上。

④空冷器的最小温差应大于20℃。

⑤ 冷凝含有惰性气体的流体时，冷却剂出口温度至少比冷凝组分的露点低5℃。

（4）流速　在换热器内，一般希望采用较高的流速，这样可以提高传热效率，有利于冲刷污垢和沉积。但流速过大，磨损严重，甚至造成设备振动，会影响操作和使用寿命，能量消耗亦将增加。因此，比较适宜的流速需经过经济核算来确定。

（5）压力损失　压力损失一般随操作压力不同而有一个大致的范围。

（6）传热分系数　传热面两侧的传热分系数如相差很大，传热分系数较小的一侧将成为控制传热效果的主要因素，设计换热器时，应设法增大该侧的传热分系数。计算传热面积时，常以小的一侧为准。增大传热分系数的方法通常是：

①缩小通道截面积，以增大流速。

②增设挡板或促进产生湍流的插入物。

③管壁上加翅片，提高湍流程度也增大了传热面积。

④糙化传热表面，用沟槽或多孔表面，对于冷凝、沸腾等有相变化的传热过程来说，可获得大的传热分系数。

（7）污垢系数　换热器在使用中会在壁面产生污垢，在设计换热器时要慎重考虑流速和壁温的影响。从工艺上降低污垢系数，如改进水质，消除死区，增加流速，防止局部过热等。

（8）尽量选用标准设计和标准系列　这样可以提高工程的工作效率，缩短施工周期，降低工程投资。

2. 管壳式换热器的设计和系列选用

（1）汇总设计数据、分析设计任务　根据工艺衡算和工艺物料的要求及特性，获得物料流量、温度、压力和化学性质、物性参数，取得有关设备的负荷、在流程中的地位以及在流程中与其他设备的关系等数据。

（2）设计换热流程　在换热设计时，应仔细探讨换热的工艺流程，以利于充分利用热量、充分利用热源。

（3）选择换热器的材质　根据材质的腐蚀性能和其他有关性能，依据操作压力、温度、材料规格和制造价格等综合选择。

（4）选择换热器类型　根据热负荷和选用的换热器材料，选定某一种类型。

（5）确定换热器中冷热流体的流向　根据热载体的性质、换热任务和换热器的结构，决定采用并流、逆流或错流、折流等。

（6）确定和计算平均温差，确定终端温差　根据化学工程有关公式，算出平均温差。

（7）计算热负荷、流体传热系数　可用粗略估计的方法，估算管内和管间流体的传热系数。

（8）估计污垢热阻系数并初算出传热系数　在许多设计工作中，传热系数常常选取经验值作为粗算或试算的依据，许多专业手册中都罗列出各种条件下传热系数的经验值。但经验值所列的数据范围较宽，应作试算，并与传热系数的计算公式结果进行比较。

（9）计算总传热面积　初步计算总传热面积。

（10）调整温度差，重新计算总传热面积　在工艺的允许范围内，调整介质的进出口温度，或者考虑到生产的特殊情况，重新计算平均温差，并重新计算总传热面积。

（11）选用系列换热器　根据两次或三次改变温度算出总传热面积，并考虑 10%~25%的安全系数，确定换热器的选用传热面积。从国家标准系列换热器型号中，选择符合工艺要求和车间布置（立式或卧式及长度等）的换热器，并确定设备的台数。

（12）验算换热器的压力损失　一般利用工艺算图或由摩擦系数通过化学工程的公式计算。如果核算的压力损失不在工艺的允许范围之内，应重选设备。

（13）画出换热器设备草图　由设备机械设计人员完成换热器的详细部件设计。

3. 换热设备的设计

（1）列管式换热器的结构　双管程固定管板式换热器如图 4-24 所示，它主要由筒体、管板、封头、法兰、支座及各接管组成。

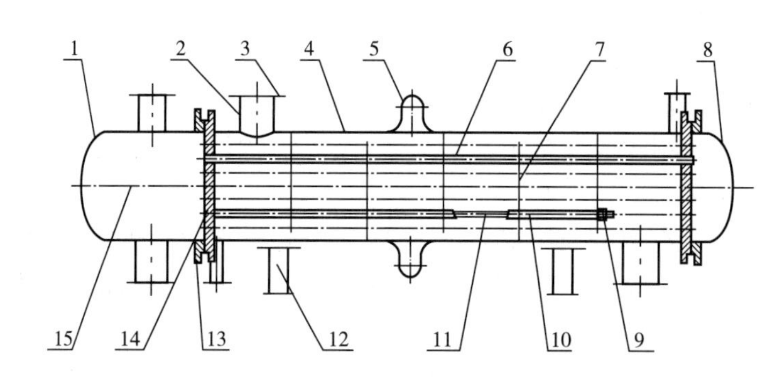

图 4-24　双管程固定管板式换热器

1—封头　2—接管　3—法兰　4—简体　5—膨胀节　6—换热管　7—折流板　8—封头
9—隔板　10—管板　11—容器法兰　12—支座　13—拉杆　14—定距管　15—螺母

（2）列管式换热器的种类　食品工厂中常用的列管式换热器有固定管板式换热器和浮头式换热器。

①固定管板式换热器：因结构简单、造价较低被广泛应用，但其管外清洗困难，因此壳程的流体应是不易生垢的清洁流体，当两种换热介质的温度相差较大时，壳体上必须设置膨胀节。

②浮头式换热器：优点是管束可以拉出，以便清洗，管束的膨胀不受壳体的约束，缺

点是构造复杂、造价高。

(3) 列管式换热器的零部件及设计

①壳体。

a. 壳体的公称直径：卷制壳体的公称直径应该以400mm为基础，以100mm为晋级档。必要时，允许采用50mm为晋级档。公称直径小于400mm的换热器，可采用钢管为壳体。

b. 壳体的最小壁厚：壳体壁厚应按设计压力、工作温度、钢板负偏差和腐蚀裕度等通过计算确定。但为了保证必要的刚度，碳素钢壳体的最小壁厚按表4-17选取。

表4-17　碳素钢壳体的最小壁厚　单位：mm

公称直径	400~700	800~1000	1100~1500	1600~2000
浮头式	8	10	12	14
固定管板式	6	8	10	12

注：①表中数据不包括厚度附加量。
②小直径换热器用钢管壳体时，最小厚度可小于表中数值。

②换热管。

a. 长度：管长主要从经济和清洗方便考虑，一般与壳径 $D_{壳}$ 之比 $1/D_{壳}=6\sim10$。若换热器竖放，考虑稳定性取 $1/D_{壳}=4\sim6$。另外，在选择管长时还应考虑管长应为钢管产品规格的整数倍。换热管的长度推荐用1500，2500，3000，4500，6000，7500，9000，12000mm。

b. 管径：常用的规格是无缝钢管（外径×壁厚）$\phi25\times2.5$、$\phi32\times3$，$\phi38\times3$，不锈钢管（外径×壁厚）$\phi25\times2$、$\phi32\times2$、$\phi38\times2.5$；大直径的管子用于黏性大或污浊的流体，小直径的管子用于清洁的流体。

c. 管子与管板的固定：管子在管板上的固定方法，有胀接和焊接两种。胀接法多用于压力低于4.0MPa和温度低于350℃的场合；高于此条件则多采用焊接法。但若要求换热器中冷热流体必须严格避免泄漏或混合，不管温度和压力大小如何，采用焊接法更加妥当。

d. 管间距和排列：固定管板式换热器的列管按正三角形排列，适用于壳程介质污垢少，且不需要进行机械清洗的场合；而浮头式换热器按正六角形排列，适用于将管束抽出清洗管间的场合。

正三角形排列时，包括中心管一根在内的 a 层六角形的总管数（n）为：$n=1+3a+3a^2$，若已知管数，则可计算六角形层数 a，即：$a=\left(\sqrt{12n-3}-3\right)/6$。

六角形对角线上的管子数目（b）为：$b=2a+1$　或　$b=1.1\sqrt{n}$。

管板上两管子中心的距离称为管间距（t）。管间距的确定要考虑管板强度和清洗管子外表面时所需的空隙。最小管间距规定为：

管外径/mm	25	32	38
最小管间距/mm	32	40	48

e. 壳径的计算：换热器壳体的内径应等于或稍大于（在浮头式换热器中）管板直径。所以，从管板直径的计算可以决定壳径，通常按式（4-16）确定壳径（$D_{壳}$）。

$$D_{壳} = t(b-1) + 2c \tag{4-16}$$

式中 $D_{壳}$——壳径

t——管间距

b——最外层六角形对角线（或同心圆直径）上的管数

c——六角形最外层管中心到壳体内壁的距离，一般取 1~1.5 倍管外径

壳径的计算值应圆整至最接近的公称直径。

（4）管板尺寸的确定　列管式换热器的管板一般采用平管板，在圆平板上开孔装设管束，管板又与壳体相连。管板所受载荷除管程与壳程压力外，还承受管壁与壳壁的温度差引起变形的作用。固定式管板受力情况较复杂，管板厚度的计算应按《钢制管壳式换热器设计规定》（化学工业出版社 1984 年版）中方法进行。

（5）管程数及分布

①在换热器面积较大、管子排列很多时，为了提高流体在管内的流动速度，使其传热系数提高，常将换热器做成多管程。实现多管程的方法是在管箱中安装与管子中心线相平行的分程隔板。常用的管程数有 1，2，4，6 等。换热器管程数及分布如下所示：

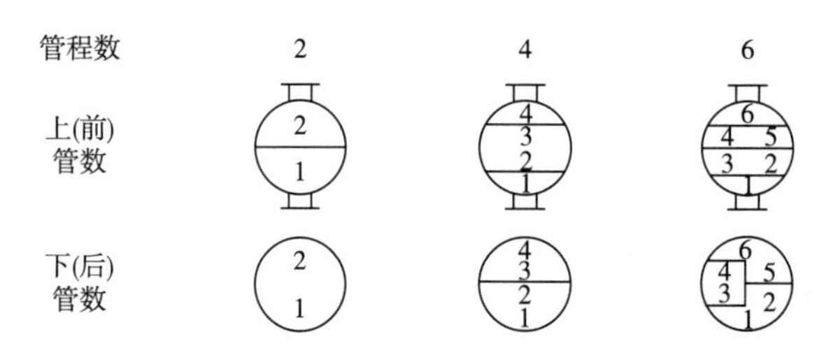

②分程隔板的最小厚度（碳素钢及低合金钢）：

壳体直径≤600mm　　厚度 8mm

壳体直径≤1200mm　　厚度 10mm

管板上隔板槽宽为隔板厚度加 2~4mm，槽深为 4~5mm。

③分程隔板槽两侧管子间的距离：

管外径/mm	25	32	38
管间距/mm	44	52	69

（6）折流板

①在对流传热的换热器中，为了加强壳程内流体的流速和湍流程度，提高传热效率，在壳程内装设折流板。折流板还起支撑换热管的作用。

常用的横向折流板为弓形，在这种折流板中，流体只经折流板切去的圆缺部分而垂直流过管束，流动中死区较少。弓形折流板圆缺高度一般取 0.15~0.45 倍换热器公称壳径。

在卧式换热器中，弓形折流板的排列一般用上下方向排列，以造成液体的剧烈扰动，增大传热系数。

②折流板的厚度：横向折流板的厚度与壳体直径和折流板间距有关。折流板的最小厚度按 GB/T 151—2014 规定选取。

③折流板间距：弓形折流板的间距一般不应小于壳体内径的 1/5，且不小于 50mm。相邻两块折流板间距不得大于壳体内径。

④折流板的固定是通过拉杆和定距管实现的。拉杆直径及拉杆数按以下规定选取：

壳体直径	拉杆直径	拉杆数量
400～600mm	10mm	6
700～800mm	12mm	8
900～1200mm	12mm	10

定距管长度与折流板间距相同，可用与换热管相同直径的管子。

（7）温差应力的补偿

①换热器中的温差应力：固定管板式换热器，管束与壳体是刚性连接的。当管壁与壳壁温度相差较大时，由于两者的热膨胀程度不同，会产生很大的温差应力，以致将管子扭弯或使管子从管板上松脱，甚至于毁坏整个换热器。

②温差应力的补偿装置：为了克服温差应力必须有温差补偿装置，一般在管壁与壳壁温度差 50℃以上，为了安全应采用温差补偿装置。常用的是在壳体上装置波形膨胀节。操作时利用膨胀节的弹性变形来补偿壳体和管束膨胀的不一致性，因而能减少部分热应力。对于浮头式换热器，由于它的管束有一端能够自由伸缩，这样壳体和管束的热胀冷缩便互不牵制，可自由进行，从而完全消除了热应力。

③膨胀节的结构型式、基本参数：U 形膨胀节的材料和尺寸可按 GB/T 12522—2009《不锈钢波形膨胀节》选用。

④管子拉脱力：换热器在操作中，承受流体压力和管壳壁的温差应力的联合作用，当温差大时，尤以温差应力更为突出。这两个力在壳体壁截面和管子壁截面中产生了拉（或压）应力，同时在管子与管板的连接接头处产生了一个拉脱力，使管子与管板有脱离倾向。拉脱力的定义是管子每平方厘米胀接周边上所受的压力，单位为 MPa。当管子与管板是焊接连接时，由实验表明，接头的强度高于管子本身金属的强度，拉脱力不足以引起接头的破坏。因此，对焊接法的换热器无须进行拉脱力的校核。

（8）各接管口径　根据流体的流量 $V_{秒}$（m^3/s）选择适当的流体在接管内的流速 v（m/s）来计算管径 d（m）：

$$d=\sqrt{4V_{秒}/\pi v}\ (\mathrm{m})$$

对于液体 $v=1.5\sim2.0\mathrm{m/s}$

对于蒸汽 $v=20\sim50\mathrm{m/s}$

为了防止壳程流体进入换热器对管束的冲击；可在接口管处装置缓冲挡板，蒸汽进口管可做成喇叭形，并设置导流板。在换热器的壳体上应安有排气管或排液管，以减少壳程内的气阻和尽量减少冷凝液的积留。

4. 列管式换热器的设计程序

(1) 计算热负荷。

(2) 确定流体在空间的流向。

(3) 计算定性温度，确定流体的物性数据。

(4) 计算平均温度差。

(5) 选取传热系数 K 或计算 K 值。

(6) 计算传热面积，考虑到热损失，使实际传热面积为计算面积的 1.2~1.3 倍。

(7) 选取换热管管径、管长，计算列管根数并在管板上排列。

(8) 校核管内流体流速，并确定管程。

(9) 计算壳径，并圆整至最接近的公称直径。

(10) 计算管程及壳程阻力损失。

(11) 换热器壳体壁厚的确定。

(12) 选择换热器上、下封头。

(13) 选择压力容器法兰。

(14) 确定管板尺寸。

(15) 选择波形膨胀节。

(16) 确定折流板。

(17) 计算选择各接口管管径。

(18) 选择支座。

(19) 绘制列管式换热器的装配图。

(四) 塔设备的设计

1. 塔设备结构分类

塔设备是实现气相与液相或液相与液相间传质的设备，塔设备广泛用于蒸馏、吸收和解吸等操作过程中。塔设备根据其总体结构可以分成两大类。

(1) 板式塔　在塔内设置一定数量的塔板，气体以鼓泡或喷射形式穿过板上液层时，相互接触进行传质过程，气体与液体的组成呈阶梯式的变化。目前国内主要使用的板式塔型是泡罩、浮阀和筛板塔。

(2) 填料塔　塔内装置一定高度的填料层，液体从塔顶沿填料表面呈薄膜状向下流动，气体则呈连续相由下向上同液膜逆流接触，发生传质过程。气体和液体的组成沿塔高连续变化。食品工厂中主要使用的填料塔为拉西环填料塔。近年来浸出车间尾气吸收还采用了湍球塔。

2. 填料塔的结构及部件设计

填料塔总体结构如图 4-25 所示。在设计填料塔时需考虑的部件如下。

(1) 液体分布装置　从进液管来的液体若分布不良，将减少填料的润湿面积，增加沟流和壁流现象，直接影响填料塔的处理能力和分离效率。因此要求液体分布装置的结构能使整个塔截面的填料表面很好地润湿，并且结构简单，制造维修方便。应用最普遍的液体分布装置是喷头式分布（又叫莲蓬头），喷头式分布如图 4-26 所示，喷头参数见表 4-18。

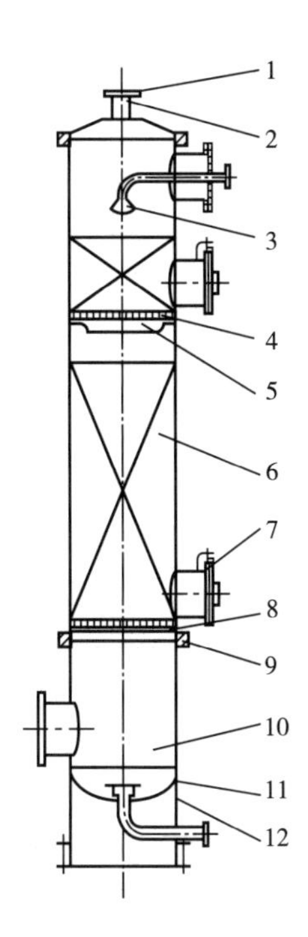

图 4-25　填料塔总体结构

1—管法兰　2—接管　3—喷淋装置　4—栅板
5—再分布器　6—填料　7—卸料孔　8—支承圈
9—容器法兰　10—塔体　11—封头　12—裙式支座

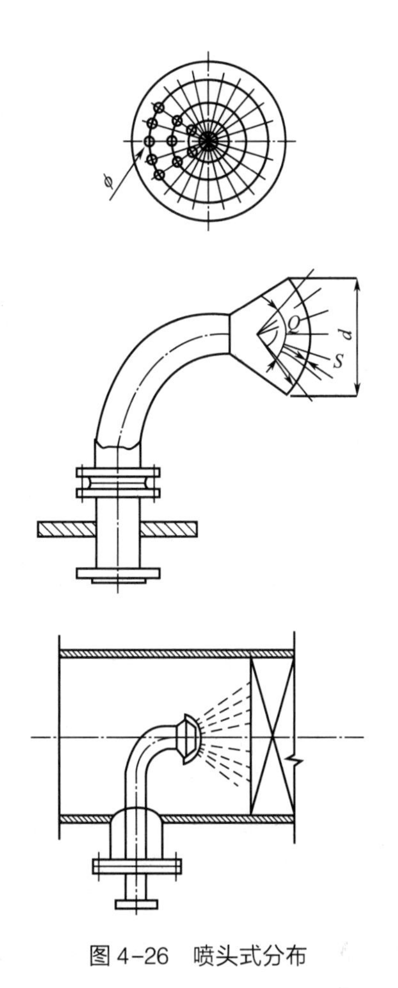

图 4-26　喷头式分布

表 4-18　喷头参数

名　称	数　据	备　　注
喷头直径（d）	（0.2~0.3）D_i	喷头从人孔进入时，d 应小于人孔直径；D_i 为填料塔内径
球面半径（R）	（0.5~1.0）d	
喷头厚度（S）	>73mm（碳钢） >72mm（耐酸钢）	
小孔直径（ϕ）	3~15mm	一般取 4~10mm
小孔数目（n）		
喷洒角（α）	≤40°	最外圈小孔的喷洒角
压头（H）	9.8~58.8kPa	
喷洒圆周到塔壁距离（l）	75~100mm	

喷头的输液能力（$Q_{喷}$），可按式（4-17）计算。

$$Q_{喷} = \varphi f v \qquad (4-17)$$

式中 $Q_{喷}$——喷头的输液能力，m^3/s

φ——流速系数，取 φ=0.82~0.85

f——小孔总面积，m^2

v——小孔中液体流速（$v=\varphi\sqrt{2Gh}$），m/s

喷头球面上小孔的排列型式，可采用展开画的方法表示，为了获得更好的喷淋均匀性，喷头球面上各小孔轴线应汇交于一点，喷头球面上总的开孔数（N）可按式（4-18）计算。

$$N=1+Z+2Z+3Z+\cdots\cdots+nZ \qquad (4-18)$$

式中 N——喷头球面上的总开孔数

Z——喷头球面上第一圈的小孔数

n——喷头球面上小孔圈数

喷头的安装高度 h（mm），由式（4-19）确定。

$$h=r\cot\alpha+gr^2/2v^2\sin^2\alpha \qquad (4-19)$$

式中 r——喷洒圆周半径，mm，r=［D_i/2（75~100）］mm，D_i 为填料塔内径

α——喷洒角，α=40°

g——重力加速度，g=9.8m/s^2

v——液体在小孔中的流速，m/s

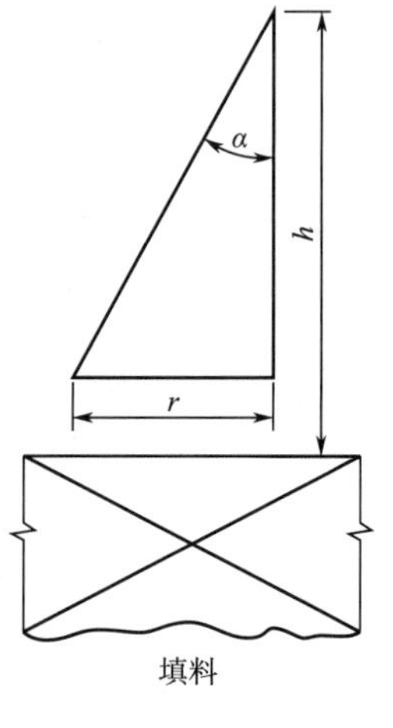

图 4-27 液体再分布器示意图

（2）液体再分布器 液体再分布器如图 4-27 所示。

在填料塔中，液体沿填料表面下流时，往往有向塔壁流动的趋势，形成液体分布不均匀现象，并随填料层增高而加剧，甚至可使塔中心填料不能被润湿而成“干堆”，直接降低了传质效率。因此设置液体再分布器，液体再分布器如图 4-28 所示。

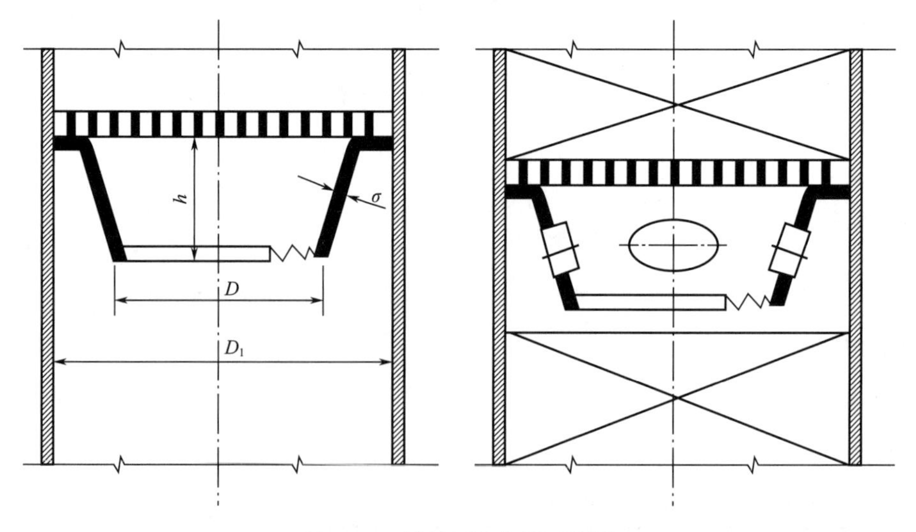

图 4-28 液体再分布器示意图

液体再分布器在填料层中的间距与塔径和填料类型有关，一般取3~5倍塔径。液体再分布器应有足够的强度，耐久性和自由截面，其尺寸如下：

截锥小头直径为$0.7D_i$；

锥高（h）为（0.1~0.2）D_i；

壁厚取3~4mm。

当塔径大于1000mm时，为了增加气体通过时的自由截面积，再分布锥上，可开设四个管孔。

（3）栅板结构　在填料塔中，最常用的支承结构是栅板。它不但要有足够的强度和刚度，而且必须有足够的自由截面，使在支承处不致首先发生液泛。对于小直径的塔（$D_i \leqslant$ 500mm），整块式栅板如图4-29所示，其结构简单，制造方便，与图相对应的整块式栅板的结构尺寸见表4-19。对于大直径的塔，可将栅板分成数块，但应使每块栅板宽度为270~390mm，以便装拆时进出人孔。

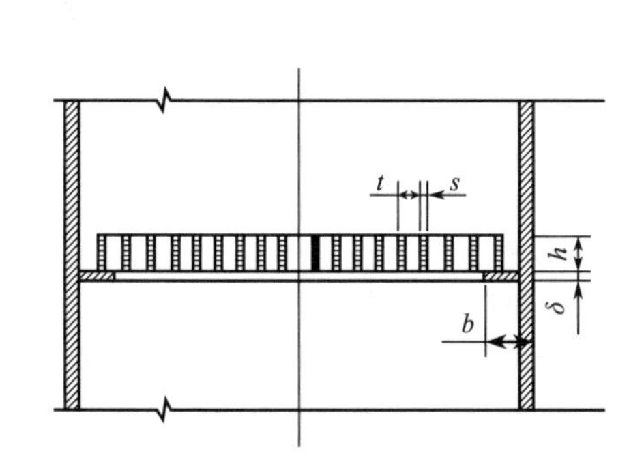

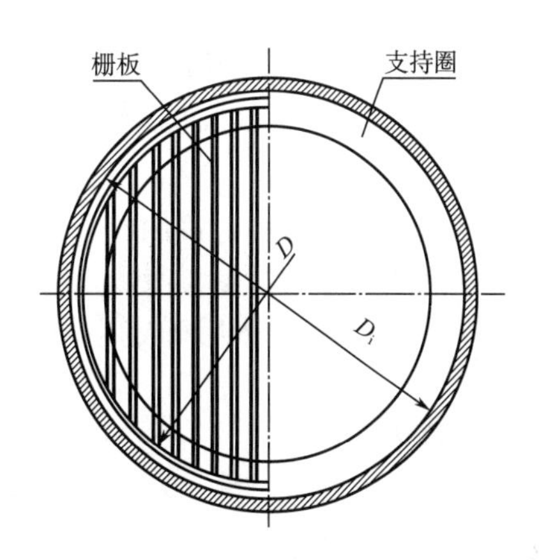

图4-29　整块式栅板

表4-19　整块式栅板的结构尺寸

D_i/mm	填料环直径	栅板尺寸				支持圈		
		D/mm	h（mm）×s（mm）	栅条数/条	t/mm	b/mm	δ/mm	
							碳钢	不锈钢
400	15	380	30×6	20	18	30	6	4
	25		30×6	14	25	30	6	4
450	25	430	30×6	16	25			
500	25	480	30×6	16	25	40	6	4

注：本表中D_i，D，h，s，t，b，δ对应图4-29中相应位置的尺寸。

整块式栅板的使用条件是：介质温度<250℃，填料重度<670kg/m^3，栅板材料为A_3或A_3F钢，塔径D_i=400~600mm时，填料高度$H_{填}=10D_i$。

（4）塔体　塔设备放在室外且无框架支承时，称自支承式塔设备。自支承式塔设备的塔体除承受工作压力和自重载荷作用外，还承受风载荷和地震载荷的作用。

目前我国食品工厂的塔设备多放在室内或框架内，属于非自支承塔设备。在内压操作时，其筒体和封头的壁厚，按容器设备中的内压圆筒和封头壁厚公式进行计算；外压操作时，其筒体和封头的壁厚，按容器设计中的外压圆筒和封头壁厚方法进行图算。

在设计塔体支座时，应考虑的载荷有：

①壳体质量 m_1。

②设备内构件质量 m_2。

③设备保温层质量 m_3。

④操作时设备内的物料质量 m_4。

⑤设备上人孔、接口管、法兰等附件质量 m_5。

⑥水压试验时，塔内充水质量 m_6。

因此支座的最大载荷见式（4-20）。

$$m_{max}=m_l+m_2+m_3+m_4+m_5+m_6 \tag{4-20}$$

（5）接口管　为避免液体淹没气体通道，塔体下部的进气管应安装在最高液面以上。填料塔底的液体出口管，要考虑防止破碎瓷环的堵塞并便于清理。可在出口管的上方装一块挡板。

3. 填料塔的设计程序

（1）选用适宜的填料，常用的瓷质拉西环有 $\phi15\times15\times2$，$\phi25\times25\times2.5$ 等规格。

（2）根据气液相的流量，吸收过程中各物料的物性及填料的种类、大小等因素，由相关资料计算出液泛速度然后确定空塔气速。对拉西环填料塔，空塔气速取液泛速度的60%~80%。

（3）计算塔径，见式（4-21）。

$$D_T = \sqrt{4V_{秒}/\pi v_{空}} \tag{4-21}$$

式中　D_T——填料塔塔径，m

$V_{秒}$——通过塔的实际气量，m^3/s，应以全塔最大的体积流量为准

$v_{空}$——所选空塔气速，m^3/s

计算出 D_T 值不是整数时，应予以圆整。

（4）校核吸收剂的喷淋密度及填料表面的润湿率。

（5）计算流体阻力（气相压强降）。

（6）计算填料层高度（H）。

①选用同类塔实测数据所计算出的总传质系数 K_y。

②根据设计中已知的吸收量 G 和已知条件计算出对数平均推动力 Δy_m，用式（4-22）求出所需的气液两相接触面积 F：

$$F=G/Ky\times\Delta y_m \tag{4-22}$$

③根据式（4-23），计算出填料层高度 H（m）：

$$F=a\times\pi/4\times D_i^2\times H \tag{4-23}$$

式中　H——填料层高度，m

F——气液两相接触面积，m^2

a——填料的单位体积有效面积，m^2/m^3

D_i——吸收塔内径，m

（7）确定塔体及封头的壁厚。

（8）设计液体分布装置。

（9）设计液体再分布装置。

（10）设计栅板结构。

（11）选用适当的进出口接管。

（12）设计支座。

（五）反应釜的设计

反应釜（锅）是食品工厂生产中常用的典型设备之一，原料和成品的性质又各不相同，多涉及催化反应。在氢化、水解、中和、皂化、氧化、缩合等反应中，操作条件有的是高温高压，有的是减压真空，而且有的反应物还具有易燃、易爆的性质，或者是具有强烈的腐蚀性和毒性。所以在设计和制造各种反应釜时，都必须满足上述工艺条件及安全操作条件。除此之外，还要考虑到技术经济指标和结构条件的要求。

如图 4-30 所示为一食品工厂中常用的带搅拌及蛇管传热装置的反应釜，从图中可见，一台反应釜通常是由釜体部分、传热、搅拌、传动及密封装置所组成的，釜体部分作为物料反应的空间，由筒体及上、下封头组成；传热装置是为了送入化学反应（或物理化学反应）所需的热量或带走化学反应生成的热量，图中所示为蛇管传热装置，此外还有夹套传热装置等；搅拌装置由搅拌器及搅拌轴组成；反应釜上的密封装置有静密封和动密封两大类型，静密封通常是管法兰和设备法兰密封，动密封有机械密封及填料密封两种；反应釜上还根据工艺要求配有各种接口管、人孔、手孔、视镜及支座等部件。

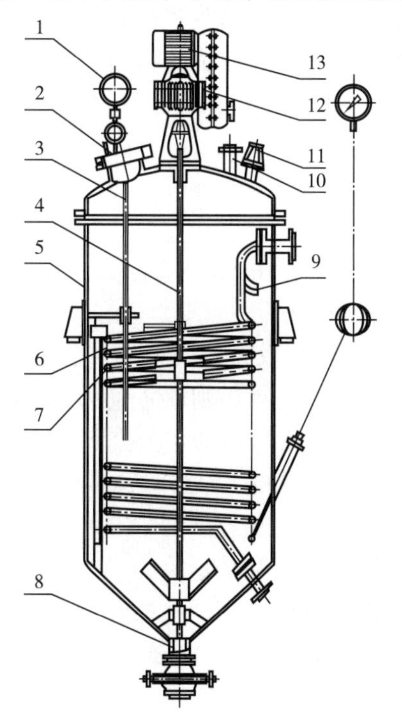

图 4-30　反应釜

1—真空表　2—窥视镜　3—白土进口管　4—搅拌轴　5—釜体　6—搅拌翅　7—加热蛇管
8—脱色油出口管　9—油进口　10—抽真空管　11—照明灯　12—减速器　13—电动机

1. 反应釜的设计要点

（1）保证物料转化率和反应时间　物料的转化率和必要的反应时间，在选择反应器型式时，可以作为重要依据；选型以后，可计算反应器的有效容积，确定长径比及其他基本尺寸，决定设备的台件数。

（2）满足反应的热传递要求　化学反应往往都有热效应，要及时移出或加入适量热量，因此在设计反应器时，要保证有足够的传热面积，并有一套能适应所设计传热方式的有关装置。此外，在设计反应器时还要有一套温度测控系统。

（3）设计适当的搅拌器或类似作用的机构　物料在反应器内接触，应当满足工艺规定的要求，使物料处于湍流的状态，有利于传热传质过程的实现。对于釜式反应器，依靠搅拌器来实现物料流动和混合接触；对于管式反应器，往往由外加动力调节物料的流量和流速。

（4）注意材质选用和机械加工　要求反应釜的材质依据工艺介质有无腐蚀性选用，或在反应产物中防止铁离子渗入、要求无锈，或要考虑反应器在清洗时可能碰到腐蚀性介质等。此外，选择材质与反应器的反应温度、加热方法有关联，与反应粒子的摩擦程度、摩擦消耗等因素也有关。

2. 反应釜的设计

（1）反应釜的容积确定　反应釜的生产能力取决于反应釜容积的大小和反应过程所需的时间，而反应釜容积的大小与反应物料量有关。反应物料量是根据化学反应方程式（物理化学反应）经物料衡算而求得的。但在设计时，对计算出的物料量还要按照生产实际中物料的消耗系数或中间试验数据做一定的修改和补充。

①若操作过程是间歇进行的，每个反应釜的容积可按式（4-24）计算。

$$V=V_b\times t\times(1+\delta)/\phi\times n\times 24 \tag{4-24}$$

式中　V——反应釜的容积，m^3

V_b——每昼夜所处理的反应物料体积，m^3/d

t——每批物料反应的时间，h

δ——设备的备用系数，一般取10%~15%

n——设备的个数（台数）

ϕ——设备的装料系数，通常可取为0.7~0.8

如果反应过程有泡沫或沸腾现象发生，则取ϕ值为0.4~0.6。

②若反应过程是连续进行的，则每个反应釜的容积按式（4-25）计算。

$$V=V_c\times t(1+\delta)/n\times\phi \tag{4-25}$$

式中　V——反应釜的容积，m^3

V_c——每小时所处理的物料体积，m^3/h

t——每批物料反应所需的时间，h

δ——设备的备用系数，一般取10%~15%

n——反应釜的台数

ϕ——反应釜的装料系数，取值如式（4-24）所述

（2）反应釜筒体的直径及高度　对于带搅拌器的反应釜来说，反应釜的容积（V）为主要决定参数，由于搅拌功率与搅拌器直径的五次方成正比，而搅拌器直径往往需随容器

直径的加大而增大，因此在同样的容积下，反应釜的直径太大是不适宜的；某些反应釜（如氢化锅），为了使通入釜中的氢气与油脂充分接触，需要一定的液位高度（直径的1.5倍），故筒体的高度不宜太矮，见表4-20。

表4-20 反应釜的 $H_{筒}/D_{内}$

种类	釜内物料类型	$H_{筒}/D_{内}$
一般反应釜	液-固相或液-液相物料	1~1.3
	气-液-固相物料	1~2

根据容积及选定的 $H_{筒}/D_{内}$ 可以初步估算筒体内径，由于初取：

$$V=\pi\times D_{内}^2\times H_{筒}/4$$

式中 V——设备容积，m^3

$D_{内}$——筒体内径，m

$H_{筒}$——筒体高度，m

或
$$V=\pi\times D_{内}^3\times H_{筒}/4D_{内}$$

则
$$D_{内}=\sqrt[3]{4VD_{内}/\pi\times H_{筒}} \qquad (4-26)$$

将所选定的 $H_{筒}/D_{内}$ 代入式（4-26），即可初步估算得反应釜的内径。将计算值按压力容器公称直径的标准系列圆整，以利于与其相配的零部件（如压力容器法兰等）的标准化。

封头根据筒体直径 $D_{内}$ 及所选的形式按标准选取。最常用的为椭圆形封头。椭圆形封头直边高度 h 视壁厚而定，因此必须先求出封头壁厚之后，才能确定封头的直边高度及总高。

当反应釜直径及封头已选定后，其圆柱部分筒体高度 $H_{筒}$ 可如下确定：对直立反应釜而言，设备容积系由圆柱筒体容积及下封头容积组成。如选用椭圆形封头，即可从《化工设备设计手册》的有关表格中查出与 $D_{内}$ 相应的封头部分容积 $V_{封}$ 和与 $D_{内}$ 相应的筒体每一米高的容积 $V_{1米}$，因此筒体高度见式（4-27）。

$$H_{筒}=(V-V_{封})/V_{1米} \qquad (4-27)$$

将计算后数值圆整得到筒体高度。

（3）夹套传热装置 食品工厂中有的设备采用夹套传热装置加热或冷却釜内物料（如成品油冷却锅、磷脂间歇式真空浓缩锅），其特点是结构简单，基本上不需要进行检修。当用蒸汽作热载体时，一般从上端进入夹套，凝液从夹套底部排出；用液体时则相反，采取下端进，上端出。这样能使夹套中经常充满液体，而加强传热效果，夹套直径及高度如图4-31所示。夹套直径与筒体直径的关系见表4-21。

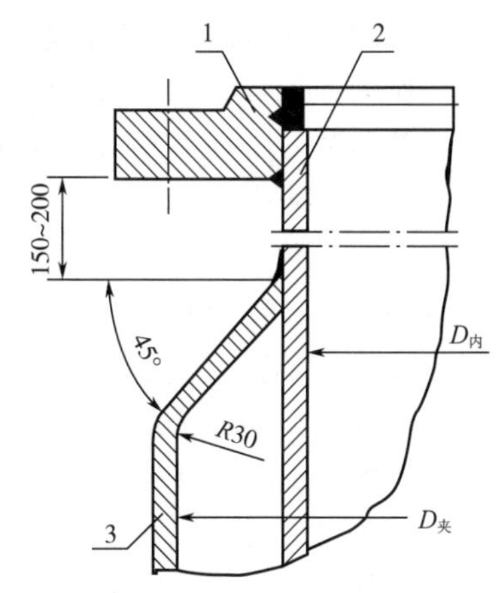

图4-31 夹套直径及高度

1—容器法兰 2—筒体 3—夹套

表 4-21　　夹套直径与筒体直径的关系

$D_{内}$/mm	500~600	700~1800	2000~3000
$D_{夹}$/mm	$D_{内}$+50	$D_{内}$+100	$D_{内}$+200

夹套封头根据夹套直径及所选封头形式按标准选取。夹套高度 $H_{夹}$ 主要取决于传热面积的要求，夹套高度一般应不低于料液的高度，以保证充分传热。此外，当反应釜筒体与上封头法兰联接时，夹套顶边应在法兰下 150~200mm 处（视法兰螺栓长度及拆卸方便而定）。

（4）壁厚的确定

①反应釜在压力状态下操作，如不带夹套，则筒体及上下封均按内压容器设计，以操作时釜内最大压力为工作压力。

②如带夹套，则反应釜筒体及下封头应按承受内压和外压粗算，并取二者中的最大值。按内压计算时，最大压力差为釜内工作压力。按外压计算时，最大压力差为夹套内工作压力。当釜内抽真空时，最大压力差为夹套工作压力+0.1MPa。

③上封头一般不包在夹套内而不承受外压，可按内压封头算，有时亦可取与下封头相同的壁厚。

④ 夹套筒体及夹套封头则按夹套内的最大工作压力按内压容器设计。

带夹套的设备壁厚可由《化工设备设计手册》查取。

（5）蛇形管加热装置

①传热面积的确定。

a. 首先由热量衡算计算热负荷。应考虑到：

反应物料带入的热量 Q_1；

加热剂或冷却剂传给反应物料的热量 Q_2；

反应过程中发生的热效应 Q_3；

使设备各部分升温的热量 Q_4；

反应生成物带走的热量 Q_5；

反应釜向四周围散发的热量 Q_6；

则 $Q_1+Q_2+Q_3=Q_4+Q_5+Q_6$，

热负荷 $Q_2=Q_4+Q_5+Q_6-(Q_1+Q_3)$。

b. 计算平均温度差。

c. 计算传热系数 K，也可按生产实践数据选取。如间歇式设备蛇管形加热装置的传热系数可取 418.7~1256.1kJ/（h·℃·m^2）间歇式中和锅的传热系数可取 481.5kJ/（h·℃·m^2）。

②管长及管径：蛇管很长是不适宜的，因为凝液可能会积聚，使这部分传热面积的传热作用降低，而且从很长的蛇管中排出蒸汽中所夹带的惰性气体也是很困难的。蛇管过粗，则蛇管的制造和加工较困难，通常采用的管径为 25~70mm。如果要求蛇管传热面积很大，则可以设计成几个并联的同心圆蛇管组。

③蛇管排列：若数排蛇管沉浸于釜内，蛇管排列及固定形式如图 4-32 所示，内圈与外圈的间距 t，一般可取 $t=(2\sim3)\,d_{外}$，各圈垂直距离 h，一般可取 $h=(1.5\sim2)\,d_{外}$。最外圈直径 D_o，一般可取 $D_o=[D_{内}-(200\sim300)]$ mm。

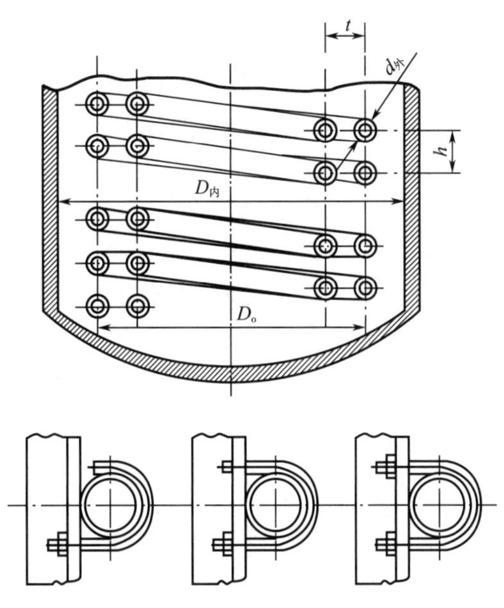

图 4-32　蛇管排列及固定形式

④ 蛇管固定件：管中心直径较小或圈数不多，质量也不太大时，蛇管就利用进出口固定在釜盖或釜底上，此时就不再另用支架固定蛇管。当蛇管中心直径较大，较重和有搅拌时，需安设支架来固定蛇管并增加蛇管组在搅拌反应釜中的刚性。蛇管的固定常采用图 4-32 所示的形式，U 形螺栓的直径在管径为 ϕ57mm 以下时，可用 ϕ8~ϕ10mm；在管径为 ϕ60~ϕ89mm 时可用 ϕ10~ϕ12mm。U 形螺栓固定可以隔一排蛇管设一个。蛇管支柱采用角钢，当蛇管管径为 ϕ32~ϕ57mm 时，蛇管支柱尺寸见表 4-22。

表 4-22　蛇管支柱尺寸

蛇管中心直径/mm	支柱数	碳钢角钢规格
ϕ1800~ϕ2000	3	L75×8
ϕ1200~ϕ1700	3	L65×8
ϕ800~ϕ1100	3	L50×5
ϕ500~ϕ700	3	L40×5
≤ϕ250	可不设立支柱	

蛇管进出口接管与封头或筒体焊在一起，但蛇管组与进出口接管应采用法兰联接以利于拆卸。

⑤ 反应釜的接口管　进料管应伸入设备内，可避免物料沿设备内壁流动，减少物料对局部釜壁的磨损与腐蚀。出料管应尽量设置在釜的底部以利于反应釜内物料能近乎全部排出。

3. 反应釜的搅拌装置

(1) 桨式搅拌器　在反应釜中，为了增快反应速率、强化传质或传热效果以及加强混合等作用，常装有搅拌装置。食品工厂的反应釜中常采用桨式搅拌器，其结构简单。搅拌器一般以扁钢制造，桨叶安装形式可分为平直叶和折叶两种，平直叶就是叶面与旋转方向互相垂直，折叶则是与旋转方向成一倾斜角度。平直叶主要使物料产生切线方向的流动，而折叶与平直叶相比轴向分流略多。桨式搅拌器的运转速度较慢，一般为 20~80r/min，圆周速度在 1.5~3m/s 比较适合。用于促进传热、可溶性固体的混合与溶解以及慢速搅拌的情况，如搅拌被混合的液体及带有固体颗粒的液体都是很有效果的。

在料液层比较高的情况下，为了将物料搅拌均匀，常装有几层桨叶，相邻两层搅拌叶常交叉成 90°安装，一般情况下，几层桨叶安装位置如下：

①一层：安装在下封头焊缝线高度上。

②二层：一层安装在下封头焊缝线高度上，另一层安装在下封头焊缝线与液面的中间或稍高的位置上。

③三层：一层安装在下封头焊缝线，另一层安装在液面下约 200mm 处，中间再安装一层。

桨式搅拌器直径约取反应釜内径 $D_{内}$ 的（1/3）~（2/3），不宜采用太长的桨叶，因为搅拌器消耗的功率与桨叶直径的五次方成正比。搅拌桨叶在搅拌轴上的固定形式，当搅拌轴直径<50mm 时，除用螺栓对夹外，再用紧定螺钉固定；当搅拌直径>50mm 时，除用螺栓对夹外，再用穿轴螺栓或圆柱销固定在轴上。

（2）涡轮式搅拌器　最常用的是带圆盘垂直叶涡轮式搅拌器。其搅拌速度比较大，切向线速度 3~8m/s。涡轮式搅拌器使流体均匀地由垂直方向运动改变成水平方向运动，自涡轮流出的高速液流沿圆周运动的切线方向散开，而使所有液体得到激烈搅拌。

（3）搅拌器计算　搅拌器计算包括搅拌功率计算、搅拌器强度计算、搅拌机传动装置、搅拌轴底轴承等，均可根据《化工设备设计手册》计算。

4. 反应釜的传动装置

反应釜的传动装置通常设置在反应釜的顶部，一般采用立式布置。电动机经减速机将转速减至工艺要求的搅拌转速，再通过联轴器带动搅拌轴旋转，反应釜的传动装置如图 4-33 所示。

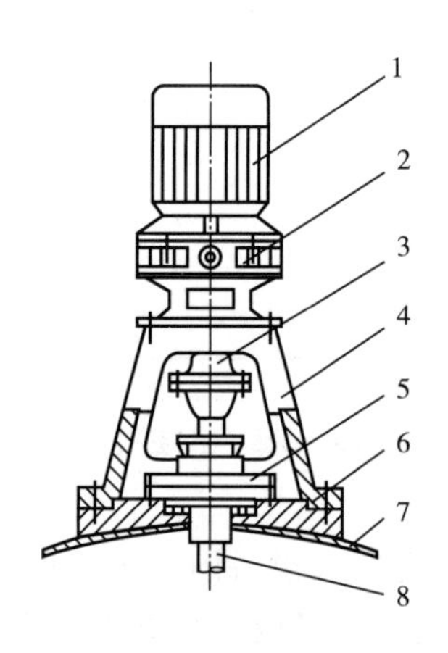

图 4-33　反应釜的传动装置

1—电动机　2—减速机　3—联轴器　4—机座　5—轴封装置　6—底座　7—封头　8—搅拌轴

反应釜传动装置的设计内容一般包括：选用电动机、减速机和 W 轴器，选用机座和底座等。

（1）电动机的选用　主要确定电动机的系列、功率、转速以及安装型式和防爆要求等内容。

（2）减速机的选用　国内食品工厂反应釜常用的立式减速机有摆线针齿行星减速机及立式蜗轮减速机。这两种减速机的出轴转速在 20~120r/min，传递功率范围为 0.6~30kW。由于立式蜗轮减速机与摆线针齿行星减速机相比有传动效率低、易发热、结构不紧凑、质量大、寿命低、只能单向传动等缺点，故逐步被摆线针齿行星减速机取代。

（3）传动装置的机座　当反应釜传来的轴向力不大时，减速机输出轴联轴器型为夹壳式联轴器或刚性凸缘联轴器，可选用不带支承的 J-A 型机座。

（4）传动装置的底座　焊接底座如图 4-34 所示，为填料箱直接焊在封头上的方式。此时底座只需安装减速机机座，但为了保证减速机座与轴封装置安装时的同心度，要求图中所示减速机机座定位肩 D 和轴封箱体上决定搅拌轴定位的孔径 D_1应有一定的同心度。

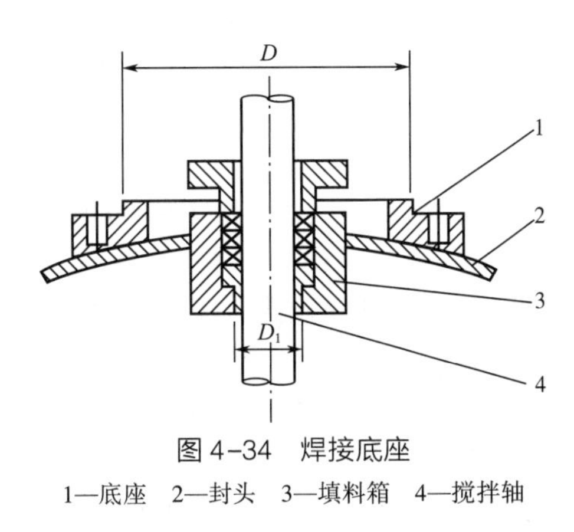

图 4-34　焊接底座

1—底座　2—封头　3—填料箱　4—搅拌轴

5. 反应釜的轴封装置

食品工厂反应釜的轴封装置目前多采用填料箱密封，主要由填料箱、填料、衬套、压盖和压紧螺栓等零件组成。

填料箱通常采用的结构已标准化，可按公称压力及搅拌轴直径选用。

填料应根据反应釜内介质的特性（包括材料的腐蚀性）、操作压力、操作温度、搅拌轴的转速及密封装置的结构等进行选择。在公称压力≤0.2MPa 和介质无毒、非易燃、非易爆时，选用一般石棉绳，安装时外涂工业用黄油。在压力较高和介质有毒及易爆炸时，最常用的是石墨石棉盘根，它的密封效果较好。石棉绳浸渍聚四氟乙烯，有着耐磨、耐腐蚀和耐高温等优点，可用于高真空条件下，但搅拌转速不宜过高。

6. 反应釜的设计程序

（1）确定反应釜的结构型式和尺寸　根据工艺要求，按物料的容积和质量、反应的特点、传热的形式和安装、维修的要求，确定反应釜的结构型式和外形尺寸，如筒体的直径及高度、封头形式的选择等。

（2）选择材料　根据各零件的工作情况，所处的压力、温度，化学腐蚀性等条件，零件准备采取的制造方法，以及材料供应情况和经济耐用的原则，选择各种零件的材料。

（3）强度计算　根据零件的结构形式，受力条件以及材料的机械性能和腐蚀情况，进行强度计算，确定其尺寸，如反应釜筒体、封头的壁厚及搅拌轴的直径等。

（4）选用零部件　反应釜用搅拌、传动、密封等装置以及其他零部件，大多数已经系列化、标准化。因此，可根据工艺条件及制造、安装等因素分别选用反应釜的零部件。

（5）绘制总装图。

五、化工设备图

（一）化工设备图的基本知识

食品工厂大量用到化工类设备，这些设备主要是生产中常用的罐、釜、塔器、换热器、贮槽（罐）等标准和非标准设备。为了能完整、正确、清晰地表达这些设备，就必须绘制化工设备图。常用的有化工设备总图、装配图、部件图、零件图、管口方位图、表格图及预焊接件图。作为施工设计文件的还有工程图、通用图和标准图。

1. 化工设备图的分类

常用的化工设备图根据其主次关系、具体表示部位等有如下分类：

（1）总图　表示化工设备以及附属装置的全貌、组成和特性的图样，它应表达设备各主要部分的结构特征、装配连接关系、主要特征尺寸和外形尺寸，并写明技术要求、技术特性等技术资料。

（2）装配图　表示化工设备的结垢、尺寸、各零部件的装配连接关系，并写明技术要求和技术特性等技术资料的图样。

（3）部件图　表示可拆或不可拆部件的结构形状、尺寸大小、技术要求和技术特性等技术资料的图样。

（4）零件图　表示化工设备零件的结构形状、尺寸大小及加工、热处理、检验等技术资料的图样。

（5）管口方位图　管口方位图是化工工程图中特有的一种图纸，是表示化工设备管口方向位置，管口与支座、地脚螺栓的相对位置的简图。

（6）表格图　对于那些结构形状相同，尺寸大小不同的化工设备、部件、零件（主要是零部件），用综合列表的方式表达各自的尺寸大小的图样。

（7）标准图　经国家有关主管部门批准的标准化或系列化设备、部件或零件的图样。

（8）通用图　经过生产考验，结构成熟，能重复使用的系列化设备、部件和零件的图纸。

2. 化工设备图的基本内容

一份完整的化工设备图，除绘有设备本身的各种视图外，化工设备图的基本内容如图 4-35 所示，图中各栏除“技术要求”用文字说明外，其余均以表格形式列出。

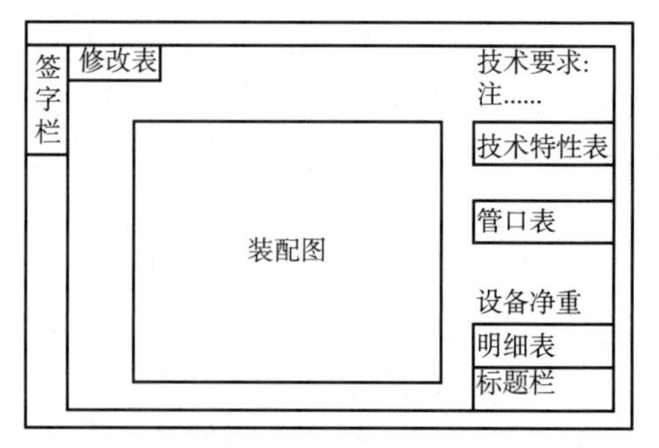

图 4-35　化工设备图的基本内容

（1）标题栏　标题栏主要说明图纸的主题，包括设计单位的名称、设备（项目）名称、本张图纸名称、图号、设计阶段、比例、图纸张数（共__张、第__张），以及设计制图、校核、审核、审定等人的签字及日期。

（2）明细表　明细表是说明图纸的各部件的详细情况，一般格式如下：

					单重	总重	
件号	图号或标准号	名称	数量	材料	质量/kg		备注

（3）管口表　它是将设备的各管口用英文小写字母自上而下按顺序填入表中，表明各管口的位置和规格等。

（4）技术特性表　它是化工设备图的一个重要组成部分，将设备的设计、制造、使用的主要参数（设计压力、工作压力、设计温度、工作温度、各部件的材质、焊缝系数、腐蚀裕度、物料名称、容器类别及专用化工设备的接触物料的特性等）和技术特性以列表方式列出，供施工、检验、生产中使用。

（5）技术要求　一般以文字对化工设备的技术条件、应该遵守和达到的技术指标等，逐条书写清楚，这些技术条件从安全角度出发，要求也比较严格，通常应注写如下几个方面的内容：

①通用技术条件。通用技术条件是同类化工设备在加工、制造、焊接、装配、检验、包装、防腐、运输等方面的技术规范；已形成技术规范，在技术要求中直接引用。在书写时，只需注写“本设备按×××××（具体写上某标准的名称及代号）制造、试验和验收”即可。

②焊接要求。在技术要求中，通常对焊接接头形式、焊接方法、焊条（焊丝）、焊剂等提出要求。

③设备的检验。一般有对主体设备的水压和气密性进行试验，对焊缝的射线探伤，超声波探伤、磁粉探伤等都有相应的试验规范和技术指标。

④ 其他要求。机械加工和装配方面的规定和要求；设备的油漆、防腐、保温（冷）、运输和安装、填料等要求。

（6）其他

①在较完善的设备图中，尤其是压力容器的图中，采用《制造、检验、主要数据表》，它综合了常规的《技术特性表》和“技术要求”，以综合表的方式反映了化工设备技术特性，由于它数据完善、清晰、集中、技术要求全面，因此取代了常规的《技术特性表》和“技术要求”。

②为便于运输、安装等还需在明细表的上端标注设备的净重。若设备有不锈钢等特殊或贵重金属及填料、砌筑等则须分项列出。

③在一些图纸中，还列有修改表和选用表，供在设备修改及选用时填写，以便随时掌握设备变更和选用的情况。

④有些图纸中还列出相关图纸的简单目录，方便检索。

⑤为明确责任、便于联系，多数图纸还在图左上侧内外轮廓线间，列出描图、校核会签签字栏。

(7) 注释　注释常写在“技术要求”的下方，用来补充说明技术要求范围外，必须作出交待的问题。

（二）化工设备图的表达特点

1. 化工设备的基本结构特点

常见的几种典型的化工设备，如容器、反应罐、换热器和塔等，这些化工设备虽然结构形状、尺寸大小以及安装方式各不相同，但构成设备的基本形体，以及所采用的许多通用零部件却有共同的特点。

(1) 基本形体以回转体为主　化工设备多为壳体容器，要求承压性能好，制作方便、省料，因此其主体结构如筒体、封头等以及一些零部件（人孔、手孔、接管等）多为圆柱、圆锥、圆体和椭球等形状。

(2) 各部结构尺寸悬殊　设备的总高（长）与直径、设备的总体尺寸（长、高及直径）与壳体壁厚或其他细部结构尺寸悬殊，大的大至几十米，小的只有几毫米。

(3) 壳体上开孔和管口多　化工设备壳体上，根据化工工艺的需要，有众多的开孔和管口，如进（出）料口、放空口、清理孔、观察孔、人（手）孔以及液面、温度、压力、取样等检测口。

(4) 广泛采用标准化零部件　化工设备中较多的通用零部件都已标准化、系列化，如封头、支座、管法兰、设备法兰、人（手）孔、视镜、液面计、补强圈等。一些典型设备中部分常用零部件，如填料箱、搅拌器、波形膨胀节、浮阀及泡罩等，也有相应的标准，在设计时可根据需要直接选用。

(5) 采用焊接结构多　化工设备中较多的零部件如筒体、支座、人（手）孔等都是焊接成型的。零部件间的连接，如筒体与封头、筒体、封头与设备法兰、壳体与支座、人（手）孔、接管等，都采用焊接结构。

(6) 对材料有特殊要求的设备的材料的选择　除考虑强度、刚度外，还应考虑耐腐蚀、耐高温、耐深冷、耐高压、高真空等要求。因此，常采用碳钢、合金钢、有色金属、稀有金属及非金属材料等作为结构材料或衬里材料，以满足各种设备的特殊要求。

(7) 防泄漏安全结构要求高　在处理有毒、易燃、易爆的介质时，要求密封结构好，安全装置可靠，以免发生“跑、冒、滴、漏”及爆炸。因此，除对焊缝进行严格检查外，对各连接面的密封结构也提出较高要求。

2. 化工设备图的视图表达特点

(1) 视图配置灵活　由于食品工厂采用较多的是化工类设备，其主体结构多为回转体，其基本视图常采用两个视图。立式设备一般为主、俯视图，卧式设备一般为主、左（右）视图，用以表达设备的主体结构。当设备的高（长）较高（长）时，由于图幅有限，俯、左（右）视图难于安排在基本视图位置时，可以将其配置在图面的空白处，注明其视图名称，也允许画在另一张图纸上，并分别在两张图纸上注明视图关系即可。

某些结构形状简单、在装配图上易于表达清楚的零件的零件图可直接画在装配图中适当位置，注明件号“××”的零件图。某些装配图中，还有其他图，如支座的底板尺寸图、塔器的单线条结构示意图、管口方位图、某零件的展开图等。总之，化工设备图的视图配置及表达较灵活。化工设备图如图4-36所示。

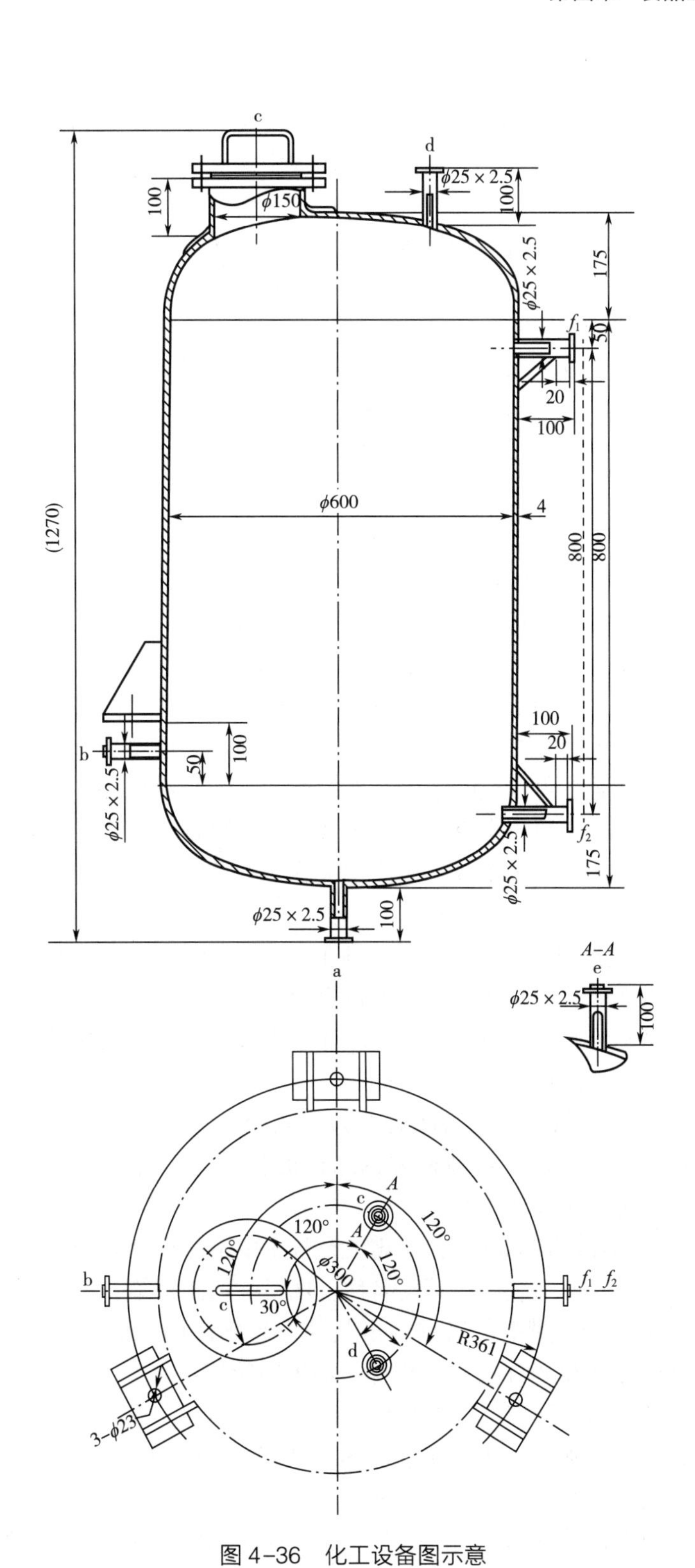

图 4-36 化工设备图示意

（2）细部结构的表达方法 由于化工设备的各部分结构尺寸悬殊，按缩小比例画出的视图中，很难把细部也表达清楚。因此，化工设备图中较多地使用了局部放大图和夸大画法来表达这些细部结构的标准尺寸。

①局部放大图（亦称“节点详图”）。用局部放大的方法来表达细部结构时，可画成局部视图、剖视图或剖面等形式。放大比例可按规定比例，也可不按比例做适当放大，但都要标注清楚。

②夸大画法。对于化工设备中的折流板、管板、壳体壁厚、垫片及各种管壁厚，在按总体比例缩小后，难以表达其厚度，可适当地夸大画出。其余细小结构或较小的零部件在基本视图中也允许适当地夸大画出。

（3）断开画法、分段画法及整体图　对于过高或过长的化工类设备，如塔、换热器及贮罐等，为了采用较大的比例清楚地表达设备结构和合理地使用图幅，常使用断开画法，即用双点划线将设备中重复出现的结构或相同结构断开，使图形缩短，简化作图。

对于较高的塔设备，如果使用了断开画法，其内部结构仍然未表达清楚时，则可将某塔节（层）用局部放大表达。若由于断开和分段画法造成设备总体形象表达不完整，可用缩小比例、单线条画出设备的整体外形图或剖视图。在整体图上，应标注总高尺寸、各主要零部件的定位尺寸及管口的标高尺寸。

（4）多次旋转的表达方法　化工设备壳体上分布有众多的管口、开口及其他附件，为了在主视图上表达它们的结构形状及位置高度，可使用多次旋转的表达方法，即假想将设备周向分布的接管及其他附件按机械制图国家标准中规定的旋转法，分别按不同方向旋转到与正投影面平行的位置，得到反映它们实形的视图。为了避免混乱，在不同的视图中同一接管或附件应用相同的小写英文字母编号。规格、用途相同的接管或附件共用同一字母时，用阿拉伯数字为脚注，以示个数。应注意被旋转的接管及其他附件在主视图上不应相互重叠。

（5）管口方位的表达方法　化工设备壳体上众多的管口和附件方位的确定在安装、制造等方面都是至关重要的，为将各管口的方位表达清楚，在化工设备中用基本视图和一些辅助视图将其基本结构形状表达清楚，此时，往往用管口方位图来代替俯视图表达出设备的各管口及其他附件如地脚螺栓等的分布情况。

（6）简化画法　在绘制化工设备图时，为了减少一些不必要的绘图工作量，提高绘图效率，在既不影响视图正确、清晰地表达结构形状，又不致使读图者产生误解的前提下，大量地采用了各种简化画法。

①一些标准化零部件已有标准图，在化工设备图中不必详细画出。可按比例画出反映其特征外形的简图，而在明细表中注写其名称、规格、标准号等。

②外购部件在化工设备图中可以只画出其外形轮廓简图，但要求在明细表中注写名称、规格、主要性能参数和“外购”字样等，如填料箱等。

③对于已有零部件图、局部放大图及规定记号的零部件，或者一些简单结构，可以采用单线条（粗实线）示意画法，如封头、筒体、列管、折流板、挡板、拉杆、定距管、法兰、人孔、波纹膨胀节及补强圈、各种塔盘等。

④化工设备图中液面计可用点划线示意表达，并用粗实线画出“+”符号表示其安装位置，但要求在明细表中注明液面计的名称、规格、数量及标准号等。

⑤化工设备中出现的有规律分布的重复结构允许作如下简化表达：

a. 螺纹连接件组。可不画这组零件的投影，只用点划线表示其连接位置，如设备法兰的螺栓连接，但在明细表中应注写其名称、标准号、数量及材料。

b. 按一定规律排列的管束，可只画一根，其余的用点划线表示其安装位置。

c. 按一定规律排列并且孔径相同的孔板，如换热器中的管板、折流板、塔器中的塔板等，可以用简化表达；圆孔按同心圆均布的管板，绘出同心圆，注明孔径、孔数及相邻两同心圆孔间径向夹角；圆孔按正三角形分布的弓形折流板，用交错网线表示诸孔的中心位置和钻孔范围，仅画数孔，但需标注孔径、孔数及孔的定位尺寸。

d. 设备中（主要是塔器）规格、材质和堆放方法相同的填料，如各类环（瓷环、玻璃环、铸石环、钢环及塑料环等）、卵石、塑料球、波纹盘等，均可在堆放范围内，用交叉细实线示意表达，必要时可用局部剖视表达其细部结构。

（7）化工设备镀涂层和衬里剖面的画法

①薄镀涂层。喷镀耐腐蚀金属材料或塑料，涂漆、搪瓷等薄镀涂层的表达，仅在需涂层的表面绘制与表面平行的粗点划线，并标注镀涂层内容，图样中不编件号，详细要求可写入技术要求。

②薄衬层，如衬金属薄板、衬橡胶板、衬聚氯乙烯薄膜、衬石棉板等，在所需衬板表面绘制与表面平行的细实线即可（无论衬里是一层或是多层）：

a. 衬里是多层且材料相同时，可只编一个件号，在明细表的备注栏内注明厚度和层数。

b. 当衬里是多层但材料不同时，应分别编号；在局部放大图中表示其层次结构。在明细表的备注栏内注明每种衬层的厚度和层数。

③厚涂层。各种胶泥、混凝土等的厚涂层，应在局部剖面中绘出每种衬层的材料符号，并应编件号，在明细表中注明材料和涂层厚度。必要时用局部放大图详细表达结构和尺寸，如增强结合力所需的铁丝、挂钉等。

④厚衬层，如塑料板、耐火砖、辉绿岩板之类厚衬层的表达，一般须用局部放大图样详细表示其结构尺寸，一般灰缝以一条粗实线表示，特殊要求的灰缝用双线表示；规格不同的砖、板应分别编号。

（三）化工设备图的尺寸分析及标注

化工设备图的尺寸标注与一般机械装配图基本相同，需要标注一组必要的尺寸反映设备的大小规格、装配关系、主要零部件的结构形状及设备的安装定位，以满足化工设备制造、安装、检验的需要。与一般机械装配图比较，化工设备的尺寸数量稍多，有的尺寸较大，尺寸精度要求较低，允许标注成封闭尺寸链（加近似符号“~”）。总之，化工设备的尺寸标注，除遵守 GB/T 4458. 4—2003《机械制图》中的规定外，还可结合化工设备的特点，使尺寸标注做到完整、清晰、合理。

1. 尺寸分析

化工设备图上需要标注的尺寸有以下几类，如图 4-37 所示。

（1）规格性能尺寸　反映化工设备的规格、性能、特性及生产能力的尺寸，如罐、反应罐内腔容积尺寸（筒体的内径、高度或长度尺寸）、换热器传热面积尺寸（列管长度、直径及数量）等。

（2）装配尺寸　反映零部件间的相对位置尺寸，它们是制造化工设备时的重要依据，如设备图中接管间的定位尺寸，接管的伸出长度尺寸，罐体与支座的定位尺寸，塔器的塔

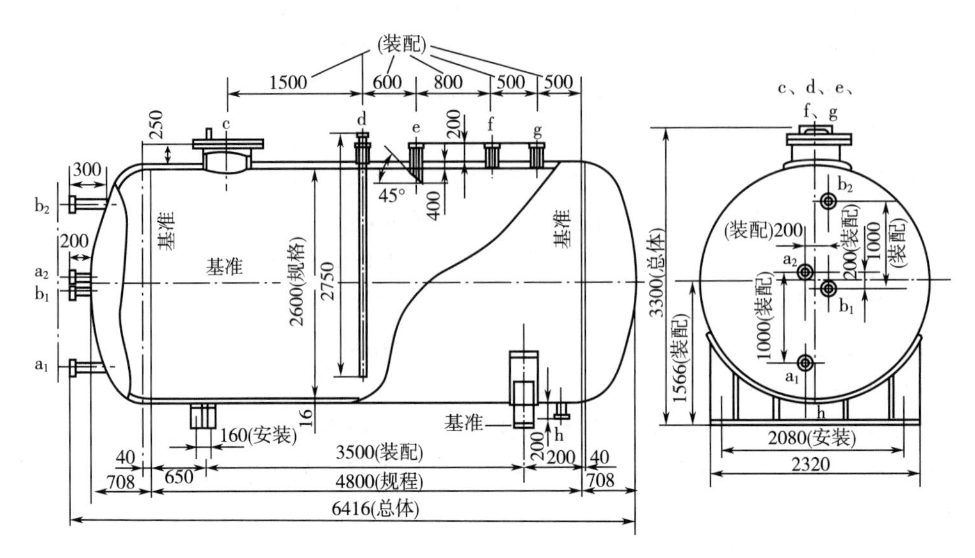

图 4-37 化工设备图的尺寸标注示意图

板间距，换热器的折流板、管板间的定位尺寸等。

（3）外形尺寸 表达设备的总长、总高、总宽（或外径）尺寸。这类尺寸较大，对于设备的包装、运输、安装及厂房设计是必要的依据。

（4）安装尺寸 化工设备安装在基础或其他构件上所需的尺寸，如支座、裙座上的地脚螺栓的孔径及孔间定位尺寸等。

（5）其他尺寸

①零部件的规格尺寸，如接管尺寸标注“$\phi32\times1.5$”，瓷环尺寸标注“外径×高×壁厚”等。

②不另行绘制图样的零部件的结构尺寸或某些重要尺寸。

③设计计算确定的尺寸，如主体壁厚、搅拌轴直径等。

④焊缝的结构形式尺寸在一些重要焊缝局部放大图中，应标注横截面的形状尺寸。

2. 化工设备图的尺寸标注

化工设备图的尺寸标注，首先应正确地选择尺寸基准，然后从尺寸基准出发，完整、清晰、合理地标注上述各类尺寸。化工设备图的尺寸基准（图 4-37）一般为：

（1）设备筒体和封头的轴线。

（2）设备筒体和封头的环焊缝。

（3）设备法兰的连接面。

（4）设备支座、群座的底面。

（5）接管轴线与设备表面交点。

（四）化工设备图的绘制

化工设备图的绘制主要是依据工艺设计人员提供的设备设计条件图（单）进行设计和绘制。

1. 化工设备图的视图选择

（1）选择主视图 拟定表达方案首先应确定主视图，一般应按设备的工作位置选择，并使主视图能充分表达其工作原理、主要装配关系及主要零部件的形状结构。主视图一般采用全剖视的表达方法，用以表达设备上各零部件之间的装配关系。

（2）确定其他基本视图 主视图确定后，应根据设备的结构特点，确定基本视图数量及选择其他基本视图，用以补充表达设备的主要装配关系、形状、结构。

（3）选择辅助视图和各种表达方法 根据设备的结构特点，多采用局部放大图，局部视图及剖视、剖面等表达方法来补充表达，从而将设备各部分的形状结构表达清楚。

2. 化工设备图的绘制方法及步骤

视图表达方案确定后，就可按下述步骤着手绘制。

（1）确定绘图比例、选择图幅。按照设备的总体尺寸确定绘图比例，绘图比例一般应选用国家标准中规定的机械制图的比例，但依化工设备的特点，还增加了 1∶6，1∶15，1∶30等比例。

化工设备图样的图纸幅面也应选用国家标准中规定的机械制图幅面，依设备特点，可允许选用加长 A2 等图幅。

化工设备图样的图面布置除中部留有视图位置外，右下角从主标题栏开始，上方为明细表，另在适当位置留有管口表、技术特性表及书写技术要求的位置。

（2）画图依据选定的视图表达方案，先画出主要基准线，例如插图中要先画出主视图中筒体与封头的中心线及左视图的中心线。

绘制视图应从主视图画起，左（俯）视图配合一起画，一般是沿着装配干线，先画主体、后画部件；先画外件、后画内件；先定位、后画形状。基本视图完成后，再画局部放大图等辅助视图。

（3）尺寸的标注除视图外，还须在图纸上标注尺寸和焊缝代号。

①设备图的尺寸标注应做到正确、完整、清晰、合理。

②尺寸标注与机械装配图相同，化工设备图应标注以下几类尺寸：

特性尺寸（规格尺寸），如图 4-37 中筒体内径 ϕ2600mm、长 4800mm、封头长 708mm 等；

装配尺寸，如图 4-37 中各接管尺寸、液面计位置尺寸和支座的定位尺寸等；

安装尺寸，如支座地脚螺栓孔距 2080mm 和 160mm 等；

外形尺寸，如图 4-37 中外形尺寸 6416mm 和 3300mm 等。

③尺寸基准：如图 4-37 中选封头和筒体的焊缝为长度方向的尺寸基准；选筒体和封头的中心线及支座下底面为高度方向的尺寸基准；以设备法兰的密封面为高度方向定位尺寸的基准；以接管中心线为长度方向定位尺寸的基准。

④典型结构尺寸标注：筒体尺寸一般标注内径（钢管制成的标注外径）、壁厚和高度（长度）；封头尺寸一般标注壁厚和封头高（包括直边高）；管口尺寸应注出管口直径和壁厚；设备中的瓷环、浮球等填充物应注出总体尺寸及填充物规格尺寸。

⑤焊缝代号的标注：焊缝在剖视图中用涂黑表示，另在技术要求中说明焊接方法、焊缝接头形式、焊条型号及焊缝检验要求等。

（4）编写零部件序号和管口符号组成设备的各零部件（包括薄衬层、厚衬层、厚涂层等）均需编号。设备中同一零部件编成同一个件号，组合件编为一个件号。零部件件号用阿拉伯数字编写，尽量编排在主视图上，一般由主视图的左下方开始，按顺时针连续注出，在垂直和水平方向排列整齐。

设备上的管口一律用小写汉语拼音字母编写管口符号。同一接管在主、左（俯）视图上应重复注写。规格、用途及连接面形式完全相同的管口编为同一号，但符号的右下角加注阿拉伯数字，以示区别，如 a_1、a_2……

（5）填写明细栏和接管表。

①明细栏的填写：明细栏的零部件序号应与图中的零部件件号一致。按规定由下向上顺序填写。图号或标准号栏填写零部件的图号（无图零件此栏不必填），如系标准件，则填写标准号，组合体应注明组合体，另注明其部件装配图图号。按要求填写名称、规格、数量和材料等各项目。在备注栏只填写必要的说明，如无须说明则一般不必填写。

②接管表的填写：接管表中管口符号与图中接管符号应一致。按英文小写字母（a，b，c，……）顺序自上向下逐一填写。公称尺寸栏填写管口公称直径、连接尺寸标准栏填写对外连接管口（包括法兰）的有关尺寸和标准。连接面形式栏填写管口法兰的连接面形式，如用螺纹连接则填“螺纹”。

（6）填写技术特性表、编写技术特性要求、填标题栏。

①填写技术特性表：技术特性表中应填写设计压力、设计温度、工作温度、工作压力、物料名称等。另依各专用设备填入所需的特殊技术性能，如塔器类设备需填风压、地震烈度；容器类设备需填写容积（m^3）和操作容积；带搅拌器的反应器应填写搅拌转数、电动机功率等。

②编写技术要求：设备图的技术要求一般填入设备在制造、检验、安装等方面的要求、方法和指标，设备的保温、防腐蚀等要求及设备制造中所需依据的通用技术条件。

③填写标题栏：标题栏填写设备名称、规格等内容。

（五）化工设备图的阅读

化工设备图样是食品工厂设备设计制造、安装、使用、维修的重要技术文件，也是技术交流、设备改造的工具。因此，作为从事食品生产的专业技术人员，都必须具备阅读化工设备图的能力。

1. 阅图的基本要求

（1）了解设备的性能、作用和工作原理。

（2）了解各零件之间的装配关系和各零部件的装拆顺序。

（3）了解设备各零部件的主要形状、结构和作用，进而了解整个设备的结构。

（4）了解设备在设计、制造、检验和安装等方面的技术要求。

化工设备图的阅读方法和步骤与阅读机械装配图基本相同，应从概括了解开始，分析视图、分析零部件及设备的结构。在读总装配图对一些部件进行分析时，应结合其余部件装配图一同阅读。在读图过程中应注意化工设备图独特的内容和图示特点。

2. 阅图的方法和步骤

（1）概括了解

①看标题栏。通过标题栏了解设备名称、规格、材料、质量、绘图比例等内容。

②看明细表、接管表、技术特性表及技术要求等了解设备零部件和接管的名称、数量。

③对照零部件序号和管口符号在设备图上查找其所在位置。了解设备在设计、施工方

面的要求。

(2) 视图分析　从设备图的主视图入手，结合其他基本视图，详细了解设备装配关系、形状、结构、各接管及零部件方位，并结合辅助视图了解各局部相应部位的形状、结构的细节。

(3) 零部件分析　按明细表中的序号，将零部件逐一从视图中找出，了解其主要结构、形状、尺寸与主体或其他零部件的装配关系等。对于组合体应从其部件装配图中了解其结构。

(4) 设备分析　通过对视图和零部件的分析，对设备的总体结构全面了解，并结合有关技术资料，进一步了解设备的结构特点、工作原理和操作过程等内容。

第六节　食品工厂车间布置设计

生产车间布置是工艺设计的重要部分，在完成初步设计工艺流程图和设备选型之后，进一步的工作就是将各工段与各设备按工艺流程在空间上进行组合、布置，即车间布置。车间布置的好坏直接关系到车间建成后是否符合工艺要求，生产能否正常、安全地进行，有无良好的操作条件和便利的设备维护检修条件，对建设投资、经济效益都有着极大影响，所以在车间布置前必须充分掌握有关生产、安全、卫生等方面的资料，布置时要做到深思熟虑，仔细推敲，以取得一个最佳方案。

车间布置设计应在以工艺为先导，并充分考虑总图、土建、设备、安装、电力、暖通、外网等专业的要求下完成。

工艺流程设计所确定的全部设备，必须按照工艺生产的要求合理地布置在生产环境内，才能保证生产的顺利进行。车间布置设计的任务就是按照工艺流程的顺序，把经过计算和选型后所确定的设备，合理地布置在车间内。

一、车间布置设计的内容和程序

(一) 车间布置设计的依据

车间布置设计的依据是常用的设计规范、规定以及所必需的基础资料。常用的设计规范可参考 HG/T 20546—2009《化工装置设备布置设计规定》和 GB 50016—2014《建筑设计防火规范》及《化工工艺设计手册》等。

车间布置设计所需的基础资料如下：

(1) 设计任务书。

(2) 工艺流程图（初步设计阶段）、管道仪表流程图（施工图设计阶段）。

(3) 物料衡算数据及物料性质（包括原料、成品、半成品、副产品和废弃物的数量及性质，三废的数量及处理方法）。

(4) 设备一览表（包括设备简图和外形尺寸、质量、操作条件、支撑形式及保温情况）。

(5) 公用系统耗用量，供排水、供电、供热、冷冻、压缩空气、外管资料等。

(6) 车间定员表（除技术人员、管理人员、车间化验人员、岗位操作人员外，还应包括最大班人数和男女比例的资料）。

(7) 厂区总平面图和交通运输线路图（包括本车间与其他车间、辅助车间、生活设施的相互联系，厂区人流、物流的情况与数量）。

（二）车间布置设计的内容

车间布置设计的内容可分为车间厂房布置和车间设备布置。

车间厂房布置是对整个车间各工段、各设施在车间场地范围内，按照它们在生产中、生活中所起的作用进行合理的平面和立面布置。

车间设备布置是根据生产工艺流程情况及各种因素，把各种工艺设备在一定的区域内进行排列。在车间设备布置中又分为初步设计和施工图设计两个阶段，每一个设计阶段均要求平面布置和立（剖）面布置。

车间布置设计中的两项内容是相互联系的，在进行车间平面布置设计时，必须以车间设备布置草图为依据，对车间内生产厂房、辅助厂房及其所需的面积进行估算。而详细的车间设备布置图又必须在已确定的车间厂房总布置图基础上进一步具体化。

车间平面布置主要是把车间的全部设备（包括工作台等）在一定的建筑面积内做出合理安排。车间平面布置图是按俯视画出设备的外型轮廓图，且必须表示清楚各种设备的安装位置。

车间的剖面图（又称立面图），是为了解决平面图中不能反映的重要设备和建筑物立面之间的关系，画出设备高度，门窗高度等在平面图中无法反映的尺寸。

在成套提供的设备布置设计施工图中，与设备布置设计相关的一般有以下几种图样：

（1）设备布置图　表示一个车间（装置）或一个工段的生产和辅助设备在建筑内外安装布置的图样。

（2）设备安装图　表示用以固定设备的支架、吊架及设备操作平台、钢梯等结构的图样。

（3）管口方位图　表示设备上各管口以及支座、地脚螺栓等周向安装方位的图样。

（三）车间布置设计的原则

（1）要有全局观念，首先满足生产的要求，同时考虑本车间在总平面图中的位置、与其他车间或部门间的关系以及发展前景等，满足总体设计要求。

（2）车间布置应最大限度地满足工艺生产要求，包括设备维护的要求，设备布置的位置顺序要尽量满足工艺流程流向。

（3）要考虑到多种生产的可能，以便灵活调动设备，并留有适当余地便于更换设备和增加设备。同时还应注意设备相互间的间距及设备与建筑物的安全维修距离，保证操作方便，维修装卸和清洁卫生方便。

（4）注意本车间与其他车间在总平面布置图上的位置关系，以及与其他车间各工序的相互配合，保证各物料运输通畅，力求物料运输线路最短，联系最方便。合理安排生产车间各种废料排出。人员进出要和物料进出分开，人流货流不要交错。

（5）应注意车间的采光，通风、采暖、降温等设施，必须考虑生产卫生和劳动保护，如卫生消毒、防蝇防虫、车间排水、电器防潮及安全防火等措施。

（6）对散发热量、气味及有腐蚀性的介质，要单独集中布置，对空压机房、空调机房、真空泵等既要分隔，又要尽可能接近使用地点，以减少输送管路及损失。

（7）可以设在室外的设备，尽可能设在室外并加盖简易棚保护。

（8）有效地利用车间建筑面积（包括空间）和土地。

(9) 了解其他专业对本车间布置的要求。

(10) 了解建厂地区的气象、地质、水文等条件。

(四) 车间布置设计的程序 (或方法)

1. 车间布置初步设计

根据带控制点工艺流程图及设备一览表、物料贮存运输、生产辅助及生活行政等要求，结合布置规范及总图设计资料等，进行初步设计。设计的主要内容是：

(1) 生产、生产辅助、生活行政设施的空间布置。

(2) 决定车间场地与建筑物、构筑物的大小。

(3) 设备的空间（水平和垂直方向）布置。

(4) 通道系统、物料运输设计。

(5) 安装、操作、维修所需的空间设计。

(6) 其他。

2. 车间布置施工图设计

工艺专业部门与所有专业部门协商，在车间布置初步设计的基础上进行车间布置的施工图设计，这一阶段的主要工作内容是：

(1) 落实车间布置（初步）的内容。

(2) 绘制设备管口及仪表位置的详图。

(3) 进行物料与设备移动运输设计。

(4) 确定与设备安装有关的建筑与结构尺寸。

(5) 确定设备安装方案。

(6) 安排管道、仪表、电气管路的走向，确定管廊位置。

车间布置（施）的最后成果是绘制车间布置平（剖）面图，这是工艺专业部门提供给其他专业（土建、设备设计、电气仪表等）部门的基本技术条件。

二、车间布置设计对建筑的要求

车间布置设计与建筑设计有着密切关系，在车间布置设计时应了解和掌握相关的建筑知识，并在设计过程中对建筑结构、外形、长度、宽度等提出要求并做出选择。

(一) 建筑基础知识

1. 建筑物的构件

组成建筑物的构件有：地基、基础、墙、柱、梁、楼板、屋顶、隔墙、楼梯、门、窗及天窗等。

(1) 地基　地基在建筑物的下面，支承建筑物质量的全部土壤称为地基。地基必须具有必要的强度（地耐力）和稳定性，才能保证建筑物的正常使用和耐久性。否则，将会使建筑物产生过大的沉陷（包括均匀的）、倾斜、开裂以致损坏。

(2) 基础　基础是建筑物的下部结构，埋在地面以下，它的作用是支承建筑物，并将它的载荷传到地基上去。建筑物的可靠性与耐久性，往往取决于基础的可靠性和耐久性。

(3) 墙　按材料分有普通砖墙、石墙、混凝土墙以及钢筋混凝土墙等。按墙的位置可分为外墙和内墙，外墙除承重要求外（也有不承重的外墙），还起围护和保温等作用。按使用情况可分为承重墙、不承重墙、隔墙及防爆墙等。承重墙是承受屋顶、楼板等上部载荷，并将载荷传递给基础的墙，一般承重墙的厚度是 24cm（一砖厚）、37cm（一砖半厚）、较厚的是 48cm（两砖厚）。不承重墙仅起到围护、分隔、保温、隔热、隔音等作用。防爆墙的材料可用砖或钢筋混凝土制成，防爆砖墙用厚 37cm 或 24cm 的配筋砖墙和 20cm 以上的钢筋混凝土墙。

（4）柱　柱是建筑物中垂直受力的构件，靠柱传递荷载到基础上去。按材料可分为木柱、砖柱、钢柱和钢筋混凝土柱等。食品工厂常用的是钢筋混凝土柱及砖柱。按柱所处的位置可分为外柱及内柱。

（5）梁　梁是建筑物中水平受力构件，它与承重墙、柱等垂直构件组合成建筑物结构的空间体系。梁不仅起着承受荷载和传递荷载的作用，还起着联系各构件的作用。增加建筑物的刚性和整体性的梁有屋面梁、楼板梁、平台梁、过梁、圈梁、连系梁、基础梁及吊车梁等。

（6）楼板　楼板是将建筑物分层的水平间隔，它的上表面为楼面，底面为下层的顶棚（天花板）。钢筋混凝土楼板是粮油食品工厂车间常用的楼板，有时为了满足工艺设备布置的要求，需要在楼板上开孔，就应预先留出，否则待楼建成后，再去穿凿，不仅工作难度大，也影响结构的坚固性。

（7）屋顶　屋顶的作用主要是保护建筑物的内部，防止雨雪及太阳辐射的侵入，使雪水汇集并排出，保持建筑物内部的温度等。屋顶是由承重结构（梁、屋架梁、屋架、檩条等）和围护结构（屋面板、保温层、防水层等）组成。屋架采用的材料一般为木屋架、钢屋架、钢筋混凝土屋架等。

（8）地面　地面是厂房建筑中的一个重要组成部分，由于车间生产及操作的特殊性，要求地面防爆、耐酸碱腐蚀、耐高温等，还有卫生及安全方面的要求。

（9）门　为了组织车间运输及人流、设备的进出、车间发生事故时的安全疏散等，设计中应合理地布置门。按开关的方式分有：开关门、推拉门、弹簧门、升降门和折叠门等。按用途分有：普通门、车间大门、防火门及疏散用门等。单扇门的规格：1000mm×2100mm；厂房大门的规格：3000mm×3000mm，3300mm×3600mm。防火门向外开，其他一般向内开。

（10）窗　为了保证建筑物采光和通风的要求，通常都设置侧窗，只有在特殊情况下才采用人工采光和机械通风。为了排除车间中有毒和高温气体，窗的面积不宜太小，窗的类型有木窗、合金窗和塑窗等（按开关方式分为开关窗、推窗、翻窗和固定窗等）。

（11）楼梯　楼梯是多层房屋中垂直方向的通道，因此，设计车间时应合理地安排楼梯的位置。按使用的性质可分为主要楼梯、辅助楼梯和消防楼梯。考虑到人的上下及物件通过的要求，楼梯的宽度一般不小于 1.2m 且不大于 2.2m。楼梯的坡度一般为 30°，楼梯踏步高度一般为 150~180mm，踏步宽为 270~320mm，在同一楼梯上踏步的高度及宽度应相同，否则容易使人摔倒。

2. 建筑物的结构

建筑物的结构有砖木结构、混合结构、钢筋混凝土结构和钢结构等。

（1）钢筋混凝土结构　由于使用上的要求，需要有较大的跨度和高度时，最常用的就是钢筋混凝土结构，一般跨度为 12~24m。钢筋混凝土结构的优点是强度高，耐火性好，不必经常进行维护和修理，与钢结构比较可以节约钢材；缺点是自重大，施工比较复杂。

（2）钢结构　钢结构房屋的主要承重结构件，如屋架梁柱等，都是用钢材制成的。优点是制作简单，施工周期短；缺点是金属用量多，造价高并且须经常进行维护保养。

（3）混合结构　混合结构一般是指用砖砌的承重墙，而屋架和楼盖则用钢筋混凝土制成的建筑物。这种结构造价比较经济，能节约钢材、水泥和木材，适用于没有很大载荷的车间。

（4）砖木结构　砖木结构是用砖砌的承重墙，而屋架和楼盖是用木材制成的建筑物。这种结构消耗木材较多，易燃易爆有腐蚀的车间不适合，粮油食品工厂很少采用。

3. 建筑物的统一模数制

建筑工业化要求建筑物件必须标准化、定型化、预制化，尺寸按统一标准，规定建筑物的基本尺度，即实行建筑物的统一模数制。基本尺度的单位叫模数，用 m_0 表示。我国规定为100mm。任何建筑物的尺寸必须是基本尺寸的倍数。模数制是以基本模数（又称模数）为标准，连同一些以基本模数为整数倍的扩大模数和一些以基本模数为分倍数的分模数共同组成。模数中的扩大模数有 $3m_0$（300mm），$6m_0$，$15m_0$，$30m_0$，$60m_0$。基本模数连同扩大模数的 $3m_0$，$6m_0$ 主要用于建筑构件的截面、门窗洞口、建筑构配件和建筑物的进深、开间与层高的尺寸基数。扩大模数的 $15m_0$，$30m_0$，$60m_0$ 主要用于工业厂房的跨度、柱距和高度以及这些建筑的建筑构配件。在平面方向和高度方向都使用一个扩大模数，在层高方向，单层为 $2m_0$（200mm）的倍数，多层为 $6m_0$（600mm）的倍数。在平面方向的扩大模数用 $3m_0$（300mm）的倍数。在开间方面可用 3.6，3.9，4.2，6m，其中以 4.2m 和 6m 在食品厂生产车间最普遍。跨度小于或等于 18m 时，跨度的建筑模数是 $3m_0$；跨度大于 18m 时，跨度建筑模数是 $6m_0$。

（二）车间布置设计对建筑的要求

1. 厂房的整体布置

根据生产规模和生产特点以及厂区面积、厂区地形、地质等条件考虑厂房的整体布置，采用分离式或集中式，即将车间各工段及辅助车间分散在单独的厂房内或集中合并在一个厂房内。凡生产规模较大，车间各工段生产特点有显著差异（如防火等级等），厂区面积较大，位于山区等情况下，可适当采用分离式，厂区地势平坦者，可适当采用集中式。必须根据车间外部条件和车间内部条件，全面考虑车间各厂房和各建筑物相对位置和布局。

食品工厂厂房可根据工艺流程的需要设计成单层、多层或单层与多层相结合的形式。一般来说单层厂房利用率较高，建设费用也低，因此除了工艺流程的需要必须设计成多层外，多采用单层。有时因受建设场地的限制或为了节约用地，也设计成多层，或为了缩短工艺流程、节省提升设备、尽量采用固体物料的自流方式也采用多层。有时也设计成一个高单层厂房，用钢操作平台代替钢筋混凝土操作平台或多层厂房楼板，以适应工艺流程的需要。厂房层数的设计要根据工艺流程的要求、投资、用地条件等各种因素，进行综合比较后才能确定。

2. 厂房的平面布置

厂房的平面布置是根据生产工艺条件（包括工艺流程、生产特点、生产规模等）以及建筑本身的可能性与合理性（包括建筑形式、结构方案、施工条件和经济条件等）考虑的。厂房的平面布置应力求简单，这会给设备布置带来更多的可变性和灵活性，同时给建筑的定型化创造有利条件。

食品工厂厂房的轮廓在平面上有：长方形、L形、T形、U形等，其中以长方形最常采用。这是由于长方形厂房便于总平面图的布置，节约用地，有利于设备排列，便于设备管理，缩短管道安装，便于安排交通和出入，有较多可供采光的通风的墙面。但有时厂房总长度较长，总图布置有困难，也可采用L形、T形、U形等，此时应充分考虑采光、通风、交通和立面布置等方面的因素。

厂房的柱网布置要根据设备布置要求和厂房结构决定。同时要尽可能符合建筑模数的要求，这样可以充分利用建筑结构上的标准预制构件，节约建筑设计和施工力量，加速设计和施工进度。

一般多层厂房采用6m×6m的网柱，如果网柱的跨度因生产及设备要求必须加大时，一般应不超过12m。

考虑到自然采光、通风以及建筑经济的因素，一般多层厂房的总宽度不超过24m，一般单层厂房的总宽度不超过30m。常用的厂房跨度一般有6，9，12，15，18，24，30m等。厂房中的柱子布置既要便于设备排列和工人操作，又要有利于交通运输。若厂房的跨度较大，厂房中间又不立柱子，所用的梁就要很大，就不经济。一般较经济的厂房中柱子跨度控制在6m左右。

3. 厂房的立面布置

食品工厂厂房的立面布置有单层、多层或单层与多层相结合的形式，主要根据生产工艺特点、工艺设备布置要求决定，另外也要满足建筑上采光、通风等各方面的要求。

厂房立面布置也同平面布置一样，应力求简单，要充分利用建筑物的空间，符合经济合理及便于施工的原则。每层高度尽量相同，不宜变化过多。层高应采用300mm的模数。

厂房每层高度主要取决于设备的高低、安装的位置、安全等条件。一般生产厂房每层高度4~6m，最低层高不宜低于3.2m，由地面到顶棚凸出构件底面的高度（净空高度）为2~6m。

在有高温及有毒气体的厂房中，要适当加高建筑物的层高或设置避风式气楼，以利通风散热。有爆炸危险车间宜采用单层，如整个厂房均有爆炸危险，则在每层楼板上设置一定面积的泄爆孔，这类厂房还应设置必要的轻质屋面和外墙及门窗的泄压面积。泄压面积与厂房体积的比值一般采用0.05~0.1（m^2/m^3）。泄压面积应布置合理，并应靠近爆炸部位，不应面对人员集中的地方和主要交通道路。车间内防爆区与非防爆区应设防爆墙分隔。有爆炸危险车间的楼梯间宜采用封闭式楼梯。厂房的高度也要尽可能符合建筑模数的要求。

4. 对建筑结构等其他方面的要求

（1）对建筑结构的要求　食品工厂生产车间一般不宜选用砖木结构和钢结构，原因是食品工厂生产车间一般散发的热量和水分较高，砖木结构的木材容易腐烂而影响食品卫生，而钢结构的钢材需要经常性的维护。

钢筋混凝土结构是食品工厂生产车间和仓库等最常用的结构。在建筑的跨度、高度上可按生产要求加以放大，而不受材料的影响。该结构的跨度一般为9~24m，层高可达5~15m或更高，柱距可按需要设计，一般为5~6m。该结构可将不同层高、不同跨度的建筑物组合起来。因为这种结构强度高、耐久性好，所以是食品工厂生产车间常用的结构。

（2）对门窗的要求　每个车间必须有两道以上的门。作为人流、货流和设备的出入口，门的规格应比设备高0.6~1.0m，比设备宽0.2~0.5m。为满足货物或交通工具进出，门的规格应比装货物后的车辆高0.4m以上，宽0.3m以上。

生产车间的门应按生产工艺的要求进行设计，一般要求设置防蝇、防虫装置，如水幕、风幕、暗道或飞虫控制器，车间的门常用的有空洞门、单扇门、双扇门、单扇推拉门、双扇推拉门、单扇双面弹簧门、双扇双面弹簧门、单扇内外开双层门、双扇内外开双层门等。我国最常用的、效果较好的是双层门（一层纱门和一层开关门，门的代号为M）。为了便于各工段间往来运输及人员流动一般均采用空洞门。

对排出大量水蒸气或油蒸气的车间，应特别注意排气问题。一般对产生水蒸气或油蒸气的设备需进行机械通风，可在设备附近的墙上或设备上部的屋顶开孔，用轴流风机在屋顶或墙上直接进风排气。

食品工厂生产车间，对于局部排出大量蒸汽的设备，在平面布置时，应尽量靠墙并设置在当地夏季主导风向的下风向位置。同时，将顶棚做成倾斜式，顶板可用铝合金板，这样可使大量蒸汽排至室外。

（3）对采光的要求　食品工厂生产车间基本是天然采光，车间的采光系数一般要求为（1/4）~（1/6），采光系数是指采光面积和房间地坪面积的比值。采光面积不等于窗洞面积。采光面积占窗洞面积的百分比与窗的材料、形式和大小有关，一般木窗的玻璃有效面积占窗洞面积的46%~64%，钢窗的玻璃有效面积占窗洞面积的74%~79%。

窗是车间主要透光的部分，窗有侧窗和天窗之分。车间内来自窗的采光主要靠侧窗，它开在四周墙上，工人坐着工作时窗台高可取0.8~0.9m，站着工作时，窗台高度可取1~1.2m。若房屋跨度过大或层高过低，侧窗采光面积小，采光系数达不到要求，还需在屋顶上开天窗增加采光面积，也可设日光灯照明，灯离地2.8m，每隔2m安装一组。

（4）对地坪的要求　食品工厂的生产车间经常受水、油、酸、碱等腐蚀性介质侵蚀及运输车轮冲击，故地坪须用较高标号的水泥铺盖。生产车间设计陶土砖或设计为水磨石地面。工艺设计中尽量将有腐蚀性介质排出的设备集中布置，做到局部设防，缩小腐蚀范围。

地坪应有1.5%~2.0%的坡度，并设有明沟或地漏排水。大跨度厂房排水明沟间距应小于10m。设计时车间应考虑采用运输带和胶轮车，以减少对地坪的冲击。国内食品工厂生产车间常用的地坪有地面砖、石板地面、高标号混凝土地面、红砖地面、塑料地面。国外亦多用红砖地坪和水泥地面，也有水泥地层上敷有环氧树脂涂层（加厚120~150mm）。

（5）对内墙面的要求　食品工厂对内墙的要求很高，要防霉、防湿、防腐、有利于卫生。转角处理最好设计为圆弧形，具体要求如下：

①墙裙：一般有1.5~2.0m的墙裙（护墙），可用白瓷砖。墙裙可保证墙面少受污染，并易于洗净。

②内墙粉刷：一般用白水泥沙浆粉刷，还要涂上耐化学腐蚀的过氯乙烯油漆或六偏水性内墙防霉涂料，也可用仿瓷涂料代替瓷砖，可防水、防霉，这种涂料对于食品工厂车间内墙面很适宜。

（6）对温控的要求　生产车间最好有空调装置，在没有空调装置的情况下，门窗应设纱门纱窗。在我国的南方地区，在没有空调装置情况下，其车间的层高一般不宜低于6m，以确保有较好的通风。密闭车间应有机械送风，空气经过过滤后送入车间，屋顶布有通风器，风管一般可用铝板或塑料。产品有特别要求者，局部地区可使用正压系统和采取降温措施。

（7）对楼盖的要求　楼盖是由承重结构、铺面、天花板、填充物等组成。承重结构是梁和板，铺面是楼板层表面层，它可保护承重结构，并承受地面上的一切作用力。填充物起隔音、隔热作用。天花板起隔音、隔热和美观作用。顶棚必须平整，防止积尘。为防渗水，楼盖最好选用现浇整体式结构，并保持1.5%~2.0%的坡度，以利于排水，保证楼盖不渗水、不积水。

三、车间设备布置

（一）车间设备布置的内容

车间设备布置是确定各个设备在车间平面与立面上的位置；确定场地与建筑物、构筑物的尺寸；确定管道、电气仪表管线、采暖通风管道的走向和位置。

（二）车间设备布置的要求

一个优良的设备布置设计应做到：经济合理、节约投资、操作维修方便安全、设备排列简洁、紧凑、整齐、美观。要做到上述各点必须充分与正确地利用有关的国家标准与设计规范，特别是利用积累的经验和经过实践考验的有价值的参考资料。正确地、充分地利用这些资料，可以提高设计的技术水平和可靠性，也能大大节约设计工时。设备布置应满足的以下基本要求。

1. 生产工艺对设备布置的要求

（1）在布置时一定要满足工艺流程顺序，保证水平方向和垂直方向的连续性。对于有压差的设备，应充分利用高位差布置，以节省动力设备及费用。在不影响流程顺序的原则下，将较高设备尽量集中布置，充分利用空间，简化厂房体形。这样既可利用位差进出物料，又可减少楼面的负荷，降低造价。但在保证垂直方向连续性的同时，应注意在多层厂房中要避免操作人员在生产过程中过多地往返于楼层之间。

（2）凡属相同的几套设备或同类型的设备或操作性质相似的有关设备，应尽可能布置在一起，这样可统一管理，集中操作，还可减少备用设备，即互为备用。

（3）设备布置时，除了要考虑设备本身所占位置外，还必须有足够的操作、通行及检修需要的位置。

（4）要考虑相同设备或相似设备互换使用的可能性，设备排列要整齐，避免过松、过紧。

（5）要尽可能地缩短设备间管线。

（6）车间内要留有堆放原料、成品和包装材料的空地，以及必要的运输通道且尽可能避免固体物料的交叉运输。

（7）传动设备要有安装安全防护装置的位置。

（8）要考虑物料特性对防火、防爆、防毒及控制噪声的要求。对噪声大的设备宜采用封闭式隔间等。

（9）适当留有扩建余地。

（10）设备之间或设备与墙之间的净距离大小，虽无统一规定，但设计者应结合布置要求及设备大小、设备上连接管线的多少、管径的粗细、检修的频繁程度等因素，再根据生产经验，决定安全距离。操作设备所需最小间距如图 4-38 所示，设备的安全距离见表 4-23。

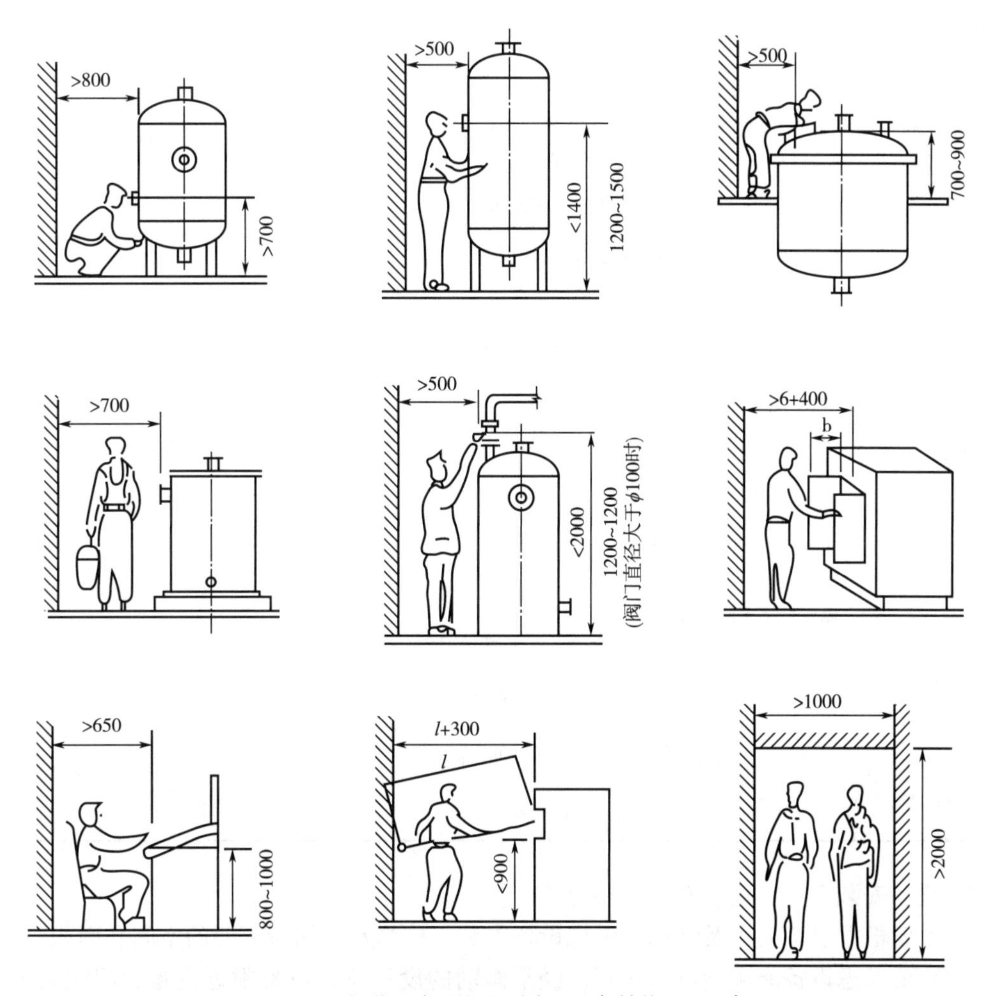

图 4-38　操作设备所需最小间距（单位：mm）

表 4-23　设备的安全距离

序号	项目	净安全距离/m
1	泵与泵的间距	不小于 0.7
2	泵离墙的间距	至少 1.2
3	泵列与泵列间的距离（双排泵间）	不小于 2.0
4	计量罐与计量罐之间的距离	0.4~0.6
5	贮槽与贮槽间的距离（制车间内一般小容器）	0.4~0.6
6	换热器与换热器间距离	至少 1.0

续表

序号	项目		净安全距离/m
7	塔与塔的间距		1.0~2.0
8	离心机周围通道		不小于1.5
9	过滤机周围通道		1.0~1.8
10	反应罐盖上传动装置离天花板距离（如搅拌轴拆卸有困难时，距离还须加大）		不小于0.8
11	反应罐底部与人行通道距离		不小于1.8
12	反应罐卸料口至离心机的距离		不小于1.0
13	起吊物品与设备最高点距离		不小于0.4
14	往复运动机械的运动部件离墙距离		不小于1.5
15	回转机械离墙距离		不小于0.8
16	回转机械相互间距离		不小于0.8
17	通廊、操作台通行部分的最小净空高度		不小于2.0
18	不常通行的地方、净高不小于		1.9
19	操作台梯子的斜度	一般情况	不大于45°
		特殊情况	60°
20	控制室、开关室与炉子之间距离		15.0
21	产生可燃性气体的设备和炉子间距离		不小于8.0
22	工艺设备和道路间距离		不小于1.0

2. 设备安装专业对设备布置的要求

（1）要根据设备大小及结构，考虑设备安装、检修及拆卸所需要的空间和面积。

（2）要考虑设备能顺利进出车间，经常搬动的设备应在设备附近设置大门或安装孔，大门宽度比最大设备宽0.5m，不经常检修的设备，可在墙上设置安装孔。

（3）通过楼层的设备，在楼面上要设置吊装孔，多层楼面的吊装孔，应在每一层的相同位置。厂房比较短时，吊装孔设置在靠近山墙的一端，厂房长度超过36m时则吊装孔应设置在厂房中央。底层吊装孔附近要有大门便于进出，吊装孔不宜开的过大（一般控制在2.7m以内，对于外形尺寸特别大的设备的吊装孔，可采用安装墙或安装门）。

（4）必须考虑设备在安装、检修及运输中使用的起重运输设备，起重运输设备的形式分永久性和临时性的。

3. 厂房建筑对设备布置的要求

（1）凡是笨重或运转时产生大振动的设备，尽可能布置在底层，以减少厂房楼面的载荷和震动，若根据需要不能布置在底层时，应由土建专业部门在建筑结构上采取防震措施。

（2）有剧烈振动的设备，其操作台和基础不得与建筑物的柱、墙连在一起，以免影响建筑物的安全。

(3) 布置设备时，要避开建筑物的柱子及主梁，如果设备吊装在柱子上或梁上时，其荷重及吊装方式应由建筑专业人员一同设计。

(4) 厂房中操作台必须统一考虑，防止平台支柱过多，林立重复，妨碍美观，影响操作。

(5) 设备不应布置在建筑物的沉降缝或伸缩缝处。

(6) 设备应不影响门窗启闭和采光，不妨碍行人出入畅通。

(7) 设备应尽可能避免布置在窗前，如必需布置在窗前时，设备与墙间的净距离应大于600mm。

(8) 设备布置时应考虑运输线路、安装、检修方式，以决定安装孔、吊钩及设备间距等。

4. 车间辅助室和生活室的布置

(1) 生产规模小的车间，多数是将辅助室、生活室集中布置在车间中的某个区域内。

(2) 生产规模较大时，辅助室和生活室可根据需要布置在有关的单体建筑物内。

5. 安全、卫生和防腐蚀等问题

(1) 要为工人创造良好的采光条件，一般是背光操作。

(2) 充分利用通风和排风条件，安装机械排风装置。

(3) 在火灾危险场所，应将易燃气体或粉尘的浓度限制到不超过极限范围。采取必要的措施防止静电的产生，凡产生腐蚀性介质的设备，周围要采用防护措施。

（三）车间设备布置的方法和步骤

(1) 根据工艺的要求与土建专业部门共同拟订各车间的结构形式、柱距、跨度、层高、间隔等初步方案，并画成1∶50或1∶100比例的车间建筑平面图。

(2) 认真考虑设备布置的原则，应满足各方面要求。

(3) 将确定的设备按其数量的多少及最大的外形尺寸剪成相同比例的硬纸块（一般为1∶50或1∶100），并标明设备的名称。

(4) 将这些设备的硬纸块按工艺流程布置在相同比例的车间建筑平面图上，布置形式可多种多样，一般设计2~3个方案，以便加以比较。经多方面比较，选择一个最佳方案，绘成平面、立面草图。

(5) 根据设备布置草图，考虑各方面因素加以修改。还要考虑总管排列的位置，做到管路短而顺。

(6) 检查各设备基础大小，设备安装、起重、检修的可能性；考虑设备支架的外形、常用设备的安全距离；考虑外管及上、下水管进、出车间的位置；考虑操作平台、局部平台的位置大小等。设备布置草图经修改后，要广泛征求各有关方面的意见，集思广益，做必要的调整，提交建筑人员设计车间建筑图。

(7) 工艺设计人员在取得车间建筑设计图后，再绘制成正式的设备平面布置图。

四、车间设备布置图

（一）设备布置设计的图样

(1) 设备布置图　设备布置图是表示一个车间或工段的生产和辅助设备在厂房建筑内外布置的图样。它通常以车间为单位进行绘制。油脂浸出车间设备布置图如图4-39所示。

（2）首页图　当车间范围较大，以车间为单位绘制不能详细和清晰地表达时，则应绘制该车间分区概况的图样，然后按首页图上所划分的区域再分绘设备布置图。

（3）设备安装详图　设备安装详图用以表示固定设备的支架、吊架、挂架、设备的操作平台、附属的栈桥、钢梯等结构的图样。

（4）管口方位图　管口方位图表示设备上个管口以及支座等周边安装的图样。但该图有时在管道布置设计时提供。

（二）设备布置图的内容

设备布置图是设备布置设计中的主要图样，在初步设计阶段和施工图设计阶段中都要进行绘制。

设备布置图按正投影原理绘制，图样一般包括以下几个方面的内容：

（1）一组视图　表示厂房建筑的基本结构和设备在厂房内外的布置情况。

（2）尺寸和标注　在图形中注写与设备有关的尺寸和建筑轴线的编号、设备的位号、名称等。

（3）方向标　指示安装方位基准的图标。

（4）说明与附注　对设备安装布置有特殊要求的说明。

（5）设备一览表　列表填写设备位号、名称等。

（6）标题栏　注写图名、图号、比例、设计阶段等。

（三）设备布置图与建筑图之间的关系

设备布置图与建筑图之间存在着相互依赖的关系：设备布置图是建筑图的前提，建筑图又是设备布置图定稿的依据。工艺设计人员首先绘制设备布置图的初稿，对厂房建筑的大小、内部分离、跨度、层次、门窗位置以及与设备安装有关的操作平台、预留孔洞等方面，向土建设计部门提出工艺要求，作为厂房建筑设计的依据。待厂房建筑设计完成后，工艺人员再根据厂房建筑图对设备布置图进行修改和补充，使其更趋合理，而定稿后的设备布置图，就作为设备安装和管道布置的依据。

厂房建筑图按正投影原理绘制，图样表达了厂房建筑内部和外部的结构形状，按GB/T 50104—2010《建筑制图标准》，视图包括平面图、剖视图、详图等。

1. 平面图

平面图实际上是假想掀去屋顶的水平剖视图，多层建筑需分层绘制平面图（即假想掀去上层楼板或层顶的各层水平剖视图）以表示各层平面的结构形状。

2. 立面图

立面图是建筑物正面、侧面和后面的外形有视图，主要表达厂房建筑的外部结构。

3. 剖视图

剖视图是沿垂直方向剖切建筑物而画出的立面剖视图，表达厂房建筑内部高度方向的结构形状。

4. 详图

详图是局部放大图，用较大比例画出的细部结构图。

设备布置图是采用若干平面图（实际上也是水平剖面图）和必要的立面剖视图，画出厂房建筑基本结构以及与设备安装定位有关的建筑物、构筑物（如墙、柱、模板、设备安装孔洞、地沟、地坑以及操作平台等），再添加设备在厂房内外布置情况的图样，也可以说，设备布置图是简化了的建筑图加上设备布置的内容。

（四）设备布置图的一般规定

1. 比例与图幅

绘图比例常用 1∶100，也可采用 1∶200 或 1∶50，视装置的设备布置疏密情况而定。但对于大的装置，分段绘制设备布置时，必须采用同一比例。

图幅一般采用 A1，不宜加长加宽。特殊情况也可采用其他图幅。设备布置图如需分绘在几张图纸上，则各张图纸的幅面规格力求统一，避免大小幅面参差不齐。

2. 视图的配置

（1）平面图　设备布置图一般只绘平面图，只有当平面图表示不清楚时，才绘立面图或局部剖视图。平面图是每层厂房只绘一个，多层厂房按楼层或的操作平台分层绘制若干个。

在平面图上，要表示厂房建筑的方位、占地大小、内部分隔情况，以及与设备定位有关的建筑物、构筑物的结构形状和相对位置。

一张图纸内绘制几层平面图时，应以 0.00 平面开始画起，由下而上，由左至右顺序排列。在平面图下方各注明相应的标高或楼层，并在图名下画一粗线。

（2）剖视图　剖视图是在厂房建筑的适当位置上，垂直剖切后画出的立面剖视图，以表达在高度方向设备安装布置的情况。在保证充分表达的前提下，剖视图的数量应尽可能少。

在剖视图中要根据剖切位置和剖切方向，表达出厂房建筑的墙、柱、地面、屋面、平台、栏杆、楼梯以及设备基础、操作平台支架等高度方向的结构与相对位置。

剖视图的剖切位置需要在平面图上加以标记，标记方法应与国家标准相一致。剖视图与平面图可以画在同一图纸上，按剖视顺序，由左至右，由下至上顺序排列。若剖视图与各层主图均有关系时，各层主图均应标注剖切符号，当剖视图与平面图分别画在不同图纸上时，有时就在平面图上剖切符号的下方，用括号注明该剖切图所在图纸的图号。

3. 视图表示方法

设备布置图中视图的表达内容主要有两部分：一是建筑物及其构件；二是设备。图线宽度及字体规定按照表 4-4 和表 4-5 的规定执行。

（1）建筑物及其构件　在设备布置图中，建筑物及其构件均用中实线画出。常用的建筑结构构件的图例画法根据 GB/T 50104—2010 的有关规定执行，并结合化工特点简化，具体要求如下：

①厂房建筑的空间大小、内部分隔，以及与设备安装定位有关的基础结构，如墙、柱、地面、楼板、平台、栏杆、楼梯、安装孔洞、地沟、地坑、吊车梁及设备基础等，在平面和剖视图上，均应按比例采用规定的表示方法。

②与设备安装定位关系不大的门窗等构件，一般只在平面图上画出其位置、开启方向等，在剖视图上则一概不予画出。

③在设备布置图中，对于承重墙、柱等结构，要按建筑图要求用细点划线画出其建筑定位轴线。

（2）设备　设备布置情况是图样的主要表达内容，因此图上的设备、设备的金属支架、电机及其传动装置等，都应用粗实线或粗虚线画出。

图样绘有两个以上剖视图时，设备在各剖视图上一般只应出现一次，无特殊必要不予重复画出。位于室外而又与厂房不连接的设备及其支架等，一般只在底层平面图上予以表示。剖视图中设备的钢筋混凝土基础与设备外形轮廓组合在一起时，往往将它与设备一起画成粗实线，设备基础的画法如图 4-40 所示。

设备穿过楼层的画法如图 4-41 所示，穿过楼层的设备，在相应的平面图上可按图 4-41中的剖视形式表示，图中楼板孔洞不必画出阴影部分。

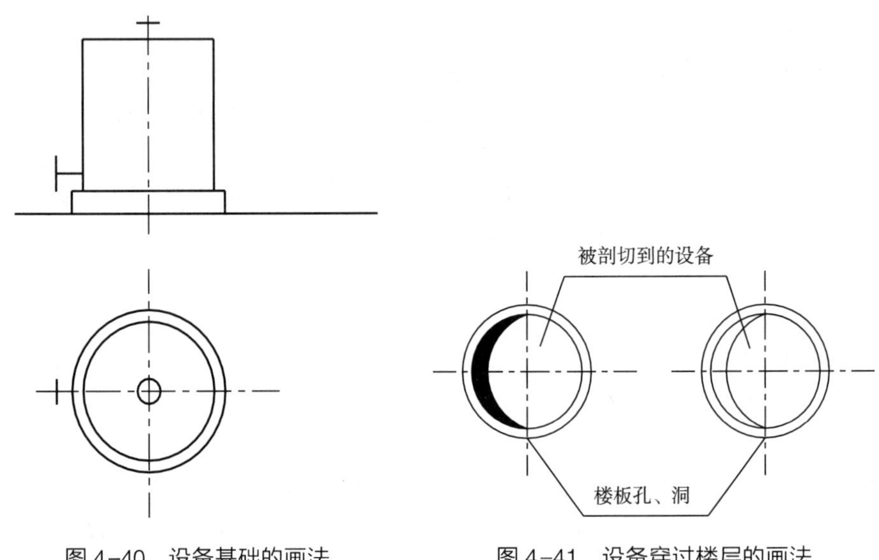

图 4-40　设备基础的画法　　图 4-41　设备穿过楼层的画法

以下按设备定型与否分别介绍其规定画法：

①非定型设备用粗实线按比例画出能表示设备外形特征的轮廓。被遮盖的设备轮廓一般不予画出，如必须表示，则用粗虚线表示，非定型设备若无另绘的管口方位图，则应在图上画出足以表示设备安装方位的管口。管口一般以中实线绘制，但在设备图形的主体轮廓线之外的管口，允许以单线表示，线型为粗实线。另绘有管口方位图的设备，其安装方位可按该图确定，管口可省略不画。

②定型设备一般用粗实线按比例画出其外形轮廓，对于小型通用设备，如泵、压缩机、鼓风机等，若有多台，且其位号、管口方位与支撑方位完全相同时，可只画出一台，其余则用粗实线简化画出其基础的矩形轮廓。

4. 设备布置图的标注

设备布置图中要标注与设备布置定位有关的建筑物、构筑物尺寸，建筑物、构筑物与设备之间、设备与设备之间的定位尺寸，还要标注设备的位号、名称、定位轴线的编号，以及注写必要的说明等。

（1）厂房建筑及其构件

①尺寸的内容。厂房建筑及其构件应标注如下尺寸：

a. 厂房建筑物的长度、宽度总尺寸。

b. 柱、墙定位轴线的间距尺寸。

c. 为设备安装预留的孔、洞以及沟、坑等定位尺寸。

d. 地面、楼板、平台、屋面的主要高度尺寸及其他与设备安装定位有关的建筑结构构件的高度尺寸。

②尺寸的标注。设备布置图与建筑图之间有很多联系，因此图样的尺寸标注除按机械制图的标准外还应按 GB/T 50104—2010 进行标注。

a. 平面尺寸的标注。厂房建筑的平面尺寸应以建筑定位轴线为基准进行标注，其单位为 mm，图中不必注明。

因总体数值尺寸较大，精度要求并不很高时，允许尺寸标注成封闭链状。封闭链状标注如图 4-42 所示。

尺寸界线一般是建筑定位轴线和设备中心线的延长部分。

尺寸线的起止符号可不用箭头而采用 45°的中粗斜短线表示，平面尺寸的标注如图 4-43 所示。

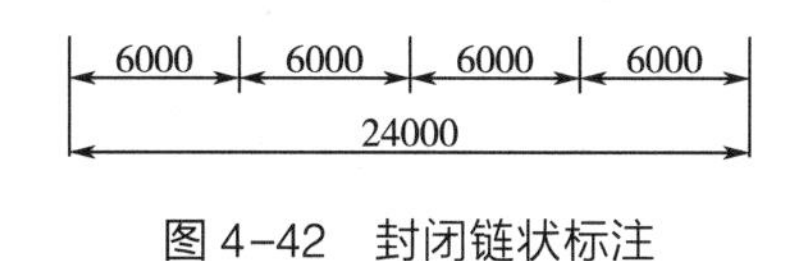

图 4-42　封闭链状标注

尺寸数字应尽量标注在尺寸线上方的中间，当尺寸界限距离较窄，没有位置注写数字时，可按图 4-43 的形式标注。最外边的尺寸数字可以标注在尺寸界限的外侧，中间部分的尺寸数字可分别在尺寸线上下两边错开标注，必要时也可用引出线引出后再行标注。

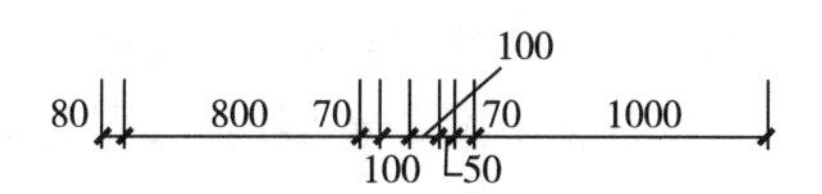

图 4-43　平面尺寸的标注

b. 标高。高度尺寸以标高形式标注，一般以主厂房室内地面为基准，作为零点进行标注，单位为 m，数值一般取至小数点后两位，单位在图中亦不注明。

标高符号的画法如图 4-44 所示，标高符号一般采用图 4-44（1）的形式，符号以细实线绘制，特殊情况下（如标注部位较狭窄）则可采用图 4-44（2）的形式，高度根据实际需要决定，水平线长度应以注写数字所占地位的长度为准，有时也可采用图 4-44（3）的形式。

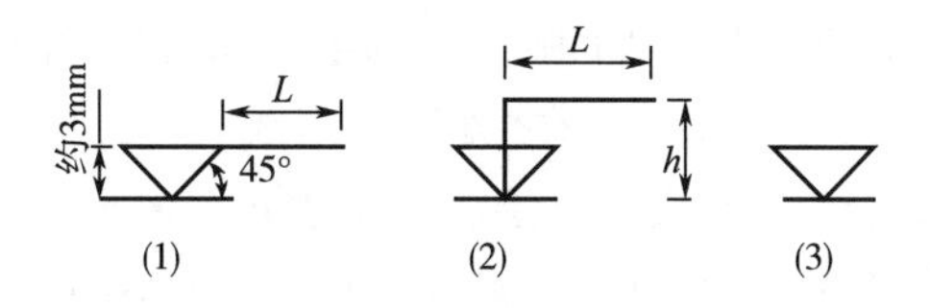

图 4-44　标高符号的画法

零点标高标成“±0.00”。高于零点的标高，其数字前一般不加注“+”号，低于零点的标高，其数字前必须加“-”号，标高符号标注说明如图 4-45 所示。

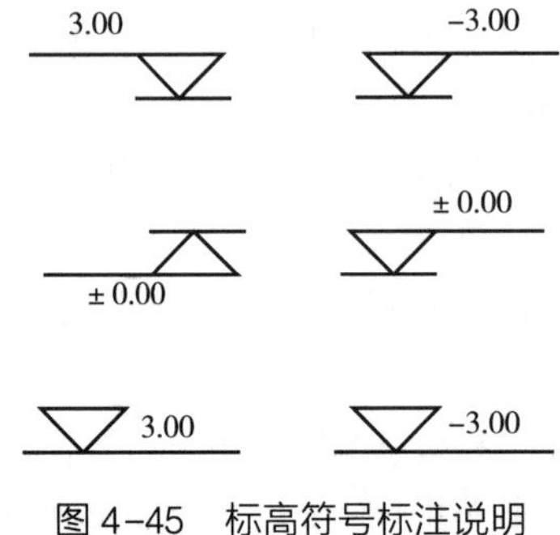

图 4-45　标高符号标注说明

平面图上出现不同于图形下方所标高的平面时，如地沟、地坑、操作台等，应在相应部位上分别注明其标高。

③建筑定位轴线的标注。图中画出的建筑定位轴线，应与建筑图一样进行编号，并与其相应的轴线编号一致。

标注方法：在图形与尺寸之外的明显地位，于各轴线的端部画出直径为 8~10mm 的细线圆，成水平或垂直方向排列。在水平方向则自左至右顺序注以 1，2，3，……相应编号，在垂直方向则自下而上顺序注以 A，B，C，……相应编号（I、O、Z 三个字母不用，字母不够用时，可增加 AA，AB，……和 BA，BB，……）。两轴线间需附加轴线时，编号可用分数表示，分母表示前一轴线的编号，分子表示附加轴线，可用阿拉伯数字编号，如“1/5”表示 5 号轴线以后附加的第一根轴线，“1/J”表示 J 号轴线以后附加的第一根轴线。

（2）设备尺寸标注　图上一般不注出设备定型尺寸而只标注其安装定位尺寸。

①平面定位尺寸。平面图上应标注设备与建筑物及其构件、设备与设备之间的定位尺寸。设备在平面图上的定位尺寸一般应以建筑定位轴线为基准注出它与设备中心线或设备支座中心线的距离。悬挂于墙上或柱子上的设备，应以墙的内壁或外壁、柱子的边为基准，标注定位尺寸。

当某一设备已采用建筑定位轴线为基准标注定位尺寸后，邻近设备可依次以标出的定位尺寸的设备的中心线为基准来标注定位尺寸。

②高度方向定位尺寸。设备在高度方向的位置，一般是以标注设备的基础面或设备中心线（卧式设备）的标高来确定的。必要时也可标注设备的支架、挂架、吊架、法兰面或主要管口中心线、设备最高点（塔器）等的标高。

设备名称和位号在平面图和剖面图上都需标注，一般标注在相应图形的上方或下方，不用指引线，名称在下、位号在上，中间画一粗实线，也有只注位号不标名称的，或者标注在设备图形内不用指引线，标注在图形之外用指引线。

（3）方向标　设备布置图在图纸上方绘制一个表示设备安装方位基准的符号——方向标，符号以粗实线画出直径为 20mm 的圆圈和水平、垂直两轴线，并分别注以 0°，90°，180°，270°等字样，方向标画法如图 4-46 所示。方向标可由各车间或工段设计自行规定一个方位基准，一般均采用北向或接近北向的建筑轴线为零度方位，并注以“N”字样，该方位基准一经确定，设计项目中所有必须表示方向的图样，如管口方位图、管段图等，均应统一。

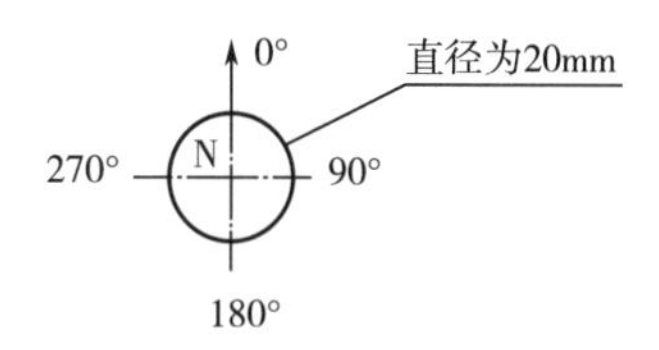

图 4-46　方向标画法

（4）设备一览表及标题栏　设备布置图可以将设备的位号、名称、规格及设备图号（或标准号）等，在图纸的标题栏上方列表注明。设备数量较多时，也可用图纸单独绘制，作为设备布置图中的一张图纸。有时也可不在图上列表，而在设计文件中附出设备一览表，此时车间（装置）所属设备应分类编制表格，如非定型设备表，泵类设备表，压缩机、鼓风机类设备表，机电设备表等，以备订货、施工之用。

标题栏的格式与设备图一致，同一主项的设备布置图包括若干张图纸时，每张图纸均应单独编号而不得采用一个图号，并加上第几张、共几张的编法。图名栏则应分行填写，如有一张图纸时，则在图名“设备布置图”下方标出“±0.00 平面”，或“+××.××平面”，或“±0.00 平面、××剖面”等。

（5）附注　在标题栏或设备表的上方需注写如下内容：

①流程图见图号×××。

②设备表见图号×××（如列于图上，则不写）。

③设备管口方位图见图号×××。

④常用缩写词见设计规定××××。

⑤其他。

五、设备安装详图和管口方位图

在设备布置设计中，应提供必要的设备安装详图（包括支架图）和管口方位图。

（一）设备安装详图

1. 作用与内容

设备安装图的设计是指除由土建专业部门设计的设备支架、操作台等以外的需由布置专业（工艺专业）部门进行设计的一些设备安装详图，用以安装、固定设备的非定型支架（包括挂架、吊架、框式塔架）、支座，有时也包括钢结构操作平台及其附属的栈桥、钢梯、防腐底盘、传动设备、防护罩等，在设备布置设计中需要单独绘制图样以作为制造和安装的依据。这些图样可由工艺人员设计绘制，也可请设备人员协助或独立承担绘制工作。设备安装图如图 4-47 所示，可看出其与一般机械图相近，包括如下内容：

（1）一组视图　表示支架各组成部分的结构形状、装配关系、支架与设备的连接情况等。

（2）尺寸标注　标出支架各组成部分的定型、定位尺寸与设备安装定位有关的尺寸。

（3）零部件编号及明细栏　对各组成部分进行编号及列表注写有关名称、规格、数量等内容。

（4）标题栏　标出图名、图号、比例等。

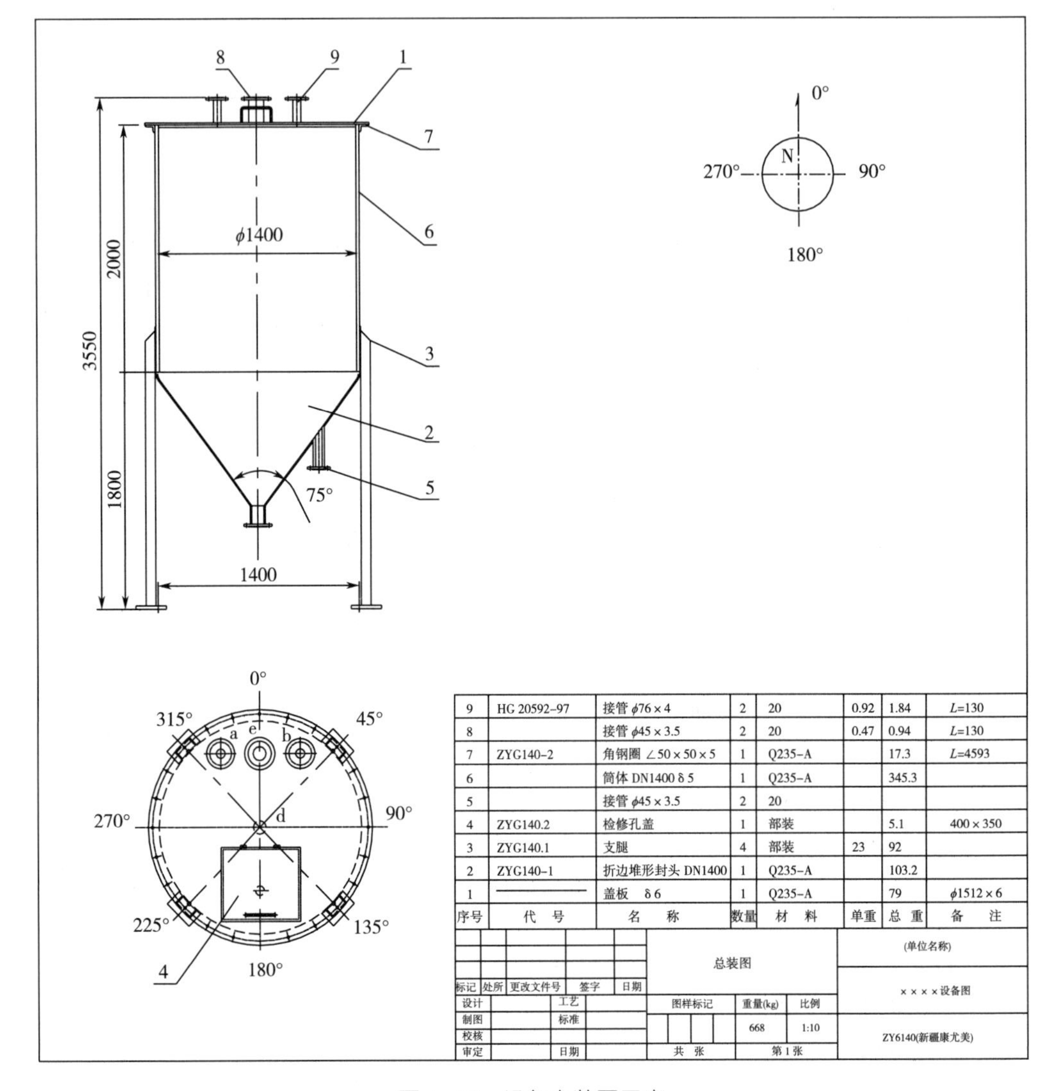

序号	代号	名称	数量	材料	单重	总重	备注
9	HG 20592-97	接管 $\phi76\times4$	2	20	0.92	1.84	L=130
8		接管 $\phi45\times3.5$	2	20	0.47	0.94	L=130
7	ZYG140-2	角钢圈 ∠50×50×5	1	Q235-A		17.3	L=4593
6		筒体 DN1400 δ5	1	Q235-A		345.3	
5		接管 $\phi45\times3.5$	2	20			
4	ZYG140.2	检修孔盖	1	部装		5.1	400×350
3	ZYG140.1	支腿	4	部装	23	92	
2	ZYG140-1	折边堆形封头 DN1400	1	Q235-A		103.2	
1	————	盖板　δ6	1	Q235-A		79	$\phi1512\times6$

图 4-47　设备安装图示意

2. 图面要求

图纸幅面一般采用 A3 或 A2，比例一般为 1∶20 或 1∶10。

标题栏正上方，列一个材料表，其格式及内容见图 4-47。

说明或附注应放在材料表的上方，用于编写技术要求或施工要求以及采用的标准、规范等。

（二）管口方位图

1. 作用与内容

管口方位图是在制造设备时确定各管口方位、管口与支座、地脚螺栓等相对位置用的，也是设备安装时确定安装方位的依据。设备管口方位图如图 4-48 所示，图中包括：

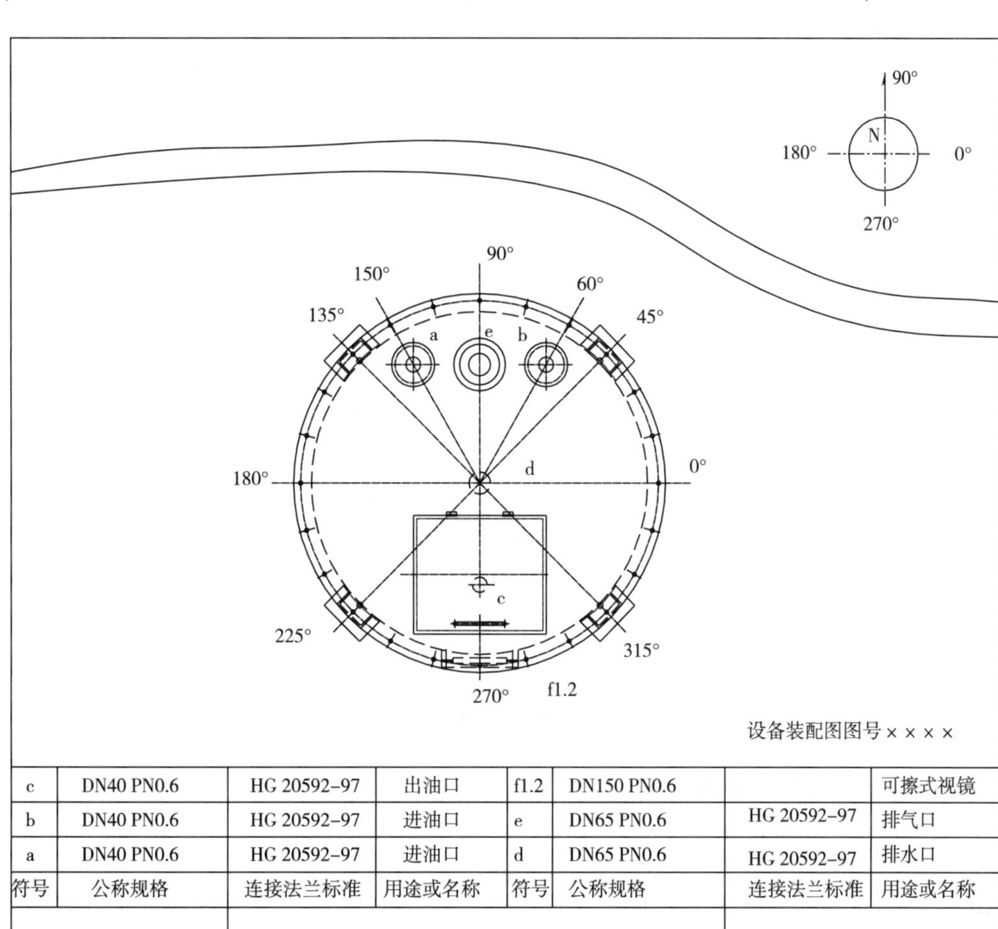

c	DN40 PN0.6	HG 20592-97	出油口	f1.2	DN150 PN0.6		可擦式视镜
b	DN40 PN0.6	HG 20592-97	进油口	e	DN65 PN0.6	HG 20592-97	排气口
a	DN40 PN0.6	HG 20592-97	进油口	d	DN65 PN0.6	HG 20592-97	排水口
符号	公称规格	连接法兰标准	用途或名称	符号	公称规格	连接法兰标准	用途或名称

图 4-48　设备管口方位图示意

（1）视图　表示设备上各管口的方位情况。

（2）尺寸标注　表示各管口及有关零部件的安装方位等。

（3）方向标　表示安装方位基准的图标。

（4）管口符号及管口表　对应表示各管口的有关情况，如公称通径、连接面型式、用途等。

（5）标题栏　注写图名、图号等。

2. 基本要求

（1）非定型设备应绘制管口方位图，采用 A4 图幅，以简化的平面图形绘制。每一位号的设备绘一张图，结构相同而仅是管口方位不同的设备，可绘在同一张图纸上。

（2）管口方位图应表示出设备的管口、罐耳（吊柱）、支腿（或耳座）、接地板、塔裙座底部加强筋及裙座上的人孔等方位、地脚螺栓孔的位置和数量，并标注管口符号（与设备图上的管口符号一致）。卧式设备（包括热交换器）支座上的地脚螺栓孔，如直径不同或形状不同（活动端或固定端），必须注明。

（3）在图纸右上角应画一个方向标。方向标的形式是直径为20mm的一个圆，注明东、西、南、北四个方向的角度数，并注出北向“N”，方向标的北向应与设备布置图的北向“N”一致。

（4）在标题栏上方列与设备图一致的管口表。在管口表右侧注出设备装配图图号，如“设备装配图图号×××××”。

（5）设备管口方位图上应加以下两点说明：

①在裙座与器身上用油漆表示0°的位置，以便现场安装时识别方位。

②标明铭牌的方位及安装高度，标明保温层的厚度，使铭牌露在保温层之外。

第七节　食品工厂管路设计

管路系统是食品工厂生产过程必不可少的部分，各种物料、蒸汽、水及气体都要用管路来输送，设备与设备之间的相互连接也要依靠管路。管路设计是否合理，不但直接关系到建设指标是否先进合理，也关系到生产操作能否正常进行以及车间布置是否整齐美观和通风采光是否良好等。因此，在食品工厂的工艺设计中，特别是施工图设计阶段，工作量最大、花时间最多的是管路设计。

一、管路设计的内容和方法

（一）管路设计的基础资料

在进行管路设计时，应具有下列资料：

（1）工艺流程图。

（2）设备平面布置图和立面布置图。

（3）设备施工图（重点设备总图，并标有流体进出口位置及管径）。

（4）设备管口方位图。

（5）非标管件、管架条件图。

（6）物料衡算和热量衡算的结果。

（7）气象及地质资料。

（二）管路设计内容和方法

1. 管路设计的基本内容

（1）管道配置图　包括管路平面图和重点设备管路立面图、管路透视图。

（2）管架、特殊管件制作图及安装图（管路支架及特殊管件制作图）。

（3）施工说明　其内容为施工图中应注意的问题，各种管路的坡度，保温的要求，安装时不同管架的说明等（如施工条件的特殊要求及施工标准等）。

2. 管路设计的具体内容和深度

（1）最适宜管径的选择　管道原始投资费用与经常消耗于克服管道阻力的动力费用有着一定的关系：管径大，管道的原始投资越大，但阻力消耗可降低；减少管径，虽降低了投资费用，但动力消耗增加。因此，最适宜管径的选择与原始投资费用及生产费用的大小有关，即应找出式（4-28）的最小值。

$$F_M = F_E + F_A F_P \tag{4-28}$$

式中　F_M——每年生产费用与原始投资费用之和（简称相对费用）

F_E——每年消耗于克服管道阻力的能量费用（生产费用）

F_A——管道设备材料、安装和检修维护费用的总和（设备费用）

F_P——设备每年消耗部分，以占设备费用的百分比表示

用图表法可找出相对费用的最小值，将任意假定的管径求得的相对费用各点标绘，如图 4-49 所示，即可得最适宜最经济的管径。

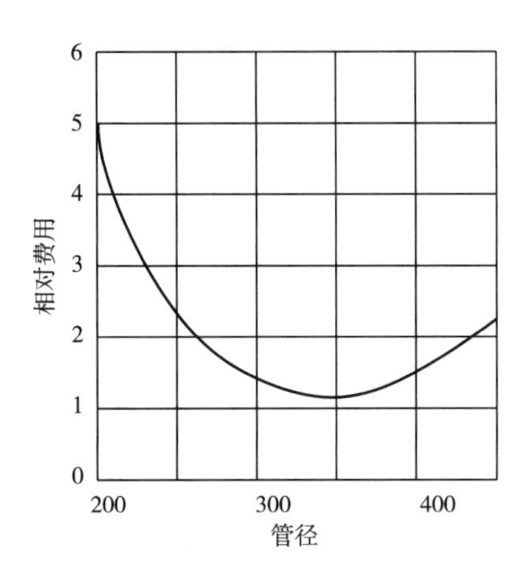

图 4-49　最适宜、最经济管径的选择

对长距离管道或大直径管道应根据最适宜、最经济原则选择。

管径应根据流体的流量、性质、流速及管道允许的压力损失等确定。

除有特殊要求外，可按下述方法确定管径：设定平均流速并按式（4-29）初算管子的内直径，再根据工程设计规定的管子系列调整为实际内径，最后复核实际平均流速。

$$D_i = 0.0188 \left[W_o / v\rho \right]^{0.5} \tag{4-29}$$

式中　D_i——管子内径，m

W_o——质量流量，kg/h

v——平均流速，m/s

ρ——流体密度，kg/m^3

以实际的管子内径 D_i 与平均流速 v 核算管道压力损失，确认选用管径可行。如果压力损失不满足要求，应重新计算。

（2）管道压力损失计算　对于输送牛顿型流体的管道压力损失的计算，包括直管的摩擦压力损失和局部（阀件和管件）的摩擦压力损失，可按下述方法计算（不包括加速度损失及静压差等）。

液体管道摩擦压力损失的计算，应符合下列规定。

圆形直管的摩擦压力损失，应按式（4-30）计算：

$$\Delta P_f = 10^{-5} \cdot \frac{\lambda \rho v^2}{2g} \cdot \frac{L}{D_i} \tag{4-30}$$

式中　ΔP_f——直管的摩擦压力损失，MPa

L——管道长度，m

g——重力加速度，m/s^2

D_i——管子内径，m

v——平均流速，m/s

ρ——流体密度，kg/m^3

λ——液体摩擦系数

局部的摩擦压力损失，可采用当量长度法，如式（4-31）所示计算。

$$\Delta P_k = 10^{-5} \cdot \frac{\lambda \rho v^2}{2g} \cdot \frac{L_e}{D_i} \tag{4-31}$$

或采用阻力系数法，如式（4-32）所示计算。

$$\Delta P_k = 10^{-5} \cdot K_R \cdot \frac{\rho V^2}{2g} \tag{4-32}$$

式中　ΔP_k——局部的摩擦压力损失，MPa

L_e——阀门和管件的当量长度，m

K_R——阻力系数

液体管道总压力损失为直管的摩擦压力损失与局部的摩擦压力损失之和，并应计入适当的裕度，其裕度系数宜取1.05～1.15，计算见式（4-33）。

$$\Delta P_t = C_h (\Delta P_f + \Delta P_k) \tag{4-33}$$

式中　ΔP_t——管道总压力损失，MPa

C_h——管道压力损失的裕度系数

（3）常见流体流速见表4-24。

表4-24　常见流体流速

流体名称	条件	流速/（m/s）	流体名称	条件	流速/（m/s）
饱和蒸汽	主管	30～40	煤气	初压1.96kPa	0.75～3.0
	支管	20～30		初压5.88MPa	3.0～12
低压蒸汽	0.098MPa（绝压）	15～20	半水煤气	98～196kPa（绝压）	10～15
中压蒸汽	0.98～3.92MPa（绝压）	20～40	烟道气		3.0～4.0
高压蒸汽	3.92～15.68MPa（绝压）	40～60	工业烟囱	自然通风	2.0～8.0
过热蒸汽	主管	40～60			实际3～4
	支管	35～40	石灰窑窑气管		10～20
一般气体（常压）		10～20	乙炔气		
高压乏汽		80～100	（车间内）	9.8～1470kPa（表压）（中压）	4.0～8.0
蒸汽（加热蛇管）	入口管	30～40	（车间内）	9.8kPa（表压）以下（低压）	3.0～4.0

续表

流体名称	条件	流速/（m/s）	流体名称	条件	流速/（m/s）
氧气	0~49kPa（表压）	5.0~10	（外管线）	9.8~1470kPa（表压）（中压）	2.0~4.0
	49~590kPa（表压）	7.0~8.0	（外管线）	9.8kPa（表压）以下（中压）	1.0~2.0
	0.59~0.98MPa（表压）	4.0~6.0	氨气	真空	15~25
	0.98~1.96MPa（表压）	4.0~5.0		98~196kPa（绝压）	8~15
	1.96~2.94kPa（表压）	3.0~4.0		294kPa（绝压）	10~20
车间换气通风	主管	4.0~15		588kPa（表压）以下	10~20
	支管	2.0~8.0		0.98~1.96kPa（表压）以下	3.0~8.0
风管距风机	最远处	1.0~4.0	氮气	4.9~9.8MPa（绝压）	2~5
	最近处	8.0~12	变换气	98~1470kPa（绝压）	10~15
压缩空气	98~196kPa（表压）	10~15	蛇管内常压气体		5~12
	（真空）	5.0~10	真空管		<10
	0.1~0.2MPa（绝压）	8.0~12	真空蒸发器气体出口	（低真空）	50~60
	0.1~0.6MPa（表压）	10~20	真空蒸发器气体出口	（高真空）	60~75
	0.6~1MPa（表压）	10~15	末效蒸发器气体出口		40~50
	1.0~2.0MPa（表压）	8.0~10	蒸发器	出汽口（常压）	25~30
	2.0~3.0MPa（表压）	3.0~6.0	真空度86.7~101.3kPa管道		80~130
	3.0~25.0MPa（表压）	0.5~3.0	吸填料吸收塔空塔气体速度		0.2~0.3至1~1.5
煤气	一般	2.5~15	膜式塔气体板间速		4.0~6.0
	经济流速	8.0~10			

（4）管路设计的标准化　在管路设计和管件选用时，为了便于设计选用、降低成本和便于互换，国家有关部门制定了管子、法兰和阀门等管道用零部件标准。对于管子、法兰和阀门等标准化的最基本参数就是金属管公称直径和公称压力。

①公称直径：所谓公称直径，就是为了使管子、法兰和阀门等的连接尺寸统一，将管子和管道用的零部件的直径标准化以后的标准直径。公称直径以 D_g 表示，其后附加公称直径的尺寸，例如公称直径为100mm，可用 D_g100 表示。

管子的公称直径是指管子的名义直径，既不是管子内径，也不是管子外径，而是与管子的外径相近又小于外径的一个数值。只要管子的公称直径一定，管子的外径也就确定了，而管子的内径则根据壁厚不同而不同。如 D_g150 的无缝钢管，其外径都是 159mm，但通常壁厚有 4. 5mm 和 6. 0mm，则内径分别为 150mm 和 147mm。

设计管路时应将初步计算的管子直径调整到相近的标准管子外径，以便按标准管选择。

对于铸铁管和一般钢管，由于壁厚变化不大，D_g 的数值较简单，所以采用 D_g 表示。但对于管壁变化幅度较大的管道，一般不采用 D_g 表示。无缝钢管就是一个例子，同一外径的无缝钢管的壁厚有好几种规格（查相关的设计资料），这样就没有一个合适的尺寸可以代表内径。所以，一般用“外径×壁厚”表示，如外径 57mm、壁厚为 2. 5mm 的无缝钢管，可采用“ϕ57×2. 5”表示。

对于法兰或阀门来说，公称直径是指与它们相配的管子的公称直径，例如公称直径为 200mm 的管法兰，或公称直径为 200mm 的阀门，指的是连接公称直径为 200mm 的管子用的管子法兰或阀门。管路的各种附件和阀门的公称直径，一般都等于管件和阀门的实际内径。

②公称压力：所谓公称压力就是通称压力，一般应大于或等于实际工作的最大压力，在制定管道及管道用零部件标准时，只有公称直径这样一个参数是不够的，公称直径相同的管道、法兰或阀门，能承受的工作压力是不同的，连接尺寸也不一样。所以要把管道及所用法兰或阀门等零部件所承受的压力，也分为若干个规定的压力等级，这种规定的标准压力等级就是公称压力，以 P_g 表示，其后附加公称压力的数值。公称压力的数值，一般指的是管内工作介质温度在 0~120℃范围内的最高允许工作压力。当介质温度超出上述范围，由于材料的机械强度要随温度的升高而下降，因而在相同的公称压力下，其允许的最大的工作压力应适当降低。

在选择管道及管道用的法兰或阀门时，应把管道的工作压力调整到与其相近的标准公称压力等级，然后根据 D_g 和 P_g 就可以选择标准管道及法兰或阀门等管件，同时，可以选择合适的密封结构和密封材料等。

（5）管道材料（管材）和壁厚的选择

根据输送介质的温度、压力以及腐蚀情况等选择所用管道材料。常用管道材料有金属管和非金属管两大类。金属管有各种无缝钢管、金属软管、有色金属管等，非金属管有玻璃钢管、聚乙烯管、聚氯乙烯管、工程塑料管、胶管等。

①无缝钢管。无缝钢管有热轧和冷拔（冷轧）普通碳素钢、优质碳素钢、低合金钢和普通合金结构无缝钢管等，用作输送各种流体的管道和制作各种结构零件。

热轧无缝钢管的外径为 32～600mm，壁厚 2. 5～50mm。冷拔无缝钢管外径为 4～150mm，壁厚为 1～12mm。标注方法是“外径×壁厚”，例如 ϕ45×3. 5 表示钢管外径为 45mm，壁厚为 3. 5mm。

不锈钢无缝钢管，不锈钢热轧、热挤压和冷拔（冷轧）无缝钢管适用于输送酸、碱等具有腐蚀性介质的管道或食品卫生要求高的管道。

②水煤气钢管（焊接钢管）。水煤气钢管的材料是碳钢，有普通和加厚两种，根据镀锌与否，分镀锌和不镀锌两种（白铁管和黑铁管），用于低温低压的水管。普通管壁厚为 2. 75~4. 5mm，加厚的壁厚为 3. 25~5. 5mm。可按普通或加厚管壁厚和公称直径标注。

低压流体输送用焊接钢管和镀锌焊接钢管，适用于输送水、压缩空气、煤气、蒸汽、冷凝水及采暖系统的管道。钢管分不镀锌（黑管）和镀锌钢管，带螺纹和不带螺纹（光管）钢管，普通和加厚钢管。

螺旋电焊钢管（即螺旋焊缝钢管）适用于作为蒸汽、水、油及油气管道。钢板卷管一般由施工单位自制或委托加工厂加工。

③铸铁管。铸铁管用于室外给水和室内排水管线，也可用来输送碱液或浓硫酸，埋于地下或管沟。用砂型离心浇铸的普压管，工作压力高于 735kPa（0.75MPa）；高压管工作压力高于 980kPa（1.0MPa）。

接口为承插式的内径 ϕ75~500mm，壁厚 7.5~200mm。用砂型立式浇铸的铸铁管也有低压、普压和高压三种。壁厚 9.0~30.0mm，用公称直径标注。

高硅铸铁管、衬铅铸铁管系输入腐蚀介质用管道，公称直径 10~140mm。

④金属软管。金属软管有 P2 型耐压软管、P3 型吸尘管、PM1 耐压管和不锈钢金属软管等。

P2 型耐压软管一般用于输送中性的液体、气体、固体及混合物。材料为低碳钢镀锌钢带，公称直径小于 50mm 的耐压管，交货长度每根不短于 2m，公称直径大于 50mm 的耐压管，则不短于 1.5m。

P3 型吸尘管，一般用于通风，吸尘设备的管道及输送固体物料。

PM1 耐压管一般用于输送中性液体。

不锈钢金属软管（1Cr18Ni9Ti）主要用于抽吸、输送各种流体，包括蒸汽、热水、酸、碱、各种油品、空气、润滑油等各种液体和气体介质。金属软管还可以减震、消除噪声，并具有抗冲击和位移补偿等性能。可用于不对称管道的安装。

⑤有色金属管。有色金属管有铜管和黄铜管、铅管和铅合金管以及铝管和铝合金管。

铜管与黄铜管多用于制造换热设备，也用于低温管道、仪表的测压管线或传送有压力的液体（如油压系统、润滑系统）。当温度大于 250℃时不宜在压力下使用。

铝管和铝合金管的品种分拉制管与挤压管两种。铝及铝合金薄壁管用冷拉或冷压方法制成，供应长度为 1~6m，铝及铝合金厚壁管用挤压法制成，供应长度不小于 300mm，常用于输送浓硝酸、醋酸等物料，或制作换热器，但不能接触盐酸、碱液，特别是含氯离子的化合物。铝管的最高使用温度为 200℃，温度高于 160℃时不宜在压力下使用。铝管不可用对铝有腐蚀性的碳酸镁、含碱玻璃棉保温。

铅管和铅合金管（GB/T 1472—2014）适用于化学、染料、制药及其他工业部门做耐酸的管道，如输送 15%~65%的硫酸、干的或湿的二氧化硫等。但硝酸、次氯酸盐及高锰酸盐类等介质，不可使用铅管。铅管的最高使用温度为 200℃，温度高于 140℃时不宜在压力下使用。

⑥非金属管。非金属材料的管道种类很多，常见的材料有塑料、硅酸盐材料、石墨、工业橡胶、其他非金属衬里材料等。

硅酸盐材料管有陶瓷管、玻璃管等，其耐腐蚀性能强，缺点是耐压低，性脆易碎。钢筋混凝土管、石棉水泥管用于室外排水管道。输送温度在 60℃以下的腐蚀性介质可用硬聚氯乙烯管、软聚氯乙烯管、聚丙烯管、聚乙烯管等塑料管，此外还有聚四氟乙烯管、钢衬聚四氟乙烯管、ABS 管等（具有质量轻、五毒、无味、韧性好等特点）工程塑料管。

⑦橡胶管。橡胶管能耐酸碱，抗腐蚀性好，且有弹性可任意弯曲，一般用作临时管道

及某些管道的挠性件，不作为永久管道。

常用管道材料的选择见表 4-25。

表 4-25 常用管道材料的选择

流体名称	管道材料	操作压力/MPa	垫圈材料	联接方式	阀门形式		推荐阀门型号	保温方式
					支管	主管		
上水	焊接钢管	0.1~0.3	橡胶，橡胶石棉板	≤2，螺纹连接 $\geqslant 2\frac{1}{2}$in*，法兰连接	≤2，截止阀 $\geqslant 2\frac{1}{2}$in*，闸阀	闸阀	J11T-16 Z45T-10	
清下水	焊接钢管	0.1~0.3	橡胶，橡胶石棉板	同上	同上	闸阀	Z45T-10	
生产污水	焊接钢管，铸铁管	常压	同上，或由污水性质决定	承插，法兰，焊接	旋塞		根据污水性质定	
热水	焊接钢管	0.1~0.3	夹布橡胶	法兰，焊接，螺纹	截止阀	闸阀	J11T-16 Z45T-10	膨胀珍珠岩，硅藻土，硅石，岩棉
热回水	焊接钢管	0.1~0.3	夹布橡胶	同上	截止阀	闸阀	同上	
自来水	镀锌焊接钢管	0.1~0.3	橡胶，橡胶石棉板	螺纹	截止阀	闸阀	同上	
冷凝水	焊接钢管	0.1~0.8	橡胶石棉板	法兰，焊接	截止阀 旋塞		J11T-16 X13W-10T	
蒸馏水	硬聚氯乙烯管，ABS 塑料管，玻璃管，不锈钢管（有保温要求）	0.1~0.3	橡胶，橡胶石棉板	法兰	球阀		Q41F-16	
蒸汽（98kPa 表压）	3in* 以下，焊接钢管 3in* 以上，无缝钢管	0.1~0.2	橡胶石棉板	法兰，焊接	截止阀	闸阀	J11T-16 Z45T-10	
蒸汽（294kPa 表压）	3in* 以下，焊接钢管 3in* 以上，无缝钢管	0.1~0.4	橡胶石棉板	法兰，焊接	截止阀	闸阀	同上	膨胀珍珠岩，硅藻土，硅石，岩棉
蒸汽（490kPa 表压）	3in* 以下，焊接钢管 3in* 以上，无缝钢管	0.1~0.5	橡胶石棉板	法兰，焊接	截止阀	闸阀	同上	
压缩空气	<980.665kPa，焊接钢管 >980.665kPa，无缝钢管	0.1~1.5	夹布橡胶	法兰，焊接	球阀	球阀	Q41F-16	
惰性气体	焊接钢管	0.1~1.0	夹布橡胶	法兰，焊接	球阀	球阀	同上	

续表

流体名称	管道材料	操作压力/MPa	垫圈材料	联接方式	阀门形式		推荐阀门型号	保温方式
					支管	主管		
真空	焊接钢管或硬聚氯乙烯管	真空	橡胶石棉板	法兰，焊接	球阀	球阀	同上	
排气	焊接钢管或硬聚氯乙烯管	常压	橡胶石棉板	法兰，焊接	球阀	球阀	同上	
盐水	焊接钢管	0.3~0.5	橡胶石棉板	法兰，焊接	球阀	球阀	同上	软木，矿渣棉泡沫聚苯乙烯，聚氨酯
回盐水	焊接钢管	0.3~0.5	橡胶石棉板	法兰，焊接	球阀	球阀	同上	
酸性下水	陶瓷管，衬胶管，硬聚氯乙烯管	常压	橡胶石棉板	承插，法兰	球阀		同上	
碱性下水	焊接钢管，铸铁管	常压	橡胶石棉板	同上	球阀		同上	
生产物料	按生产性质选择管材							
气体（暂时通过）		<1.0						
液体（暂时通过）		<2.5						

* 1in=25.4mm。

（6）完成管道配置　根据施工流程图、设备布置图、设备施工图进行管道的配置，并完成管路平面图、管路立面图和局部剖视图（管路透视图）等，以及管路支架及特殊管件制作图。

（7）提出下列资料

①将各种断面的地沟长度、管架、预埋件等提供给土建部门。

②车间上、下水，蒸汽等管道的温度、压力提供给公用系统。

③各种介质管道（包括管子、管架、管件、阀件等）的材料规格、数量（长度与质量）提供给外购系统。

④自制补偿器、管件、管架的制作与安装费用、制作图纸。

⑤做出管道投资概算。

（8）编写施工说明书　其中包括：施工中应注意的问题；各种管道的坡度；保温刷漆的要求以及应遵循的国家标准。

二、管路布置的一般性要求

（1）管道布置应满足生产需要，易于操作、安装和检修，应平行敷设，尽量走直线，少拐弯，少交叉，缩短管线，减少管材消耗。

（2）应尽量集中布置，如沿墙壁、楼面底、柱子边等，并考虑管道的空间位置，力争共架敷设，占空间小，同时避免遮挡室内光线和门窗的启闭。

（3）管道拐弯应尽量拐直角，为便于检修和敷设，直管最好用三通（带阀头）代替弯头，管与管间及管与墙壁之间的距离以能容纳活接头或法兰，以及进行检修为度。

（4）管道并排而法兰错排时的管与管间距见表 4-26 和管道并排且阀的位置对齐时的管道间距见表 4-27，当阀门相对排列时应加 50mm。

表 4-26　　管道并排而法兰错排时的管道间距　　单位：mm

D_g	公称直径 D_g																							
	25		40		50		70		80		100		125		150		200		250		300		d	
	A	B	A	B	A	B	A	B	A	B	A	B	A	B	A	B	A	B	A	B	A	B	A	B
25	120	200																					110	130
40	140	210	150	230																			120	140
50	150	220	150	230	160	240																	150	150
70	160	230	160	240	170	250	180	260															140	170
80	170	240	170	250	180	260	190	270	200	280													150	170
100	180	250	180	260	190	270	200	280	210	310	220	330											160	190
150	210	280	210	300	220	300	230	300	240	320	250	330	260	340	280	360							190	230
200	230	310	240	320	250	330	260	340	270	350	280	360	290	370	300	390	300	420					220	260
250	270	340	270	350	280	360	290	370	300	380	310	390	320	410	340	420	360	450	390	480			250	290
300	290	370	300	380	310	390	320	400	330	410	340	420	350	440	360	450	390	480	410	510	400	540	280	320
350	300	400	330	410	340	420	350	430	360	440	370	450	380	470	390	480	420	510	450	540	470	570	310	350

注：①不保温管与保温管相邻排列时，间距 =（不保温管间距+保温管间距）/2。

②若系螺纹连接的管子，间距可按上表减去 20mm。

③管沟中管壁与管壁之间的净距在 160~180mm，管壁与沟壁之间的距离为 200mm。

④A—不保温管，B—保温管，d—管子轴线离墙面的距离。

表 4-27　　管道并排且阀的位置对齐时的管道间距　　单位：mm

D_g	25	40	50	80	100	150	200	250
25	250							
40	270	280						
50	280	290	300					
80	300	320	330	350				
100	320	330	340	360	375			
150	350	370	380	400	410	450		
200	400	420	430	450	460	500	550	
250	430	440	450	480	490	530	580	600

（5）管道及仪表的安装高度，主要考虑操作方便和安全，可参考如下：

名称	阀门	温度计	安全阀	压力表
安装高度/m	1.2	1.5	2.2	1.6

（6）管道敷设要有坡度，坡度的坡向一般沿着介质的流动方向，坡度在（1/100）~（1/1000），对于黏度较大的物料，坡度取大值，地沟底层坡度不应小于2/1000，特殊时用1/1000，但应保证最低处低于最高水位500mm。

（7）管道穿过楼板、平台、屋顶、地基及其他钢筋混凝土构件应在施工时留孔，孔径大小一般按外径加20mm即可，为便于检修，法兰、焊缝不得位于孔洞之中。

（8）吊装孔范围内不应布置管道，在设备内件抽出区域及设备法兰拆卸区内不应布置管道。

（9）架空敷设管道应不影响车辆和行人交通，并满足下列要求：人行道上方最小净空高度2.2m，通过公路时最小净空高度4.5m，通过铁路时最小净空高度5.5m。

（10）管道应避免在配电盘、控制仪表盒、电动机等电器设备上空通过。

（11）输送腐蚀性介质的管路，应与其他管道保持一定距离，且严格防止置于其他管路上方，或尽可能不穿行经常行人的地段，必要时在人行道上空加防护套。

（12）当几种管道在布置中发生矛盾时，应根据具体情况全面考虑。

①大管径、热介质、气体管路、保温管路和无腐蚀管路在上，小管径、液体、不保温管、冷介质和有腐蚀介质管路在下。

②管径大的、常温的、支管少的、不检修和无腐蚀的介质管靠墙。

（13）管道的埋地敷设。非冰冻地区的管道埋深主要取决于外部载荷、管材强度、管道交叉，一般不小于0.7m，在冰冻地区，除以上因素外还要考虑冰冻深度，一般应深于冰冻线以下0.2m，可参考如下：

管径（d）/mm	$d \leqslant 300$	$300<d \leqslant 600$	$d>600$
管底埋深/mm	$d+200$	$1.75d$	$1.50d$

三、管道附件及管道连接

（一）管道附件

管路中除管子以外，为满足工艺生产和安装检修的需要，还有许多其他的构件，如短管、弯头、三通、异径管、法兰、盲板、阀门等。通常称这些构件为管路附件，简称管件和阀件。它是组成管路不可缺少的部分。有了管路附件，管路的安装和检修就方便很多，可以使管路改换方向、变化口径、连通和分流，以及调节和切换管路中的流体等。下面介绍几种管路附件。

1. 弯头

弯头的作用主要是改变管路的走向。常用的弯头根据弯头程度的不同，有90°弯头、45°弯头、180°弯头。180°弯头又称U形弯管，在冷库冷排中用得较多。另外还有根据工艺配管需要的特定角度的弯头。

另外还有钢制弯头-无缝弯头，冲压焊接弯头，焊制弯头等。

2. 三通

当一条管路与另一条管路相连通时，或管路需要有旁路分流时，其接头处的管件称为三通。根据接入管的角度不同，有垂直接入的正接三通，也有斜度的斜三通。此外，还可按入口口径大小差异分，如等径三通、异径三通等。除常见的三通管件外，根据管路工艺需要，还有更多接口的管件，如四通、五通、异径斜接五通等。

3. 短接管和异径管

当管路装配中短缺一小段，或因检修需要在管路中设置一小段可拆的管段阀，经常采用短接管。它是短段直管，有的带连接头（如法兰、丝扣等）。

将两个不等管径和管路连通起来的管件称为异型管，通常称大小头，用于连接不同管径的管子。

4. 法兰、活络管接头和盲板

为便于安装和检修，管路中采用可拆连接，法兰、活络管接头是常用的连接零件。活络管接头大多用于管径不大（100mm）的水煤气钢管。绝大多数钢管管道采用法兰连接。

在有的管路上，为清理和检修需要设置手孔盲板，也有的直接在管端装盲板，或在管道中的某一段中断管道与系统联系。

5. 阀门

阀门在管道中用来调节流量、切断或切换管道，或对管道起安全作用、控制作用。阀门的选择是根据工作压力、介质温度、介质性质（是否含有固体颗粒、黏度大小、腐蚀性）和操作要求（启闭或调节等）进行的。食品工厂常用的阀门有以下几种：

（1）旋塞阀　旋塞阀具有结构简单，外形尺寸小，启闭迅速，操作方便，管路阻力损失小的特点，但不适用于控制流量，不宜使用在压力较高、温度较高的流体管道和蒸汽管道中；可用于压力和温度较低的流体管道中，也适用于介质中含有晶体和悬浮物的流体管道中，适用于水、煤气、油品、黏度低的介质。

（2）截止阀　截止阀具有操作可靠，容易密封，容易调节流量和压力，耐高温达300℃的特点，缺点是阻力大，杀菌蒸汽不易排掉，杀菌不完全，不得用于输送含晶体和悬浮物的管道中，适用于水、蒸汽、压缩空气、真空、油品介质。

（3）闸阀　闸阀阻力小，没有方向性，不易堵塞，适用于不沉淀物料管路，一般用于大管道中作启闭阀，适用于水、蒸汽、压缩空气等介质。

（4）隔膜阀　隔膜阀结构简单，密封可靠，便于检修，流体阻力小，适用于输送酸性介质和带悬浮物质的流体的管路，特别适用于发酵食品，但所采用的橡皮隔膜应耐高温。

（5）球阀　球阀结构简单，体积小，开关迅速，阻力小，常用于食品生产中罐的配管中。

（6）针形阀　针形阀能精确地控制流体流量，在食品生产中主要用于取样管道上。

（7）止回阀　止回阀靠流体的自身的力量开闭，不需要人工操作，其作用是阻止流体倒流。止回阀也称单向阀。

（8）安全阀　在锅炉、管路和各种压力容器中，为了控制压力不超过允许数值，需要安装安全阀。安全阀能根据介质工作压力自动启闭。

（9）减压阀　减压阀的作用是自动地把外来较高压力的介质降低到所需压力，减压阀适用于蒸汽、水、空气等非腐蚀性流体介质，在蒸汽管道中应用最广。

（10）疏水阀（器）　疏水器的作用是排除加热设备或蒸汽管路中的蒸汽凝结水，同时能阻止蒸汽的泄漏。

（11）蝶阀　蝶阀又称翻板阀，其结构简单、外形尺寸小，是用一个可以在管内转动的圆盘（或椭圆盘）来控制管道启闭的。由于蝶阀不易和管壁严密结合，密封性差，仅适用于调节管路流量，在输送水、空气和煤气等介质的管道中较常见（用于调节流量）。

（二）管路的连接

管路的连接包括管道与管道的连接、管道与各种管件、阀件与设备接口处的连接等。最常见的管路连接方式有法兰连接、螺纹连接、焊接、承插式连接四种。

1. 法兰连接

法兰连接是一种可拆式的连接，适用于大管径、密封性要求高的管路连接，特别是在管路易堵塞处和弯头处应采用法兰连接。它由法兰盘、垫片、螺栓和螺母等零件组成。法兰盘与管道是固定在一起的。法兰与管道的固定方法很多，常见的有以下几种：

（1）整体式法兰　整体式法兰的管道与法兰盘是连成一体的，常用于铸造管路（如铸铁管等）以及铸造的机器、设备接口和阀门等。腐蚀性强的介质可采用铸造不锈钢或其他铸造合金及有色金属铸造整体法兰。

（2）搭焊式法兰　搭焊式法兰的管道与法兰盘的固定采用搭接焊接，又称平焊法兰。

（3）对焊法兰　对焊法兰通常又称高颈法兰，它的根部有一较厚的过渡区，这对法兰的强度和刚度有很大的好处，改善了法兰的受力情况。

（4）松套法兰　松套法兰又称活套法兰，其法兰盘与管道不直接固定，在钢管道上，是在管端焊一个钢环，以法兰压紧钢环使之固定。

（5）螺纹法兰　螺纹法兰与管道的固定是可拆的结构。法兰盘的内孔有内螺纹，而在管端车制相同的外螺纹，它们是利用螺纹的配合来固定的。

法兰连接主要依靠两个法兰盘压紧密封材料以达到密封效果，法兰的压紧力则靠法兰连接的螺栓得到。常用法兰连接的密封垫圈材料见表4-25。

2. 螺纹连接

螺纹连接可以拆卸，但没有法兰连接那样方便，密封可靠性也较低，常用于管径小于65mm、工作压力1.0MPa以下、100℃以下的水管、低压煤气管、镀锌管以及带螺纹阀体连接的管道。对于公称直径小于20mm的管道多采用螺纹连接，并在常拆卸的地方加活接头，连接处一般涂以填料（铅白、铅丹、油麻、石棉、橡胶等），确保密封不漏。

3. 焊接连接

焊接连接是一种不可拆卸的连接结构，它用焊接的方法将管道和各管件、阀门直接焊接成一体。这种连接密封非常可靠，结构简单，便于安装，但给清洗检修工作带来不便。焊缝焊接质量的好坏，将直接影响连接强度和密封质量，可用X光拍片和试压方法检查。

焊接法分为熔焊、钎焊和胶合焊，前两种适用于钢管，而胶合焊仅用于聚氯乙烯和酚醛塑料的焊接。焊接法常用于压力管道，如空气、真空、蒸汽、冷热水管等，管径大于32mm壁厚在4mm以上的用电焊，管径小于32mm壁厚3.5mm以下的用气焊。

4. 承插式连接

除上述常见的3种连接外，还有承插式连接、填料函式连接、简便快接式连接等。

承插式连接多用于铸铁管、陶瓷管、玻璃管及塑料管，其接口处留有一定的间隙，以补偿伸长。承插式连接的特点是难以拆卸，不便修理，相邻两管稍有弯曲时仍可维持不漏，连接可靠性不高，承受压力不高。

四、管道的保温、刷油（防腐）、热膨胀及其补偿

（一）管道的保温

1. 保温的目的和作用

管路保温的目的是使管内介质在输送过程中，不冷却、不升温，也就是不受外界温度的影响而改变介质的状态。

保温的作用：

（1）用保温减少设备、管道及其附件的热（冷）损失。

（2）保证操作人员安全、改善劳动条件，防止烫伤和减少热量散发到操作区，降低操作区温度。

（3）在长距离输送介质时，用保温来控制热量损失，以满足生产上所需要的温度。

（4）冬季用保温来延续或防止设备、管道内液体的冻结。

（5）当设备、管道内的介质温度低于周围空气露点温度时，用保温可防止设备、管道的表面结露。

（6）用保温可提高设备的防火等级。

（7）在工艺设备或炉窑中采取保温措施，不但可减少热量损失，而且可以提高生产能力。

热力管道和设备保温后，其表面温度不宜高于环境温度15℃。

2. 保温的范围

凡设备、管道具有下列情况之一者，都要保温：

（1）设备、管道及其附件的表面温度高于50℃者（工艺上不需或不能保温的设备、管道除外）。

（2）制冷系统中的冷设备、冷管道及其附件。

（3）生产和输送过程中，由于介质的凝固点、结冰点或结晶点等要求采用伴热措施者。

（4）由日晒或外界温度影响而引起介质气化或蒸发者。

（5）因外界温度影响而产生冷凝液对管道产生腐蚀者。

（6）介质温度低于周围空气露点温度的设备、管道。

（7）工艺生产中不需保温的设备、管道及其附件。其外表面温度超过60℃，又需经常操作维护者，在无法采用其他措施防止烫伤时，需进行防烫保温。

（8）需要用保温来提高设备的耐火等级时，对直径≥1.5m的设备支架和裙座需进行双面保温；直径<1.5m的设备支架和裙座只要在外侧进行保温，一般涂抹石棉水泥。

3. 保温结构

涂抹式：分层涂抹，每层厚度10~15mm，外层用铁丝网绑扎，最外层用保护层。

预制式：将主保温材料预制成各种形状，最里层用石棉硅藻土为底层，然后放预制瓦块，缝处用硅藻土填充。

管路保温采用保温材料包裹管外壁的方法。保温材料常采用导热性差的材料，常用的

有毛毡、石棉、玻璃棉、矿渣棉、珠光砂、其他石棉水泥制品等。

管路保温层的厚度要根据管路介质热损失的允许值计算确定，蒸汽管道每米热损失允许限值见表4-28，部分保温材料的热导率见表4-29，管道保温厚度的选择见表4-30。

表4-28 蒸汽管道每米热损失允许限值 单位：J/(m·s·K)

公称直径	管内介质与周围介质的温度差				
	45K	75K	125K	175K	225K
D_g25	0.570	0.488	0.473	0.465	0.459
D_g32	0.671	0.558	0.521	0.505	0.497
D_g40	0.750	0.621	0.568	0.544	0.528
D_g50	0.775	0.698	0.605	0.565	0.543
D_g70	0.916	0.775	0.651	0.633	0.594
D_g100	1.163	0.930	0.791	0.733	0.698
D_g125	1.291	1.008	0.861	0.798	0.750
D_g150	1.419	1.163	0.930	0.864	0.827

表4-29 部分保温材料的热导率 单位：J/(m·s·K)

名称	热导率	名称	热导率
聚氯乙烯	0.163	软木	0.041~0.064
聚苯乙烯	0.081	锅炉煤渣	0.188~0.302
低压聚乙烯	0.297	石棉板	0.116
高压聚乙烯	0.254	石棉水泥	0.349
松木	0.070~0.105		

表4-30 管道保温厚度 单位：mm

保温材料的热导率/[J/(m·s·K)]	蒸汽温度/K	公称直径/mm			
		0~50	70~100	125~200	250~300
0.087	373	40	50	60	70
0.093	473	50	60	70	80
0.105	573	0	70	80	90

注：在263~283K范围内一般管径的冷冻水（盐水）管保温采用50mm原聚氯乙烯泡沫塑料双合管。

在保温层的施工中，必须使被保温的管路周围充分填满，保温层要均匀、完整、牢固。保温层的外面还应采用石棉水泥抹面，防止保温层开裂。在有些要求较高的管路中，保温层外面还需要缠绕玻璃布或加铁皮外壳，以免保温层受雨水侵蚀而影响保温效果。

管道绝热工程的施工应在设备和管道涂漆合格后进行。施工前，管道外表面应保持清洁干燥。冬季、雨季施工应有防冻、防雨雪等措施。

需要蒸汽吹扫的管道，宜在吹扫后进行绝热工程施工。

（二）管道的刷油（防腐）及标识

1. 管道的（刷）油漆

刷油漆可防止管道及设备表面的金属锈蚀，刷油漆前应清除被涂表面的铁锈、焊渣、毛刺、油、水等污物。

涂漆施工宜在15~30℃的环境温度下进行，并应有相应的防火、防冻、防雨措施。

涂层质量应符合下列要求：

（1）涂层应均匀，颜色应一致；涂膜应附着牢固，无剥落、皱纹、气泡、针孔等缺陷；涂层应完整、无损坏、流淌；涂层厚度应符合设计文件的规定；涂刷色环时，应间距均匀，宽度一致。

（2）涂料的种类、颜色、涂敷的层数和标记应符合设计文件的规定。无保温管道，一般先涂二遍防锈漆，再涂调和漆；有保温管道，一般应涂二遍调和漆。

（3）有色金属管、不锈钢管、镀锌钢管、镀锌铁皮和铝皮保护层，不宜涂漆。

（4）焊封及其标记在压力试验前不应涂漆。

（5）管道安装后不易涂漆的部位应预先涂漆。

2. 埋地管道的防腐处理

地下钢管会受到地下水的各种盐类、碱类的腐蚀。所以要做防腐处理，在管外壁做一些防腐层，程序是：外表面先去污净化；冷底子油［沥青：汽油=1：（2.25~2.5）］涂刷；涂沥青玛蹄脂（高岭土：沥青=1：3）；包扎保护层，将石棉沥青防水毡螺旋式缠在表面上。

3. 管道的标识

食品工厂生产车间需要的管道较多，一般有水、蒸汽、真空、压缩空气和各种流体物料等管道。为了区分各种管道，往往在管道外壁或保温层外面涂有不同的颜色的油漆。油漆既可以保护管路外壁不受大气影响而腐蚀，同时也用来区别管路的类别，使我们清楚地知道管路输送的是何种介质，这就是管路的标志。这样，既有利于生产中的工艺检查，又可避免管路检修中的错乱和混乱，例如，植物油脂工厂管道的刷漆颜色：蒸汽—白色；水—绿色；溶剂—红色；油和混合油—黄色；溶剂蒸气—蓝色；自由气体—淡蓝色。

（三）管道热膨胀及其补偿

1. 管道的热膨胀

（1）热伸长量　管路在输送热介质液体时（如蒸汽、冷凝水、过热水等）会受热膨胀，对此应考虑管路的热伸长量的补偿问题。管路热伸长量（ΔL）计算见式（4-34）。

$$\Delta L=\beta L\ (T_1-T_2) \tag{4-34}$$

式中　ΔL——热伸长量，m

β——材料线膨胀系数，m/(m·k)

L——管道长度，m

T_1——输送介质的温度，K

T_2——管路安装时空气的温度，K

各种材料的线膨胀系数见表4-31。

表 4-31　　各种材料的线膨胀系数

管子材料	β/［m/(m·K)］	管子材料	β/［m/(m·K)］
镍钢	13.1×10^{-6}	铁	12.35×10^{-6}
镍铬钢	11.7×10^{-6}	铜	15.96×10^{-6}
碳素钢	11.7×10^{-6}	铸铁	11.0×10^{-6}
不锈钢	10.3×10^{-6}	青铜	18×10^{-6}
铝	8.4×10^{-6}	聚氯乙烯	7×10^{-6}

从式（4-34）可以看出，管路的热伸长量（ΔL）与管长、温度差的大小成正比。在直管中的弯管处可以自行补偿一部分的伸长变形，但对较长的管路往往是不够的。所以，须设置补偿器来进行补偿。如果达不到合理的补偿，则管路的热伸长量会产生很大的内应力，甚至使管架或管路变形损坏。

（2）热应力（压缩应力）　当埋地敷设或室内敷设时 T_1 取 0℃，钢管的热膨胀系数 $\beta=12\times10^{-6}$［m/（m·℃）］

由于热伸长直管产生的热应力或压缩应力如下：

$$\sigma=\frac{E\cdot\Delta L}{L\times1000}$$

式中　σ——压缩应力，钢管 $\sigma=800\text{kg/cm}^2$，聚氯乙烯 $\sigma=100\text{kg/cm}^2$

E——材料的弹性模数，钢 $\beta=2100000\text{kg/cm}^2$

设管截面面积为 F（cm^2），管子加热所受的压力（冷却时为张力）P 则为：

$$P=[\sigma]\cdot F=FE=\frac{\Delta L}{L}=FE\beta\Delta T \quad (4-35)$$

由此可见，装牢管路中各段中的应力仅与截面积和温度变化有关，而与长度无关。所以，在固定安装的管路中，即使管路很短也应考虑张力的影响，对于普通碳钢管最大允许温差为：

$$\Delta T=\frac{[\sigma]}{\beta\cdot E}=\frac{800}{12\times10^{-6}\times2.1\times10^{6}}=31.75(\text{K})$$

2. 管道的热补偿

（1）管道热补偿计算　管道热补偿计算的目的是确定管道由于受热膨胀而产生的弹性力、力矩和补偿弯曲应力，以便选择自然补偿管段或伸缩器的尺寸，保证管道的安全运行，或根据管道的已知尺寸，效验补偿能力是否满足需要。

管道热补偿计算采用“弹性中心法”，这里不再赘述。

（2）管道热补偿器类型　常见的补偿器有 n 形、Ω 形、波形、填料式几种，补偿器如图 4-50 所示。在不同的管道安装中，选择不同的补偿器。其中，波形补偿器使用在管径较大的管路中，n 形和 Ω 形补偿器制作比较方便，在蒸汽管路中使用较为普遍，而填料式补偿器常用于铸铁管路和其他脆性材料的管路。

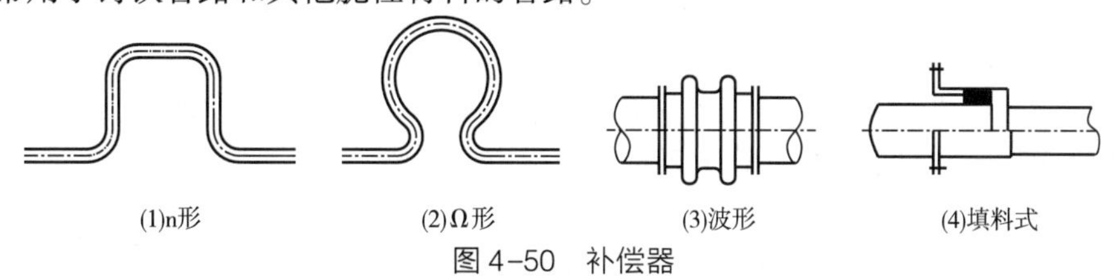

图 4-50　补偿器

五、管道安装与试验

（一）管路的安装

1. 管路安装的一般要求

（1）安装时应按图纸规定的坐标、标高、坡度准确操作，做到横平竖直，安装程序应符合先大后小、先压力高后压力低、先上后下、先复杂后简单、先地下后地上的原则。

（2）法兰接合面要注意使垫片受力均匀，螺栓握裹力基本一致。

（3）连接螺栓、螺母的螺纹上应涂以二硫化钼与油脂混合物，以防止生锈。

（4）各种补偿器、膨胀节应按设计要求拉伸预压缩。

2. 同转动设备相连管道的安装

对同转动设备和泵类、压缩机等相连的管道，安装时要十分重视，应确保不对设备生产过大的应力，做到自由对中，同心度和平行度均符合要求，绝不允许利用设备连接法兰的螺栓强行对中。

3. 仪器附件的安装

管道上的仪器附件的安装，原则上一般都应在管道系统试压吹扫完成后进行，试压吹扫以前可用短管代替相应的仪表。如果仪表工程施工期很紧，可先把仪表安装上去，在管道系统吹扫试验时应拆下仪表而用短管代替，应注意保护仪表管件在试压和吹扫过程中不受损伤。

4. 管架安装

（1）管道安装时应及时进行支吊架的固定和调整工作，支吊架位置应正确，安装平整、牢固、与管道接触良好。

（2）固定支架应严格按设计要求安装，并在补偿器预拉伸前固定。

（3）弹簧支吊架的弹簧安装高度，应按设计要求调正并做出记录。

（4）有热位移的管道，在热负荷试运行中，应及时对支吊架进行检查和调整。

（二）焊接、热处理和检验

1. 预热和应力消除处理

预热和应力消除的加热，应保证使工件热透，温度均匀稳定。对高压管道和合金钢管进行应力热处理时，应尽量使用自动记录仪，正确记录温度-时间曲线，以便于控制作业和进行分析与检查。

2. 焊缝检验

焊缝检验有外观检查和焊缝无损探伤等方法。

（三）管路的试验

管路在安装完毕后要进行系统压力试验，检验管路系统的机械性能及严密性。

压力试验——以液体或气体为介质，对管道逐步加压，达到规定的压力，以检验管道强度和严密性的试验。

泄漏（渗透）性试验——以气体为介质，在设计压力下，采用发泡剂、显色剂、气体分子感测仪或其他专门手段检查管道系统中泄漏点的试验。

1. 试验压力

试验压力按设计压力的 1.25~1.5 倍进行或按规范进行。

2. 试验介质

一般以清洁水为介质，对空气、仪表空气、真空系统、低压二氧化碳管线等可采用干燥无油的空气进行试压，但必须用肥皂水对每个连接密封部位进行泄漏检查。

3. 试验前的准备工作

（1）管道系统安装完毕，并符合规范要求。

（2）焊接和热处理工作完成并检验合格。

（3）将管线上不参加试验的仪表部件拆下。

（4）与传动设备连接的管口法兰加盲板。

（5）具有完善的试验方案。

4. 水压试验和气压试验

（1）水压试验　系统充满水，排尽空气，实验环境温度为5℃以上，逐级升压到试验压力后，保持不少于10min，检查整个系统是否有泄漏，如有泄漏不得带压处理，需降压处理。降压时应防止系统抽成真空，可把高出排气阀打开引入空气，并排尽系统内的积水。试压期间应密切注意检查管架的强度。

（2）气压试验　首先缓慢升压至试验压力的50%进行检查，消除缺陷。然后按试验压力的10%逐级升压，每级稳压3min，用肥皂水检查。达到规定的试验压力后，保持5min，以无泄漏、无变形为合格。

5. 管道的吹扫与清洗

管道试压合格后，应分段进行吹扫与清洗（简称吹洗）。管道吹洗合格后，还应做好排尽积水、拆除盲板、仪表部件复位、支吊架调整、临时管线拆除、防腐与保温等工作。

（1）一般规定　管道在压力试验合格后，建设单位应负责组织吹扫或清洗工作，并应在吹洗前编制吹洗方案。

吹洗方法应根据对管道的使用要求、工作介质及管道内表面的脏污程度确定。公称直径≥600mm的液体或气体管道，宜采用人工清理；公称直径<600mm的液体管道宜采用水冲洗；公称直径<600mm的气体管道宜采用空气吹扫；蒸汽管道应以蒸汽吹扫；非热力管道不得用蒸汽吹扫。

对有特殊要求的管道，应按设计文件规定采用相应的吹扫方法。

不允许吹扫的设备与管道应与吹洗系统隔离。

吹洗的顺序应按主管、支管、疏排管依次进行，吹洗出的脏物，不得进入已合格的管道。

吹扫时应设置禁区。

（2）水冲洗　冲洗管道应使用洁净水，冲洗奥氏体不锈钢管道时，水中氯离子含量不得超过25mg/L。

水冲洗时，宜采用最大流量，流速不得低于1.5m/s。

水冲洗应连续进行，以排出口的水色和透明度与入口水目测一致为合格。

当管道经水冲洗合格后暂不运行时，应将水排净，并应及时吹干。

（3）空气吹扫　空气吹扫利用生产装置的大型压缩机，也可利用装置中的大型容器蓄气，进行间断性的吹扫，吹扫压力不得超过容器和管道的设计压力，流速不宜小于20m/s。

空气吹扫过程中，当目测排气无烟尘时，应在排气口设置贴白布或涂白漆的木制靶板检验，5min 内无铁锈、尘土、水分及其他杂物，应为合格。

（4）蒸汽吹扫　为蒸汽吹扫安设的临时管道应按蒸汽管道的技术要求安装，安装质量应符合设计文件的规定。

蒸汽管道应以大流量蒸汽进行吹扫，流速不应低于 30m/s。

蒸汽吹扫前，应先行暖管、及时排水，并应检查管道热位移。

蒸汽吹扫应按“加热—冷却—再加热”的顺序，循环进行。吹扫时宜采用每次吹扫一根，轮流吹扫的方法。

对于蒸汽管道，当设计文件有规定时，经蒸汽吹扫后应检验靶片。当设计文件无规定时，吹扫质量应符合吹扫质量标准，吹扫质量标准见表 4-32。

表 4-32　　吹扫质量标准

项目	质量标准
靶片上痕迹大小	ϕ0.6mm 以下
痕深	<0.5mm
粒数	1 个/cm^2
时间	15min（两次皆合格）

蒸汽管道还可用抛光木板检验，吹扫后，木板上无铁锈、脏物时，应为合格。

（5）化学清洗　需要化学清洗的管道，其范围和质量要求应符合设计文件的规定。管道进行化学清洗时，必须与无关设备隔离。化学清洗后的废液处理和排放应符合环境保护的规定。

（6）油清洗　润滑、密封及控制油管道，应在机械及管道酸洗合格后、系统试运转前进行油清洗。不锈钢管道宜在蒸汽吹净后进行油清洗。

当设计文件无要求时，管道油清洗后应采用滤网检验，合格标准应符合规定，油清洗合格标准见表 4-33。

表 4-33　　油清洗合格标准

机械转速/（r/min）	滤网规格/目	合格标准
≥6000	200	目测滤网，无硬颗粒及黏稠物，每平方厘米范围内，软杂物不多于 3 个

六、管路布置图

管路布置图又叫管路配置图，是表示车间内外设备、机器间管道的连接和阀件、管件、控制仪表等安装情况的图样。施工单位根据管路布置图进行管道、管道附件及控制仪表等的安装。

管路布置图根据车间平面布置图及设备图进行绘制，包括管路平面图、管路立面图和管路透视图。

（一）管路布置图的视图

1. 比例、图幅

图样比例通常用 1∶15 和 1∶100，管路复杂的可采用放大图。

图样幅面一般采用 A1 图纸或 A2 图纸为宜，同区的图应采用同样的图幅，幅面不宜加宽或加长，以便于图样的管理。

2. 视图的配置

管路布置图应完整地表示车间内全部管道、阀门、管道上的仪表控制点、部分管件、设备的简单外形和建筑物的轮廓等。根据表达的需要管路布置图所采用的一组视图可以包括：平面图、剖视图、向视图和局部放大图。

平面图的配置，一般应与设备布置图中的平面图一致，按建筑标高平面分层绘制，各层管道布置平面图是将楼板以下的建筑物、管道等全部画出。但当某一层的管道上下重叠过多，布置比较复杂时，可分若干层分别绘制，如在同一张图纸上绘制几层平面时，应从最低层起，在图纸上由下至上或由左至右依次排列，并于各平面图下注明“EL××××. ×××平面”。在绘有平面图的图纸右上角、管口表的左边，应画一个与设备布置图的设计北向一致的方向标。

管路布置在平面图上不能清楚表达的部位，可采用剖视图或向视图补充表达，而剖视图多采用局部剖视图，力求表达得更清楚。

管路布置的平面、立面剖（向）视图，应像设备布置图一样，在图形的下方注写如“±0. 000 平面”“*A*-*A* 剖视”等字样。

3. 视图的表示方法

（1）管路布置图上建筑物与构筑物的表示内容　其表达要求与设备布置图相同，以细实线绘制，与管道安装无关的内容可以简化，建筑物和构筑物应根据设备布置图画出柱、梁、楼板、门、窗、楼梯、操作台、安装孔、管沟、篦子板、散水坡、管廊架、围堰、通道等，标注建筑物、构筑物的轴线号和轴线间的尺寸，标注地面、楼面、平台面、吊车、梁顶面的标高，按比例用细实线标出电缆托架、电缆沟、仪表电缆盒、架的宽度和走向，并标出底面标高。生活间及辅助间应标出其组成和名称。

（2）设备　用细实线按比例以设备布置图所确定的位置画出设备的简单外形和基础、平面、梯子（包括梯子的安全护圈）。

在管路布置图上的设备中心线上方标注与流程图一致的设备位号，下方标注支承点的标高或主轴中心线的标高。剖视图上的设备位号注在设备近侧或设备内。

按设备布置图标注设备的定位尺寸。

按设备图用 5mm×5mm 的方块标注设备管口（包括需要表示的仪表接口及备用接口）符号，以及管口定位尺寸由设备中心至管口端面的距离（如标注在管口表上，在图上可不标）。

按产品样本或制造厂提供的图纸标注泵、压缩机、透平机及其他机械设备的管口定位尺寸（或角度），并给定管口符号。

按比例画出卧式设备的支撑底座，并标注固定支座的位置，支座下如为混凝土基础时，应按比例画出基础的大小，不需标注尺寸。

对于立式容器，还应表示出裙座人孔的位置及标记符号。

对于工业炉，凡是与炉子平台有关的柱子外壳和总管联箱的外形、风道、烟道等，均应标示。

对于非定型设备，按比例画出具有外形特征的轮廓线及其基础、支架等。

（3）管道　管路布置图中，公称直径≥400mm 或 16in* 的管道用双线表示；公称直径≤350mm 或 14in* 的管道用单线表示。如果管路布置图中，大口径的管道不多，则公称直径≥250mm 或 10in* 的管道用双线表示；公称直径≤200mm 或 8in* 者用单线表示。由于管道是图样表达的主要内容，因此绘成单线时，采用粗实线；绘成双线时，用中实线。

在适当位置画箭头表示物料流向（箭头画在中心线上）。

按比例画出管道及管道上的阀门、管件（包括弯头、三通、法兰、异径管、软管接头等管道连接件）、管道附件、特殊管件等。

管道公称直径≤50mm 或 2in* 的弯头，一律用直角表示，管道等级后面加保温、保冷代号。

管道的检测条件（压力、温度、液面、分析、料位、取样、测温点、测压点等）在管路布置图上用 ϕ10mm 的圆圈表示。圆圈内按管道及仪表流程图检测元件的符号和编号填写，在检测元件的平面位置用细实线和圆圈连接起来（具体位置由管道设计人员和自控专业部门共同协商）。

按比例用细点划线表示就地仪表盘、电气盘的外轮廓及所在位置，但不必注尺寸，避免与管道相碰。

当几套设备的管路布置完全相同时，允许只绘一套设备的管道，其余可简化为方框表示，但在总管上应绘出每套支管的接头位置。

管路布置图上应该绘出全部工艺物料管道和辅助及公共系统管道。

（4）管道的画法　管道的连接形式有四种：法兰连接、螺纹连接、焊接、承插式连接。管道连接方式的表示方法如图 4-51（1）所示，如无特殊需要可不标注。

若管道只画出其中一段时，一般应在管子中断处画出断开符号，管道连接方式的表示方法如图 4-51（2）所示。

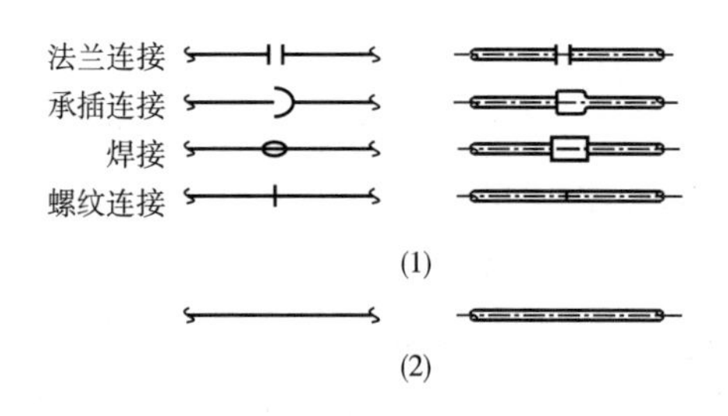

图 4-51　管道连接方式的表示方法

管路布置图中管道分叉、转折的画法见图 4-52。

* 1in＝2.54cm。

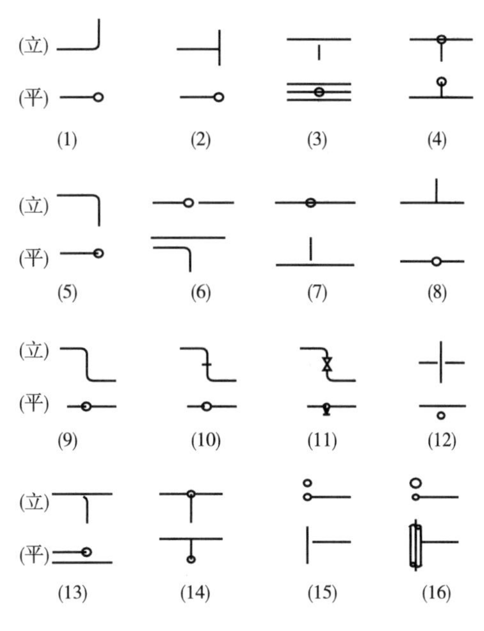

图 4-52　管路布置图中管道分叉、转折的画法

管子交叉的画法：当管子交叉而造成投影重叠时，可以把下面被遮挡的部分的投影断开，可以把下面被遮挡的管道部分断开，也可以把上面的管道投影断开。

管子重叠的画法：管道投影重叠时，将可见管道的管道投影断开表示，不可见的投影则画至重影处稍留空隙并断开。管子重叠的画法如图 4-53 所示。

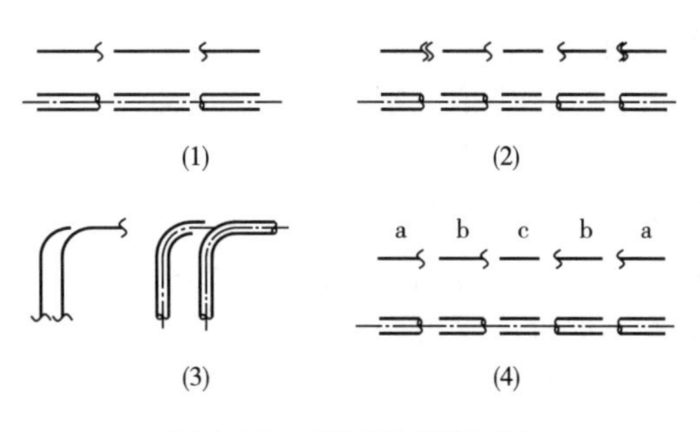

图 4-53　管子重叠的画法

管道内物料流向：物料流向必须在图上予以表示，可用箭头画在管道上。

4. 管件、阀件、控制点

管道上的管件、阀件，以正投影原理大致按比例用细实线画出，常用的管件、阀件通常用规定的符号绘制，主阀所带的旁路阀一般均应画出。布置图上还应该用细实线画出所有仪表控制点的符号，每个控制点一般仅在能清楚地表达其安装位置的一个视图上画出，控制点符号与工艺仪表流程图一致，有时功能代号可省略。

5. 管架

管道是用各种管架安装并固定在建筑物上的，这些管架的位置一般需要在管路平面布置图上用符号表示出来。管架分导向管架、固定管架、滑动管架等。

6. 仪表盘、电气盘

在管路布置图上，应按仪表盘和电气盘的所在位置，用细实线画出其简单外形。

7. 方向标

在低层平面图所在图纸的右上角或图形右上方，画出与设备布置图相一致的方向标，以确定安装时的定位基准。

（二）管路布置图的标注

1. 管路布置平面图尺寸标注

①管道定位尺寸以建筑物或构筑物的轴线、设备中心线、设备管口中心线、区域界线（或接续图分界线）等作为基准进行标注。管道定位尺寸也可用坐标形式表示。

②对于异径管，应标出前后端管子的公称直径。

③要求有坡度的管道，应标注坡度（代号用 i）和坡向。

④非 90°的弯管和非 90°的支管连接，应标注角度。

⑤在管路布置图上，不标注管段的长度尺寸，只标注管子、管件、阀门、过滤器、限流孔板等元件的中心定位尺寸或以一端法兰面定位。

⑥在一个区域内，管道方向有改变时，支管和在管道上的管件位置尺寸应按容器、设备管口或邻近管道的中心线来标注。

当管道跨区通过接续线到另一张管路布置平面图时，为了连续还需要从接续线上定位。只有在这种情况下，才出现尺寸的重复。

⑦标注仪表控制点的符号及定位尺寸。安全阀、疏水阀、分析取样点、特殊管件有标记时，应在 ϕ10mm 的圆内标注它们的符号。

⑧为了避免在间隔很小的管道之间标注管道号和标高而缩小书写尺寸，允许用附加线标注标高和管道号，此线穿越各管道并指向被标注的管道。

⑨水平管道上的异径管以大端定位，螺纹管件或承插焊管件以一端定位。

⑩按比例画出人孔、楼面开孔、吊柱（其中用细实双线表示吊柱的长度，用点划线表示吊柱活动范围），不需要标注定位尺寸。

⑪当管道倾斜时，应标注工作点标高，并把尺寸线指向可以进行定位的地方。

⑫带有角度的偏置管和支管在水平方向标注线性尺寸，不标注角度尺寸。

⑬建筑物标注方式与设备布置相同。

2. 设备及设备接口表

设备在管路布置图上是管道的主要定位基准，因此设备在图上要标位号，其位号应与工艺流程图一致，标注方式则与设备布置图一致。在管路布置图的右上角，填写该管路布置图中的设备管口，管口表格式见表 4-34。

表 4-34　管口表格式

设备位号	管口符号	公称直径（D_g）/mm	公称压力（P_g）/MPa	密封面型式	连接法兰标准	长度/mm	高度/m	坐标/m		方位（°）	
								N	E（W）	垂直角	水平角
	a	65	1.0	RF	GB/T		104.10				
T1304	b	100	1.0	RF	9124.1—	400	103.80				180
	c	50	1.0	RF	2019	400	101.70				

续表

设备位号	管口符号	公称直径（D_g）/mm	公称压力（P_g）/MPa	密封面型式	连接法兰标准	长度/mm	高度/m	坐标/m		方位（°）	
								N	E（W）	垂直角	水平角
V1301	a	50	1.0	RF	GB/T 9124.2—2019	800	101.70				180
	b	65	1.0	RF			101.40				135
	c	65	1.0	RF			101.40				120
	d	50	1.0	RF			101.70				270

注：①管口符号应与布置图中标注在设备上的一致。

②密封面型式同垫片密封代号：FF—满平面，全平面；RF—突面即光滑面；MF—凸凹面；TG—榫槽面；U—管道活接头密封面。

③法兰标准号中可不写年号。

④长度一般为设备中心至管口端面的距离，按设备图标准计。

⑤方位：管口的水平角度以方向标为基准标注；管口垂直角度，最大为180°，向上规定为0°，向下为180°，水平管口为90°。对于特殊方位的管口，管口表中实在无法表示的，允许在图上标注，表中填写“见图”二字。凡是在管口表中能注明管口方位时，平面图上可不标注管口方位。

⑥坐标：各管口的坐标指管口端面的坐标，均按该图的基准点为基准标注。坐标可采用E、N向，也可采用W、N向，应与管路布置图坐标一致，单位为m。

3. 管道

图上所有管道都应标注物料代号、管段代号和公称直径。管段编号应注在管道的上方，写不下时用指引线引至图纸空白处标注，也可将几条管道一起引出标注，管道与相应标注用数字分别进行编号。

管路布置图应以平面图为主标出所有管道的定位尺寸及安装标高，如绘制立面视图，则所有安装标高应在立面剖视图上表示，定位尺寸以mm为单位，标高以m为单位。管道标高以室内地坪±0.000为基准，按中心线标注，如+5.000。

4. 管件、阀件及仪表控制点

图中管件、阀件及仪表控制点在所有位置按规定符号画出后，除须严格按规定尺寸安装者外，一般不再标注定位尺寸。竖管上的阀门和特殊管件有时在立面剖视图中标出安装高度。当在某段管道中采用的阀门或管件类型较多时，为了避免安装时混淆不清，应在图中于这些管件和阀门的符号旁分别注明其型号、公称直径等。

5. 标题栏

标题栏格式与设备布置图相同。

6. 管架编号及表示法

（1）管架编号由如下所示的五个部分组成：

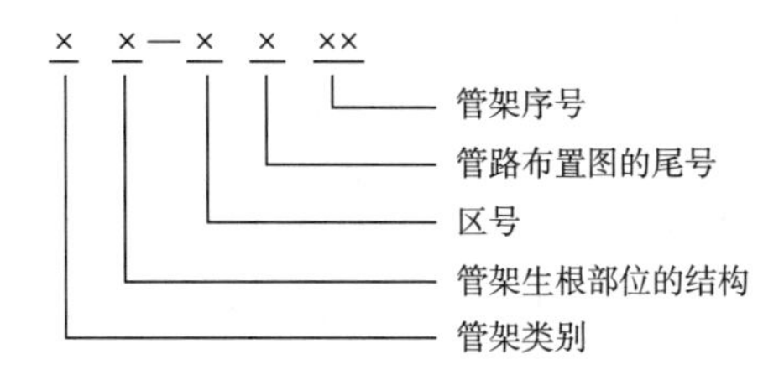

（2）管架类别：

A——固定架；

G——导向架；

R——滑动架；

H——吊架；

S——弹吊；

P——弹簧支座；

E——特殊架；

T——轴向限位架（停止架）。

（3）管架生根部位的结构：

C——混凝土结构；

F——地面基础；

S——钢结构；

V——设备；

W——墙。

（4）区号以一位数字表示。

（5）管路布置图的尾号以一位数字表示。

（6）管架序号以两位数字表示，从01开始（应按管架类别及生根部位的结构分别编写）。

（7）管路布置图中管架的表示法：管架采用图例在管路布置图中表示，并在其旁标注管架编号。在管路布置图中每个管架均编一个独立的管架号。

第八节　典型食品工厂设计

一、冷饮工厂布局设计

随着经济的发展和生活水平的提高，冷饮产品也走进了人民的日常生活之中，1994年，联合利华公司在中国建立第一个现代化冷饮工厂，随后的十几年间，国内外大型冷饮生产商在全国各地建立了现代化的冷饮工厂。下面简单介绍现代化冷饮工厂布局。

1. 生产选址

冷饮作为全程冷链运输的产品，对运输的条件要求严格，国内外大型冷饮公司都要求在冷链运输车上装温度监控系统，全程监控运输温度，其500km的覆盖范围也成为行业共识，冷饮工厂的选址不仅仅要考虑到冷饮的本身特性，还需要依据公司的发展规划和定位，以某中高端的品牌为例，该品牌面向大、中城市中产阶级，在北京、上海、苏州、杭州等大、中型城市占有较大的市场份额，这也可以从其选址上看出来，一个工厂位于北京经济开发区，一个工厂位于苏州市下辖县级市太仓，依靠这两个工厂，服务于京津冀城市群和上海一带的城市群。另一品牌以广州为大本营，充当着华南一带的领头羊。定位于大众化产品的国内两大品牌，则在全国各地均设有冷饮工厂，依靠薄利多销的策略，占据着国内冷饮市场的领先位置。另外冷饮工厂的选址也要符合食品企业通用卫生规范。

2. 工厂布局

从国内各大冷饮工厂的布局来看，国内冷饮行业的两大品牌的工厂布局大同小异，尤其是新工厂，在吸取老工厂和其他外资企业工厂的经验基础上，不断改进优化，成为国内工厂布局的典范。从产能设计上看，冷饮厂大都遵循着循序渐进的原则，前期投入谨慎，预留后续的发展空间，某冷饮工厂一期如图 4-54 所示，其冷饮工厂二期如图 4-55 所示，在一期工厂的设计中，预留出二期的空间，两期工厂共用原包材仓库，这在前期工厂建设中能够尽可能降低投资风险，提高投资回报率，同时也方便了后续设计。冷饮工厂和其他食品工厂一样，工厂的设计严格遵循着食品工厂的卫生规范要求，根据不同生产区域的功能，冷饮工厂区域细分如图 4-56 所示。

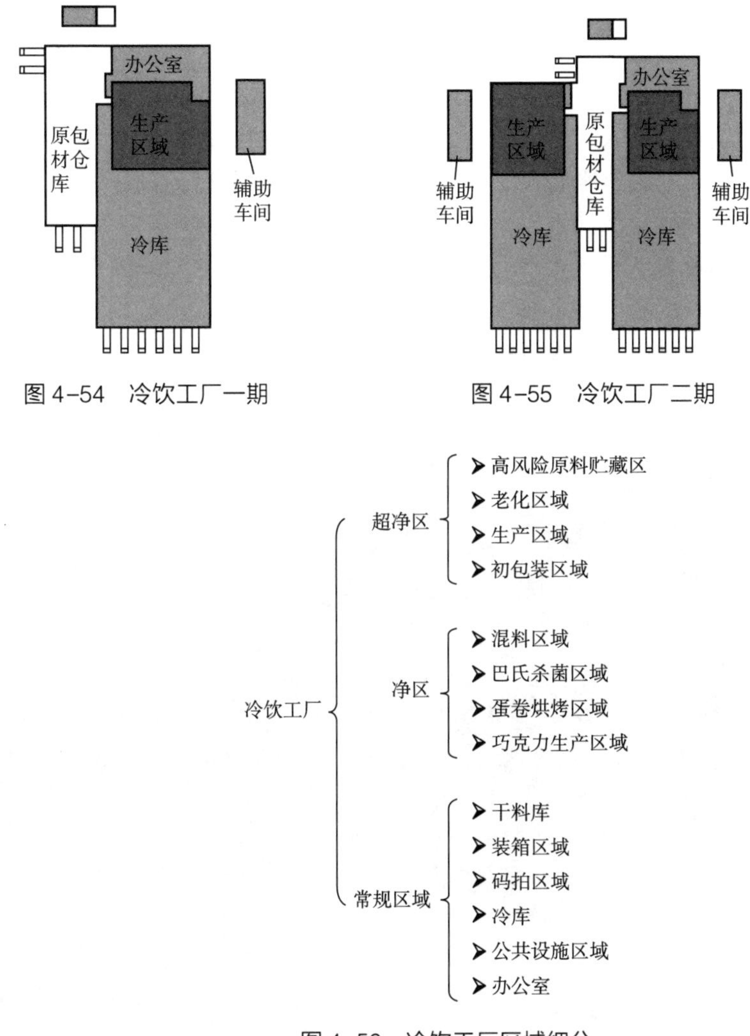

图 4-54　冷饮工厂一期

图 4-55　冷饮工厂二期

图 4-56　冷饮工厂区域细分

可根据各区域的操作，把冷饮工厂分为三个功能区：

（1）净区　混料车间的物料都需要经过巴氏杀菌机杀菌，蛋卷烘烤区域经过高温烘烤，巧克力生产区域有高浓度物料，需要干燥，不可出现细菌超标，这一区域所有的员工操作都要遵循食品工厂卫生规范，这一区域称为净区，意味着员工进入这一区域需要更换衣服、鞋子并洗手消毒，由于操作人员不与最终产品直接接触，这一区域对于空气的质量要求不是最严格的。

（2）超净区　对于生产车间，高风险原料贮藏区的原料不经过杀菌直接加到产品中，老化区域的物料已经杀菌完毕，生产区域和初包装区域的操作人员都会直接接触产品，操作人员需要更换衣服、鞋子，洗手消毒，口罩和手套也是必备品，所以这一区域称为超净区。超净区对操作人员、空气和设备的卫生要求都要比净区严格。

（3）常规区域　其余区域如干料库、冷库、办公室、装箱区域和码拍区域，操作人员不与产品直接接触，操作人员符合食品工厂一般的卫生规范要求就可以了，这一区域称为常规区域。

根据三个功能区域的划分，可以规划人员走向和物流走向，一般来说，三个功能区域的操作人员和物流走向都要分开，净区的操作人员需要在更衣室更换衣服和鞋子，然后到达净区的界面，洗手消毒，进入净区；超净区经过更衣室更换衣服和鞋子后，到达超净区的界面，再次更换生产车间的衣服和鞋子，洗手消毒，经风淋后进入超净区；原包材由不同的通道进入净区和超净区；冷饮工厂净区人员走向和物流走向如图 4-57 所示，冷饮工厂超净区人员走向和物流走向如图 4-58 所示。一般来说，绝对不允许操作人员由混料区域或者包装区域进入生产区域，为了便于管理，三个区域的操作人员分别配置不同颜色的工作衣服，可以很明显地看出操作人员的工作区域。

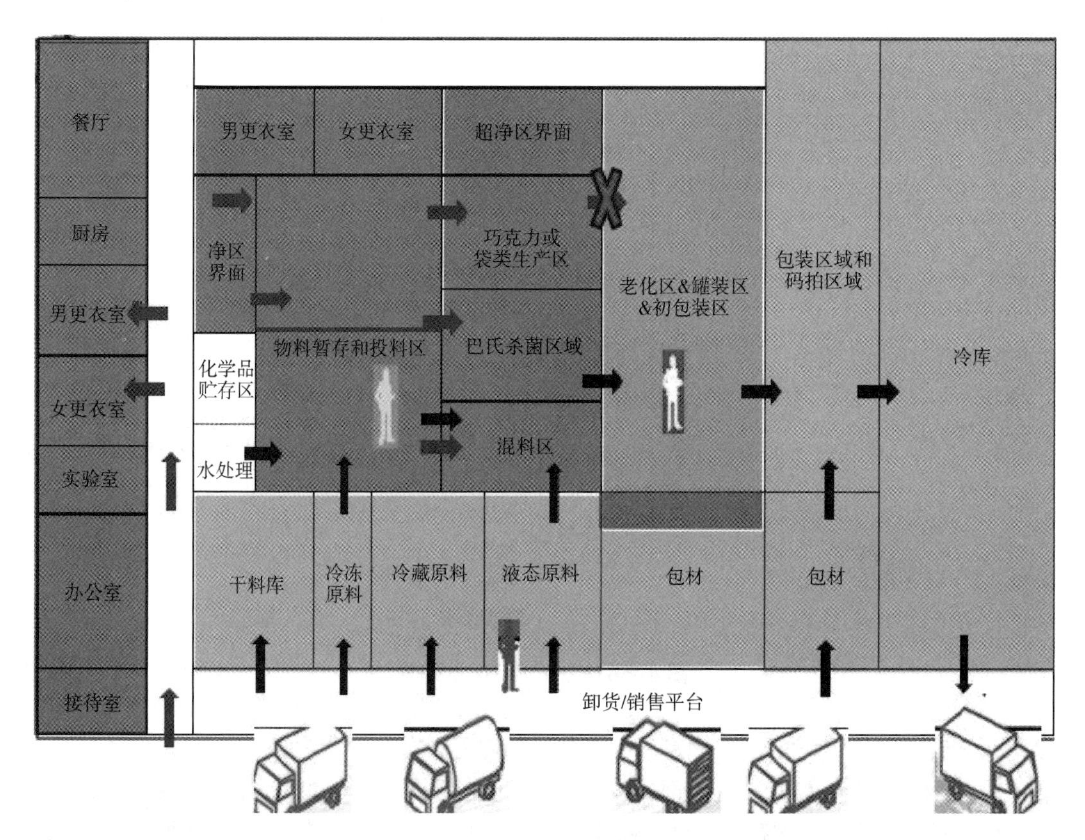

图 4-57　冷饮工厂净区人员走向和物流走向

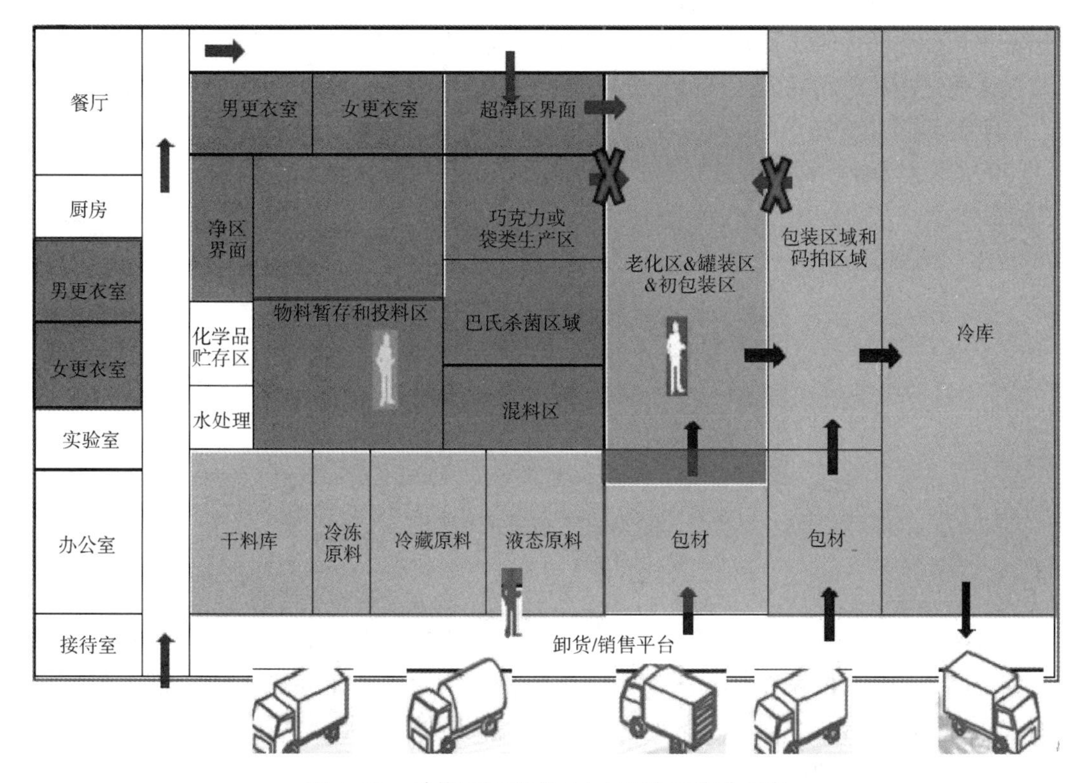

图 4-58　冷饮工厂超净区人员走向和物流走向

随着国内对食品安全越来越重视，一些冷饮厂家加大对进入超净区的包装材料的处理程度，如增加紫外杀菌设备，确保包装材料无菌进入超净区。

3. 污水系统和空气处理

根据三个功能区域划分，对于污水管道和空气处理也应有严格的要求。污水管道要求从超净区流向净区，净区流向常规区域，或者三个功能区域都有独立的污水管道流向室外，防止污染物交叉污染。地漏需要有水封，方便检测和清洗，不要积水，并且地漏材料需要耐高温和耐腐蚀。

（1）超净区的空气要求　相对湿度：50%～55%；温度：18～22℃；换风次数：6~8 次/h;过滤：三级过滤，初效过滤为一次性过滤网或者易清洗的过滤网，中效过滤为袋式过滤，高效过滤符合 Eurovent 5～7 标准；正压：建议 25Pa。

（2）净区的空气要求　相对湿度：无特殊要求；温度：人体感到适宜的温度；换风次数：6 次/h；过滤：两级过滤，初效过滤为一次性过滤网或者易清洗的过滤网，中效过滤为袋式过滤；正压：建议 10Pa。

（3）常规区域的空气要求　温度：人体感到适宜的温度；换风次数：4 次/h；过滤：两级过滤，初效过滤为一次性过滤网或者易清洗的过滤网，中效过滤为袋式过滤；正压：一般为 5Pa，必须对外保持正压，但对超净区和净区保持负压。

4. 其他方面

（1）地面和墙面　国内的冷饮厂的生产车间地面通常采用地砖和环氧树脂地坪两种方

式，这两种方式都符合抗化学腐蚀性、承重性、易清洗、不打滑、无孔、耐水性等特点；墙面都采用贴瓷砖或者涂覆环氧树脂防腐剂的方式达到易清洗和卫生的要求，也有一些工厂直接采用洁净板进行功能区域的划分。

（2）空调管道安装　越来越多的冷饮企业倾向于采用布袋式送风管道，布袋式风管如图 4-59 所示，这种风管有均匀舒适、防凝露、洁净健康、质量轻工期短、环保节能和经济等优点。

图 4-59　布袋式风管

二、发酵酱油工厂设计

酱油是中国传统的调味品，据《四民月令》记载，其诞生至今已有 2000 多年历史，于公元 755 年后传入日本，之后逐渐扩大到东南亚和朝鲜、韩国等国家和地区，又流传至欧洲、美国等国家和地区，目前已成为世界各地消费者乐于享用的调味品。多年来我国酱油产业发展缓慢，生产技术滞后，一直是低盐固态发酵的中低端酱油主导市场。而日本酱油工业化研究较早，在 20 世纪 40 年代末就规模化生产高盐稀态酿造酱油了。改革开放以来，我国酱油工艺技术革新和产业发展步伐加快，工业化水平和生产规模快速提高，酱油年总产量亦随之快速增长，尤其是高盐稀态发酵工艺酱油所占百分比迅速提升。我国酱油产业集中度在加快、产品品质和档次也在快速提升，高盐稀态发酵工艺将逐步成为酱油生产的主导工艺。

1. 高盐稀态发酵酱油工厂的设计流程与要点

高盐稀态发酵工艺的酱油工厂设计的设计流程应按照项目设计任务书要求和项目建设规模，首先确定设计阶段、产品方案和年工作日及班产量，其次针对高盐稀态发酵工艺不同类型的产品特点进行工艺流程设计并进行工艺论证；再次设定先进合理的工艺参数，然后严格工艺计算，包括物料平衡计算（含热量平衡、水平衡计算、耗冷量的计算、无菌空气消耗量计算以及总耗电的估算），做好能效评估分析，最后编制设计说明书，绘制工艺设计工程图。

（1）日式酱油（高盐稀态发酵）生产工艺流程如图 4-60 所示。

（2）广式高盐稀态天然发酵（保温浇淋式高盐稀态发酵）生产工艺流程如图 4-61 所示。

2. 高盐稀态发酵工艺酱油生产设备的选型

（1）酿造酱油生产设备选型步骤　根据班产量和物料平衡计算出各工段生产过程的物流量（kg/h 或 L/h）、贮存量（L 或 m^3）、传热量（kJ/h）、蒸发量（kg/h）等作为设备选型的依据。按照计算的物流量并兼顾酿造设备工艺性能、生产富余量等计算设备容量、

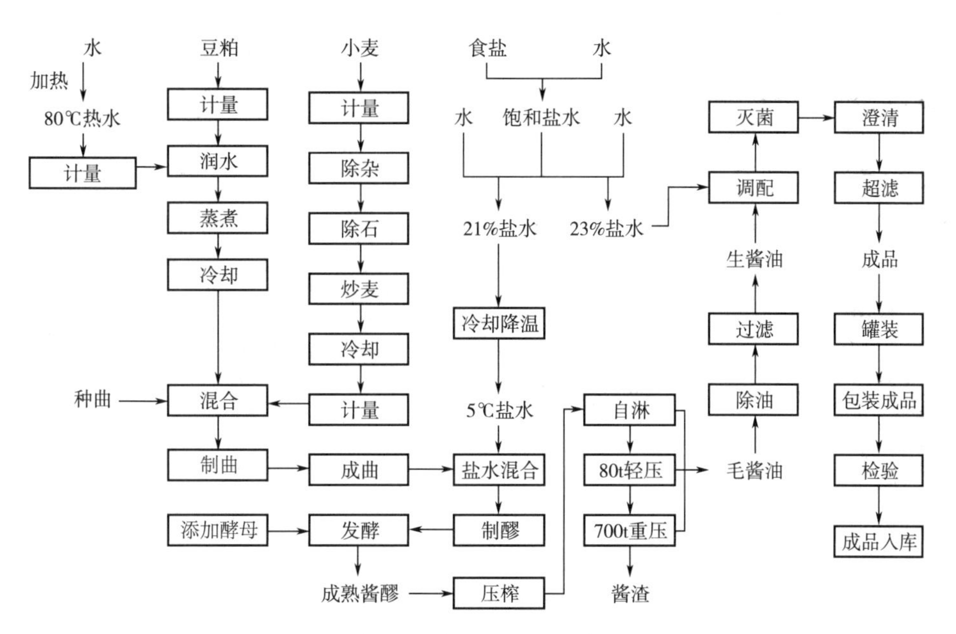

图 4-60　日式酱油（高盐稀态发酵）生产工艺流程

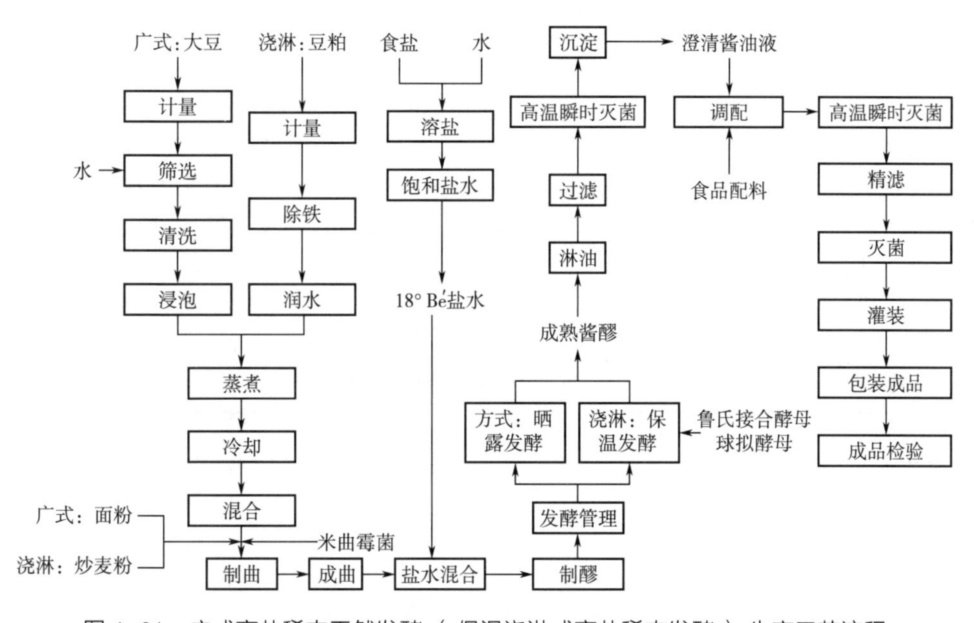

图 4-61　广式高盐稀态天然发酵（保温浇淋式高盐稀态发酵）生产工艺流程

传热面积等，最后确定设备型号、材质、规格、生产能力、台数、功率等。

（2）高盐稀态发酵工艺酱油生产主要设备、设施　原料前处理设备包括计量、输送设备，小麦前处理、焙炒或脱皮设备，破碎（粉碎）设备；原料（黄豆）筛选、清洗、浸泡设备或（豆粕）筛选、润水设备，蒸煮与熟料输送设备；食盐处理设备（去除砂石等杂物）；制曲设备（圆盘制曲机，大曲床制曲机或平床曲室）、翻曲机、出曲（送料）设备；发酵设备（发酵罐或发酵池、酵母培养罐等）；压榨与渣布分离和清洗设备或者淋油设备（自控连续淋油系统）；薄膜蒸发浓缩设备；高速离心分离设备；调配、杀菌设备（超高温瞬时灭菌设备）与管路 CIP 设备；过滤设备（板框过滤、浊式过滤或叶滤、膜式过滤等设备）；包装系统设备（大型企业要考虑卸垛机、开箱机、自动装箱机和码垛机）等。

3. 食品良好操作规范（good manufacturing practice，GMP）在酱油工厂设计中的具体应用

（1）GMP 对酱油工厂生产设备的要求　设计选用的机器设备应容易清洗消毒（方便拆卸），并便于检查。使用时能够有效防止或避免润滑油、金属碎屑、污水以及其他可能引起污染的杂质混入物料或酱油产品。

酱油及物料接触面应平滑、无凹陷或裂缝，以减少酱油及原材物料等其他有机物的聚积，防止微生物的生长。

设备设施应简单，排水流畅、易于保持干燥。即使生产过程不与酱油或物料接触的设备与用具，其结构也要便于清洁，保持良好卫生状态。

（2）GMP 对酱油工厂生产设备材质的要求　贮存、运送及制造系统与物料或酱油产品有接触的设备（包括输送系统和自动控制系统、发酵罐、发酵池、贮罐等）的设计与制造，应选用无毒、无异味、非吸收、耐腐蚀且可重复清洗和消毒的材料制作（如不锈钢、食品级玻璃钢等）以保障设备设施能维持适当的卫生状况。

（3）GMP 对酱油工厂车间布置及卫生等级划分要求　现代化酱油生产企业的厂房设计应依据 GMP 规定，按生产过程需要和卫生控制要求进行车间布置。厂房设计一般采用低楼层或单层厂房的结构，有利于节省投资成本，便于产品质量与卫生环保管控。对老企业旧车间改造设计应尽量按照生产卫生要求并考虑工作效率、减少原料及成品运距。车间布置要按照酱油工厂卫生规范要求，将生产区划分为清洁生产区、准清洁生产区、一般生产区和非食品处理区，各区域在工艺布置时要分别设置或加以有效区隔。酱油车间各生产区划分标准见表 4-35。

表 4-35　　酱油车间各生产区划分标准

厂房设施（原则上依流程顺序排列）	清洁度区分
原料仓库；材料仓库；原料处理间；盐水溶解澄清间；发酵间（场）；内包装容器洗涤间；空瓶（罐）整理间；杀菌处理间（调配采用密闭设备及管路输送）	一般生产区
种曲室；制曲房；压榨车间；调配车间；内包装材料的准备室；缓冲间；杀菌处理间（敞开式调配灭菌设备）	准清洁生产区
内包装间	清洁生产区
外包装间；成品仓库	一般生产区
品控（化验）室；办公室；更衣及洗手消毒室；卫生间；其他	非食品处理区

GMP 规定进入生产区的人流、物流必须要分离、通道要畅通。车间厂房布置应依据

作业流程需要及卫生要求，做到有序、整齐、流畅，严格控制原料的运送或操作人员的流动对洁净工作区的环境污染。车间内要有足够空间，以利设备与卫生设施的布置和安装；还要考虑物料贮存、工作人员休息以及食品器具贮放场所。生产设备的布置应考虑到生产过程物料流通的顺畅，尤其便于作业后的清扫，以保持车间内的清洁度，避免杂菌的污染。

（4）GMP 对酱油工厂生产车间厂房结构的要求　酱油工厂生产车间的厂房建筑应坚固耐用、易于维修和清扫并能够有效防止酱油、酱油接触面及包装材料遭受污染。厂房以钢筋水泥结构为佳。如采用大曲床或条式平床制曲设备，其建造的制曲室应易于清洗，曲室内部地面应平坦不滑且有适当斜度以利排水，并采用无毒、非吸收性、不透水建材构筑，如采用混凝土地面，宜作水磨地平或铺盖耐磨环氧树脂等处理。

曲室内屋顶应有防露设备，若无防露设备的，应具有适当的斜度，以防凝结水的回滴。曲室内壁面应以不透水、耐腐蚀且表面光滑的材料施工以利清洗。

曲床应使用不锈钢制作或使用砖混结构内衬不锈钢板，支架采用不锈钢或有其他防蚀处理，曲床蓖应用不锈钢制作，以便于清洗消毒，防止杂菌滋生。

（5）GMP 对酱油工厂车间厂房安全设施的要求　酱油工厂生产车间厂房内配电室必须能防水。电源必须有接地线与漏电断电系统。高湿度作业场所的插座及电源开关必须采用具有防水功能元器件。不同电压的插座必须明显标示。厂房应根据消防法规设有应急通道，并安装火警警报系统。在适当且明显的地点应设有消防与急救器材和设备。

（6）GMP 对酱油工厂生产车间地面与排水的要求　GMP 要求酱油工厂生产车间地面应使用非吸收性、不透水、易清洗消毒的材料铺设，而且要求平坦不滑、不得有侵蚀、裂缝及积水。目前酱油工厂中常用的地面材料有：高标号（采用耐酸骨料、300 号）细石混凝土地坪；缸砖地坪；（120~150mm）环氧树脂涂层地面等。洁净区地坪一般采用环氧树脂地面。

生产车间在操作过程中有液体流至地面或水蒸气散发、生产环境潮湿或需要用水冲洗设备及清洁作业区的，其地面应有（1°~2°）的排水斜度及排水系统。洁净间排水应选用带盖的不锈钢洁净地漏、无菌地漏或防臭地漏等。作业场所的排水系统应有适当的过滤或废弃物阻隔的装置。排水沟应保持顺畅，且沟内不得设置其他管路。排水沟的侧面和底面接合处应有适当的弧度（曲率半径>3cm）。排水出口应设置格栅栏，以防止老鼠等动物进入车间。车间内排水沟的流向为由高清洁区流向低清洁区，杜绝逆流，防止污染。

（7）GMP 对酱油工厂生产车间屋顶及天花板的要求　酱油工厂生产车间的室内屋顶应使用不渗水、表面光洁、耐腐蚀、防霉、耐温、以白色或浅色防水材料覆涂或装修，以便于清扫、消毒，同时要防止积尘，避免结露和长霉或剥落等情况发生。监控作业区、酱油产品及物料暴露的场所（原料处理间除外），屋顶应加设平滑易清扫的天花板。采用钢筋混凝土结构的，其室内屋顶应平坦无缝隙，而梁与梁及梁与屋顶接合处宜有适当弧度。

平顶式屋顶或天花板应使用白色或浅色防水、防虫材料构筑，若喷涂油漆应使用可防霉、不易剥落且容易清洗的材料。

（8）GMP 对酱油工厂生产车间墙壁与门窗的要求　准洁净作业区和洁净作业区的墙内壁面应采用非吸收性、平滑、易清洗、不透水的浅色材料构筑，要求能够防霉、防湿、防腐。墙内壁可用白色瓷砖或塑料面砖铺制 2.0m 高的墙裙，保证墙面便于清洁，少受污染（但密闭式发酵罐等在室外工作的场所不在此限）。墙脚及柱脚（墙壁与墙壁间或墙壁与天花板间）应具有适当的弧度（曲率半径≥3cm）以利于清洗和清洁卫生。

车间内卫生等级要求一样的区域可以不用间墙，仅以标线显示不同的加工区域即可。洁净间的区隔墙壁目前多采用彩色涂层钢板（1.5m 高）或半实墙与半不锈钢（半塑钢）玻璃窗建筑。车间一般作业区和准洁净区需要打开的窗户应装设易拆卸清洗且具有防虫害的不锈钢纱网，但清洁作业区内在作业中不得打开窗户。车间需要设置窗户的，其窗台离地面不得少于 1m，台面深度超过 2cm 以上的，其台面与水平面的夹角不小于 45°，未满 2cm 应以不透水材料填补内面死角，以防止积尘和便于清洁卫生。

生产车间对外出入门户至少要安装两道门，门户应装设能自动关闭的纱门（或空气帘、自动升降门）和清洗消毒鞋底的设备（洁净区需装设多用弹簧门、换鞋设施；如生产有机产品等高品质产品的洁净间，还需要安装风淋室）。车间所安装门的表面应采用平滑、易清洗、不透水的坚固不变形的材料制作，并保持开闭自如，闭合严密。

（9）GMP 对酱油工厂车间照明设施的要求　酱油工厂生产车间内各作业场所应装设自然采光或人工照明设施，照明设备或设施一般不要安装在生产加工过程物料或酱油产品暴露的直接上方，否则应设计安装防止照明设备破裂或掉落而导致产品污染的保护装置。一般作业区域的作业面采光度应保持 110lx 以上，准洁净区和洁净区的作业面采光度应保持 220lx 以上，检查作业台面则应保持 540lx 以上，照明使用的光源不能改变物料和酱油产品的颜色。

（10）GMP 对酱油工厂生产车间通风设施的要求　酱油生产过程及包装和贮存等场所应保持良好通风，应设计安装有效的换气设施，以防止室内温度过高、蒸汽凝结或异味等发生。制曲室应安装空气调节和空气过滤设备，以适应酱油曲或米曲生长的需要，减少杂菌对酱油曲的污染。生产过程产生气味及气体（包括蒸汽）或产生粉尘的车间、场所，应安装粉尘（包括曲霉孢子）收集、排除或控制装置。

准洁净作业区和洁净作业区的进、排气口的位置应与室外垃圾存放装置等污染源保持一定的距离，并安装防止虫害侵入的装置，而进气口应有空气过滤净化和动态空气灭菌设备，此两者应易于拆卸清洗、维修或更新。厂房内的空气调节和进、排气或风扇使用时的空气流向不得由低清洁区流向高清洁区，以防止酱油产品、酱油接触面及内包装材料遭受污染。

（11）GMP 对酱油工厂供水设施的要求　酱油工厂的供水设施应能提供工厂各部所需的充足水量，一般供水主干管道中水的流速设计为≤2m/s、设计供水压力为 0.20～0.25MPa。如有必要，应设置贮水设备，并配置适当温度的热水水源。如设置贮水设备（塔、池、罐），应以无毒、不致污染水质的材料构筑，并应有防护污染的措施。

酱油酿造用水应符合 GB 5749—2006《生活饮用水卫生标准》，使用井水或非自来水的，其取水口应远离污染源（如化粪池、废弃物堆置场等），以防污染水源。非饮用水（如冷却水、污水或废水等）的管路系统与酱油生产用水的管路系统，应以颜色作明显区分，并以完全分离的管路输送，不得有逆流或相互交接现象。

（12）GMP 对酱油工厂生产车间洗手与消毒设施的要求　GMP 规定在生产车间、卫生间入口处，必须设置足够数量的洗手及干手设备。洗手设施需安装可调节冷热水的水龙头，并与热水水源相连接。洗手台应以不锈钢或陶瓷材料等不透水材料构筑，其设计和构造应简洁，容易清洗消毒。在洗手设备附近应配置手部消毒和干手设备。

洗手设备的水龙头开关应采用脚踏式或电子感应开关方式，以防止已清洗或消毒的手部再度遭受污染。洗手、消毒、干手设备按每10~15人配置一套。种曲室及制曲室的入口应有足部清洗消毒设备或换靴设备，以防杂菌的污染。

准洁净作业区和洁净作业区的入口处应设置独立隔间的洗手消毒室，并应设置浸鞋消毒池或同等功能的鞋底洁净设备，如需要保持包装间干燥，则需设置换鞋设施。

（13）GMP对酱油工厂车间更衣室设置的要求　更衣室应设于生产车间（场所）入口处附近，并独立隔间，男、女更衣室应分开；室内应有适当的照明，且通风良好。特定的作业区如洁净间可设置二次更衣室和风淋室。根据GB 50073—2013《洁净厂房设计规范》，洁净区更衣室应有足够大小的空间，一般设计按人均$2m^2$计算，非洁净区更衣室按人均$0.4 \sim 0.6m^2$计算，以便员工更衣使用，并应备有可照全身的更衣镜、洁尘设备及数量足够个人使用的更衣柜及鞋柜，鞋柜一般设置跨越式换鞋柜或清洁平台换鞋，换衣柜以及洁净工作服存衣柜可按一人一柜设计。

（14）GMP对酱油工厂卫生（洗手）间设置的要求　酱油工厂卫生间应设于适当而方便的地点，应采用冲水式，并采用不透水、易清洗、不积垢且其表面可供消毒的材料构筑，其数量应满足员工使用。

卫生间的外门应能自动关闭，且不得与生产车间、包装或贮存等区域直接连通，其正面开向不得朝向制造作业场所，必须有隔离设施，并能有效控制空气流向，以防止交叉污染。

卫生间应按最大班工作人数（10∶1）~（15∶1）设置蹲位，每个蹲位$2.5 \sim 3.0m^2$；卫生间应安装通风排气装置，并有适当亮度的照明，门窗应设置不生锈的纱门及纱窗。

（15）GMP对酱油工厂仓库设置的要求　酱油工厂应依原料、材料、半成品及成品等性质的不同，区分贮存场所，设置必要库容的仓库。原材料、食品添加剂、包装材料等仓库及成品仓库应隔离或分别设置，同一仓库贮存性质不同的物品时，亦应适当区隔，防止交叉污染。

仓库应以无毒、坚固的材料建成，其构造应能使贮存保管中的原料、半成品和成品的品质劣化降低至最小程度，并有防止污染的构造，其大小应能满足作业的顺畅进行并易于维持整洁，并应有防止有害动物、昆虫侵入的（挡鼠、灭虫等）装置。

（16）酱油工厂生产车间管道设计与GMP要求　管道系统设计是酱油酿造工厂设计的一项重要内容，酱油工厂施工图设计阶段工作量最大，花费时间最多的是管路系统设计。管路系统设计原则上依据物料衡算得出的物料输送量，计算出最经济、最适宜的管径，然后根据厂房结构、设备布置和工艺及GMP要求进行管路布置，并提出工艺设计与安装技术要求。最后按GMP要求进行选材，与物料接触的管路一般采用SUS304/316L不锈钢的卫生管和管件与阀门。管道（阀门）连接焊缝须打磨抛光，设备与管路系统不得有凹凸不平或死角，管路设计一般选用快装不锈钢管件，减少焊接点，以防止滋生杂菌，保障产品安全。

（17）酱油工厂公用工程及辅助系统设计　供电系统，供热与制冷系统、给排水系统、空气净化系统、环保工程等均要依据工艺及物料衡算得出的各系统生产过程需求量或处理量，再进行设备设施选型或提出工艺要求并进行配置。

（18）酱油工厂设计说明与设计概算编制及工艺图设计　酱油工厂车间设计说明书与工艺设计图纸具有同等的重要性，是工厂设计不可缺少的重要组成部分。设计说明书编制内容深度参照 QB JS 6—2005《轻工业建设项目初步设计编制内容深度规定》。与此同时还要进行项目概算和项目经济技术分析；然后根据工艺设计绘制总平面布置图、工艺设备流程图、车间工艺设备平面布置图与立面图、非标设备工艺设计图和工艺管路与电力线路布置图。以工程图纸与设计说明书组成工艺设计的最终成果。

新建酱油工厂，高盐稀态发酵工艺路线是最佳选项；低盐固态发酵酱油的老企业，应改造生产工艺，采用浇淋高盐稀态工艺生产酱油，以提高酱油品质，适应市场竞争和消费者对高品质酱油的需求。实施 GMP 是生产安全高品质酱油的基本保障。新建和改建酱油工厂的设计应符合 GB 14881—2013《食品安全国家标准　食品生产通用卫生规范》和酱油工厂卫生规范要求。

三、肉类食品工厂设计

肉类食品是人类生活中必不可少的食物来源，它不仅能提供人体所需的蛋白质、脂肪、矿物质、维生素，而且味道鲜美，易于被人体消化吸收，营养价值很高。但是，肉类食品在屠宰、加工、贮运、销售过程中，很容易受微生物及其他有毒有害物污染，肉类本身容易发生物理性、化学性及生物性变化，导致腐败变质。世界上发生过诸多危及人身健康的畜禽及其产品的安全事故，如疯牛病、猪口蹄疫、“禽流感”等，不仅危害畜禽生产，还感染了人，甚至致人死亡。1999 年马来西亚由病猪引起人日本乙型脑炎，使 258 人发病，100 人死亡，90 万头猪被销毁。我国发生的食物中毒事件中，畜禽肉，特别是熟肉制品污染、变质引起的中毒事故，一直占较高比例。肉类食品的安全卫生，已成为世界性的重大课题。当今消费者不仅要求肉类食品卫生、安全、营养、美味，还要求采用可持续的先进的屠宰方式、屠宰工艺、屠宰技术，来保证肉类食品的质量。这种思维变化，促使肉类食品向着更安全卫生的方向发展，对屠宰加工和流通领域提出了更高的要求，即在生产、屠宰、加工、贮运、销售各环节，确保安全、卫生、无污染，使消费者吃上完全放心的“绿色肉”，工厂化屠宰则是肉类食品安全卫生的可靠保证。

但是，随着我国畜禽产品多渠道流通的发展，由于畜禽屠宰管理法律法规滞后，宏观调控体系不完善，配套管理制度不健全，导致私屠滥宰，逃避检疫，病害肉、注水肉和劣质肉上市屡禁不止，在相当长一段时间内泛滥成灾，大批具有现代化设施的屠宰厂和冷库不得不闲置，“一把刀、一口锅、一个架子、一个盆子”这种原始落后的屠宰方式大量存在。分散的屠宰布局、落后的屠宰工艺、恶劣的屠宰环境、简陋的屠宰设备、无序的检疫检验、低水平的技术素质，不可能生产出安全、卫生、高质量的肉类产品。同时，这些屠宰作坊或屠宰户屠宰加工的肉品，无条件进行冷却、排酸、成熟，放血不净，污染严重，使之营养、风味也大打折扣。人的食源性疾病、肉类食物中毒的发生，与落后的屠宰方式、屠宰工艺和恶劣的屠宰环境相关联。因此，畜禽屠宰加工走出分散的作坊式模式，以现代化、规模化的集中屠宰取而代之，已是势在必行。

工厂化屠宰，是以规模化、机械化生产，现代化管理和科学化检疫检验为基础，以现代科技为支撑，通过屠宰加工全过程质量控制，完全可以把安全、卫生、高质量的肉类食品送上消费者的餐桌。

1. 工厂化屠宰，全面贯彻执行国家法律法规

随着我国法制建设的迅速发展，国家和有关部委已经或正在修订颁布一系列有关畜禽屠宰加工和安全卫生的法律法规，如《中华人民共和国食品安全法》《中华人民共和国动物防疫法》《生猪屠宰管理条例》《生猪屠宰产品品质检验规程》（GB/T 17996—1999）及《生猪屠宰厂标准化屠宰检验操作规程》（DB22/T 2739—2017）和《畜类屠宰加工通用技术条件》（GB/T 17237—2008）等。同时，我国早在1983年就颁布实施了肉、乳、蛋、鱼的卫生标准45个；1998年制定了包括含氮量、总脂肪、水分、灰分、pH、氯化物、聚磷酸盐、淀粉、钙、磷、钾和六六六、滴滴涕（DDT）、抗生素残留量等20项测定标准；1985年颁布了鲜冻猪、牛、羊、禽肉和分割冻猪肉的产品标准；1994修订了猪、牛、羊、兔、禽肉卫生标准，初步形成了我国畜禽屠宰加工和安全卫生的法律法规和标准体系，为保障肉类食品的质量提供了法律依据。这些法律法规和标准体系的制定，都是以工厂化、规模化、机械化屠宰加工为基础的。特别是中国加入世界贸易组织（WTO）以来，所行的法律法规、标准体系要与国际接轨，更必须在工厂化屠宰的条件下才能实施，否则就无法实现与国际接轨、肉类食品卫生质量难以提高，扩大肉类出口贸易难度更大。

2. 工厂化屠宰，实施科学化管理

随着经济的发展和人民生活的提高，消费者对肉类食品的质量要求越来越高。为了保证肉类食品的安全卫生，发达国家普遍采用了ISO 9000族标准和企业质量保证体系认证，在食品安全管理上普遍实行食品良好操作规范（GMP），在食品安全控制上普遍实行危害分析与关键控制点（HACCP）体系等先进的质量管理和质量控制方法，以消除肉类食品生物性、化学性和物理性危害，确保肉类食品的安全与卫生质量。我国已制定了等同采用ISO 9000族标准的国家标准质量管理和质量保证体系、食品加工厂卫生规范等，许多企业正在大力推行HACCP体系，极大地促进了畜禽屠宰加工企业质量管理水平的提高，增加了肉类食品安全系数，有利于保障我国人民身体健康，有利于我国肉类食品打入国际市场。推广应用国际先进科学的质量管理体系，使生产工艺更加合理化、科学化，是工厂化屠宰加工必备的条件。只有采用工厂化、机械化屠宰，才能实施现代化管理，肉类产品质量才有保证并得以不断提高。原始落后的手工屠宰和不具规模的屠宰加工，是难以实现科学化和现代化管理的，肉品质量也得不到保证。

3. 工厂化屠宰，采用现代高新技术

近些年来，科学技术的发展日新月异，发达国家的屠宰加工业日益科学化，先进的屠宰加工和检疫检验新技术层出不穷，在保证和提高肉类食品质量上，发挥了重要的作用。先进技术如生猪屠宰中的二氧化碳麻醉、真空放血、封闭式不脱钩蒸气或热水喷淋烫毛、自动火焰燎毛、机械吸取胴体肉屑骨末和胴体超速冷却技术等，比传统屠宰加工法省工、省时、安全、卫生，猪屠宰前检验正在由逐只逐头检疫测温向以预防普查为主转变。宰后检验普遍采用胴体、内脏同步运行对照检验并逐步减少切割部位，以提高检验质量，减少肉的污染和损失且保持产品完整美观；理化检验、微生物检验向仪器化、快速化和多功能发展。肉制品加工中采用的微波杀菌、紫外线杀菌、电子射线杀菌、磁力杀菌及电阻加热杀菌等新技术，既提高了杀菌效果、缩短了杀菌时间，又较好地保持了肉类食品的营养成分。这些高新技术只有在工厂化、规模化、机械化、连续化作业的条件下才有可能推广应用，不具备科学先进的屠宰加工条件，企业的技术进步就难以实现。

4. 工厂化屠宰，保证肉类食品质量

工厂化屠宰，车间布局合理，生产工艺科学，屠宰设备和检验设施先进，加工操作和检疫检验规范，为生产高质量肉类食品提供了可靠保证。工厂化屠宰，在宰前一般要求畜禽断食休息，宰前饮水这既可减少待宰畜禽胃肠内容物污染，又能冲淡血液，使之放血良好，还可促进其糖元分解和肉的后熟，改善肉的品质，使肉质鲜嫩柔软，易于加工和食后消化吸收。工厂化屠宰，经宰前、宰后 10 多个环节的检疫检验，还要进行寄生虫和化验室检验，能够准确有效地检出人畜共患病、畜禽传染病和肉眼观察不出的病害肉，按规程进行无害化处理。条件具备时，还可对肉中农药、兽药、重金属等污染进行检测，防止其在肉中残留危害人体健康。同时，在机械化、连续化操作的条件下，防止了向肉中注水或注入其他物质，杜绝了病害肉、注水肉、劣质肉上市，保证消费者吃肉安全。工厂化屠宰具有完善的污水、污物处理设施，对于屠宰过程中产生的污水、污物，在厂内进行无害化处理，净化后的水还可以回收利用，防止了环境污染，节约了水资源。只有工厂化屠宰，才能保障肉类食品的卫生质量和安全性。

工厂化屠宰，生产集中，屠宰规模大，设备技术先进，综合利用条件好，可以把分散屠宰无法采集的可利用资源，如血、骨、毛、脏器、腺体等，集中采集起来，进行再加工利用，可开发出许多生物药品、保健食品、食品添加剂，使原来被废弃的或利用率低的原料，得以加工、利用、增值，既有利环保，增进人体健康，又能提高经济效益。

总之，工厂化屠宰，能充分利用先进的屠宰加工工艺、设备、技术，科学的管理方法，严格的检疫检验，规范的无害化处理，为广大人民提供安全卫生、高质量的肉类食品；通过对污水污物的处理，防止和减少了环境污染。工厂化屠宰是现代文明和社会进步的重要标志，也是屠宰加工企业可持续发展的必由之路，既符合社会主义市场经济的要求，又可调整产品结构、加快技术进步、提高肉类食品的技术含量和安全卫生质量，增加效益的目标，是我国扩大肉类食品出口贸易的坚实基础。

思考题

1. 食品工厂生产工艺流程设计是什么？
2. 如何进行食品工厂工艺流程的设计？
3. 如何进行食品工厂工艺流程图的标注和绘制？
4. 食品工厂设备的选用和设计的一般原则是什么？
5. 如何进行食品工厂的设备选用和设计？
6. 食品工厂设备计算及选型的一般原则是什么？
7. 食品工厂的车间设备布置内容和步骤是什么？
8. 食品工厂的车间设备布置的原则是什么？
9. 如何进行食品工厂的车间设备布置图绘制？

第五章

CHAPTER 5

食品工厂生产性辅助设施设计

[本章知识点]

食品工厂原料接收站、化验室和中心实验室、仓库及机修车间设计，电的维修与其他维修工程、厂内外和车间运输设计和食品工厂参观空间建筑设计。

除生产车间以外的其他部门或设施称为辅助部门或辅助设施，可分为三大类：生产性辅助设施，包括原材料接收站、化验室、研发室、机修车间、车间内外和厂内外的运输、原辅料和成品仓库等；动力性辅助设施，如给水排水，锅炉房或供热站、供电和仪表自控，采暖、空调及通风、制冷站，废水处理站等；生活性辅助设施。生产性辅助设施主要由工艺设计人员考虑；动力性辅助设施由相应的专业设计部门各自承担；生活性辅助设施主要由土建设计人员设计。

一个完整的食品工厂不仅需要生产车间，还需要许多辅助设施，否则，无法正常进行生产。辅助设施设计是食品工厂设计不可缺少的一部分。本章主要介绍原料接收站、化验室和中心实验室、原料及成品仓库、机修车间、车间内外和厂内外的运输设施等生产性辅助设施的设计。

第一节　食品工厂原料接收站的设计

在食品工厂中，由于生产所需原料多为易腐烂变质的生物材料（如果蔬、肉禽、水产品等），验收后如果不及时进行合理处理或暂贮，则会导致其品质下降，甚至腐烂变质而影响生产。原料接收是食品工厂生产的第一个环节，直接影响后面的生产工序，其装备主要包括原料接收站及其相关设备。在原料接收站中一般备有计量、验收、预处理或暂贮、车辆回转和容器堆放的场地，并配备相应的计量装置、容器和及时处理配套设备（如制冷系统等）。

计量验收是原料接收站的主要工作之一。原料接收站必须有一个适宜的计量验收装置。计量的目的是提供真实的物料质量数据，为生产管理和成本核算提供依据。常用的计量装置有地中衡、磅秤、电子秤等。其中地中衡有一系列定型的规格产品，可根据运输车辆的规格和载质量来选择，汽车运送一般选用（2~5）$\times 10^4$kg 规格的；人力车和小型畜力输送可选用 1~5t 规格的，其他小包装物品用秤称或电子秤均可。

原料验收的目的是收取合格的原料，对不同质量的原料进行大致分级。有些工厂的原料在接收站只进行外观检查，检验原料是否新鲜以及是否掺杂、掺假等，详细的理化分析一般送交化验室完成，还有一些企业就在收料站做理化检验，需配备一些理化检验设备。

一些工厂在收购了食品原料后，不能立即运到厂内加工贮存，需要预处理或暂贮，多采用择地堆放的方法暂贮（如甜菜、甘蔗等）。此时必须有防晒、防冻、防雨和防腐烂等措施，确保原料不变质。原料接收站还应考虑有按不同原料、不同等级分别存放的场地或仓库。

通常，多数原料接收站设在厂内。厂内原料接收站可利用厂内的原料仓库，而不需暂贮。并且可利用厂内化验室设备对原料质量及时进行检验，确保原料质量能满足生产要求。接收站一般与原料仓库设在一起，并在距离厂区车辆进出点较近的地方，以减少原料在厂内搬动。接收站应在室内，以防雨天卸货时原料被雨淋湿而不能仓储。有些厂因需要而将原料接收站设在厂外或者直接设在原料产地。厂外接收站除要具备上述的条件外，还要有暂贮场地、简易的检验设备等，所接收的原料要定期转到厂内的原料仓库中。这类接收站常常是暂时性的，主要是对于季节性较强的原料进行接收。

由于食品原料品种繁多，性状各异，对原料接收站的要求也各不相同。但在接收时，对原料的基本要求是一致的：原料应新鲜、清洁、符合加工工艺要求；应未受微生物、化学物质和放射性物质的污染；一些原料需要定点种植、管理、采收，建立经权威部门认证验收的生产基地（如无公害食品、有机食品、绿色食品原料基地），以保证加工原料的安全性。以下例举一些有代表性的原料接收站。

一、肉类原料接收站

食品生产中使用的肉类原料，绝大多数来源于屠宰厂，是经专门检验合格的原料，不得使用非正规屠宰加工厂或未经专门检验合格的原料。因此，不论是冻肉还是新鲜肉，来厂后首先检查有无检验合格证，再经计量验收后进入冷库贮存。

二、水产原料接收站

水产品容易腐败，其新鲜度直接影响产品品质，对原料要进行新鲜度、农药残留等标准化检验。为了保证制成品质量，水产品的原料接收站，应对原料及时采取冷却保鲜措施。水产品的冻结点一般在-2~-0.6℃，常用加冰保鲜法，或散装，或装箱，新鲜鱼用冰量一般为鱼重的 40%~80%，将物体温度控制在冻结点以上，即 0~5℃，保鲜期为 3~7d，冬天还可以延长。此法的实施，一是要有非露天的场地；二是要配备碎冰制作设施。另一种适用于肉质鲜嫩的鱼虾、蟹类的保鲜法，是冷却海水保鲜法，其保鲜效果远比加冰保鲜法好。此法的实施需设置保鲜池和制冷机，使池内海水（也可将淡水人工加盐配制成适当浓度）的温度在-1.5~-1℃。保鲜池大小按容积系数 0.7 考虑。水产品的保鲜期较短，原料接收完毕以后，应尽快进行加工。

三、水果原料接收站

有些水果肉质娇嫩、加工时对新鲜度要求高（如杨梅、葡萄、草莓、荔枝、龙眼等），这些原料进厂后，在检验合格的基础上，一定要及时进行分选、尽快进入生产车间进行加工，尽可能减少在外停留时间，特别要避免日晒雨淋。因此，原料接收站应具备避免果实日晒雨淋、保鲜、进出货方便的条件。

另外一些水果（如苹果、柑橘、桃、梨、菠萝等），进厂后不要求立即加工，甚至需要经过后熟（如洋梨），以改善质构、风味等品质，在原料接收站验收完毕后，进入常温仓库或冷风库进行适期贮存。在进库之前，需进行适当的挑选和分级，所以也要考虑有足够的场地。

四、蔬菜原料接收站

蔬菜原料因其品种、性状相差悬殊，可接收的要求情况比较复杂。蔬菜进厂后，除需进行常规及安全性验收、计量以外，还应视物料的具体性质，采取不同的措施，在原料接收站配备相应的预处理装置，如考虑蘑菇类蔬菜的护色液的制备和专用容器。预处理完毕后，应尽快进行下一道生产工序，以确保产品的质量。由于蘑菇采收后要求立即护色，其接收站一般设于厂外，蘑菇的漂洗要设置足够数量的漂洗池。芦笋采收进厂后应一直保持其避光和湿润状态，如不能及时进车间加工，应将其迅速冷却至4~8℃，保证从采收到冷却的时间不超过4h（并以此来考虑原料接收站的地理位置）。青豆或刀豆要求及时进入车间或冷风库或在阴凉的常温库内薄层散堆，当天用完。番茄原料由于季节性强，到货集中，生产量大，需要有较大的堆放场地。若条件不许可，也可在厂区指定地点或路边设垛，上覆油布以防日晒雨淋。

五、收乳站

乳品工厂的收乳站一般设在乳源比较集中的地方，也可设在厂内，与乳源的距离以10km以内为好，新收的原料乳应在12h内运送到厂。收乳站必须配备制冷设备和牛乳冷却设备，使原料乳在收乳站迅速冷却至4℃以下。收乳站以每日收两次乳，日收乳量在20t以下为宜。随着乳制品加工技术和规模的发展，有的收乳站的收乳半径在几十千米甚至100km以上，这主要视交通状况、运输能力而定。如果收乳站设在厂内，原料乳应迅速冷却，及时加工。

六、粮食原料接收站

对入仓粮食应按照各项验收标准严格检验，对不符合验收标准的，如水分含量大、杂质含量高等，要整理达标后再接收入仓；对出现过发热、霉变、发芽的粮食不能接收入仓或应分开存放。

入仓粮食要按不同种类、不同水分、新陈程度、有虫无虫分开贮存，有条件的应分等贮存。除此之外，对于种用粮食要单独贮存。

第二节　食品工厂化验室及中心实验室的设计

在食品工厂中习惯称检验部门为化验室。化验室主要是对原料、半成品和产品等进行卫生督查和质量检验，确定这些物料能否满足正常的生产要求和产品是否符合国家或企业有关的卫生标准、质量标准。中心实验室是工厂产品开发、工艺技术研究机构，它能根据工厂实际情况向工厂提供新产品、新技术，使工厂具有较强的竞争能力，获得较好的经济效益。二者在业务上有密切联系，但又有不同的工作重点。所以在设计时要根据分工范围和工作条件确定其设置内容。

一、化验室

（一）化验室的设置与任务

化验室一般设置在各个车间或工段某一适当的地点，也有工厂将化验室与车间或工段分开，单独设置。设置化验室的目的是对生产的各个环节进行质量检查和监督，通过定期的化验分析，把生产情况和质量变化反映给车间管理部门，以保证生产过程的正常进行及产品的质量。

化验室的任务可按检验的对象和项目来划分。按检验对象，主要包括下列内容：

（1）对原辅材料、包装材料、燃料进行检验，为生产提供原辅材料、包装材料、燃料的基本数据，有利于进行经济核算和科学合理地组织生产。

（2）对半成品、成品进行检验，以便对生产进行控制，也便于对生产过程进行分析、改进，以确保和提高产品品质。

（3）对水质进行检验，确保生产、生活及其他用水的质量。

（4）检验工业“三废（废水、废气、废渣）”，对环境进行监测。

就检验的项目而言，可分为感官检验、理化检验和微生物检验。并不是每一种对象都要检查上述所有项目，检查项目根据需要而定。一般对成品的检查比较全面，是检查的重点。

（二）化验室的组成

根据工厂的规模、检验分析项目、任务的多少来确定化验室的组成。一般食品工厂的化验室主要由以下几部分组成：

（1）感官检验室，用于原辅材料、半成品和产品等物料的感官分析。

（2）理化检验室，是化验室的工作中心，主要用于检测常规的物理、化学检验项目。

（3）微生物检验室，用于原辅材料、半成品和产品等物料的微生物分析。食品的微生物检验项目主要有：菌落总数的测定、大肠菌群的测定和致病菌的测定等。

（4）精密仪器室，放置精密仪器（如分析天平、分光光度计、气相色谱仪及液相色谱仪等）。

（5）贮藏室，主要用于存放化学药品等。

（三）化验室的装备

化验室配备的大型用具主要有双面化学实验台、单面化学实验台、药品橱、支撑台、通风橱等。另外，化验室还要配备各种玻璃仪器。化验室的仪器及设备根据所化验的样品、项目要求等进行适当的选择。不同产品的食品工厂化验室仪器设备有一定的差异，其差异主要在某些检验项目的专用仪器，其他常规仪器基本相同。各个工厂的具体情况不同，化验的要求也不同，对化验室的设计应具体情况具体分析，仪器及设备的配置以满足化验需要为原则。化验室常用仪器及设备见表5-1。

表5-1　　化验室常用仪器及设备

名　称	型　号	主要规格
普通天平	TG601	最大称量1000g，感量5mg

续表

名　称	型　号	主要规格
普通电子天平	TG602	最大称量 200g，感量 1mg
精密电子天平	TG328A	最大称量 200g，感量 0.1mg
微量电子天平	WT_2A	最大称量 20g，感量 0.01mg
水分快速测定仪	SC69-02	最大称量 10g，感量 5mg
电热鼓风干燥箱	101-1	工作室 350mm×450mm×450mm，温度：10~300℃
电热恒温干燥箱	202-1	工作室 350mm×450mm×450mm，温度：室温~300℃
电热真空干燥箱	DT-402	工作室 350mm×400mm×400mm，温度：（室温+10）~200℃
冷冻真空干燥箱		工作室 700mm×700mm×700mm，温度：-40~40℃
电热恒温培养箱		工作室 450mm×450mm×450mm，温度：10~70℃
超级恒温器	DL-501	温度低于 95℃
离子交换软水器	PL-2	树脂容量 31kg，流量 $1m^3/h$
蒸馏水蒸馏器		处理能力 10L/h
自动电位滴定计	ZD-1	测量 pH 0~14，0~1400mV
酸度计	HSD-2	测量范围 pH 0~14
携带式酸度计	29	测量范围 pH 2~12
箱式电炉	SRJX-4	功率 4kW，工作温度 950℃
马弗炉		功率 2.8kW，工作温度 1000℃
电冰箱		180L，温度-30~-10℃
电动搅拌器	立式	功率 25W，转速 200~3200r/min
高压蒸汽消毒器	卧式	内径 600mm×900mm，自动压力控制
生物显微镜	L3301	放大倍数 30~1500 倍
气相色谱仪		带氢火焰检测器
比色计	JGB-1	有效光密度范围 0.1~0.7
阿贝折射仪	37W	折射率测量范围 1.3~1.7
手持糖度计	TZ-62	测量范围 0%~50%，50%~80%
旋光仪	WXG-4	旋光度测量范围±180°
小型电动离心机	F-430	转速 250~500r/min
电动离心机		转速 1000~4000r/min
旋片式真空泵	2X	极限真空度 1.3×10^{-2}Pa
火焰光度计	630-C	钠 10mg/kg，钾 10mg/kg
中量程真空计	ZL-3	交流便携式，测量范围 0.13~13.3Pa

续表

名　称	型　号	主要规格
水浴锅	HW. SY- P4	（室温+5）~99.9℃，水温波动≤±0.2℃，功率 1000W
分光光度计	HY-721	波长范围 360~1000nm，波长精度±3.0nm
均质器	BSZ1.5	电机功率 1.5kW、电机转速 2930r/min（可选配无级变速）

注：本表各仪器设备只列一种型号，设计中也可采用其他型号的相同仪器或设备，其性能应达到化验项目的要求。

此外，化验室还需配备玻璃仪器、器具和器材。玻璃仪器具有透明、耐热、耐腐蚀、易清洗等特点，是化验室最常用、用量最多的仪器。按用途可分为容器类，如试剂瓶、烧杯、试管；量器类，如容量瓶、量筒、量杯、滴定管、移液管；特殊用途类，如干燥器、冷凝器、分馏柱、漏斗等。又按能否受热分类为可加热仪器类和不可加热仪器类。加热玻璃仪器类即硬质玻璃仪器类，是由硬质玻璃做成的仪器，可耐较高的温度。因此这类仪器可用火直接加热，硬质玻璃做成的仪器具有耐腐蚀、耐电压和抗冲击性能好等优点，这类仪器容器类较多，如烧杯和烧瓶等。不可加热仪器类即软质玻璃仪器类，是由软质玻璃做成的，这类玻璃仪器耐高温、耐腐蚀等性能均较差，但透明性好。这类玻璃仪器多是量具类仪器，如试剂瓶、滴定管、培养皿、量筒、量杯、干燥器等。

玻璃仪器的大小是根据其容纳溶液的体积，即容量，来划分的。试剂瓶可分为 20，30，50，60，100，125，250，500，1000，2500，5000，10000mL 等规格。试管是按直径和长度来划分的，有 12mm×100mm，10mm×80mm，10mm×120mm 等规格。冷凝管是按有效长度来划分的，有 300mm 和 400mm 等规格。

玻璃仪器具有不同的颜色，这些颜色是根据工作需要决定的，如棕色玻璃仪器用于存放避光的溶液、试剂、物质等。同种仪器有不同的形状之分，如圆底烧瓶、凯氏烧瓶、三角烧瓶等，是根据工作需要决定的，又如冷凝管有蛇形、直形和球形三种，蛇形管的冷凝面积大，适用于沸点较低物质的蒸汽冷凝成液体；直行管的冷凝面积小，适用于沸点较高物质的蒸汽冷凝成液体；球形管的冷凝面积介于蛇形管和直形管之间，两种情况都可使用。

化验工作不仅需要各种玻璃仪器，更需要耐高温的化学仪器，瓷器能耐 1000℃ 的高温，如蒸发皿、坩埚、燃烧管、研钵、布氏漏斗、白瓷板等。这些瓷器的机械性能好，更耐腐蚀、耐骤热骤冷的温度变化。

在化验工作中，为了进行各种化验工作以及存放和维修各种仪器，还需要配置各种器具和器材，如铁架台、三脚架、石棉网、坩埚钳、万能夹、烧瓶夹、滴定架、漏斗架、试管架、比色皿架、螺旋夹、弹簧夹、打孔器、白胶塞、橡胶管、各种毛刷和维修工具等。这些器具和器材都是正常化验工作的必备用品，可根据使用量的大小每种都购置一些。

（四）化验室的建筑

1. 化验室的建筑位置

化验室建筑是化验室的“载体”，是“技术装备”的重要组成部分。一个好的化验室，应该使化验室内的各种仪器、装置、药剂等，免受阳光、温度、潮湿、粉尘、烟雾、震动、磁场、电场的影响以及有害气体的侵蚀，加上一个安静的工作环境，才能保证检验工作的顺利进行，并获得足够的精确度，发挥化验工作的实际作用，此外，还要注意化验室对周围环境的影响，避免对环境产生污染和破坏。

化验室的位置最好选择在距离生产车间、锅炉房、交通要道稍远一些的地方，并应在车间的下风或楼房的高层。这是为了不受烟囱和来往车辆灰尘的干扰以及避免车辆、机器等震动精密分析仪器。化验室里有时有有害气体排出，在下风向或高层楼位置，有害气体不至于严重污染食品和影响工人的健康。如果所设化验室主要是检查半成品，此化验室也可设在低层楼或平房。

车间和班组化验室（岗）属于基层化验室，因其工作性质和服务对象的要求，一般设置在生产车间附近或内部。由于条件限制，实际上不少企业的化验室不可能独立建设，则上述的“环境要求”原则，便成为进行化验室设计工作时的附加条件。

总之，化验室位置的选择要根据食品工厂的具体情况决定。

2. 化验室的主要功能室的基本要求和设计原则

一般来说，任何化验室都有“室内阴凉、通风良好、不潮湿、避免粉尘和有害气体侵入，并尽量远离振动源、噪声源”等共同要求。不同功能室还有各自的特殊要求。因此在设计化验室时应予充分考虑，以满足相应要求。

（1）天平室

①天平室的温度、湿度要求：1 级、2 级精度天平，应工作在 20℃±2℃、相对湿度 50%~65%的环境中；分度值在 0.001mg 的 3 级、4 级天平，工作温度为 18~26℃，相对湿度 50%~75%。食品工厂化验室常用 3 级~5 级天平，在称量精度要求不高的情况下，工作温度可以放宽到 17~33℃，相对湿度可放宽至 50%~90%，但温度波动不宜大于 0.5℃/h。因此，天平室宜采用双层玻璃，需配备空调设施，使室内的温度、湿度符合要求，避免温度变化影响天平电子元件和线路的稳定工作，确保称量的精度。天平室安置在底层时应注意做好防潮工作。

②天平室设置应避免靠近受阳光直射的外墙，即是不受暴晒的外墙。不宜靠近窗户安放天平，也不宜在室内安装暖气片及大功率灯泡（天平室应采用“冷光源”照明），以免因局部温度的不均衡影响称量精度。

③有无法避免的震动时应安装专用天平防震台；当环境震动功率和影响较大的时候，天平室宜安置在底层，以便于采取防震措施。放置天平的工作台要牢固可靠，台面水平度要好。

④天平室只能使用抽排气装置进行通风。

⑤天平室应专室专用，即使是精密仪器，其间也应安装玻璃屏墙分隔，以减少干扰。

（2）精密仪器室

①、②、③、④参照“（1）天平室”相应条件。

⑤大型精密仪器宜安装在专用实验室，最少有独立平台。

⑥精密电子仪器及对电磁场敏感的仪器，应远离高压电线、大电流电力网、输变电站（室）等强磁场，必要时加装电磁屏蔽。仪器室应防静电，可用水磨石地或防静电地板，不要使用地毯。

⑦精密仪器室的供电电压应稳定，一般允许电压波动范围为±10%，必要时可配备附属设备（如稳压电源等）。应设有专用地线，电阻一般小于 4Ω。为保证供电不间断，可根据需要选用不间断电源（UPS）。

（3）加热室　加热装置操作台应使用防火、耐热的不燃烧材料构筑，以保证安全。当有可能因热量散发而影响其他室工作时，应注意采取防热或隔热措施。对于在加热过程中产生的废气，应该设置专用排气系统。

（4）通风柜室　许多食品工厂化验室将该室附设于加热室或化学分析室，需要注意的是，排气系统应予以加强，以免废气干扰其他实验的进行。如果该室单独设置，其门、窗不宜靠近天平室及精密仪器室之门窗。室内应有机械通风装置，以排除有害气体，并有新鲜空气供给通道和足够的操作空间。应配备专用的给水、排水设施，以便操作人员接触有毒害物质时能够及时清洗。

（5）试样制备室　该室要求通风良好，避免热源、潮湿和杂物对试样的干扰。根据需要设置粉尘、废气的收集和排除装置，避免制样过程中的粉尘、废气等有害物质对其他试样的干扰。

（6）电子计算机室　配备电子计算机的实验室或仪器，除了指明特殊要求的以外，一般使用温度可以控制在15~25℃，波动小于2℃/h，相对湿度在50%~60%为宜。应杜绝灰尘和有害气体，避免电场、磁场干扰和震动。

（7）化学分析室　该室室内的温度、湿度要求较精密仪器室略宽松（可放宽至35℃），但温度波动不能过大（≤2℃/h）。室内照明宜用柔和自然光，要避免直射阳光，当需要使用人工照明时，应注意避免光源色调对实验的干扰。另外，需配备专用的给水和排水系统。

（8）食品感官评定室　食品感官评定是通过人的感官分析、评定食品的综合品质的方法。感官评定技术在食品工业中有广泛的应用。在感官评定中，有无科学的评定条件极大地影响着最终的结果，特别是有无设计合理的评定室，会直接影响评定的科学性。

食品感官评定室的总要求是能保证参评人员注意力集中，情绪稳定，不受或尽量少受外来或内部的干扰。室内保持一定的温度和湿度条件。（可参照化学分析室条件，某些有特殊温度、湿度要求者可按规定的温度、湿度条件控制。）有适合的照明和房间装饰颜色，以避免对色泽的判断失真。随着食品工厂条件的不同，感官评定室可以是专业设计的大实验室，也可以是任何安静、舒适的房间。

根据食品感官评定室的性质和用途，食品工厂的食品感官评定室座位可以在15~20个，最理想的座位为永久性的分隔室。食品感官评定室平面安排如图5-1所示，中间为准备处，上面装有电炉和水浴，用以对某些样品进行加温。靠墙的一边各为一排评定用分隔室，评定人员可以从走廊内进入，整个过程不能观看样品的准备，以避免评定受样品准备工作的影响。准备好的样品通过分隔室上的传递口送入。可能的话，在分隔室壁上装小灯泡，用以告知准备处评定人员已进入位置。

在评定室内设置分隔室的目的是可以使评定人员相互之间免受干扰。其大小则以能放下样品，且有一定的书写空间为宜，通常以宽100cm，高135cm以上，隔层厚度1cm为宜。分隔室不宜太高，否则会使人产生禁闭感。分隔室的内壁均应涂成无光泽的、亮度因数为15%左右的中性灰色，当被检样品为浅色或近似白色时，亮度因数可为30%或者更高。隔墙采用的模板不应具有挥发性气味，不应涂有气味的清漆，否则会干扰实验结果。分隔室内部为小桌，使用的尺寸一般为宽100cm，深60cm，高75cm。食品感官评定用分隔室外形如图5-2所示。分隔室和桌子可制成活动的和固定的两种，视实验室条件而定。评审员的坐椅为圆形可旋转和升降的圆凳，但底部可不装轮子。

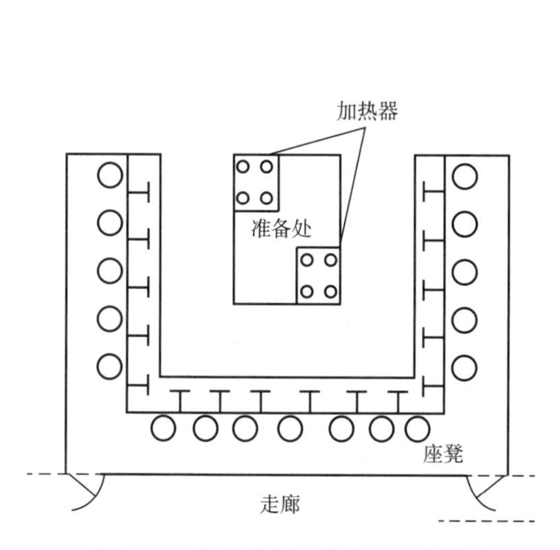

图 5-1　食品感官评定室平面安排

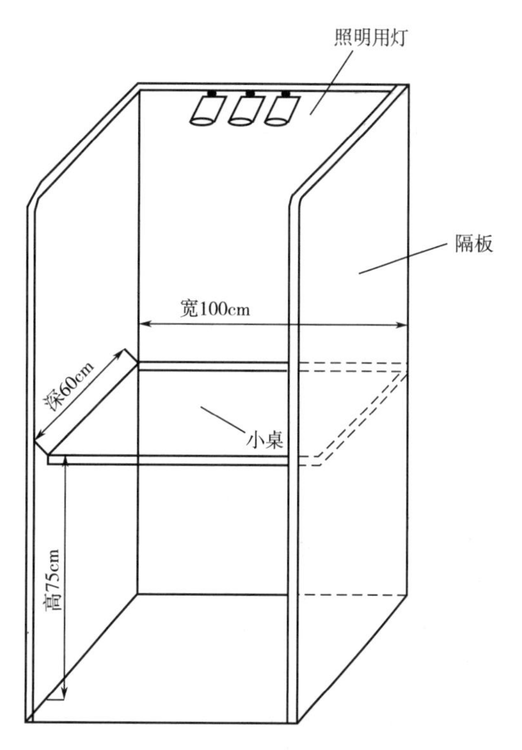

图 5-2　食品感官评定用分隔室外形

在分隔室与准备处之间应设置传递口递送样品，其结构有开放式和密闭式两种。开放式通常为上下或左右拉动的滑动门，其优点是简便，缺点是准备处的噪声和气味容易传入分隔室，评审人员易观看准备处，从而使结果易受样品准备的影响。密闭式的为一长方形的箱子，前后两边装有铰链的开口，打开准备处的门，放入样品，将箱子推入分隔室，由评审员打开箱子的一边开口，取出样品，另一密闭式传递口系一可倾斜的箱子，仅一面开口，不管转向哪一边，准备处与分隔室均处于密闭状态，可倾单开口传递口示意图如图 5-3 所示。

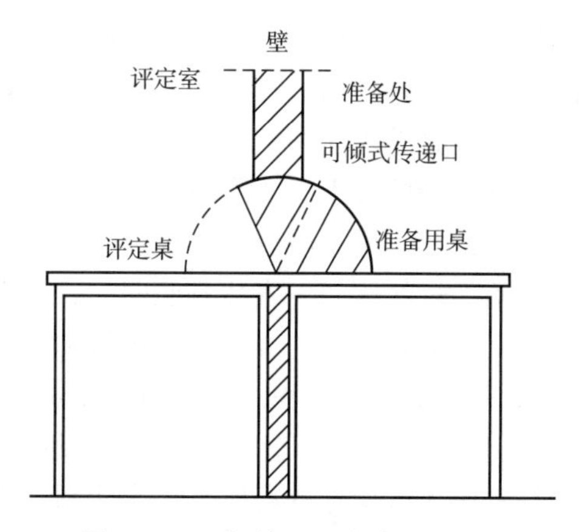

图 5-3　可倾单开口传递口示意图

分隔室应有自己的照明，用于观看样品，同时在评定有色样品，特别是评定芳香、质地等时，可用一定的彩色光来掩盖由样品本身的色泽不一造成的误差。这种掩盖通常采用红灯，若红光还不足以有良好的效果，可在半黑暗或近暗的条件下进行。特殊应用可使用蓝光、绿光和钠蒸气灯，并具有光强调节器，以备应用时选用。若采用滤色片来得到彩色光，选用的白炽灯最好为全白灯，或者为具有非彩色白光的灯，不应选用普通的日光灯。

评定室应装有空调，用以调节温度和湿度。评定室的温度最好在20℃±2℃，否则会降低人的嗅觉能力，相对湿度为70%~85%（德国标准则建议为60%~75%），空调要注意选用噪声低的机型，否则易影响注意力的集中。为了节省空调费用，评定室应建立在阴凉处，用窗帘遮挡阳光的直接照射。在我国可选用朝北的房间。为了控制评定室的气味，希望评定室有一定的正压，使其气味能及时排出，若安装分离式空调，空气应通过活性炭过滤器净化。也可采用其他方式净化空气，如在做熏鱼评定实验后，采用臭氧净化空气。另外，评定室的材料和设备要求无气味，易清洗。清洗时，要注意选用无气味的清洁剂。

评定室的墙壁、天花板和地面建议用无光泽的灰色或毛面白色，以免影响被检样品颜色的评定及避免太阳光对眼睛刺激太强烈。墙壁选用淡绿色，天花板用米色，这种选择可达到令人愉快的目的，且无深沉的效果。方便的话，在评定室隔壁应有一准备室，供药品存放、样品的初准备和试剂的配制，避免气味的干扰。专业用评定室还应有一单独休息室。

（9）微生物检验室　微生物学检验是一项要求高、技术性较强的工作，为了确保微生物学检验工作的顺利进行，达到检验工作快速、方便。微生物检验室的房屋建设除了要符合我国建筑法总则和建筑工程安全标准外，还要根据其使用目的和特殊情况，因地制宜建造经济、实用、科学、合理的实验室。其周围环境要安静、无明显粉尘污染，且要避开有毒有害场所和远离住宅区。

食品厂微生物室建设所用的主要建筑材料有钢材、木材、水泥、塑料、大理石、瓷砖、玻璃及铝合金属等，微生物室的建设中各功能室可根据具体情况选材建造。

食品厂微生物学检验室的功能室主要包括：灭菌室、准备室、更衣室、缓冲室、无菌室、培养室等。

灭菌室是培养基及有关的检验材料灭菌的场所。灭菌设备是高压设备，具有一定的危险性，所以灭菌室应与办公室保持一定距离以保证安全，但也要方便工作。灭菌室内安装有灭菌锅等灭菌设备。有条件的工厂可以配置更好的仪器设备（如双扇高压灭菌柜和安全门等设施）。灭菌室里应水电齐备并有防火措施和设备，人员要遵守安全操作制度。

更衣室是为进行微生物学检验时进入无菌室之前工作人员更衣、洗手的地方，室内设置无菌室及缓冲室的电源控制开关和放置无菌操作时穿的工作服、鞋、帽子、口罩等。有时还设有装有鼓风机的小型房间，其作用是减少工作人员带入的杂菌，但其成本也很高。

缓冲室是进入无菌室之前所经过的房间，安装有照明灯、紫外灯、鼓风机，以减少操作人员进入无菌室时的污染，保证实验结果的准确性。进口和出口通常呈对角线位置，以减少空气直接对流造成的污染。缓冲室的面积一般为9~12 m^2，缓冲室内应设一小工作台。要求比较高的微生物学检验项目，如致病菌的检验，应设有多个缓冲室。

无菌室是微生物学检验过程中无菌操作的场所，要求密封、清洁，尽量避日光，安装照明灯、紫外灯和空调设备（带过滤设备）及传递物品用的传递小窗，传递小窗应向缓冲室内开口以减少污染和方便工作。并且照明灯、紫外灯的开关最好设在缓冲室外面。为便于进行清洁和灭菌工作，无菌室不宜过高，一般高 2.5m 左右，大小在 6~9m^2，墙面、地面和天花板要光滑，墙角做成圆弧形，最好在距地面 0.9m 处镶瓷砖。另外，无菌室内还应配备超净工作台和普通工作台，其大小根据需要和具体条件而定。有条件的工厂可设置生物安全柜。墙上要装多个电插座。无菌室和缓冲室的门最好用拉门，两门应为斜角对开，以避免外界空气被带入。

培养室是为微生物学检验培养微生物的房间，通常要配备恒温培养箱、恒温水浴锅及振荡培养箱等设备，或整个房间安装保温、控温设备。房间要求保持清洁，有防尘、隔噪声等功能。出于实际工作情况考虑，灭菌室与准备室可以合并在一起使用，有条件的工厂还可以设置样品室和仪器室。总的来说，微生物检验室的硬件建设要合理和实用，讲究科学性。

（10）数据处理室（检验人员办公室）　可按一般办公室要求设计，但不要靠近加热室，办公室是检验工作人员办公的地方，其面积主要依据检验员人数确定，一般 20m^2左右，通风采光好，内设基本的办公桌、椅、电脑、存放资料和留样的柜等。检验人员可以在办公室里登记待检验的样品、撰写检验报告和处理有关的文件资料等，也可供工作人员在工作过程中放松休息，以便更清醒地思考问题、分析和解决问题，极大地提高工作效率。

（11）一般贮存室　一般贮存室分试剂贮存室和仪器贮存室，供存放非危险性化学药品和仪器，要求阴凉通风、避免阳光暴晒，且不要靠近加热室、通风柜室。

（12）危险物品贮存室　危险物品贮存室通常设置于远离主建筑物、结构坚固并符合防火规范的专用库房内。有防火门窗和足够的泄压面积，通风良好。应远离火源、热源、避免阳光暴晒。室内温度宜在 30℃以下，相对湿度不超过 85%。室内照明系统必须符合安全要求（如采用“防爆灯具”等），或用自然光照明。库房内应使用不燃烧材料制作的防火间隔、贮物架，腐蚀性物品的柜、架应进行防腐蚀处理。危险试剂应分类分别存放，挥发性试剂存放时，应避免相互干扰，并方便排放其挥发物质。易燃易爆物品贮存库的地面应采用“不发火地板”。相互接触能引起燃烧爆炸及灭火方法不同的危险品应分开存放，绝不能混存。

在实际工作中，并不是要求食品工厂化验室必须具备上述所有的功能室，且各功能室单独分开，应根据工作的需要和工厂的实际情况，考虑各种类型的专业室的设置，尽可能做到既有利于工作的开展又充分利用资源。

3. 化验室对建筑结构和其他相关方面的要求

（1）化验室的平面尺寸要求　化验室的平面尺寸主要取决于食品厂生产检验工作的要求，并考虑安全和发展的需要等因素。

（2）化验室的高度尺寸　化验室的一般功能实验室操作空间高度不应小于 2.5m，考虑到建筑结构、通风设备、照明设施及工程管网等因素，建筑楼层高度宜采用 3.6m 或 3.9m；专用的电子计算机室工作空间净高一般要求为 2.6~3m，加上架空地板（高约 0.4m，用于安装通风管道、电缆等）以及天花板、装修等因素，建筑高度需高于一般实验室。

（3）走廊　化验室走廊有单向走廊、双面走廊和安全走廊之分。净宽是指建筑物的各种通道，扣除由于安装各种管道、消防器材、各种储物柜、架等设施，以及打开的门、窗等因素占用的空间后，实际能够用于人员通行的道路宽度。单向走廊，用于狭长的条形建筑物，自然通风效果较好，各实验室之间干扰较小，单向走廊净宽 1.5m 左右。双面走廊，适用于宽型建筑物，实验室成两列布置，中间为走廊，净宽为 1.8~2.0m，当走廊上空布置有通风管道或其他管线时，宜加宽到 2.4~3.0m，以保证空气流通截面，改善各个实验室的通风条件。对于需要进行危险性较大的实验或安全要求较大的检验室，或者工作危险性不是很大但工作人员较多，或因其他原因可导致发生事故时人员疏散有困难、不便抢救的实验室，需在建筑物外侧建设安全走廊，直接连通安全楼梯，以利于紧急疏散，其宽度一般为 1.2m。

（4）化验室的朝向　化验室一般应取南北朝向，并避免在东西向（尤其是西向）的墙上开门窗，以防止阳光直射实验室仪器、试剂和影响实验工作进行。若条件不允许，或取南北朝向后仍有阳光直射入室内，则应设计局部“遮阳”，或采取其他补救措施。在室内布局设计的时候，也要考虑朝向的影响。

传统的“遮阳”是混凝土制作的“飘蓬”，外形单调，功能单一，而且必须在建筑物建造的同时施工，加上建筑物结构的限制，往往不能获得理想的效果，在实际应用上限制较大。

随着材料科学的发展和新材料的开发应用，“遮阳”除了传统的混凝土结构以外，还可以采用钢结构加玻璃、玻璃钢、有机玻璃或其他能耐受暴晒又能够遮挡阳光的材料制作，从而达到结构轻盈又美观耐用，并且不至于对建筑物构成“负担”的效果。但是要注意所用材料的颜色，应避免对实验和人员工作产生干扰。当人们希望利用自然光作为室内采光的时候，会采用半透明的材料作为“遮阳”，此时光线的颜色的影响更加显著，一般情况下宜采用“乳白色”的材料。

（5）建筑结构和楼面载荷　化验室宜采用钢筋混凝土框架结构，可以方便地调整房间的间隔及安装设备，并具有较高的载荷能力。一般办公大楼的楼板载荷为 $200kg/m^2$，当实际载荷需要超过此数值时，应按实际荷载数进行设计。对于需要荷载量过大，采取加强措施显得不经济的化验室，应安置在底层，以减少建筑投资。另外，在非专门设计的楼房内，化验室宜安排在较低楼层。化验室应使用“不脱落”的墙壁涂料，也可以镶嵌瓷片（或墙砖），以避免墙灰掉落。有条件的化验室，最好能安装密封的“天花板”。化验室的操作台及地面应作防腐蚀处理。对于旧楼房改建的化验室，必须注意楼板承载能力，必要时应采取加强措施。

（6）化验室建筑的防火　为了避免化验室工作因意外事故引起火灾，化验室建筑应按一级、二级耐火等级设计，吊顶、隔墙及装修材料应采用非燃烧或难燃烧材料。位于两楼梯之间的实验室的门与楼梯之间的最大距离为 30m，走廊末端实验室的门与楼梯间的最大距离不超过 15m，以便于发生事故时的人员疏散和抢救工作的进行。当在不符合规定要求的非专用楼房里布置化验室的时候，应把比较容易发生问题的实验室设置在接近楼梯的位置，以利于人员疏散和抢救，疏散楼梯至化验室门之间的距离如图 5-4 所示。

对于化验室通道净宽也有一定的要求。通道（门、楼梯及走廊）的最小宽度见表 5-2，是从防火疏散的角度，按楼房的楼层、工作人员人数计算的通道（门、楼梯及走廊）的最小宽度（或其系数）。

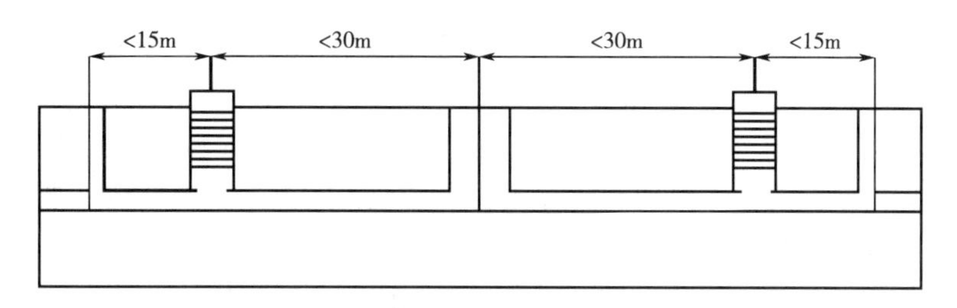

图 5-4　疏散楼梯至化验室门之间的距离

表 5-2　　通道（门、楼梯及走廊）的最小宽度

楼层数	1~2	3	≥4
最小宽度/(m/100 人)	0.65	0.80	1.00

实际设计时的最小宽度尺寸：楼梯为 1.1m，走廊为 1.4m，门为 0.9m。当人数最多的楼层不在底层时，该楼层的人员通过的各层的楼梯、走廊、门等通道均应按该楼层的人数计算，当楼层人数少于 50 人时，“最小宽度”可以适当减少。

为确保人员安全疏散，走廊上应尽量不要放置储物柜、架和其他有碍于通行的物品。专用的安全走廊不得安装任何可能影响疏散的设施，并确保净宽达到 1.2m。单开间的化验室可以设置一个门，双开间及以上的化验室应有两个出入口，如果两个出入口不能全部通向走廊，其中之一可通向邻室，或在隔墙上留有方便出入的安全通道。

（7）采光和照明　化验室内应光线充足。进行精密实验的工作室（如精密仪器、化学分析室等），采光系数（采光面积与地面面积之比）应取 0.20~0.25 或更大，当采用电气照明时工作面的照度应达到 150~200lx。为了获得均匀柔和的照明，可以采用大窗户结构，再在普通或茶色的玻璃上加贴“反光薄膜”，以削弱阳光中的紫外线照射。当在距离工作面上方 2m 处带反光罩的照明，每 $10m^2$ 面积配备白炽灯 160~200W（或荧光灯 80W）即可达到要求。一般工作室采光系数可取 0.10~0.12，电气照明的照度为 80~100lx。

电气照明灯具一般应布置在工作台上方，离工作台面不宜超过 2m，尽量使室内照度均匀，并注意避免烛光对眼睛的影响。对于特别精细工作区，还可以根据需要另加局部照明，以节约能源并提高照明效率（图 5-5）。

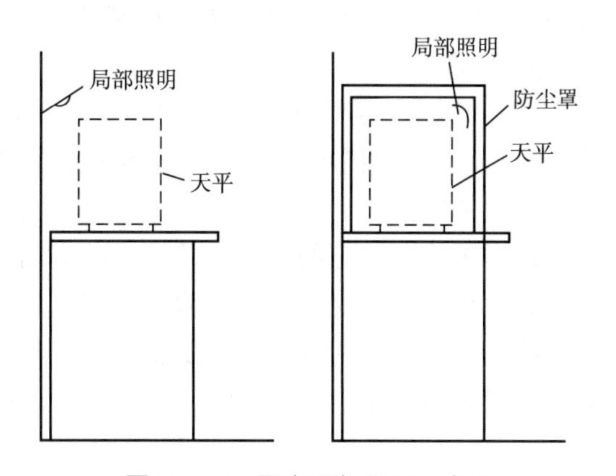

图 5-5　天平室局部照明示意图

在有裸露旋转机械的工作区，人工照明应避免使用荧光灯具，以免因灯光的“频闪”现象产生“停转”错觉。

使用具有感光性试剂（如银盐等）的化验室时，因该类试剂易受强光（尤其是紫外线，包括大功率的日光灯、汞灯等）的影响，导致较大的测量误差，在采光和照明设计时应予以注意，必要时可以加“滤光”装置以削弱紫外线的影响。

凡可能由于照明系统引发危险性，或有强腐蚀性气体的环境的照明系统，在设计时应采取相应防护措施（如密封或使用“防爆灯具”等）。

为充分利用自然光线，布置实验台时应尽量避免背光摆放。

（8）化验室的隔振　由于不同的环境振源对化验室仪器设备的影响各不相同，因此在进行化验室设计的时候，必须根据振源的性质采取不同的隔振措施。

在选择化验室的建设基地时，应注意尽量远离振源较大的交通干线，以便减少或避免振动对化验室的干扰。在总体布置中，应将所在区域内振源较大的车间（空气压缩站、锻工车间等）合理地布置在远离化验室的地方；应尽可能利用自然地形减少振动的影响。在总体布置及进行化验室单体建筑的初步设计时，应先考察所在区域内的振源特点。经全面考虑，采取适当的隔振措施以消除振源的不良影响。

化验室内的隔振措施包括消极隔振措施和积极隔振措施。

①消极隔振就是为了减少支承结构的振动对精密仪器和设备的影响，而对精密设备采取的隔振措施。消极隔振设计是根据精密仪器的允许振动限值以及动力设备的干扰力，通过计算而选择的隔振措施。而对于无法确定的随机干扰，只能通过现场实测结果来选择隔振措施，以满足精密仪器的正常使用。

消极隔振一般可采用下面两种措施：

a. 支承式隔振措施。这种形式构造较简单，自振频率最低可设计成 3~4Hz，一般适用于外界干扰频率较高的场合，这是使用较多的一种措施。

b. 悬吊式隔振措施。这种形式构造较复杂，自振频率最低可达 1~2Hz，适用于对水平振动要求较高、仪器设备本身没有干扰振动、外界干扰频率又较低的场合。

②积极隔振是为了减少设备产生的振动对支承结构和化验人员造成影响，而对动力设备所采取的隔振措施。对化验室内产生较大振动的设备采取积极隔振措施。

积极隔振从三个方面进行处理：

a. 一般采用放宽基础底面积或加深基础又或用人工地基的方法来加强地基刚度。

b. 在设备基础里加上隔振装置。

c. 建造“隔振地坪”，在建筑物底层的精密仪器化验室及其他隔振要求较高的房间里，构筑质量较大的整体地坪，其下垫粗砂及适当的隔振材料，周围再用泡沫塑料等具有减振和缓冲性的物质使地坪与墙体隔开。

当附近的振动较大时，做防振沟有一定的效果，防振沟的应用如图 5-6 所示。还可采取下列做法：建筑物四周用玻璃棉作隔振材料，使化验室与室外地表面隔绝，以阻止地面波的影响，这种做法比人工防振沟或防振河道简单、卫生，也比较经济；当动力设备房间与化验室相邻时，可设置伸缩缝或沉陷缝，也可用抗振缝将动力设备房间与化验室隔开，达到一定的隔振效果。

（9）化验室的面积和平面系数　在设计过程中经常碰到总建筑面积、建筑面积、使用

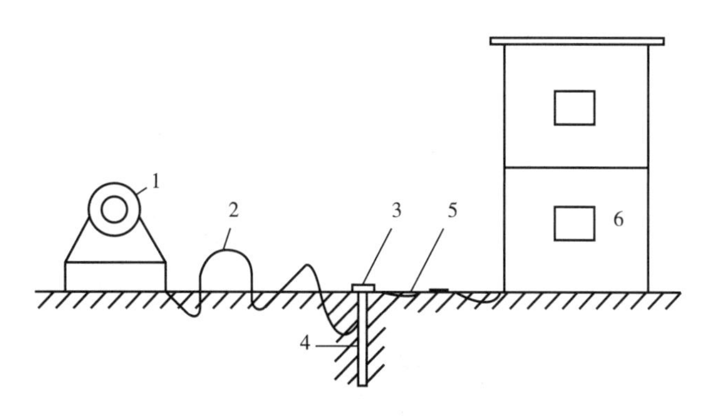

图 5-6　防振沟的应用

1—振源　2—原振动波　3—盖板　4—防振沟　5—次生振动波　6—化验楼

面积、辅助面积及平面系数等指标。总建筑面积是指几幢化验楼建筑面积之和；建筑面积为一幢化验楼各层外墙、外围的水平面积之和（包括地下室、技术层、屋顶通风机房、电梯间等）；使用面积是指实际有效的面积；辅助面积是指大厅、走廊、楼梯、电梯、卫生间、管道竖井、墙厚、柱子等面积之和。

平面系数=使用面积/建筑面积　（使用面积=建筑面积-辅助面积）。

化验室的面积是根据分析化验仪器或设备的规格与数量、化验室人数和化验台的尺寸等因素确定的。

（五）化验室的基础设施建设

1. 实验台

实验台有两种，单面实验台（或称靠墙实验台）和双面实验台（包括岛式实验台、半岛式实验台、组合式实验台和带算式排气口的实验台）。双面实验台的应用比较广泛。实验室一般采用岛式、半岛式实验台。岛式实验台是最经典的实验台，具有台面空间大、适应性广的优点，实验人员可以在四周自由行动，在使用中是比较理想的一种布置形式，缺点是不便组合成其他形式，灵活性差，占地面积比半岛式实验台大，另外实验台上配管的引入比较麻烦，岛式固定式实验台如图 5-7 所示。半岛式实验台有两种：一种为靠外墙设置，另外一种为靠内墙设置。半岛式实验台的配管可直接从管道检修井或从靠墙立管引入，这样不但避免了岛式实验台的不利因素，又省去一些走道面积，靠外墙半岛式实验台的配管可通过水平管接到靠外墙立管或管道井内。靠内墙半岛式实验台的缺点是自然采光较差。为了在发生危险时易于疏散，实验台间的走道应全部通向走廊。从以上分析，岛式实验台虽在使用上比半岛式实验台理想，但从总的方面看，半岛式实验台在设计上比较有利。组合式实验台实质上是由带有实验台面板的器皿柜、管道架或药品架等组成，因而可以方便灵活地组合成各种尺寸要求的岛式、半岛式或靠墙式的实验台，组合式实验台如图 5-8 所示。带算式排气口的实验台在操作位置上安装了排气用的算式排气口，特别适用于产生不良气体的化学分析室，带算式排气口的实验台如图 5-9 所示。

由于实验性质的不同，实验台长度的差别很大，一般根据实际需要选择合适的尺寸。台面高度一般选取 750~920mm 高；长度为 2700mm；宽度一般双面实验台采用 1500~

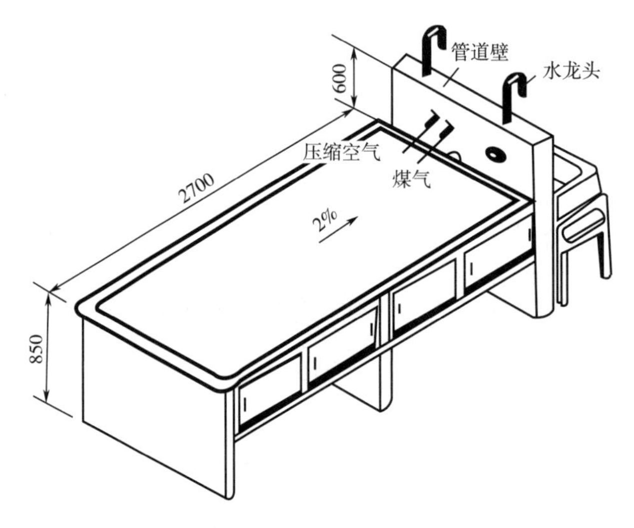

图 5-7　岛式固定式实验台（图中 2%为坡度）

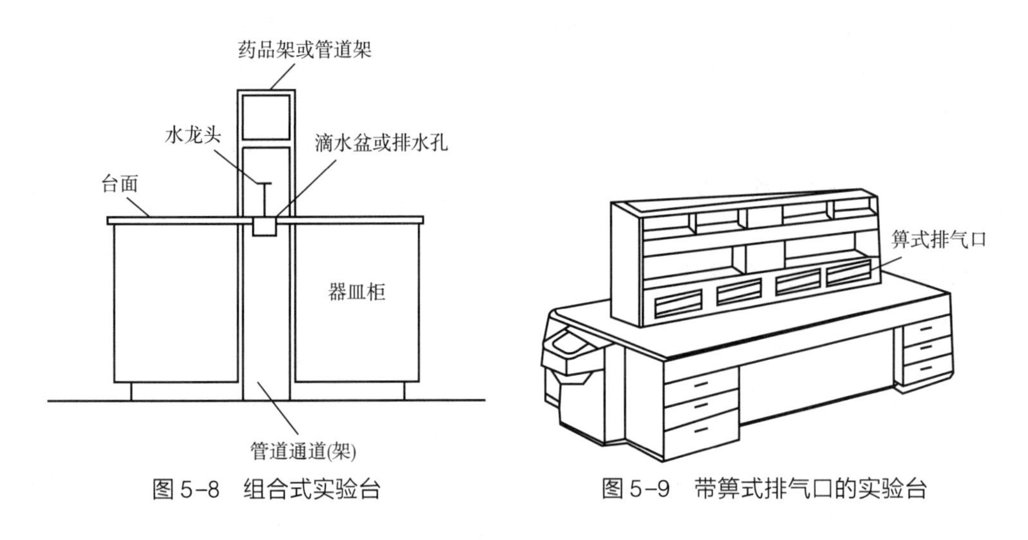

图 5-8　组合式实验台

图 5-9　带箅式排气口的实验台

1700mm，单面实验台为 650~850mm，最小不应少于 600mm，台上如有复杂的实验装置也可取 700mm；台面上药品架部分可考虑宽 200~500mm。

一个实验台主要由台面和台下的支座或器皿构成。实验台台面通常为木结构或钢筋混凝土结构。台面应比下面的器皿柜宽，台面四周可设有小凸缘，以防止台面冲洗时或台面上药液的外溢。常见的台面有木台面、瓷砖台面、不锈钢面层、塑料台面。木台面通常采用实心木台面，它具有外观感觉暖和、容易修复、玻璃器皿不易碰坏等优点。瓷砖台面底层应以钢筋混凝土结构为好。木结构台面上虽可铺贴瓷砖，但如果木材发生变形，就难以保证瓷砖的拼缝处不开裂。不锈钢面层耐热、耐冲击性能良好，污物容易去除，适用于放射化学实验、有菌的生物化学实验和油料化验等。塑料台面具有耐酸、耐碱以及刚度好等优点。

为了实验的操作方便，在实验台上往往设有药品架、管线盒或洗涤池等装置。实验台与洗涤池之间设置管道壁，外用白色瓷砖贴面，把所有管道，如热水、冷水、煤气、压缩空气管、污水管等都设置在里面，使实验台上没有管子露出，便于实验台清洗及铺设聚氯乙烯薄膜。实验台上的管线通常从地面以下或由管道井引入实验台中部的管线通道，然后再引出台面以供使用。管线通道的宽度通常为300~400mm，靠墙实验台为200mm，药品架的宽度不宜过宽，一般能并列两个中型试剂瓶（500mL）为宜，通常的宽度为200~300mm，靠墙药品架宜取200mm。实验台下空间通常设有器皿柜，既可放置实验用品又可供化验人员坐在实验台边进行记录。实验台的排水设备通常包括洗涤池、台面排水槽。

2. 通风系统

在化验过程中，经常会产生各种难闻的、有腐蚀性的、有毒的或易爆的气体。这些有害气体如不及时排出室外，就会造成室内空气污染，既影响工作人员健康，也影响仪器设备的精确度和使用寿命，给工作带来不便和干扰。

化验室的通风方式有两种，即局部排风和全室通风。局部排风是有害物质产生后立即就近排出，这种方式能以较少的风量排走大量的有害物，效果比较理想，所以在化验室中广泛地被采用。通风柜是化验室中常用的一种局部排风设备，种类多，有顶抽式通风柜、狭缝式通风柜、供气式通风柜、自然通风式通风柜。由于其结构不同，使用的条件不同，排风效果也各不相同。顶抽式通风柜的特点是结构简单、制造方便，因此在过去使用的通风柜中较常见。狭缝式通风柜是在其顶部和后侧设有排风狭缝，后侧的狭缝，有的设置一条（在下部），有的设置两条（在中部和下部）。供气式通风柜是把占总排风量70%左右的空气送到操作口，或送到通风柜内，专供排风使用，其余30%左右的空气由室内空气补充。供给的空气可根据实验要求决定是否需要处理（如净化、加热等）。由于供气式通风柜排走室内空气很少，因此有空调系统的化验室或洁净化验室，采用这种通风柜是很理想的。自然通风式通风柜是利用热压原理进行排风的，优点是不消耗能量，但排气效果相对较差。在房间内侧修建通风“竖井”，用以引导气流按一定方向流动，称为“有组织的自然通风”，可以提高通风效果，有组织的自然通风如图5-10所示。有些实验不能使用局部排风，或者局部排风满足不了要求时，应该采用全室通风。

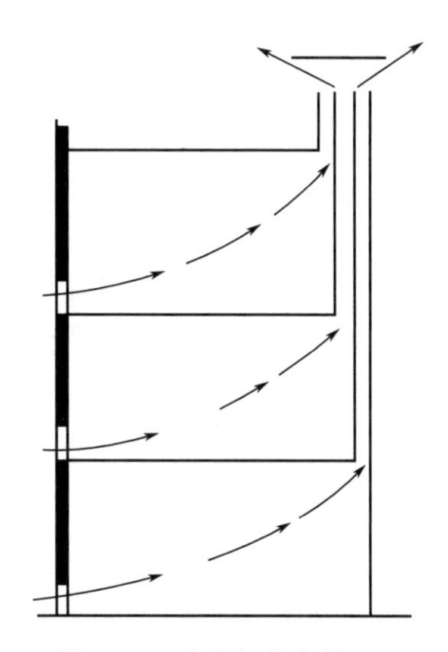
图5-10　有组织的自然通风

3. 采暖设施

在较高纬度地区，由于冬季气温较低，化验室必须加装暖气系统以维持适当的室温。但无论是电热还是蒸气，均应注意合理布置，避免局部过热（最好使用较低温度的热媒和大面积的散热器）。

天平室、精密仪器室和计算机房不宜直接加温，可以通过由其他房间的暖气自然扩散的方法采暖。

安装暖气装置的时候，还要注意不要影响人员在工作中走动时的安全。

4. 空气调节装置

实验精度要求较高的化验室，其中的器械尤其是精密计量、实验的仪器或其他精密实验器械及电子计算机对实验室的温度、湿度有较高的要求，这时需要考虑安装“空气调节”装置，进行空气调节，即通常说的“空调”。空调布置一般有三种方式：

（1）单独空调　在个别有特殊需要的实验室安装窗式空调机。空气调节效果好，可以随意调节，能耗较少，但噪声较大。

（2）部分空调　部分需要空调的化验室，在进行设计的时候把它们集中布置，然后安装适当功率的大型空调机，进行局部的“集中空调”，可以实现部分空调又降低噪声的目的。安装使用多台“一拖二”“一拖三（或更多）”的分体空调机，则可以把噪声显著降低。

（3）中央空调　当全部化验室都需要空调的时候，可以建立全部集中空调系统，即“中央空调”。集中空调可以使各个化验室处于同一温度水平上，有利于提高检验及测量精度，而且集中空调的运行噪声极低，可以保持化验室环境安静，缺点是能量消耗较大，且未必能满足个别要求较高的特殊实验室的需要。

化验室采用空调的方式，应视化验室的具体需要而定，不能一概而论。实际上，在采用中央空调的系统中，由于某一个或几个化验室的特殊需要而另行安装“单独空调”或加装“抽湿机”，形成“混合空调”系统的情况并不少见。

某些对室内的空气洁净度要求较高的实验室，往住采用单独空调，以利于单独使用“中效”或“高效”的空气过滤器，以净化室内空气。在普通空调的化验室内安装使用专用的“洁净工作台”，也可以获得局部较高洁净度的工作空间，能有效地降低能耗，提高实验环境质量，局部净化设备如图 5-11 所示，洁净室内的洁净工作台如图 5-12 所示。

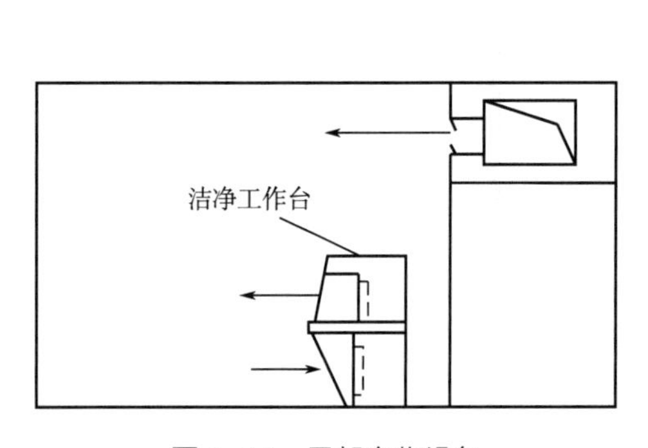

图 5-11　局部净化设备

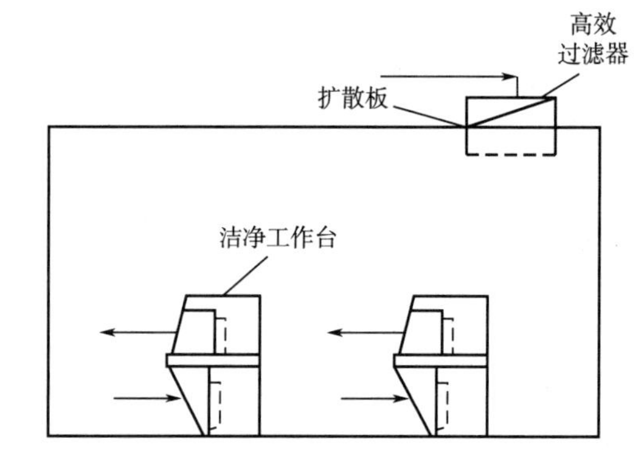

图 5-12　洁净室内的洁净工作台

设置空调的化验室除了需要安装空调设备以外，还需要对室内的地坪、墙面、吊顶以及门、窗等建筑及附件采取隔热措施。

即使是带有“自动换气”装置的空调系统，由于整机换气通道的限制，在运行中的实际换气效果往往不能够满足人员和实验工作的需要，室内空气发“闷”，在设计的时候应设法解决。

空调的建设和运行费用均较大，特别是“中央空调系统”，是否采用，或者采用什么方式，需审慎考虑。

5. 化验室供电系统

化验室的多数仪器设备在一般情况下是间歇工作的，也就是说是多属于间歇用电设备，但实验开始后便不宜频繁断电，否则可能使实验中断，影响实验的精确度，甚至导致试样损失、仪器或装置破坏以致无法完成实验。化验室的供电线路宜直接由企业的总配电室引出，并避免与大功率用电设备共线，以减少线路电压波动。有备用电源的单位，应向化验室提供备用电源线路。

各化验室均应设置电源总开关，以方便控制各室的供电线路；应配备三相和单相供电线路，以满足不同用电器的需要。照明用电单独设闸。对于某些必须长期运行的用电设备，如冰箱、冷柜、老化试验箱等，则应专线供电而不受各室总开关控制（可以由化验室的总配电室供给和控制）。供电线路应采用较小的载流量，并预留一定的备用容量（通常可按预计用电量增加30%左右）；应采用护套（管）暗铺。在使用易燃易爆物品较多的实验室，还要注意供电线路和用电器运行中可能引发的危险，并根据实际需要配置必要的附加安全设施（如防爆开关、防爆灯具及其他防爆安全电器等）；所有线路均应符合供电安装规范，应配备安全接地系统，总线路及各实验室的总开关上均应安装漏电保护开关，确保用电安全；要有稳定的供电电压，在线路电压不够稳定的时候，可以通过交流稳压器向精密仪器实验室输送电能，对特别要求的用电器，可以在用电器前再加一级稳压装置，以确保仪器稳定工作。必要时可以加装滤波设备，避免外电线路电场干扰。为保证实验仪器设备的用电需要，应在实验室的四周墙壁、实验台旁的适当位置配置必要的三相和单相电源插座（以安全和方便为准，并远离水盆和燃气）。通常情况下，每一实验台至少应有2~3个三相电源插座和数个单相电源插座，所有插座均应有电源开关控制和独立的保险（熔丝）装置。

6. 化验室的给水和排水系统

（1）化验室给水系统　在保证水质、水量和供水压力的前提下，从室外的供水管网引入进水，并输送到各个用水设备、配水龙头和消防设施，以满足实验、日常生活和消防用水的需要。给水方式有直接供水、高位贮水槽（罐）供水、混合供水和加压泵供水。在外界管网供水压力及水量能够满足使用要求的时候，一般是采用直接供水方式，这是最简单、最节约的供水方法。当外部供水管网系统压力不能满足要求或者供水压力不稳定的时候，各种用水设施将不能正常工作，就要考虑采用“高位贮水槽（罐）”，即常见的水塔或楼顶水箱等进行贮水，再利用输水管道送往用水设施。混合供水通常的做法是对较高楼层采用高位水箱间接供水，而对低楼层采用直接供水，可以降低供水成本。由于“高位水箱”供水普遍存在“二次污染”问题，对于高层楼房使用“加压泵供水”已经逐渐普及，此法也可用于化验室，但在单独设置时运行费用较高。

自来水的水龙头要适当多安装几个，除一般洗涤外，大量的蒸馏、冷凝实验也需要占用专用水龙头（小口径，便于套皮管）。除墙壁角落应设置适当数量水龙头外，实验操作台两头也应设置水管。化验室水管应有自己的总水闸，必要时各分水管处还要设分水闸，以便于冬天开关防冻，或平时修理时开关方便，并不影响其他部门的工作用水。为了方便洗涤与饮水，有条件的厂还可以设置热水管，洗刷仪器用热水比用冷水效果更好。用热水浴时换水也方便，同时节省时间和用电。

（2）化验室的排水系统　由于实验的不同要求，化验室需要在不同的实验位置安装排水设施。排水管道应尽可能少拐弯，并具有一定的倾斜度，以利于废水排放。当排放的废水中含有较多的杂物时，管道的拐弯处应预留“清理孔”，以备不时之需。排水管应尽量靠近排水量最大、杂质较多的排水点设置。最好采用耐腐蚀的塑料管道。为避免实验室废水污染环境，应在实验室排水总管设置废水处理装置，对可能影响环境的废水进行必要的处理。

排水管应设置在地板下和低层楼的天花板中间，即应为暗管式。排水道口采用活塞式堵头，以便发生水管堵死现象时可以很方便地打开疏通管道。排水管的平面段，倾斜角度要大些，以保证管内不存积水和不受腐蚀性液体的腐蚀。

7. 化验室“工程管网”布置

工程管网包括供水管道、电线管道、进风管道、燃气管道、压缩空气管道、真空管道等各种供应管道以及排水管道、排风管道等各种排放管道系统。由总管（室外管网接入化验室内的一段管道）、干管和连接到实验台（或实验设备）的支管构成管网系统。

工程管网牵涉面广，各种管道各有特点和不同的要求，必须认真对待，其布置的基本原则如下：在满足实验要求的前提下，尽量使各种管道的线路最短、弯头最少，以减少系统阻力和节约材料；管道的间距和排列次序应符合安全要求，并便于安装、维护、检修、改造和增添等施工需要；尽可能做到整齐有序、美观大方。

干管有适用于多层实验楼的垂直布置，以及适用于单层化验室的水平布置两种基本方式，大型实验楼则可以采用混合布置方式。当干管垂直布置时，通常需要建专用干管竖井（或设置干管支架）。支管布置常采用沿建筑物天花板水平布置方式，再从天花板垂直向下连接到实验台，另一种方法是把支管从楼板下向上穿孔由实验台底下接入实验台。前者悬空的支管使实验室空间有杂乱的感觉；后者空间感好，但施工困难较大，应根据实际需要选定。为了避免对其他楼层的干扰，单层的化验室一般不采用“穿楼板”结构。如果采用半岛式实验台，也可以把干管靠墙设置，然后把支管连接到实验台上，但实验台和其他设施的布置局限性较大。供应系统管道布置示例如图 5-13 所示。

（六）化验室的设计

1. 化验室的建设规划

化验室的建设规划是化验室具体设计的指导思想，其依据来源于化验室的实际检验工作要求。建设一个完善的化验室，必须对如下问题有确切的了解：

（1）企业产品质量检验的要求　不仅包括食品厂基本检验工作、技术进步、内部质量控制工作的要求，还包括对基层检验部门的技术服务和支援，以及对外协作单位的技术服务和支援等临时性服务工作以及其他临时性工作的需要。根据生产检验的需要设置日常检验仪器、设备和辅助装置的工作台及相关场所，并考虑对外技术服务等其他需要增添或更新技术装备的场所等。

（2）实现企业产品检验工作必须配备的仪器设备的种类、数量和辅助设施　就实验台、仪器设备的放置和运行空间来说，通常情况下，岛式实验台宽度 1.2~1.8m（带工程管网时不小于 1.4m）；靠墙的实验台宽度 0.65~0.85m（带工程管网时可增加 0.1m）；靠墙的贮物架（柜）宽 0.2~0.5m。实验台的长度一般是宽度的 1.5~3.0 倍。实验台间通道一般为 1.5~2.1m，实验台端通道不小于 1.25m。岛式实验台与外墙窗户的距离一般为 0.8m，实验台与通道间距如图 5-14 所示。一台分析天平需要占用工作台 $3\sim4m^2$，2 台天平需要 $5\sim6m^2$，4 台以上天平每台需 $2m^2$。通常情况下天平台面宽度为 0.6~0.7m，高 0.70~0.75m。

对于精密、大型、专用仪器设备的放置空间，配套设施的使用空间也有一定的要求，普通精密仪器每台通常需要 $8\sim10m^2$，一台大型精密仪器则需要 $15\sim25m^2$ 甚至更大的室内空间。辅助装置的放置空间需根据实际情况而定，不同的仪器设备需要的辅助装置各有不同，占用的空间也不同。通常情况下，大型精密仪器都需要配备专用的辅助实验室，以进行试样的预处理和实验后的废样品的处置。

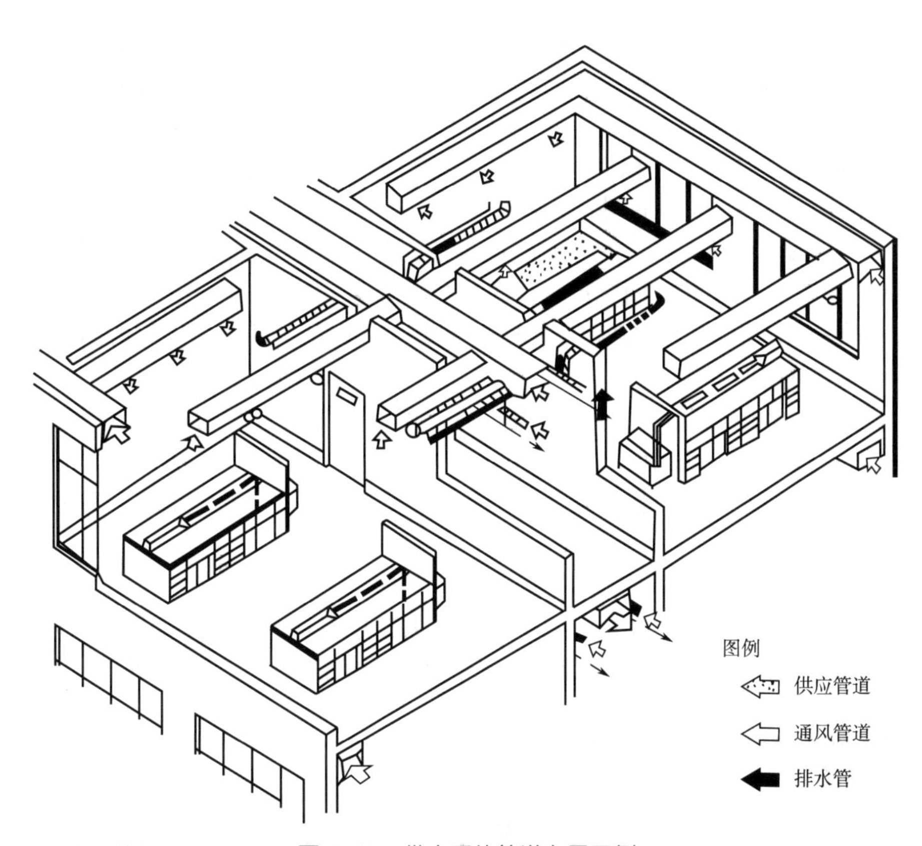

图 5-13　供应系统管道布置示例

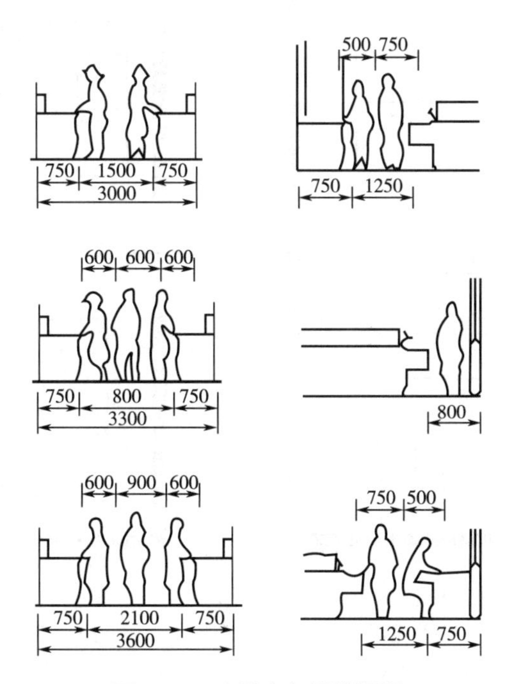

图 5-14　实验台与通道间距

（3）实现企业产品检验工作必须配备的检验人员空间　通常情况下，一般每位化验人员工作的时候，其活动空间加上实验台的纵向尺寸需要 1.5~1.8m，而且化验人员经常是一个人进行多项分析检验工作，因此，每一位化验人员往往需要占有 15~50m^2（必要时可以更大）的室内工作区间面积。同时还要考虑与工作人员人数相适应的配套辅助设施，如更衣室、贮存室、洗浴间等的建筑面积。

（4）安全需要的空间　安全需要的空间包括安全疏散和抢救用通道等。某些仪器设备在运行时也需要一定的回转空间，也需要同时予以留出，以保证其安全运行。

（5）配合企业发展需要的检验工作的远景规划空间　在可以预见的时间内的发展需要，应予以充分的空间安排。

在综合考虑上述因素以后，有时还需要为“不可预见因素”再留出适当的“预留空间”（“安全系数”），才能做出最后规划。

进行化验室建设规划的时候还要注意资源的充分利用，注意投资效率，避免浪费。

2. 化验室的平面布置

（1）常见化验室平面布置实例

①单室布置：把所有实验集中于一个实验室内，单室化学检验室如图 5-15 所示、热性能测定实验台如图 5-16 所示，适用于检验类型和项目比较少的小型企业。

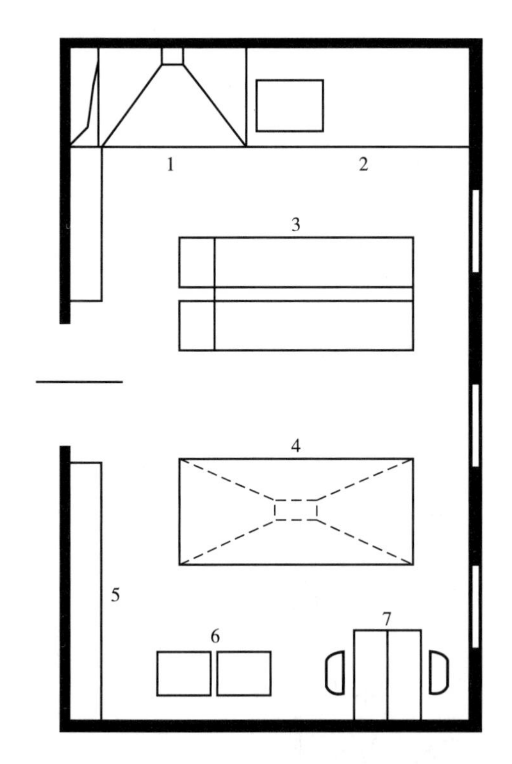

图 5-15　单室化学检验室

1—通风柜　2—试验台以及恒温水槽
3—化学实验台　4—水磨石实验台及排风罩
5—辅助边台　6—天平　7—工作台

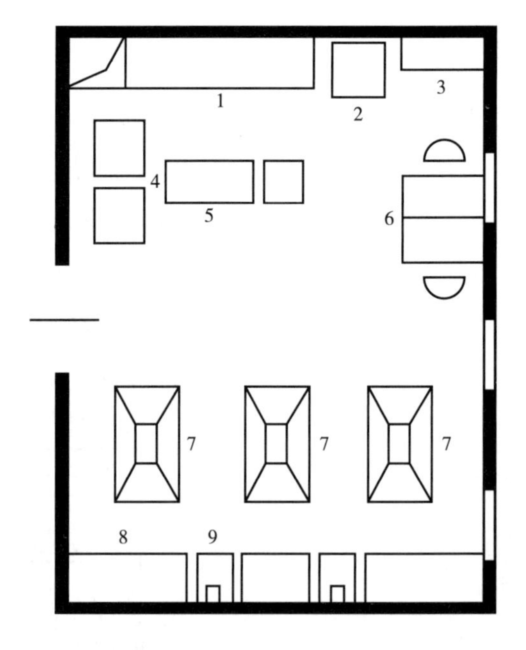

图 5-16　热性能测定实验台

1—水磨石实验台（炉子）　2—热天平
3—柜　4—烘箱　5—差热分析　6—工作台
7—水磨石化学实验台　8—辅助边台　9—水槽

②多室布置：某食品厂化验室平面布置如图 5-17 所示，化验室平面布置图如图 5-18 所示。

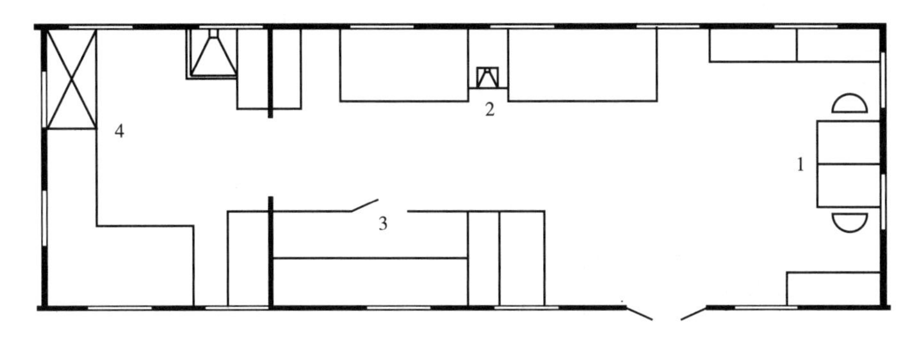

图 5-17　某食品厂化验室平面布置（16m×4m）

1—化验人员办公室　2—容量分析实验室　3—天平及仪器室　4—加热器及通风柜室

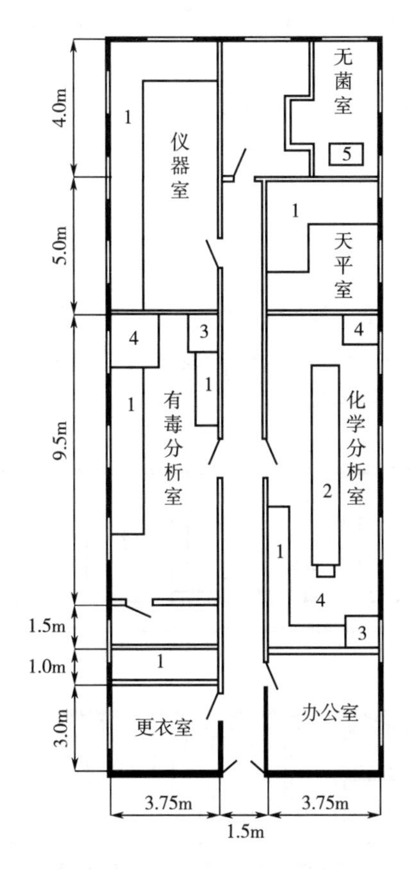

图 5-18　化验室平面布置图

1—边台　2—操作台　3—通风柜　4—无菌箱

③专室布置：把某些项目分解为多个环节，分别以专室形式进行布置。这种布置通常用于使用精密仪器的实验室。精密仪器分析室平面实例如图 5-19 所示，X 衍射仪分析室如图 5-20 所示。

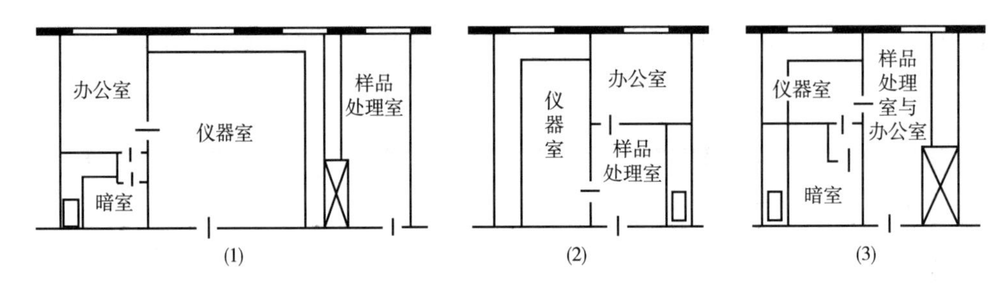

图 5-19 精密仪器分析室平面实例（3种）

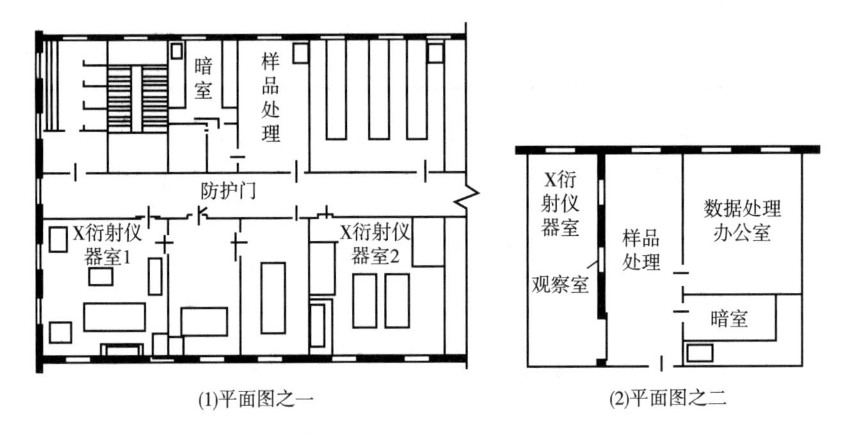

图 5-20 X 射线衍射分析室

④综合布置：某厂理化检验室如图 5-21 所示、某厂化验室平面图如图 5-22 所示，某厂实验室如图 5-23 所示，这种布置可以充分发挥各专业室的作用，又便于不同专业室之间的交流，有利于开展工作，为多数企业所采用。

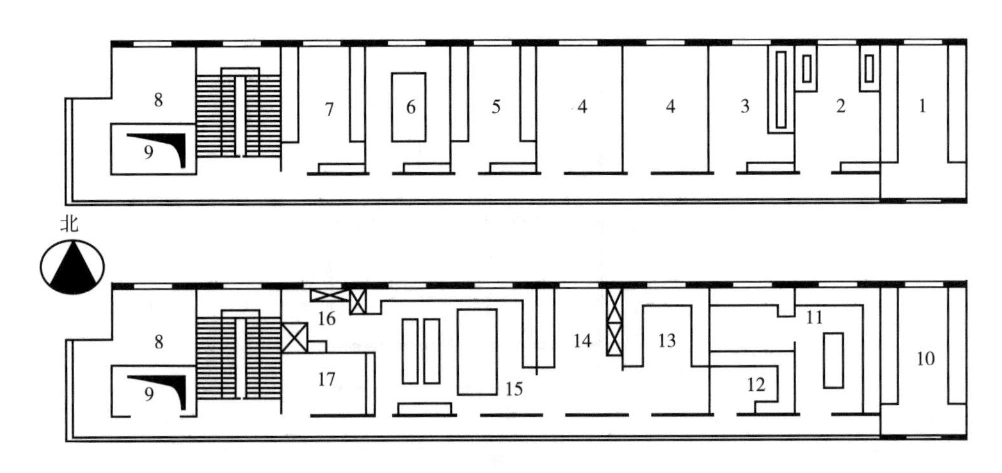

图 5-21 某厂理化检验室

1—磨耗实验室 2—机械式拉力实验室 3—电子拉力室 4—物理室办公室 5—应力实验室
6—样品解剖室 7—老化室 8—更衣室和卫生间 9—电梯间 10—暗室 11—精密仪器室
12—天平室 13—低温加热室（烘箱）14—高温炉室（附通风柜）15—化学分析室
16—水浴室（附通风柜）17—化验室办公室（其中 1、2、3、10、11、12 为空调室）

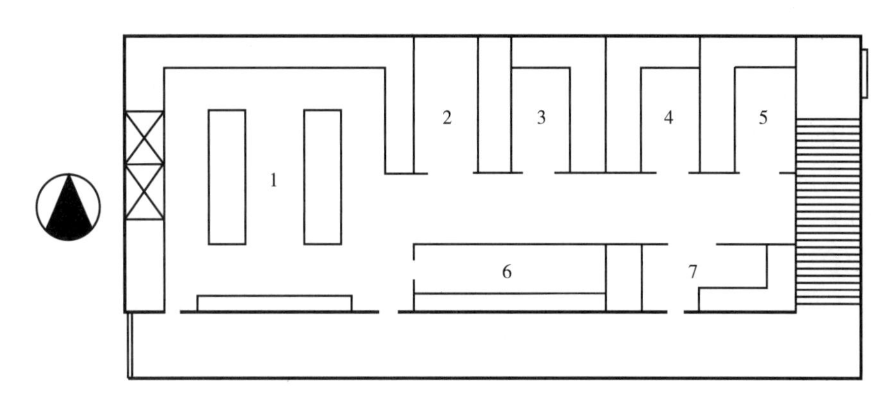

图 5-22　某厂化验室平面图（24m × 10m）

1—化学分析室　2—标准溶液室　3—天平室　4—气相色谱室　5—液相色谱室　6—加热室　7—分析试样制样室

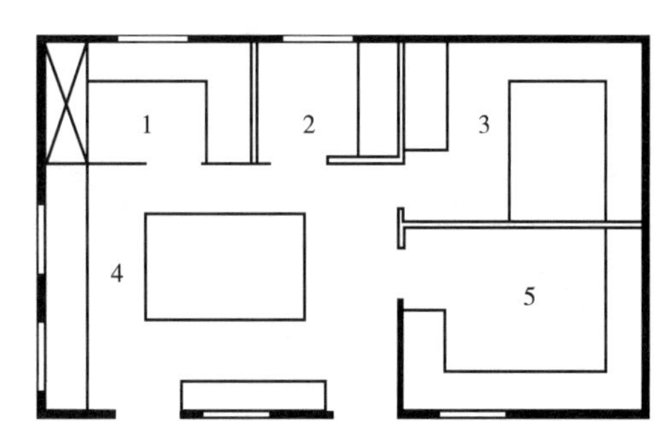

图 5-23　某厂实验室（10m × 6m）

1—试样准备室　2—天平室　3—色谱室　4—化学分析室　5—紫外分光光度计室

（2）危险物品贮存室设计实例　危险试剂贮存室如图 5-24 所示，是一个用于危险试剂和普通试剂混合存放的危险试剂贮存室。室内沿墙壁布置有混凝土制作的贮物架，各种化学试剂均分类分区分间存放。为了安全，图中危险物品贮存室不设人工照明及各种电器设施，仅使用自然光或手电筒照明。

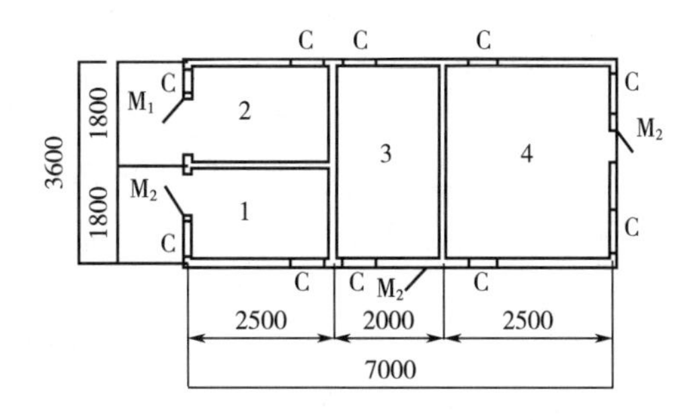

图 5-24　危险试剂贮存室

1—易燃品室　2—腐蚀品室　3—还原剂及普通有机试剂　4—氧化剂及普通无机试剂

M_1—800mm×1800mm 钢板门　M_2—800mm×1800mm 钢板门　C—预制混凝土百叶窗

3. 化验室设计的实施

（1）根据化验室建设规划确定专业实验室类型和数量　根据化验室的工作性质和工作要求分类，必要时可以把具有“兼容性”的实验室归并，从而确定专业实验室类型。在计算不同类型化验室平面空间面积时，不同净空高度要求的化验室必须分别统计；不同载荷要求，特别是超过楼板或地坪载荷要求的化验室也要分别计算。根据专业实验室的工作任务确定室间组合，不同服务对象的实验室可以考虑分别设置，避免互相影响。

（2）配合建筑模数要求确定实验室的开间和分隔　实验室开间与建筑模数如图 5-25 所示，实验室的开间与建筑模数配合，可以降低建筑费用。利用旧建筑改造的实验室也应该尽量配合原建筑结构，以减少改造的基建投入。

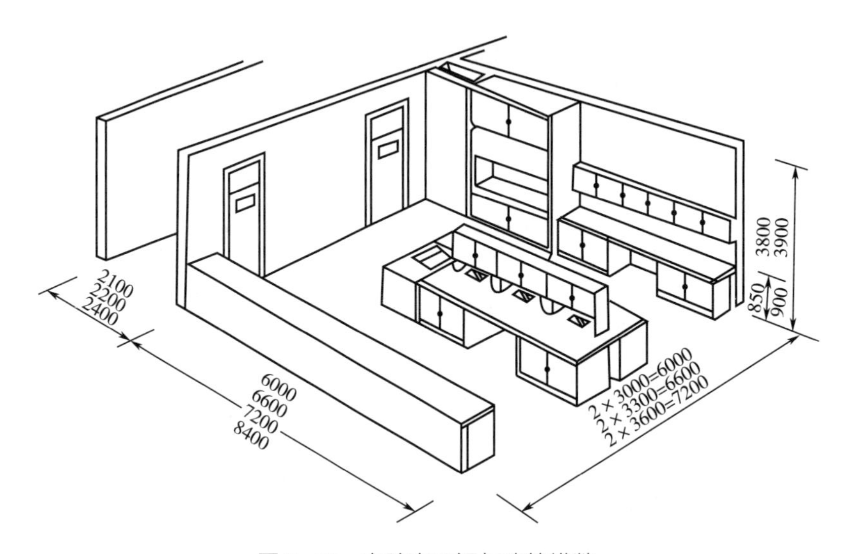

图 5-25　实验室开间与建筑模数

框架结构是实验室目前常用的建筑结构，其开间尺寸比较灵活，常用的柱距有 4.0，4.5，6.0，6.8，7.2m 等。混合结构是在旧式建筑中常见的结构，开间尺寸受建筑材料和结构限制，一般在 3.0，3.3，3.6m，则实验室的实际开间可以取其整数倍。新建的化验室一般不再采用这种结构。

实验室的进深主要取决于实验台的长度，以及其布置形式（岛式或是半岛式），和沿墙壁布置的靠墙实验台尺寸。目前常用的进深模数有 6.0，6.6，7.2m，乃至 8.4m 等，视具体需要并考虑通风、采光条件等因素决定。

（3）根据安全和防干扰原则组合实验室　一般情况下是工作联系密切或要求相似的实验室相邻布置，有干扰的实验室尽量远离布置，必要时可以对高温加热室的墙体加隔热屏障，以减少对邻室的影响，达到方便开展实验工作，避免空间干扰的目的；实验室的组合应便于给排水、供电及其他工程管线的布置；容易发生危险的实验室，应布置在便于疏散且对其他实验室不发生干扰（或干扰较少）的位置；可能发生燃烧、爆炸的实验室要考虑灭火禁忌；凡使用的灭火剂有可能发生干扰的实验，应分室布置；总体布局要符合安全要求。

（4）绘制单个实验室平面图和全化验室总体组合布置图　根据实验室规划，绘制单个实验室平面布置图，应尽可能详尽，以利于实验室建成后的室内装修和实验设施定位。几种单室布置的实验台如图 5-26 所示。

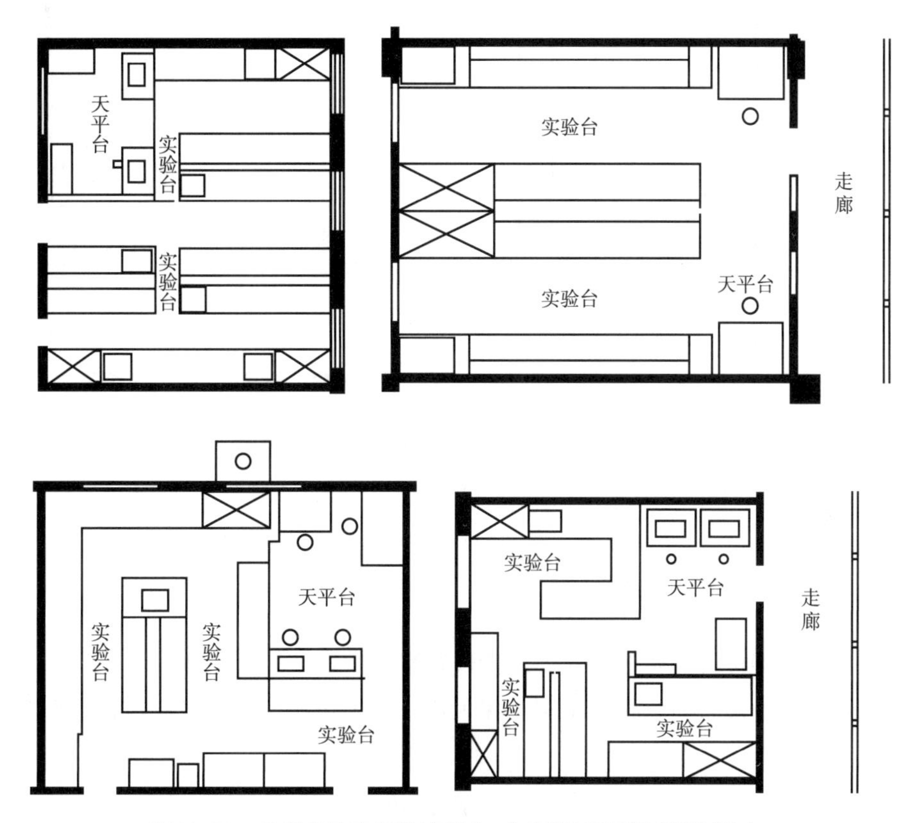

图 5-26 几种单室布置的实验台（有些加玻璃屏墙分隔）

总体组合平面布置图的绘制，应显示主要用电、用水和主要工作台位置，以利于配套设施（包括工程管网、环保设施等）的设计。某化学分析检验室平面布置图如图 5-27 所示。

为利于建筑设计部门进行建筑设计，应对允许修改的尺寸范围做出尽可能详尽的说明。为保证化验室职能的充分发挥，由建筑设计部门完成的实验室建筑设计图纸，在最后定案前应征得化验室认同。

4. 化验室的建筑施工和验收

化验室建筑属于高标准的建筑，应由具有注册资格的建筑施工队伍施工。不具备规定资质的施工队伍，施工质量具有多变因素，对化验室这样高要求的建筑将产生不良影响。

化验室建筑施工应符合国家建筑法规和施工规范，必须严格执行施工规范。在建筑施工过程中，应适时进行现场检查，避免完工后再拆修。完工后拆修既可能造成浪费，还可能影响建筑物的功能，应尽力避免。

化验室的建筑验收必须符合国家的标准规范，应邀请化验室负责人和有关工程技术人员参加。验收完成以后才能投入室内装修和使用，必须由合格的施工队进行室内装修整饰，并安装工程管网和各种辅助设施，以便实验台、架和仪器设备定位和运行，发挥实验

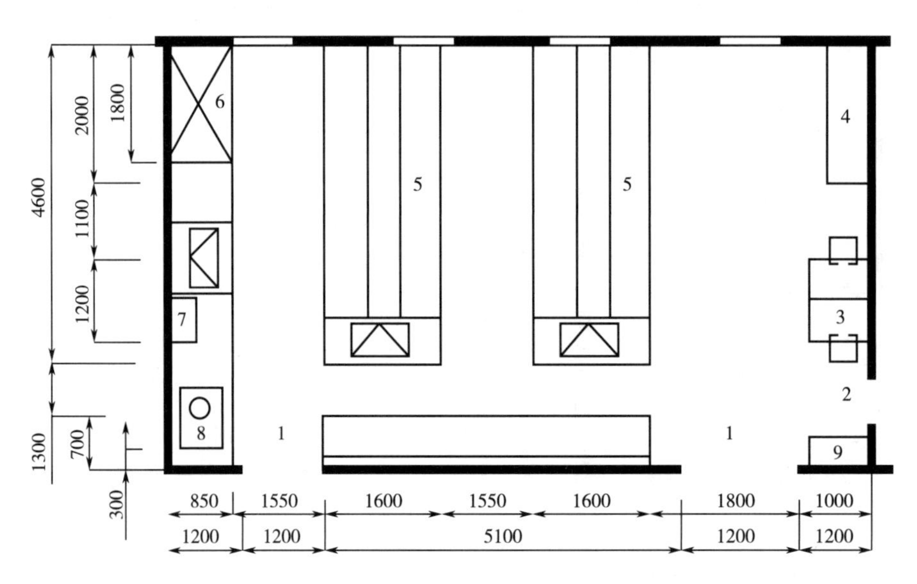

图5-27 某化学分析检验室平面布置图

1—出口处 2—天平室入口 3—办公室 4—辅助边台

5—半岛式实验室 6—通风柜 7—水浴锅 8—烘箱 9—边台

室的功能，完工后同样必须经过验收，才能进行室内布置。

化验室正式投入运行后，化验室的基建工作才真正完成。化验室建设的所有图纸、资料均应妥善保存。

二、中心实验室

中心实验室一般归工厂技术部门领导，是工厂管理人员进行技术决策、掌握和了解全厂生产状况的辅助部门。中心实验室的功能相当于小型研究所，但它能更紧密结合本厂的生产实际，所起的作用更为明显。

（一）中心实验室的任务

1. 对加工用的原料品种进行分析研究

协助农业部门进行原料的改良和新品种的培育工作，提出原料的改良方向；收集不同品种、不同产地、不同时期的原料进行感官分析和理化指标的测定，比较各种原料的特点；对原料的加工性状进行研究，如成分的分析测定和加工试验等；对原料接收站采集的样品进行检验，确定样品的等级；采用新资源、新原料等。

2. 制定并改良生产工艺，以符合本工厂实际情况

食品的生产过程是一个多工序组合的复杂过程。每一个工序又牵涉若干工艺条件和工艺参数。为寻求符合本厂实际情况（如工厂的设备条件、工人的熟练程度、操作习惯、各种原料的性质差异）的合理的工艺路线，往往需要进行反复试验与探索。一般需要先进行小样试验，再进行扩大试验，然后确定工艺路线及整套工艺参数，才能进行批量生产。食品工艺也是常常需要改良，中心实验室的研究人员要随时了解市场变化，根据市场变化改良本厂的生产工艺。

3. 开发新产品

为使食品厂的活力经久不衰，必须不断地推出新的产品。中心实验室应能为新产品的研究提供可靠的数据，对产品成分进行分析和加工试验，设计新配方，进行新产品的开发工作。

4. 其他任务

（1）对生产中出现异常情况时的物料进行测定，以便于分析和解决生产中出现的问题，并对事故的责任做出仲裁。

（2）研究新的原辅材料、半成品、成品等物料的分析检验方法。对出厂成品以及产品在销售过程中出现的质量问题进行检验和分析。

（3）根据国家标准和有关规定，制定本企业的企业标准。

（4）其他方面的研究，如原辅材料的综合利用；新型包装材料的研究；某些辅助材料的自制；“三废”治理工艺的研究；国内外技术发展动态的研究；研究新的分析检验方法等。

（二）中心实验室的组成与装备

中心实验室一般设有感官分析室、理化分析室、微生物检验室、样品室、药品试剂室及试制场地。此外，还有办公室、资料室、计算机房、更衣室和卫生间等。常用仪器及设备见表 5-1，此外，还可根据需要设置用以进行产品小试或中试的设备，配备有企业最重要的，一般也是最精密的，检验、测试仪器装置等设施。

（三）中心实验室对土建等工程的要求

1. 中心实验室的位置

中心实验室应远离易燃、易爆物质和散发粉尘以及有害气体，远离产生较大振动的建（构）筑物、锅炉房、配电室、交通要道等干扰因素，尽可能避免噪声的影响，做到环境清洁、幽雅。原则上应在生产区内，也可单独或毗邻生产车间，或安置在由楼房组成的群体建筑内。总之，要与生产密切联系，并使水、电、汽供应方便。

2. 中心实验室的面积

中心实验室的总建筑面积，包括使用面积和辅助建筑面积（如过厅、走廊、楼道、墙体横截面积等）。其总建筑面积 A 可由各类实验室使用面积 A_1 和辅助建筑面积 A_2 之和及建筑面积利用系数 K' 估算出，见式（5-1）。

$$A = \frac{A_1 + A_2}{K'} \tag{5-1}$$

式中　A——总建筑面积，m^2

A_1——各类实验室使用面积，m^2

A_2——辅助建筑面积，m^2

K'——建筑面积利用系数

对于单独建筑的中心实验室，其建筑面积利用系数一般取 0.5~0.7。主要实验室的面积见表 5-3。

表 5-3　　主要实验室的面积

实验室类型	使用面积/m^2		
	大型食品工厂	中型食品工厂	小型食品工厂
化学分析实验室	120~130	75~90	50~75
精密光电仪器实验室	60~75	50~60	—

3. 开间与层高

中心实验室层数不宜过多，以 2~3 层建筑为好，层高多取 3.6~4.2m，可采用 3.6m 或 3.9m，进深 6m 左右，这样在每个 $6m^2 \times 3.6m^2$ 的小房间内，可靠墙设置两个 3m×0.75m 的实验台，且有较充裕的操作空间。

4. 门窗、地面和墙裙

对温湿度要求较高的房间（如计算机房、仪器分析室、保温室等）需设置双层门窗，对于有恒温恒湿要求的房间和暗室则要建成无窗建筑。实验室窗包括固定窗，可开关的窗、双层窗、密闭窗、屏蔽窗、隔声窗，可根据不同需求选用。如实验室要求水平遮阳或垂直遮阳，需选用有遮阳功能的窗，如百叶窗。各房间的门应保证人员、设备进出方便，门扇应设观察窗。有特殊要求的房间的门洞的尺寸应按具体情况确定，如经常进出大型试件或设备的房间，可设置无门槛的卷帘门。实验室地面应平整、耐磨、易清洁，并按需要采取防静电措施，可用陶瓷板地面、聚氯乙烯（PVC）地面等。在有腐蚀性化学实验的实验室中，地面和墙裙均应贴敷瓷砖。其他实验室最好采用水磨石地面，墙壁喷涂浅色防潮涂料或水泥墙裙外涂浅色油漆，墙裙高度为 1.2~2.0m。

5. 天花板、隔断

天花板应选用易清洁、不起尘、不易燃的材料，按照需要，要有保温、隔声和吸声效果。除固定隔断外，最好采用灵活隔断，以适应仪器更新及改扩建的需要。

6. 通风系统

实验室的通风不仅包括新鲜空气的引入，还需注意灰尘、废气及其他测试过程中所产生的有害副产品的排除问题。实验室（尤其是小实验室）最好安装自动通风系统。

通风方式分为局部排风和全室通风。局部排风是在集中产生有害物的局部地点，设置捕集装置，将有害物排走，以控制有害物向室内扩散。这种方式是改善旧实验室条件的可行和经济的方法，也可能是适应新实验室通风建设的最好的方式，所以被广泛采用。对于有些实验不能使用局部排风，或者局部排风满足不了要求时，应该采用全室通风。

实验室通风系统设计的指导思想是：

（1）有效、经济的原则，力求达到排出实验中所有污染气体的目的。

（2）采取将实验中生产的污染气体就近抽走，不使其扩散的措施。

（3）通风管路系统布局要合理，消除各种不合理因素、减少阻力和噪声。

（4）通风台面装置力求外型美观、布局合理，其高度和位置不影响实验装置的安装，不影响实验操作。

（5）合理选择风机，防止或减少噪声和振动，便于安装和维护。

（6）考虑局部和全室通风的同时，兼顾给排水、煤气、电源线路的合理安排。

实验室内各种有害气体主要发生在实验桌面上。实验室桌面排风系统就是通过设置在桌面上的吸气罩，把实验过程中产生的有害气体吸入罩内，通过风道，以离心风机为动力，排放到室外高层大气中。桌面吸气罩是桌面系统重要的组成部分，其性能的优劣对桌面排风系统的技术经济效果具有重要影响，如设计合理，用较小的排风量就能获得良好的效果，反之用了较大的风量也达不到预期的目的。因此，研究和设计新型的性能优良的吸气罩对环保、节能、降低成本都具有很大的现实意义。

使用有害物质的试验过程，特别是会产生强烈刺激气味、废气或蒸气的试验过程及分析化验项目，应设置通风橱，有独立的排气孔。如果这种实验室的面积较小、数目少，可采用抽流式风机局部排风；而此类实验分析室较多，规模较大的中心实验室应建立统一的主排风管和引风机，引风机和排风口一般集中在楼顶。另外，还应有进气通风口。这是因为通风排风橱增多后，排风量增大，室内空气稀薄会形成负压，造成工作不适感。同时，由于从建筑物外进入楼道走廊的过堂风易使房门难以开启，所以必须设置适宜的进风口。但注意进风口应尽可能远离排气口，以免造成进风与排风的短路。通风橱的排气量按橱门半开时，空气流速为 0.5~1.0m/s 计。

7. 水电供应

中心实验室应设专门的电源线路并保证电压稳定。一般食品工厂的中心实验室均需用大量水，如蒸馏水、中试生产用水、一般化验用水、生活辅助用水等。在设计时，为确定给水管径，需估计实验室的总用水量，计算方法有多种：可根据实验室定员估计用水量，即以每个工作人员每天消耗 150~200L 水计；也可按水龙头数估算，即以每个 15mm 管径的水龙头耗水约 0.1L/s 估算总耗水量。下水管径可选粗些，以便排水通畅。对于实验室的强酸、强碱性废液，应集中收集，然后经中和处理或充分稀释后方可倒入排水管。

实验室供电常见电压有 220V 和 380V，每个房间宜设有独立的电控柜。电控柜应设置总电源控制开关，能够切断房间内的电源，同时还应设置多个空气开关，保证使用过程中如有漏电现象立刻自动切断电源。有需要时，应设置辅助电力系统（不间断电源或双路供电）。实验室应根据实际最大用电负荷并考虑一定余量进行配电设计。用水区域的供电装置要加装防水措施，以免实验用水喷溅；在有油污的场合应使用具有耐油特性的装置。

8. 采光与照明

实验室的照明灯具应采用日光灯或白炽灯，在有易燃、易爆物质的房间，应设防爆灯，湿度大的房间采用密闭式灯具。照明负荷宜由单独配电装置或单独回路供电，应设单独开关的饱和电路。实验室在满足试验需求的前提下，应尽可能选择节能照明灯具，重要实验场所应设置应急照明。

为了便于自然采光，中心实验室应坐北朝南建造，可适当采用较高的楼层高度，以增加采光面积。

（四）实验台的设计及室内布置

实验台设计的效果，不但影响到开展实验工作的方便程度，而且影响到实验室的平面布置。因此，必须了解实验台的设计模式，如坐式实验台的高度通常在 0.75~0.85mm，如果男性实验员占较高比率也可考虑 0.90m 高；站式实验台高度则在 0.85~0.92mm，实验台的长度通常宜考虑每人 1.2m（最小不应小于 1m），而有机化学实验台则须考虑长一些，可取 1.4~1.6m；试剂架高度为 1.2~1.65m；而高柜可达 1.8~2m 等。在设计时，实验台必须与有窗的外墙垂直排列，不允许平行。在化学分析室中，单面化验台一般靠墙放置，台宽 0.75m 左右，并在一端装备洗涤槽。双面化验台宽 1.5~1.7m，在台的一端或两端装备洗涤槽。对于特殊实验台，应根据仪器的要求，分析实验的特点单独设计。

实验台的设计模式的重点是安全性和方便性，主要有岛形、半岛形和 L 形的设计模式，还有 U 形与一字形（即侧边实验台）布局也较常用，岛形是最常见的一种模式，常使用于大空间、呈长方形的室内，此模式的特点是人流顺畅；半岛形也是一种比较典型的应用方式，适用于狭长的房间；L 形适用于较为窄小的房间。

在设计化学分析实验室时，通常在实验室中央配置从两面都能够操作的中央实验台，两边配置边实验台、测试台、通风柜、药品柜、干燥柜等，根据需要配备净化台、恒温恒湿设备，为了尽可能多地增加使用空间，往往还需配备一些平面型实验台。

为了便于分析仪器的操作使用，分析仪器使用的特殊气体的配管应该尽量接近分析仪器。

（五）实验室其他配套设施设计

1. 实验台面

实验台面常用材料有环氧树脂、耐蚀实心理化板、TRESPA（千思板）等。环氧树脂台面主要为加强型环氧树脂成分，是模具一体成型的化学台面板，内外材质一致，损伤时可修复还原。耐蚀实心理化板系以筛选后之优质多重夹纸，浸泡于特殊酚液后经高压热固效应成型，并经表面特殊耐蚀处理。TRESPA（千思板）成分为70%的木质纤维，30%的三聚氰胺树脂，采用双电子束扫描专利技术将三聚氰胺附贴在面层，经高温高压成型。上述几种台面均具耐酸碱、耐撞击、耐热之特性。

2. 实验用柜

实验用柜包括药品柜、专用柜两大类。药品柜是化学实验室必不可少的橱柜，主要放置固体化学试剂和标准溶液，这两者必须分类放置，不可混放在一起。化学试剂应分类放置，便于查找。同时为了安全，药品柜应设置玻璃门窗，柜体也应具有一定的承重能力和防腐蚀性。专用柜包含样品柜、药品保管柜、危险品保管柜、玻璃器皿干燥和保管柜。除此之外，还有工具柜、杂品柜、更衣柜等。其中，样品柜用于放置各类实验样品，应有分格且可贴标签等的隔板，便于存放样品和查找样品，因为有些样品根据样品的物理性质和化学稳定性而需放入干燥器保存，因此分格有大有小，以便于存放不同的样品。药品保管柜用于存放液体试剂，如盐酸、硝酸、过氯酸、有机试剂等挥发性药品。一般为木制，也有钢制，可存放规格不同的试剂。柜子要求稳固，可以并排使用，也可以与地面墙壁固定。危险品保管柜适用于危险物品的简单保管和短期保管，采用不锈钢制作，或由耐火砖砌成。玻璃器皿干燥和保管柜用于保存洗净后的器皿，设有用导轨与柜体固定托架，使玻璃器皿存取方便，各层托架可根据器皿尺寸大小调节位置，器皿架要通风要良好、易于清洁干燥。

3. 椅凳、洁净柜、安全柜

根据实验需要，工作椅凳可有钢制、木制。为方便实验和节约空间，通常用圆凳。圆凳若为钢制还可调节高度。仪器实验室可有带滑轮的靠背椅，便于操作。

洁净柜又称超净工作台，可提供无菌、无尘的洁净操作环境。洁净柜的主要部件包括柜体、操作台面、前面板、风机、静压箱、过滤器、照明灯、杀菌灯等。外部气体经风机区，工作区气体呈正压以保证不受外界气体的污染，洁净柜根据气体的流向可分为水平层流和垂直层流，规格有单人、双人、单面、双面，也可串联使用。

生物安全柜是微生物实验操作的主要洁净设备，可防止可能存在的有毒有害悬浮颗粒的扩散，保护实验过程中操作者和环境的安全，也可保护操作过程中样品免受污染。一级生物安全柜相当于带过滤器的排毒柜，保护操作者和环境。二级柜同时保护操作者、环境和样品，适用于生物安全1级、2级、3级的样品。三级柜同时保护操作者、环境和样品，操作环境与外界环境完全隔离，带有手套箱，全密式操作，适用于高危险性样品的实验操作。

生物安全柜与洁净柜的主要区别在于生物安全柜主要是保护操作者和环境，也可保护样品，结构比洁净柜复杂，操作区气体负压，气体净化后排放；洁净柜保护操作样品，不保护操作者及环境，操作区处气体正压，操作区外气体直接排放。

4. 通风柜

通风柜是实验室中最常用的一种局部排风设备，种类繁多，由于其结构不同，使用的条件不同，排风效果也不相同。通风柜的性能好坏主要取决于通过通风柜的空气移动的速度。实验室中所采用的通风柜归纳起来有六种：

（1）顶抽式通风柜　这种通风柜的特点是结构简单、制造方便，适合有热量产生的场合。

（2）狭缝式通风柜　狭缝式通风柜是在其顶部和后侧设有排风狭缝，对各种不同工况都能获得良好的效果，但结构比较复杂，制作也较麻烦。

（3）旁通式通风柜　这种通风柜带旁通，通过内置的旁通设计维持恒定的排风量，当柜门全闭时并不影响室内的换气量。

（4）补风式通风柜　对于有空气调节系统的实验室或洁净实验室，采用这种通风柜是很理想的，既节省了能量，又不影响室内的气流组织。

（5）自然通风式通风柜　优点是不耗电，能日夜连续换气（经实测室内换气可达6次/h），有利于室内换气，无噪声和振动，由于没有机械设备，容易保养，构造简单，造价低廉，但它的使用受一定条件限制，凡毒性较高和不产生热量的实验，都不宜采用，有的房间在夏季也不宜使用。

（6）活动式通风柜　在现代化实验室建筑中，有时还配置一种通用实验室（实验大厅），其中的实验工作台、水盆通风柜等设备都可随时移动，不用时也可推入邻近的贮藏室。这种通风柜宜用木材、塑料或轻金属制作，以便移动。

5. 安全设施

实验室规划设计中当然也不能忽视对安全通道的特别设计。这里指的是实验室室内设计中的安全距离等。安全门作为疏散通道，通常门宽0.9~1.5m，其中单门一般为0.9m，双门有1.2，1.4，1.5m等。对于主通道来说，若两个实验台双面操作，安全距离≥1.5m；单面操作安全距离≥1.2m；有排毒柜的话，安全距离≥1.5mm，且特别注意排毒柜不能放置在靠近门口的位置。一般建筑内部的消防通道最小宽度是1.2m，而实验室则不同，最少应为1.5m。

6. 安全设备

此处所说的安全设备指的是实验室的备用设备，如桌上型洗眼器、落地式淋浴和洗眼器、安全箱等。桌上型洗眼器要放于水槽右侧，因中国人习惯右手操作；落地式淋浴和洗眼器要放置在出口处，且室内要求配地漏；安全箱则应放在最显眼的地方，内装急救药品。

（六）中心实验室的规划设计

中心实验室规划设计涉及的内容很多，如实验室内的仪器设备、卫生要求、建筑和人员安全、防火要求、电路布线、给排水等。设计现代化的实验室，首先要确定实验室的性质、目的、任务、依据和规模；确定各类实验室功能、条件以及规模大小；了解室内空间的总体概念，如房间形状、尺寸以及天花板的类型和高度等。要针对不同实验室采用不同地面。现在人们最常用的是 PVC 地面和环氧树脂地面两种，也有的用瓷砖。地面除了要注意类型外，还要注意上下水管道的位置等。墙面，包括柱体的位置、窗台高、踢脚板的宽度等都要确定清楚，这是很重要的一个方面，因为这些都是在具体施工中经常出现问题的环节。在对目标实验室的上述内容充分了解后，进行中心实验室的规划设计。

在规划中心实验室时，首先要确定实验室空间的大小，其决定因素如下：试验台的大小及各种装置所占的面积、试验台的配置与作业内容、室内的通路空间（尤其是作业空间要充分考虑）、与采光有关的问题以及与其他实验室或实验台之间的相互关系及作业顺序。一定要先把握住实验室内的作业内容、研究者的动态。在规划平面配置图时，必须考虑实验台的位置、作业流程、人员的配置、通道的宽度等之间的关系，务必深入调查，经过再三审核之后，才能决定出设备配置图。

不同实验室有不同的要求，其差别有时很大。在设计化学实验室时，通常在实验室中央配置两面操作的中央台，两边配置边台、测试台、通风台、药品柜干燥柜等，根据需要配备净化台、恒温恒湿设备。在微生物实验室中，可靠性高的无菌、无尘环境是必不可缺的，通常可在进口处设置洗涤台和干燥台。

在中央台和边台上，安装试剂架，万向支架，用来放置满足不同实验目的反应管，抽取管等器具。另外在实验台上要引入特殊气体配管，以及冷却用的给排水管，在通风柜内部也可安装固定器具的万向支架。

为了便于分析仪器的操作使用，实验室中央往往配置单面使用的仪器台，外墙配置测试台，分析仪器使用的特殊气体的配管，应该尽量接近分析仪器。

中心实验室的建设规划、平面布置、设计的实施、建筑施工和验收参考“化验室”有关内容。

第三节　食品工厂仓库设计

一、仓库的概念及分类

仓库是贮存和保管物资的场所。在仓库产生之初，“仓”和“库”是两个概念，“仓”是贮存粮食的场所，“库”则是存放用品的场所，随着仓库职能的复杂化和仓库结构的复杂化，后人把“仓”和“库”合并，将所有贮存物资的场所称为仓库。

按不同的分类特征，食品企业仓库的分类主要有以下 4 种：

（1）按仓库在社会再生产中的作用和所处领域不同分为食品生产企业仓库和食品流通领域仓库。食品生产企业仓库又可细分为食品原材料库（包括常温库、冷藏库）、辅助材料库（存放油、糖、盐及其他辅料）、包装材料库（存放包装纸、纸箱、商标纸等）、设备库、工具库、配件库、劳保用品库等；食品流通领域仓库又可分为成品仓库、中转仓库、贮备仓库等。

（2）按仓库存放物资的种类和保管条件分为通用仓库、专用仓库、特种仓库等。通用仓库也称综合性仓库，内存性质互不影响的物资；专用仓库是指用以存入某一种或某一类物资产品的仓库，是根据某类物资的保管、养护条件而建造的；特种仓库是指贮存危险品的仓库，其建造地点、结构以及库内布局都有特别要求。

（3）按仓库是否独立经营可分为营业性仓库和非营业性仓库。营业性仓库是指经营独立、面向社会进行供应服务且自负盈亏的仓库；非营业性仓库一般是指企业内部仓库，只为本企业服务。

（4）按仓库的建筑结构不同分为库房、货棚和露天货场。库房又可分为一般库房、保温库房、高级精密仪器库房、危险品库房、爆破器材库房等；货棚一般存放防雨雪侵蚀的物资；货场是指地面经过适当处理的露天场所。

二、仓库在总平面布置中的位置

仓库在全厂建筑面积中占了相当大的比例，它们在总平面中的位置需要仔细考虑。生产车间是全厂的核心，仓库的位置只能是紧紧围绕这个核心合理地安排。但作为生产的主体流程来说，原料仓库、包装材料库及成品库等显然也属于总体流程图的有机部分。工艺设计人员在考虑工艺布局的合理性和流畅性时，不能只考虑生产车间内部，应把着眼点扩大到全厂总体上来，如果只求局部合理，而在总体上不合理，所造成的结果是增加运输的往返，或影响到厂容厂貌，或影响产品质量，增加生产成本，阻碍了工厂的远期发展，因此，在进行工艺布局时，一定要从全局考虑。

三、仓库的平面布置要求

仓库的平面布置是指在已经选定的库址上，对仓库各种主要建筑物在规定的库区范围内进行合理的布置。将各建筑物、各区域间的相对位置，反映在一张平面图上，称为仓库的总平面图。

仓库建筑物是工厂建筑群中一个重要的组成部分。工厂仓库的平面布置，是工厂总平面布置的内容之一。工厂仓库的平面布置与流通仓库的平面布置不同，它不是构成一个功能齐备的单位，而是与工厂的其他建筑物、构筑物形成一个有机的整体。

仓库的平面布置主要取决于仓库的业务流程和运输条件。仓库的平面布置，应当尽量保证物资从验收入库、保管保养直至出库等一系列作业过程中，不发生重复拖运、迂回运输等问题。各作业环节之间紧密联系又互不影响，并且能促进仓库作业能力的提高和仓库各项费用的降低。仓库的平面布置，应在新建或改扩建仓库时考虑。对于已经建起的仓库，主要考虑如何更加合理地使用和进一步规划，使之满足仓库技术作业过程的要求。

由于工厂各种仓库存料不同，所要求的保管条件不同，其作业方式、服务对象也不一样，因此在确定某一仓库具体位置时，应综合考虑各方面的因素。

（一）工厂仓库的组成

不同类型的工厂仓库的组成是不同的。但从总体上看，工厂仓库一般分为两大类，一类是全厂性的仓库，也称为中心仓库或总仓库；一类是车间仓库，也称专用仓库或分库。

全厂性仓库是为全厂服务的，如通用器材库、工具库、设备库、配套件及协作件库、劳保用品库等。车间仓库是为本车间或主要为本车间服务的仓库，如金属材料库、燃料库等。

由于各工厂生产的产品不同，生产工艺流程不同，仓库的划分方法也不同。

各种仓库的建筑物，可以是库房、货棚或货场。

（二）对工厂仓库布置的基本要求

因为工厂仓库的平面布置是工厂总平面布置的一个组成部分，所以工厂仓库的平面布置应遵循工厂总平面布置的原则，同时还要根据仓库的特有功能，满足以下几方面要求。

1. 与工厂生产工艺流程相适应

生产工艺流程是从原材料到成品的全部生产过程。在生产工艺流程的始端、末端和中间，有原材料、半成品和成品的贮存，这就需要设置仓库。仓库的平面布置应与生产工艺流程相适应，满足生产工艺流程的要求。

2. 仓库应尽量接近所服务的车间

工厂各种仓库服务对象不同，所贮存的物资不同，流动方向也不同。从物流合理化的角度看，应尽量减少运量、缩短运距，使物流短捷、顺畅。这就要求各种仓库在满足防火间距的前提下，尽量靠近其所服务的车间。对于面向全厂服务的仓库应设在对各车间比较适中的位置，以方便各车间操作。

3. 仓库要有方便的运输条件

仓库贮存物资是一种动态的贮存，要经常地收进和发出，如原材料的进厂、成品的出厂，都要通过仓库进行。仓库应靠近工厂的主干道或干道，收发量大的仓库应接近工厂出入口，为厂内外运输提供方便条件。

4. 在总平面布置中尽量减少仓库占地

在厂区占地总面积中，仓库（包括库房、贷棚、货场、堆场）占有相当大的相对密度。在城市土地紧张、地价昂贵、厂区面积有限且工厂不断发展的情况下，应尽量减少仓库用地，如合并相同性质的仓库、建造多层仓库、利用协作单位仓库等。随着物资配送制的推行，工厂可减少库存，从而可减少仓库和仓库占地面积。

5. 有利于工厂的劳动卫生和防火安全

工厂的一些仓库特别是危险品仓库，受自然因素的影响，会产生易燃、易爆物质或腐蚀性、毒害性气体污染空气，不但有损于人的健康，而且不利于工厂的防火安全。因此，有些仓库必须进行分散布置，与火源隔离，远离生产车间，以确保安全。

库房、料棚、料场等是仓库的主体。在仓库中，应该成直线布置，避免斜向布置，并使之互相平行。这样，既可以使运输线路布置合理，又可以使仓库场地得到充分利用。要注意将存放性质相同或相近、互相没有不良影响的物资库房（或料棚），布置在同一个区域内而把互有不良影响的物资库房（或料棚）隔开。

仓库的办公室和生活区，一般应设在仓库入口处附近，便于接洽业务和管理，但必须和贮存物资的库房、料棚、料场分开，并保持一定的距离，以保证安全，如果条件允许的话，最好在常年下风的方向，以免灰尘和有害气体落入库房。

根据上述要求，仓库平面布置与总体规划要达到以下的目标：

（1）尽量做到仓库的建筑和设备设施投资最省。

（2）保证迅速、齐备、按质、按量地供应生产建设所需的物资。

（3）物资在库内的搬运时间、重复装卸的次数最少，库内搬运费用最低。

（4）面积利用率和库内空间利用率等各项利用指标要高，仓库总面积、长宽比、专用线与装卸台的长度、验收场地的大小等各项参数选择要适当合理。

（5）确保物资贮备的安全无损，并有利于降低物资的贮备定额及加速物资的周转。

（6）为逐步实现仓库管理机械化、现代化提供方便条件。

四、仓库设计的基本点

仓库设施设计的基本观念中最为重要的是把握下列基本点：设计要先进；仓库规模要在可能范围内考虑大些、宽裕些；除不得已的情况下，要避免建造木质仓库；如果将来仓库可能会转为他用，现在就可设计成多用途仓库；掌握仓库的性质与种类及各种仓库的用途；仓库的职工人数应尽可能少些；仓库的内部设计要把保管前的作业、保管作业、保管后的作业，综合设计成物资连续流动的系统；事务处理要求简化，要预先注意到便于实现电子化；充分考虑安全及环境卫生；要求仓库作业时的响声不产生回音；在允许的条件下，设置空调装置；有较好的视野；货物的进出不论是利用海运还是陆运，都要使运输设备达到平衡。

仓库的设计除了要符合建筑的基本规范外，还要考虑新的、现代化的仓库管理要素，要用人类工程学观点去设计良好的职工劳动场所，还应了解所经办物资的价值，并针对其特性进行仓库设计。

五、仓库容量和面积的计算

仓库的总面积（也称仓库占地面积）是从仓库外墙线算起，整个围墙内所占用的全部平面面积。仓库总面积的大小，取决于企业消耗物资的品种和数量的多少，同时与仓库本身的技术作业过程的合理组织以及面积利用系数的大小有关。仓库贮备物资的数量多、品种规格复杂，仓库面积就大；单一品种的物资比同样数量的品种规格繁多的物资，占用面积小些。设计的仓库总面积，必须与预定的仓库容量相适应。

原辅材料仓库的大小，取决于各种原辅材料的日需要量和生产贮备天数。成品仓库的大小，取决于产品的日产量及周转期。此外，仓库的大小还和货物的堆放形式有关。在确定以上几项参数后，通过前面的物料衡算，根据单位产品消耗量，即可计算出仓库面积。

各类仓库的容量，可用式（5-2）确定。

$$m = Wt \tag{5-2}$$

式中　m——仓库容量，t

W——单位时间（日或月）的货物量，t/d 或 t/月

t——存放时间，日或月，d 或月

单位时间的货物量（W）可通过物料平衡的计算求取。但是，需要强调的是，食品厂的产量是不均衡的，单位时间货物量（W）的计算，一般以旺季为基准。存放时间（t）则需根据具体情况选择确定。对原料库来说，不同的原料要求有不同的存放时间（最长存放时间）。究竟要存放多长时间，还应根据原料本身的贮藏特性和维持贮藏条件所需要的费用做出经济分析，不能一概而论，如糕点厂、糖果厂存放面粉和糖的原料库，存放时间可适当长些，但肉制品加工厂和乳制品厂的原料库，存放时间可适当短一些。对成品库的存放时间，不仅要考虑成品本身的贮藏特性和维持贮藏条件所需要的费用，还应考虑成品在市场中的销售情况，按销售最不利，也就是成品积压最多时计算。

仓库容量确定以后，仓库的建筑面积可按式（5-3）计算。

$$A = \frac{m}{dK_c} = \frac{m}{d_p} \tag{5-3}$$

式中 A——仓库的建筑面积，m^2

d——仓库单位面积堆放量，t/m^2

K_c——仓库面积利用系数，一般取 0.60~0.70

d_p——单位面积的平均堆放量，t/m^2

m——仓库容量，t

单位面积的平均堆放量与库内的物料种类和堆放方法有关。一些产品和原材料的贮放标准见表 5-4 和表 5-5。

表 5-4 产品存放标准

产品	存放时间/d	存放方式	面积利用系数	贮存量/（t/m^2）
炼乳	30	铁听放入木箱	0.75	1.40
乳粉	30	铁听放入木箱	0.75	0.71
罐头 1517	30~60	铁听放入木箱	0.70	0.90

表 5-5 部分原料仓库平均堆放标准

原料名称	堆放方法	平均堆放量/（t/m^2）
橘子	15kg/箱，堆高 6 箱	0.35
菠萝	20kg/箱，堆高 6 箱	0.45
番茄	15kg/箱，堆高 5 箱	0.30
青豆	散堆，堆高 0.1m	0.04
食盐	袋装，堆高 1.5m	1.30

如果设有辅助用房，仓库的建筑面积可按式（5-4）计算。

$$A = A_1 + A_2 = \frac{m_1}{qK_c} + A_2 \tag{5-4}$$

式中 A——仓库的建筑面积，m^2

A_1——仓库中库房的建筑面积，m^2

A_2——仓库中辅助用房的建筑面积，m^2，包括办公室、走廊、电梯间与卫生间等

m_1——库房内应堆放的物料量，kg

q——单位库房面积上可堆放的物料量，kg/m^2

K_c——仓库面积利用系数

K_c 值的确定：对于贮存在架子上的材料，K_c 取 0.3~0.4；对于箱装、桶装和袋装的物料，K_c 取 0.5~0.6；对于贮存在料仓中的散装材料 K_c 取 0.5~0.7。

A_2的确定：仓库辅助用房面积的大小没有严格的规定，须根据建筑规模、堆垛与装运方式，土地充裕情况等多种因素来考虑。

q 值的确定：单位库房面积可堆放物料量是由包装形式、包装材料的强度和堆放方式等因素决定的。设计时可查取有关数表和资料，同时还应考虑库内地坪或楼板的结构及承

重能力，即有包装的物料负荷不能超过地板或楼板的承重极限。负荷很大的物料应放在多层库房的下层，如机床、大型工具等。多层库房的上层载荷应控制在 $2t/m^2$ 以内。对于露天堆场，还应考虑到避雨、避雷、放火、运输、排水和通风间距，因而堆场面积为仓库面积的 1~1.5 倍。

六、仓库的形状

在仓库设计的基本观念中，趋于把仓库的形状，与一定的几何形状相结合。仓库的形状，随经营规模和处理物资的种类而异，也随设计者的偏爱、企业的希望及仓库有关人员的要求而异。由于形状的好坏和使用价值的评价受到各种条件的影响，所以对其效果不能笼统地作出判断。但是，不论是什么类型的仓库，仓库的形状都会给营运和效率造成很大影响，因此，必须做好计划。各种形状仓库的平面图如图 5-28 所示，各种形状仓库的侧面图如图 5-29 所示。通过图形可以建立适应于仓库形状的概念。但这里表示的仓库形状不是全部，没有包括新设计的仓库形状在内。

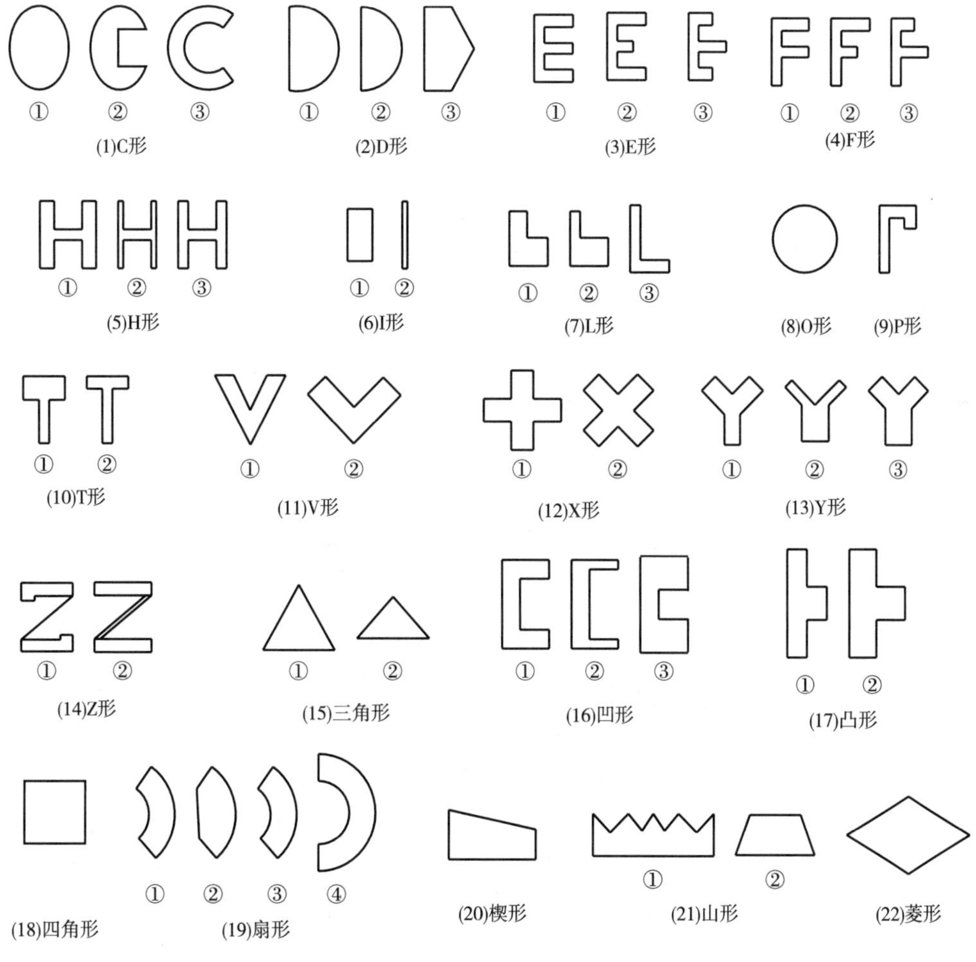

图 5-28 各种形状仓库的平面图

针对图示的各种仓库形状，可以整理出设计的基本形状。对形状的优劣不能一概而论，但根据过去长期的实践、经验和研究的结果，可以说平面图形最好的是把图 5-28 (18) 四角形中的竖线加长，画成明信片似的长方形，再进行黄金分割。在图 5-29 中的屋顶和侧面图形中，山形和方形（平屋顶）等比较好。如果把图 5-28 和图 5-29 中的图形组合起来加以分析，就可以画出满意的仓库形状。

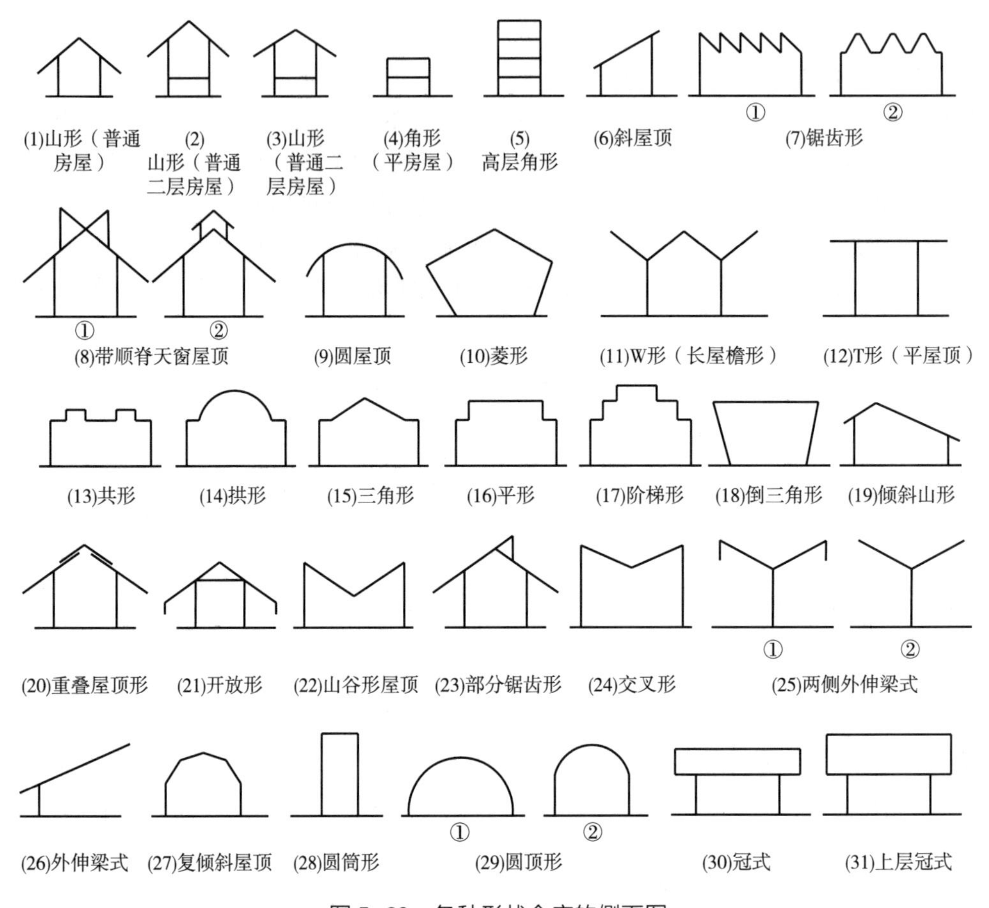

图 5-29 各种形状仓库的侧面图

七、仓库的结构形式

在研究特殊形状仓库的平面图形时仓库的平面图形同图 5-28 中的 D 形、V 形、X 形、扇形、山形；特殊平面形状的绘制货物流动路线如图 5-30 所示，从图 5-30 中可了解仓库形状与货物处理方式（货物流动路线）间的关联，这有助于理解仓库形状设计的概念。

仓库场地的长度和宽度，直接影响着基本建设投资和经营费用的支出。标准仓库场地，以长方形为佳。长而窄的场地，使库房、料棚和露天场地的布置很难合理规划；短而宽的场地，必然增加库内搬运的距离，经营费用势必提高，一般库房宽长比参考表见表 5-6。

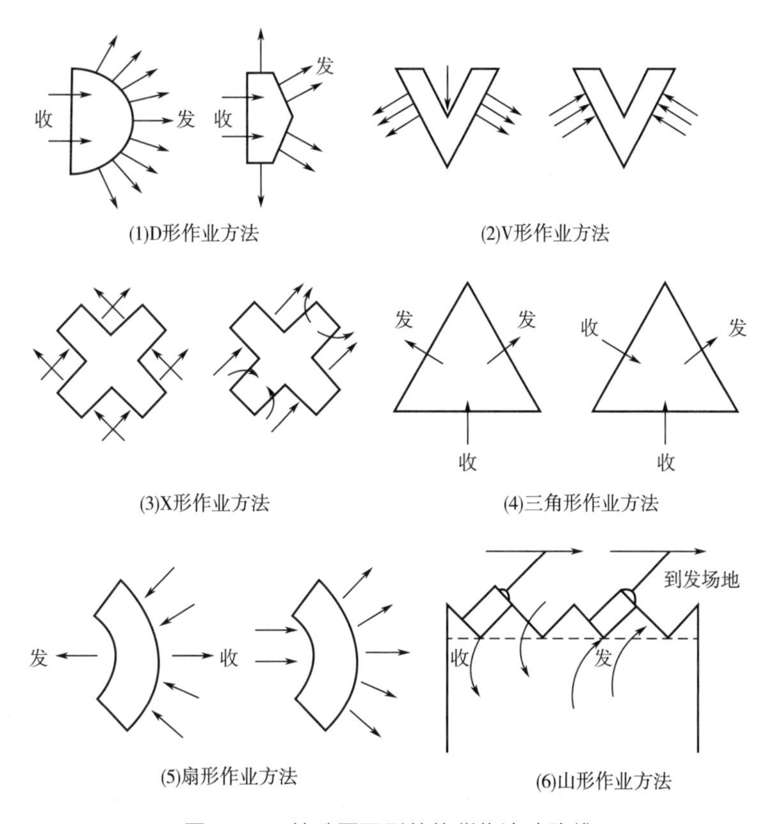

图 5-30　特殊平面形状的货物流动路线

表 5-6　　一般库房宽长比参考表

库房总面积/m^2	宽/长
500 以下	(1/2) ~ (1/3)
500~1000	(1/3) ~ (1/5)
1000~2000	(1/5) ~ (1/6)

八、仓库建筑

仓库建筑是保证物资在保管过程中完整无损的重要设备，也是保证仓库作业达到安全迅速与经济合理的基本条件。因此，仓库建筑结构应适合物资的保管条件和物资的验收保管与发放等作业组织程序，能最大限度地利用仓库存放，在任何天气和任何时间都能进行工作，保证仓库内外物资和运输工具便于移动和通过，符合劳动保护和安全生产以及仓库防火安全要求，保证物资仓库未来扩建和改建的便利，尽量降低建筑物的工程造价和节省在使用中的维修经费等。

（一）仓库建筑的分类

组成仓库的各种建筑物可分为生产性和非生产性两类。前者主要是指各类库房和与仓库技术作业有关的辅助性建筑物，如汽车房、包装间等，后者主要是指行政办公用房和生活用房。其中，库房包括平库和楼库。

1. 按仓库构造特点分类

仓库建筑按其构造特点可以分为以下三类：封闭式仓库建筑、半封闭式仓库建筑和露天料场。封闭式仓库建筑周围均有墙壁，上加屋顶，这种仓库建筑有保温与不保温和取暖与不取暖之分，可以存放各种材料，根据存料种类的不同，可以筑成一般性的仓库建筑和特种仓库建筑；半封闭式仓库建筑包括带盖料棚和周围不全有墙壁、屋顶用柱或部分墙壁支承的仓库建筑；露天料场是较周围地面稍高，铺有地坪，并稍带斜坡和四周设有排水沟，筑有围墙的场地。

2. 按仓库建筑耐火程度分类

仓库建筑按照其构件的耐火性能，可以分为耐火仓库、非耐火仓库两类，主要构件为非燃烧体如混凝土、钢筋混凝土和砖石等的仓库均属耐火仓库；主要构件和其他建筑材料为燃烧体或不易燃烧体，包括经防火剂处理过的木质仓库和未经防火剂处理的木质仓库，均属非耐火仓库。在实际应用中，应根据各种仓库的耐火程度，规定其所允许贮存物资的种类。保管易燃、可燃材料，必须使用耐火仓库；反之，保管非燃烧的和不易燃烧物资时，则可应用非耐火仓库。

3. 按仓库建筑材料分类

仓库建筑按仓库建筑所选用的建筑材料，可以分为木质建筑仓库、砖木结构建筑仓库、钢架结构建筑仓库、钢筋水泥建筑仓库四类。木质建筑仓库是以木材为主要建筑材料的仓库，此种建筑具有施工迅速、易于改建和造价较低廉等优点，但它也不可避免地存在易于损坏、火险大和虫鼠易于寄生等缺陷，因此只适于作临时性仓库；砖木结构建筑仓库是以砖石和木材为主要建筑材料建造的，其耐久性和火灾危险性较木质建筑更佳，许多老式仓库和小型仓库多为此种建筑；钢架结构建筑仓库主要结构为钢架，具有支撑起重机械的力量，适合作为备有桥式或梁式起重机的仓库；钢筋水泥建筑仓库是用钢筋混凝土建筑的仓库，具有坚固耐久，抗震，较好的防水与防火能力，防潮湿，不易被油及酸类等浸湿及为虫鼠所损伤，最易保持清洁卫生等优点，为现代大、中型仓库广泛采用。

4. 按作业方式分类

仓库建筑按仓库作业方式，可分为人力作业仓库、半机械化仓库、机械化仓库、半自动化仓库和自动化仓库。人力作业仓库一般面积较小，库房有效高度较低，地坪承载能力较小，库内无固定的装卸搬运设备，其他装卸搬运设备也不能进入的全部作业均需由人力完成。半机械化作业仓库的规模一般较大，库内设有简易固定装卸搬运设备，叉车等搬运设备也能进入作业，但有一部分作业仍需人力完成。机械化作业仓库一般为大型仓库，库内设有桥式或其他固定装卸设备，汽车、叉车可在库内出入，全部作业均由机械化完成。半自动化仓库是由机械化向自动化过渡的一种形式，其特点是库内机械设备仍由人操纵，但作业的部分环节可自动完成；自动化仓库亦称自动化立体仓库，是仓库建筑、仓库装卸搬运设备和控制系统的综合体，全部作业由计算机控制的各类标准机械设备完成。

5. 按仓库层数分类

仓库建筑按照仓库层数，有平库和楼库之分。平库又称单层库房，是相对于双层库房和多层库房而言的，属于封闭式仓库建筑物。楼库亦称多层库房，它与平库一样同属于全封闭式仓库建筑物，只是多层结构，如同多层厂房。楼库与平库相比较，在建筑结构、保管条件、主要功能及用途等方面，有很多相似之处，但同时又有其特点。

（1）平库　平库作为库房的一种建筑形式，按照结构特点，可分为单跨库房、双跨库房和多跨库房，单跨、双跨及多跨平库简装图如图5-31所示。双跨和多跨库房又分为等跨与不等跨、各跨等高与不等高等不同类型。此外，平库还可分为设有库边站台的库房和不设库边站台的库房，墙承重结构库房和框架承重结构库房，砖木整体结构库房和钢筋混凝构件装配式库房等。平库的主要由基础、地坪、墙体、屋盖、库门与库窗、库内立柱和库边站台等结构部分组成。

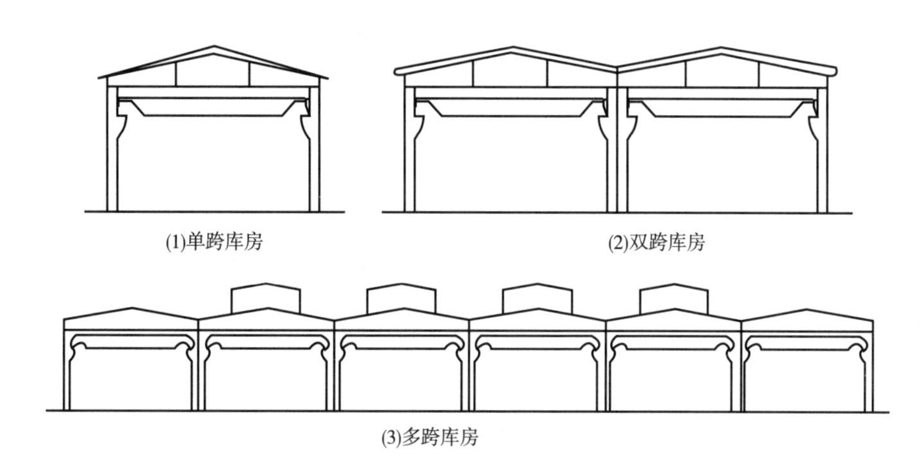

图5-31　单跨、双跨及多跨平库简装图

与楼库相比，平库具有以下主要特点：

①结构简单，建筑系数大。因平库只有一层，是由地坪、墙体和屋盖围成的封闭空间，结构比较简单。库中间一般不设立支柱，在建筑面积一定的情况下，其使用面积所占比例比较大，即建筑系数大。

②地坪承载能力强。平库的地坪直接建筑在地基上，单位面积承载能力比较强，如对基层作进一步处理或加厚垫层，还可使承载能力进一步提高，这样在仓库面积一定的情况下，可大大提高仓库的贮存能力。

③物资出入库方便。平库两侧和两端都可设置库门，地坪直接与库区道路连接，装卸运输设备可直接进库作业。设有库边站台时，站台地面与库房地坪在同一水平面上，且与车底板基本持平，叉车可直接开入车辆内装卸货物，可大大提高作业效率。

④受外界因素影响比较大。平库地坪直接与地基相连，所以容易返潮，在雨水大的情况下，还必须作好防洪准备。屋面直接受太阳光的照射，夏季库内温度较高，同时由于散热面积（墙体和屋面总面积）大，冬季库内温度比较低。此外，由于靠近库区主要通路，受灰尘、震动的影响也比较大。

⑤有利于防火灭火，但不利于防盗。平库只有一层，其高度一般不超过10m，发生火灾时容易被发现，而且便于扑救，可以减少火灾的损失失。但平库的门窗和屋顶容易被破坏，不利于防盗。

⑥占地面积比较大。在建筑面积一定的情况下，平库占地面积大，特别是在土地比较紧张的大、中城市，地价昂贵，占地面积大，会大大增加基建投资，提高工程造价。

（2）楼库　楼库亦称多层库房，它与平库一样同属于全封闭式仓库建筑物，但为多层结构，如同多层厂房。三层楼库简图如图 5-32 所示。

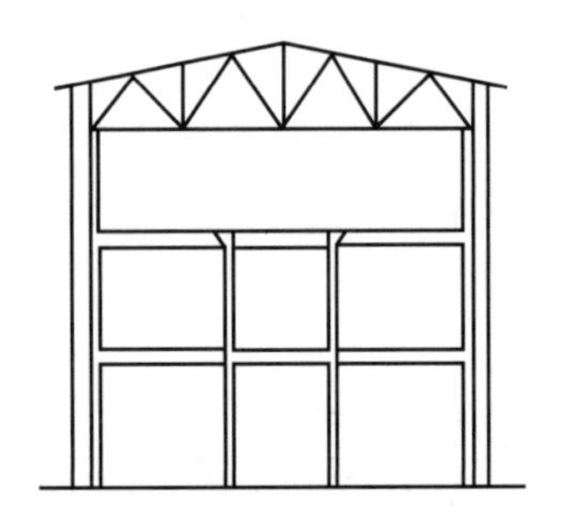
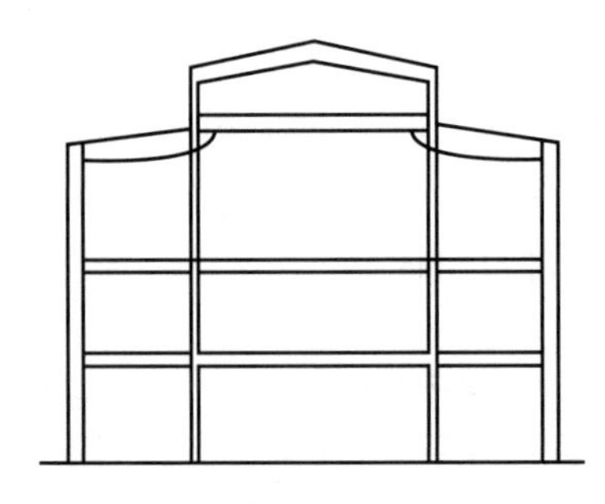

图 5-32　三层楼库简图

楼库是各种多层库房的统称，按照楼库层数的不同，可分为双层楼库和多层楼库；按照楼库的总高度，可分为多层库房和高层库房；按照楼库建筑物与地面的相对位置，可分为地上楼库和带有地下室的楼库；按照楼库的结构特点，可分为墙承重楼库和框架结构楼库；按照楼库的作业方式，可分为人工作业楼库和机械化作业楼库；按照楼库的使用方向，可分为通用楼库和专用楼库等。

与平库相比，楼库的主要特点是占地面积少，节约用地；物资保管条件改善，仓贮质量提高；各层条件不同，适合多种物资的保管；布局紧凑，便于管理；库内作业不便，增加垂直搬运；结构比较复杂，造价较高。从以上楼库的特点可以看出，楼库有优点也有缺点，但从总的趋势来看，随着城市建设的发展，城市用地越来越紧张，建设楼库或将平库改为楼库已成为必然。

（二）仓库建筑结构

仓库的结构有各种类型。为了强调仓库设计中的基本概念，这里着重阐述关于仓库库房建筑的要求、仓库柱子的间距、各层的高度及仓库地板的负荷能力。

库房的建筑必须是经济、坚固、适用，符合物资的安全存放，物资和机械设备进出方便以及工程造价合理等条件。库房的选型，要因地制宜，最好选用定型设计，一般的要求如下：

（1）库房的建筑基础必须要稳定、坚固，其断面尺寸要符合于有效荷重和地层的承载能力。其基础材料必须有抵抗潮湿和地下水作用的能力。基础的形状和尺寸应保证使荷载能均匀地分布在地基上。

（2）库房的墙体是库房的主要支承结构和围护结构。库房的墙，应该尽量使库内不受外部温度、湿度变化及风沙的影响，坚固耐久。墙的高度按存放物资所达的高度和采用的机械设备而定。

（3）库房的地坪是由基础、垫层和面层构成。仓库的地坪必须要坚固，具有一定的荷载能力。库房地坪的荷载能力，一般应在 $5\sim10t/m^2$，同时还应具有耐摩擦和耐冲击等作用，能容许运输工具的通行，光洁平坦，容易整修，不透水，防潮性能良好，热导率小。

（4）库房的屋顶是由承重构件和围护构件组成。库房的屋顶，要求能有效地防雨、防雪、防风和防日光的暴晒，屋面坡度能保证雨水迅速排掉，符合防火安全要求，热导率小，其坚固性和耐久性应与整个建筑物相适应。

（5）库房的门窗和库门的多少取决于技术操作过程和物资吞吐量。对于较长的库房，每隔20~30m在其两侧设库门。对于通行小车或电瓶车的库门，宽高一般均在2.0~2.5m；对于通行载重汽车的库门，宽3.0~3.5m，高3.0m。库门的型式以拉门为宜。库窗的形状、尺寸和位置，必须保证库房的采光、通风、防火和安全要求。多采用小气窗（通风口），以保证库房内的自然通风。库窗要设在较高位置，启闭灵活，关闭要严密。

仓库柱子间距应适当，过小会给作业带来困难，过大又不经济，但是仓库柱子间距以往是希望大些的，柱子间距在很大程度上决定于仓库的用途、仓库的层数、仓库的构造、仓库的负荷能力等，同时也受到建筑费用的影响。因此，在这里介绍一般柱子间距离的数值，以加强对柱子的认识，巩固仓库设计概念。

仓库柱子间距见表5-7，图中数值不是绝对的。除特殊情况外，仓库高度的一般值见表5-8，但是各层高度与仓库的功能、容纳的物资、仓库的构造、柱子间距等有关，不一定是相同的，表5-8列举的数值仅是一般的范围。

仓库地面的负荷能力是个重要的问题，因超负荷堆放而损坏地面的例子是有过的，所以在设计时必须明确仓库地面负荷。

仓库地面的强度随仓库种类、处理物资的种类、设备等而异。仓库地板荷载能力的一般值见表5-9，这个能力对建筑费用有很大影响。

表5-7　　仓库柱子间距　　单位：m

横方向	纵方向																	
	4.0	5.0	5.5	6.0	6.5	7.0	7.5	8.0	9.0	10.0	12.0	14.0	16.0	18.0	20.0	24.0	26.0	28.0
5.5			○	○														
6	□	□	○□	○□△	○	□△		□△		○	□							
6.5			○	○	○													
7			○	○△	○	○△		△		○								
7.5			○	○	○	○	○											
8	□	□	○	□	○	○□△	○	○□△		□△	□							
9	□	□		□		□		□										
10	□	□		□△		□		□△		△	△							
12	□	□		□△		□		□△		△	△							
14	□	□		□		□		□△		△	△	△						
16	□	□		□		□		□			△	△	△	△				
18	□	□		□		□		□			△	△	△	△				
20	□	□		□		□		□				△	△	△	△			
24	□	□		□		□		□					△	△	△	△		

续表

横方向	纵方向																	
	4.0	5.0	5.5	6.0	6.5	7.0	7.5	8.0	9.0	10.0	12.0	14.0	16.0	18.0	20.0	24.0	26.0	28.0
26	□	□		□		□								△	△	△	△	
28	□	□		□										△	△	△	△	△
30	□	□		□										△	△	△	△	△

注：○—用钢筋混凝土建造的二层以上仓库；□—钢架结构，设有行车的仓库；△—钢架结构，不设行车的仓库。

表 5-8　　仓库高度的一般值

层　数	高　度/m	备　注
地下第 2 层	3.0~7.0	在梁下面
地下第 1 层	3.0~7.0	在梁下面
地上第 1 层	4.5~5.0	在梁下面
地上第 2 层	3.5~4.5	在梁下面
地上第 3 层	3.5~4.2	在梁下面
地上第 4 层	3.5~4.0	在梁下面
地上第 5 层	3.0~3.8	在梁下面
地上第 6 层	3.0~3.5	在梁下面
地上第 7 层	3.0~3.5	在梁下面
地上第 8 层	3.0~3.5	在梁下面

表 5-9　　仓库地板荷载能力的一般值

层　数	地板荷载能力/（t/m^2）	备　注
地下第 2 层	2.0~2.5	本层下没有地下室
地下第 2 层	1.0~1.5	本层下有地下室
地下第 1 层	1.0~1.5	
地上第 1 层	2.0~2.5	没有地下层
地上第 1 层	1.0~1.5	有地下层
地上第 2 层	0.7~1.0	
地上第 3 层	0.7~1.0	
地上第 4 层	0.7~1.0	
地上第 5 层	0.7~1.0	
地上第 6 层	0.7~1.0	
地上第 7 层	0.7~1.0	
地上第 8 层	0.7~1.0	

注：特殊情况除外。

（三）食品工厂仓库的不同要求

食品工厂仓库主要有原料库（包括常温库、冷风库和冷藏库等）、辅助材料库（存放糖、油、盐及其他辅料）、保温库（包括常温库和37℃恒温库）、成品库（包括常温库和冷风库）、马口铁仓库（存放马口铁）、空罐仓库（存放空罐成品和底、盖）、包装材料库（存放纸箱、纸板、塑料袋和商标纸等）、五金库（存放金属材料及五金器件）、设备工具库（存放某些设备及工具）。此外，还有玻璃瓶堆场、危险品仓库等，不同仓库对建筑的要求不同。其中，原料库、辅助材料库、保温库、成品库负荷具有不均匀性，贮藏条件要求高，要求防蝇、防鼠、防尘、防潮，有的还要求低温或恒温环境，另外，决定库存期长短的因素较复杂。

1. 原料库

果蔬原料库可为两种。一种是短期贮藏，一般用常温库，可用简易平库，仓库门应方便物料进出；另一种是较长时间贮藏，则采用冷库，冷库的温度视物料对象而定，耐藏性好的可以在冰点以上，库内相对湿度以85%~90%为宜，可以设在多层冷库的底层或单层库房内。有条件的工厂对果蔬原料还可采用气调贮藏、辐射保鲜、真空冷却保鲜等。

肉类原料所用的冷库一般也称为低温冷库，温度为-18~-15℃，相对湿度为95%~100%，为防止物料干缩，避免使用冷风机，而采用排管制冷。

粮仓类型较多，按控温性能可分为低温仓、准低温仓和常温仓，其划分标准为：可将粮温控制在15℃以下（含15℃）的粮仓为低温仓；可将粮温控制在20℃以下（含20℃）的粮仓为准低温仓。除低温仓、准低温仓以外的其他粮仓为常温仓。贮粉仓库应保持清洁卫生和干燥，袋装面粉堆放贮存时，用枕木隔潮。

2. 保温库

保温库一般只用于罐头的保温，宜建成小间形式，以便按不同的班次、不同规格分开堆放。保温库的外墙应按保温墙考虑，不开窗，门要紧闭，库内空间不必太高，一般2.8~3.0m即可，应单独配设温度自控装置，以自动保持恒温。

3. 成品库

成品库要求进出货物方便，地坪或楼板要结实，每平方米可承重1.5~2.0t，为提高机械化程度，可使用铲车。托盘堆放时，需考虑附加载荷。面糖制品不可露天堆放，糖果类及水分含量低的饼干类等面类制品的库房应干燥、通风，防止制品吸水变质。而水分和（或）油脂含量高的蛋糕、面包等制品的库房，则应保持一定的温度、湿度条件，以防止食品的腐败变质。工厂运输方式的设计，决定了运输设备的选型，而运输设备的选型，又直接关系到全厂总平面布置、建筑物的结构形式、工艺布置、劳动生产率、生产机械化与自动化。但是必须注意的是，计算运输量时，不要忽视包装材料的质量，如瓶装饮料（以250mL汽水为例）的毛重是产品净重的2.3~2.5倍。

4. 马口铁仓库

马口铁仓库由于负荷太大，只能设在楼库底层，最好是单独的平库。地坪的承载能力宜按10~12t/m^{2}考虑。为防止地坪下陷，造成房屋开裂，在地坪与墙柱之间应设沉降缝。如考虑堆高超过10箱时，则库内应装设电动单梁起重机，此时单层高应满足起重机运行和起吊高度等要求。

5. 空罐及其他包装材料仓库

空罐及其他包装材料仓库要求防潮、去湿、避晒，窗户宜小不宜大。库房楼板的设计载荷能力，随物料容重而定。物料容重大的，如罐头成品库之类，宜按 1.5～2.0t/m^2 考虑；容重小的，如空罐仓库，可按 0.8～1.0t/m^2 考虑；介于这两者之间的按 1.0～1.5t/m^2 考虑。如果在楼层使用机动叉车，应由土建人员加以核定。

九、仓库的技术设施

仓库的技术设施，是指仓库进行保管维护、搬运装卸、计量检验、安全消防和输电用电等各项作业的劳动手段。为了保证仓库贮存任务的完成，应根据本企业贮存物资的周转量大小、贮备时间的长短、贮备物资的种类性质以及有关的自然条件，配备足够而且适用的技术设施，为有效地进行仓库作业创造条件。仓库的技术设施主要可以分为六类：

（1）贮存设施　放置贮存物资设施，包括货架和贮罐。贮罐分露天、室内和地下的三种，都是专门用来贮存液体产品的。

（2）搬运装卸设施　仓库为了提高工作效率，减轻劳动强度，所配备的一切手动的、机动的搬运装卸机具，是连接仓库内外各个作业环节的纽带，使仓库工作构成一个整体。搬运装卸设施主要包括各种起重机、吊车、载重汽车、拖车、叉车、堆码机械和传送装置等。

（3）检验计量设施　为了准确检测物资化学物理性能和物资的称量，仓库还必须配备检验计量设施。这类设施包括各种秤、衡器、量尺、万用电表、绝缘测试器和游标卡尺等。

（4）安全消防设施　为保障仓库的安全而配备的各种防火、防水、防盗、卫生等的器械，如灭火机、消防水龙头、报警器、水桶、水池、水泵、水管等。

（5）输电用电设施　为了仓库照明、机械维修、机械开动等作业而配备的各种输送电和用电器具，如电线、电缆、各种电灯、变压器、开关板、保险装置等。

（6）维修包装设施　仓库作业使用的机械设备有一个磨损更换的问题，需要维护修理。这就要配备各种手动的钳子、扳手、锯斧及必要的金属切削机床等。此外，有的中转性质的仓库，需要发运货物，还要配备包装机具，如钉箱机、打包机、木工工具等。

仓库设施的配备，首先是要产生效果。仓库的设施不完善是不能发挥作用的，也无法使用。但在仓库工作中普遍存在对设施的配备顺其自然的习惯。

做好设施的配备，仓库就可按基本功能活动，发挥其综合性功能，从而完成仓库的使命。因此在仓库的设施方面，不论设施有多少，都必须配备就绪。

所有设施的配备，乃是使设置的各种设施能按它的规定性能运转，并做好必要的附属设备及工具的准备，使设置的各种设施相互间能够顺利地协调配合。设施仅是数量多，但不配套、不完备的话，就是毫无意义的。因此，应把重点放在设施的完整配套上。

如前所述，设施是以配套为前提的。仓库的常见设施见表 5-10。根据仓库的种类、经营方针及营运方法，表 5-10 中的设施可能有的不需要。

下面说明上述设施中应当注意的一部分要点。

出口、入口的高度以搬运机械能自由进出的高度为准，为 3～5m。收发场地在允许的条件下必须设置，如果能有一定程度的富余较为理想。拆包场地必须预先考虑到拆包皮屑的处理。

表 5-10　　仓库的常见设施

分类	项目	备注
一般设备	大门	出口、入口的门
	房屋	一般建筑物
	出口、入口	接收口、发放口
	收发场地	接收、发放的地方
	拆包场地	打开包装的地方
	检查场地	接收、检查的地方
	分类场地	容纳物品分类的地方
	包装场地	为接收贮存、保管货物等使用的包装场地
	通路	外部、内部
	阶梯	外部、内部
	门	各种门
	保管场地	贮藏、保管、贮藏场地
	周转平台	作业使用的富裕场地
	预备场地	预备用的场地
	地板	接收贮存、保管货物等所用
	捆包场地	发放货物打包捆扎的地方
	检查场地	发货检查的地方
	整理场地	发放货物的整理场地
	分类场地	发放货物的分类场地
	包装场地	发放货物的包装场地
	照明	电灯照明及其附属设备
	采光	自然采光、窗子等
	标识	各种标识
	变电所	有关的全部设备
	其他	空气调节及灭火设备、厕所、盥洗室、通信设备、休息室、食堂、更衣室等
保管设备	台座	一般的台座
	架	各种架子
	自动保管设备	自动仓库使用的保管设备等
	其他	其他保管设备

续表

分类	项目	备注
冷藏设备	冷冻设备	有关的全部设备
	冷藏设备	有关的全部设备
	保冷设备	有关的全部设备
	控制设备	有关的全部设备
搬运设备	工具	滚轴、撬杆
	器具	滚子传送机、滑槽等
	机械	电梯、绞车、吊车、叉车等
	其他	其他全部设备
分类装置	机械分类	自动分类设备
	分类设备	大型自动分类设备
包装装置	包装机械	自动及半自动包装机械
	包装装置	大型的自动包装设备
加工设备	小加工机械	仓库的小加工机械
	防锈装置	容纳物资的防锈装置
废物处理装置	捆扎机	把废物压缩的机械
	切断机	把长的废物切短的机械
	焚烧炉	焚烧废屑的炉子
情报处理装置	电子计算机	保管装置使用，库内管理使用，情报处理费用
	事务处理机	各种事务处理机
	资料保管设备	相关资料的保管及其他设备
其他	杂品、备品等	内部的各种物品、办公室等其他各种物品

检查场地要求处理的物资能顺利地流通，检查场地不应有横向岔道。分类场地要利用分类设备。仓库地面上要画好编号，供修理之用。地面必须充分达到规定的条件。要求有足够的负荷能力、平整、防滑、不起尘埃，具有一定程度的柔软性和弹性，而且要牢固。照明要尽可能明亮，一般照明度为100~200lx，仓库内的照明标准见表5-11。

表5-11　仓库内的照明标准

场　地	照　度/lx	备注
接收场地	50~100	全部
临时验收场地（检查场地）	100~200	全部
主要验收场地（检查场地）	100~500	全部

续表

场　地	照　度/lx	备注
保管场地	50~100	全部
发货用的检查场地	100~200	全部
发货场地	50~100	全部
周转平台	50~100	全部
仓库办公室	100~200	全部
其他	50~200	全部

保管场地尽可能采用好的设备。搬运设备必须与有关的设备能力相适应。情报处理装置要估计到发展情况，尽可能采用先进设备。

十、自动化立体仓库

自动化立体仓库是采用高层货架贮存货物，用巷道堆垛起重机及其他周边设备进行作业，由电子计算机进行自动控制的现代化仓库。

（一）自动化立体仓库的主要优点

（1）采用高层货架贮存货物，利用巷道式堆垛机进行作业，可大幅度增加仓库和货架的高度，充分利用仓库空间，使货物贮存集中化、立体化，从而可以大大减少仓库占地面积，节省土地购置费用。特别是在用地紧张、地价昂贵的情况下，这一优点就更为突出。

（2）由于货物集中贮存，便于实现仓库作业机械化和自动化，以减轻工人的劳动强度，改善劳动条件，提高作业效率，节约人力，减少劳动力费用的支出。尤其是在劳动力短缺和高薪酬情况下，这一优点的意义就更为重要。

（3）由于货物在有限空间内密集贮存，便于进行库内温湿度控制，有利于改善物资保留条件，同时由于利用货箱或托盘单元贮存，可减少货物的破损。此外，利用高层货架贮存货物，也有利于防盗。

（4）利于计算机进行控制和管理，作业过程和信息处理准确、迅速、及时，可实现合理贮备，加速物资周转，减少资金占用，降低贮存费用，提高经济效益。同时，利用计算机进行货位管理，可提高货位利用率，有效贯彻“先进先出”的出库原则。

（5）由于货物的集中贮存，便于利用计算机进行控制和管理，有利于采用现代科学技术和现代管理方法，可不断提高仓库的技术水平和管理水平。

（二）自动化立体仓库的主要缺点

（1）仓库结构复杂，配套设备多，需要大量的基建和设备投资。

（2）高层货架多采用钢结构，需要使用大量的钢材。货架的制造和安装要求精度高，制造和施工都比较困难，施工周期比较长。

（3）计算机自动控制系统是仓库的“神经中枢”，若出现故障，会使某个局部甚至整个仓库处于瘫痪状态，收发作业就无法进行。此外，如出现停电的情况，仓库也不能运转。

（4）单元式货架利用标准货格贮存货物，“长大笨重”货物不能存入单元货架，对贮存货物的种类有一定的局限性。同时，对规格品种繁多而相对数量又比较少的货物，也不太适用。

（5）由于仓库实行自动控制与管理，技术性比较强。对工作人员的技术业务素质要求比较高，只有具有一定专业知识和技能的人员，才能胜任其中各项工作。

（三）自动化立体仓库的构成

自动化立体仓库是集建筑物、机械、电气及电子技术为一身的综合体。它主要由仓库建筑物、高层货架、巷道堆垛机、周边设备和自动控制系统等构成。

1. 高层货架

高层货架是立体仓库的主体，是贮存货箱和托盘的支撑结构。

从高层货架与仓库建筑物的关系看，可分为整体式和分离式两种类型。整体式高层货架是指货架与仓库建筑物形成互相连接、不可分割的整体。高层货架既是贮存货物的支承体，又是仓库建筑的支承结构，由货架的上部支撑屋盖，在货架的四周加挂保温轻体墙板，形成封闭式仓库建筑物。这种货架整体性好，具有较强的刚性和稳定性，同时能减少建筑材料的消耗、缩短施工周期、降低工程造价。整体式立体仓库如图 5-33 所示。

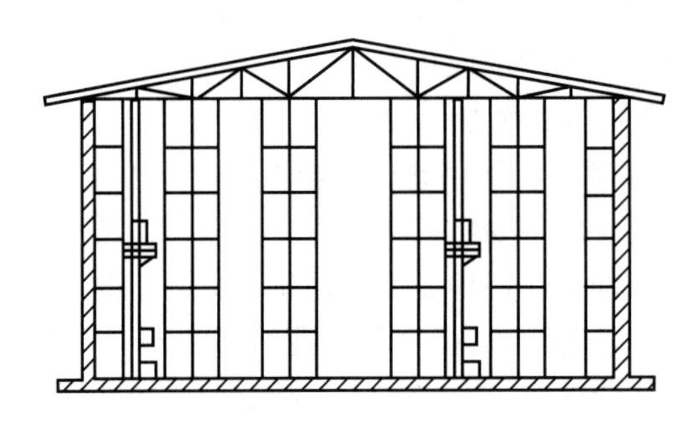

图 5-33　整体式立体仓库示意图

分离式货架，是指高层货架与仓库建筑物互相分离，高层货架安装在仓库建筑物之内，货架与库墙和库顶均保持一定的距离，货架只作为贮存货物之用。这种形式适于利用原有建筑物改建立体库，或在厂房、库房内的局部建造立体仓库。在高层货架比较矮和地面载荷不大时采用这种结构比较方便。由于是先有库房后立货架，所以施工比较灵活。分离式立体仓库如图 5-34 所示。

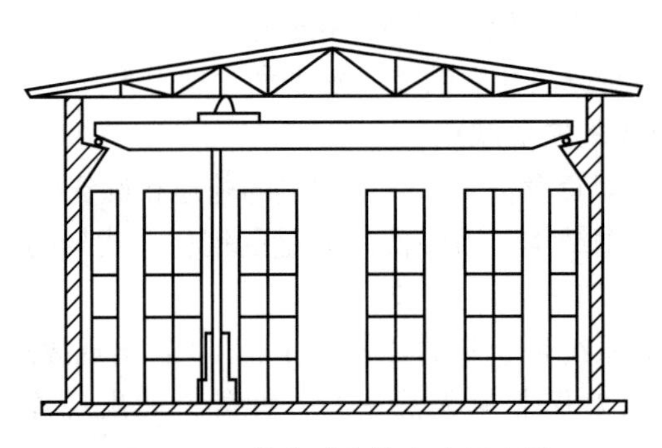

图 5-34　分离式立体仓库示意图

按高层货架的结构材料，可分为钢货架和钢筋混凝土货架。钢货架的优点是结构尺寸小，仓库空间利用程度高，制作方便，安装周期短，便于调整，能保证精度，而且随着货架高度的增加，钢货架的优越性更为明显。所以国内外立体仓库大都采用钢货架。钢货架所用的钢材为热轧型钢或冷轧薄壁异型钢材，利用后者更为有利，可节省钢材20%以上。钢筋混凝土货架的突出优点是防火性能好，抗腐蚀能力强，维护保养简单，缺点是货架构件截面尺寸大，质量也大，现场施工周期长，不便于调整。在国外钢筋混凝土货架多用于贮存易燃物品或环境恶劣、钢货架容易腐蚀的场合。

2. 巷道堆垛起重机及周边设备

巷道堆垛起重机是立体仓库主要作业机械，它是随着立体仓库的出现而发展起来的专用起重机，是由机架、走行机构、起升机构、载货台及货叉伸缩机构、电气设备及控制装置构成。这种起重机只能在巷道内轨道上运行，所以灵活性比较差。有一种无轨巷道堆垛机，又称高架叉车，能克服有轨巷道堆垛机的不足，其起升高度比较低，所需通道宽度比较宽，但机动灵活性好，可从一个巷道转到另一个巷道作业，甚至可以开出巷道和仓库进行作业，适用于高度在12m以下、货物出入库不频繁、规模不大的仓库，特别是利用旧厂房或将库房改造成立体库时尤为适用。

此外，自动化立体仓库的周边设备主要有各种输送机、叉车、自动搬运小车、升降机、升降货台等。

3. 自动化立体仓库的自动控制系统

自动化立体仓库的自动控制系统主要是计算机系统，其控制方式可分为集中控制和分散控制。前者是利用一台计算机对仓库进行全面控制，多采用小型计算机。后者是利用多台计算机对仓库各方面进行控制，多采用微型计算机。其控制的对象主要是巷道堆垛机、输送机、升降机和升降货台、仓库监测报警系统、仓库温湿度控制系统等。与计算机配套的设备还有磁盘驱动器、磁带驱动器、大屏幕显示器、打印机、条形码识别器、集中控制台等。

（四）自动化立体仓库总体规划

自动化立体仓库的总体规划是在充分调查研究掌握大量资料的基础上，按照使用方面的要求，对仓库规模、仓库总体布置、作业方式、控制方式以及机械设备等进行的全面规划。

1. 仓库规模的确定

自动化立体仓库的规模大小，主要体现在货格（货位）总数量和每个货格存放货物单元的质量。仓库的规模主要取决于拟存货物的平均库存量。可根据历史资料和生产的发展，大体估算出平均库存量，一般应考虑五年甚至十年后预计达到的数量。库存量以实物的尺寸和质量表示。

在库存量大体确定之后，还要根据拟存货物的规格品种、体积、单位质量、形状、包装等确定每个货物单元的尺寸和质量。货物单元的质量和尺寸与货物本身的容重有关，一般轻体货物，货物单元的质量要小一些，而外形尺寸要大一些；而重体货物货物单元的质量可大一些，外形尺寸也可小一些。一般货物单元以托盘或货箱为载体，每个货物单元的质量常为200~500kg。货物单元的外形尺寸（长、宽、高）多在1m左右。最好采用标准托盘的尺寸或1/2标准托盘的尺寸。

货物单元的尺寸和质量确定后，就可根据拟定的库存量，确定货物单元数量，即货格数量。确定货物单元的数量有两种方法：一是按货物单元的最大质量计算；二是按货物单元的最大容积计算。前者适用于散装或无规则包装、硬质包装的货物；后者适用于具有定形硬包装的货物，如硬纸箱、木箱等。货物单元的质量和容积是互相矛盾的统一体，互相联系、互相制约，必须同时加以考虑。按质量计算时不能超出最大容积；按容积计算时，也不能超出其最大质量，经过两方面的考虑确定每个货物单元的能贮存货物的质量或贮存某种货物的件数，在货物总质量和总件数一定的情况下，就能计算出货物单元总数，即所需货格的总数，从而决定仓库的规模。

2. 仓库总体布置

仓库总体布置主要包括货架货格尺寸的确定，货架排列、层数的确定，贮存区、收发区、货物整理区的位置等。

（1）货格尺寸的确定　在货物单元尺寸确定之后，货格尺寸主要取决于货物单元四周需留出的区域的净尺寸和货架构件的有关尺寸。这些净尺寸的确定，应考虑货架制造和安装精度和巷道堆垛起重机的停止精度。

（2）货架长、宽、高及排数的确定　自动化立体仓库的货架长度是由货架列数决定的。在货格总数一定的情况下，货架的列数与货架的层数和排数有关，货架的层数和排数越多，则货架的列数越少，货架长度就越短。而货架的层数在货格尺寸一定的情况下，就决定了货架的高度。如前所述，货架的高度不宜过高，它取决于仓库建筑物的高度、货架的类型、仓库的规模和仓库的作业方式等。如在现有厂房或库房内建造立体仓库，其货架高度取决于厂房或库房的高度，如新建立体仓库，其货架的高度主要取决于仓库的规模、技术上的可能性和经济上的合理性。在确定了仓库的高度之后，也就确定了货架的层数。

货架的排数和列数这两个变量的确定，需要综合考虑各种因素，货架排数决定巷道数，巷道数又与巷道堆垛机的配置有关，而巷道堆垛机的配置又与货物出入库频率有关。所以在规模比较小、货物出入库频率不高的情况下，可以减少巷道数，即减少货架排数；当仓库规模比较大，货物出入库频率又比较大的情况下，可增加巷道数，即增加货架排数。货架的长度与高度之间没有一定的比例关系，但一般情况下货架长度是高度的若干倍，货架的长度过短不能有效发挥巷道堆垛机的作用，在高度一定的情况下，又会增加巷道数，增加巷道堆垛机台数。当然货架的长度也不宜过长，这样会增加巷道堆垛机存取货物时的走行距离，影响作业效率。货架的宽度比较容易确定，它等于货格的进深。

（3）仓库的分区布置　自动化立体仓库的总体布置包括货物贮存区和作业区的平面布置和垂直布置。

①贮存区的布置：仓库贮存区（货架区）的布置，主要是对货架和巷道的布置。当货架长、宽、高及排数确定后，巷道的长度和数量随之确定。一般货架的布置方式为两侧单排、中间双排，每两排货架之间形成巷道。巷道的宽度是由巷道堆垛机的宽度和巷道堆垛机与货架之间的间隙所决定的。巷道堆垛机与货架之间的距离一般为75~100mm。

②出入库作业区的布置：自动化立体仓库的出入库作业区可以集中布置在巷道的一端，也可以分别布置在巷道的两端。出入库作业区集中布置便于进行控制和管理，也可节省仓库建筑面积。其缺点是货物同时出入库时容易相互干扰，必须进行立体交叉布置，才能使出入库作业顺利进行。出入库作业区分散布置，使货物出入库互不干扰，但不便于管

理，并多占用仓库面积。

在入库作业区要进行码盘、装箱、检验等作业，同时要将货物单元送到巷道堆垛机叉取的位置。所以入库作业区要有足够的面积，以便暂时存放货物，进行检验，安装输送机和升降货台以及条形码识别装置等。

在出库作业区要进行货物的拣选、包装、发运等作业，也要有足够的面积，以便安装分拣装置和输送机等。

如果出入库作业区集中布置在巷道的一端，其输送机就必须进行立体交叉布置，并设置升降机。

③控制室的布置：自动化立体仓库一般都设有集中控制室，计算机及各种控制装置安装在控制室内。控制室应布置在立体库的入库端，为了减少占地面积和便于对仓库作业进行瞭望，可将控制室设在入库端的二层平台上。

3. 仓库作业方式的确定及设备配置

自动化立体仓库多为单元货格式货架，每一个货格内存放一个货物单元（托盘或货箱），一个货物单元由同一种货物组成。其出入库方式有两种：一种是以货物单元为单位进行存和取；另一种是以货物单元为单位进行整存，而按发货的数量零取。前者作业比较简单方便，可以利用巷道堆垛机进行整存整取。后者作业比较困难一些，其取货方式有两种：

（1）在出库端设分拣台，利用巷道堆垛机将货物单元取出，放置在分拣台上，由分拣人员按照出库凭证取出所需要的数量，然后由巷道堆垛机将货物单元送回原来货格。

（2）由分拣人员驾驶巷道分拣机或堆垛机，按照发货凭证到每种货物的相应货格位置，从货物单元中拣出所需要的数量。在同一仓库内往往不是一种作业方式，多为混合作业方式，有时以整存整取为主，有时以整存零取为主，这主要取决于仓库的规模、库存货物的品种数、货物单元的大小和发运方式等。

仓库的作业方式与设备的配置关系密切。仓库设备的配置要与作业方式相适应。对于以整存整取为主的仓库多采用巷道堆垛机；对于以整存零取为主的仓库多采用拣选机。堆垛机和拣选机的数量主要根据巷道数和出入库频率确定。如果货物出入库频繁，则每个巷配置一台堆垛机或拣选机；对于货物出入库频率比较小而且忙闲程度比较均衡的仓库，堆垛机或拣选机数量可小于巷道数，具体数量可根据忙闲程度而定。但这时必须考虑堆垛机或拣选机跨巷道作业的问题，可通过两种方式来解决：一是在巷道一端安装巷道堆垛机转移台车；二是采用无轨巷道堆垛机或拣选机。仓库周边设备的配置主要取决于仓库的规模和仓库的总体布置。

4. 两种不同的自动化仓库

（1）单元式自动化仓库　标准化仓库的规模一般高度在 10m 以下，存放的单元载荷在 1t 以下。对于堆垛机，各电机控制使用直交流整流器，具有走行速度 70m/min，升降速度 10m/min，货叉速度 30m/min 的高速使用功能。电气控制装置使用程序控制，可以自动、半自动、手动运行，并且具有电脑库存管理机所具有的库存管理、货位管理、各种查询和账单生成等选择功能，利用托盘可以自由存放箱装、罐装、散装、袋装等物品。作为周边机械，可以设置自动调芯固定台、手推车、电动台车、链条或辊道输送机等。为了易于检修，驱动部的安全盖采用可拆装方式，走行、升降电机设置在侧支架的下部。单元货格式自动仓库如图 5-35 所示。

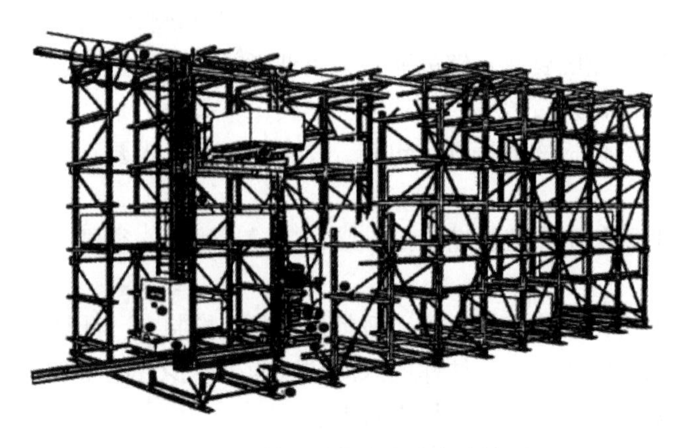

图 5-35　单元货格式自动仓库简图

有代表性的控制方式是在堆垛机本体上装置卡式阅读器，将出入库卡插入其中，按下启动键后，堆垛机就会自动运行，利用这个卡，设置空货位及库存卡箱各一个，自动运行完成后，已出库的卡放在空货位卡箱内、已入库的卡放在库存卡箱内进行保管，使库存管理一目了然。堆垛机一般以走行速度 30～60m/min，升降速度 7～10m/min，货叉速度 15m/min 左右作为标准，托盘与货架的选择程序见表 5-12。如此标准化了的自动仓库，为尽量适应各种使用条件，在选择周边设备、控制方式等时，多数情况下有必要进行补充设计。作为选择基准，要对所使用的托盘与货架的构造、堆垛机的叉部、出入库设备的适应性做调查并进行探讨。堆垛机的一般标准见表 5-13。

表 5-12　　托盘与货架的选择程序

区分	决定项目	检查要点
托盘型式	双面使用型 / 双面型 / 单面使用型 / 单面型 / 支腿型	货物尺寸； 托盘尺寸及精度
货架构造	横梁式 / 牛腿式 / 特殊式	与托盘底板的配合
货叉	插入方向 —NO→ 对策；OK	货叉方向与货架承载构件方向
周边设备	横梁式 / 横梁式 / 横梁式 / 横梁式	贮存件数； 周期； 能力

续表

区分	决定项目		检查要点
堆垛机技术规格	速度/（m/min）	走行____升降____叉货____	
	控制方式	周围　　远距	
	作业方式	单周期　　复合周期	

表 5-13　　堆垛机的一般标准

项目	走行	升降	货叉
额定速度/（m/min）	30~60	7~10	15~18
制动器	圆盘制动器		
走行供电	绝缘电缆		
电源	AC 220V/200V 50Hz/60Hz 3φ		

单元式自动化仓库虽然价廉，但适用范围广，可单独使用，并适用于大型计算机进行综合无人化的在线管理系统，所以，近年来的需要量显著增加。

（2）楼式自动仓库　一体式自动仓库如图 5-36 所示，其存贮、理货区技术数据见表 5-14，系统规模越大，设计就越经济，一般需进行具体项目分析，针对每个物件进行系统设计。

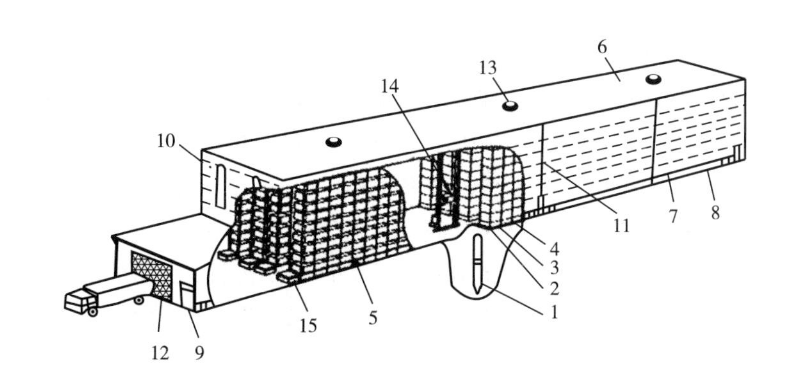

图 5-36　一体式自动仓库简图

1—桩　2—基础　3—地面　4—货台　5—货架　6—屋顶　7—外墙　8—墙体　9—门　10—采光窗　11—排水管　12—百叶窗　13—换气　14—堆垛机　15—出入库装置

表 5-14　　一体式自动仓库存贮、理货区技术数据

序号	项目	标准数据
1	桩	PC 管
2	基础	钢筋水泥基础
3	地面	混凝土

续表

序号	项目	标准数据
4	货台	型钢
5	货架	主要使用轻型管、钢管、圆钢
6	屋顶	钢架、镀锌波纹板
7	外墙	钢架波纹板
8	墙体	防水混凝土块，厚 100mm，3 层，高 600mm
9	门	钢板，单开门，宽 830mm，高 1830mm
10	采光窗	FRP
11	排水管	氯化乙烯树脂
12	百叶窗	电动钢百叶窗
13	换气	自然换气
14	堆垛机	驱动、机侧设置
15	入出库装置	固定货台、台车、输送机

第四节　食品工厂机修车间设计

在食品工厂中，机修车间是重要的生产辅助车间，它担负着全厂设备的维修、保养，有关模具的制造，部分设备零部件的加工制造及简单非标准设备的制造、通用设备易损件的加工任务等。所以，食品工厂一般都配备相当的机修力量。中、小型食品工厂一般只设厂级机修车间，负责全厂的维修业务。大型食品工厂中，除设厂级机修车间外，各生产车间还配设维修组。大修、中修以及非标准设备的制造主要由厂级机修车间承担。车间维修组只负责本车间设备的日常维护和小修。此外，成套模具及中、大型锻压件或铸钢件，一般应委托厂外有关工厂协作加工，凡属国家统一的标准零部件，应统一外购，以保证零部件的质量。在确定了维修车间的任务及工作范围后，便可进行机修车间的初步设计。

一、机修车间的设计内容

机修车间的设计主要包括以下内容：

（1）根据维修与加工任务和工作量确定机床和其他加工设备的种类及数量。

（2）划分本车间的工段（组），进行车间平面布置。

（3）确定机修车间面积和建筑形式。

二、机修车间设备的选择

机修车间的设备应根据本行业的特点、工厂的规模、机修工作范围和工作量确定，其要点如下：

（1）机修车间的设备应保证生产车间常见机械设备的维修及一般易损零部件的加工。

对于加工量不大，但加工工艺复杂，难度较大的零部件，应考虑协作加工或定购。

（2）对加工量不多、加工维修较容易，但必须在本型专用机床上加工的零部件，如需在普通车床上采用附加专用工具夹解决的，可配备专用工具夹。

（3）对需要用特殊设备加工维修的易损零部件，当加工量较大时，可酌情选用专用机床设备。机修车间常用设备见表 5-15。

表 5-15　　机修车间常用设备

型号名称	性能特点	加工范围/mm	总功率/kW
普通车床 C6127	适用于车削各种旋转表面及公制和英制螺纹，结构轻巧，灵活简便	工作最大直径 ϕ270，最大长度 800	1. 50
普通车床 C616	适用于各种不同的车削工作，机床床身较短，结构紧凑	工件最大直径 ϕ320，最大长度 500	4. 75
普通车床 C620A	精度高，可车削 7 级精度的丝杆及多头蜗杆	工作最大直径 ϕ400，最大长度 750~2000	7. 625
普通车床 CQ6140A	可进行各种不同的车削加工，并附有磨铣附件，可磨内外圆铣键槽	工作最大直径 ϕ400，最大长度 1000	6. 34
普通车床 C630	属于万能性车床，能完成各种不同的车削工作	工作最大直径 ϕ650，最大长度 2800	10. 125
普通车床 CM6150	属于精密万能车床，只许用于精车或半精车加工	工作最大直径 ϕ500，最大长度 1000	5. 12
摇臂钻床 Z3025	具有广泛用途的万能型机床，可以做钻、扩、镗、铰、攻丝等	最大钻孔直径 ϕ25，最大长度 900	3. 125
台式钻床 ZQ4015	可做钻、扩、铰孔加工	最大钻孔直径 ϕ15，最大长度 193	0. 6
圆柱立式钻床	属于简易型万能立式钻床、易维护，体小轻便，并能钻斜孔	最大钻孔直径 ϕ15，最大长度 400~600	1. 0
单柱坐标镗床 T4132	可加工孔距相互位置要求极高的零件，并可做轻微的铣削工作	最大加工孔径 ϕ60	3. 2
卧式镗床 T616	适用于中小型零件的水平面、垂直面、倾斜面及成型面等	最大刨削长度 500	4. 0
牛头刨床 B665	适用于中、小型零件的水平面、垂直面、倾斜面及成型面等	最大刨削长度 650	3. 0
弓锯床 G72	适用于各种断面的金属材料切断	棒料最大直径 ϕ200	1. 5
插床 B5020	用于加工各种平面、成型面及键槽等	工件最大加工尺寸（长×高）480×200	3. 0
万能外圆铣床 M120W	适用于磨削圆柱形成圆锥形工件的外圆、内孔端面及肩侧面	最大磨削直径 ϕ200 最大磨削长度 500	4. 295

续表

型号名称	性能特点	加工范围/mm	总功率/kW
万能升降铣床 57-3	可用圆片铣刀和角度成型、端面等铣刀加工	工作台面尺寸 240×810	2.325
万能工具铣床 X8126	适用于加工刀具、夹具、冲模、压模以及其他复杂小型零件	工作台面尺寸 270×700	2.925
万能刀具磨件 MQ6025	用于刀磨切削工具、小型工件以及小平面的磨削	最大直径 ϕ250，最大长度 580	0.75
卧轴矩台磨床 M7120A	用于磨削工件的平端、端面和垂直面	磨削工件最大尺寸 630×100×320	4.225
轻便龙门刨床 BQ2010	用于加工垂直面、水平面、倾斜面以及各式导轨和 T 形槽等	最大刨削厚度 1000 最大刨削长度 3000	6.1
落地砂轮机 S_3SL-350	用于磨削刀具及对小零件进行磨削，去毛刺等	砂轮直径 ϕ350	1.5
焊接变压器 BX_2-330	焊接 1~8mm 低碳钢板	电流调节范围 160~450A	21.0
焊接发电机 AX-320-1	使用 ϕ3~7mm 光焊条可焊接或堆焊各种金属结构及薄板	电流调节范围 45~320A	12

三、机修车间的组成及布置

机修车间的组成因不同食品厂、不同专业而有所差异，如啤酒厂机械设备较多，而且非标准设备较多，因此其机修力量要求较高，不仅厂部有较大型的机修车间，负责非标准设备的制造和较复杂设备的维修，各生产车间还有小的机修间和机修班组，负责本车间设备的日常维护。而白酒厂目前大多还维持在手工操作上，机械设备较少，全厂只需设一个机修车间或班组即可。

机修车间一般由钳工、机工、锻工、板焊、热处理、管工、木工等工段或工组构成。机修车间一般不设铸工段，其铸件一般由外协作加工，或作为附属部分而设在厂区外。在某些大型食品工厂，当加工铸件不能在当地协作解决且加工件较多时，可考虑设置铸工段。另外机修车间还包括木工间和五金仓库等。

在机加工工段，应将同类机床布置在一起。机床之间，机床与柱壁之间都应保持一定的距离，以保证操作维修方便及操作安全。在车间布置时，应将高温作业工段和有强烈震动的工段（如铸工、锻工、热处理等工段）与其他工段分开，放置在厂区较偏僻的角落。机工工段最好布置在单独的厂房中，若与钳工、板焊等其他工段放在同一建筑物中，应采用隔墙隔开，其余工段应尽量合并在同一建筑物中。布置时应注意各工段的协调性，并在车间前面留出一些空地。

机修车间在厂区的位置应与生产车间保持适当的距离，使它们既不互相影响而又互相联系方便。锻打设备则应安置在厂区的偏僻角落为宜，要考虑噪声对厂区的影响，但更主要的是要考虑噪声对周围环境，尤其是附近居民区不能有影响。

四、机修车间面积和对土建的要求

机修车间的面积须根据车间组成、生产规模及机床设备的型号、数量确定。目前多采用经验估算。对不同类型的食品工厂，机修车间面积估算方式也不同，并无定型的模式，一般可按以下方法估算机修车间面积：

（1）机加工工段　主要机床的占地面积为15~18m²/台。

（2）钳工、装配工段　占地面积为机工段的70%~85%。

（3）其他工段及库房　占地面积为机加工和钳工、装配两个工段之和的25%~35%。

在其他工段中不包括热处理工段、电修与管路工段（组）。机修车间各工段（组、室）使用面积比见表5-16。

表5-16　机修车间各工段（组、室）使用面积占比

工段（组、室）名称	占车间总面积的百分数/%	工段（组、室）名称	占车间总面积的百分数/%
机工	38~47	半成品库	3~3.5
钳工	26.5~31	备件、辅料库	0.5~1.5
板焊工	5~21	办公室	3~5
喷镀工	2~3		
试验室	2~3		
工具室、磨刀室	2~3.5		
中间仓库	4~6		

机修车间对土建仅作一般的要求。如果设备较多且较重，则厂房应考虑安装行车。对需要安装行车或吊车的工段，应注意厂房高度，使吊车轨面离地面不小于6m。一般机修车间的净高可选4.2~4.5m，车间主跨度一般为9~15m。

第五节　电的维修与其他维修工程

电器维修同样是食品工厂的维修部门，它担负着全厂生产与生活用电设备和电路的维护、检修、保养等工作。食品工厂均设有电工房或电工组，一般设在用电设备较集中的生产区内，以便对电器设备和电路及时维修。电工房或电工组不能设在人员通道处和易燃、可燃物品的旁边。

此外，工厂中常见的维修部门还有：仪器、仪表维修工组（或工段）、土木维修等，它们的规模一般小于机修车间，因此，多以工组的形式存在。但是它们的作用与机修车间一样重要。有的企业把机修车间、电修组、仪表维修组合称为维修车间，施行统一领导。

一、电的维修

（一）电维修的任务

（1）负责全厂供电系统（包括动力用电和照明用电）的正常运行。

(2) 负责生产中电机及其他电器（如继电器、接触器等）的检查、调整、修理等工作。

(3) 对车间及全厂室内外的照明线路和设备进行检查和修理。

(4) 负责全厂的防雷、除静电等设备的维护和修理。

(二) 电维修的组成

在食品工厂中电维修一般由电工班（组）负责。它在工厂中是一个具有独立工作性质的班组，其电工房一般设在紧接配电房的地方，一些小厂则直接设在配电房内。电工房内设工作间、工具室、更衣室、电器仓库，对于连续性生产的工厂还应设休息室。其工作间内应安装各种不同电器使用的电源、操作台、检修电机及其他电器所用的设备，同时还应有绝缘保护设施。

(三) 常用电工工具、仪表

常用电工工具及仪表见表 5-17。

表 5-17 常用电工工具及仪表

名称	型号或种类	规格	适用范围
试电笔	低压		测试电压 500V 以下
手电钻	单相		6mm 以下孔径
	三相		13mm 以上孔径
电烙铁	内热式电阻丝	25~ 500W	
喷灯			
拉具			
冲击电钻			
螺丝刀	平门		各种规格，用于不同范围
	十字形		各种规格，用于不同范围
铁钳	平头钳		各种规格，用于不同范围
	尖嘴钳		各种规格，用于不同范围
扳手			各种规格，用于不同范围
万用表（万能表）			1.0 级以下
摇表（兆欧表）		500V	低压电气设备
		1000V	高压电机绕组的绝缘电阻
		2500V	
		5000V	
钳形电流表			低压交流电路
转速表	机械离心式		

二、其他维修工程

（一）仪表及自控系统维修

随着现代化技术的发展，食品工厂中使用的设备自动化程度逐渐提高，仪表和自控系统的使用较为广泛。因此一些工厂设置了专业的仪表维护班组。该班组主要负责全厂的生产用仪表和自控系统的维护和检修。在中、小型工厂以及仪表自控系统较少的工厂中，仪表和自控系统的维修一般是由电工班组负责。

（二）管道维修

在食品工厂中大多数设备与设备之间、车间与车间之间都是通过管道进行连接的，管线几乎布满全厂的每个角落。管道上经常出现渗漏、破裂、截断等问题，因此一般工厂中每个车间都设置有专业的管道维修工，全厂设置管道班组来处理生产中管线上出现的特种问题。

（三）建筑维修

新建厂房经一段时间的使用后，需要进行维修，以保证安全生产。建筑维修一般是由后勤部门负责。建筑维修不宜安排在正常的生产期内，一方面影响安全生产，另一方面可能对生产中的原料、半成品、成品造成污染。一般情况下在设备大修的同时进行建筑维修。

第六节　食品工厂运输设施

食品工厂运输方式的设计，决定了运输设备的选型，而运输设备的选型，又直接关系到全厂总平面布置、建筑物的结构形式、工艺布置、劳动生产率、生产机械化与自动化。但是必须注意的是，计算运输量时，不要忽视包装材料的质量，比如罐头成品的吨位和瓶装饮料的吨位都是以净重计算的，它们的毛重要比净重大得多，前者等于净重的 1.35~1.65 倍，后者（以 250mL 汽水为例）毛重是产品净重的 2.3~2.5 倍。

下面按运输区间来分别简述一些常用的运输设备的要求。

一、厂外运输

进出厂的货物，大多通过水路或公路。公路运输视物料情况，一般采用载重汽车，对冷冻物品则需保温车或冷藏车，特殊物料则用专用车辆，如运输鲜乳原料最好使用乳槽车。对水路运输，一般工厂只需配备装卸机械。食品工厂厂外运输部分常用设备见表 5-18。现在大部分食品工厂仍是自己组织安排运输工具，但一些工厂已逐步交付有实力的物流企业承担。

表 5-18　　食品工厂厂外运输部分常用设备

类别	设备名称	主要规格
码头	简易起重机	JD_3型，起质量 3t，工作幅度 5.8m，4.5kW
	克令吊	起质量 0.5t，回转半径 2.9m，2.2kW
		起质量 1t，回转半径 2.5m，5kW

续表

类别	设备名称	主要规格
公路	汽车	载重 4t
	汽车	载重 2. 5t

二、厂内运输

厂内运输主要指的是厂区内车间外的各种运输。由于厂区内道路转弯多，窄小，许多物料有时又要进出车间，要求运输设备轻巧、灵活、装卸方便。常用的有各种电瓶叉车、电瓶平板车、内燃叉车以及各类平板手推车、升降式手推车等。食品工厂厂内运输常用设备见表 5-19。随着大型现代化工厂的崛起，机械化程度高的运输设备也越来越多地穿梭于各工厂内。

表 5-19　食品工厂厂内运输常用设备

类别	设备名称	主要规格
内燃机动车	内燃铲车	CPQ-0. 5 型，载重 0. 5t，起升高度 3. 5m，11032. 4W
		CPQ-1 型，载重 1t，起升高度 3m，16180. 9W
		2CB 型，载重 2t，起升高度 3m，29419. 9W
人力车	升降式手推车	SQ-25 型，载重 250kg，升高 50mm
		SQ-50 型，载重 500kg，升高 40mm
		SQ-100 型，载重 1000kg，升高 50mm
电动车	电瓶搬运车	2DB，载重 2t，拖挂牵引量 4t，25kW
	电瓶铲车	DC-1 型，载重 1t，起升高度 2m，4kW
		FX-2 型，载重 1. 5t，起升高度 0. 5m，5kW
		2DC 型，载重 2t，起升高度 4m，4kW

三、车间运输

车间运输的设计，也可属于车间工艺设计的一部分，因为车间运输与生产流程融为一体，工艺性很强。如输送设备选择得当，将有助于生产过程更加完美。下面按输送类别并结合物料特性介绍一些输送设备的选择原则。

1. 垂直运输

生产车间采用多层楼房的形式时，就必须考虑物料的垂直运输，垂直运输设备最常见的是电梯，它的载质量大，常用的有 1，1. 5，2. 0t，轿箱尺寸可以选用 2m×2. 5m，2. 5m×3. 5m，3m×3. 5m 等，可容纳大尺寸的货物，这是其他运输设备所不及的。但电梯也有局限性，如它要求物料另用容器盛装；它的运输是间歇的，不能实现连续化；它的位置受到限制，进出电梯往往还得设有输送走廊；电梯常出故障，且不易一时修好，容易影响生产正常进度。此外，还可选用斗式提升机、磁性升降机、真空提升装置、物料泵等。

2. 水平运输

车间内的物料大部分呈水平流动，最常用的是带式输送机，其输送带的材料必须符合食品卫生要求，可采用胶带、不锈钢带、塑料链板、不锈钢链板等，很少用帆布带。干燥粉状物料可使用螺旋输送机。包装好的成件物品常采用带式输送机。笨重的大件可采用低起升电瓶铲车或普通铲车。此外，一些新的输送设备和方式逐渐兴起，输送距离远，且可以避免物料的平面交叉等。

3. 起重设备

车间内常用的起重设备有电动葫芦、手动或电动单梁起重机等。食品工厂车间运输常用设备见表 5-20。

表 5-20 食品工厂车间运输常用设备

类别	设备名称	主要规格
胶带式运输机	通用固定式胶带运输机	TD-72 型，胶带宽度 650，800，1000mm，胶带速度 1.25~3.15m/s
	携带式胶带运输机	胶带宽 400mm，线速度 1.25m/s，输送能力 $30m^3/h$，输送长度 5~10m，功率 1.1~1.5kW
	移动式胶带输送机	T45-10 型，输送长度 10m，胶带宽度 500mm，线速度 1~1.6m/s，功率 2.8kW
刮板式输送机	埋刮板式输送机	SMS 型，线速度 0.2m/s，输送量 $9\sim27m^3/h$，功率 0.8~4kW
螺旋输送机	CX 型螺旋输送机	公称直径 150，200，250，300，400mm，输送量 $3.1\sim108m^3/h$
斗式提升机	D 型斗式提升机	输送能力 $3.1\sim42m^3/h$，料斗容量 0.65~7.8L，斗距 300~500mm，运行速度 1~1.25m/s，功率 1.5~7kW
起重设备	LQ 螺旋千斤顶	LQ-10 型，起质量 10t，起升高度 150mm
		LQ-15 型，起质量 15t，起升高度 180mm
	YQ 型液压千斤顶	YQ-3 型，起质量 3t，起升高度 130mm
		YQ-8 型，起质量 8t，起升高度 160mm
		YQ-16 型，起质量 16t，起升高度 160mm
	环链手拉葫芦	SH 型，起质量 0.5~1.0t，起升高度 2.5~5m
	电动葫芦	TVH0.5 型，起质量 0.5t，功率 0.7kW，起升高度 6，12m
		TVH1 型，起质量 1t，功率 2.8kW，起升高度 6，12m
		TVH0.5 型，起质量 0.5t，功率 0.7kW，起升高度 6，12m
		TVH2 型，起质量 2t，功率 4.1kW，起升高度 6，12m
		MD-1 型，起质量 0.5t，功率 1kW，起升高度 6，12m
	手动单梁起重机	SPQ 型，起质量 1~10t，跨度 5~14m，起升高度 3~10m
	手动单梁悬挂式起重机	SPXQ 型，起质量 0.5~3t，跨度 3~12m，起升高度 2.5~10m
	手动单梁起重机	55-L 型，起质量 1~5t，跨度 4.5~17m，起升高度 6m

第七节 食品工厂参观空间建筑设计

各类现代化的食品工厂呈现出一种新型的工业建筑格局，与传统单纯的工业建筑不同，已发展成为承载工业文化的综合体。实际上，近年在“工厂旅游”“花园式工厂”概念指导下建设的现代化食品加工厂，已完全摒弃了旧观念中传统工业建筑“灰暗、呆板、单调”的印象，并随着一大批新型大、中型骨干企业的建立，逐渐成为城市开发区建筑、开发区景观中不可缺少的组成部分。工业建筑环境的创造也越来越为人们所关注，这不仅包括工业建筑外在的形象特征，也包括其室内空间和周围环境的营造。食品类工厂不再是简单出产工业化产品的地方，而逐渐成为展示企业文化、吸引社会公众参观学习并进行趣味互动的场所，工厂方面以此热情欢迎社会各界人士的到来。

一、参观线路的设计

参观线路设计的原则是在方便参观的同时，不干扰、不影响生产秩序和环境卫生，可以表现为以下几种方式：

（1）沿着工艺流程展开参观路线，参观者可以观赏从原料开始，经过一系列加工环节到成品出现的全过程。这样的参观线路呈线性单向流动，其间点缀趣味空间，用主题展览、小知识介绍等措施，使参观过程饶有情趣。附设在生产车间内部的参观通廊，犹如建筑物的脊柱贯穿整个生产过程，如北京某啤酒厂宽敞明亮的参观通廊如图 5-37 所示，沿途经过原料投料—糖化车间（麦汁煮沸）—发酵车间（麦汁发酵—出酒）—灌装车间（啤酒出品）的参观过程，让参观者（特别是社会公众）感受到啤酒加工出品的奇妙过程，并加深他们对啤酒文化的理解，增强对该厂啤酒品质的信心。穿插于参观过程中的精品展览空间、品酒酒吧，以及极富酒文化内涵的雕塑、绘画作品等，为枯燥乏味的工业化生产注入了新鲜的活力和互动性。

图 5-37 某啤酒厂宽敞明亮的参观通廊

（2）按重点分区参观，设计环形参观过程，区域之间呈现并联的状态，如加工生产生熟冷鲜肉品、鲜果汁、月饼糕点等的工厂，为保证食品加工场所的洁净度，以及受特殊工况的制约，一般只有部分区域对公众开放。但是公众通过实地参观，确实能很好地提升对工厂所属品牌的认知度和信任度，因此，工厂方面也乐于在防护措施有效的前提下迎接宾客到访。

二、参观空间的设计

有些食品工厂的参观空间具有洁净、安全的特殊要求，按照洁净度要求的等级分为：

（1）完全封闭的室内空间。常见洁净厂房内部的封闭参观走廊，由于生产加工间必须满足 GMP 标准，所以，其参观走廊与加工空间完全隔离，通过密闭观察窗或玻璃隔墙观看。某食品公司洁净参观通廊如图 5-38 所示，参观者由外部空间（污染环境）经过换鞋、更衣、风淋后，进入参观空间（半洁净环境），全程通过密闭观察窗观看，最终回到更衣室结束参观。这类工厂在参观空间和参观范围上都有局限。

图 5-38　某食品公司洁净参观通廊

（2）部分封闭的室内空间。非洁净要求的室内环境，进行加工的物料在密闭的容器和管道中，如啤酒厂、葡萄酒厂、饮料厂、乳品厂等。以啤酒厂为例：在酿造车间（糖化、发酵车间）内部参观时，有些工厂允许参观者近距离接触生产设备，以产生真切的实境感。而进入灌装车间时，为卫生及安全考虑，参观者则必须进入专属参观走廊内参观，灌装车间内的封闭参观走廊如图 5-39 所示。参观空间内外交融，各个生产环节通过室内外连廊联系起来，室内外环境（雕塑、小品、绿化）的穿插交接，相互借景，当参观者从严谨的、秩序井然的、高度工业化的生产区走到室外，看到花园、流水可感到放松、舒缓，使参观空间松弛有度，极具趣味性，亦为营造花园式参观空间创造了良好的条件。

图 5-39　灌装车间内的封闭参观走廊

三、参观节点的设计

（1）参观空间起点（入口）的设计，如近年新建的啤酒厂中，利用工业建筑层高高，跨度大的特点，将民用建筑中的“中庭”“接待大厅”的设计方式移植在工业建筑中，中庭用以接待和办公，很容易形成高大、宽敞、舒适的空间，并以此拉开整个参观路线的序幕，使来访者怀着轻松的心情步入啤酒文化氛围，某啤酒厂入口中庭如图 5-40 所示。

（2）创造舒适安全的参观环境，避免眩光、反光，保证良好的视觉效果，控制室内相对湿度，增加通风除湿措施，对温差较大的区域，加强参观窗的防结露、防冷桥的节点处理。例如加工生产生熟冷鲜肉品、鲜果汁压榨的工厂等，由于工况温度的特殊性，低温区的参观走廊为了避免由于加工空间和参观空间的温差过大而产生结露或冷凝水现象，参观窗口使用中空玻璃，并加大其中空气层厚度以得到较小的传热系数；而高温区（如烘烤面点类食品等的区域）参观走廊的参观窗口则要克服加工间一方出现结露，还要做好排风除湿，降低空气相对湿度。

（3）适时设置休息空间，配合参观对象，增加一些可以让参观者动手、触摸的内容，如模型、实物等，打破参观程序的冗长感，使参观过程轻松有趣。

（4）室外连廊的造型利用轻钢结构和承重构件有规律的形式，辅以比例、尺度、色

图 5-40　某啤酒厂入口处的中庭

彩、材质等不同手法的处理，展现技术美、自然美、韵律美，如成都某啤酒厂室外连廊采用轻巧的不锈钢构件作为受力结构，并饰以五彩缤纷的企业广告，产生一种温暖热烈的欢迎气氛。某啤酒厂的室外连廊如图 5-41 所示。

图 5-41　某啤酒厂的室外连廊

（5）参观路线上趣味节点的设置：

①增加休闲文化空间，如啤酒酒吧，屋顶花园等。成都某啤酒厂利用屋面作为休闲空间，其空间通畅，视野开阔，壮观的工厂生产建筑群体尽收眼底。

②颠覆传统参观方式，如济南某啤酒厂设置透明玻璃楼板，可透过玻璃参观下部设备，此啤酒厂透明玻璃地面如图 5-42 所示，充满刺激感。

③结合环境地域特征增强建筑空间的标志性，如西安某啤酒厂的啤酒文化街，将企业文化与地域文化融合，如图 5-43 所示。

图 5-42　某啤酒厂的透明玻璃地面

图 5-43　某啤酒厂的啤酒文化街

随着生产力的发展，生产的文明程度越来越高，工业建筑既可以作为纯实用功能生产场所，也完全可以在满足高效率的生产要求之外，恰如其分地创造出人性化的开放空间，使参观者体验其内在的情感，感知企业文化，企业也借此提升形象，吸引人才、激发员工工作热情、增强团队的凝聚力。随着工业生产管理者和使用者的知识水平和专业技能不断增长，他们会对建筑设计提出更高的要求。在未来的工业建筑设计实践中，参观空间作为现代食品类工厂对外展示形象、宣传企业文化的核心场所，会应引起建筑师的更多关注。

思考题

1. 辅助设施设计主要包括哪些内容？
2. 举例说明不同食品原料对其接收站要求的异同点。
3. 简要叙述化验室主要功能室的基本要求和设计原则。
4. 常见的化验室的平面布置有哪些形式？
5. 化验室通风有什么意义？设计时要注意什么问题？
6. 化验室对建筑结构有哪些要求？
7. 化验室的基础设施主要包括哪些？
8. 设计一个合理、完善的化验室需要考虑哪些方面？
9. 中心实验室的组成、装备及其配套设施主要有哪些？
10. 简要叙述实验台的几种设计模式。
11. 食品工厂仓库平面布置的基本要求有哪些？
12. 仓库的容量和面积如何进行计算？
13. 食品工厂的运输设备主要有哪些？
14. 仓库的技术设施主要有哪些？
15. 简要叙述自动化立体仓库的优缺点及其构成。
16. 机修车间的设计主要包括哪些内容？
17. 简述机修车间的组成、布置及其面积和土建要求。
18. 食品工厂除机修外还包括哪些维修内容？
19. 食品工厂参观空间建筑设计应注意什么？

第六章

食品工厂卫生和质量管理

[本章知识点]

食品工厂卫生要求；出口食品生产、加工、贮存企业卫生要求；食品工厂卫生常用设施及设计要求；食品生产设备设计卫生要求；工厂生活设施及设计要求；食品生产设备的设计与洗涤、杀菌及工厂的消毒方法等；国内外食品卫生标准；食品安全与质量控制。

食品卫生是涉及广大消费者健康、外贸产品出口创汇和工厂经济效益的重要问题。为保证产品的质量，防止食品在生产加工过程中的污染，在工厂设计时，一定要在厂址选择、总平面布局、车间布置及相应的辅助设施等方面，严格按照卫生标准和有关规定的要求，进行周密的考虑。如果在设计时考虑不周，就会造成设计方案先天不足，影响产品的安全和质量。因此，在进行新的食品工厂设计时，一定要严格按照国家颁发的卫生规范执行。出口食品生产、加工、贮存企业，必须按照《出口食品生产企业备案管理规定》，向中华人民共和国海关总署设在各地的直属出入境检验检疫部门申请注册，凡申请注册的出口食品生产、加工、贮存企业必须符合《出口食品生产企业安全卫生要求》；向国外注册的，还要符合相关进口国家卫生部门规定的卫生要求。

第一节　食品工厂卫生

一、食品工厂卫生要求

食品工厂卫生要求是指食品在“原料→加工→包装→贮运→市场”的全流程中，物料自始至终处于安全卫生和不被污染的环境之中。食品工厂设计对食品的安全生产起到重要的保障作用，在食品工厂的设计中必须对环境、生产设备设施、加工工艺及过程、检验设备、贮运要求等条件按食品法令和规范严格执行。

（一）环境条件

1. 厂区环境

厂址要选择地势干燥、交通方便、有充足水源的地区，厂区周围不得有污染源，要远离有害场所。厂区环境要卫生清洁，物品堆放整齐，加工后废弃物存放要远离生产车间，且不得位于车间上风向。

2. 车间环境

车间应保持整洁，场地应坚硬、平坦，排水、通风良好。车间应有充足的空间，便于设备安装、维护，便于物料贮存运输和卫生清理人员通行。场地要易于清洗消毒、防霉、防腐，要具备消毒、防蝇、防鼠、更衣、洗涤污水排放、存放废弃物的设施。车间环境温度、湿度、通风条件应满足生产工艺和规程要求。

（二）生产设备和设施条件

1. 设备要求

设备及工器具的选择必须保证产品质量安全、卫生，均应无毒、耐腐蚀、易清洗、易消毒。设备和管道应保持清洁，定期清除设备与管道中的滞留物，以防霉变。

2. 原料处理厂房或场所要求

企业应具备与产品质量相适应的原料处理厂房或场所，保证其通风、温度和湿度等条件应满足有关规范要求。

3. 加工车间要求

加工车间设计要能够满足从原料到成品出厂整个生产工艺流程的要求。车间要求人货分流，按不同食品的加工要求设置不同的加工工段。加工场地要有安全的采光照明及通风设施。

4. 贮存仓库要求

原料贮存库和成品贮存库应当清洁卫生，保证原材料和成品不变质、不失效。按不同食品的贮存要求（如温度、湿度、贮存条件等）进行仓库设计。

5. 更衣室、消毒间要求

对不同清洁程度要求的区域设有单独的与车间相连的更衣室及消毒间，视需要设立与更衣室相连接的卫生间和淋浴室，其设施和布局不得对车间造成潜在的污染风险。

（三）加工工艺及过程条件

食品生产工艺流程的设计和加工过程如控制不当，会对食品质量安全造成重大影响。食品工厂要科学设计工艺流程，设备、厂房、设施等的设计要以保证食品生产的安全卫生为前提。

1. 科学划分生产区域

按照生产工艺从原料到成品的先后顺序和产品特点将原料处理、半成品处理和加工、工器具的清洗消毒、成品内包装、成品外包装、成品检验和成品贮存等不同清洁卫生要求的区域分开设置，防止交叉污染。尤其成品内包装工艺要求有严格的卫生保障措施。

2. 严格控制加工过程

在整个生产过程组成的食品加工链的每一个关键环节上严防食品污染，如在不同洁净度要求的区域内，设置更衣、消毒区域，工人不能擅自进入其他区域。物流在不同洁净度区域间运送时，依靠传递窗及输送带进行不同分隔区的过渡输送。空气流向应当从清洁度高的区域流向清洁度低的区域，并与产品流向相反，严防人流与物流交叉污染，原料与半成品、成品交叉污染。

（四）检验设备条件

食品生产加工企业应当具备与所生产产品相适应的质量检验能力和计量检测手段。

企业应配备与所生产产品相适应的检验仪器设备，包括原材料、半成品和成品的检验仪器设备。此外，企业还应具有用于检测的高精度的称重设备及测量流量、温度、压力的计量器具等设备，并定期校准。这些检验仪器设备和计量器具设备均是工厂设计中应包括的内容。

（五）贮运条件

1. 贮存要求

根据贮存产品的不同特性选择适宜的贮存仓库，按其温湿度要求进行配置，库内要求清洁、定期消毒，要有防霉、防鼠、防虫设施。

2. 运输要求

配置一定量运输工具把食品保质、保量地运往指定地点，运输工具应符合卫生要求，并根据产品特点配备防雨、防尘、冷藏、保温等设施。

二、出口食品厂、库卫生要求

（一）出口食品生产、加工、贮存企业环境卫生

（1）出口食品厂、库不得建在有碍食品卫生的区域，厂区内不得兼营、生产、存放有碍食品卫生的其他产品。

（2）厂区路面平整、无积水，厂区应当有绿化。

（3）厂区卫生间应设有冲水、洗手、防蝇、防虫、防鼠设施，墙裙以浅色、平滑、不透水、耐腐蚀的材料修建，并保持清洁。

（4）生产中产生的废水、废料的排放或者处理应当符合国家有关规定。

（5）厂区应当建有与生产能力相适应的符合卫生要求的原料、包装物料贮存等辅助设施。

（6）生产区和生活区应当隔离。

（二）出口食品生产、加工、贮存企业设施卫生

1. 食品加工专用车间必须符合的条件

（1）车间的面积与生产适应，布局合理，排水畅通；车间地面用防滑、坚固、不透水、耐腐蚀的材料修建，平坦、无积水并保持清洁；车间出口及与外部相连的排水、通风处装有防鼠、防蝇、防虫设施。

（2）车间内墙壁和天花板使用无毒、浅色、防水、防霉、不脱落、易于清洗的材料修建，墙角、地角、顶角应当具有弧度。

（3）车间窗户有内窗台的，必须与墙面成约45°夹角，车间门窗应当用浅色、平滑、易清洗、不透水、耐腐蚀的坚固材料制作。

（4）车间内位于食品生产线上方的照明设施应当装有防护罩，工作场所以及检验台的照度应当符合生产、检验的要求，以不改变加工物的本色为宜。

（5）车间温度应当按照产品工艺要求控制在规定的范围内，并保持良好通风。

（6）车间供电、供汽、供水应当满足生产所需。

（7）应当在适当的地点设足够数量的洗手、消毒、烘干设备或用品，水龙头应当为非手动开关。

（8）根据产品加工需要，车间入口处应当设有鞋、靴和车轮消毒设施。

（9）应当设有与车间相连接的更衣室。根据产品加工需要，还应当设立与车间相连接的卫生间和淋浴室。

（10）车间内的操作台、传送带、运输车、工器具应当用无毒、耐腐蚀、不生锈、易清洗消毒、坚固的材料制作。

2. 冷冻食品厂必须符合的其他条件

（1）肉类分割车间须设有降温设备，温度不高于20℃。

（2）设有与车间相连接的相应的预冷间、速冻间、冷藏库，预冷间温度为0~4℃，速冻间温度在-25℃以下，使冷冻制品中心温度（肉类在48h内，禽肉在24h内，水产品在14h内）下降到-15℃以下。冷藏库温度在-18℃以下，冻品中心温度保持在-15℃以下。冷藏库应有温度自动记录装置和水银温度计。

3. 罐头加工必须符合的其他要求

（1）原料前处理与后工序应隔离开，不得交叉污染。

（2）装罐前空罐必须用82℃以上热水或蒸汽清洗消毒。

（3）杀菌须符合工艺要求，杀菌锅必须热分布均匀，并设有自动记温计时装置。

（4）杀菌冷却水应加氯处理，保证冷却排放水的游离氯含量不低于0.5mg/L。

（5）必须严格按规定进行保（常）温处理，库温要均匀一致，保（常）温温度应设有自动记录装置。

三、食品工厂卫生常用设施及设计要求

（一）防鼠、防虫设施

老鼠、苍蝇、蟑螂对食品生产的危害很大，食品经它们爬过或者啃咬后，有的带上病毒，有的带上寄生虫，有的带上难闻的气味，失去其固有的色、香、味、形等，造成食品的污染和损失，它们还可能携带病菌传播疾病。食品生产企业必须具备防鼠、防虫设施。

（1）防鼠设施　防鼠必须采取综合措施，堵死环境中和建筑物内的鼠穴，断绝鼠食来源。对老鼠进入建筑物的通道，如地板下的水道、通风孔、风扇入口、地基下水道口都应设置防鼠网。老鼠几乎无孔不入，因此，食品生产经营企业要有完备的防鼠设施，食品生产经营企业的防鼠设施结构见表6-1。

表6-1　食品生产经营企业的防鼠设施结构　单位：cm

场所	防鼠设施结构	标准
基础墙壁	墙基深度	>70
	出地面墙壁厚度	>30
地下换气口	装置铁丝网的孔径	<0.8
地面	地面混凝土厚度	>10
门	门框架应紧密 装自动开闭装置 从门外测量门槛的高度	>15

续表

场所	防鼠设施结构	标准
一层窗	窗下端至地面的距离	>90
	窗下端加强结构	>25
	地下层和一层窗的外边应装置铁丝网	孔径<0.8
二层以上窗	有电线和相邻建筑物等的情况下，外边门应装纵横格子网	与物体的距离>250
天窗	装铁丝网、纵横格子网	孔径<0.8
吸、排气口	装置自动开关的开关器，或铁丝网或纵横格子网	孔径<0.8
波形板屋顶	波形石棉瓦、铁板与屋檐、房屋之间的接合处应用灰泥等封闭	—
水洗便器	从水洗便器收集器到通入下水道排水管的垂直部分	长度>90
下水道	下水道收水框架	孔径<0.8
	铁丝网或纵横格子网	孔径<0.8
设备管道	给排水管、煤气管、电线管等贯通墙壁、天花板、地面的接合处应装垫圈	—
货物架	货物架与地面有距离	>90

（2）防蟑螂设施　主要通过改变环境来实现，消除蟑螂的生活环境，即堵塞各种孔、洞、缝，特别是对于水池、热水器周围的孔、洞、缝隙要特别注意，因为这些地方离水源近，温度也较适宜，是最容易有蟑螂的地方。在车间、食堂等场所的下水道中安置金属丝网，防止蟑螂自下水道侵入。建立严格的物品清扫、洗刷制度，保管好食品和垃圾，不给蟑螂提供生活栖息和觅食场所。

（3）防蝇设施　食品生产企业应在车间设置纱窗、纱门和防蝇风帘以防苍蝇随货物进入车间。有条件的安装灯光诱蝇装置及电动捕蝇装置。防蝇措施的关键就是消除蝇类的滋生源。由于厨房垃圾、食品工厂中的原料残渣、中间产品残渣和制品的废弃物，以及原料和制品产生的食品废弃物，都是蝇的滋生源，食品生产企业要将食品下脚料、垃圾放在密闭的垃圾箱内，且保持垃圾箱外壁清洁。同时要做到工完场清，保存好各类食品原料与成品，及时清除生活垃圾，并进行无害化处理。

（二）消毒、洗涤与卫生设施

规范化厂房内应有足够的消毒、洗涤与卫生设施，包括：车间入口消毒通过池；为生产人员设置的更衣室、淋浴室、厕所、洗手及消毒设施；为厂房设置的清洁工具室及废物处理设施等。

1. 车间入口消毒通过池

为保持车间卫生，减少地面尘土污染，一般食品车间入口处要设有消毒通过池，池的大小要和车间工人人数和进出的频度相适应。

消毒通过池根据生产品种和生产工艺的不同，其卫生要求也有很大的差异，如啤酒厂的前酵室、冰棍生产车间，其消毒通过池最好为长廊式，长度≥2m，宽度1.2~1.4m，池水深度≥10cm。在两侧墙壁的适当高度设有流水洗手设备。其他类食品生产车间消毒通过池可在门口设一个池子，大小以不能直接跨越为准，水深≥10cm。池水要经常更换，注意保洁。设有车间专用鞋的糕点加工等工厂，若车间门口设有换鞋架或换鞋间，可不设消毒通过池。

2. 更衣室

食品生产人员在进入生产车间前必须在更衣室内换上清洁的隔离服并戴上帽子，以防外穿的衣服与头发上的灰尘及脱落的头发污染食品。洁净区与非洁净区的操作人员更衣室宜分开设置，如合在一起，则洁净区操作人员需设置二次更衣室。

更衣室应设置在便于生产人员进入各车间的位置，男、女分开，一般为边房式，在入口处装纱门或风门来防尘、防蝇，对外的纱门应向外开启。在更衣室内设置存衣柜，配备穿衣镜，供工作人员在自我检查时使用。更衣室内应通风、采光，安装紫外线灯或臭氧消毒装置。

为了保证有效管理及满足生产的需要，目前食品工厂有两种更衣室设计，即一次更衣室及二次更衣室。一次更衣为进入生产车间的更衣，初次更衣在进厂后完成，换上有工厂标志的服装，二次更衣在进入车间前，根据工作要求进行更衣。进入车间前的更衣是确保生产产品安全的重要环节。

为适应卫生要求，食品工厂的更衣室宜分散，附设在各生产车间或部门内靠近人员进出口处。更衣室内应设个人单独使用的三层更衣柜，衣柜尺寸500mm×400mm×1800mm，以分别存放工作服、便服等，更衣室使用面积按固定工人数每人0.5~0.6m^2计。湿度大的作业，如冷库，应设工作服干燥室，对特殊工种应设除尘、消毒室。

3. 淋浴室

为了保证食品工厂的卫生符合GMP要求，直接接触食品的生产人员应在进入车间前洗澡。食品工厂设置淋浴设施对于保证从业人员个人卫生十分重要。淋浴室可分散或集中设置，一般设置在卫生通过室的男、女更衣室旁边，设小门相通，与更衣室、厕所形成一体。淋浴器龙头按每班生产人员计，每20~25人设置1个，浴室建筑面积按每个淋浴器5~6m^2计。

淋浴室应设置在通风、采光较好的位置，并有通风排气设施，也可以设置天窗。为便于冬季洗澡，必须设置采暖设备（如暖气）。浴室内应采取防水、防潮、排水和排气措施，浴室应设在生产车间内部，不宜直接设在办公室的上层或下层。

浴室淋浴器的数量按各浴室使用最大班人数的6%~9%计。

4. 厕所

工厂厕所的位置及卫生条件直接影响食品卫生，这是因为厕所是蚊、蝇的滋生场所，厕所的地面常被带有大肠菌群和杂菌的脏水污染，生产人员进、出厕所必须使用专用的鞋子，严格禁止穿工作服去厕所。

（1）位置　厕所的设置应根据工厂的大小等具体情况确定，厂区公厕应设置在生产车间的下风侧，不宜用坑式厕所。车间的厕所应设置在车间外，其出、入口不要正对车间门，可以将它设置在淋浴室旁边的专用房内。

（2）设施

①便池坑应用不透水的陶瓷卫生器具，也可贴瓷砖，地面用防滑的地砖铺设，有排水

明沟和地漏，厕所内还应设置洗污池，并要求便于清扫和保洁。

②便池应为水冲式，其数量根据生产需要和人员情况设置。一般要求男厕所：每班100人以下者，每25人设一蹲位；100人以上者每增加50人增加一蹲位；女厕所：每班100人以下者，每20人设一蹲位；100人以上者每增加35人增加一蹲位。男厕所内按每个蹲位设一个小便器具或长形的小便槽，并装水冲设施。

③备有洗手设施和排臭装置，如装排风扇或开天窗、对流窗。

④厕所的排水管道与车间排水管道分开，避免废水溢出或倒流造成车间污染。厕所的排水管不得位于车间操作台或设备的上方，以防滴漏。

⑤安装防蚊、防蝇设施，并采取灭蚊和灭蝇措施，指定专人对厕所定期（每天/每班）清洗消毒。

5. 洗手及消毒设施

污染手指的细菌中与食品卫生有关的主要是金黄色葡萄球菌和一些肠道细菌。在健康人的鼻腔分布较多的是金黄色葡萄球菌，手指接触鼻部或擤鼻涕时会受到污染，据调查，食品从业人员皮肤受此菌污染的占30%~40%。沙门菌等肠道病原菌对手指的污染，主要是因为大便后所用卫生纸数量较少。有试验表明，要将卫生纸对折五次才能避免水样大便污染；在食品从业人员的手指上大肠菌群检出率高达50%以上。所以，食品工厂设置洗手消毒设施十分重要，要求做到：

①洗手设施应分别设置在车间进口处和车间内适当的地点，一般将洗手设施设置在更衣间和生产车间之间的过道内。在配料、包装、加工等工序前，应设置一定数量的洗手设施。

②要配备冷、热水混合器，便于冬季使用，其开关采用非手动式，用肘开关或用脚踏式开关，避免洗净的手二次污染。

③水龙头设置：每班人数在200人以内者，每10人1个；200人以上者，每增加20人增加1个。

④配备干手设备，如热风、消毒干毛巾、消毒纸巾等。有些车间、部门还应配备消毒手套。

⑤在洗手处配备足够数量的指甲刀、手指刷、消毒肥皂、消毒液、消毒纸巾，也可以用暖风干燥机来代替消毒纸巾。有时单纯的流水洗手，细菌数并不能减少，相反，有时因反复洗手把手指甲缝和皮肤凹陷部的细菌洗出来反而会增加手上的细菌。所以，必须勤剪指甲，洗手时用指甲刷，洗净后用3%来苏水或含氯消毒液浸泡消毒，直接接触食品的从业人员应用酒精对手指进行消毒。

⑥肉类加工车间内必须定点设置洗手消毒槽，供生产过程中操作人员定时洗手消毒，其使用的刀具亦需定时清洗消毒。

6. 清洁工具室

规范化厂房内由于使用了空气处理系统，加上人员、物料均经过了适当的处理，其中的尘埃粒子数远远低于一般区域，尽管如此，这类厂房仍然存在由人员、设备产生的尘土、物料的污染等诸多污染因素，因而经常性的卫生清洁是十分必要的。为此，在设计时就要考虑存放清洁工具的小室，并且小室应位于被清洁的厂房内，能保持清洁工具的干燥，而且与其他室完全分离，避免不同生产区域内清洁工具混用。

7. 物料传递窗

物料在按生产流程加工过程中，先后经过非洁净间、准洁净间、洁净间等。为了不使操作人员和运输小车等发生交叉污染，往往在各间界面处设立传递窗，通过输送带或工作台进行物料传递，尤其是内包装材料，往往经过消毒间或带消毒装置的传递窗送入包装间。

四、食品生产设备设计卫生要求

食品生产设备与食品质量和食品污染的关系很大，不容忽视。一般生产食品的机械和设备，要求接触食品的零部件应易于清洗和消毒，并选择易于检查和保持清洁的结构和材料。为保证产品的品质稳定，应将由部件结构和安装引起的污染尽可能减少到最低程度。

（一）食品生产设备的一般要求

（1）设备原材料　食品生产设备的原材料必须适合食品生产的要求，不能影响产品的质量，不能被产品或被任何清洗消毒剂所腐蚀、分解或渗透，必须使设备成分之间的电化学腐蚀反应减少到最低程度，包括焊缝、螺钉、螺母和零件等。

食品生产设备与产品相接触的表面使用不锈钢，一般通用的型号为304#不锈钢，相当于0Cr19Ni9；抗腐蚀性能更强的316#不锈钢，相当于0Cr17Ni12Mo2，现在已被广泛使用。

机械结构要求表面光滑。铸件的粗糙表面是污染的隐患，会造成清洗困难，引起交叉污染。接缝和焊接处必须平整光滑，表面涂覆无毒而耐腐蚀的涂料。

（2）清洗　设备的设计必须易于清洗。所有与产品接触的表面应便于检查和机械清洗；各部件要便于拆卸，以达到彻底清洗的要求。所有设备在首次使用之前，先进行清洗和钝化（对能与产品反应的表面进行灭活处理），在某些情况下，由于设备的某部分的变化需要进行再钝化。

设备必须安装在易于操作、检查和维修的场地上，其环境应易于清洗，以保证卫生，而使产品受污染的可能性减少到最低程度。部件结构（支柱、曲柄、基座等）的设计的集污可能性必须降到最低程度。

（3）安全　一切设备系统和周围场所必须符合安全和卫生法规要求：

①没有滞留液体的凹陷及死角。

②可以防止混入杂质。

③局部封闭与外界隔离。

④零件、紧固件、插头等不会因震动而松离。

⑤投放原料及排放产品的操作均符合卫生要求。

⑥设有可防止害虫侵入的构造面（网罩）。

（二）常用食品生产设备

1. 容器

（1）容器的分类　在食品生产过程中，按其用途可以分为三类：

①贮存原料和成品的容器（贮槽）。

②在工艺过程中必不可少的过滤贮槽或缓冲用的贮槽（统称中间贮槽）。

③进行单元操作时所需容器（反应锅、杀菌槽、混合槽、分离槽等）。

（2）容器的原材料　制造容器的原材料可视其使用场合而定。常用的有碳钢、铝、不锈钢、钛和衬搪瓷、衬铝、衬不锈钢或涂覆各种无毒、耐腐蚀的涂料（如生漆、环氧树脂等）。

(3) 清洗　原位清洗系统（例如洗球等洗罐器）用于能与产品接触的表面和操作人员不易接近的地方。一切槽罐出口处必须设置阀门，以免阻塞和难以清洗，并能达到排尽全部液体的目的。排出阀必须使用易于清洁的阀门。

(4) 定位　槽罐应设置在易于加入产品和保证最少交叉污染的地方，并视需要设置加盖。

(5) 安全　压力和真空容器的设计、制造、使用，必须符合国家标准，必须由国家批准的设计、制造单位进行设计和制造。

2. 泵

泵是一种流体输送机械，应用于各种黏度的液体流动的设备，有时也用于产品混合（再循环或均质）。

通过泵的输送后，产品会产生变化，有时这种变化并不能立刻看出来，所以经泵送后的原料样品必须留样和检查，作为选择泵型号的依据。

(1) 原材料　泵有许多推动液体的部件，因此必须由具备各种特性（如耐腐蚀、耐油、耐温等）的不同材料制造。

(2) 清洗　可采用原位循环清洗和定期拆卸清洗。因此，叶轮、转子、泵体等零部件必须结构简单、没有死角、易于拆洗。

(3) 安全　泵的设计应重视极限压的形成和安装配套的降压系统，应考虑停电和发生故障时的应急措施。

3. 混合及搅拌设备

使用混合或搅拌设备的目的是保证产品的均匀性和其良好的物理外观。从简单的机械搅拌桨到精制粉碎的均质头都属于其设备的设计范围。在许多情况下，混合机直接影响产品的稳定性。使用联合混合机（例如搅拌桨和均质头），利用可变的快速电机能提高产品质量和效率。

(1) 原材料　混合机及一切受湿部件和槽罐的原材料都应符合要求，且不同原料之间的电化学反应要控制到最低程度。

大多数混合机有垫料和润滑油，必须随时检查其密封情况并应符合要求。润滑油不得污染产品。

(2) 清洗　在需要混合、均质多效使用时，应经常清洗搅拌桨和均质头，因此，应考虑设计易于取下的搅拌桨和均质头机构等，以保证其能清洗干净。另外，接触产品的筒体表面、零件及紧固件均需经常清洗。可采用原位循环清洗和定期拆卸清洗，故而，叶轮、转子、泵体等零部件必须结构简单、避免产生死角、易于拆洗。

(3) 定位　混合机必须安装在便于维修和清洗的地方。

4. 软管

在运送产品时，由于软管易于弯曲、便于操作，所以被广泛使用。软管材料和型号种类繁多，最重要的就是选择符合工艺要求的软管及配件。

(1) 原材料　软管的原材料一般是食品级增强橡胶或氯丁烯橡胶、聚丙烯或增强聚丙烯、聚乙烯、尼龙。软管和其他配件的原材料必须适合于产品在一定的温度和压力范围内使用。

（2）清洗 软管的内、外表面和其配件都与产品接触，因此设计时必须考虑清洗问题。透明的软管容易检查其清洁和损坏程度，可根据需要适当选用。使用的清洁剂（蒸汽、清净剂、消毒剂、溶液和溶剂）必须适用于软管和配件材料。软管的配件应易于拆卸和清洗，有利于保持清洁卫生。有螺纹的配件因难以清洗，所以很少使用。

（3）安置 软管不用时必须排尽残液，保持清洁，两端必须用塑料薄膜包扎并存放在指定的地方。

（4）安全 软管配套系统必须选择适应所使用的软管的压力和温度范围。

5. 运输管道

管道系统用于运送产品，其阀门和零件起输送、定向、节流和限流的作用。管道系统基本部件是泵、过滤器、管道、管件（弯头、大小头）、阀门等。

管道系统应考虑到产品的黏度、流速等。设计时应防患潜在的交叉污染且防止回流。其系统的连接方式有许多类型，如法兰、螺纹、焊接等。所用材料有铸铁、玻璃、塑料、不锈钢、铜、铝等。

管道系统应容易拆卸以便于清洗和定期检查，并考虑其多功能使用。

管道正常设计是操作时满载，不操作时排尽，必须避免不通支管的积污。管道系统的设计必须把其可能的收缩和扩大减少到最低程度。阀门和管件是污染源，在设计时应考虑尽量减少污染。阀门关闭时要严密，打开时流量要大，以防产生死角。

管道系统设计应考虑到产生终端压力，使用前应测试系统水压。

6. 其他

（1）过滤机、粗滤机和筛 过滤机、粗滤机和筛用于从原料或成品中分离颗粒状物质，也可用于颗粒分级、粉碎团块、去除外来物质和悬浮物质。

其配套系统的选择很大程度上取决于产品最初的流动特性，其中适合配套的是：重力过滤往复筛、旋转筛、板框压滤、袋式或筒式过滤机和离心过滤机。过滤机和筛在加工过程中用于除去不良物质，同时可能除去某些有用成分。设备设计必须做到产品在过滤过程中容易取样。

设备原材料一般采用不锈钢。过滤筛、袋、筒和助滤剂等则必须根据其在全部配套的情况下处理产品的效率、清洗能力、作用能力和相容性进行选择。

（2）称量器具 称量器具用于原料、半成品、成品的称量，以保证执行配方量和装料规格的要求，另外，称量器具也应用于其他方面，例如存货量的控制等。称量器具有机械式、杠杆式、摆动式、电动式、电子称量工具等多种类型，其类型的选择取决于操作条件和功效的要求。

为了精确达到称量要求，称量设备的允许偏差不能大于称量所允许的偏差。称量器具必须定期检查和校准，以保证达到应用的准确度和精密度。

机械天平在不进行称量操作时，其暴露部分应盖上保护套，杠杆系统应有外壳保护，可有效地防止腐蚀和灰尘进入。

称量器具在进行清洁处理时应特别小心，以避免损坏其正常性能。

称量器具必须放置在易于称量的地方并尽可能减少交叉污染。

称量器具是精密仪器，不得滥用。如果没有适当的保护，称量器具容易受空气的腐蚀和外来尘埃的污染，降低称量器具的精度或损坏称量器具。

（3）仪表和计量仪器　仪表和计量仪器用于测试或记录温度、压力、流量、酸碱度、黏度、速度、容积和其他特性。

仪表和计量仪器与产品接触不得影响其性能。在产品与仪器之间应设有隔离设施，大型或精密仪器设备应在专用的仪器室内保管和使用。

仪表和计量仪器的设计应考虑减少与产品的接触，以防止操作部件发生故障或助长微生物的生长。仪器通电部位必须密闭，以防爆炸和触电。

第二节　食品工厂生活设施及设计要求

食品工厂的生活设施，包括为生产人员服务的生活设施和为职工及其家属服务的生活设施。为生产人员服务的生活设施包括：行政办公楼、食堂、医疗室、更衣室、浴室、厕所等。大型企业还会设立幼儿园，甚至小学、中学、医院等社会公用设施。本节仅介绍常规生活设施。

一、行政办公楼

办公楼应布置在靠近人流入口处，其面积与管理人员数及机构的设置情况有关。办公楼建筑面积的估算可采用式（6-1）。

$$A_1 = \frac{N_1 K_1 A_2}{K_2} + A_B \tag{6-1}$$

式中　A_1——办公楼建筑面积，m^2

N_1——全厂职工总人数，人

K_1——全厂办公人数占职工总人数的百分比（一般取 8%~12%），%

K_2——建筑系数，65%~69%

A_2——每个办公人员使用面积（5~7m^2/人），m^2/人

A_B——辅助用房面积（根据需要决定），m^2

二、食堂

食堂在厂区的位置，应靠近工人出入口处或人流集中处，它的服务距离以不超过600m为宜。不能与有危害因素的工作场所相邻设置，不能受有害因素的影响。食堂内应设洗手、洗碗、热饭设备。厨房的布置应防止生、熟食品的交叉污染，并应有良好的通风、排气装置和防尘、防蝇、防鼠措施。

食堂座位数的确定见式（6-2）。

$$n_1 = \frac{N_2 \times 0.85}{C \cdot K_3} \tag{6-2}$$

式中　n_1——座位数，个

N_2——全厂最大班人数，人

C——进餐批数，批

K_3——座位轮换系数（一、二班制为 1.2）

食堂建筑面积的计算见式（6-3）。

$$A_3 = \frac{N_3 \cdot (A_4 + A_5)}{K_4} \tag{6-3}$$

式中　A_3——食堂建筑面积，m^2

N_3——座位数，个

A_4——每个座位餐厅使用面积，0.85~1.0m^2

A_5——每个座位所用厨房及其他面积，0.55~0.7m^2

K_4——建筑系数，82%~89%

三、医务室

食品工厂内医务室的组成和面积见表6-2。

表6-2　食品工厂医务室的组成和面积

医务室组成	工厂人数/人		
	300~1000	1001~2000	>2000
候诊室	1间	2间	3间
医疗室	1间	3间	4~5间
其他	1间	1~2间	2~3间
面积/m^2	30~40	60~90	80~130

四、会议室

会议室建筑面积可按式（6-4）估算。

$$A_6 = \frac{N_4 \cdot A_7}{K_5} \tag{6-4}$$

式中　A_6——会议室建筑面积，m^2

N_4——最大班人数，人

A_7——每个座位使用面积，0.8~1.0m^2

K_5——建筑系数，82%~89%

第三节　食品生产设备的洗涤、杀菌与生产环境消毒

食品生产设备的洗涤、杀菌及工厂的消毒工作是保证食品质量的重要环节。食品工厂各车间的桌、台、架、盘、工具和生产环境应每班清洗、定期消毒，严格执行消毒制度，以确保食品卫生安全。化学消毒剂、杀菌剂都具有一定的毒性，要有专用仓库、由专人保管，定期检查，防止遗失、泄漏或混淆。

一、食品生产设备的洗涤与杀菌

（一）食品生产设备的洗涤要求

（1）选择容易清洗且耐腐蚀的材料。

（2）与食品的接触面在洗净检查时，能简单拆卸及重新安装。

（3）生产设备不用拆卸就能洗净时，要达到良好的洗净效果。

（4）生产设备的转角处必须为圆角，表面必须无裂缝及针孔。

（5）板的接缝处的焊接表面要磨光、平滑。

（6）与处理液接触的部分，不应使用有吸水性的衬垫材料。

（7）需以人工洗净的部位，其结构的设计必须使操作者的手能达到整个需清洗的范围。

（8）排出口要呈锐角倾斜，使洗净剂容易流干。

（二）食品生产设备的洗涤与杀菌

1. 酸、碱洗涤剂

1%~2%硝酸溶液和1%~3%氢氧化钠溶液在65~80℃使用，杀菌及洗净效果较好。

其优点是可将微生物全部杀死，溶解除去有机污物的效果好。

其缺点是对人体皮肤刺激性强，水洗性差。

2. 杀菌剂

含氯消毒杀菌剂为氯水（漂粉精），作用条件为50mg/kg、2min以上或100mg/kg、20s以上。

（三）典型清洗程序

1. 典型清洗程序示例1

（1）洗涤工序　3~5min，常温水或60℃以下温水。

（2）酸性工序　20min，1%~2%盐酸或硝酸溶液，常温水。

（3）中间洗涤工序　5~10min，常温水或60℃以下温水。

（4）碱性工序　5~10min，1%~2%氢氧化钠溶液，60~80℃。

（5）最后洗涤工序　5~10min，常温水或60℃以下温水。

（6）杀菌工序　10~20min，90℃以上热水。

2. 典型清洗程序示例2

（1）洗涤工序　3~5min，常温水或60℃以下温水。

（2）酸性工序　5~10min，1%~2%盐酸或硝酸溶液，60~80℃。

（3）中间洗涤工序　5~10min，常温水或60℃以下温水。

（4）碱性工序　5~10min，1%~2%氢氧化钠溶液，60~80℃。

（5）中间洗涤工序　5~10min，常温水或60℃以下温水。

（6）杀菌工序　10~20min，氯水150mg/kg。

（7）最后洗涤工序　3~5min，清水。

二、食品工厂的消毒方法

常用的消毒方法有物理方法，如煮沸、蒸汽等，适用于棉织物、空罐等；紫外线消毒，适用于空气、衣物等；化学方法，使用各种化学药品、制剂进行消毒，适用于各种对象。各工厂可根据消毒对象的不同采用不同的消毒方法。

1. 食品工厂常见的消毒药品

（1）漂白粉　使用浓度（体积分数）0.2%~0.5%，适用于无油垢的工器具，如操作台、夹层锅、墙壁、地面、冷却池、运输车辆、胶鞋等的消毒。

（2）碱溶液 使用浓度（体积分数）1%～2%，适用于有油垢或浓糖沾污的工器具、机械、墙壁、地面、冷却池、运输车辆及食品原料库等的消毒。

（3）福尔马林 37%甲醛的水溶液称为福尔马林，常以水溶液或加热成气体状用于杀菌，使用浓度（体积分数）5%，适用于有臭味的阴沟、下水道、垃圾箱、厕所等的消毒。

（4）石灰乳 使用浓度（体积分数）20%，适用于干燥的空旷地的消毒。

（5）石灰粉 使用时每 50kg 石灰加水 17.5kg，即成粉状，适用于潮湿的空旷区域的消毒。

（6）高锰酸钾溶液 使用浓度（体积分数）0.1%～2%，适用于水果与蔬菜的消毒。

（7）酒精溶液 使用浓度（体积分数）70%～75%，适用于手指、皮肤、小工具的消毒。

（8）过氧乙酸 为新型高效消毒剂，对细菌繁殖体、芽孢、真菌、病毒均有高度杀灭效果，使用浓度（体积分数）0.04%～0.2%，适用于各种器具、物品和环境消毒。

（9）二氧化氯 常温下为黄红色气体，易溶于水，有很强的杀菌作用，主要用于饮用水的消毒，加入量只需 0.2mg/L 即可达到饮用水的消毒要求，此外，还可用于食品加工车间、加工设备、管道、空气、农产品的消毒，以及作为食品保鲜剂等。

（10）臭氧 常温下为淡蓝色爆炸性气体，有特异臭，是一种高效广谱杀菌剂，稳定性极差，常温下可自行分解，不易贮存，需现场制作，立即使用，可使细菌、真菌等菌体的蛋白质外壳氧化变性，可杀灭细菌繁殖体和芽孢、病毒、真菌等。

臭氧是已知最强的氧化剂之一，仅次于氟，可以氧化大多数有机物、无机物。臭氧与其他氧化性物质的氧化性强度对比如下：

氟>臭氧>过氧化氢>高锰酸钾>二氧化氯>次氯酸>氯气>氧气

（11）苯扎溴铵 苯扎溴铵又名新洁而灭、十二烷基二甲基苄基溴化铵，简称 G12，分子式 $C_{21}H_{38}BrN$，属于季铵盐类阳离子表面活性剂。在水溶液中，其主体部分离解成阳离子。在低浓度下有抑菌作用，在高浓度下可杀死大多数种类的细菌繁殖体与部分病毒。

其优点为杀菌浓度低，一般只需千分之几即可；毒性与刺激性低；溶液无色；无腐蚀漂白作用；气味小，水溶解性好，使用方便；耐光、耐热、耐贮存。

其缺点为对部分微生物（特别是芽孢）效果不好；价格较贵；配伍禁忌多；效果受有机物影响大。

苯扎溴铵可用于仓库及各种容器，用 1：（2000～5000）的水溶液，以喷雾的方式杀灭霉菌和其他细菌；也可用 1：（2000～5000）的水溶液，擦拭食品生产机械设备、用具表面，以防长霉。不能与肥皂或其他阴离子洗涤剂同用，也不可与碘或过氧化物等消毒剂合用，不宜用本品消毒粪便、痰液等排泄物和分泌物。目前我国允许使用的季铵盐类消毒剂除新洁而灭外，还有度米芬和消毒净。

2. 常见的消毒方法

加热消毒因简单方便、杀菌效果可靠，而且消毒后有“净干亮洁”的特点，易于检查，一直是食品加工器具、餐具消毒的主要方式。企业的加工器具、餐具和其他物品首先要选用加热消毒法，其次选用洗涤剂和消毒剂。

紫外线是食品加工企业常用的消毒方法。紫外线属于电磁波辐射，不能使原子电离，放出的能量低，穿透力弱。但紫外线消毒廉价、方便、无残留毒性、比较安全。它的主要用途是消毒空气，也可用于水、饮料、物体表面消毒，可杀灭各种微生物，包括细菌、真菌、病毒、立克次体等。

食品企业常见的消毒方法见表 6-3。

表 6-3 食品企业常见的消毒方法

分类	名称	方法	适用对象
物理方法	煮沸	100℃，1~5min	小工具、容器、食具
	蒸汽	100℃，5min	管道、冷排、墙壁、地面
	流动蒸汽	90℃，10min	食具
	紫外线	每 $10m^2$ 安装一只 30W 紫外灯	空气、表面
化学方法	漂白粉溶液	0.2%~0.5%上清液（有效氯 50~100mg/L）	桌面、工具、墙壁、地面、运输车辆、果蔬
	氯胺 T	0.3%溶液浸泡 2~5min	食具
	二氧化氯	0.02%~0.03%溶液浸泡 5~10min	果蔬、水产品、设备、工器具
		0.05%溶液高压喷雾或 2%溶液自然熏蒸	食品车间空气、墙壁、地面、桌面、工具
		空气中臭氧浓度 12~20mg/m^3	冷库
化学方法	臭氧	空气中臭氧浓度 20mg/m^3	食品车间
		空气中臭氧浓度 20~40mg/m^3	工作服
		空气中臭氧浓度 2~7mg/m^3	果蔬防腐保鲜
		空气中臭氧浓度 4~6mg/m^3	屠宰、鱼品加工车间除臭净化
		水中臭氧浓度 0.5~1.5mg/L	水
	过氧乙酸溶液	冰醋酸：双氧水=10：8，以 12：10 体积比在使用前一天混合均匀，0.04%~0.5%水溶液高压喷雾（相对湿度 60%~80%），3%~5%加热熏蒸，20%（或 1mg/m^3）自然熏蒸 0.04%水溶液浸泡 2~3min 0.1%水溶液浸泡 10~15min 0.1%水溶液浸泡 5min	食品车间空气、墙壁、地面、桌面 食具 肉类、蔬菜、水果 鸡蛋
	高锰酸钾溶液	0.1%~0.2%溶液浸泡	水果、蔬菜
	酒精溶液	70%~75%溶液浸泡	手、皮肤、水果、蔬菜、工具、设备、容器

第四节 食品安全与卫生标准

我国的食品标准体系是以国家标准为主体，行业标准、地方标准、企业标准相互补充的较完整的四级食品标准体系，涵盖粮食加工品，食用油、油脂及其制品，调味品，肉制品，乳制品，饮料，方便食品，饼干，罐头，冷冻饮品，速冻食品，薯类和膨化食品，糖果制品，茶叶及相关制品，酒类，蔬菜制品，水果制品，炒货食品及坚果制品，蛋制品，可可及焙烤咖啡产品，食糖，水产制品，淀粉及淀粉制品，糕点，豆制品，蜂产品，保健食品，特殊医学用途配方食品，婴幼儿配方食品，特殊膳食食品，其他食品，食品添加剂以及食品相关产品等。

一、食品安全与卫生标准的发展

（一）食品安全标准概念的引入

根据《中华人民共和国食品安全法》（以下简称《食品安全法》）第二十二条：（中华人民共和国）国务院卫生行政部门应当对现行的食用农产品质量安全标准、食品卫生标准、食品质量标准和有关食品的行业标准中强制执行的标准予以整合，统一公布为食品安全国家标准。根据《食品安全国家标准管理办法》（卫生部令第 77 号）规定，食品安全标准包括：

（1）食品相关产品中的致病性微生物、农药残留、兽药残留、重金属、污染物质以及其他危害人体健康物质的限量规定。

（2）食品添加剂的品种、使用范围、用量。

（3）专供婴幼儿的主辅食品的营养成分要求。

（4）对与食品安全、营养有关的标签、标识、说明书的要求。

（5）与食品安全有关的质量要求。

（6）食品检验方法与规程。

（7）其他需要制定为食品安全标准的内容。

（8）食品中所有的添加剂必须详细列出。

（9）食品生产经营过程的卫生要求。

这两个法规设定了食品安全国家标准的概念和应用范围，为食品安全标准的制定、更新、整合提供了法律依据。

（二）食品卫生标准的整合

2009 年《食品安全法》颁布前，原中华人民共和国卫生部以食品卫生标准的形式发布了 23 项“卫生规范”，加上有关行业主管部门制定和发布的各类“技术操作规范”等标准，共计 400 项。由于部门监管职责不同、机构调整等原因，标准之间不可避免地存在范围交叉、重复和矛盾等问题，给监督执法和企业实施带来了分歧。从《食品安全法》颁布至今，国家卫生部门按要求对我国食品相关标准中食品安全相关内容进行梳理整合，对食品卫生标准进行全面修订，统一公布为食品安全国家标准。目前，我国已基本完成食品强制性标准的梳理整合工作。

所有食品产品的卫生项目采用终极标准判定原则，食品污染物限量按《食品安全国家标准　食品中污染物限量》（GB 2762—2017），食品中致病菌按《食品安全国家标准　食品中致病菌限量》（GB 29921—2013），食品添加剂使用限量按《食品安全国家标准　食品添加剂使用标准》（GB 2760—2014）规定，食品农药残留按《食品安全国家标准　食品中农药最大残留限量》（GB 2763—2019），食品中真菌毒素按 GB 2761—2017《食品安全国家标准　食品中真菌毒素限量》等。对原来类别重复、模糊不清的标准进行整合，删除了标准参数重复的规定。如《食品安全国家标准　鲜（冻）畜、禽产品》（GB 2707—

2016），代替了《鲜（冻）畜肉卫生标准》（GB 2710—1996）和《鲜、冻禽产品》（GB 16869—2005）等。

二、食品生产通用卫生规范

（一）生产规范的基本概念

食品的标准化包括生产过程的标准化。为减少人为错误，防止食品污染，确保产品安全和质量合格，食品企业需要一套控制和管理生产过程的科学方法，包括原料采购、生产场所环境卫生条件、设备设施要求、人员卫生、工艺操作规程等，这些方法被收集、总结为标准化的做法，现在称为“生产规范”。

（二）规范类标准的整合修订

根据《食品安全法》和国务院工作部署，中华人民共和国国家卫生健康委员会组织开展食品安全国家标准整合工作，通过整合食品生产经营过程的卫生要求标准，计划形成以GB 14881—2013《食品安全国家标准　食品生产通用卫生规范》为基础，涵盖主要食品类别的生产经营规范类食品安全标准体系（表 6-4），修订完成后除食品安全标准外将不得有其他强制性食品标准。2010 年以来，中华人民共和国国家卫生健康委员会先后颁布了GB12693—2010《食品安全国家标准　乳制品良好生产规范》等 29 项食品安全国家标准（表 6-5），作为各类食品生产过程管理和监督执法的依据。各行业主管部门发布的各类规范类标准按照不与食品安全国家标准相抵触的原则，由各归口管理部门自行管理。

表 6-4　生产经营规范类食品安全标准体系

序号	标准类别	标准项目内容
1	通用	食品生产、食品经营
2	乳类	乳制品、粉状婴幼儿配方食品
3	肉类	畜禽屠宰加工、肉和肉制品经营、熟肉
4	酒类	蒸馏酒及其配制酒、发酵酒及其配制酒、啤酒
5	粮食	谷物加工、原粮贮运
6	饮料	饮料、定型包装饮用水
7	调味料	酱油、食醋
8	蛋类	蛋与蛋制品
9	焙烤类	糕点面包
10	糖果巧克力	糖果巧克力
11	油脂类	食用植物油及制品
12	膨化	膨化食品
13	蜜饯	蜜饯
14	水产	水产制品
15	辐照	食品辐照

续表

序号	标准类别	标准项目内容
16	速冻	速冻食品
17	包材	食品接触材料及制品
18	添加剂	食品添加剂
19	特膳	特殊医学用途配方食品
20	其他	航空食品
21	其他	菌种
22	保健食品	保健食品

表 6-5　　强制性规范标准目录（食品安全国家标准）

序号	标准号	标准名称
1	GB 8950—2016	食品安全国家标准　罐头食品生产卫生规范
2	GB 8951—2016	食品安全国家标准　蒸馏酒及其配制酒生产卫生规范
3	GB 8952—2016	食品安全国家标准　啤酒生产卫生规范
4	GB 8954—2016	食品安全国家标准　食醋生产卫生规范
5	GB 8955—2016	食品安全国家标准　食用植物油及其制品生产卫生规范
6	GB 8956—2016	食品安全国家标准　蜜饯生产卫生规范
7	GB 8957—2016	食品安全国家标准　糕点、面包卫生规范
8	GB 12693—2010	食品安全国家标准　乳制品良好生产规范
9	GB 12694—2016	食品安全国家标准　畜禽屠宰加工卫生规范
10	GB 12695—2016	食品安全国家标准　饮料生产卫生规范
11	GB 12696—2016	食品安全国家标准　发酵酒及其配制酒生产卫生规范
12	GB 13122—2016	食品安全国家标准　谷物加工卫生规范
13	GB 14881—2013	食品安全国家标准　食品生产通用卫生规范
14	GB 17403—2016	食品安全国家标准　糖果巧克力生产卫生规范
15	GB 17404—2016	食品安全国家标准　膨化食品生产卫生规范
16	GB 18524—2016	食品安全国家标准　食品辐照加工卫生规范
17	GB 20799—2016	食品安全国家标准　肉和肉制品经营卫生规范
18	GB 20941—2016	食品安全国家标准　水产制品生产卫生规范
19	GB 21710—2016	食品安全国家标准　蛋与蛋制品生产卫生规范
20	GB 22508—2016	食品安全国家标准　原粮储运卫生规范
21	GB 23790—2010	食品安全国家标准　粉状婴幼儿配方食品良好生产规范
22	GB 29923—2013	食品安全国家标准　特殊医学用途配方食品企业良好生产规范

续表

序号	标准号	标准名称
23	GB 31603—2015	食品安全国家标准　食品接触材料及制品生产通用卫生规范
24	GB 31621—2014	食品安全国家标准　食品经营过程卫生规范
25	GB 31641—2016	食品安全国家标准　航空食品卫生规范
26	GB 8953—2018	食品安全国家标准　酱油生产卫生规范
27	GB 19304—2018	食品安全国家标准　包装饮用水生产卫生规范
28	GB 31646—2018	食品安全国家标准　速冻食品生产和经营卫生规范
29	GB 31647—2018	食品安全国家标准　食品添加剂生产通用卫生规范

（三）GB 14881—2013 的修订情况

GB 14881—1994（《食品企业通用卫生规范》）的发布，对规范我国食品生产企业加工环境，提高从业人员食品卫生意识，保证食品产品的卫生安全起到了积极作用。近些年来，随着食品生产环境、生产条件的变化，食品加工新工艺、新材料、新品种不断涌现，食品企业生产技术水平进一步提高，对生产过程控制提出了新的要求，原标准的许多内容已经不能适应现食品行业的实际需求。为此，原中华人民共和国国家卫生和计划生育委员会组织修订了 GB 14881—2013（《食品安全国家标准　食品生产通用卫生规范》）。

《食品安全法》对食品生产经营过程应符合的卫生要求做了明确规定，其中“第四章　食品生产经营”对厂房布局、设备设施、人员卫生等提出了具体要求，还特别规定了禁止生产经营“用非食品原料生产的食品或者添加食品添加剂以外的化学物质和其他可能危害人体健康物质的食品”以及“混有异物、掺杂使假”的食品等。依据《食品安全法》对食品生产经营过程的卫生要求规定，GB 14881—2013 进一步细化了食品生产过程控制措施和要求，增强了技术内容的通用性和科学性，反映了食品行业发展实际，有利于企业加强自身管理，满足政府监管和社会监督需要。

与 GB 14881—1994 相比，新标准主要有以下几方面变化：

（1）强化了源头控制，对原料采购、验收、运输和贮存等环节的食品安全控制措施做了详细规定。

（2）加强了过程控制，对加工、产品贮存和运输等食品生产过程的食品安全控制提出了明确要求，并制定了控制生物性污染、化学性污染、物理性污染等主要污染的措施。

（3）加强对生物性污染、化学性污染、物理性污染的防控，对设计布局、设施设备、材质和卫生管理提出了要求。

（4）增加了产品追溯与召回的具体要求。

（5）增加了记录和文件的管理要求。

（6）增加了“附录 A 食品加工环境微生物监控程序指南”。

（四）GB 14881—2013 的适用范围及主要内容

GB 14881—2013 适用于各类食品的生产。某类食品如有专项卫生规范，应同时满足 GB 14881—2013 和专项卫生规范要求，如：乳制品生产企业的生产应同时满足 GB 14881—2013 和 GB 12693—2010 的规定。如需制定某类食品生产的专项卫生规范，应当以

GB 14881—2013 作为基础。GB 14881—2013 分 14 章，内容包括：范围，术语和定义，选址及厂区环境，厂房和车间，设施与设备，卫生管理，食品原料、食品添加剂和食品相关产品，生产过程的食品安全控制，检验，食品的贮存和运输，产品召回管理，培训，管理制度和人员，记录和文件管理。其附录“食品加工过程的微生物监控程序指南”针对食品生产过程中较难控制的微生物污染因素，向食品生产企业提供了指导性较强的监控程序建立指南。

思考题

1. 食品工厂卫生要求是什么？
2. 食品工厂卫生常用设施及设计的内容是什么？
3. 食品生产设备设计卫生要求是什么？
4. 常见的消毒方法有哪些？
5. GB 14881—1994 修订后的主要变化是什么？

CHAPTER 7

第七章 食品工厂公用系统

[本章知识点]

与食品工厂各车间、各工段及其他部门有密切关系并为这些部门所共有的一类动力辅助设施，包括给排水、供电及仪表、供气、制冷、暖风五项工程。

第一节 食品工厂公用系统的主要内容

一、概述

所谓公用系统，是指与全厂各车间、各工段及其他部门有密切关系的，为这些部门所共有的一类动力辅助设施的总称。对食品厂而言，这类设施一般包括给排水、供电及仪表、供气、制冷、暖风五项工程。在食品工厂设计中，这五项工程分别由五个专业工种的设计人员承担。当然，不一定每个整体项目设计都包括上述五项工程，还需按工厂的规模而定。在一般情况下，给排水、供电和仪表、供气这三者不管工厂规模大小都应具备，而制冷和采暖通风两项则不一定具备。小型食品厂由于投资和经常性费用高等原因一般不设冷库；车间的采暖和空调，也不一定每个项目都得具备（就当地的气象情况而定）；至于扩建性质的工程项目，上述五项公用工程就更不一定同时具备了。

公用工程的专业性较强，各有其内在深度，此处不做详细叙述。本章仅从工艺设计人员需要掌握的有关公用工程设计的基本原理及基本规范的角度，对公用工程的设计作简单的介绍。

二、公用工程区域的划分

上述五项公用工程是在设计院内部按专业的性质划分的，这是设计院的内部分工。此外，从设计的外部分工还常涉及工程的区域划分。公用工程按区域可划分为厂外工程、厂区工程和车间内工程。

（一）厂外工程

给排水、供电等工程中水源、电源的落实和外管线的敷设，涉及的外界因素较多，与供电部门、城市建设部门、市政工程部门、环保部门、自来水公司、消防处、卫生防疫站、环境监测站以及农业部门等都有一定关系。最好先由筹建单位进行一段时间的工作，与这些部门的联系，初步达成供水、供电、环保等意向性协议，并在这些问题初步落实之后，再开展设计工作。

由于厂外工程属于市政工程，一般由当地专门的市政设计或施工部门负责设计比较切合当地实际，专业设计院一般不承担厂外工程的设计。

厂外工程的费用比较高，在决定厂址时，要考虑到这一因素。如果水源、电源离所选定的厂址较远，则要增加较高的投资，显得不合理，食品厂一般都属于中小型企业，其厂外管线的长度最好能控制在 2~3km。

（二）厂区工程

厂区工程是指在厂区范围内、车间以外的公用设施，包括给排水系统中的水池、水塔、水泵房、冷却塔、外管线、消防设施；供电系统中的变配电所，厂区外线及路灯照明；供热系统的锅炉房、烟囱、煤厂及蒸汽外管线；制冷系统的冷冻机房及外管线；环保工程的污水处理站及外管线等。这些工程的设计一般由负责整体项目的专业设计院的有关设计工程承担。

（三）车间内工程

车间内工程主要是指有关设备及管线的安装工程，如风机、水泵、空调机组、电气设备及制冷设备的安装，包括水管、汽管、冷冻管、风管、电线、照明等，其中水管和蒸汽管的设计由于和生产设备关系十分密切，一般由工艺设计人员担任，其他则仍由专业工种承担。

三、对公用系统的要求

（一）满足生产需要

满足生产需要很重要，也比较复杂。因为食品生产很突出的一个特点是季节的不均性，公用设备的负荷随季节变化非常明显。因此，要求公用设备的容量对负荷的变化要有足够的适应性。如何才能具备这些适应性？不同的公用设备有不同的原则，例如，对于供水系统，只有按高峰季节各产品的小时需水总量，设定其供水能力，才能使其具备足够的适应性，如果供水量满足不了高峰季节的生产需要，往往造成原料的积压或加工时间延长，从而对产品质量带来巨大的损失，这种损失可能是无法弥补的。至于供水能力较大，在淡季时是否造成浪费，这一点并不很重要，因为水的计费只跟实际消耗量有关，淡季少用可少付费。对于供电和供汽设施，如要具有适应负荷变化的特性，则需要考虑组合式结构。所谓组合式，是指不要搞单一的变压器或单一的锅炉，而设置多台变压器或锅炉，以便有不同的能力组合，适应不同的负荷。决定合理的组合时，最好根据全年的季节变化画出负荷曲线，以求得最佳的组合。

（二）符合卫生要求

在食品生产中，原材料或半成品不可避免地要和水、蒸汽等有直接或间接接触，因此，要求生产用水的水质必须符合卫生部规定的生活饮用水卫生标准。直接用于食品的蒸汽不应含有危害健康或污染食品的物质。氨制冷剂对食品卫生是有害的，氨蒸发系统应严防泄漏。

公用设施在厂区的位置是影响工厂环境卫生的重要因素，如锅炉的型号、烟囱的高度、运煤、出灰的通道、污水处理站的位置、污水处理的工艺流程等，是否选择得当，都与工厂的卫生环境有密切关系，其具体要求详见本章后文。

（三）运行可靠、费用经济

运行可靠是指供应的数量和质量要有可靠而稳定的参数，例如，水的数量固然要保障，但水的质量更为重要。在工厂自己制水的系统中，原水的水质往往随季节的变化有较大的波动，一般秋冬季水质较好，春夏季水质较差，洪水期水质更差；也有的地方，水源流量小，秋冬枯水期污染物质的浓度增大，水质反比春夏季差，这就要根据具体情况，采取各种相应措施，使最后送到生产车间的水质始终符合食品生产的水质要求。又如供电，有些地方的电网可能经常出现局部停电现象，会影响到生产的正常秩序，就应该考虑是否采取双电源供电或选择自备电源（工厂自行发电），以摆脱被动局面。

参数的稳定也非常重要，如水压、水温、电流、电压、频率、蒸汽压力、冷库或空调的温度和湿度等。如果参数不稳定，轻则影响生产的正常进行，重则造成安全事故和重大损失。

所谓经济性，就是投资少、收效高。这就要求设计人员在进行设计时，要正确地收集和整理设计原始资料，进行多方案的比较，避免“贪大求洋”，还得注意各部门和全厂的关系以及一次性集中投入和长期的经常费用的关系，从而使设计投资最少，经济效益最好。

第二节　食品工厂给排水系统

一、设计内容及所需的基础资料

（一）设计内容

整体项目的给排水设计包括：取水及净化工程，厂区及生活区给排水管网，车间内外给排水管网，室内卫生工程，冷却循环水系统，消防系统等。

（二）设计所需基础资料

给排水工程设计大致需要收集如下资料：

（1）各用水部门对水量、水质、水温的要求及负荷的时间曲线。

（2）建厂所在地的气象、水文、地质资料。当采用地下水为给水水源时，应根据水源地地下水开采现状，了解已有地下取水构筑物的运行情况和运行参数，地下水长期观测资料等，并根据水文地质条件选择合理的取水构筑物形式，了解单井、渗渠、泉室的供水能力（出水量以枯水季节为准）及水质全分析报告。

（3）当采用地表水为给水水源时，应了解水源地地表水的水文地质资料，如河床断面，年流量、最高洪水位、常水位、枯水位及地表水的水质全分析报告，特别是取水河湖的详细水文资料（包括原水水质分析报告）。

（4）当采用城市自来水供水时，应了解厂区周围市政自来水网的形式、给水管数量、管径、水压情况及有关的协议或拟接进厂区的市政自来水管网状况。

（5）厂区和厂区周围地质、地形资料（包括外沿的引水排水路线）。

（6）当地废水排放和公安消防的有关规定。

（7）当地管材供应情况。

二、食品工厂用水分类及水质要求

1. 用水分类

水是生命的源泉，是社会发展和人类进步的重要物质，是生态环境系统中最活跃和影响最广泛的因素，是工农牧副业生产不可取代的重要资源。在食品工厂特别是饮料工厂中，水是重要的原料之一，水质的优劣直接影响产品的质量。

食品工厂的用水大致可分为：

（1）产品用水：产品用水又因产品品种的不同而各有区别。小部分直接作为产品的产品用水，如矿泉水、饮用纯净水等，大部分作为产品原料的溶解、浸泡、稀释、灌装等的产品用水，如啤酒生产的糖化投料水、软饮料、果蔬汁、蛋白饮料的溶糖、配料水、碳酸饮料的糖浆制备、配料、灌装水、柠檬酸提取工段的洗料水、黄酒生产加曲搅拌饭的投料水等。

以上产品用水水质必须在满足《生活饮用水卫生标准》（GB 5749—2006）的基础上采用不同水质处理的方法来满足产品用水的要求。

（2）生产用水：指除了产品用水之外直接用于工艺生产的用水，一般指与生产原料直接接触，如原料的清洗和加工，产品的杀菌、冷却，工器具的清洗等的用水。生产用水水质必须满足《生活饮用水卫生标准》（GB 5749—2006）。

（3）生活用水：生活用水是指食品工厂的管理人员、车间工人的日常生活用水及淋浴用水，其水质必须满足《生活饮用水卫生标准》（GB 5749—2006）。

（4）锅炉用水。

（5）冷却循环补充水。

（6）绿化、道路的浇洒水及汽车冲洗用水：这部分用水可用厂区生产、生活污水经处理后达标的出水（再生水或称中水）来代替，实现再生水回用是缓解水资源紧缺、保护生态环境、污水资源化的一条有效途径，也是当前水源建设和造福子孙后代的一项长期战略方针，在现代食品工厂的设计中应予高度重视。

（7）未预见水量及管网漏失量。

（8）消防用水量，此部分水量仅用于校核管网计算，不属于正常水量。

2. 各类用水的水质要求

各类用水根据不同的用途，有不同的水质要求。一般生产用水和生活用水的水质要求符合生活饮用水标准。特殊生产用水是指直接构成某些产品的组分用水和锅炉用水。这些用水对水质有特殊要求，必须在符合《生活饮用水卫生标准》的基础上给予进一步处理。各类用水水质标准见表 7-1。

表 7-1　各类用水水质标准

项目	生活饮用水	清水类罐头用水	饮料用水	锅炉用水
pH	6.5~8.5			>7
总硬度（以 $CaCO_3$ 计）/（mg/L）	<250	<100	<50	<0.1

续表

项目	生活饮用水	清水类罐头用水	饮料用水	锅炉用水
总碱度/(mg/L)			<50	
铁/(mg/L)	<0.3	<0.1	<0.1	
酚类/(mg/L)	<0.05	无	无	
氧化物/(mg/L)	<250		<80	
余氯/(mg/L)	<0.5	无		

特殊用水一般由工厂自设一套处理系统进行处理，处理的方法有精滤、离子交换、电渗析、反渗透等，视具体情况选用。

在理论上冷却用水（如制冷系统的冷却用水）和消防用水的水质要求可以低于生活饮用水标准，但在实际上，由于冷却水往往循环使用，用量不大，为便于管理和节省投资，大多食品厂并不另设供水系统。

三、全厂用水量计算

（一）生产用水量

生产用水包括工艺用水、锅炉用水和冷冻机房冷却用水。

食品工厂的工艺用水量，可根据工艺专业的产品水单耗、小时变化系数、日产量分别计算出平均小时用水量，最大小时用水量及日用水量。

锅炉用水可按锅炉蒸发量的 1.2 倍计算，小时变化系数取 1.5。锅炉房水处理离子交换柱的反冲洗瞬间流量，即配置锅炉房进口管径时，应按锅炉的总蒸发量加上最大一台锅炉蒸发量的 4~5 倍计算。

制冷机的冷却水循环量取决于热负荷和进出水温差。一般情况下，取 $t_2 \leqslant 36℃$，$t_1 \leqslant 32℃$。冷却循环系统的实际耗水量即补充水量，可按循环量的 5%计。

（二）生活用水量

生活用水量的多少与当地气候，人们的生活习惯以及卫生设备的完备程度有关，生活用水量标准是按最大班次的工人总数计算的，按我国的标准为：

（1）车间职工　高温车间（每小时放热量为 83.6kg/m 以上），每人每班次用水量为 35L，其他车间 25L。

（2）淋浴用水　在易污染身体的生产车间（工段）或为了保证产品质量而有特殊卫生要求的生产车间（工段），每人每次用水量为 40L；在排出大量灰分的生产岗位（如锅炉、备料等）以及处理有毒物质或易使身体污染的生产岗位（如接触酸、碱的岗位），每人每次用水量为 60L。

（3）盥洗用水　脏污的生产岗位，每人每次 5L，清洁的生产岗位每人每次 3L。计算生活用水总量时，要先确定淋浴和盥洗的次数，再乘以每班人数。

（4）消防用水量　消防用水，由于消防设备一般均附有加压装置，对水压的要求不大严格，但必须根据工厂面积、防火等级、厂房体积和厂房建筑消防标准而保证供水量的要求。食品厂的室外消防用水量为 10~75L/s，室内消防用水量以 2×2.5L/s 计。由于食品厂的生产用水量一般都较大，在计算全厂总用水量时，可不计消防用水量，在发生火警时，可调整生产和生活用水量加以解决。

（5）其他生活用水　家属宿舍以每人每日用水量 30~250L 计算；集团宿舍以每人每日用水量 50~150L 计算；办公室以每人每班 10~25L 计算；幼儿园、托儿所以每人每日 25~50L 计算；小学、厂校以每人每日 10~30L 计算；食堂以每人每餐 10~15L 计算；医务室以每人每次 15~25L 计算。根据食品厂的特点，生活用水量相对生产用水量小得多。在生产用水量不能精确计算的情况下，生活用水量可根据最大班人数按式（7-1）估算。

$$生活最大小时用水量=最大班人数\times 70/1000\ (m^3/h) \qquad (7-1)$$

（三）其他用水量

厂区道路、广场浇洒用水量按浇洒面积 2.0~3.0L/(m^2·d) 计算；厂区绿化浇洒用水量按浇洒面积 1.0~3.0L/(m^2·d) 计算，干旱地区可酌情增加。汽车冲洗用水量定额，应根据车辆用途，道路路面等级，沾污程度以及所采用的冲洗方式确定。

管网漏失水量和不可预见水量之和，可按日用水量 10%~15%计。

（四）生产用水水压的确定

工厂生产用水水压因车间不同、用途不同而有不同的要求。如要求脱离实际，过分提高水压，不但增加动力消耗，而且要提高管件的耐压强度，从而增加建设费用。如果水压太低，不能满足生产要求，将影响正常生产。确定水压的一般原则是：进车间的水压，一般应为 0.2~0.25MPa；如果最高点的用水量不大时，车间内可另设加压泵。

四、水源及水源的选择

水源的选择，应根据当地的具体情况进行技术经济比较后确定。在有自来水的地方，一般优先考虑采用自来水。如果工厂自制水，则尽可能首先考虑采用地下水，其次考虑地面水。各种水源的优缺点比较见表 7-2。选择水源前，必须进行水资源的勘察。

表 7-2　各种水源的优缺点比较

水源类别	优　点	缺　点
自来水	技术简单，一次性投资少，水质可靠	水价较高，经常性费用大
地下水	可就地直接取水，水质稳定，且不易受外部污染，水温低，且基本恒定，一次性投资不大，经常费用小	水中矿物质和硬度可能过高，甚至有某种有害物质； 抽取地下水会引起地面下沉
地面水	水中溶解物少，经常性费用低	净水系统管理复杂，构筑物多，一次性投资较大，水质、水温随季节变化较大

水源的选用应通过技术经济比较后综合考虑确定，并应水量充足可靠、原水水质符合要求，取水、输水、净化设施安全、经济和维护方便，具有施工条件。对符合卫生要求的地下水，宜优先作为食品工厂生产与生活饮用水的水源。

用地下水作为供水水源时，应有确切的水文地质资料，取水必须小于允许开采量并应以枯水季节的出水量作为地下取水构筑物的设计出水量，设计方案应取得当地有关管理部门的同意。地下取水构筑物的型式一般有：

（1）管井　适用于含水层厚度大于 5m，其底板埋藏深度大于 15m 的情况。

（2）大口井　适用于含水层厚度在 5m 左右，其底板埋藏深度小于 15m 的情况。

（3）渗渠　仅适用于含水层厚度小于 5m，渠底埋藏深度小于 6m 的情况。

（4）泉室　适用于有泉水露头，且覆盖厚度小于 5m 的情况。

用地表水作为供水水源时，其设计枯水流量的保证率一般可采用 90%～97%。

食品工厂地表水取水构筑物必须在各种季节都能按规范要求取足相应保证率的设计水量。取水水质应符合有关水质标准要求，其位置应位于水质较好的地带，靠近主流，其布置应符合城市近期及远期总体规划的要求，不妨碍航运和排洪，并应位于城镇和其他工业企业上游的清洁河段。江河取水口的位置，应设于河道弯道凹岸顶冲点稍下游处。

在各方面条件比较接近的情况下，应尽可能选择近点取水，以便管理和节省投资，在取水工程设计中凡有条件的情况下，应尽量设计成节能型（如重力流输水）。按取水构筑物的结构划分，取水构筑物可分为固定式和移动式，固定式适用于各种取水量和各种地表水源；移动式适用于中小取水量，多用于江河、水库、湖泊取水。

五、给水系统

（一）自来水给水系统

自来水给水系统示意图如图 7-1 所示。

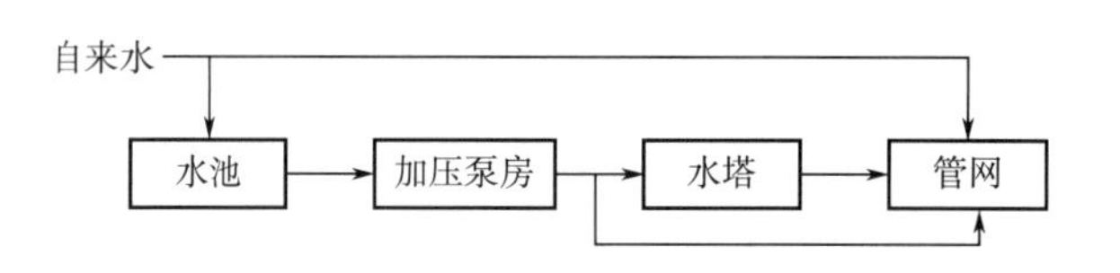

图 7-1　自来水给水系统示意图

（二）地下水给水系统

地下水给水系统示意图如图 7-2 所示。

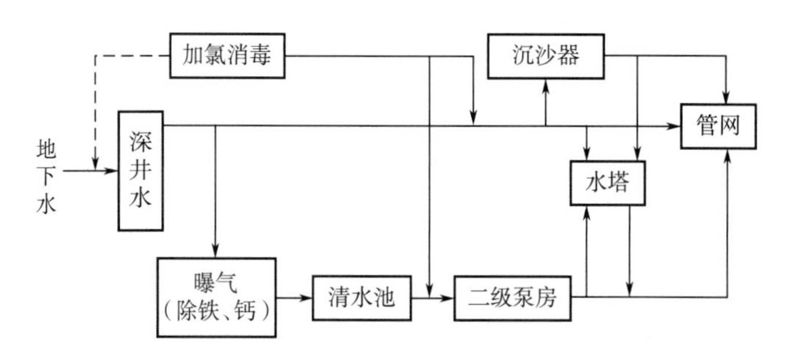

图 7-2　地下水给水系统示意图

（三）地面水给水系统

地面水给水系统示意图如图 7-3 所示。

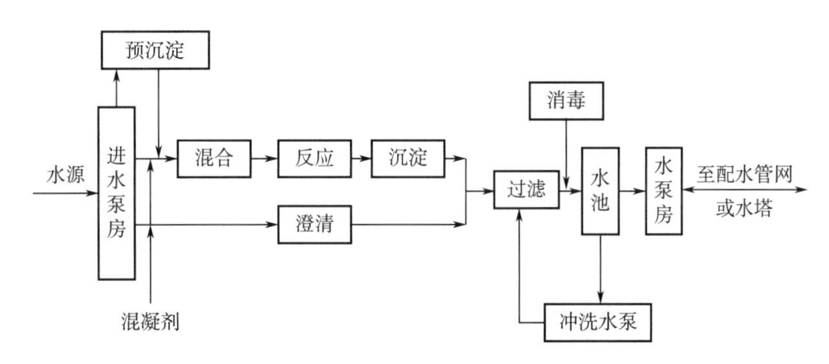

图 7-3　地面水给水系统示意图

（四）给水处理

给水处理的任务是根据原水水质和处理后水质要求，采用最适合的处理方法，使之符合生产和生活所要求的水质标准。食品工厂水质净化系统可分为原水净化系统和水质深度处理系统。如果使用自来水为水源，一般不需要进行原水处理。采用其他水源时常用的处理方法有混凝、沉淀和澄清以及过滤、软化和除盐等。食品工厂工艺用水处理要根据原水水质和生产要求采用不同的处理方式。产品用水和生活用水除澄清过滤处理外，还须经消毒处理，锅炉用水还须软化处理。原水处理的主要步骤如下所列。

1. 混凝、沉淀和澄清处理

对含沙量较高的原水（例如长江、黄河水等）。投配混凝剂（如硫酸铝、明矾、硫酸亚铁、三氯化铁等）和助凝剂（如水玻璃、石灰乳液等），使其中的悬浮物及胶体杂质同时絮凝沉淀，然后通过重力分离（澄清）。

混凝剂有湿法和干法两种投配方式，国内一般多采用湿法，把混凝剂或助凝剂加水先调制成含商品固体质量 10%~20%的溶液后，再定量加注投配，使注入的药剂在反应池中与原水急剧、充分地混合，发生混凝反应。所用的设备中有反应池和沉淀池。原水在反应池中与混凝剂反应，形成絮凝沉淀后，再进入沉淀池，利用重力分离沉淀。反应池的型式有隔板式、涡流式和旋流式等。反应池型式与处理水量有关，一般情况下，处理量在 $30000m^3/d$ 以上者（大型水厂），多选用隔板式反应池，其特点是构造简单，管理方便，效果较好，其不足之处是容积大，反应时间长；处理量在 $20000m^3/d$ 以下者（中小型水厂），多选用涡流式或旋流式，也有选用隔板式的，反应时间一般在 20~30min。沉淀池有平流式和立式之分，现在大多采用立式的机械加速澄清池、水力循环澄清池、脉冲澄清池等。平流式沉淀池因占地面积大，现在一般不用。澄清后水质一般应达浑浊度 20°以下。

2. 过滤

原水经沉淀后一般还要进行过滤，主要用以去除细小悬浮物质和有机物等。生产用水、生活饮用水在过滤后再进行消毒，锅炉用水经过滤后，再进行软化或离子交换。所以，过滤也是水处理的一种重要方式。过滤设备称过滤池，其型式有快滤池、虹吸滤池、重力或无阀滤池、压力式滤池等数种，都是借水的自重和位能差或在压力（或抽真空）状态下进行过滤，用不同粒径的石英砂组成单一石英砂滤料过滤，或用无烟煤和石英砂组成双层滤料过滤。

生产用水和生活饮用水还需进行消毒。用液氯或漂白粉加入清水池内进行滤后杀菌消毒；如水质不好，也有采用在滤前和滤后同时加氯的。消毒后水的菌落总数等微生物指标和游离性余氯量都可达到生活饮用水标准。

3. 清水池

处理后的清水贮存在清水池内。清水池的有效容积，根据生产用水的调节贮存量，生活用水的调节贮存量，消防用水的贮存量和水处理构筑物自用水（快滤池的冲洗用水）的贮存量等加以确定。这几种不同情况的综合水量决定了清水池的总容积。清水池的个数或分格至少为两个，并能单独工作和泄空。

为了满足食品工厂工艺生产、产品用水的要求而对满足生活用水卫生标准的生产用水做进一步深度处理，常用的方法有活性炭吸附、微滤、电渗析、反渗透和离子交换等方法。水的深度处理通常与生产工艺紧密相关，有时就是生产过程的一部分，如矿泉水生产，纯净水生产，饮料生产等，具体方法可参考食品生产工艺设计相关课程，此处不作详细论述。

六、配水系统

水塔以下的给水系统统称为配水系统。配水工程一般包括清水泵房、调节水箱和水塔、室外给水管网等。如果采用城市自来水，上述的取水泵房和给水处理均可省去，建造一个自来水贮水池（相当于上述的清水池），以调节自来水的水量和水压（用泵）。因此，采用自来水为水源，给水工程的主要内容即为配水工程。

清水泵房（也称二级水泵房）是从清水池吸水，增压送到各车间，以完成输送水量和满足水压要求。水泵的组合是配合生产设备用水规律而选定的，并配置用水泵以保证不间断供水。

水塔是为稳定水压和调节用水量的变化而设立的。

室外给水管网主要为输水干管、支管和配水管网、闸门及消防栓等。输水干管一般采用铸铁管或预应力钢筋混凝土管。生活饮用水的管网不得和非生活饮用水的管网直接连接，在以生活饮用水作为生产备用水源时，应在两种管道连接处采取设两个闸阀，并在中间加排水口等防止污染生活饮用水的措施。

输水管道和配水管网须设置分段检修用阀门，并在必要位置上装设排气阀、进气阀或泄水阀。有消防给水任务的管道直径不小于 100mm，消防栓间距不大于 120m。

小型食品厂的配水系统，一般采用枝状管网。大中型厂生产车间，今后趋向于大型化，一个车间的进水管往往分几路接入，故多采用环状管网，以确保供水正常。

管网上的水压必须保证每个车间或建筑物的最高层用水的自由水头不小于 6~8m，对于水压有特殊要求的工段或设备，可采取局部增压措施。

室外给水管线通常采用铸铁埋地敷设，管径的选择应当恰到好处，太大了浪费管材，太小了压头损失大、动力消耗增加，为此，管内流速应控制在经济合理的范围内。管道的压力降一般控制在 66.65Pa/100m 之内为宜。

七、冷却水循环系统

食品工厂的制冷机房、车间空调机房及真空蒸发工段等常需要大量的冷却水。为减少全厂总用水量，通常设置冷却水循环系统和可降低水温的装置，如冷却池、喷水池、自然通风冷却塔和机械通风冷却塔等。为提高效率和节省用地，广泛采用机械通风冷却塔（其代表产品有圆形玻璃冷却塔等），这种冷却塔具有冷却效果好、体积小、质量轻、安装使用方便、只需补充循环量的5%左右的新鲜水的特点，这对于水源缺乏或水费较高且电费不变的地区特别适宜。

八、排水系统

食品工厂的排出水按性质可以分为生产污水、生产废水、生活污水、生活废水和雨水等，一般情况下，食品工厂的排水系统宜采取污水与雨水分流排放系统，即采用两个排水系统分别排放污水和雨水。根据污水处理工艺的选择，有时还要将污水按污染程度再进行细分，清浊分流，分别排至污水处理站，分质进行污水处理。排水量的计算也采用分别计算，最后累加的方法进行。

（一）排水量计算

食品工厂的排水量普遍较大，根据《中华人民共和国环境保护法》生产废水和生活污水需经过处理达到排放标准后才能排放。

生产废水和生活污水的排放量可按生产、生活最大小时给水量的85%~90%计算。

雨水量（kg/s）的计算见式（7-2）。

$$W = q \cdot \varphi' \cdot F_{厂} \tag{7-2}$$

式中 W——雨水量，kg/s

q——暴雨强度（可查阅当地有关气象、水文资料），kg/（s·m²）

φ'——径流系数，食品工厂一般取0.5~0.6

$F_{厂}$——厂区面积，m²

（二）排水设计要点

工厂卫生是食品工厂的头等要事，而排水设施和排水效果的好坏又直接关系到工厂卫生面貌的优劣，工艺设计人员对此应有足够的注意。排水设计的要点如下：

（1）生产车间的室内排水（包括楼层）宜采用无盖板的明沟，或采用带水封的地漏，明沟要有一定的宽度（200~300mm）、深度（150~400mm）和坡度（大于1%），车间地坪的排水坡度宜为1.5%~2.0%。

（2）在进入明沟排水管道之前，应设置格栅，以截留固形物，防止管道堵塞，垂直排水管的口径应比计算选大1号到2号，以保持排水畅通。

（3）生产车间的对外排水口应加设防鼠装置，宜采用水封窨井，而不用存水弯，以防堵塞。

（4）生产车间内的卫生消毒池、地坑及电梯坑等，均需考虑排水装置。

（5）车间的对外排水尽可能考虑清浊分流，其中对含油脂或固体残渣较多的废水（如肉类和水产加工车间），需在车间外，经沉淀池撇油和去渣后，再接入厂区下水管。

（6）室外排水也应采用清浊分流制，以减少污水处理量。

（7）食品工厂的厂区污水排放不得采用明沟，而必须采用埋地暗管，若不能自流排除厂外，得采用排水泵站进行排放。

（8）厂区下水管也不宜用渗水材料砌筑，一般采用混凝土管，其管顶埋设深度一般不宜小于0.7m。由于食品厂废水中含有固体残渣较多，为防止淤塞，设计管道流速应大于0.8m/s，最小管径不宜小于150mm，同时每隔一段距离应设置窨井，以便定期排除固体沉淀污物。排水工程的设计内容包括排水管网和污水处理与利用两部分。

排水管网汇集了各车间排出的生产污水、冷却废水、卫生间污水和生活区排出的生活污水。借重力自流经预制混凝土管引流至厂外城市下水道总管或直接排入河流。雨水也为排水组分中的重要部分之一，统一由厂区道路边明沟集中后，排至厂外总下水道或附近河流。

部分冷却废水可回收循环使用，采用有盖明渠或管道自流至热水池循环使用。

食品工厂用水量大，排出的工业废水量也大。许多废水含固体悬浮物，BOD（生产需氧量）和COD（化学需氧量）很高，将废水（废糟）排入江河会污染水体。根据《中华人民共和国环境保护法》以及相应的环境标准，新建工厂必须贯彻把三废治理和综合利用工程与项目同时设计、同时施工、同时投入使用的“三同时”方针。废水处理在新建（扩建）食品工厂的设计中占有相当重要的地位。一定要在发展生产的同时保护环境，为子孙后代造福。目前处理废水的方法有：沉淀法、活性污泥法、生物转盘法、生物接触氧化法以及氧化塘法等。不论采用何种处理方法，排出的工业废水都必须达到国家排放标准。

九、消防水系统

食品工厂的建筑物耐火等级较高，生产性质决定其发生火警的危险性较低。食品工厂的消防给水宜与生产、生活给水管合并、室外消防给水管网应为环形管网，水量按15L/s考虑，水压应保证当消防用水量达到最大且水枪布置在任何建筑物的最高处时，水枪充实水柱仍不小于10m。

室内消火栓的配置，应保证有两股水柱且每股水量不小于2.5L/s，保证同时达到室内的任何部位，充实水柱长度不小于7m。

第三节　食品工厂供电及自控

供电及自动控制工程在食品工厂的总体设计中是个辅助部分，但却是一个重要的、不可缺少的组成部分。对于工业企业来说，没有电力供应就没有生产。

一、供电及自控设计的内容和要求

（一）设计内容

供电设计的主要内容有：供电系统，包括负荷、电源、电压、配电线路、变电所位置和变压器选择等；车间电力设备，主要包括电机的选型和电动机功率的确定，以及其他电力设施等；照明、信号传输与通信、自控系统与设备的选择、厂区外线及防雷接地、电气维修工段等。

（二）设计要求

食品工厂的供电是电力系统的一个组成部分，必须符合电力系统的要求，如按电力负荷分级供电等。食品工厂的供电系统必须满足工厂生产的需要，保证高质量的用电必须考虑电路的合理利用与节约，供电系统的安全与经济运行，施工与维修方便。

（三）供电设计资料

供电设计时，工艺专业应提供的资料有：

（1）全厂用电设备清单和用电要求，包括用电设备名称、规格、容量和特殊要求。

（2）提出选择电源及变压器、电机等的型式、功率、电压的初步意见。

（3）弱电（包括照明、讯号、通信等）的要求。

（4）设备、管道布置图和车间土建平面图、立面图。

（5）全厂总平面布置图。

（6）自控对象的系统流程图及工艺要求。

此外，进行供电设计时还应掌握供用电协议和有关资料，供电电源及其有关技术数据，供电线路进户方位和方式，量电方式及量电器材划分，供电费用，厂外供电器材供应的划分等。

二、食品工厂电力负荷及供电特殊要求

（一）食品工厂电力负荷的分级

电力负荷的分级是按用电设备或用电部门对供电可靠性的要求来划分的。通常分为三级。

一级负荷：指突然中断供电时，将造成人身伤亡、重大设备损坏；或给国民经济带来重大损失者。

二级负荷：指突然停电将产生大量废品或停产造成经济上有较大损失者。

三级负荷：凡不属于一级、二级负荷者。

（二）各种负荷对供电的要求

一级负荷应由两个独立电源供电，当其中一个电源发生故障或停止供电时，不可影响另一电源的继续供电。

二级负荷应尽量做到当发生电力变压器故障或电力线路常见故障时，不致中断供电或中断后能迅速恢复（如设置备用电源，采用两回线路供电等）。有困难时，允许由一回专用线路供电。

三级负荷对供电电源无特殊要求，设计时须注意用电系统的特点。

（三）食品工厂供电要求及相应措施

有些食品工厂如罐头厂、饮料厂、乳品厂等生产的季节性强，用电负荷变化大，因此，大中型食品厂宜设 2 台变压器供电，以适应负荷的剧烈变化。

食品工厂的机械化水平不断提高，用电设备逐年增加，因此，要求变配电设备设施的容量或面积要留有一定的余地。

食品工厂的用电性质属三级（Ⅲ类）负荷，一般采取单电源供电，但由于停电很可能导致大量食品的变质或报废，故供电不稳定的地区有条件时，可采用双电源供电。

为减少电能损耗和改善供电质量，厂内变电所应接近或毗邻负荷高度集中的部门。当厂区范围较大，必要时可设置主变电所及分变电所。

食品生产车间水多、汽多、湿度高，所以，供电管线及电器应考虑防潮。

三、负荷计算

食品工厂的用电负荷计算一般采用需要系数法，在供电设计中，首先由工艺专业部门提供各个车间工段的用电设备的安装容量，作为电力设计的基础资料。然后供电设计人员把安装容量变成计算负荷，其目的是用以了解全厂用电负荷，根据计算负荷选择供电线路和供电设备（如变压器），并作为向供电部门申请用电的数据，负荷计算中，必须区别设备安装容量及计算负荷。设备安装容量是指铭牌上的标称容量；根据需要系数法算出的负荷，称计算负荷，或称最大负荷。计算负荷是电力设计的一个假想的持续负荷，通常是采用30min 内出现的最大平均负荷（指最大负荷班内）。统计安装容量时，必须注意去除备用容量。

（一）电力负荷计算

1. 车间用电计算见式（7-3）~式（7-5）。

$$P_j = K_c P_e \tag{7-3}$$

$$Q_j = P_j \tan\varphi \tag{7-4}$$

$$S_j = \sqrt{P_j^2 + Q_j^2} = \frac{P_j}{\cos\varphi} \tag{7-5}$$

式中 P_e ——车间用电设备安装容量（扣除备用设备），kW

P_j ——车间最大负荷班内半小时平均负荷中最大有功功率，kW

Q_j ——车间最大负荷班内半小时平均负荷中最大无功功率，kW

S_j ——车间最大负荷班内半小时平均负荷中最大视在功率，kW

K_c ——需要系数（表 7-3）

$\cos\varphi$ ——负荷功率因数（表 7-3）

$\tan\varphi$ ——计算系数（表 7-3）

食品工厂车间及部门的用电技术数据见表 7-3。

表 7-3　　食品工厂车间及部门的用电技术数据

车间或部门		K_c	$\cos\varphi$	$\tan\varphi$
乳制品车间		0.6~0.65	0.75~0.8	0.75
实罐车间		0.5~0.6	0.7	1.0
番茄酱车间		0.65	0.8	1.73
空罐车间	一般	0.3~0.4	0.5	—
	自动线	0.45~0.5	—	0.33
	电热	0.9	0.95~1.0	0.75~0.88
冷冻机房		0.5~0.6	0.75~0.8	1.0
冷库		0.4	0.7	0.75~1.0
锅炉房		0.65	0.8	0.75
照明		0.8	0.6	0.33

食品工厂动力设备的用电技术数据见表 7-4。

表 7-4　食品工厂动力设备的用电技术数据

用电设备组	K_c	$\cos\varphi$	$\tan\varphi$
泵（包括水泵、油泵、酸泵、泥浆泵等）	0.7	0.8	0.75
通风机（包括鼓风机、排风机）	0.7	0.8	0.75
空气压缩机、真空泵	0.7	0.8	0.75
皮带运输机、钢带运输机、刮板、螺旋运输机、斗式提升机	0.6	0.75	0.88
搅拌机、混合机	0.65	0.8	0.75
离心机	0.25	0.5	1.73
锤式粉碎机	0.7	0.75	0.88
锅炉给煤机	0.6	0.7	1.02
锅炉煤渣运输设备	0.75	—	—
氨压缩机	0.7	0.75	0.88
机修间车床、钻床、刨床	0.15	0.5	1.73
砂轮机	0.15	0.5	1.73
交流电焊机、电焊变压器	0.35	0.35	2.63
电焊机	0.35	0.6	1.33
起重机	0.15	0.5	1.73
化验室加热设备、恒温箱	0.5	1	0

2. 全厂用电计算

全厂用电计算见式（7-6）~式（7-8）。

$$P_{j总} = K_{总} \cdot \Sigma P_j \tag{7-6}$$

$$Q_{j总} = K_{总} \cdot \Sigma Q_j \tag{7-7}$$

$$S_{j总} = \sqrt{(P_{j总})^2 + (Q_{j总})^2} = \frac{P_{j总}}{\cos\varphi} \tag{7-8}$$

式中　P_j——车间最大负荷班内半小时平均负荷中最大有功功率，kW

Q_j——车间最大负荷班内半小时平均负荷中最大无功功率，kW

$K_{总}$——全厂最大负荷同时系数，一般为 0.7~0.8

$\cos\varphi$——全厂自然功率因数，一般为 0.7~0.75

$P_{j总}$——全厂总有功负荷，kW

$Q_{j总}$——全厂总无功负荷，kW

$S_{j总}$——全厂总视在负荷，kW

3. 照明负荷计算

照明负荷计算见式（7-9）。

$$P_{js} = K'_c \cdot P'_e \tag{7-9}$$

式中　P_{js}—照明计算功率，kW

K'_c——照明需要系数（表 11-6）

P'_e——照明安装容量，kW

照明负荷计算也可采用估算法，较为简便。照明负荷一般不超过全厂负荷的 6%，即使有一定程度的误差，也不会对全厂电负荷计算结果有很大的影响。

各车间、设备及照明负荷的需要系数 K_c 和功率因数 $\cos\varphi$ 可参阅表 7-3 和表 7-4。

4. 年电能消耗量的计算

（1）年最大负荷利用小时计算法，见式（7-10）。

$$W_n = 3.6 \times 10^6 P_{总} \cdot t_{max \cdot a} \tag{7-10}$$

式中　$P_{总}$——全厂计算负荷，kW

$t_{max \cdot a}$——年最大负荷利用小时，一般为 7000~8000h

W_n——年电能消耗量，J

（2）产品单耗计算法，见式（7-11）。

$$W_n = ZW_0 \tag{7-11}$$

式中　W_n——年电能消耗量，J

Z——全年产品总量，t

W_0——单位产品耗电量，J/t，可以参考行业指标值

（二）无功功率补偿

无功功率补偿的目的是提高功率因数，减少电能损耗，增加设备能力，减少导线截面，节约有色金属消耗量，提高网络电压的质量。这是具有重要意义的技术措施。

在食品工厂中，绝大部分的用电设备，如感应电动机、变压器、整流设备、电抗器和感应器械等，都是具有电感特性的，需要从电力系统中吸收无功功率，当有功功率保持恒定时，无功功率的增加将对电力系统及食品工厂内部的供电系统产生极不良的影响。因此，供电单位和食品工厂内部都有降低无功功率需要量的要求。无功功率的减少就相应地提高了功率因数 $\cos\varphi$。根据供电部门的要求，功率因数低于 0.85 时，给予罚款，高于 0.85 时，给予奖励。为了提高功率因数，首先应在设备方面采取措施：

①提高电动机的负载率，避免“大马拉小车”的现象。

②感应电动机同步化。

③采用同步电动机。

仅仅在设备方面靠提高自然功率的方法，一般不能达到 0.9 以上的功率因数，当功率因数低于 0.85 时，应装设补偿装置，对功率因数进行人工补偿。无功功率补偿可采用电容器法，电容器可装设在变压器的高压侧，也可装设在 380V 低压侧。装在低压侧的投资较贵，但可提高变压器效率。在食品工厂设计中，一般采用低压静电电容器进行无功功率的补偿，并集中装设在低压配电室。

补偿容量可按以下方法计算。

对于新设计的食品工厂，计算见式（7-12）。

$$Q_e = \alpha P_{30}(\tan\varphi_1 - \tan\varphi_2) \tag{7-12}$$

式中　Q_e——补偿容量，kW

α——全厂或车间平均负荷系数，可取 0.7~0.8

P_{30}——全厂或车间 30min 时间间隔的最大负荷，即有功计算负荷，kW

$\tan\varphi_1$ ——补偿前的 φ 正切值，可取 $\cos\varphi_1=0.7\sim0.75$

$\tan\varphi_2$ ——补偿后的 φ 正切值，可取 $\cos\varphi_2=0.9$

对于使用中的食品工厂，计算见式（7-13）。

$$Q_e=\frac{W_{max}}{t_{max}}(\tan\varphi_1'-\tan\varphi_2') \tag{7-13}$$

式中　Q_e ——补偿容量，kW

W_{max} ——最大负荷月的有功电能消耗量，kW·h

t_{max} ——最大负荷月的工作小时数，h

$\tan\varphi_1'$ ——相应于上述月份的自然加权平均相角正切值

$\tan\varphi_2'$ ——供电部门规定应达到的相角正切值

计算出全厂用电负荷后，便可确定变压器的容量，一般考虑变压器的容量为 1.2 倍的全厂总计算负荷。

四、供电系统

供电系统的设计要和当地供电部门一起商议确定，要符合国家有关规程，安全可靠，运行方便，经济节约。

按规定，装接容量在 250kW 以下者，供电部门可以低压供电；超过此限者应为高压供电，变压器容量为 320kV·A 以上者，须高压供电高压量电；320kW·A 以下者为高压供电低压量电；特殊情况应具体协商。

当采用 2 台变压器供电时，在低压侧应该有联络线。

五、变配电设施及其对土建的要求

（一）变电所

变电所是接收、变换、分配电能的场所，是供电系统中极其重要的组成部分。它由变压器、配电装置、保护及控制设备、测量仪表以及其他附属设备和有关建筑物构成。厂区变电所一般分总降压变电所和车间变电所。

凡只用于接收和分配电能，而不能进行电压变换的场所称配电所。

总压降变电所位置选择的原则是要尽量靠近负荷中心，并应考虑设备运输、电能进线方向和环境情况（如灰尘和水汽影响）等，例如，啤酒厂的变电所位置一般在冷冻站邻近处。

对于大型食品工厂，由于厂区范围较大，全厂电动机的容量也较大，故需要根据供电部门的供电情况，设置车间变电所。车间变电所如果设在车间内部，会涉及车间的布置问题，所以，工艺设计者必须根据估算的变压器的容量，初步确定预留变电所的面积和位置，最后与供电设计人员洽商决定，并应在车间平面布置图上反映出来。车间变电所位置选择的原则如下：

（1）应尽量靠近负荷中心，以缩短配电系统中支线、干线的长度。

（2）为了经济和便于管理，车间规模大、负荷大者或主要生产车间，应具有独立的变电所。车间规模不大，用电负荷不大或几个车间的距离比较近者，可合设一个车间变电所。

（3）车间变电所与车间的相对位置有两种：①独立式——变电所设于车间外部，并与车间分开，这种方式适用于负荷分散、几个车间共用变电所，或受车间生产环境的影响

（如有易燃易爆粉尘的车间）的情况；②附设式——将变电所附设于车间的内部或外部（与车间相连）。

(4) 在决定车间变电所的位置时，要特别注意高低压出线的方便和通风自然采光等条件。

(5) 在需要设置配电室时，应尽量使其与主要车间变电所合设，以组成配电变电所，这样可以节省建筑面积和有色金属的用量，便于管理。

（二）变配电设施对土建的要求

变配电设施的土建部分为适应生产的发展，应留有适当的余地，变压器的面积可按放大1~2级来考虑，高低压配电间应留有备用柜屏的地位。变配电设施对土建的要求见表7-5。

表7-5 变配电设施对土建的要求

项目	低压配电间	变压器室	高压配电间
耐火等级	三级	一级	二级
采光	自然	不许用采光窗	自然
通风	自然	自然或机械	自然
门	允许木质	难燃材料	允许木质
窗	允许木质	难燃材料	允许木质
墙壁	抹灰刷白	刷白	抹灰刷白
地坪	水泥	抬高地坪	水泥
面积	留备用柜位	宜放大1~2级	留备用柜位
层高	架空线时≥3.5m	4.2~6.3m	架空线时≥5m

变配电设施应尽可能避免设独立建筑，一般可附在负荷集中的大型厂房内，但其具体位置，要求设备进出和管线进出方便，避免剧烈振动，符合防火安全要求和阴凉通风条件。

六、厂区外线

供电的厂区外线一般采用低压架空线，也有采用低压电缆的，线路的布置应保证路程最短，不迂回供电，与道路和构筑物交叉最少。架空导线一般采用LJ形铝绞线。建筑物密集的厂区布线应采用绝缘线。电杆一般采用水泥杆，杆距30m左右，每杆装路灯一盏。

七、车间配电

食品生产车间多数环境潮湿，温度较高，有的还有酸、碱、盐等腐蚀介质，是典型的湿热带型电气条件。因此，食品生产车间的电气设备应按湿热带型选择。车间总配电装置最好设在一单独小间内，分配电装置和启动控制设备应防水汽、防腐蚀，并尽可能集中于车间的某一部分。原料和产品经常变化的车间，还要多留供电点，以备设备的调换或移动，机械化生产线则设专用的自动控制箱。

八、工厂照明

照明设计包括天然采光和人工照明，良好的照明是保证安全生产、提高劳动生产率和保护工作人员视力健康的必要条件。合理的照明设计应符合“安全、适用、经济、美观”的基本原则。

（一）工业厂房一般照明设计简介

1. 工厂照明设计范围

工厂照明设计范围包括室内照明、检修照明、室外装置照明、站场照明、地下照明、道路照明、警卫照明和障碍照明等。

2. 工厂照明一般要求

工厂照明设计的照度及功率密度应根据 GB 50034—2013《建筑照明设计标准》的规定选取，同时具体场所的工作照度标准还应满足业主方提出的使用需求。

照明灯具应根据具体使用场所和灯具安装高度选用效率高和配光曲线合适的灯具。

照明的均匀度、光源的色温、显色指数和长时间作业场所的眩光值应满足《建筑照明设计标准》和《照明设计手册》的相关要求。

3. 根据环境条件选择灯具

正常环境中，一般采用开启式灯具；含有大量尘埃场所，宜采用防尘性灯具；潮湿和特别潮湿场所，应采用防水型灯具；有化学腐蚀场所，应根据腐蚀类别选用灯具；爆炸危险环境场所，应选择防爆型灯具；有洁净作业要求的场所，应选用洁净型灯具；食品工厂的生产车间及包装车间等场所，宜选用防止破碎飞散型灯具；PCB 工厂、微电子厂和印刷厂等对紫外线敏感的场所，应选用防紫外线的黄光灯；生产时可能产生高温的场所，应选用耐高温型灯具；室外照明宜选用不易吸引蚊虫的 LED 灯。

4. 光源选择

照明光源应根据生产工艺特点和要求选择，满足生产工艺及环境对显色性、启动时间的要求。并根据光源效能、使用寿命等各方面进行综合技术经济分析比较后确定。

高度≤7m 的场合，宜选择高效率三基色荧光灯；高度较高的场合，可选用金属卤化物灯或高压钠灯。

LED 灯具有启动快、光效高和寿命长等诸多优点，可广泛应用于工业照明场所。

5. 照度计算

厂房照明设计常用利用系数法进行照度计算，对某些特殊地点和特殊设备上的某点，可以采用逐点法进行计算。

6. 工厂照明线路的敷设方式

厂房照明干线一般可沿电缆槽盒敷设，也可套保护管敷设。有吊顶的生产场所，可在技术夹层内敷设；无吊顶的生产场所，照明线路宜以绝缘导线穿钢管暗敷；当需要在洁净室内明敷时，应采用不锈钢管作为保护管；有爆炸危险性的厂房的照明线路一般采用铜芯绝缘导线穿水煤气钢管明敷；受化学性（酸、碱和盐雾）腐蚀物质影响的地方可采用穿硬塑料管敷设。

根据具体情况和业主要求，有些场所也可采用线槽或专用照明母线吊装敷设的方式。

（二）食品厂房照明实际工程案例

以某软冰淇淋浆料和蛋筒制造厂房设计为例，该建筑为钢结构厂房，总建筑面积 27099m^2，包括工厂栋（生产车间 1 层，办公局部 3 层）、1 层成品仓库、门卫室和废水处理栋，建筑类别为：工厂栋（丙类）、成品仓库（丙类 2 项）、门卫室（民用）和废水处理栋（丁类）。

照明设计范围包括车间照明、办公及辅助用房照明、室外道路照明、检修通道照明和应急照明（此处不进行探讨）等。

1. 确定照度标准

根据《建筑照明设计标准》（GB 50034—2013）和业主提供的设计任务书，办公区和一般辅助用房按国家标准要求设置，生产制造车间需按两者中较高要求的标准设置，但同时应满足国家标准要求的功率密度。

典型房间照度标准见表7-6。

表7-6 典型房间照度标准

序号	房间名称	照度/lx
1	烘焙室、调和室、计量室和粉筛室	500
2	内包装室、外包装室	750
3	各类中间仓库	150
4	车间走廊、参观通道	150
5	办公区域等其他辅助用房	符合相关国家标准

2. 照明方式选择

经与业主沟通，照度要求较高且房间内工艺设备管线较多的乳浆区，采用一般照明与局部照明结合的方式，根据工艺提供的管架走向，在考虑照明均匀度的前提下，合理布置灯具，尽量使光线不被遮挡。管线密集处下方的操作区域，由业主根据实际需求增加局部岗位照明。

其他区域采用一般照明，照明安装方式根据现场环境设置。

3. 照明灯具和光源选择

该食品工厂工况较为复杂，根据业主提供的现场环境和生产条件，典型房间灯具和光源选型见表7-7。

表7-7 典型房间灯具和光源选型

序号	房间名称	生产环境	灯具类型	功率/W	光通量/lm	备注
1	烘焙室	高温、防飞散	耐高温富士型LED灯（树脂型透光罩）	53	5820	—
2	内、外包装室	10万级洁净、防飞散	LED洁净灯（树脂型透光罩）	53	5820	—
3	调和室	防飞散	富士型LED灯（树脂型透光罩）	53	5820	—
4	粉筛室	防爆	直管防爆型	53	5820	—
5	原料仓库	吊顶下高9m，防分散	高天棚LED灯（树脂型透光罩）	108	14000	—
6	车间出入前室	防蚊虫、防分散	富士型LED灯-黄光（树脂型透光罩）	39	4290	—
7	一般生产区、办公区及其他区域	按国家标准设置	根据《照明设计手册》或装饰要求选择LED灯具	根据需要选择	—	根据需要选择

4. 实际照度计算及单位功率密度校验

根据照度要求、照明方式和灯具安装方式等，使用利用系数法进行典型房间照度计算，典型房间照度见表7-8。

表7-8 典型房间照度

编号	名称	长/m	宽/m	安装高度/m	工作面高/m	室形指数(RI)	利用系数(u)	维护系数(K)	灯具功率/W	总光通量/lm	平均照度/lx	实际灯具数/个	实际照度/lx	单位面积功率/(W/m²)
1	烘焙室	18.9	17.8	3.5	0.75	3.33	0.71	0.8	53	5820	500	52	508	8.2
2	内包装室	17.8	13.3	3.5	0.75	2.77	0.61	0.8	53	5820	750	62	745	13.9
3	外包装室	22	7.85	3.5	0.75	2.1	0.63	0.8	53	5820	750	45	759	13.8
4	调和·AT室	25	9.9	6	0.75	1.35	0.53	0.8	53	5820	500	52	518	11.1
5	计量室	9.9	7.15	3.5	0.75	1.51	0.56	0.8	53	5820	500	14	517	10.5
8	粉筛室	12.1	5.1	4	0.75	1.1	0.47	0.8	53	5820	500	14	501	12
9	防爆门斗	8	3	3.5	0.75	0.77	0.39	0.8	39	4290	150	3	170	4.9
10	原料仓库前室	8.4	6	4	0.75	1	0.47	0.8	39	4290	150	5	165	3.8
11	原料仓库	43.3	16.7	9	0.75	1.46	0.45	0.8	108	14000	150	24	165	3.6

5. 照明电气设计

照明配电箱装设位置根据防火分区结合照明分区进行设置，灯具原则上采用翘板开关控制，照明线路敷设根据现场工况按国家标准要求设置，以上均为比较常规的电气设计内容。

当今经济快速发展，工厂建筑不断增多，合理的照明设计不仅能节省建设投资，还能为安全生产、节能和管理维护提供方便。

（三）人工照明

1. 人工照明类型

人工照明类型按用途可分为常用照明和事故照明；按照明方式可分为一般照明、局部照明和混合照明三种。

一般照明是在整个房间内普遍地产生规定的视觉条件的一种照明方式。当整个房间内的被照面上产生同样的照度，称均匀一般照明；在整个房间内不同被照面上产生不同的照度称分区一般照明。

局部照明是为了提高某一工作地点的照度而装设的一种照明系统。对于局部地点需要高照度并对照射方向有要求时宜采用局部照明。

提灯或其他携带的照明器所构成的临时性局部照明，称移动照明。

混合照明是指一般照明和局部照明共同组成的照明。

2. 照明器选择

照明器选择是照明设计的基本内容之一。照明器选择不当，可以使电能消耗增加，装置费用提高，甚至影响安全生产。照明器包括光源和灯具，两者的选择可以分别考虑，但又必须相互配合。灯具必须与光源的类型、功率完全配套。

（1）光源选择　电光源按其发光原理可分为热辐射光源（如白炽灯、卤钨灯等）和气体放电光源（如荧光灯、高压汞灯、高压钠灯、金属卤化合物灯和氙灯等）两类。

选择光源时，首先应考虑光效高、寿命长，其次考虑显色性、启动性能。白炽灯虽因部分能量耗于发热和不可见的辐射能，但结构简单、易起动、使用方便、显色好，被普遍采用。气体放电光源光效高，寿命长、显色好，日益得到广泛应用。但投资大，起燃难，发光不稳定，易产生错觉，在某些生产场所未能应用。高压汞灯等新光源，因单灯功率大，光效高，灯具少，投资省，维修量少，在食品工厂的原料堆场、煤场、厂区道路使用较多。

当生产工艺对光色有较高要求时，在小面积厂房中可采用荧光灯或白炽灯。在高大厂房可用碘钨灯。当采用非自镇流式高压汞灯与白炽灯进行混合照明时，如果两者的容量比为：

$$\frac{\text{白炽灯容量}}{\text{高压汞灯容量}} = 2$$

则也可有较好的光色。

对于一般性生产厂房，白炽灯容量应不小于或接近于高压汞灯容量，此时操作人员在视觉上无明显的不舒适之感。

当厂房中灯具悬挂高度达 8~10m 时，单纯采用白炽灯照明，将难以达到规定的最低照度要求，此时应采用高压汞灯（或碘钨灯）与白炽灯混合照明。但混合照明不适用于 6m 以下的灯具悬挂高度，以免产生照度不匀的眩光。6m 以下用白炽灯或荧光灯管（日光灯）为宜，高压汞灯宜用于高度为 7m 以上的厂房。

（2）灯具选择　在一般生产厂房，大多数采用配照型灯具及深照型灯具。配照型灯具适用于高度为 6m 以下的厂房，深照型灯具适用于高度为 7m 以上的厂房。高压水银荧光灯泡通常也采用深照型灯具。如用荧光灯管也应装灯罩，因为加装灯罩是为了经济合理地使用光源，可使光线得到合理分布，且可保护灯泡少受损坏和减少灰尘。

配照型及深照型灯具比防水防尘的密闭灯具有更好的照明效果。

食品工厂常用的主要灯具有：荧光灯具选用 YG_1 型；白炽灯具在车间者选用工厂灯 GC_1 系列配照型、GC_3 系列广照型、GC_5 系列深照型、GC_9 广照型防水防尘灯、GC_{17} 圆球型；在走廊、门顶、雨棚者选用吸顶灯 JXD_{3-1} 半扁罩型；对于临时检修、安装、检查等移动照明，选用 DC_{30}-B 胶柄手提灯。

（3）灯具排列　灯具行数不应过多，灯具的间距不宜过小，以免增加投资及线路费用。灯具的间距 L 与灯具的悬挂高度 h 的比值（L/h）及适用于单行布置的厂房最大宽度见表 7-9。

表 7-9　L/h 和单行布置灯具厂房最大宽度

灯具型式	L/h（较佳值）		适用单行布置的厂房最大宽度
	多行布置	单行布置	
深照型灯	1.6	1.5	1.0h
配照型灯	1.8	1.8	1.2h
广照型、散照型灯	1.3	1.9	1.3h

注：h—灯具悬挂高度。

3. 照明电压

照明系统的电压一般为 380V/220V，灯用电压为 220V。有些安装高度很低的局部照明灯，可采用 24V。

当车间照明电源是三相四线时，各相负荷分配应尽量平衡，负荷最大的一相与负荷最小的一相负荷电流不得超过30%。车间和其他建筑物的照明电源应与动力线分开，并应留有备用回路。

车间内的照明灯，一般由配电箱内的开关直接控制。在生产厂房内还应装有220V带接地极的插座，并用移动变压器降压至36V（或24V）供检修用的临时移动照明。

（四）照度计算

当灯具型式、光源种类及功率、布灯方案等确定后，需由已知照度求灯泡功率，或由已知灯泡功率求照度。

照度计算采用利用系数法。利用系数是受照表面上的光通与房间内光源总光通之比。它考虑了光通的直射分量和反射分量在水平面上产生的总照度，多用于计算均匀布置照明器的室内一般照明，见式（7-14）。

$$K_L = \frac{\varphi_L}{\varphi_Z} = \frac{\varphi_L}{n\varphi} \tag{7-14}$$

式中 K_L——利用系数

φ_L——水平面上的理论光通量，lm

φ_Z——房间内总光通量，lm

φ——每一照明器产生的光通量，lm

n——房间内布置灯具数，个

工作水平面上的平均照度E_P见式（7-15）。

$$E_P = \frac{\varphi_L}{S}(\mathrm{lx}) \tag{7-15}$$

式中 S——工作水平面的面积，m^2

将$\varphi_L = K_L n\varphi$代入，得到式（7-16）。

$$E_P = \frac{n\varphi K_L}{S}(\mathrm{lx}) \tag{7-16}$$

考虑光源衰减，照明器污染和陈旧以及场所的墙和棚污损而使光反射率降低等因素，使工作面上实际所受的光通量减少，故有式（7-17）。

$$\varphi_s = K_f\varphi_L = K_f K_L n\varphi(\mathrm{lm}) \tag{7-17}$$

式中 φ_s——工作面上实际光通量，lm

K_f——照明维护系数，清洁环境取0.75，一般环境取0.70，污秽环境取0.65

食品工厂最低照度要求见表7-10。

表7-10 食品工厂最低照度要求

部门名称		光源	最低照度/lx
主要生产车间	一般	日光灯	100~120
	精细操作工段	日光灯	150-180
包装车间	一般	日光灯	100
	精细操作工段	日光灯	150
原料、成品库		白炽灯或日光灯	50

续表

部门名称	光源	最低照度/lx
冷库	防潮灯	10
其他仓库	白炽灯	10
锅炉房、水泵房	白炽灯	50
办公室	日光灯	60
生活辅助间	日光灯	30

工作面上实际平均照度见式（7-18）。

$$E_s = \frac{\varphi_s}{S} = \frac{K_f K_L n\varphi}{S}(\mathrm{lx}) \tag{7-18}$$

利用系数 K_L 可查阅“工厂供电”或有关电气照明器的利用系数表。

照明设计师对于潮湿和水汽大的工段，应考虑防潮措施。食品厂各类车间或工段的最低照明度要求，按我国现行能源消费水平，见表 7-10 中的规定。

九、建筑防雷和电气安全

（一）防雷

为防止雷害，保证正常生产，应对有关建筑物、设备及供电线路进行防雷保护。有效的措施是敷设防雷装置。防雷装置有避雷针、阀式避雷器与羊角间隙避雷器等。避雷针一般用于避免直接雷击，避雷器用于避免高电位的引入。

食品工厂防雷保护范围如下。

变电所：主要保护变压器及配电装置，一为防止直接雷击而装高避雷针，二为防止雷电波的侵袭而装设阀式避雷器。

建筑物：高度在 12m 以上的建筑物，要考虑在屋顶装设避雷针。第二类建筑防雷装置的流散电阻不应超过 10Ω，第三类建筑防雷装置的流散电阻可以为 20～30Ω。（第一类建筑指制造、使用或贮存炸药、火药、起爆药等大量爆炸物质的建筑物，食品工厂通常只有第二类、第三类建筑。）

厂区架空线路：主要防止高电位引入的雷害，可在架空线进出的变配电所的母线上安装阀形避雷器。对于低压架空线路可在引入线的电杆上将其瓷瓶铁脚接地。

烟囱：为防止直击雷需装置避雷针。

食品厂的烟囱、水塔和多层厂房的防雷等级属于第三类。这类建筑物需考虑安装防雷装置的参考高度见表 7-11。

表 7-11　食品工厂建筑防雷参考高度

分区	年雷电日数/d	建筑物需考虑防雷的高度/m
轻雷区	<30	>24
中雷区	30～75	平原>20，山区>15
强雷区	>75	平原>15，山区>12

（二）接地

为了保证电气设备能正常、安全运行，必须设有接地。按作用不同接地装置可分为工作接地、保护接地、重复接地和接零。

工作接地是在正常或事故情况下，为了保护电气设备可靠地运行，而必须在电力系统中某一点（通常是中点）进行接地，这称为工作接地。

保护接地是指为防止因绝缘损坏使人员有触电的危险，而将与电气设备正常带电部分相绝缘的金属外壳或构架同接地之间做良好的连接的一种接地形式。

重复接地，是将零线上的一点或多点与地再次做金属的连接。

接零是将与带电部分相绝缘的电气设备的金属外壳或构架与中性点直接接地的系统中的零线相互连接。

食品工厂的变压器一般是采用三相四线制，中性点直接接地的供电系统，故全厂电气设备的接地按接零考虑。

若将全厂防雷接地、工作接地互相连在一起组成全厂统一接地装置时，其综合接地电阻应小于1Ω。

电气设备的工作接地，保持接地和保护接零的接地电阻应不大于4Ω，三类建筑防雷的接地装置可以共用。自来水管路或钢筋混凝土基础也可作为接地装置。

十、仪表与自动控制系统

（一）简述

随着生产的发展和技术水平的提高，食品生产中要求进行仪表控制和自动调节的场合日渐增多，控制和调节的参数或对象主要有温度、压力、液位、流量、浓度、相对密度、称量、计数及速度调节等，如罐头杀菌的温度自控、浓缩物料的浓度自控、饮料生产中的自动配料、乳粉生产中的水分含量自控以及供汽制冷系统的控制和调节等。

自控设计的主要任务是：根据工艺要求及对象的特点，正确选择检测仪表和自控系统，确定检测点、位置和安装方式，对每个仪表和调节器进行检验和参数鉴定，对整个系统按“全部手动控制→局部自动控制→全部自动控制”的步骤运行。

（二）自控设备的选择

一个自控调节系统的功能装置主要由三部分组成：

参数测量和变送 → 显示和调节→执行调节
（一次仪表）　　（二次仪表）（执行机构）

一次仪表和二次仪表设备的选择，此处从略。下面着重介绍与工艺关系密切的执行机构——调节阀的选择。

1. 气动薄膜调节阀

气动薄膜调节阀是气动单元组合仪表的执行机构，在配用电气转换器后，也可作为电动单元组合仪表的执行机构。它的优点是结构简单、动作可靠、维修方便、品种较全、防火防爆等，缺点是体积较大、比较笨重。

2. 气动薄膜隔膜调节阀

这种调节阀适用于有腐蚀性、黏度高及有悬浮颗粒的介质的控制调节。

3. 电动调节阀

电动调节阀是以电源为动力，接受统一信号（0~10mA）或触点开关信号，改变阀门的开启度，从而达到对压力、温度、流量等参数的调节。电动调节阀可与 DF-1 型和 DFD-09 型电动操作器配合，进行“自动 ⟷ 手动”的无扰动切换。

4. 电磁阀

电磁阀是由交流或直流电操作的二位式电动阀门，一般有二位二通，二位三通，二位四通及三位四通等。电磁阀只能用于干净气体及黏度小、无悬浮物的液体管路中，如清水、油及压缩空气、蒸汽等管路。

交流电磁阀容易烧坏，重要管路应用直流电磁阀，但要另配一套直流电源，比较麻烦。

5. 各型调节阀的选择

在自控系统中，不管选用哪种调节阀，都必须选定阀的公称通径或流通能力（C）。

产品说明中所列的流通能力（C），是指阀前后压差为 9.8×10^4Pa，介质密度为 $1g/cm^3$ 的水每小时流过阀门的体积数（m^3）。但在实际使用中，阀前后压差是可变的，因而流量也是可变的。

设：C 为调节阀流通能力，q_v 为液体体积流量（cm^3/s，m^3/h），ΔP 为阀前后压差（Pa），ρ 为液体的密度（g/cm^3）。

则：

$$C=\frac{q_v}{\sqrt{\frac{\Delta P}{\rho}}} \text{ 或 } q_v=C\sqrt{\frac{\Delta P}{\rho}}$$

由上可见，当 ΔP 和 ρ 一定时，相对于最大流量 $(q_v)_{max}$，有 C_{max}；相对于 $(q_v)_{min}$，有 C_{min}。根据工艺要求的最大流量 $(q_v)_{max}$，选择适当的调节阀，使阀的流通能力 $C>C_{max}$，同时查调节阀的特性曲线，确定阀门在 C_{max} 和 C_{min} 时对应的开度，一般使最小开度不小于 10%，最大阀门开度不大于 90%。

调节阀除了选定直径、流通能力及特性曲线外，还要根据工艺特性和要求，决定采用电动还是气动，气开式还是气闭式，并要满足工作压力、温度、防腐及清洗方面的要求。

电动调节阀仅适用于电动单元调节系统，气动调节阀既适用于气动单元调节系统，又适用于电动单元调节系统，故应用较广。

调节阀的选择，还要注意在特殊情况下，如停电、停汽时的安全性，如电动调节阀，在停电时，只能停在此位；而气动调节阀，在停气时，能靠弹簧恢复原位；又如气开式在无气时为关闭状态，气闭式在无气时为开启状态。因此，对不同的工艺管道，要选择不同的阀门，如锅炉进水，就只能选气闭式或电动式，而对于连续浓缩设备的蒸汽调节阀，只能选用气开式。

（三）自控系统与电子计算机的应用

食品工厂自动控制可分为开环控制和闭环控制两大类。开环控制的代表是顺序控制，它是通过预先决定了的操作顺序，一步一步自动地进行操作的方法。顺序控制有按时间的顺序控制和按逻辑的顺序控制。传统的顺序控制装置都是时间继电器和中间继电器的组合。随着计算机技术和自动控制技术的发展，新型的可编程序控制器（PLC）已开始大量应用于顺序控制。闭环控制的代表是反馈控制：当期望值与被控制量有偏差时，系统判定其偏差的正负和大小，给出操作量，使被控制量趋向期望值。

1. 顺序控制

顺序控制主要应用于食品机械的自动控制。许多食品与包装机械具有动作多、动作的前后顺序分明、按预定的工作循环动作等特点，因而顺序控制对食品与包装机械的自动化是非常适宜的。

尽管食品机械品种繁多，但从自动控制角度分析，其操作控制过程不外乎是一些断续开关动作或动作的组合，它们按照预定的时间先后顺序进行逐步开关操作。这种机械操作的自动控制就是顺序控制。由于它所处理的信号是一些开关信号，故顺序控制系统又称开关量控制系统。

随着生产的发展和电子技术的进步，顺序控制装置的结构和使用的元器件不断改进和更新。在我国食品机械设备中，使用着各种不同电路结构的顺序控制装置或开关量控制装置（图 7-4）。

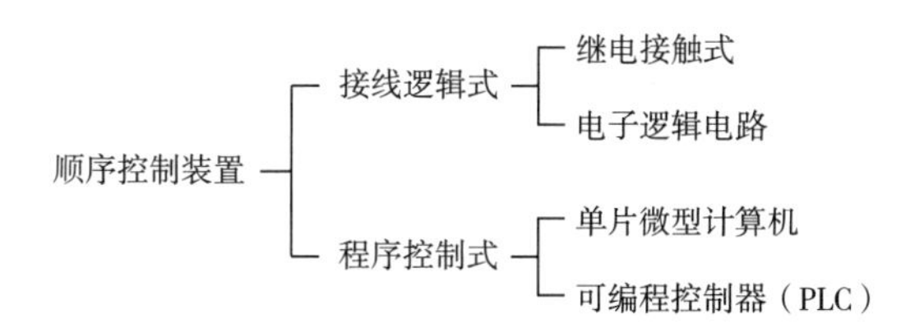

图 7-4　顺序控制装置关系图

2. 反馈控制

反馈控制系统的组成如图 7-5 所示，它由控制装置和被控制对象两大部分组成。对被控对象产生控制调节作用的装置称控制装置。

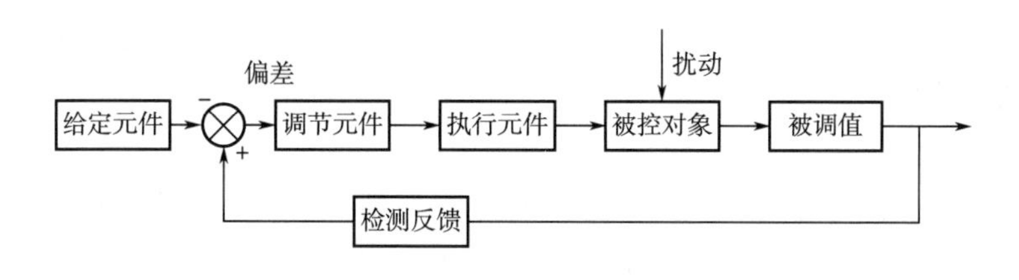

图 7-5　反馈控制系统的组成

一般控制装置包括以下元件：

（1）检测反馈元件　检测反馈元件的任务是对系统的被控量进行检测，并把它转换成适当的物理量后，送入比较元件。

（2）比较元件　比较元件的作用是将检测反馈元件送来的信号与给定输入进行比较而得出两者的差值。比较元件可能不存在一个具体的元件，而只有起比较作用的信号联系。

（3）调节元件　调节元件的作用是将比较元件输出的信号按某种控制规律进行运算。

（4）执行元件　执行元件是将调节元件输出信号转变成机械运动，从而对被控对象施加控制调节作用。被控对象是指接受控制的设备或过程。

3. 过程控制

过程控制是以温度、压力、流量、液位等工业过程状态量作为控制量而进行的控制。在过程控制系统中，一般采用生产过程仪表控制。由于自动化仪表规格齐全，且成批大量生产，质量和精度有保证，造价低，这些都为过程仪表控制提供了方便。生产过程仪表控制系统是由自动化仪表组成的，即以自动化仪表的各类产品作为系统的各功能元件组成系统，组成原理仍是闭环反馈系统（图7-6），它是由检测仪表、调节器、执行器、显示仪表和手动操作器等组成，其中检测仪表、调节器、执行器三类仪表属于闭环的组成部分，而显示仪表、手动操作器是闭环外的组成部分，它不影响系统的特性。

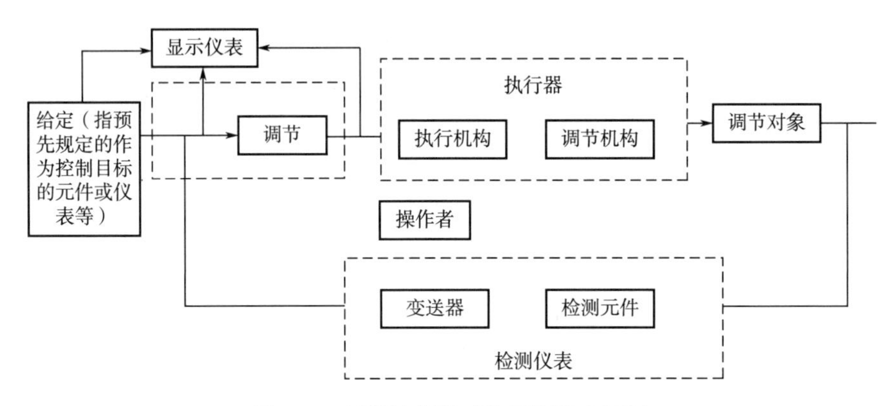

图7-6 过程控制组成的原则性方框图

4. 最优控制

最优控制是自动控制生产过程的最优化问题。所谓最优化，是指在具体条件下，完成所要求的工作的最好方法（使其目标函数具有极值）。最优控制是电子计算机技术大量应用于控制的必然产物。实现最优化的方法很多，常用方法是变分法、最大值原理法和动态规划法等。最小二乘法就是一种最优化方法，它常用于离散型的数据处理和分析，也常被其他优化方法所吸收。

5. 计算机控制

计算机控制是使用数字电子计算机，实现过程控制的方法。计算机控制系统由计算机和生产过程对象两大部分组成，其中包括硬件和软件。硬件是计算机本身及其外围设备；软件是指管理计算机的程序以及过程控制应用程序。硬件是计算机控制的基础，软件是计算机控制系统的灵魂。计算机控制系统本身通过各种接口及外部设备与生产过程发生关系，并对生产过程进行数据处理及控制。

（1）可编程序控制器（PLC） 可编程序控制器（PLC）是一种用作生产过程控制的专用微型计算机。可编程序控制器是由继电器逻辑控制发展而来，所以它在数字处理、顺序控制方面具有一定的优势。随着微电子技术、大规模集成电路芯片、计算机技术、通信技术等的发展，可编程序控制器的技术功能得到扩展，在初期的逻辑运算功能的基础上，增加了数值运算、闭环调节功能。运算速度提高、输入输出规模扩大，并开始与网络和工业控制计算机相连。可编程序控制器已成为当代工业自动化的主要支柱之一。可编程序控制器的基本组成采用典型的计算机结构，由中央处理单元（CPU）、存储器、输入输出接口电路、总线和电源单元等组成。可编程控制器基本组成结构如图 7-7 所示，它按照用户程序存储器里的指令安排，通过输入接口采入现场信息，执行逻辑或数值运算，进而通过输出接口去控制各种执行机构动作。

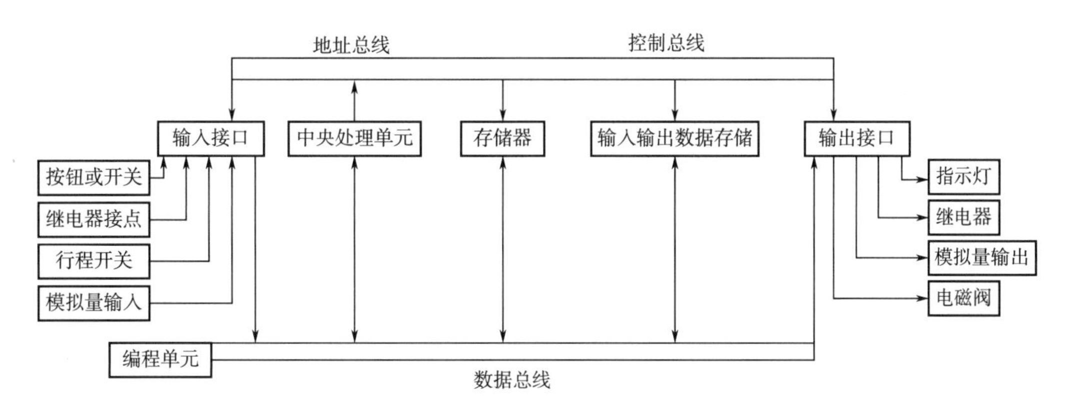

图 7-7 可编程控制器基本组成结构图

中央处理单元：CPU 在 PLC 控制系统中的作用类似于人的大脑。它按照生产厂家预先编好的系统程序接收并存储从编程器键入的用户程序和数据；在执行系统程序时，按照预编的指令序列扫描的方式接收现场输入装置的状态或数据，并存入用户存储器的输入状态表或数据寄存器中；诊断电源、PLC 内部各电路状态和用户编程中的语法错误；进入运行状态后，从存储器逐条读取用户程序，经过命令解释后按指令规定的任务产生相应的控制信号，控制有关的控制电路，分时执行数据的存取、传送、组合、比较和变换等工作，完成用户程序中规定的运算任务，根据运算结果，更新有关标志位和输出状态寄存器表的内容，最后根据输出状态寄存器表的内容，实现输出控制、打印或数据通信等外部功能。

存储器：PLC 的存储器分为两个部分：一是系统程序存储器，另一是用户程序存储器。系统程序存储器是由生产 PLC 的厂家事先编写并固化好的，它关系到 PLC 的性能，不能由用户直接存取更改。其内容主要为监控程序、模块化应用功能子程序、命令解释和功能子程序的调用管理程序和各种系统参数等。用户程序存储器主要用来存储用户编制的梯形图，输入输出状态，计数、定时值以及系统运行所必要的初始值。

I/O 接口模板：PLC 机提供了各种操作电平和驱动能力的输入/输出接口模板，如输入/输出电平转换、电气隔离、串/并行变换、数据转送、A/D 或 D/A 变换以及其他功能控制等。通常这些模板都装有状态显示及接线端子排。这些模板一般都插入模板框架中，框架后面有连接总线板。每块模板与 CPU 的相对插入位置或槽旁 DIP 开关的位置，决定了 I/O 的各点地址号。除上述一般 I/O 接口模板外，很多类型的 PLC 还提供一些智能模板，例如通信控制模板、高精度定位控制、远程 I/O 控制、中断控制、ASCⅡ/BASIC 操作运算和其他专用控制功能模板。

编程器及其他选件：编程器是编制、编辑、调试、监控用户程序的必备设备。它通过通信接口与 CPU 联系，完成人机对话。编程器有简易型和智能型两种，一般简易型的键盘采用命令语句助记符键，而智能型常采用梯形图语言键。前者只能联机编程而后者还可以脱机编程。很多PLC机生产厂利用个人计算机改装的智能编程器，备有不同的应用程序软件包。它不但可以完成梯形图编程，还可以进行通信联网，具有事务管理等功能。PLC也可以选配其他设备，如盒式磁带机、打印机、EPROM写入器、彩色图形监控系统、人机接口单元等外部设备。

（2）集散控制系统（DCS） 在一个大型企业里，大量信息靠一台大型计算机集中完成过程控制及生产管理的全部任务是不适当的。同时，由于微型计算机价格的不断下降，人们就将集中控制和分散控制协调起来，取各自之长，避各自之短，组成集散控制系统。这样既能对各个过程实施分散控制，又能对整个过程进行集中监视与操作。集散控制系统把顺序控制装置，数据采集装置，过程控制的模拟量仪表，过程监控装置有机地结合在一起，利用网络通信技术可以方便地扩展和延伸，组成分级控制。系统具有自诊断功能，及时处理故障，从而使可靠性和维护性大大提高。集散控制系统基本结构如图7-8所示，它由面向被控过程的控制站（现场I/O控制站）、面向操作人员的操作站、面向管理员的工程师站以及连接这三种类型站点的系统网络组成。

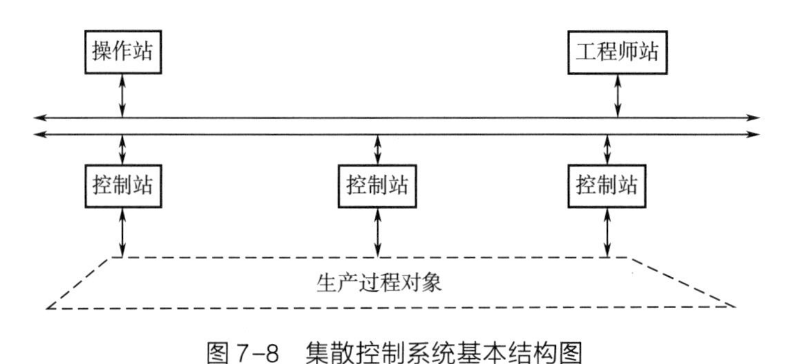

图7-8 集散控制系统基本结构图

现场I/O控制站：是完成对过程现场I/O处理并直接数字控制（DDC）的网络节点，主要功能有三个：

①将各种现场发生的过程量（温度、压力、流量、液位等）进行数字化，并将这些数字化后的量存在存储器中，形成一个与现场过程量一致的、能一一对应的并按实际运行情况，实时地改变和更新的现场过程量的实现映像。

②将本站采集到的实时数据通过网络传送到操作站、工程师站及其他现场I/O控制站，以便实现全系统范围内的监督和控制，同时现场I/O控制站还可接收由操作站、工程师站下发的命令，以实现对现场的人工控制或对本站的参数设定。

③在本站实现自动控制、回路的计算及闭环控制、顺序控制等的算法一般是一些经典的算法，也可下装非标准算法、复杂算法。现场I/O控制站多由可编程序控制器或单片微机组成。

DCS的操作站处理一切与运行操作有关的人机界面HMI功能的网络节点，其主要功能就是为系统的运行操作人员提供人机界面，使操作员可以通过操作站及时了解现场运行状态、各种运行参数的当前值、是否有异常情况发生等，并可通过输入设备对工艺过程进行控制和调节，以保证生产过程的安全、可靠、高效、高质。

操作站的主要人机界面设备在计算机输出方面是彩色CRT，在计算机输入方面则为工业键盘和光标控制设备（鼠标器或轨迹球）。

在 CRT 上，能显示生产过程的模拟流程图，其中标有各关键数据、控制参数及设备的当前实时状态，通过操作键盘，对给定值、操作输出值、PID 参数、报警设定值进行调整，能显示报警窗口，以倒排时间顺序的方式列出所有生产过程出现的异常情况，具有灵活方便的画面调用方法，大大方便操作员的画面切换操作，而且直观简单，不需记忆特殊的操作规则，还可以将给定值、测量值、输出值等各种参量的变化趋势以及历史趋势用曲线表示出来，在同一个坐标中可显示多个数据的趋势曲线，有助于操作员对比分析各个有关数据，掌握生产过程的运行情况。

工程师站是对 DCS 进行离线配置、组态工作和在线系统监督、控制、维护的网络节点，其主要功能是提供对 DCS 进行组态、配置工作的工具软件（即组态软件），DCS 在线运行时实地监视 DCS 网络上各个节点的运行情况，使系统工程师可以通过工程师站及时调整系统配置和一些系统参数的设定，使 DCS 随时处在最佳的工作状态下。

（3）质量体系实时监测的 ERP 系统　食品工业近年来有了很大的发展，各企业都十分重视企业管理，尽管有的做得很好，但整体上与世界水平相比仍处于起步的阶段，尤其是在质量管理方面，真正达到 ISO 9001（2000 版）质量标准的企业不多。随着企业规模的不断扩大，旧有的管理模式已不能适用这一变化，应运而生的 ERP（enterprise resource planning）在国内食品企业中尚不多见。ERP 意为企业资源计划，它建立在信息技术的基础上，利用现代企业先进管理思想，全面地集成了管理平台。在重视食品安全的今天，结合质量体系思想的实时监测的食品企业 ERP 系统的核心（以下简称质量 ERP）是质量管理科学、计算机技术、传感器与检测技术结合的产物，是一种软硬件结合的网络化管理系统。它除了自动检测、实时误差报警提示、转换、计算、分析、描绘、存储、打印等单机功能，还将面向对象、信息集成、专家系统、关系数据库管理系统、图形系统等结合在一起，并以科学的质量管理的思想内涵、标准数据处理方法，与食品生产和检验工艺相结合，从而使质量控制落实到每一个过程，协调一个食品生产或检测过程的多种环节，并对其中的各个环节进行全面量化和质量监控。通过这个管理平台，可以为生产与检验过程的高效和科学动作以及各类信息的保存、交流和加工提供平台，更好地促进用户的贯标工作，乳品工厂 ERP 系统图如图 7-9 所示。

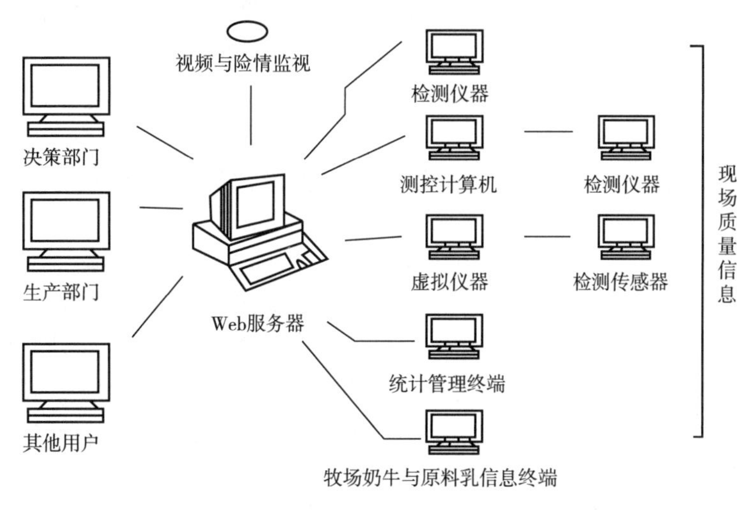

图 7-9　乳品工厂质量 ERP 系统图

系统组成与功能：质量 ERP 系统包括一套带通信接口的智能化检测仪器、测控计算机以及以计算机为硬件平台的检测功能建模系统和相应软件的机内软件库。通过在测试对象与模块卡接口之间接入传感器，将多种检测功能集成在一个“软件能库”中，将多种仪器的控制面板软件化后集成于“软控件库”中，最后形成一个在计算机协调下的多功能的虚拟仪器。如图 7-9 所示的质量 ERP 是一种采用客户端/服务器体系结构，基于 ASP. NET 技术的网络系统，协调并管理着智能化检测仪器、测控计算机、虚拟仪器和以人工检测的数据输入与分析加工的统计管理终端。后三种计算机终端用户无需在 PC 机上安装任何质量 ERP 的应用程序，如同浏览网页一样使用系统提供的功能。XML 实现了数据由嵌套的标记元素组成，标记包含了对文档存储形式和逻辑的描述，XML 实现了网络数据的结构化、智能化和互操作性，是一个与平台无关、与软件厂商无关的统一数据格式标准。XML 技术、分布式处理技术大大提高了系统的可靠性和处理能力，使系统真正实现了代码和数据的分离，为系统维护和升级提供了极大便利，系统可根据软件用户需求，在技术上真正实现无限扩展。基于 ASP. NET 的质量 ERP 还整合了诸多其他互联网应用技术，用户可以在组织内部网上任何一台计算机上直接访问系统，并可实现远程监测与控制，如果系统与 Internet 连接，用户可以在全球任何一个地方访问系统。分布式的系统结构，除了很容易实现系统功能的扩展外，还可通过网络技术和硬件检测器为第三方软件、设备提供接口。

质量 ERP 系统在核心质量管理上具有以下功能：

①操作方便，拥有如同浏览网页般友好的用户界面。

②安全的系统、安全的数据，系统采用多层结构设计，用户界面、逻辑处理、信息采集、数据存储各层的分离技术实现了系统和数据的真正安全。

③完善的管理功能，系统提供了完善的企业部门、用户权限及检测项目管理、仓储管理。

④融入 ISO 9001 标准的管理功能与处理功能。

⑤现场的质量数据与视频监测、险情报警。

⑥灵活的专家系统与远程诊断功能。

⑦充分的可扩展性，系统通过最先进的网络技术，提供了统一的数据处理编程接口，可与目前和将来各种检测仪器的接口对接。

⑧简单快速的升级维护，只要将服务器接入 Internet，就可以进行远程维护和系统升级。

⑨定制报告模板，以各种图文混排的不同文件格式的报告来满足管理者与用户的需要。

质量 ERP 系统设计思想：质量管理体系是“在质量方面指挥和控制组织的管理体系，包含为实施质量管理所需的组织结构、程序、过程和资源”。体系中过程是一组将输入转化为输出的相互关联或相互作用的活动。程序是为进行某项活动或过程所规定的途径。质量 ERP 内涵的质量管理思想就是：在分析、确定顾客明确或隐含的要求的基础上，对“产品与服务”的实现过程和支持过程所形成的过程网络实施控制，即通过识别与体系相关的过程，确定过程的相互作用关系，明确运行机制并确保过程有效运行和受控，运用“策划—实施—检查—处置”方法，旨在保证过程控制的有效性、实现质量的持续改进、增加顾客的满意程序。ISO 9001 规定的质量管理体系图如图 7-10 所示。ISO 9001 规定程序文件至少应包括“应形成文件的 6 个程序”，根据实际情况，还应考虑融入下列程序：

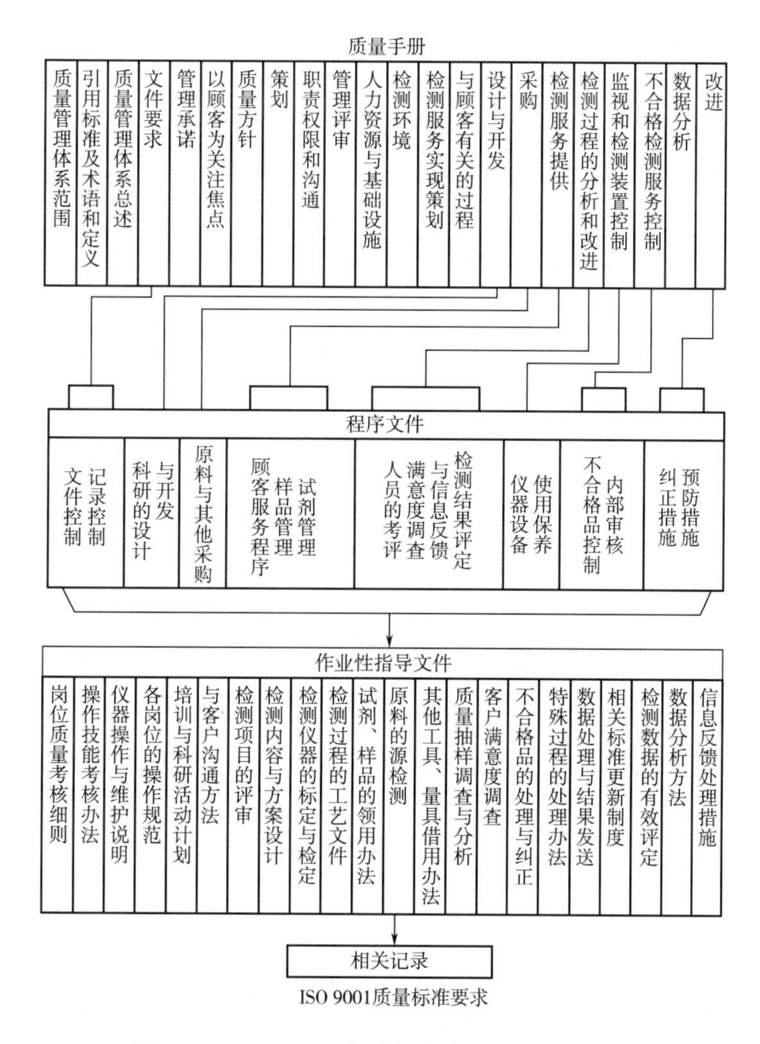

图 7-10　ISO 9001 标准规定的质量管理体系图

科研的设计与开发程序：从合同的评审、签订、任务下达、任务实施、任务验证到最终的验收确认，都在系统中进行监控，在各环节都有显著提示并及时处理，保证过程的顺利实施。

顾客服务程序：满足顾客要求的各过程中与顾客及时沟通的方法与措施。

样品管理程序：样品管理包括将样品在分析之前取出一部分作为留存样品，并将有关样品性质、样品量、保存条件以及保存地点等描述信息记录到系统中，可方便地查询。

试剂管理程序：详细记录试剂与标准物的档案与规定贮藏、保管措施，包括名称、供应厂商、成分、含量或纯度、出厂编号、出厂日期、存放条件、有效期，使用保管人员、设备及相关遵守条件等，并对到期的试剂能给予明确的警示。

采购程序：与采购过程有关的一切活动的动作程序，包含原料收集与辅料、添加剂采购两方面，其关键是评价原料基地或农户提供合格原料的能力，选择原料供方的决策机制与验证方法（甚至落实到每个品种的资料的分析），原料检验方法，原料检验人员资格评定要求等内容。

质量 ERP 还应强调相关记录，其中重要的有：不合格品检验记录、纠正措施、预防措施、追溯过程、产品实现策划、记录校准的依据、检测装置检定与有效性评价等。

从上可知，整个软件系统的构架是以 ISO 9001 标准要求为基础框架，不按照规定检验程序进行，就不能通过质量 ERP 进行数据处理，会在系统中产生报警信号，留下不良记录。

软件构架：软件构架高度抽象地描述了软件系统的结构，包括系统元素的描述、元素之间的交互、用于指导元素复合的模式和这些模式的约束，各数据库元素间的逻辑关系。构件是组成构架的基本元素，是对系统应用功能的实现，我们把构件看成一个黑盒子，构件封装了功能性，有着自己的内部状态信息，构件的实现是异质的（可以用多种语言实现），构件的这些特性使得一些通用构件可以很容易被使用。

构架风格是指能够标志一类构架的功能性特征的集合，一种构架风格代表了一种软件设计成分进行组织的特定模式。质量 ERP 系统构架的特色是以 ISO 9001 标准为通用的构架，即 ISO 9001 标准要求的质量手册部分，这是以质量为宗旨的质量 ERP 的思想体现。嵌于其上的基本构件是 ISO 9001 标准的必须具有的 6 个程序，以及带有共性程序的通用构件，待开发构架是一些用户所需的符合体系要求的程序。子构件是与相关程序配套的具体操作的作业性指导书，以及体系中的相关记录。

（四）控制室的设计

控制室是操作人员借助仪表和其他自动化工具对生产过程实行集中监视、控制的核心操作的岗位，同时也是进行技术管理和实行生产调度的场所，因此，控制室的设计，不仅要为仪表及其他自动化工具正常可靠运行创造条件，还必须为操作人员的工作创造一个适宜的环境。

1. 控制室位置的选择

控制室位置的选择很重要，地点要适中。一般应选在工艺设备的中心地带，与操作岗位易取得联系。在一般情况下，以面对装置为宜，最好坐南朝北，尽量避免日晒，控制室周围不宜有造成室内地面震动、振幅为 0.1mm（双振幅）/频率为25Hz 以上的连续周期性震源。当使用电子式仪表时，注意附近不要造成对室内仪表有 398A/m 以上的经常性的电磁场干扰。安装电子计算机的控制室，还应满足电子计算机对室内环境温度、湿度、卫生等条件的要求。

2. 控制室与其他辅助房间

控制室不宜与变压器室、鼓风机室、压缩机室、化学药品库相邻。当与办公室、操作工值班室、生活间、工具间相邻时，应以墙隔开，中间不要开门，不要相互串通。

3. 控制室内平面布置

控制室内平面布置形式，即仪表盘的排列形式，应该按照生产操作和安装检修要求，结合工艺生产特点，装置的自动化水平和土建设计等条件确定。控制室布置形式如图 7-11 所示。

控制室的区域化分为盘前区和盘后区。盘后区：仪表盘和后墙围起来的面积为盘后区，盘后区净宽不得小于 950mm。盘前区：盘面、操作台、前墙、门、窗所围起来的区域为盘前区。不设操作台时，盘面到前墙（窗）净距不小于 3000mm。如果设置操作台，盘前区净距可以按以下原则确定：人的水平视角界限为 120°，理想范围为 60°，垂直方向视角为 60°，理想范围为 30°，再根据我国成年男性平均身高 1600~1700mm，女性平均身高 1560mm 的情况，操作人员要监视 3000mm 的盘面和盘上离地面 800mm 左右高的设备，操作台与仪表盘间的距离以 2500~3000mm 较为合适。在考虑盘前区面积时，还应注意一般在操作台与仪表盘间不宜有与本部位操作无关人员来往通过。所以，操作台与墙（窗）最少也要有 1000mm 左右的间距，以供人们的通行。

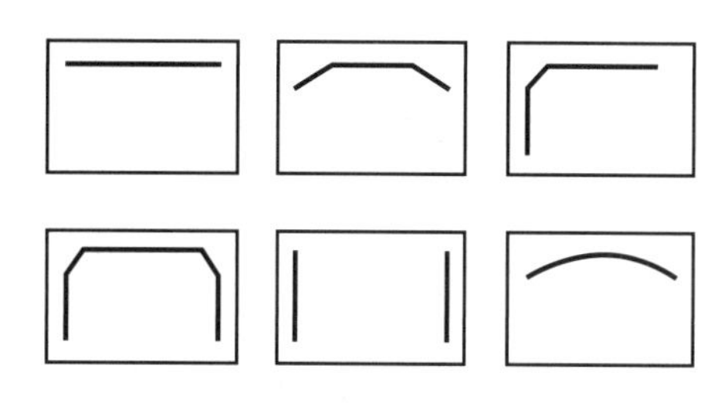

图 7-11　控制室布置形式

第四节　食品工厂供汽系统

工厂设计中供热工程设计的主要任务是锅炉房和热电站的设计。对于食品工厂设计一般仅进行供汽系统设计，包括生产用汽，采暖和生活用汽，一般不涉及热电站设计的内容。供汽设计的主要内容是：决定供应全厂生产、采暖和生活用汽量；确定供汽的汽源；按蒸汽消耗量选择锅炉；按所选锅炉的型号和台数设计锅炉房；锅炉给水及水处理设计；配置全厂的蒸汽管网等。对于食品工厂，生产用蒸汽一般为饱和蒸汽，因此，主要是锅炉房设计。其他行业有些生产要求过热蒸汽，可以考虑热电站的设计，以汽定电，不足的电力则由地区电网供应，以合理利用能源和节约能源。有的则由地区热电站供汽，这些工厂可不考虑锅炉房的设计。

供汽工程设计是由热力设计人员（或部门）完成的。但工艺人员要按工艺要求，提供小时用汽量和需要蒸汽的最高压力等数据资料，并对锅炉的选型和台数提出初步意见，作为供汽工程设计的依据。

一、食品工厂的用汽要求

食品工厂用汽的部门主要有生产车间（包括原料处理、配料、热加工、成品杀菌等）和辅助生产车间，如综合利用、罐头保温库、试制室、洗衣房、浴室、食堂等。其中罐头保温库要求连续供汽。

用汽压力，除了以蒸汽作为热源的热风干燥、高温油炸、真空熬糖等要求较高的压力[$(8\sim10)\times10^5$Pa] 之外，其他用汽压力大都在 7×10^5Pa 以下，有的只要求 $(2\sim3)\times10^5$Pa。因此，在使用时需经过减压，以确保用汽安全。

由于食品工厂的季节性较强，用汽负荷波动较大，为适应这种情况，食品工厂的锅炉台数不宜少于 2 台，并尽可能采用相同型号的锅炉。

二、锅炉设备的分类与选择

（一）蒸汽锅炉的分类

1. 按用途分类

（1）动力锅炉　动力锅炉所产生的蒸汽供汽轮机作动力，以带动发电机发电，其工作参数（压力、温度）较高。

（2）工业锅炉　工业锅炉所产生的蒸汽主要供应工艺加热用，多为中、小型锅炉。

（3）取暖锅炉　取暖锅炉所产生的蒸汽或热水供冬季取暖和一般生活上用，只生产低压蒸汽或热水。

2. 按蒸汽参数分类

（1）低压锅炉　表压力在 1.47MPa 以下。

（2）中压锅炉　表压力在 1.47~5.88MPa。

（3）高压锅炉　表压力在 5.88MPa 以上。

3. 按蒸发量分类

（1）小型锅炉　蒸发量在 20t/h 以下。

（2）中型锅炉　蒸发量在 20~75t/h。

（3）大型锅炉　蒸发量在 75t/h 以上。

食品工厂采用的锅炉一般为低压小型工业锅炉。

4. 按锅炉炉体分类

锅炉设备按锅炉炉体可分为火管锅炉，水管锅炉，水火管混合式锅炉三类。火管锅炉热效率低，一般不采用，采用水管锅炉为多。

（二）锅炉型号的意义

工业锅炉的型号是由三个部分组成的，各部分之间用短横线隔开，各部分所表示的意义如下所示：

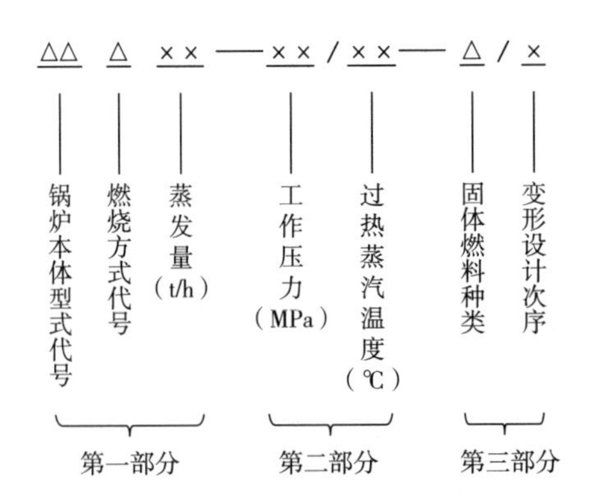

型号的第一部分分为三段：第一段以两个汉语拼音字母代表锅炉本体型式；第二段用一个英文字母表示燃烧方式；第三段用阿拉伯数字表示蒸发量（t/h，热水锅炉的单位是 10^4kJ/h），或以阿拉伯数字表示废热锅炉的受热面积（m^2）。关于其第一段和第二段所用代号的意义，锅炉本体型式代号见表 7-12，锅炉燃烧设备或燃烧方式代号见表 7-13。型号的第二部分表示蒸汽参数，斜线前面表示额定工作压力，斜线后面表示过热蒸汽温度

（℃），若为饱和蒸汽时，则无斜线和斜线后面的数字。

表 7-12　　锅炉本体型式代号

锅炉类型	锅炉本体型式	代号	锅炉类型	锅炉本体型式	代号
锅壳锅炉	立式水管	LS	水管锅炉	单锅筒立式	DL
	立式火管	LH		单锅筒纵置式	DZ
	立式无管	LW		单锅筒横置式	DH
	卧式外燃	WW		双锅筒纵置式	SZ
	卧式内燃	WN		双锅筒横置式	ZH
				强制循环式	QX

注：①本表摘自 JB/T 1626—2002。

②水火管混合式锅炉，如锅炉主要受热面型式采用锅壳锅炉式时，其本体型式代号为 WW；如锅炉主要受热面型式采用水管锅炉时，其本体代号为 DZ，但应在锅炉名称中明确为“水火管”。

表 7-13　　锅炉燃烧设备或燃烧方式代号

燃烧设备或燃烧方式	代号	燃烧设备或燃烧方式	代号
固定炉排或燃烧方式	G	下饲炉排	A
双层固定炉排	C	抛煤机	P
链条炉排	L	鼓泡流化床燃烧	F
往复炉排	W	循环流化床燃烧	X
滚动炉排	D	室燃烧	S
下饲炉排	A		

注：抽板顶升采用下饲炉排底代号。

型号的第三部分，斜线前面用汉语拼音字母（大写）表示所采用的固体燃料种类，燃料种类代号见表 7-14；斜线后面用阿拉伯数字表示变型设计次序；如固体燃料为烟煤，或同时可燃用几种燃料时，型号的第三部分无第一段及斜线。例如：

表 7-14　　燃烧种类代号

燃料种类	代号	燃料种类	代号
Ⅱ类无烟煤	WⅡ	型煤	X
Ⅲ类无烟煤	WⅢ	水煤浆	X
Ⅰ类烟煤	AⅠ	木材	M
Ⅱ类烟煤	AⅡ	稻壳	D
Ⅲ类烟煤	AⅢ	甘蔗渣	G
褐煤	H	油	Y
贫煤	P	气	Q

KZL4-1.25-W 表示卧式快装链条炉排，蒸发量为 4t/h，额定压力为 1.25MPa（表压），饱和蒸汽，适于烧无烟煤，按原设计制造的锅炉；

SHF6.5-1.25/350 表示双汽包横置式粉煤锅炉，蒸发量为 6.5t/h，额定压力为 1.25MPa（表压），过热蒸汽温度为 350℃，适用多种燃烧，按原设计制造的锅炉；

LSG 0.5-0.4-A Ⅲ表示立式水管固定炉排，额定蒸发量为 0.5t/h，额定蒸汽压力为 0.4 MPa，蒸汽温度为饱和温度，燃用Ⅲ类烟煤的蒸汽锅炉。

（三）锅炉的基本规范

锅炉的型式很多，用途很广，规定必要的锅炉基本规范对产品标准化、通用化以及辅助设备的配套都是有利的。锅炉的基本规范一般是用锅炉的蒸发量，蒸汽参数（指锅炉主蒸汽阀出口处蒸汽的压力和温度）以及给水温度等表示，见表 7-15。

表 7-15　　国家标准工业锅炉额定参数系列

额定蒸发量/(t/h)	额定蒸汽压力（表压）/MPa											
	0.1	0.4	0.7.	1.0	1.25			1.6		2.5		
	额定蒸汽温度/℃											
	饱和	饱和	饱和	饱和	饱和	250	350	饱和	350	饱和	350	400
0.1	△	△										
0.2	△	△										
0.3	△	△	△									
0.5	△	△	△	△								
0.7		△	△	△								
1.0		△	△	△								
1.5			△	△								
2			△	△	△			△				
3			△	△	△			△				
4			△	△	△			△		△		
6				△	△	△	△	△	△	△		
8				△	△	△	△	△	△	△		
10				△	△	△	△	△	△	△	△	△
12					△	△	△	△	△	△	△	△
15					△	△	△	△	△	△	△	△
20					△	△	△	△	△	△	△	△
25					△		△	△	△	△	△	△
35					△		△	△	△	△	△	△
60											△	△

注：①本表摘自 GB/T 1921—2004，适用于工业用、生活用以水为介质的固定式蒸汽锅炉。

②工业蒸汽锅炉的额定参数应选用表中所列的参数，但表中标有符号“△”处所对应的参数宜优先选用。

1. 选择锅炉房容量的原则

食品工厂的生产用汽，对于连续式生产流程，用汽负荷波动范围较小，例如酒精工厂采用连续蒸煮和连续蒸馏流程，这些车间或工段的用汽负荷较稳定。对于间歇式生产流程，用汽负荷波动范围较大，许多食品工厂具有这种特点，例如，饮料厂、罐头厂、乳制品加工厂等。在选择锅炉容量时，若高峰负荷持续时间很长，可按最高负荷时的用汽量选择。如果高峰负荷持续的时间很短，而按最高负荷的用汽量选择锅炉，则锅炉会有较多时间是在低负荷下运行，不仅热效率低，煤耗增加，还增大了锅炉的投资。因此，在这种情况下，可按每天平均负荷的用汽量选择锅炉的容量。

在实际设计和生产中，应从工艺的安排上尽量避免最大负荷和最小负荷相差太多，尽量通过工艺的调整（如几台用汽设备的用汽时间可错开等），根据平均负荷的用汽量选择锅炉的容量，是比较经济的。但是，这样选择锅炉时，如果生产调度不好，将影响生产，故应全面考虑决定。

2. 锅炉房容量的确定

在上述原则的基础上，当锅炉同时供应生产、生活、采暖通风等用汽时，应根据各部门用汽量绘制全部供汽范围内的热负荷曲线，以求得锅炉房的最大热负荷和平均热负荷，但实际上多用公式计算。

（1）最大计算热负荷　根据生产、采暖通风、生活需要的热负荷，计算出锅炉的最大热负荷，以确定锅炉房规模大小，称最大计算热负荷，见式（7-19）。

$$Q = K_0(K_1Q_1 + K_2Q_2 + K_3Q_3 + K_4Q_4) \tag{7-19}$$

式中　Q——最大计算热负荷，t/h

K_0——管网热损失及锅炉房自用蒸汽系数

K_1——采暖热负荷同时使用系数

K_2——通风热负荷同时使用系数

K_3——生产热负荷同时使用系数

K_4——生活热负荷同时使用系数

Q_1——采暖最大热负荷，t/h

Q_2——通风最大热负荷，t/h

Q_3——生产最大热负荷，t/h

Q_4——生活最大热负荷，t/h

在计算时，应对全厂热负荷作具体分析，有时将几个车间的最大热负荷出现时间错开，则其中一项可不予计入。计算热负荷时，应根据全厂的热负荷资料，分析研究，切忌盲目层层加码，造成锅炉房容量过大。

锅炉房自用汽（包括汽泵、给水加热、排污、蒸汽吹灰等用汽）一般为全部最大用汽量的3%~7%（不包括热力除氧）。

厂区热力网的散热及漏损，一般为全部最大用汽量的5%~10%。

（2）平均计算热负荷

①采暖平均热负荷，见式（7-20）。

$$Q_{1pj} = \varphi_1 Q_1 \tag{7-20}$$

式中　Q_{1pj}——采暖平均热负荷，t/h

φ_1 ——采暖系数，采取0.5~0.7，或按式（7-21）计算。

$$\varphi_1 = \frac{t_n - t_{pi}}{t_n - t_w} \tag{7-21}$$

式中 t_n ——采暖室内计算温度,℃

t_{pi} ——采暖期室外平均温度,℃

t_w ——采暖期采暖（或通风）室外计算温度,℃

②通风平均热负荷，见式（7-22）。

$$Q_{2pi} = \varphi_2 Q_2 \tag{7-22}$$

式中 Q_{2pi} ——通风平均热负荷，t/h

φ_2 ——通风系数，采取0.5~0.8，或按式（7-23）计算。

$$\varphi_2 = \frac{t_n - t_{pi}}{t_n - t_w} \tag{7-23}$$

t_w 的值应以采暖期室外通风计算温度代入。

③生产平均热负荷：全厂的生产平均热负荷 Q_{3pi} 是将各车间平均热负荷相加而得。

④生活平均热负荷：生活热负荷包括浴室、开水炉、厨房等用热。由有关专业如水道，暖通提交的生活热负荷，一般可视为最大小时热负荷，即最大班时集中在1h内的热负荷。全厂生活平均热负荷可近似地如式（7-24）所示计算。

$$Q_{4pi} = (1/8) \times Q_4 \tag{7-24}$$

式中 Q_{4pi} ——生活平均热负荷，t/h

⑤锅炉房平均热负荷，见式（7-25）。

$$Q_{pi} = K_0(Q_{1pi} + Q_{2pi} + Q_{3pi} + Q_{4pi}) \tag{7-25}$$

式中 Q_{pi} ——锅炉房平均热负荷，t/h

（3）年热负荷

①采暖年热负荷，见式（7-26）。

$$Q_{y1} = 24n_1 Q_{1pi} \tag{7-26}$$

式中 Q_{y1} ——采暖年热负荷，t/a

24——按三班制计算的每昼夜采暖小时数，当一或二班制时，则分别以8、16代入，但内尚需增加一部分空班时的保温用热负荷

n_1 ——采暖天数，d

②通风年热负荷，见式（7-27）。

$$D_{y2} = 8n_2 SQ_{2pi} \tag{7-27}$$

式中 D_{y2} ——通风年热负荷，t/a

8——每班工作小时数

n_2 ——通风天数，一般 $n_2 = n_1$

S ——每昼夜工作班次数

③生产年热负荷，见式（7-28）。

$$D_3 = 8n_3 SQ_{3pi} \tag{7-28}$$

式中 D_3——生产年热负荷，t/a

n_3 ——年工作天数，300~330d

④生活年热负荷，见式（7-29）。

$$D_4 = 8n_3 Q_{4pi} \tag{7-29}$$

式中　D_4——生活年热负荷，t/a

⑤锅炉房年热负荷，见式（7-30）。

$$D_0 = K_0(D_1 + D_2 + D_3 + D_4) \tag{7-30}$$

式中　D_0——锅炉房年热负荷，t/a

（四）锅炉工作压力的确定

锅炉蒸汽，可分为饱和蒸汽和过热蒸汽。饱和蒸汽的压力和温度有对应的关系，而过热蒸汽在同一压力下，由于过热量的不同，温度也不同。目前，我国绝大多数的发酵工厂均采用饱和蒸汽，故在选择锅炉、确定锅炉容量之后，就要确定蒸汽压力。发酵工厂用汽压力最高的一般是蒸煮工段，而且由于所用原料不同，所需的最高压力也不同。锅炉工作压力应根据使用部门的最大工作压力和用汽量，管线压力降及受压容器的安全来确定。目前一般按使用部门的最大工作压力为0.29~0.49MPa比较适合。根据这一原则，我国目前食品工厂一般使用低压锅炉，其蒸汽压力一般不超过1.27MPa。即使确定了锅炉的蒸汽压力，还应根据使用部门的用汽参数，供应经过调整温压的蒸汽。

（五）锅炉类型与台数的选定

锅炉型式的选择，要根据全厂的用汽负荷的大小、负荷随季节变化的曲线、所要求的蒸汽压力以及当地供应燃料的品质结合锅炉的特性，按照高效、节能、操作和维修方便等原则加以确定。

食品厂应特别注意避免采用沸腾炉的煤粉炉，因为这两种锅炉容易造成煤屑和尘土的大量飞扬，影响卫生。按现行能源政策，用汽负荷曲线不平稳的食品厂搞余热发电也是不可取的。设计时还要注意遵守不同城市建设部门的具体要求，如广州等地规定在城区内只可使用燃油锅炉或燃气锅炉，不得使用燃煤锅炉。一般食品厂用锅炉的燃烧方式应优先考虑链条炉排。

食品工厂的工业锅炉目前都采用水管式锅炉，水管式锅炉热效率高，省燃料，火筒锅炉已被淘汰。水管锅炉的选型及台数确定，需综合考虑下列各点：

（1）锅炉类型的选择，除满足蒸汽用量和压力要求外，还要考虑工厂所在地供应的燃料种类，即根据工厂所用燃料的特点选择锅炉的类型。

（2）同一锅炉房中，应尽量选择型号、容量、参数相同的锅炉。

（3）全部锅炉在额定蒸发量下运行时，应能满足全厂实际最大用汽量和热负荷的变化。

（4）新建锅炉房安装的锅炉台数应根据热负荷调度、锅炉的检修和扩建可能而定，采用机械加煤的锅炉，一般不超过4台，采用手工加煤的锅炉，一般不超过3台。对于连续生产的工厂，一般设置备用锅炉1台。

三、燃料消耗量、灰渣量及贮运

1. 锅炉燃煤量计算

（1）锅炉房每小时最大耗煤量，见式（7-31）。

$$B = \frac{D(i - i_t) + D_{np}(i' + i_t)}{Q_d^g \eta} \tag{7-31}$$

式中　B——锅炉每小时最大耗煤量，kg/h

D——蒸汽的最大生产量，kg/h

i——蒸汽热焓，kJ/kg

i_t——给水热焓，kJ/kg

D_{np}——排污水量，kg/h

i'——排污水热焓，kJ/kg

D_d^g——煤的低位发热量，kJ/kg

η——锅炉热效率,%

（2）锅炉房年耗煤量　如略去排污部分热量不计，则年耗煤量按如式（7-32）所示计算（燃料用重油时计算相同）。

$$B_0 = \frac{(1.1 \sim 1.2)D_0(i' - i_t)}{Q_d^g \eta} \times 100 \tag{7-32}$$

式中　B_0——锅炉房年耗煤量，t/a

1.1~1.2——考虑运输上，使用上不均衡损耗等因素的富裕系数

D_0——锅炉房年热负荷，kg/a

i——蒸汽热焓，kJ/kg

i_t——给水热焓，kJ/kg

Q_d^g——煤或重油的低位发热量，kJ/kg

η——锅炉热效率,%

（3）锅炉房最冷月的昼夜耗煤量　如为三班制工作，则锅炉房在最冷月的昼夜耗煤量如式（7-33）所示进行估算：

$$B_1 = 20B \tag{7-33}$$

式中　B_1——最冷月昼夜耗煤量，t/昼夜

（4）锅炉房最冷月耗煤量，见式（7-34）。

$$B_2 = 30B_1 \tag{7-34}$$

式中　B_2——最冷月耗煤量，t/月

锅炉房年耗煤量和最冷月耗煤量是考虑总平面布置的必要资料，昼夜耗煤量和小时最大耗煤量是设计机械化运煤的依据。

当 Q_d^g =21000~25000kJ/kg 时，可按每吨煤产生的蒸汽量来估算耗煤量。锅炉效率为80%时，每吨煤可产生蒸汽 7~8.5t；锅炉效率为 75%时，每吨煤可产生蒸汽 6~8t；锅炉效率为 65%时，每吨煤可产生蒸汽 5.5~6.5t；锅炉效率为 60%时，每吨煤可产生蒸汽 4.5~5.6t；锅炉效率为 50%时，每吨煤可产生蒸汽 4~5t。

2. 贮煤场

贮煤场需根据锅炉房的燃煤量，产煤区及运输条件等因素来确定贮存一定的煤量。

火车运煤时，如经过国家铁路干线，贮煤场的场地应能存放不少于 30d 的最大耗煤量，如直接由煤场专用铁路供应而不经过国家铁路干线时，则应小于 15d 的最大耗煤量。

船舶运煤时，应考虑到停航期等因素，贮煤场的容量应不少于 30d 的最大耗煤量。

汽车运输主要是离产地近或由当地煤建公司堆物拨运，这样贮煤场的容量一般可考虑

7~14d 的最大耗煤量。

贮煤场一般都是露天的，位置设在锅炉房常年主导风向的下方，在多雨地区需考虑设置防雨干煤棚，贮存 7d 以下的耗煤量。贮煤场的面积可如式（7-35）所示计算。

$$A_m = \frac{24BT_m K}{Hm_Y Q} \tag{7-35}$$

式中　A_m——贮煤场面积，m^2

B——锅炉房平均每小时耗煤量，kg/h

T_m——煤的贮存天数，d

K——煤场内过道占用面积系数，取 1.5~1.6

H——煤的堆高，m

m_Y——煤的堆积质量，t/m^3

Q——堆角系数，取 0.8~0.9

煤堆不能过高，否则煤中水分不易发散，积聚热量，易引起自燃。

煤厂中的转运设备，小型锅炉房一般采用手推车，运煤量较大时可采用铲车或移动式皮带输送机。

3. 锅炉房灰渣量

根据计算耗煤量的公式，如式（7-36）~式（7-39）所示，可以计算相应的灰渣量。

$$M_0 = B_0\left(\frac{M_g}{100} + \frac{q_4 Q_d^g}{8100 \times 100}\right)(t/a) \tag{7-36}$$

$$M_1 = B_1\left(\frac{M_g}{100} + \frac{q_4 Q_d^g}{8100 \times 100}\right)(t/\text{昼夜}) \tag{7-37}$$

$$M_2 = B_2\left(\frac{M_g}{100} + \frac{q_4 Q_d^g}{8100 \times 100}\right)(t/\text{月}) \tag{7-38}$$

$$M = B\left(\frac{M_g}{100} + \frac{q_4 Q_d^g}{8100 \times 100}\right)(t/h) \tag{7-39}$$

式中　M_0、M_1、M_2、M——灰渣的年、昼夜、月、小时产量

M_g——燃料中灰分含量，%

q_4——未完全燃烧的损失，%

当使用烟煤或无烟煤时，灰渣产量可近似地按耗煤量的 25%~30%估算（有些情况按 22%估算）。

锅炉的炉渣用人工或机械排送到灰渣场，渣场的储量一般按不少于 5d 的最大灰渣量考虑。

四、锅炉房在厂区的位置

近年来，我国锅炉用燃料正在由烧煤逐步向烧油转变，这主要是为了解决大气污染的问题，但目前仍然有不少的工厂在烧煤，为此本节对锅炉房的要求以烧煤锅炉为基准进行介绍。锅炉烟囱排出的气体中，含有大量的灰尘和煤屑。这些尘屑排入大气以后，由于速度减慢而散落下来，造成环境污染。同时，煤堆场也容易对周围环境带来污染。所以，从工厂卫生的角度考虑，锅炉房在厂区的位置应选在对生产车间影响最小的地方，具体要满

足以下要求：

（1）锅炉房应处在厂区和生活区常年主导风的下风向，以减少烟灰对环境的污染，使生产车间污染系数最小。

（2）尽可能靠近用汽负荷中心，使送汽管道缩短。

（3）有足够的煤和灰渣堆场，同时锅炉房必须有扩建余地。

（4）与相邻建筑物的间距应符合防火规程和卫生标准，锅炉房不宜和生产厂房或宿舍相连。

（5）锅炉房的朝向应考虑通风、采光、防晒等方面的要求。

五、锅炉房的布置和对土建的要求

锅炉机组原则上应采用单元布置，即每台锅炉单独配置鼓风机、引风机、水泵等附属设备。烟囱及烟道的布置应力求使每台锅炉抽力均匀并且阻力最小。烟囱离开建筑物的距离，应考虑到烟囱基础下沉时，不致影响锅炉房基础。锅炉房采用楼层布置时，操作层楼面标高不宜低于4m，以便出渣和进行附属设备的操作。

锅炉房大多为独立建筑物，不宜和生产厂房或宿舍相连。在总体布置上，锅炉房不宜布置在厂前区或主要干道旁，以免影响厂容整洁。锅炉房属于丁类生产厂房，其耐火等级为1~2级。锅炉房应结合门窗位置，设有通过最大搬运体的安装孔。锅炉房操作层楼面荷重一般为 $1.2t/m^2$，辅助间楼面荷重一般为 $0.5t/m^2$，荷载系数取1.2。在安装震动较大的设备时，应考虑防震措施。锅炉房每层至少设2个分别在两侧的出入口，其门向外开。锅炉房的建筑应避免采用砖木结构，而采用钢筋混凝土结构，当屋面自重大于 $120kg/m^2$ 时，应设气楼。

六、烟囱及烟道除尘

首先，锅炉烟囱的口径和高度应满足锅炉的通风，即烟囱的抽力应大于锅炉及烟道的总阻力，并有20%的余量。其次，烟囱的高度还应满足环境卫生的要求。烟尘与二氧化硫在烟囱出口处的允许排放量与烟囱的高度相关，国家规定了不同装机容量情况下烟囱的最低允许高度，燃煤锅炉房烟囱最低允许高度见表7-16，表中数据摘自GB 13271—2014《锅炉大气污染物排放标准》。

表7-16 燃煤锅炉房烟囱最低允许高度

锅炉房装机总容量	MW	<0.7	0.7~<1.4	1.4~<2.8	2.8~<7	7~<14	≥14
	t/h	<1	1~<2	2~<4	4~<10	10~<20	≥20
烟囱最低允许高度	m	20	25	30	35	40	45

注：烟囱的材料以砖砌为多，它取材容易，造价较低，使用期限长，不需经常维修。但若高度超过50m或在7级以上的地震区，最好采用钢筋混凝土烟囱。

在用锅炉大气污染物排放浓度限值见表7-17，自2014年7月起，新建锅炉执行表7-18中的大气污染物排放限值。

表 7-17 在用锅炉大气污染物排放浓度限值

污染物项目	限值/(mg/m³)			污染物排放监控位置
	燃煤锅炉	燃油锅炉	燃气锅炉	
颗粒物	80	60	30	烟囱或烟道
二氧化硫	400 550*	300	100	
氮氧化物	400	400	400	
汞及其化合物	0.05	—	—	
烟气黑度（林格曼黑度/级）	≤1			烟囱排放口

*位于广西壮族自治区、重庆市、四川省和贵州省的燃煤锅炉执行该限值。

表 7-18 新建锅炉大气污染物排放浓度限值

污染物项目	限值/(mg/m³)			污染物排放监控位置
	燃煤锅炉	燃油锅炉	燃气锅炉	
颗粒物	50	30	20	烟囱或烟道
二氧化硫	300	200	50	
氮氧化物	300	250	200	
汞及其化合物	0.05	—	—	
烟气黑度（林格曼黑度/级）	≤1			烟囱排放口

《中华人民共和国大气污染防治法》规定，向大气排放粉尘的排污单位，必须采取除尘措施。锅炉烟气中带有飞灰及部分未燃尽的燃料和二氧化硫，不但给锅炉机组受热面及引风机造成磨损，而且增加大气环境污染。为此，在锅炉出口与引风机之间应装设烟囱气体除尘装置。一般情况下，可采用锅炉厂配套供应的除尘器。但要注意，当采用湿式除尘器时，应避免由于产生废水而导致公害转移的现象。锅炉大气污染物排放标准 GB 13271—2014 中规定了锅炉烟气中烟尘、二氧化硫和氮氧化物的最高排放浓度和烟气黑度的排放标准。国家的标准随时间的推移，会根据需要进行修订，设计者应注意采用最新标准。

七、锅炉的给水处理

锅炉属于特殊的压力容器。水在锅炉中受热蒸发成蒸汽，原水中的矿物质则留在锅炉内形成水垢。当水垢严重时，不仅影响到锅炉的热效率，而且将严重地影响到锅炉的安全运行。因此，锅炉制造厂一般都结合所生产锅炉的特点，提出了给水的水质要求。采用锅外水处理的自然循环蒸汽锅炉和汽水再用锅炉水质标准见表 7-19。

一般自来水均达不到上述要求，需要因地制宜地进行软化处理。处理的方法有多种。所选择的方法必须保证锅炉的安全运行，同时又保证蒸汽的品质符合食品卫生要求。水管锅炉一般采用炉外化学处理法。炉内水处理法（防垢剂法）在国内外也有采用。炉外化学处理法以离子交换软化法用得较广，并可以买到现成设备——离子交换器。离子交换器使水中的钙、镁离子被置换，从而使水得到软化。对于不同的水质，可以分别采用不同型式的离子交换器。

表 7-19　采用锅外水处理的自然循环蒸汽锅炉和汽水再用锅炉水质（GB 1576—2018）

水样	额定蒸汽压力①/MPa		$P≤1.0$		$1.0≤P≤1.6$		$1.6≤P≤2.5$		$2.5<P<3.8$	
	补给水类型		软化水	除盐水	软化水	除盐水	软化水	除盐水	软化水	除盐水
给水	浊度/FTU		≤5.0							
	硬度/(mmol/L)		≤0.03							$≤5×10^{-3}$
	pH（25℃）		7.0~10.5	8.5~10.5	7.0~10.5	8.5~10.5	7.0~10.5	8.5~10.5	7.5~10.5	8.0~10.5
	电导率（25℃）/（μS/cm）		—	$≤5.5×10^2$		$≤1.1×10^2$	$≤5.0×10^2$	$≤1.0×10^2$	$≤3.5×10^2$	≤80.0
	溶解氧②/(mg/L)		≤0.10			≤0.050				
	油/(mg/L)		≤2.0							
	铁/(mg/L)		≤0.30					≤0.10		
锅水	全碱度③/(mmol/L)	无过热器	4.0~26.0	≤26.0	4.0~24.0	≤24.0	4.0~16.0	≤16.0	≤12.0	
		有过热器	—		≤14.0		≤12.0			
	酚酞碱度/(mmol/L)	无过热器	2.0~18.0	≤18.0	2.0~16.0	≤16.0	2.0~12.0	≤12.0	≤10.0	
		有过热器	—		≤10.0					
	pH（25℃）		10.0~12.0				9.0~12.0		9.0~11.0	
	电导率（25℃）/（μS/cm）	无过热器	$≤6.4×10^3$		$≤5.6×10^3$		$≤4.8×10^3$		$≤4.0×10^3$	
		有过热器	—	—	$≤4.8×10^3$		$≤4.0×10^3$		$≤3.2×10^3$	
	溶解固形物/(mg/L)	无过热器	$≤4.0×10^3$		$≤3.5×10^3$		$≤3.0×10^3$		$≤2.5×10^3$	
		有过热器	—		$≤3.0×10^3$		$≤2.5×10^3$		$≤2.0×10^3$	
	磷酸根/(mg/L)		—	10~30					5~20	
	亚磷酸根/(mg/L)		—	10~30					5~10	
	相对碱度		<0.2							

注：①额定蒸汽压力小于或等于2.5MPa的蒸汽锅炉，补给水采用除盐处理，且给水电导率小于10μS/cm的，可控制锅水pH（25℃）下限不低于9.0、磷酸根下限不低于5mg/L。

②对于供汽轮机用汽的锅炉给水溶解氧应小于或等于0.050mg/L。

③对蒸汽质量要求不高，并且无过热器的锅炉，锅水全碱度上限值可适当放宽，但放宽后锅水的pH（25℃）不应超过上限。

第五节　食品工厂采暖与通风

采暖与通风设计的内容包括车间与生活辅助室的冬季采暖，某些食品生产过程中的干燥（如脱水蔬菜等的烘房）或保温（罐头成品的保温库）车间的夏季空调或降温，设备或工段的排气和通风以及某些物料的风力输送等。采暖与通风工程，有的是为了改善工人的劳动条件和工作环境；有的是为了满足某些制品的工艺条件或作为一种生产手段；有的是为了防止建筑物发霉，改善工厂卫生。总之，采暖与通风工程的服务对象既涉及人，也涉及产品、设备和厂房。

一、采暖与防暑

（一）采暖标准与设计原则

1. 采暖标准

按照 GBZ 1—2010，凡近十年每年最冷月平均气温≤8℃的月份在三个月及三个月以上的地区应设集中采暖设施；出现≤8℃的月份为两个月以下的地区应设局部采暖设施。工厂设计时要根据具体情况分别对待，如有的车间热加工较多，车间温度比室外温度高的多，即可以不再考虑人工采暖。反之，有些生产辅助室和生活室，如浴室、更衣室、医务室等，由于使用或卫生方面的要求，即使不在规定范围内，设计时也应考虑采暖。

采暖的室内计算温度是指通过采暖应达到的室内温度（采暖标准）。当生产工艺无特殊要求时，按照《工业企业设计卫生标准》（GBZ 1—2010）的规定，冬季工作地点的采暖温度见表 7-20。

表 7-20　冬季工作地点的采暖温度

劳动强度（分级）	采暖温度/℃	劳动强度（分级）	采暖温度/℃
Ⅰ	18~21	Ⅲ	14~16
Ⅱ	16~18	Ⅳ	12~14

注：表中劳动强度的分级可以参考 GBZ 1—2010 中附录 B 的方法确定。

当生产工艺有特殊要求时，采暖温度则应按工艺要求而定，如蔬果罐头的保温间为 25℃，肉禽水产罐头的保温间为 37℃。

集中采暖车间，当每名工人占用的建筑面积较大时（≥50m²），仅要求工作地点及休息地点设局部采暖设施。采暖车间冬季辅助用室的温度见表 7-21。在进行食品工厂设计时，冬季采暖的室外计算温度≤-20℃的地区，为防止车间大门长时间或频繁开放而受冷空气的侵袭，应根据具体情况设置门斗、外室或热空气幕。

表 7-21　冬季辅助用室的温度

辅助用室名称	温度/℃	辅助用室名称	温度/℃
厕所、盥洗室	12	存衣室	18
食堂	14	淋浴室	25~27
办公室、休息室	18~20	更衣室	23
技术资料室	20~22		

注：当工艺或使用条件有特殊要求时，各类建筑物的室内温度可参照有关专业标准、规范的规定执行。

2. 采暖设计一般原则

（1）设计集中采暖时，生产厂房工作地点的温度和辅助用室的室温应按现行的《工业企业设计卫生标准》执行；在非工作时间内，如生产厂房的室温必须保持在0℃以上时，一般按5℃考虑值班采暖；当生产对室温有特殊要求时，应按生产要求进行设计。

（2）设置集中采暖的车间，如生产对室温没有要求，且每名工人占用的建筑面积超过$100m^2$时，不宜设置全面采暖系统，但应在固定工作地点和休息地点设局部采暖装置。

（3）设置全面采暖的建筑物时，围护结构的热阻应根据技术经济比较结果确定，并应保证室内空气中水分在围护结构内表面不发生结露现象。

（4）采暖热媒的选择应根据厂区供热情况和生产要求等，以及经技术经济比较后确定，并应最大限度地利用废热。

如厂区只有采暖用热或以采暖用热为主时，一般采用高温热水为热媒；当厂区供热以工艺用蒸汽为主，在不违反卫生、技术和节能要求的重要条件下，也可采用蒸汽作热媒。

（5）累年月日平均温度稳定低于或等于5℃的日数≥90d的地区，宜采用集中采暖。

（二）采暖系统的型式与热媒的选择

1. 采暖系统的型式

采暖系统可分为热水采暖、蒸汽采暖和热风采暖三种型式。

热水采暖系统包括低温热水采暖系统（水温<100℃），高温热水采暖系统（水温>100℃）；

蒸汽采暖系统包括低温蒸汽采暖系统（蒸气压≤70kPa），高温蒸汽采暖系统（蒸气压≥100kPa）；

热风采暖系统包括集中送风系统（集中设置风机和加热器，通过风道向各房间送暖风），暖风机系统（分散设置暖风机采暖）。

热水采暖系统又可按循环动力的不同，分为重力循环系统和机械循环系统；按供回水方式分为单管和双管两种系统。

在采暖系统中，根据供回水（汽）干管的不同位置还可分为上供下回、下供下回和中供式等不同型式的系统。

（1）重力循环热水采暖系统常采用布置型式

①单管上供下回式：适用范围为作用半径不超过50m的多层建筑，主要特点为升温慢、作用压力小、管径大、系统简单、不消耗电能、系统水利稳定性好、可缩小锅炉中心与散热器中心的距离。

②双管上供下回式：通用范围为作用半径不超过50m的三层（高度不大于10m）以下建筑，主要特点为升温慢、作用压力小、管径大、系统简单、不消耗电能、易产生垂直失调、室温可调节。

③单户式：适用范围为单户单层建筑，主要特点为一般锅炉与散热器在同一平面，故散热器安装至少提高300~400mm，尽量减少配管长度，减少系统阻力。

（2）机械循环热水采暖系统　常用布置型式如下：

①双管上供下回式：适用范围为室温有调剂要求的四层以下建筑，是最常用的双管系统做法，主要特点为排气方便，室温可调节，易产生垂直失调。

②双管下供下回式：适用范围为室温有调节要求，且顶层不能敷设供水干管时的四层以下建筑，主要特点为缓和了上供下回式系统的垂直失调现象，安装供回水干管需设置地沟，室内无供水干管，顶层房间美观，排气方便。

③双管中供式：使用范围为顶层不能敷设供水干管或边施工边使用的建筑，主要特点为可以解决一般供水干管挡窗的问题，解决垂直失调现象比上供下回式有利，对楼层、扩建有利，对系统排气不利。

④双管下供上回式：适用范围为热媒为高温水，室温有调节要求的四层以下建筑，主要特点为对解决垂直失调现象有利，排气方便，能适应高温水热媒，可降低散热器表面温度，降低散热器表面传热系数，增大散热器面积。

⑤垂直单管顺流式：适用范围为一般多层建筑，是常用的一般单管系统做法，主要特点为水利稳定性好，排气方便，安装构造简单。

⑥垂直单管双线式：适用范围为顶层无法敷设供水干线的多层建筑，主要特点为当热媒为高温水时可降低散热器表面温度，排气阀的位置必须正确。

⑦垂直单管下供上回式：适用范围为热媒为高温水的多层建筑，主要特点为可降低散热器表面温度，降低散热器表面传热系数，增大散热器面积。

⑧垂直单管上供中回式：适用范围为不易敷设地沟的多层建筑，主要特点为节约地沟造价，系统泄水不便，影响底层房间室内的美观，排气不便，检修方便。

⑨单双管式：适用范围为八层以上建筑，主要特点为可避免垂直失调现象的产生，可解决散热器立管管径过大的问题，可克服单管系统不能调节的问题。

⑩混合式：适用范围为热媒为高温水的多层建筑，是解决高温水热媒直接系统的最佳方法之一。

⑪水平单管串联式：适用范围为单层建筑或不能敷设立管的多层建筑，是常用的水平串联系统，主要特点为经济、美观、安装方便，散热器接口处易漏水，排气不便。

⑫水平单管跨越式：适用于单层建筑或需串联多组散热器时，主要特点为每个环路串连散热器数量不受限制，每组散热器可调节，排气不便。

（3）低压蒸汽采暖系统　常用布置型式：

①双管上供下回式：适用范围为室温需调节的多层建筑，是常用的双管系统做法，易产生上热下冷。

②双管下供下回式：适用范围为室温需调节的多层建筑，主要特点为可以缓和上热下冷现象，供汽立管需加大，需设地沟、室内顶层无供汽干管，美观。

③双管中供式：适用范围为顶层无法敷设供汽干管的多层建筑，主要特点为加层方便，与上供下回式对比更有利于解决上热下冷问题。

④单管上供下回式：适用范围为多层建筑，是常用的单管做法，安装简单造价低。

（4）高压蒸汽采暖系统　常用布置型式：

①上供下回式：适用范围为单层建筑，是常用的做法，可以节约地沟。

②上供下回式：适用范围为厂房或仓库的暖风机供暖系统，主要特点为可以节约地沟，检修方便，系统泄水不便。

③水平串连式：适用范围为单层建筑，主要特点为构造最简单、造价低，但散热器接口处易漏水漏汽。

2. 热媒的选择

食品生产厂房及辅助生产建筑的采暖热媒，应根据采暖地区采暖期的长短、采暖面积大小确定，应优先考虑利用市政采暖系统供热网。食品工厂的采暖热媒主要分为热水和蒸汽两种。

热水分为：不超过 95℃的热水；不超过 110℃的热水；不超过 130℃的热水。

蒸汽分为：低压蒸汽（压力≤70kPa 的蒸汽）；高压蒸汽（压力>70kPa 的蒸汽，一般采用压力为 1.2MPa 的蒸汽）。

当采用的热媒为热水时，厂区应设置集中的热交换站。热交换站应设在锅炉房内；若在锅炉房内设置有困难时，也可设在锅炉房附近。当采暖热媒为蒸汽时，锅炉房内宜设置凝结水箱，以便各车间的采暖凝结水可自流回锅炉房；若锅炉房内设置困难时，应在锅炉房就近设置冷凝水回收站。

采用蒸汽为采暖热媒时，必须经过经济技术论证，结论为合理且经济，一般只在厂区供热以工艺用蒸汽为主时采用。

食品厂内的采暖方式有热风采暖和散热器采暖等几种，一般按车间单元体积大小而定。当单元体积大于 3000m^3 时，以热风采暖为好，在单元体积较小的场合，多半采用散热器采暖方式。

热风采暖时，工作区域风速宜为 0.1～0.3m/s，热风温度为 30～50℃，送风的最高温度不得超过 70℃。送风口高度一般不要低于 3.5m。设计热风采暖时，应防止强烈气流直接对人产生不良影响。

3. 采暖的防火防爆要求

（1）在散发可燃粉尘、纤维的厂房内，散热器采暖的热煤温度不应过高，热水采暖不应超过 130℃，蒸汽采暖不应超过 110℃。贮藏易爆材料和物质的房间，热煤温度高于 130℃的散热器应设置遮热板。遮热板应采用非燃材料制作，且距散热器不小于 100mm。

（2）下列厂房应采用不循环使用的热风采暖：

生产过程中散发的可燃气体、蒸汽、粉尘与采暖管道，散热器表面接触能引起燃烧的厂房；生产过程中散发的粉尘受到水、水蒸气的作用能引起自燃、爆炸以及受到水、水蒸汽的作用能产生爆炸性气体的厂房。

（3）房间内有与采暖管道接触能引起燃烧爆炸的气体、蒸汽或粉尘时，采暖管道不应穿过，如必须穿过，应采用非燃材料隔热。

（4）温度不超过 100℃的采暖管道如通过可燃构件时，应与构件保持不小于 50mm 距离；温度超过 100℃的采暖管道，应保持不小于 100mm 距离并采用非燃材料隔热。

（5）甲类、乙类生产厂房、高层建筑和影剧院、体育馆等公共建筑的采暖管道和设备等的保温材料均应为非燃材料。

（6）在甲类、乙类厂房中，送风系统不得使用电阻丝加热器。在全新风直流式送风系统中，可采用无明火的管状电加热器，加热器应设在通风机室内，电加热器后的总风道上应设止回阀，并应考虑无风断电的保护措施。

（三）采暖耗热计算

精确计算热耗量的公式比较繁复（详见《工业建筑供暖通风与空气调节设计规范》GB 50019—2015），不在此叙述，概略计算热耗量可采用式（7-40）。

$$Q = P_{热} V(t_{en} - t_{ow}) \tag{7-40}$$

式中　Q——耗热量，kJ/h

$P_{热}$——热指标，kJ/(m^2·h·K)，(有通风车间 $P_{热}\approx1.0$，无通风车间 $P_{热}=0.8$)

V——房间体积，m^3

t_{en}——室内计算温度，K

t_{ow}——室外计算温度，K

（四）防暑

在设计食品工厂时考虑夏季防暑降温是必要的，特别是处于南方的地区更应该精心考虑。进行防暑设计时一般应注意如下几方面问题：

（1）工艺流程的设计宜使操作人员远离热源，同时根据具体条件采取必要的隔热降温措施。

（2）厂房的朝向应根据夏季主导风向对厂房能形成穿堂风或能增加自然通风的风压作用确定。厂房的迎风面与夏季主导风向应成60°~90°夹角，最小为45°角。

（3）热源应尽量布置在车间的外面；采用热压为主的自然通风时，热源尽量布置在天窗的下面；采用穿堂风为主的自然通风时，热源应尽量布置在夏季主导风向的下风侧；热源布置应便于采用各种有效的隔热措施和降温措施。

（4）热车间应设有避风的天窗，天窗和侧窗应便于开关和清扫。

（5）当室外实际出现的气温等于本地区夏季通风室外计算温度时，车间内作业地带的空气温度应符合下列要求：散热量<23W/(m^3·h）的车间不得超过室外温度3℃；散热量为23~116W/(m^3·h）的车间不得超过室外温度5℃；散热量>116W/(m^3·h）的车间不得超过室外温度7℃。

（6）车间作业地点夏季空气温度，应按车间内外温差计算。其室内外温差的限度，应根据实际出现的地区夏季通风室外计算温度确定，车间内工作地点的夏季空气温度规定见表7-22。

表7-22　车间内工作地点的夏季空气温度规定

夏季通风室外计算温度/℃	≤22	23	24	25	26	27	28	29~32	≥33
工作地点与室外温差/℃	10	9	8	7	6	5	4	3	2

（7）当作业地点气温≥37℃时应采取局部降温和综合防暑措施，并应减少接触时间。

（8）高温作业车间应设有工间休息室，休息室内气温不应高于室外气温；设有空调的休息室室内气温应保持在25~27℃。特殊高温作业，如高温车间天车驾驶室、车间内的监控室、操作室等应有良好的隔热措施。

二、通风与空气调节

（一）通风设计基本知识

1. 自然通风

自然通风是利用厂房内外空气密度差引起的热压或风力造成的风压来促使空气流动，进行通风换气。为节约能耗和减少噪声，工厂设计时应尽可能优先考虑自然通风。为此，要从建筑物间距、朝向、内隔墙、门、窗和气楼的设置等方面加以考虑，使之最有利于自然通风。同时，在采用自然通风时，也要从卫生角度考虑，防止外界有害气体或粉尘的进入。自然通风设计的原则如下：

（1）在决定厂房总图方位时，厂房纵轴应尽量布置成东西向，以避免有大面积的窗和墙受日晒影响，尤其在我国南方气温较高的地区更应注意。

（2）厂房主要进风面一般应与夏季主导风向成60°~90°角，不宜小于45°角，并同时考虑避免日晒问题。

（3）热加工厂房的平面布置最好不采用“封闭的庭院式”。尽量布置成“L”形、“Π”形和“Ш”形。开口部分应该位于夏季主导风向的迎风面，而各翼的纵轴与主导风向成0°~45°角。

（4）“Π”形或“Ш”形建筑，两翼间的间距离一般不应小于相邻两翼高度（由地面到屋檐）和的一半，在最好在15m以上。如建筑物内不产生大量有害物质，其间距可减至12m，但必须符合防火标准的规定。

（5）在放散大量热量的单层厂房四周，不宜修建披屋，如确有必要时，应避免设在夏季主导风向的迎风面。

（6）放散大量热和有害物质的生产过程，宜设在单层厂房内；如设在多层厂房内，宜布置在厂房的顶层；必须设在多层厂房的其他各层时，应防止污染上层各房间内的空气。当放散不同有害物质的生产过程布置在同一建筑内时，毒害大与毒害小的放散源应隔开。

（7）采用自然通风时，如热源和有害物质放散源布置在车间内的一侧时，应符合下列要求：以放散热量为主时，应布置在夏季主导风向的下风侧；以放散有害物质为主时，一般布置在全年主导风向的下风侧。

（8）自然通风进风口的标高，建议按下列条件选取：

夏季进风口下缘距室内地坪愈小，对进风愈有利，一般应采用0.3~1.2m，推荐采用0.6~0.8m；

冬季及过渡季进口下缘距室内地坪一般不低于4m，如低于4m时，可采取措施以防止冷风直接吹向工作地点。

（9）在我国南方炎热地区的厂房内不放散大量粉尘和有害气体时，可以考虑采用以穿堂风为主的自然通风方式。

（10）为了充分发挥穿堂风的作用，侧窗进、排风的面积均应不小于厂房的侧墙面积的30%，厂房的四周也应尽量减少披屋等辅助建筑物。

2. 人工通风

食品工厂的人工通风是通过机械通风实现的，因此常被称为机械通风。在自然通风达不到应有的要求时要采用机械通风。当夏季工作地点的气温超过当地夏季通风室外计算温度3℃时，每人每小时应有的新鲜空气量不少于20~30m^3；而当工作地点的气温大于35℃时，应设置岗位吹风，吹风的风速在轻作业时为2~5m/s，重作业时为3~7m/s。另外，在有大量蒸汽散发的工段，不论其气温高低，均需考虑机械排风。机械通风有两种方式，即局部排风和全面通风。

（1）局部排风及设计原则　在排风系统中，以装设局部排风最为有效、最为经济。局部排风应根据工艺生产设备的具体情况及使用条件，并视所产生有害物的特性，确定有组织的自然排风或机械排风。食品生产的热加工工段，有大量的余热和水蒸气散发，造成车间温度升高，湿度增加，并引起建筑物的内表面滴水、发霉，并严重影响劳动环境和卫生。为此，对这些工段需要采取局部排风措施，以改善车间条件。

小范围的局部排风一般采用排气风扇或通过排风罩接风管实现，如果设计合理，则采用较小的排风量就能获得良好的效果。但排风扇的电动机是在湿热气流下工作，易出故障，故较大面积的工段或温度较高的工段，常采用离心风机排风。因离心机的电动机基本上在自然气流状态下工作，运转比较可靠。

一些设备如烘箱、烘房、排气箱、预煮机等，可设专门的封闭排风管直接排出室外；有些设备开口面积大，如夹层锅、油炸锅等，不能接封闭的风管，可加设伞形排风罩，然后接风管排出室外。但对于易造成大气污染的油烟气或其他化学性有害气体，宜设立油烟过滤器等装置进行处理后才排入大气。

局部排风设计的原则为：在散发有害物质（指有害蒸汽、气体或粉尘）的场合，为了防止有害物污染室内空气，必须结合工艺设置局部排风系统。

宜将同时运转，生产流程相同、粉尘性质相同而且相互距离不大的扬尘设备的吸风点合为一个系统。

需排除腐蚀性气体的系统的设计，应选择防腐蚀型风机。

排除高温、高湿气体时，为了防止结露，应对排风管道及通风净化设备进行保温。

在设计局部排风罩时，在便于生产操作、工艺设备检修及各种管道安装的原则下，应首先考虑采用密闭式（带有固定的或活动的围挡板）的排风罩，其次考虑采用侧面排风罩或伞形排风罩。在设备条件允许的条件下，排风罩应尽量靠近并对准有害物质的散发方向。排风罩的形式应在保证一定的风速时，能有效地以最小的风量，最大限度地排走其散发的有害物质。

伞形排风罩和侧面排风罩由于结构简单，制造方便，常用来排热及排除其他有害气体，是局部排风的一种有效型式。

（2）全面通风　当利用局部通风或自然通风不能满足要求时，应采用机械全面通风。食品工厂有关车间的温度湿度要求见表 7-23。

表 7-23　　食品工厂有关车间的温度湿度要求

工厂类型	车间或部门名称	温度/℃	相对湿度/%
罐头工厂	鲜肉凉肉间	0~4	>90
	冻肉解冻间	冬天 12~15	>95
		夏天 15~18	>95
	分割肉间	<20	70~80
	腌制间	0~4	>90
	午餐肉车间	18~20	70~80
	一般肉禽、水产车间	22~25	70~80
	果蔬类罐头车间	25~28	70~80
乳制品工厂 1	消毒奶灌装间	22~25	70~80
	炼乳灌装间	22~25	>70
	乳粉包装间	<20	<65

续表

工厂类型	车间或部门名称	温度/℃	相对湿度/%
乳制品工厂 2	麦乳精粉碎包装间	22~25	<45
	冷饮包装间	22~25	>70
糖果工厂	软糖成形间	25~28	<75
	软糖包装间	22~25	<65
	硬糖成形间	25~28	<65
	硬糖包装间	22~25	<60
	溶糖间	<30	—
饮料厂		夏天 22~26	<65
	碳酸饮料最后的糖浆间	冬天>14	—
		夏天 22~26	<65
	碳酸饮料灌装间	冬天>14	—
		夏天<28	<70
	加工、配料间	冬天>14	—
		夏天 22~26	<65
	饮料热灌装间	冬天>14	—
		夏天<28	<65
	浓缩果汁无菌灌装间	冬天>14	—
		22~26	<65
	冷藏饮料灌装间	冬天>14	—
		夏天 22~26	<65
	瓶装纯净水灌装间	冬天>14	—
		夏天 22~26	<50
	天然纯净水灌装间	冬天>14	—
		夏天<30	
	包装间	冬天>14	—
		冬天>5	<60
	成品库	冬天>5	—
	空罐、瓶盖库	夏天<28	<65
	制瓶间	冬天>5	—

进行全面通风设计时，如室内同时散发几种有害物质，全面通风的换气量按其中最大值计算。在进行气流组织设计时，全面通风进、排风应避免将含有大量热、蒸汽或有害物质的空气流入没有或仅有少量热、蒸汽或有害物质的作业地带。

采用全面排风排出有害气体和蒸汽时，应由室内有害气体浓度最大的区域排出。放散的气体较空气轻时，宜从上部排出；放散的气体较空气重时，宜从上、下部同时排出，但气体温度较高或受车间散热影响产生上升气流时，宜从上部排出；当挥发性物质蒸发后，使周围空气冷却下沉或经常有挥发性物质洒落地面时，应从上、下部同时排出。

全面通风设计的一般原则如下：

①散发热湿有害物质的车间或其他房间，当不能采用局部通风或采用局部通风仍达不到卫生要求时，应辅以全面通风或采用全面通风。

②全面通风有自然通风、机械通风或自然与机械联合通风。设计时应尽量采用自然通风方式，以节约能源与投资。当自然通风达不到卫生条件或生产要求时，则应采用机械通风或自然与机械联合通风。

③厨房、厕所、盥洗室和浴室等应设置机械通风进行全面换气。

④有排风的生产厂房及辅助建筑应考虑自然补风的可能性，当自然补风不能达到要求时，宜设置机械送风系统。

⑤有冬季供热或夏季供冷的场所在考虑通风时，同时应考虑冷、热负荷的平衡和补充。

3. 空调车间的温湿度要求

空调车间的温湿度要求随产品性质或工艺要求而定。现按食品厂的特点，提出车间温度、湿度要求见表 7-23。

4. 空气的净化

食品生产的某些工段，如乳粉、麦乳精的包装间、粉碎间及某些食品的无菌包装间等，对空气的卫生要求特别高，空调系统的送风要考虑空气的净化。常用的净化方式是对进风进行过滤。

（二）通风与空调设计的计算概要

空调设计的计算包括夏季冷负荷计算，夏季湿负荷计算和送风量计算。

1. 夏季空调冷负荷 Q（kJ/h）计算见式（7-41）

$$Q = Q_1 + Q_2 + Q_3 + Q_4 + Q_5 + Q_6 + Q_7 + Q_8 \tag{7-41}$$

式中 Q_1——需要空调房间的围护结构耗冷量（主要取决于围护结构材料的构成和相应的热导率），kJ/h

Q_2——渗入室内的热空气的耗冷量（主要取决于新鲜空气量和室内外气温差），kJ/h

Q_3——热物料在车间内的耗冷量，kJ/h

Q_4——热设备的耗冷量，kJ/h

Q_5——人体散热量，kJ/h

Q_6——电动设备的散热量，kJ/h

Q_7——人工照明散热量，kJ/h

Q_8——其他散热量，kJ/h

2. 夏季空调散湿量计算

（1）人体散湿量 W_1（g/h）计算见式（7-42）

$$W_1 = nW_0 \tag{7-42}$$

式中 n——人数，人

W_0——个人散湿量，g/h

（2）潮湿地面的散湿量 W_2（g/h）计算见式（7-43）。

$$W_2 = 0.006(t_n - t_s) \cdot F \tag{7-43}$$

式中　t_n、t_s——分别为室内空气的干、湿球温度，K

F——潮湿地面的蒸发面积，m^2

（3）其他散湿量 W_3（g/h）　如开口水面的散湿量，渗入空气的散湿量等，应根据实际情况予以考虑。

3. 总散湿量 W

总散湿量 W（kg/h）的计算见式（7-44）。

$$W = (W_1 + W_2 + W_3)/1000 \tag{7-44}$$

4. 送风量的确定

送风量的确定可以利用 $H-d$ 图来进行，确定送风量的步骤如下：

（1）根据冷负荷和总散湿量计算热湿比 ε（kJ/kg），见式（7-45）。

$$\varepsilon = Q/W \tag{7-45}$$

（2）确定送风参数　空气的状态参数主要有温度 t、相对湿度 φ，含湿量 d，空气的焓 H 等。若已知任意两个参数，在 $H-d$ 图上即可确定出空气的状态点，其他参数也随之确定。两个不同状态的空气混合后的状态点在这两个空气状态点的连线上，具体位置由杠杆定律确定。食品厂生产车间空调送风温差 Δt_{n-k} 一般为 6～8℃。在 $H-d$ 图上分别标出室内外状态点 N 点及 W 点。由 N 点，根据 ε 值及 Δt_{n-k} 值，标出送风状态点 K 点（K 点相对湿度一般为 90%～95%），K 点所表示的空气参数即为送风参数。

（3）确定新风与回风的混合点（C 点）　在 $H-d$ 图（如图 7-12 所示）中混合点（C 点）一定在室内状态点（N 点）与室外状态点（W 点）的连线上，且：

$$\frac{\text{NC 线段长度}}{\text{WC 线段长度}} = \frac{\text{新风量}}{\text{回风量}}$$

即

$$\frac{NC}{NW} = \frac{\text{新风量}}{\text{总风量}}$$

（4）应使 $\frac{\text{新风量}}{\text{总风量}} \geqslant 10\%$，并再校核新风量是否满足人的卫生要求（$30m^3/h$）以及是否大于补偿局部排风并保持室内规定正压所需的风量。C 点即是新风、回风的混合点，C 点表示的参数即为空气处理的初参数，连接曲线 CK 即为空气处理过程在 $H-d$ 图上的表示。

（5）确定全面换气送风量 V（m^3/h）

①消除室内余热所需的送风量 V_1（m^3/h），见式（7-46）。

$$V_1 = Q_h/\rho(I_n - I_k) \tag{7-46}$$

式中　Q_h——排除的余热，kJ

ρ——室内空气的密度，kg/m^3

I_n、I_k——分别为室内空气及空气处理终了的热焓，kJ

②消除室内余湿所需的送风量 V_2（m^3/h），见式（7-47）。

$$V_2 = \frac{q_{2sh}}{(d_p - d_j)\rho} \tag{7-47}$$

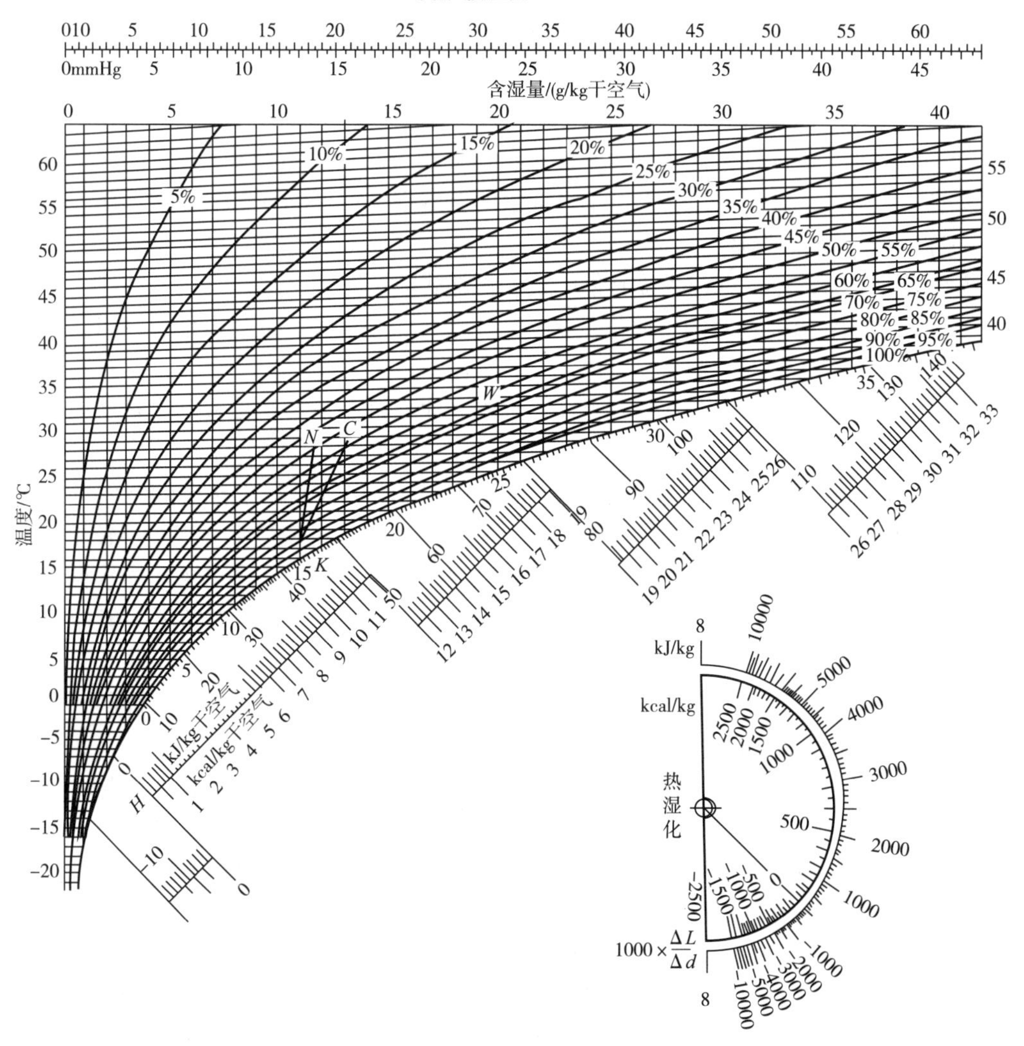

图 7-12　湿空气的 H-d 图

式中　q_{2sh}——余湿量，g/h

d_p——排出空气含湿量，g/kg

d_j——室内气体含湿量，g/kg

ρ——室内空气的密度，kg/m³

③稀释室内有害物质所需通风量 V_3（m³/h），见式（7-48）。

$$V_3 = \frac{m}{\rho_g - \rho_j} \tag{7-48}$$

式中　m——室内有害气体散发量，mg/h

ρ_g——室内气体中有害物质最高容许浓度，mg/m³

ρ_j——进入空气中有害物质浓度，mg/m³

前面给出了三种情况下全面通风量的计算方法，对于同时释放有害物质、余热和余湿时的通风量，应按其最大的换气量计算。

散入室内的有害物质量不能确定时的通风量，可根据类似房间或经验数据确定换气通风量，也可根据各车间工人数量与工作空间的具体情况按下面方法计算新鲜空气量：

每名工人所占容积<$20m^3$的车间，应保证每人每小时≥$30m^3$的新鲜空气量；如所占容积为20~$40m^3$时，应保证每人每小时≥$20m^3$的新鲜空气量；所占容积>$40m^3$时，允许由门窗渗入空气来换气；办公室为每人每小时提供的新鲜空气量可以按30~$40m^3$考虑。

（三）空调系统的选择

按空调设备的特点，空调系统有集中式、局部式或混合式三类。

局部式（即空调机组）的主要优点是土建工程小，易调节，使用灵活；缺点是一次性投资较高，噪声较高，不适于较长风道。

集中式空调系统主要优点是集中管理、维修方便、寿命长、初投资和运行费较省，能有效控制室内参数。

集中式空调系统常用在空调面积超过400~$500m^2$的场合。集中空调的空气处理过程常由空调箱内的“冷却段”来完成。这种冷却段，可采用喷淋低温水，当要求较干燥的空气时，可采用表面式空气冷却器。为了节能，除采用一次回风外，还可采用二次回风。若需进一步提高送风的干燥状态，可再辅以电加热或蒸汽加热。空调房间内一般应维持正压，以保持车间卫生。

混合式空调系统介于上述两者之间，既有集中式的优点，又有局部式的特点。

（四）空调车间对土建的要求

空调车间及各空调房间的布置应优先满足工艺流程的要求，同时兼顾下列要求。

1. 空调车间的位置

空调车间不宜设在严重散发粉尘、烟气、腐蚀性气体和多风沙的区域，应尽量远离物料粉碎车间、锅炉房和污水处理站等，且应位于厂区最多风向的上风侧。

2. 车间内空调房间的布置要求

（1）应尽量集中，室内温湿度基数与允许波动范围、使用班次、隔振、消声和清洁度等要求相近的空调房间宜相邻布置；对产生有害物质的设备应尽可能集中布置。

（2）利用非空调房间包围空调房间，或温度基数与允许波动范围要求低的房间包围要求高的房间。机房和生活间尽量设在空调房间的东、西、南向外围区。

（3）建筑体形状力求简单方正，减少与室外空气邻接的暴露面。

（4）优先选择南北向。

（5）宜避免布置在有两面外墙的转角处和有伸缩缝、沉降缝的部位。

（6）层高相同的空调房间，应集中布置在同一层，避免高低错落。

（7）屋面应避免内排水。

（8）要求噪声小的空调房间应尽量离开声源，防止通过门窗和洞口传播噪声，并充分利用走廊、套间和隔墙隔离噪声。

（9）当工艺设计要求在工艺改变的同时，分隔墙能有相应改变，空调系统设计也应采取相应的措施。

（10）机房应尽量布置在靠近负荷中心处。

3. 空调房间的高度

在满足生产、建筑、气流组织、管道布置和舒适条件等要求的前提下，空调房间的高度应尽量降低，一般应考虑：工艺要求空调工作区高度、送风射流混合层高度、设备高度、风道与风口安装位置高度、舒适条件和建筑物构造要求所必需的空间高度。

4. 空调房间的外墙、外墙朝向及其所在层次

空调房间的外墙、外墙朝向及其所在层次见表7-24。

表7-24 空调房间外墙设置要求

室温允许波动范围/℃	外墙	外墙朝向	层次
≥±1	宜减少外墙	宜北向	宜避免顶层
±0.5	不宜有外墙	如有外墙宜北向	不宜在顶层
±0.1~±0.2	不应有外墙	—	不应在顶层

5. 空调房间的外窗、外窗朝向及内、外窗层数

空调房间的外窗、外窗朝向及内、外窗层数见表7-25。

表7-25 空调房间外墙设置要求

室温允许波动范围/℃	外窗	外窗朝向	外窗层次	内窗层次	
				内窗两侧温差≥5℃	内窗两侧温差<5℃
≥±1	应尽量减少外窗	>1℃应尽量北向 ±1℃不应有东西向	双层或单层	双层	单层
±0.5	不宜有外窗	如有外墙宜北向	双层	双层	—
±0.1~±0.2	不应有外窗	—	—	双层	双层

对东西向外窗，应考虑优先采取外遮阳措施，也可以根据不同情况采用有效的内遮阳措施。

6. 空调房围护结构的经济传热系数

空调房围护结构的经济传热系数（表7-26），应尽量根据技术经济比较确定。比较时应考虑室内外温差、恒温精度、保温材料价格和热导率、空调制冷系统投资与运行维护费等因素。确定围护结构的传热系数时，还应符合围护结构最小传热阻的规定。

表7-26 空调房围护结构的经济传热系数

围护结构名称	经济传热系数			
	工艺性空调室温允许波动范围			舒适性空调
	±（0.1~0.2）℃	±0.5℃	≥±1℃	
屋盖	—	—	0.8（0.7）	1.0（0.9）
顶棚	0.5（0.4）	0.8（0.7）	0.9（0.8）	1.2（1.0）

续表

围护结构名称	经济传热系数			
	工艺性空调室温允许波动范围			舒适性空调
	±（0.1~0.2）℃	±0.5℃	≥±1℃	
外墙	—	0.8（0.7）	1.0（0.9）	1.5（1.3）~2.0（1.7）
内墙和楼板	0.7（0.6）	0.9（0.8）	1.2（1.0）	2.0（1.7）

注：①表中内墙和楼板的有关数值，仅适用于相邻房间的温差大于3℃时。

②一般情况下，允许波动温差>1℃的房间，只要在顶棚或屋盖上设置保温层，不必重复设置。

7. 围护结构隔汽层、防潮层、保温层

南方地区，冬夏两季室内外温差都小于10℃时，外墙一般不设隔汽层，对多雨潮湿地区，可考虑在围护结构靠室外侧或保温层外侧设防潮层。北方与中原地区，冬季室内外温差在20~40℃时，可按冬季条件考虑。在围护结构靠室内侧或保温层内侧考虑设隔汽层，也可不设。

对于低温车间（即室内温度小于15℃），围墙结构要求做保温层，以免外墙面结露。

三、空气净化

（一）空气洁净度等级的确定

洁净室内有多种工序时，应根据各工序不同的要求，采用不同的空气洁净度等级。

食品工业洁净厂房设计或洁净区划分可以参考《洁净厂房设计规范》（GB 50073—2013）进行，也可参考医药工业洁净级别和洁净区的划分标准，医药行业空气洁净度划分为四个等级，空气洁净度参数见表7-27。

表7-27 医药工业洁净厂房空气洁净度

洁净度级别	尘粒最大允许数/m^3		微生物最大允许数	
	≥0.5μm	≥5μm	附有菌/（个/m^3）	沉降菌/（个/皿）
100级 （ISO class 5）	3500	0 （29）	5	1
10000级 （ISO class 7）	350000	2000 （2930）	100	3
100000级 （ISO class 8）	3500000	20000 （29300）	500	10
300000级 （ISO class 8.3）	10500000	60000 （293000）	—	15

在满足生产工艺要求的前提下，首先应采用低洁净等级的洁净室或局部空气净化；其次可采用局部工作区空气净化和低等级全室空气净化相结合或采用全面空气净化。

（二）洁净室设计的综合要求

1. 按工艺流程布置，合理、紧凑、避免人流混杂的前提下，为提高净化效果，凡有空气洁净度要求的房间，宜按下列要求布局：

（1）空气洁净度高的房间或区域，宜布置在人员最少到达的地方，并宜靠近空调机房。

（2）不同洁净级别的房间或区域，宜按空气洁净度的高低由里向外布置。

（3）空气洁净度相同的房间或区域，宜相对集中。

（4）洁净室内要求空气洁净度高的工序，应布置在上风侧，易产生污染的工艺设备应布置在靠近回风口位置。

（5）不同空气洁净度房间之间相互联系，要有防止污染的措施，如气闸室、缓冲间或传递窗（柜）。

（6）下列情况的空气净化系统，如经处理仍不能避免交叉污染，则不应利用回风：

①固体物料的粉碎、称量、配料、混合、制粒、压片、包衣、灌装等工序。

②用有机溶媒精制的原料药精制、干燥工序。

③凡工艺过程中产生大量有害物质、挥发性气体的生产工序。

（7）对面积较大、洁净度较高、位置集中及消声、振动控制要求严格的洁净室，宜采用集中式空气净化系统，反之，可用分散式空气净化系统。

（8）洁净室内产生粉尘和有毒气体的工艺设备，应设局部除尘和排风装置。

（9）洁净室内排风系统应有防倒灌或过滤措施，以免室外空气流入，含有易燃、易爆物质局部排风系统应有防火、防爆措施。

（10）洁净室的温度与湿度，以穿着洁净工作服不产生不舒适感为宜。

2. 洁净室正压控制

（1）洁净室必须维持一定正压，不同等级的洁净室及洁净区与非洁净区之间的静压差，应不小于10Pa。

（2）洁净室维持不同的正压值所需的正压风量 Q_F（m^3/h），计算见式（7-49）。

$$Q_F = a\sum(qL) \tag{7-49}$$

式中　a——修正系数，根据围护结构气密性的好坏，取值1.1~1.3

q——围护结构单位长度缝隙的渗漏风量，$m^3/(h \cdot m)$

L——围护结构的缝隙总长度，m

当多间洁净室的各间门窗数量、形式和围护结构的严密程度基本相同时，可采用换气次数法。

（3）洁净室的正压控制应通过控制送风量大于回风量和拜风量之和的办法保持。

（4）为了维持洁净室的正压值，送风机、回风机和排风机应联锁。联锁程序如下：系统开启，应先启动送风机、再启动回风机；系统关闭，应先关闭风机、再关闭回风机和送风机。

3. 空气净化处理

（1）各等级空气洁净度的空气净化处理，均应采用初效、中效、高效空气过滤器三级过滤。大于或等于100000（ISO class 8）级的空气净化处理，可采用亚高效空气过滤器代替高效空气过滤器。一般没有洁净等级要求的房间，宜采用初效、中效空气过滤器二级过滤处理。

（2）确定集中式或分散式净化空气调节系统时，应综合考虑生产工艺特点和洁净室空气洁净度等级、面积、位置等因素。凡生产工艺连续、洁净室面积较大、位置集中以及噪声控制和振动控制要求严格的洁净室，宜采用集中式净化空气调节系统。

（3）净化空气调节系统设计应合理利用回风，凡工艺过程产生大量有害物质且局部处理不能满足卫生要求，或对其他工序有危害时，则不应利用回风。

（4）空气过滤器的选用、布置和安装方式，应符合下列要求：初效空气过滤器不应选用浸油式过滤器；中效空气过滤器宜集中设置在净化空气调节系统的正压段；高效空气过滤器或亚高效空气过滤器宜设置在净化空气调节系统末端；中效、亚高效、高效空气过滤器宜按额定风量选用；阻力、效率相近的高效空气过滤器宜设置在同一洁净室内；高效空气过滤器的安装方式应简便可靠，易于检漏和更换。

（5）送风机可按净化空气调节系统的总送风量和总阻力值进行选择。中效、高效空气过滤器的阻力宜按其初阻力的两倍计算。

（6）净化空气调节系统如需电加热时，应选用管状电加热器，位置应布置在高效空气过滤器的上风侧，并应有防火安全措施。

（7）各种建设类型的空气处理方式应按以下原则确定：新建洁净室可采用集中式净化空气调节系统，但系统不宜过大。洁净室应尽量利用原有净化空气调节系统，如不能满足要求，再考虑就近新增设净化空气调节系统；改革洁净室如未设置空气调节系统，除采用增设集中式净化空气调节系统外，亦可采用就地设置带空气净化功能的净化空气调节机组的方法来满足洁净室的空气洁净度要求。

（8）原有的空调工程改建为洁净室时，可采用在原空调系统内集中增加过滤设备和提高风机压力的办法，也可采用局部净化设备方法。

（9）洁净工作台应按下列原则选用：工艺设备在水平方向对气流阻挡最小时，应选用水平层流工作台，在垂直方向对气流阻挡最小时，应选用垂直层流工作台。当工艺产生有害气体时，应选用排气式工作台，反之，可选用循环式工作台。当工艺对防振要求高时，可选用脱开式工作台。当水平层流工作台对放时，间距不应小于 3m。

当 10000（ISO class 7）~100000（ISO class 8）级洁净室内适用洁净工作台时，若从工作台流经洁室的风量相当于该室的换气次数 60 次/h 以上时，可使该洁净室的洁净度在原基础上提高一个级别。

（三）空气净化设备简介

1. 空气净化器类型

根据过滤效率，空气过滤器可以分为粗过滤器、中效过滤器、高效过滤器等，设计时可根据需要查阅相关资料确定。此外，空气净化设备还有下面几种类型：

（1）洁净工作台　洁净工作台是在操作台上的空间局部地形成无尘、无菌状态的装置，分为垂直单向流和水平两大类。

（2）层流罩　层流罩是形成局部垂直单向流的净化设备，可作为局部净化设备使用，也可作为隧道洁净室的组成部分。

（3）自净器　自净器是一种空气净化机组，主要由风机，粗效、中效、高效空气过滤器，送风口、进风口组成。

（4）FFU 风机过滤装置　FFU 风机过滤装置是一种由风机和高效空气过滤器组成的模块化末端单元，适用于大面积模块化建造的洁净室以及有局部高洁净度要求的场合。

（5）空气吹淋室　空气吹淋室是一种人身净化设备，它是利用高速洁净气流吹落进入洁净室人员服装表面附着的尘粒。同时，由于进出吹淋室的两扇门是不同时开启的，所以它也可防止污染空气进入洁净室，从而兼起气闸的作用。

2. 空气过滤器的性能指标

（1）过滤效率　额定风量下，过滤器前后空气含尘浓度之差与过滤前空气含尘浓度之比的百分率（η）为滤效率，计算见式（7-50）。

$$\eta = \frac{c_1 - c_2}{c_1} \times 100\% = (1 - \frac{c_1}{c_2}) \times 100\% \qquad (7-50)$$

式中　c_1，c_2——分别为过滤器前后的空气含尘浓度，mg/m^3

（2）穿透率　过滤器后空气含尘浓度与过滤器前空气含尘浓度之比的百分率。

（3）过滤器的阻力　过滤器额定风量下的阻力（Pa）。

（4）容尘量　在额定风量下过滤器达到阻力时的积尘量（g）。

第六节　食品工厂制冷系统

制冷系统是食品工厂的一个重要组成部分。供冷设计的优劣将直接影响生产的正常进行和产品质量，影响工厂投资和产品成本，应受到足够的重视。

食品工厂供冷工程的建立和设置主要是对原辅材料及成品起储藏保鲜作用，如罐头厂的肉禽、水产等原料，需要作长期低温贮藏。为延长生产期，果蔬原料也需要作大量的短期贮存。乳制品厂的鲜乳、成品消毒奶、成品奶油等，也都要求保存在一定温度的冷库中。同时，某些产品的冷却工段（如速冻）及生产车间的空调，也需要供冷。

供冷设计是由冷冻设计人员负责的。但是，工艺设计人员要按工艺的要求，对供冷设计提出工艺上的具体要求，并为供冷设计人员提供用冷地点、冷负荷、要求温度等具体数字和资料，作为供冷设计的依据。对中小厂的改建、扩建和技术改造来说，工艺设计人员有时要直接参与供冷设计工作。为此，本节对供冷设计问题作必要的介绍，以供学习或设计时参考。

一、制冷装置的类型

制冷的方法很多，以机械制冷方法应用最广。用于制冷的机器称制冷机。常用的制冷机可分三种类型：压缩式制冷机、蒸汽喷射式制冷机和吸收式制冷机。

1. 压缩式制冷机

压缩式制冷机按照工作特点，可分为三种。

（1）活塞式压缩制冷机　这类设备用电动机带动，常用制冷剂为氨（NH_3）、氟利昂（如 F-22），其特点是：压力范围广，不随排气量而变，能适应比较宽广的冷量要求，热效率较高，有较高的单位功率制冷量，单位电耗相对较少，无须耗用特殊钢材，加工较容易，造价较低，制造较有经验，装置系统较简单，使用方便。

由于上述原因，活塞式压缩制冷机广泛地应用于各种制冷场合，特别是中小制冷量场合，成为目前国内压缩制冷机中使用面最广、成系列、批量生产的一种机型。我国食品工厂普遍采用氨活塞式压缩制冷机。本节有关制冷设备的选择计算，均是针对氨活塞式压缩机。

（2）离心式压缩制冷机　一般用电动机或蒸汽机驱动，常用制冷剂为氟利昂或 NH_3。离心式制冷机常与蒸发器、冷凝器组合为一体，设备紧凑，占地面积小，制冷量大（380～10000kg/h），在大型制冷装置中应用最广，如大型建筑的大面积空调、大型冷库等。

（3）螺杆式压缩制冷机　一般用电动机拖动，常用氟利昂和氨作制冷剂，制冷量范围广、效率高，目前国内已有产品生产，并推广应用。

2. 蒸汽喷射式制冷机

蒸汽喷射式制冷机是以消耗热能（蒸汽）来工作的，并多以水为制冷剂，冷冻水温较高。蒸汽喷射泵由喷嘴、混合室、扩压器组成，起着压缩机的作用。蒸汽喷射泵的效率随冷冻水温度而变化，一般情况下，制取 10℃ 以上的冷水较为经济。溴化锂-水型制冷机，以制取 4℃ 以上的冷冻水为主。蒸汽喷射式制冷机主要用于空气调节作降温之用。

3. 吸收式制冷机

吸收式制冷机也是以消耗热能（蒸汽、热水等）来工作的。在吸收式制冷机中，常使用两种工质：制冷剂和吸收剂，这是该机的特点，工业上常用氨的水溶液为吸收剂，其工作原理是利用吸收剂的吸收和脱吸作用将冷冻剂蒸汽由低压的蒸发器中取出，传给高压的冷凝器，消耗的外功不是压缩机的机械功而是加入的热量。吸收式制冷机在食品工厂中尚未见使用。

二、制冷系统

工业上通常把冷冻分为两种，冷冻范围在-100℃以内的为一般冷冻，低于-100℃的为深度冷冻。食品工厂常用的制冷系统要求温度不很低，因此，食品工厂多采用一般冷冻，温度范围多在-25℃以内，压缩机压缩比都小于 8，多采用单级压缩式冷冻机制冷系统。下面主要介绍食品工厂常用的单级制冷系统。

（一）制冷系统的类型

制冷系统可分为直接蒸发式（氨系统）和间接冷却式（盐水或乙醇-水系统）两种。

1. 直接蒸发制冷系统

氨的直接蒸发制冷系统是氨气经压缩机压缩冷凝后，通过膨胀阀直接送至蒸发器或冷风机，使周围介质降温冷却，例如冷冻食品厂的包装间、肉制品冻结冷藏室、果酒贮酒间等可采用直接蒸发式冷却。

直接蒸发式系统的优点为降温效果快，可获得较低的温度，操作方便，耗电量小；缺点为无缝钢管用量大，耗氨量较大。

氨的直接蒸发制冷系统，按供液的方法不同又可分为直接膨胀系统、重力式供液制冷系统（简称重力系统）和氨泵强制氨液循环系统（简称氨泵系统）。

（1）直接膨胀系统是氨液通过膨胀阀直接向蒸发器供给低压冷冻剂，这种系统没有氨液分离器设备，优点是系统简单，使用于小型的冷冻间，如啤酒的发酵间等；缺点是操作困难，氨液容易被吸入压缩机，造成湿冲程。

（2）重力系统是氨液经过膨胀阀后即进入位置高于蒸发器的氨液分离器，分离出来的氨气进压缩机，氨液在分离器底部借重力流至调节站，然后送至冷却排管或冷风机，进行降温冷却。氨液在蒸发管内吸热蒸发为饱和氨气，氨气又回至氨液分离器，将夹带氨液分离后进入压缩机，如此反复借重力循环达到制冷目的。这种系统被广泛采用。

（3）在氨泵系统中，由储液器来的高压氨液经调节阀流至低压循环筒，循环筒的作用与氨液分离器相似，氨液由氨泵从循环筒输送至蒸发排管，在排管内吸热蒸发，再回流至循环筒，这样，氨液由氨泵强制循环运行，以达到制冷目的。氨液的流量为实际蒸发量的5倍左右。氨泵系统使用于较大的制冷系统及大型冷库。

2. 间接制冷系统

间接制冷系统采用直接蒸发式先将盐水池（或冷水池）的盐水（或冷水）冷冻，然后用盐水离心泵将冷冻盐水（或冷水）送至降温设备降温，例如一些冷藏库、冷藏罐、都采用间接式冷却。

间接制冷系统的优点是：耗氨量较少，无缝钢管耗量少，可预先冷却较大量的盐水或冷水，供冷冻系统使用。盐水系统的安装较容易，发生事故的危险性小，特点是：系统复杂，耗电量较大，盐水对管道的腐蚀性大，维修费用大。

（二）制冷剂及冷媒的选择

1. 制冷剂的选择

制冷剂是制冷系统中借以吸收被冷却介质（或载冷剂）热量的介质。对制冷剂的要求如下：

（1）沸点要低，正常的沸点应低于10℃，在蒸发室内的蒸发压力应大于外界大气压；冷凝压力不超过1.2~1.5MPa；单位体积产冷量要尽可能大；密度和黏度要尽可能小；导热和散热系数高；蒸发比容小，蒸发潜热大。

（2）制冷剂能与水互溶，对金属无腐蚀作用，化学性质稳定，高温下不分解。

（3）无毒性、无窒息性及刺激作用，且易于取得，价格低廉。

目前常用的制冷剂有氨和几种氟利昂。氨主要用于冷冻厂，氟利昂主要用于冰箱、空调。氨是有毒性，且能燃烧和爆炸的中温制冷剂，但易于获得，价格低廉，压力适中，单位体积制冷量大，不溶解于润滑油中，易溶于水，放热系数高，在管道中流动阻力小，因此被广泛使用。氨（NH_3）也是食品工厂普遍使用的制冷剂。

2. 冷媒的选择

采用间接冷却方法进行制冷所用的低温介质称载冷剂，在工厂常称为冷媒。冷媒在制冷系统的蒸发器被冷却，然后被泵送至冷却或冷冻设备内，吸收热量后，返回蒸发器中。冷媒必须具备以下几个条件：

（1）冰点低。

（2）热容量大。

（3）对设备的腐蚀性小。

（4）价格低廉。

空气或水是最容易获得的冷媒，空气作为冷媒具有许多优点，如速冷间以空气为冷媒，有些冷库也是采用空气冷风机降温的。

水的热容量大，但水的凝固点高，在0℃时结冰，这是它的缺点。所以水只能使用在0℃以上的冷却系统。

在0℃以下的冷却系统，采用盐类的水溶液（盐水）作为冷媒。常采用的盐水有氯化钠、氯化钙、氯化镁等。氯化钠价廉，但对金属的腐蚀性大。氯化钙对金属的腐蚀性较小，采用酒精和乙二醇作为载冷剂可以避免腐蚀现象。选择盐类的条件是：蒸发温度在-50~5℃，采用 NaCl 或 $CaCl_2$水溶液作冷媒，NaCl 盐水用于-16~5℃的制冷系统中较适宜，$CaCl_2$盐水可用于-50~5℃的制冷系统中。盐水的浓度与使用温度直接有关，因此，应根据使用温度查表选择盐水浓度，例如 $CaCl_2$盐水，使用温度-10℃，浓度为20%；使用温度-20℃，浓度为25%。为了减轻和防止盐水的腐蚀性，可在盐水中加入一定量的防腐蚀剂，一般使用氢氧化钠和重铬酸钠。乙醇、乙二醇作为冷媒，可以避免腐蚀现象，其缺点是挥发损失多。

三、冷库容量的确定

供冷设计的主要任务是选择合适的制冷机及制冷系统，并进行冷冻站设备布置。制冷机的选择直接关系到制冷量能否满足生产需要，影响工厂投资与产品成本。正确选择制冷机的关键，是弄清楚该发酵工厂冷负荷的性质，并进行准确的计算。因此，准确计算全厂总冷负荷十分重要。在设计中，对冷负荷波动较大的工厂，如何从实际出发，合理调度，避免高峰负荷的叠加，节约冷量是十分重要的。另外，适当提高蓄冷能力，为合理调度创造条件，是设计中应该考虑的问题，例如，加大盐水箱、冰水箱容量，使在冷负荷低峰时，有许多冷量积聚在盐水箱中，供高峰时短时间需要。

生产冷负荷，一般由工艺设计人员计算后向供冷专业部门提供数据和资料。这里主要介绍总冷负荷计算方法。

食品工厂的各类冷库均属于生产性冷库，不同于商业分配性冷库，它的容量主要应围绕生产的需要来确定，对于罐头食品厂，在仓库一节中提到，全厂冷库的容量可按年生产规模的15%~20%考虑。食品工厂各种库房的贮存量见表7-28。

表7-28　食品工厂各种库房的贮存量

库房名称	温度/℃	贮藏物料	库房容量要求
高温库	0~4	水果、蔬菜	15~20d 需要量
低温库	<-18	肉禽、水产	30~40d 需要量
冰库	<-10	自制机冰	10~20d 的制冰能力
冻结间	<-23	肉禽类副产品	日处理量的50%
腌制间	-4~0	肉料	日处理量的4倍
肉制品库	0~4	西式火腿、红肠	15~20d 的产量

在贮存量确定之后，冷库建筑面积的大小取决于物料品种、堆放方式及冷库的建筑形式。其中，肉类冷藏的堆放定额通常按堆高3m，每立方米实际堆放体积可放0.375t冻猪片计算，亦可采用式（7-51）计算。

$$A = m_P/(0.375\alpha H) \tag{7-51}$$

式中　A——库房净面积，m^2

m_P——拟定的仓库容量，t

α——面积系数，0.37～0.75

H——堆货高度，m

果蔬原料的堆放定额因品种和包装容器不同而异，果蔬原料的堆放定额见表7-29。

表7-29　　果蔬原料的堆放定额

果蔬名称	包装方式	有效体积堆放量/(t/m^3)
苹果、梨	篓装	0.24
	木箱装	0.32
柑桔	篓装	0.26
	木箱装	0.34
洋葱	木箱装	0.34
荔枝	木箱装	0.25
卷心菜	篓装	0.20

利用上述定额和设定的堆放高度（堆放高度取决于堆放方法），可以计算出货物实际所占的面积或体积与建造面积或建筑体积，不同形式的建筑面积（或体积）与使用面积（或体积）的关系见表7-30。

表7-30　　不同形式的建筑面积（或体积）与使用面积（或体积）的关系

建筑形式	建筑面积/m^2	使用面积/m^2	建筑体积/m^3	使用体积/m^3
组合	1	0.63	1	0.42
楼层	1	0.65	1	0.64

[例] 某厂拟建筑贮藏2000t肉类藏车，试计算库房建筑面积?

[解] 按肉类堆放定额，每立方米堆放0.375t，设堆高为3m，则每单位有效面积可堆放$0.375\times3=1.125t/m^2$。假定该冷库为楼层结构，面积系数取0.65，则得库房建筑面积$2000/(1.125\times0.65)=2735m^2$。

四、制冷设备的选择计算

（一）各种温度的确定

在制冷系统中，各种温度相互关联，以下是氨制冷剂在操作过程中的一般常用值。

1. 冷凝温度t_k

冷凝温度t_k的计算见式（7-52）。

$$t_k=\frac{t_{w1}+t_{w2}}{2}+(5\sim7) \tag{7-52}$$

式中　t_{w1}、t_{w2}——冷凝器冷却水的进水、出水温度，℃

(5～7)——冷却水进出口温差较大时，取较大值，℃

冷凝器冷却水的进出口温差，一般按下列数值选用：

立式冷凝器 2~4℃；卧式和组合式冷凝器 4~8℃；淋激式冷凝器 2~3℃。

2. 蒸发温度 t_o

当空气为冷却介质时，蒸发温度取低于空气温度 7~10℃，常采用 10℃。当盐水或水为冷却介质时，蒸发温度取低于介质温度 5℃。

3. 过冷温度

在过冷器的制冷系统中，需定出过冷温度。在逆流式过冷器中，氨液出口温度（即过冷温度）比进水温度高 2~3℃。

4. 氨压缩机允许的吸气温度

氨压缩机的允许吸气温度随蒸发温度不同而异，见表 7-31。

表 7-31　　氨压缩机的允许吸气温度

蒸发温度/℃	±0	-5	-10	-15	-20	-25	-28	-30	-33
吸收温度/℃	+1	-4	-7	-10	-13	-16	-18	-19	-21

5. 氨压缩机的排气温度 t_p

氨压缩机的排气温度 t_p 计算见式（7-53）。

$$t_p = 2.4(t_k - t_o) \quad (7-53)$$

式中　t_k——冷凝温度，℃

t_o——蒸发温度，℃

（二）氨压缩机的选择及计算

1. 一般原则

（1）选择氨压缩机时应按不同蒸发温度下的机械冷负荷分别予以满足。

（2）当冷凝压力与蒸发压力之比 P_k/P_o 小于 8 时，采用单级氨压缩机；当 P_k/P_o 大于 8 时，则采用双级氨压缩机。

单级氨压缩机的工作条件如下：

最大活塞压力差<1.37MPa（$14kg/cm^2$）；

最大压缩比<8；

最高冷凝温度≤40℃；

最高排气温度≤145℃；

蒸发温度：-30~5℃。

食品工厂的制冷温度都大于-30℃，最大压缩比都小于 8，所以都采用单级氨压缩机。

2. 单级氨压缩机的选择计算

（1）工作工况制冷量 Q_C 计算　根据氨压缩机产品手册，只能查知氨压缩机标准工况下制冷量 Q_0，然后根据制冷剂的实际蒸发温度、冷凝温度或再冷却温度，换算为工作工况下的制冷量 Q_C（kJ/h），见式（7-54）。

$$Q_C = KQ_0 \quad (7-54)$$

式中　Q_0——氨压缩机标准工况制冷量，kJ/h

K——换算系数，根据蒸发温度、冷凝或再冷却温度查阅有关表格

（2）氨压缩机台数 n（台）计算，见式（7-55）。

$$n = Q_j/Q_c \tag{7-55}$$

式中　Q_j ——全厂总冷负荷，kJ/h

Q_c ——氨压缩机工作工况下的制冷量，kJ/h

氨压缩机在一般情况下不宜少于两台，也不宜过多，除特殊情况外，一般不考虑备用机组。

（三）主要辅助设备的选择

1. 冷凝器的选择

（1）冷凝器型式：冷凝器的型式很多，最常用的是立式壳管式冷凝器、卧式壳管式冷凝器、大气式冷凝器蒸发式冷凝器。冷凝器的选择取决于水质、水温、水源、气候条件以及布置上的要求等。

立式冷凝器的优点是占地面积小，可安装在室外，冷却效率高，清洗方便，适用于水温较高、水质差而水源丰富的地区。

卧式冷凝器的优点是传热系数高，结构简单，冷却水用量少，占空间高度小，可安装于室内，管理操作方便；缺点是清洗水管较困难，造价较高。

其他如大气式冷凝器、蒸发式冷凝器，在食品工厂使用较少，这里不再介绍。

（2）冷凝器冷凝面积：计算见式（7-56）。

$$F = \frac{Q_1}{q_1} \tag{7-56}$$

式中　F——冷凝器冷凝面积，m^2，

Q_1——冷凝器热负荷，kJ/h

q_1 ——冷凝器单位热负荷，kJ/(m^2·h)

立式冷凝器 q_1=3500~4000，卧式冷凝器 q_1=3500~4500。

（3）选择冷凝器：冷凝器为定型产品，根据冷凝器冷凝器冷凝面积计算结果，可从产品手册中选择符合要求的冷凝器。

常用的立式冷凝器如 044 型的冷凝面积有 25，50，75，100，125，150，175m^2；LN 型的冷凝面积有 20，35，50，75，100，125，150，200，250m^2；LNA 型的冷凝面积为 35~300m^2。

卧式冷凝器冷凝面积最小为 20m^2，最大为 300m^2，型号为 WN 型。

2. 蒸发器的选择

蒸发器是一种热交换器，在制冷过程中起着传递热量的作用，把被冷却介质的热量传递给制冷剂。根据被冷却介质的种类，蒸发器可分为液体冷却和空气冷却两大类。

（1）冷却水或盐水的蒸发器：有壳管式、直立式、螺旋管式等。直立列管式蒸发器和螺旋管式蒸发器为立式蒸发器，壳管式蒸发器为卧式蒸发器。

立式蒸发器是高效蒸发器，直立列管式的型号有 LZ-20~LZ-300 型，其蒸发面积有 20，30，40，60，90，120，100，200，240，320m^2 等规格。螺旋管式的型号有 SR-30~SR-180 型，其蒸发面积有 30，48，72，90，144，180m^2 等规格。卧式壳管式蒸发器的型号有 DWZ-20~DWZ-420 型。

蒸发器蒸发面积计算：蒸发器选型是根据计算的蒸发面积确定。蒸发面积计算见式

（7-57）。

$$F_Z = \frac{Q_Z}{q_Z} \tag{7-57}$$

式中 F_Z——蒸发器蒸发面积，m^2

Q_Z——蒸发器冷负荷，kJ/h

q_Z——蒸发器单位热负荷，kJ/(m^2·h)

（2）蒸发器的冷却液循环量：计算见式（7-58）。

$$W_2 = \frac{Q_Z}{c\Delta t} \tag{7-58}$$

式中 W_2——冷却液循环量，kg/h

Q_Z——蒸发器冷负荷，kJ/h

c——冷却液体的比热容，kJ/(kg·℃)

Δt——冷却液体进出温度差，℃

（3）冷却空气的蒸发器：按空气的循环方式可分为两大类。

第一类，空气自然循环的蒸发器，如墙排管、平顶排管和管架等，根据带翅片与否，又可分为带翅片式与光滑管式。

第二类，空气强制循环的蒸发器，如冷风机。冷风机主要有两种类型：干式和湿式。

干式冷风机内装有盘管，空气流经盘管管壁时被冷却，管内通以制冷剂、盐水或冷水。工厂采用干式冷风机有光滑管式、立式和吊顶式三种。

湿式冷风机是利用空气直接和盐水或冷水接触的办法，使空气被冷却，它有洗涤式和喷淋式两种。洗涤式空气冷风机是一种垂直式淋水室，一般以盐水作冷媒，腐蚀性强，食品工厂一般不采用。喷淋式空气冷风机也是一种淋水室，以水作冷媒，达到空气冷却、加湿等目的，车间空气调节多采用这种空气冷却设备。

①空气自然循环冷却器冷却排管（墙、顶排管）冷却面积 F_L（m^2）的计算见式（7-59）。

$$F_L = \frac{Q_L}{K\Delta t} \tag{7-59}$$

式中 Q_L——冷间冷分配设备负荷，kJ/h

Δt——冷却空气温度与制冷剂（或冷媒）蒸发温度之差，℃

K——传热系数，kJ/(m^2·h·℃)

②干式光滑管冷风机的计算。

a. 干式光滑管冷风机的冷却面积 F_A（m^2）的计算见式（7-60）。

$$F_A = \frac{Q_L}{K\Delta t_m} \tag{7-60}$$

式中 Q_L——冷间冷分配设备负荷，kJ/h

Δt_m——循环空气与制冷剂或冷媒的对数平均温度差，℃

K——传热系数，kJ/(m^2·h·℃)

传热系数 K 的理论计算较复杂，可参考有关资料，工程上可按经验以式（7-61）计算。

$$K = 13\sqrt{W} \tag{7-61}$$

式中　W——空气流量，m/s，一般采用4~5m/s

b. 冷风机风量 V（m^3/h）计算：在确定空气冷却器风量时，必须满足冷却器净截面处的气流速度的要求，计算见式（7-62）。

$$V = \frac{Q_L}{(i_1 - i_2)\gamma_2} \tag{7-62}$$

式中　Q_L——冷间冷分配设备负荷，kJ/h

i_1——吸入空气的焓值，kJ/kg

i_2——处理后空气的焓值，kJ/kg

γ_2——处理后空气的容重，kg/m^3

c. 冷却器管簇的阻力 ΔP（mmH_2O，$1mmH_2O=9.8Pa$，下同）计算见式（7-63）。

$$\Delta P = \xi n \frac{\gamma\omega^2}{2g} \tag{7-63}$$

式中　ξ——局部阻力系数

n——沿气流方向上管子列数

γ——空气容重，kg/m^3

ω——气流速度，m/s

g——重力加速度，$9.8m/s^2$

d. 局部阻力系数 ξ 计算见式（7-64）和式（7-65）。

当管错排时：

$$\xi = \left[0.92 + \frac{0.44}{\left(\frac{X_1}{D} - 1\right)^{1.03}}\right] Re^{0.15} \tag{7-64}$$

当管并列排列时：

$$\xi = \left[0.176 \frac{0.32\frac{X_2}{D}}{\left(\frac{X_1}{X_2} - 1\right)^{n}}\right] Re^{0.15} \tag{7-65}$$

式中　X_1——与气流垂直方向上管子之间的中心间距，m

X_2——沿气流方向上管子之间的中心间距，m

D——管子外径，m

Re——雷诺数

n——压缩机台数，台，$n = 0.43 + \left(\frac{1.13D}{X_2}\right)$

③干式翅片管冷风机的计算：

a. 空气冷却器表面积 F_B（m^2）计算见式（7-66）。

$$F_B = \frac{Q_L}{K\Delta t} \tag{7-66}$$

式中　Q_L——冷风机的冷负荷，kJ/h

Δt——冷间空气温度与制冷剂（冷媒）的温度差，℃

K——传热系数，kJ/(m²·h·℃)，见表 7-32

表 7-32　　空气流速 3~5m/s 时的 K 值

蒸发温度/℃	-40	-20	-15	≥0
传热系数 K	10.0	11.0	12.0	15.0

b. 冷却器空气流通面积 F_1（m²）计算见式（7-67）。

$$F_1 = V/(3600 \times W) \tag{7-67}$$

式中　V——冷却器风量，m³/h

W——气流速度，m/s

c. 冷却器断面积 F_f（m²）的计算见式（7-68）。

$$F_f = F_1 + F_2 + F_3 + F_4 \tag{7-68}$$

式中　F_2——冷却器断面内管子所有面积，m²

F_3——冷却器断面内翅片所有面积，m²

F_4——冷却器断面内型钢所有面积，m²

d. 通风机全风压 H（mmH_2O）的计算见式（7-69）。

$$H = \frac{\gamma}{1.2}(\Delta P + \Delta H_m + \Delta H_C) \tag{7-69}$$

式中　ΔH_m——摩擦阻力，mmH_2O

ΔH_c——局部阻力，mmH_2O

γ——温度为 t_Z 时空气的体积质量，kg/m³

ΔP——翅片管的空气阻力，mmH_2O

e. 通风机的功率 N（kW）的计算见式（7-70）。

$$N = \frac{9.8HVK}{102\eta_n \eta 3600} \tag{7-70}$$

式中　V——风量，m³/h

H——通风机全压，Pa

η——通风机效率

η_n——皮带传动效率，$\eta_n = 0.9 \sim 0.95$

K——电动容量贮备系数，轴流式通风机 $K=10$

离心式通风机电动机容量：≤0.5kW，$K=1.5$；

≤1.0kW，$K=1.3$；

≤2.0kW，$K=1.2$；

≤5.0kW，$K=1.15$；

≥5.0kW，$K=1.10$。

f. 冲霜水量 G（m³）计算见式（7-71）。

$$G = 0.035Ft \tag{7-71}$$

式中　0.035——冲霜用水量常数，m³/(m²·h)

F——冷却器的表面积，m²

t——冲霜延迟时间，一般采用（1/4）～（1/3）h

3. 其他辅助设备

（1）贮液器：贮液器在制冷系统中，位于冷凝器与蒸发器之间，为高压贮液器。它的作用是贮存和供应制冷系统内的液体制冷剂，使系统各设备内有均衡的氨液量，以保证压缩机的正常运转。贮液器容积确定的原则是应能贮藏工质每小时循环量的（1/3）～（1/2）。具体规格型号可以从有关产品手册中查找。

（2）油分离器：油分离器用以分离从压缩机排除的气体所带的油分，以防止冷凝器及蒸发器内油分过多而影响传热效果。油分离器一般可按接管直径的大小来选择，如排气管管径为 $\phi89\times4$，则可接选 YF-80 的油分离器。

（3）空气分离器、紧急泄氨器、氨液分离器、低压贮液器、集油桶、排液桶、盐水泵、盐水池等附属设备，均可从有关产品手册中选择。

五、冷库总耗冷量计算概要

冷库总耗冷量（Q_0）的计算，在“食品工厂机械与设备”课程中有所叙述，但其计算比较偏重理论性。下面介绍比较实用的 Q_0 计算方法，并给出一些经验数据供确定各种参数时参考。

（一）计算原则

冷库总耗冷量的计算以夏季为基准。夏季库外空气计算温度如式（7-72）所示确定。

$$T_w = 0.4T_p + 0.6T_m \tag{7-72}$$

式中　T_w——库外空气计算温度，K

T_P——当地最热月的日平均温度，K

T_m——当地极端最高温度，K

（二）冷库总耗冷量（Q_0）的计算

冷库总耗冷量 Q_0（kJ/h）的计算见式（7-73）。

$$Q_0 = Q_1 + Q_2 + Q_3 + Q_4 \tag{7-73}$$

式中　Q_1——透过围护结构的耗冷量，kJ/h

Q_2——物料冷却、冻结耗冷量，kJ/h

Q_3——室内通风耗冷量，kJ/h

Q_4——库房操作耗冷量，kJ/h

1. Q_1的计算

式（7-73）中 Q_1（kJ/h）的计算见式（7-74）

$$Q_1 = PF_w \tag{7-74}$$

式中　P——围护结构单位面积（m^2）的耗冷量，kJ/(m^3·h)［一般取 42～50kJ/(m^3·h)］

F_w——围护结构的面积，m^2

关于 Q_1计算的两点说明如下：

（1）围护结构单位面积的耗冷量取 42～50kJ/(m^3·h) 是一个经验数据，在冷库设计时，即据此计算围护结构绝热层的厚度。

（2）在计算压缩机的冷负荷时，如果高峰负荷不在夏季，Q_1可打折扣：

库温≤-10℃时，取 Q_1的 80%；库温≤0℃时，取 Q_1的 60%；

库温≤5℃时，取Q_1的50%；库温≤12℃时，取Q_1的30%。

但在计算库房的冷却设备时，Q_1值不打折扣。

2. Q_2的计算

式（7-73）中Q_2（kJ/h）的计算见式（7-75）。

$$Q_2 = \frac{G(i_1 - i_2)}{t} + \frac{g(T_1 - T_2) \cdot C}{t} + \frac{G(g_1 - g_2)}{2} \tag{7-75}$$

式中 G——冷库进货量，kg

i_1、i_2——物料冷却冷冻结前后的热焓，kJ/kg

t——冷却时间，h

g——包装材料质量，kg

T_1、T_2——进出库时包装材料的温度，K

C——包装材料的比热容，kJ/(kg·K)

g_1、g_2——果蔬入、出库时相应的呼吸热，kJ/(kg·h)

关于Q_2计算的几点说明如下：

（1）在计算冷却间和冻结间的制冷设备时，考虑到物料开始冷却时的热负荷较大，应按Q_2计算值的1.3倍计算。

（2）结冻物进库量按结冻能力或按本库容量的15%取其较大者计算。

（3）果蔬进货量按旺季最大平均到货量减去最大加工量或按本库容量的10%取其较大者计算。

3. Q_3 的计算

式（7-73）中Q_3的计算见式（7-76）。

$$Q_3 = \frac{3V\Delta i}{t}(\text{kJ/h}) \tag{7-76}$$

式中 V——通风库房容积，m^2

Δi——室内外空气的焓差，kJ/m^3

t——通风机每天工作时间，h

4. Q_4 的计算

式（7-73）中Q_4（kJ/h）的计算见式（7-77）。

$$Q_4 = Q_{4a} + Q_{4b} + Q_{4c} + Q_{4d} \tag{7-77}$$

式中 Q_{4a}——照明耗冷量，kJ/h

每平方米库房耗冷量数值：冷藏间4.18kJ/h；操作间16.7kJ/h。

Q_{4b}——电动机运转耗冷量，kJ/h，$Q_{4b} = N \times 3594$(kJ/h)，N为同时运转的电动机总功率（kW）

Q_{4c}——开门耗冷量，kJ/h

Q_{4d}——库房操作人员耗冷量，kJ/h，$Q_{4d} = 1256 \times n$(kJ/h)，n为库内同时操作人数（n=2~4）

说明：在计算压缩机冷负荷时，还须加上管道耗冷量，直接冷却时，加70%；盐水冷却时，加12%。

六、冷冻站位置选择

冷冻站位置选择时应考虑下列因素。

（1）冷冻站宜布置在全厂厂区夏季主导风向下风向，动力区域内。一般应布置在锅炉房和散发尘埃站房的上风向。

（2）力求靠近冷负荷中心，并尽可能缩短冷冻管路和冷却水管网。

（3）氨冷冻站不应设在食堂、幼儿园等建筑物附近或人员集中的场所。其防火要求应按规定的《建筑设计防火规范》执行。

（4）机器间夏季温度较高，其朝向尽量选择通风较好，夏季不受阳光照射的方向。

（5）考虑发展的可能性。

七、冷库设计概要

（一）平面设计的基本原则

（1）冷库的平面体形最好接近正方形，以减少外部围护结构。

（2）高温库房与低温库房应分区布置（包括上下左右），把库温相同的布置在一起，以减少绝缘层厚度和保持库房温湿度相对稳定。

（3）采用常温穿堂，可防止滴水，但不宜设室内穿堂。

（4）高温库因货物进出较频繁，宜布置在底层。

（二）库房的层高和楼面负荷

单层冷库的净高不宜小于 5m。为了节约用地，1500t 以上的冷库应采用多层建筑，多层冷库的层高，高温库不小于 4m，低温库不小于 4. 8m。

各种库房的标准荷载见表 7-33。

表 7-33　　各种库房的标准荷载

库房名称	标准荷载/（kg/m^2）	库房名称	标准荷载/（kg/m^2）
冷却间、冻结间	1500	穿堂、走廊	1500
冷藏间	1500	冰库	900×堆高
冻藏间	2000		

（三）冷库绝热设计

绝热材料应选用容量小、热导率小、吸湿小、不易燃烧、不生虫、不腐烂、没有异味和毒性材料。

地坪绝缘——由于承受荷载，低温库多采用软木，高温库可采用炉渣。

外墙绝缘——多采用砻糠或聚苯乙烯泡沫塑料。

天棚绝缘——采用砻糠、软木或泡沫塑料。

冷库门绝缘——采用聚苯乙烯泡沫塑料。

绝缘层的厚度 δ（m）计算见式（7-78）。

$$\delta = \lambda\left[\frac{1}{K} - \left(\frac{1}{\alpha} + \frac{\delta_1}{\lambda_1} + \frac{\delta_2}{\lambda_2} + \cdots\cdots + \frac{\delta_n}{\lambda_n} + \frac{1}{\alpha'}\right)\right] \tag{7-78}$$

式中　δ_1、δ_2……δ_n——主要隔热材料厚度，m

λ_1、λ_2……λ_n——主要隔热材料热导率，W/（m·K）

K——围护结构总的传热系数，W/（m^2·K）

α、α'——结构表面的对流给热系数，W/(m^2·K)

如前所述，冷库围护结构单位面积耗冷量一般取 11.7~13.9W/m^2，即 $K\times\Delta t=11.7\sim13.9$ W/m^2。由此确定 K 值，将 K 值代入式（7-78），即可求得应有的隔热材料厚度，但最大的容许传热系数应能满足式（7-79）。

$$K \leqslant \alpha \frac{t_1 - t}{t_1 - t_2} \tag{7-79}$$

式中　α——围护结构较热侧面的对流给热系数，W/(m^2·K)

t——较热库房空气露点温度，K

t_1、t_2——分别为较热库房和较冷库房空气温度，K

（四）冷库的隔汽设计

隔汽设计是冷库设计的重要内容，由于库外空气中的水蒸气分压与库内的水蒸气分压有较大的压力差，水蒸气就由库外向库内渗透。为了阻止水蒸气的渗透，要设良好的隔汽层。如隔汽层材料不良或有裂痕，蒸汽就会渗入绝缘材料中，使绝缘层受潮结冰以致破坏，这样不仅会使库温无法保持，严重的会造成整个冷库的破坏。隔汽层必须敷设在绝缘层的高温侧，否则会收到相反的效果。

在低温侧要选用渗透阻力小的材料，以利于及时排除存在于绝缘材料中的水分。

屋顶隔汽层采用三毡四油，外墙和地坪采用二毡三油，相同库温的内隔墙可不设隔汽层。

思考题

1. 食品工厂设计中公用系统指的是哪些工程？

2. 公用工程按区域可划分为厂外工程、厂区工程和车间内工程。在一般情况下，厂区工程设计由哪个部门完成？车间内工程中哪些设计一般由工艺设计人员担任？

3. 食品工厂对公用系统的基本要求有哪些？

4. 给排水设计的内容有哪些？给排水设计一般需要收集哪些资料？

5. 食品工厂设计时应如何选择水源？

6. 食品工厂排水应考虑哪些因素？如何确定总排水量？

7. 排水工程的设计要点有哪些？

8. 消防系统给水的水量与水压应满足怎样的基本要求？

9. 食品工厂的供电要求有何特点？针对这些特点分别应采取怎样的应对措施？

10. 什么情况下须采用高压供电？车间和建筑物内照明电源与动力线是否共用一个回路？

11. 怎样选择车间照明的光源？为什么大面积车间照明灯具的开关宜采用分批集中控制？

12. 食品工厂的烟囱、水塔和多层建筑厂房的防雷等级是几级？怎样确定这些建筑物和构筑物是否需要安装防雷装置？

13. 三类建筑防雷的接地装置可否与电器设备的接地装置共用？钢筋混凝土基础可否作为这类建筑的接地装置？

14. 自控设计的主要任务是什么？开环控制与闭环控制有何不同？何为 PLC？
15. 食品工厂设计师是如何确定锅炉的容量的？锅炉房在厂区的位置应如何确定？
16. 一般自来水是否已经达到锅炉用水的水质要求？严重的水垢对生产有何不良影响？
17. 采暖通风工程实施的目的有哪些？
18. 食品工厂通风设计时何时采用人工通风，何时采用自然通风？
19. 在需要局部排风的情况下，怎样确定是采用排气风扇排风还是采用离心风扇排风？
20. 人工制冷的方法有多种，目前在食品工厂大量使用的是哪一种？为什么？

第八章 食品工业环境保护措施

CHAPTER 8

[本章知识点]

食品工业污水来源、综合排放标准及有关规定；食品工业噪声来源、环境噪声标准及有关规定；食品工业大气污染来源、大气质量标准及有关规定；食品工业的大气污染治理技术。

第一节 食品工业影响环境的主要因素概述

一、食品工业的污水污染

（一）食品工业污水污染来源

1. 食品工业废水中的主要污染物

大多数食品加工的工艺中需要大量用水，以对各种原料进行清洗、浸泡、烫煮、消毒吸冲洗设备、地面和冷却制品等，所以食品工业排放的废水量很大，由于食品工业的原料广泛、制品种类繁多，排出的废水水质的差异也比较大，废水中包含的主要污染物如下：

（1）浮在废水中的固体物质（有机物质） 如菜叶、果皮、鱼鳞、碎肉、禽羽、畜毛等。

（2）悬浮物质 悬浮在废水中的油脂、蛋白质、淀粉、胶体物质等。

（3）水溶物质 溶解在废水中的糖、酸、碱、盐、洗涤剂等。

（4）泥沙等杂质 来自原料挟带的泥沙以及动物的粪便等。

（5）虫卵和菌体 在食品加工过程中冲洗动物肠胃会带出大量排泄物，而使废水中含有多种虫卵和致病菌等。

2. 食品工业污水来源

食品工业污水主要指酿造工业污水、乳品加工污水、水果罐头或蔬菜加工污水及肉禽屠宰或肉类加工污水等。

（1）酿造工业的污水 酿造污水包括谷物浸泡污水、含多糖与酵母的酿酒冲洗废水及蒸馏排出的废水等。

（2）乳品加工的污水 乳品加工污水主要包括乳酪废水及其洗涤水、酸乳酪废水、奶油制造污水和鲜牛乳装瓶及洗涤污水等。

（3）果蔬罐头加工的污水 果蔬制品加工的污水中含有大量的泥沙、有机物、悬浮物及果皮等。

（4）肉、禽、水产罐头加工过程中的污水 肉、禽、水产加工的污水中含有大量的碎肉、碎骨、油污等有机物，有时还有血、毛、粪及未消化的食物。

食品工业废水中有机物和悬浮物含量较高，易腐败，一般无毒性，但会使接纳水体富营养化，迅速消耗水中的溶解氧，造成水体缺氧，以致引起鱼类和其他水生动物、植物的死亡，还会促使水底积沉的有机物质在厌氧条件下分解，产生臭气，恶化水质，污染环境。这些污水都应当进行净化处理后再排放。

（二）表征水污染程度的指标

表征水污染程度的指标很多，概括起来可分为三类。

一为物理方面的污染参数，如透明度、浊度、颜色、温度、电导率等。

二为化学方面的污染参数，如 pH、酸度、碱度、硬度、生化需氧量、化学需氧量、溶解氧、总有机碳、总需氧量、油含量、营养素含量和有害有毒物质含量等。

三为生物方面的污染参数，如病毒、大肠菌群和菌落总数、鱼毒性实验和水生物分析等。

其中 pH、生化需氧量、化学需氧量、总有机碳、总需氧量、悬浮物、有害有毒物质含量等为主要参数。

（1）pH pH 即废水中氢离子浓度的负对数。大部分水生生物生存的 pH 为 5~9，超过这个范围，就会使很多水生生物受到损害，以致死亡，亦会影响农作物的生长及影响人体代谢和消化系统失调等。因此，pH 是衡量水质的重要指标。

（2）溶解氧（DO） 溶解氧是指溶解于水中的氧，以每升水所含氧的质量（mg/L）表示。没有受到污染的自然水中溶解氧呈饱和状态。适量溶解氧是鱼类和好氧菌生存和繁殖的基本条件。溶解氧低于 4mg/L，鱼类则无法生存。水被有机物污染后，由于好氧菌作用使其氧化，消耗掉溶解氧，如果得不到空气中的氧的及时补充，水中的溶解氧就会减少，最终导致水体变质，所以把溶解氧作为水质污染程度的指标。溶解氧越少，表明污染程度越严重。

（3）生化需氧量（BOD） BOD 指水中有机物在好氧菌作用下分解成稳定状态需要的氧气量，单位是 mg/L。由于水中有机物的生物氧化过程与水的温度和氧化时间有关，所以测定生化需氧量均按规定的水温和时间进行。一般均在 20℃水温条件下连续测定 5d。

许多有机物在水体中成为微生物的营养源而被消化分解，分解过程要大量消耗水中的溶解氧。溶解氧由此而显著降低，就会给需氧的鱼类等水生生物带来危害，甚至使其缺氧死亡。同时，水中氧量不足，将引起有机物厌氧发酵，散发恶臭，污染大气，并毒害水生生物。生化需氧量不仅是表示水中有机物污染程度的一个指标，还是确定水处理设施容积和运行管理的重要参数。BOD 数量越大，表明污染越严重。工厂排出口废水中最高允许 BOD 为 60mg/L。

（4）化学需氧量（COD） 化学需氧量也可以称为化学耗氧量，是指用强化学氧化剂氧化水中需氧污染物时消耗的氧气量，单位是 mg/L。它是评价水质污染程度的重要综合指标之一。化学耗氧量数值越大，表明水质污染越严重，一般饮用水的化学耗氧量是几毫克/升至十几毫克/升，而工厂排出口最高不得超过 100mg/L。

除去有机物外，废水中的硫化物、亚硫酸盐、亚硝酸盐等还原性无机物也会同水中的溶解氧发生反应，消耗掉水中溶解的氧。因而仅用生化需氧量是不够全面的，还需要采用化学需氧量这个指标。但并不是所有的有机物都能被这样的氧化剂所氧化，如重铬酸钾能氧化直链脂肪族化合物，但不能分解芳香族化合物和吡啶等杂环化合物。在不同条件下，得出的耗氧量也不同，故必须严格控制反应条件。化学需氧量并不一定包括全部生物需氧量，一般来说 BOD 与 COD 的比值高，表明许多可溶性有机物能被生物降解，比值低表明有抗生物氧化的有机物存在。大多数食品加工废水的 BOD 一般是 COD 的 65%~80%。

（5）总有机碳（TOC） 总有机碳是表示废水中所含有的全部有机碳的数量，这个指标补充测定了废水中既不易被生物降解，又不易发生化学氧化的那部分有机污染物。对于组成较固定的废水，TOC 和 BOD、COD 之间有下列关系：

$$\frac{1}{2}\text{COD} \leqslant \text{TOC} \leqslant 2\text{COD}$$

$$\frac{1}{2}\text{BOD} \leqslant \text{TOC} \leqslant 2\text{BOD}$$

（6）总需氧量（TOD） 水中污染杂质在催化燃烧时所消耗的氧的总量。

（7）有毒物质含量 有毒物质包括汞、砷、镉、铬、铅、锰、铜和镍等元素及其化合物，如有机汞、有机磷、酚类、氰（腈）化物、农药、石油烃类以及 3，4-苯并芘、亚硝基化合物等致癌物质，其含量往往以 mg/L 计。

（8）悬浮物（SS） 悬浮物是指在水中呈悬浮状态的固体状物质，如不溶于水的淤泥、黏土、有机物、微生物等。其直径一般不超过 2mm，易悬浮于水中，单位是 mg/L。悬浮物是造成水质浑浊的主要原因，是衡量水质污染程度的主要指标之一。悬浮物越多，表示水质污染越严重。含有大量悬浮物的工业废水，不得直接排入地面水，以防止污染物淤积河床，也不得直接排入渔业水体，并不得影响水产动植物的生活条件。

二、食品工业的噪声污染

（一）食品工业的噪声来源

噪声有环境噪声和工业噪声。环境噪声，是指在工业生产、建筑施工、交通运输和社会生活中所产生的干扰周围生活环境的声音。工业噪声，是指在工业生产活动中使用固定的设备时产生的干扰周围生活环境的声音。

食品企业的工业噪声是在食品工厂生产过程中，机械设备运转时，各部件之间相互撞击、摩擦产生的机械噪声。鼓风机、空气压缩机运转时，叶片高速旋转会使叶片两侧的空气发生压力突变，气体通过进、排气口时激发声波产生空气动力性噪声。振动可诱发产生许多噪声。振动和噪声是两种不同的概念，但它们有着密切的联系。它在介质中的传播比噪声更复杂，它可以同时以横波、纵波、表面波、剪切波的形式向周围传播。它不仅能激发噪声，还能通过固体直接作用危害人体。人体是一个弹性体，骨骼和肌肉构成许多空腔和心、肝、肺、胃、肠等弹性系统。这些空腔和弹性系统都有各自的固有共振频率，一旦与外来的振动频率相吻合或接近时，就会产生共振，这时人体器官就会受到极大的危害。振动常常与噪声联合作用于人体，在噪声控制中的需要控制振动。

（二）噪声基本评价量

描述声音的物理量有频率、声压、声强、声功率、声压级、声强级等。

1. 频率

声音是由物体（固体、液体、气体）的振动而产生的。发声体每秒钟振动的次数称作频率。声音的频率用 f 表示。

2. 声压和声压级

当一个声波发出后，在沿着声波传播的途径上，呈现一疏一密的疏密波，这时空气变密的地方压力增高，空气变疏的地方压力降低，这个空气压力相对于正常空气压力增高或降低的压强称为声压。声压的单位是 Pa 或 N/m^2。

声压级是表示声压强度相对大小的指标。声压级的单位是分贝（dB）。一个声的声压级等于这个声音与基准声压之比的常用对数乘以 20。在噪声测量中，基准声压为 0.2μPa。

3. 声强、声强级和声功率

声强是用能量大小表示声辐射强弱的物理量，即在声的传播方向上，与其方向垂直的单位面积、单位时间通过的声能量，单位是 W/m^2。

声强级是表示声音强度相对大小的指标。一个声强级等于这个声音的声强与基准声强之比的常用对数乘以 10，单位是 dB。

声功率是声源在单位时间内向外辐射的总声能，单位是 W 或 μW。

三、食品工业的大气污染

（一）食品工业的大气污染来源

大气污染包括天然污染（natural pollution）和人为污染（anthropogenic pollution）两大类。天然污染主要由自然原因形成，例如火山爆发、森林火灾等。人为污染是由于人们的生产和生活活动造成的，可来自固定污染源（如烟囱、工业排气管等）和流动污染源（汽车、火车等各种机动交通工具）。二者相比，人为污染的来源更多、范围更广。影响食品环境的大气污染主要是人为活动引起的。它们主要来源如下：

（1）燃料的燃烧　食品工厂的热源主要是燃煤提供的。煤燃烧时除了产生烟尘、CO_2、水汽外，还会因煤中含有杂质而产生其他污染空气的有害物质。煤的主要杂质是硫化物，此外还有氟、砷、钙、铁、镉等的化合物。煤燃烧时产生的污染物的种类和排放量除与煤中所含的杂质种类和含量有关外，还受煤燃烧状态影响。燃烧完全时的主要污染物是 CO_2、SO_2、NO_2、水汽和灰分；燃烧不完全时，则会产生 CO、硫氧化物、氮氧化物、醛类、碳粒、多环芳烃等。

（2）交通运输　交通运输的污染主要是指厂区内汽车、摩托车等交通运输工具排放的污染物。目前这些交通工具的主要燃料是汽油、柴油等石油制品，这些燃料燃烧后能产生大量的颗粒物、NO_x、CO、多环芳烃和醛类。

（3）食品加工过程　在食品加工过程中如物料输送、清理、碾磨、粉碎、分级、装卸、加热、冷却、萃取、烹制等加工过程中，会产生粉尘、各种气体等进入大气。

（4）其他　厂区地面尘土飞扬或土壤及固体废弃物被大风刮起，会使污染物转入食品工厂环境大气中。

（二）大气污染物

1. 根据污染物在大气中的存在状态分类

（1）气态污染物　气态污染物包括气体和蒸气。气体是某些物质在常温、常压下所形成的气态形式。蒸气是某些固态或液态物质受热后，引起固体升华或液体挥发而形成的气态物质，如汞蒸气等。气态污染物主要可分为以下五类：

①含硫化合物：主要有 SO_2、SO_3和 H_2S 等，其中 SO_2的数量最大，危害也最严重。

②含氮化合物：主要有 NO、NO_2和 NH_3等。

③碳氧化合物：主要是 CO 和 CO_2。

④碳氢化合物：包括烃类、醇类、酮类、酯类以及胺类。

⑤卤素化合物：主要是含氯和含氟化合物，如 HCl、HF 和 SiF_4等。

（2）颗粒污染物　大气颗粒物有固体和液体两种形态。固体颗粒中主要是较小的各种粉尘；液体颗粒物主要有水雾等。

颗粒物按粒径可分为：

①总悬浮颗粒物（total suspended particulates，TSP）：指粒径≤100μm 的颗粒物，包括液体、固体或者液体和固体结合存在并悬浮在空气介质中的颗粒。

②可吸入颗粒物（inhalable particle，IP；thoracic particulate matter，PM_{10}）：指空气动力学直径≤10μm 的颗粒物，其因能进入人体呼吸道而得名，又因其能够长期漂浮在空气中，也称为飘尘（suspended dusts）。

③细粒子（fine particle；fine particulate matter，$PM_{2.5}$）：指空气动力学直径≤2.5μm 的细颗粒。

颗粒物根据形成的机制及其物理形态，又可分为烟、雾、尘等。

颗粒物按卫生要求可分为有毒、无毒和放射性颗粒。

2. 按大气污染物形成过程分类

（1）一次污染物　由污染源直接排入大气环境中，其物理和化学性质均未发生变化的污染物称一次污染物。这些污染物包括从各种排放源排出的气体、蒸气和颗粒物，如 SO_2、CO、NO、颗粒物、碳氢化合物等。

（2）二次污染物　排入大气的污染物在物理、化学等因素的作用下发生变化，或与环境中的其他物质发生反应所形成的理化性质不同于一次污染物的新的、毒性更大的污染物，称二次污染物。

第二节　食品工业环境保护措施和具体实施办法

一、食品工业防治污水的措施和具体实施办法

（一）食品工业的污水综合排放标准及有关规定

食品在生产过程中，各种原料预处理和设备的清洗等将会产生大量废水，对环境造成污染。所以，废水必须通过处理达到国家工业废水排放标准和规定才能排放。

我国工业废水排放标准是 1974 年 1 月 1 日试行的，1988 年修订为《污水综合排放标准》代替 GB 54—1973（废水部分），1996 年再次修订为《污水综合排放标准》（GB 8978—1996），1998 年 1 月 1 日开始实施。

（1）我国工业废水排放标准规定　饮用水的水源和风景游览区的水质严禁有任何污染；渔业与农业用水，要保证植物的生长条件，保证动植物体内有害物质的残存毒性不得

超过食用标准；工业用水的水源，必须符合工业生产用水的要求。

（2）工业废水污染最高容许排放标准　工业废水污染分为两类。第一类是能在环境中或动植物体内积蓄，对人体健康产生长远影响的污染。这类工业废水，在废水排出口处，应符合如表8-1所示的排放标准才能排放。第二类污染的长远影响小于第一类，即从长远角度考虑，其毒性作用低于第一类污染的毒性，其在工厂排出口处应符合标准才能排放，第二类污染最高允许排放标准见表8-2。

表8-1　第一类污染最高允许排放标准

序　号	污染	最高允许排放标准	序　号	污染	最高允许排放标准
1	总汞/(mg/L)	0.05	8	总镍/(mg/L)	1.0
2	烷基汞/(mg/L)	不得检出	9	苯并芘/(mg/L)	0.00003
3	总镉/(mg/L)	0.1	10	总铍/(mg/L)	0.005
4	总铬/(mg/L)	1.5	11	总银/(mg/L)	0.5
5	六价铬/(mg/L)	0.5	12	总 α 放射性/(Bq/L)	1
6	总砷/(mg/L)	0.5	13	总 β 放射性/(Bq/L)	10
7	总铅	1.0			

表8-2　第二类最高允许排放标准（1998年1月1日后建设的单位）

序号	污染	一级标准	二级标准	三级标准
1	pH	6~9	6~9	6~9
2	色度（稀释倍数）	50	80	—
3	悬浮物（SS）/(mg/L)	70	150	400
4	生化需氧量（BOD）/(mg/L)	20	100	600
5	化学需氧量（COD）/(mg/L)	100	300	1000
6	石油类/(mg/L)	5	10	20
7	动植物油/(mg/L)	10	15	100
8	挥发酚/(mg/L)	0.5	0.5	2.0
9	总氰化合物/(mg/L)	0.5	0.5	1.0
10	硫化物/(mg/L)	1.0	1.0	1.0
11	氨氮/(mg/L)	15	25	—
12	氟化物/(mg/L)	10	10	20
13	磷酸盐（以P计）/(mg/L)	0.5	1.0	—
14	甲醛/(mg/L)	1.0	2.0	5.0
15	苯胺类/(mg/L)	1.0	2.0	5.0
16	硝基苯类/(mg/L)	2.0	3.0	5.0
17	阴离子表面活性剂（LAS）/(mg/L)	5.0	10	20
18	总铜/(mg/L)	0.5	1.0	2.0
19	总锌/(mg/L)	2.0	5.0	5.0

续表

序号	污染	一级标准	二级标准	三级标准
20	总锰/(mg/L)	2.0	2.0	5.0
21	元素磷/(mg/L)	0.1	0.1	0.3
22	有机磷（以P计）/(mg/L)	不得检出	0.5	0.5
23	总有机碳（TOC）/(mg/L)	20	30	—
24	总硒/(mg/L)	0.1	0.2	0.5

（3）食品行业最高允许排水量　国家污水综合排放标准（GB 8978—1996）还规定了部分食品行业最高允许排水量，见表8-3。

表8-3　部分食品行业最高允许排水量（1998年1月1日后建设的单位）

序号	行业类别		最高允许排水量或最低允许水重复利用率
1	制糖工业	甘蔗制糖	$10.0m^3/t$（甘蔗）
		甜菜制糖	$4.0m^3/t$（甜菜）
2	味精工业		$600m^3/t$（味精）
3	啤酒工业（排水量不包括麦芽水部分）		$16.0m^3/t$（啤酒）
4	酒精工业	以玉米为原料	$100.0m^3/t$（酒精）
		以薯类为原料	$80.0m^3/t$（酒精）
		以糖蜜为原料	$70.0m^3/t$（酒精）

（二）食品工业防治废水的措施

（1）对水污染进行有效地控制和处理，首先是改革工艺及对废水进行综合利用，最大限度地减少废水量、防止废水的污染，将排出的废水经过处理再循环重复使用。

（2）逐级用水，实现一水多用。可按照食品生产过程中各工艺对水质和水流的不同要求，把水分成几个等级，串联起来逐级使用，实现一水多用。

（3）全面规划、合理布局，充分利用水体的自净能力，减少污染，以及在某一地区或区域建立污水处理厂。

（4）充分利用企业原有的净化设施，不仅能节约投资，更重要的是能减少占地，在旧设施上引进具有强化净化效果的新技术。

（5）采用新技术、新工艺。工业废水处理方法，正向设备化、自动化的方向发展。传统的处理方法，包括用来进行沉淀和曝气的大型混凝土池也在不断地更新，近年来广泛发展起来的气浮、高梯度电磁过滤、臭氧氧化及离子交换等，都为工业废水处理提供了新工艺、新技术和新方法。在完善老厂水处理方法的同时应考虑采用新技术。

（三）食品工业废水处理技术

食品工业废水处理方法可分为物理方法、化学方法、物理化学方法和生物方法。

1. 废水的物理处理法

废水的物理处理法即利用物理作用，将废水中的悬浮物、油类、可溶性盐类以及其他固体分离出来，从而保护后续处理设施能正常运行，降低其他处理设施的处理负荷。废水的物理处理常用方法有水质调节、过滤、沉淀法和离心分离法等。

（1）水质调节　用于废水的预处理，为以后的各级处理提供方便。

不同的食品加工车间生产的产品及生产的周期不同，所排放废水的水质和水量会经常变化。为了使废水治理设备的负荷保持稳定，而不受废水的流量、浓度、酸碱度、温度等条件变化的影响，需在废水治理装置之前设置调节池，用来调节废水的水质、水量及温度等，使之均衡地流入处理装置。如有时可将酸性废水和碱性废水在调节池内进行混合，调节 pH，使废水得到中和。

调节池可建成长方形，亦可建成圆形，要求废水在池中能够有一定的均衡时间，以达到调节废水的目的。同时不希望有沉淀物下沉，否则，在池底还需增加刮泥装置及设置污泥斗等，使调节池的结构复杂化。

调节池的容积大小需要根据废水的流量变化幅度，以及浓度变化规律和要求达到的调节程度，通过画出每日按时累计进水体积曲线以及日平均流量累计曲线，由图解法来确定。调节池容积一般不超过 4h 的废水排放量，但在有特殊要求的情况下，也有超过 4h 以上的。

在容积比较大的调节池中，通常还设置有搅拌装置，以促进废水均匀混合，搅拌方式多采用压缩空气搅拌，亦可采用机械搅拌。

（2）过滤　当废水通过带有微孔的装置或者通过某种介质组成的滤层时，悬浮颗粒被阻挡和截留下来，废水得到一定程度的净化。一般含悬浮物多的废水常用这种方法处理。在罐头食品厂、果品食品厂等广泛采用的过滤的方式如下：

①在泵前或废水管道内设置带孔眼的金属板、金属网、金属栅过滤水中漂浮物和各种固体杂质，有用的截留物可用水冲洗回收。

②在过滤机上装上帆布、尼龙布或针刺毡来过滤水中较细小的悬浮物。过滤池形式示意图如图 8-1 所示。

③以石英砂为介质的过滤池，能滤除 0.2mm 以上的颗粒和悬浮物，从而使水澄清。它不仅可以进一步降低水中的悬浮物，通过过滤层还可将水中有机物、细菌乃至病毒随着悬浮物的降低而大量去除。这种过滤方式多用于处理含油废水。

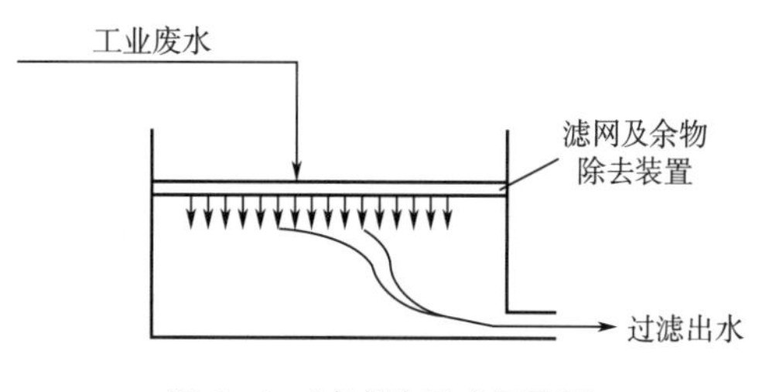

图 8-1　过滤池形式示意图

滤池的形式多种多样：从改善滤料组成上考虑，有滤料粒径循水流方向减小的过滤层的双层滤料、多层滤料和上向流过滤等形式；从滤池构造和工艺操作上考虑，有上向流和双向流滤池；为了减少滤池的闸阀并便于操作管理，又发展了虹吸滤池、无阀滤池、移动冲洗罩滤池以及其他自动冲洗滤池等。

（3）沉淀法　沉淀法是利用废水中悬浮颗粒自身的重力与水分离的一种方法。水中悬浮颗粒和水的密度有差别，密度大于水的颗粒将下沉，小于水的则上浮。胶体不能用沉淀法去除，需经混凝处理后，使其颗粒尺寸变大，才具有沉降速度。

对污水进行沉淀处理的设备称为沉淀池。必须保证悬浮颗粒从沉淀池进口至出口的停留时间大于颗粒沉降到池底的时间。

根据池内水流的方向不同，沉淀池的形式可以分为五种：平流式沉淀池、竖流式沉淀池、辐流式沉淀池及斜管式沉淀池和斜板式沉淀池等。

①平流式沉淀池：为长方形，废水水平流动。废水一般以低于 0.1m/s 的进口速度流入池中（在进口处设置一个进水挡板以降低水的流速，并使池中的水流均匀地流动）。排出水口为锯齿形（三角形）溢流堰，堰前设置浮渣挡板，以拦阻水面浮渣，使其不流出沉淀池。平流式沉淀池的优点是效果好，工作性能稳定，造价低；缺点是排泥不方便，需用刮板等排泥装置。

②竖流式沉淀池：一般为圆形，亦可制成方形。如图 8-2 所示为圆形的竖流式沉淀池。废水由中央进水管下部流入沉淀池内，受反射板的拦阻，向四周分布，然后沿沉淀池整个横断面缓缓上升，其中固体颗粒受重力作用，以一定沉降速度下降。当颗粒下沉到池底所需的时间小于废水在池内的停留时间，则颗粒沉于池底，分离废水由出水口流出池外。竖流式沉淀池的优点是除泥容易，不需要机械刮泥装置；缺点是造价高，废水量大时不宜采用。

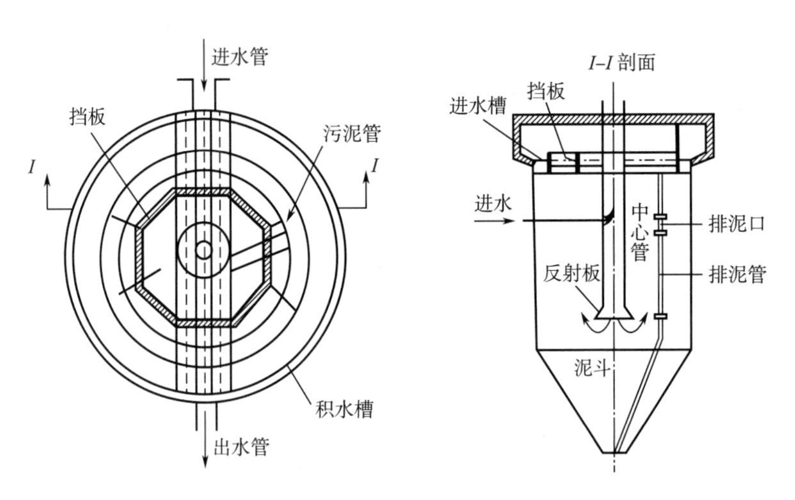

图 8-2　竖流式沉淀池

③辐流式沉淀池：如图 8-3 所示，辐流式沉淀池具有竖流式沉淀池的水流上升作用，效果比较好，其优缺点介于平流式沉淀池与竖流式沉淀池之间。

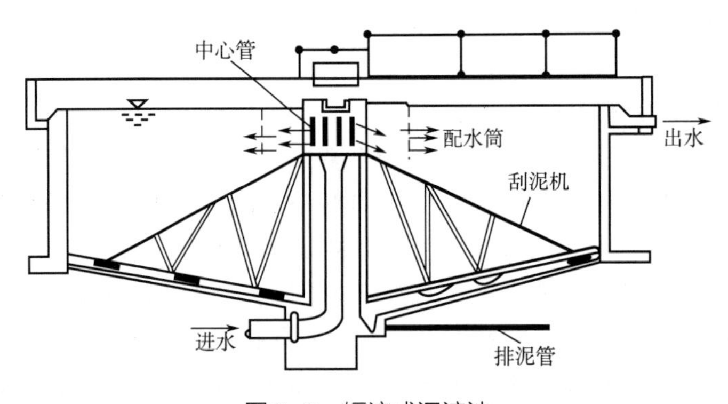

图 8-3　辐流式沉淀池

④斜板式或斜管式沉淀池：斜板式或斜管式沉淀池都是新型沉淀池，在沉淀池中按45°~60°的倾斜角设置一组相互重叠平行的平板或方管。水流从平行板或管道的上端流入，下端流出。每块板之间相当于一个小的沉淀池，每根方管也相当于一个小沉淀池，它们的沉淀效果远远超过前述的三种沉淀池。斜管式沉淀池如图 8-4 所示，是以斜管取代斜板，其余构造均与斜板式沉淀池类似。这种沉淀池投资省、效果好，占地也较少，是一种很有发展前途的高效沉淀池。

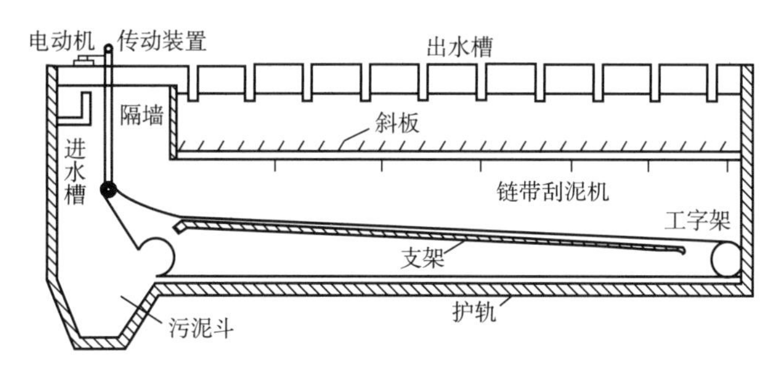

图 8-4　斜管式沉淀池

在选择沉淀池的类型时，需从以下几方面进行综合的考虑：

a. 废水量的大小及处理的要求；

b. 废水中悬浮物的数量、性质及沉降特性；

c. 废水处理场地的实际情况；

d. 投资及加工情况。

当废水量不大时，一般可采用竖流式沉淀池，沉淀池的结构简单，效果好。但含有大量的悬浮颗粒时，需采用机械刮泥装置，而不宜采用竖流式沉淀池。若废水量很大，可考虑采用平流式或辐流式沉淀池，为了提高生产能力亦可采用斜板式或斜管式沉淀池。

（4）离心分离法　该法是利用高速旋转所产生的离心力，使废水中的悬浮颗粒进行分离。当含有悬浮颗粒的废水进行高速旋转运动时，质量大的悬浮物质颗粒在高速旋转的过程中所受到的离心力也大，因而被甩到外圈，沿离心装置的器壁向下排出，而质量较小的水则留在内圈，向上运动，达到使废水与悬浮颗粒分离的目的。

用于水处理的离心分离设备有离心机、水力旋流器和旋流池等。

①离心机：依靠一个可以随传动轴旋转的圆筒（转鼓）在电机的驱动下高速旋转，并且带动需进行分离的液体一起旋转，利用液体中不同组分的密度差所产生的力的差异达到分离目的的一种离心分离设备。离心机的种类及形式很多，按转速区分，有低速离心机（<1500r/min）、中速离心机（1500~3000r/min）及高速离心机（>3000r/min）；按操作过程区分，有间歇式与连续式；按离心机的形式，则可以分为转筒式、管式、盘式和板式离心机等。

②水力旋流分离器：根据产生水流本身旋转的能量来源，水力旋流分离器分为压力式和重力式两种形式。压力式水力旋流分离器如图 8-5 所示，它的上部呈圆筒形，下部呈圆锥形。欲分离的液体用水泵提供的能量，以切线方向进入分离器内。由于进水管逐渐收缩，使动能逐渐增大，在进入分离器内时的流速可达 6~10m/s。液体在进入水力旋流分离器后，沿器壁的切线方向向下旋转，再向上旋转。较为粗大的固体颗粒被甩向器壁，并在

其本身重力的作用下，沿器壁向下滑动，在底部的排渣口被连续排出，而较清的液体则通过上部出水管排出，水力旋流分离器多用于分离相对密度较大的固体颗粒。

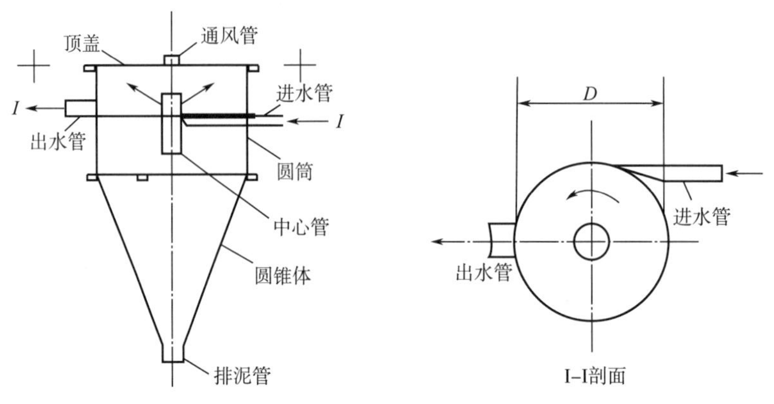

图 8–5 压力式水力旋流分离器

2. 废水的化学处理法

废水的化学处理是向废水中投加某种化学物质，利用化学反应来分离、回收废水中的某些污染物质，或使其转化为无害的物质。它的处理对象主要是水和废水中的无机或有机的（难以生物降解的）溶解物质或胶体物质。主要的处理方法有化学混凝、中和、化学沉淀和氧化还原法等。

（1）中和　食品工厂（特别是罐头食品工厂）的原料预处理，往往要经过酸、碱处理，例如凡喷过农药的果蔬，应先用稀盐酸（0.5%～1%）浸泡后，再用清水洗净；有些果蔬（如桃、李、橘瓤去瓤衣，胡萝卜、马铃薯、猕猴桃等去皮等）在不同的液温及不同的浸碱时间下，需用不同浓度的氢氧化钠溶液，去皮后的果蔬，经流动水漂洗后，还要用0.1%～0.3%的稀盐酸中和。这样，罐头食品厂由于原料的预处理就会使排放的污水呈酸性或碱性。在肉类加工厂或者肉制品车间，在清洗容器或冲洗地坪时亦需用碱液。

食品工业酸性废水中可能含无机酸（如硫酸、盐酸、硝酸、磷酸等）或有机酸（如醋酸、草酸、柠檬酸等）。碱性废水中有苛性钠、碳酸钠、硫化钠和胺类等。根据我国工业废水和城市污水的排放标准，排放废水的 pH 应在 6～9。凡是废水含有酸、碱而使 pH 超出规定范围的都应加以处理。通常将酸的含量大于 3%的含酸废水称为废酸液，将碱的含量大于 1%的含碱废水称为废碱液。废酸液和废碱液应尽量加以回收利用。低浓度的含酸废水和含碱废水，回收的价值不大，可采用中和法处理。中和处理的方法很多，以下介绍 4 种：

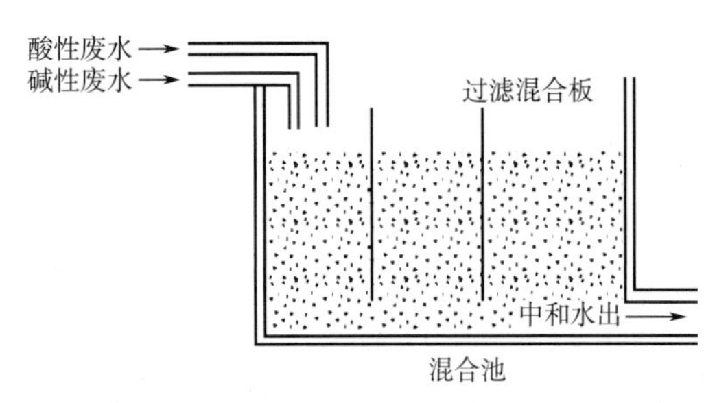

图 8–6 废水中和池

①酸性废水和碱性废水混合：若有酸性与碱性两种废水同时均匀地排出，且两者所含的酸、碱量又能够互相平衡时，可以直接在管道内混合，不需设中和池。但是，如排水情况经常波动变化，则必须设置中和池，在中和池内进行中和反应，废水中和池如图 8–6 所示。

②投药中和：投药中和可处理任何性质、任何浓度的酸性废水。由于氢氧化钙对废水杂质具有凝聚作用，通常采用石灰乳法，因此它也适用于含杂质多的酸性废水。

石灰投加方法有干投和湿投两种。干投法系将石灰直接投入废水中，此法设备简单但反应不彻底，投量大约为理论值的1.4~1.5倍，一般不采用，通常采用湿投法。

③过滤中和：一般适用于处理少量含酸浓度低（硫酸浓度小于2g/L，盐酸、硝酸浓度小于20g/L）的酸性废水。但对含有大量悬浮物、油、重金属盐类和其他有毒物质的酸性废水，不宜采用。滤料可用石灰石或白云石。石灰石滤料反应速度较白云石快，但进水中硫酸允许浓度则较白云石滤料低。中和盐酸、硝酸废水，两者均可采用。中和含硫酸废水，采用白云石为宜。

④碱性废水中和处理：对碱性废水，可以向碱性废水中鼓入烟道气、注入压缩二氧化碳气体、投入酸或酸性废水等，进行中和反应，形成中性废水。由于烟道气来源方便、二氧化碳制取容易，所以已被广泛应用，同时，又是一种既经济又高效的办法。

用烟道气中和碱性废水如图8-7所示，烟道废气通过过滤除尘后，直接通过碱性废水，因烟道气中含有12%~18%的水和CO_2产生的碳酸，碳酸即与碱性废水中和，可使pH降到6.0~6.6，从而达到排放要求。

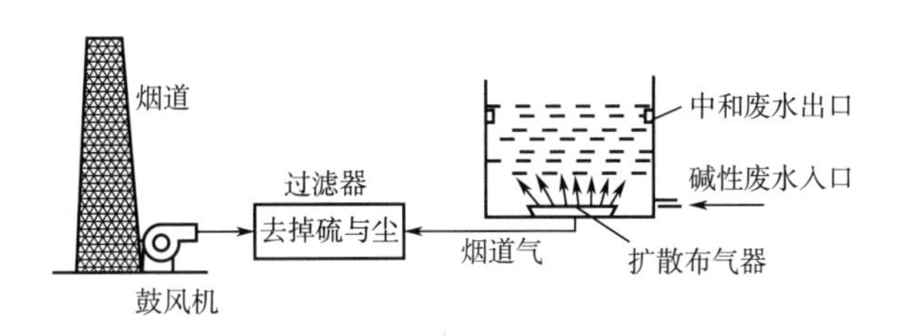

图8-7　用烟道气中和碱性废水

（2）化学絮凝　化学絮凝是往废水中加入混凝剂，使悬浮物质或胶体颗粒在静电、化学、物理的作用下聚集起来，加大颗粒、加速沉淀以达到分离目的。化学絮凝示意图如图8-8所示。

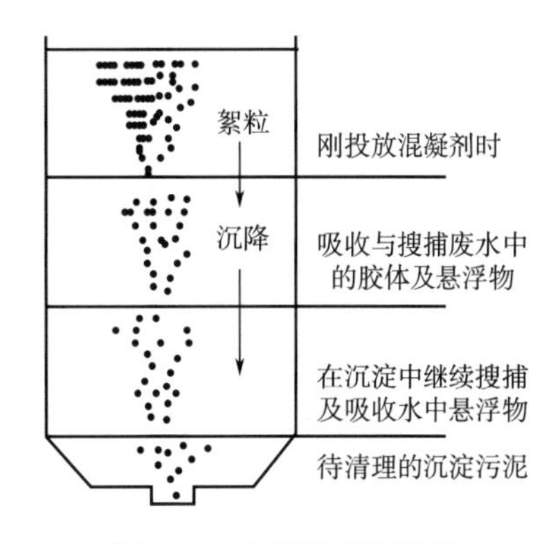

图8-8　化学絮凝示意图

在废水处理工艺中常用的混凝剂有两类；一类是无机盐混凝剂，如硫酸铝、铝酸钠、三氯化铁、硫酸铁、碳酸镁等；另一类是高分子混凝剂，如聚丙烯酰胺等。当投加这些混凝剂仍不能取得满意的效果时，还可以投加帮助它聚集的助凝剂，如石灰、骨胶等。化学絮凝法处理工业污水具有很多优点，如除污效果好，效率高，操作简单方便，絮凝剂用量少，费用低，适用面广等，所以是处理工业污水应用最广泛的一种方法。混凝沉淀法常用的设备是混合反应池及其改进形式，其工艺流程包括投药、混合、反应及沉淀分离，絮凝沉淀法处理废水工艺流程如图8-9所示。

（3）化学沉淀　向废水中投加某些化学药剂，使其与废水中的污染物发生化学反应，形成难溶的沉淀物的方法称为化学沉淀法。若废水中含有危害性很大的重金属（如Hg、

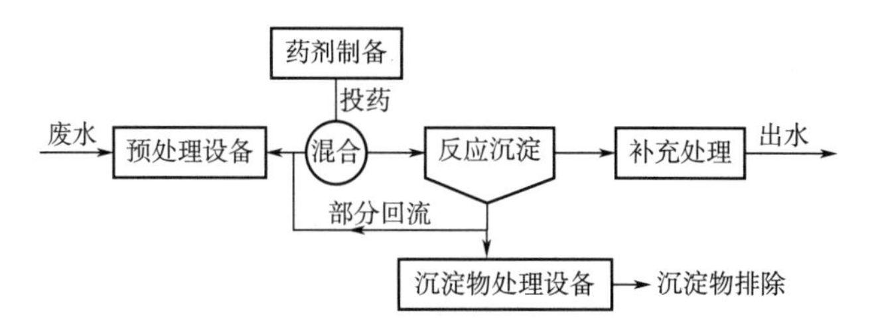

图 8-9　絮凝沉淀法处理废水工艺流程

Zn、Cd、Cr、Pb、Cu 等）和某些非金属（如 As、F 等），都可能应用化学沉淀法去除。化学沉淀法按照投加的化学剂种类分为：氢氧化物沉淀法、硫化物沉淀法、碳酸盐沉淀法和铁氧体沉淀法等。化学沉淀法的工艺流程和设备与化学混凝法相类似，包括：药剂（沉淀剂）的配制和投加设备、混合反应设备、沉淀物与水分离的设备（如沉淀池、浮上池等）。

（4）氧化还原　废水中的污染物质可以通过氧化还原反应，转变为无毒无害（如 CO_2、H_2O 等）或微毒的新物质而去除，这种方法称为氧化还原法。

若有毒污染物为氧化型，用还原剂将其转变为无毒的还原型，称还原处理法（简称还原法）；若有毒污染物为还原型，用氧化剂将其转变为无毒的氧化型，称氧化处理法（简称氧化法）。有时一个化合物既可以用氧化法处理，又可用还原法处理。

①氧化法：主要用于废水中的 CN^-、S^{2-}、苯酚及造成色度、嗅、味、BOD 及 COD 的有机物，也可氧化某些金属离子如 Fe^{2+}等，以利于后续的操作，氧化法还可用于消灭导致生物污染的致病微生物。但是用氧化法处理废水，一般价格昂贵，又不经济，所以在废水量很大或成分复杂时较少采用。

利用氧化剂能把废水中的有机物降解为无机物，或者把溶于水的污染物氧化为不溶于水的非污染物质，用氧化法处理废水，关键是氧化剂选择要得当。选择氧化剂应注意几点，一是它对废水中的污染物有良好的氧化作用，并且容易生成无害物质；二是来源方便，价格便宜，常用的氧化剂有：空气、氧气、漂白粉、气态氯、液态氯、臭氧、过氧化氢、高锰酸钾等；三是根据污染物的特征，选择其他合适的氧化剂。

下面介绍臭氧氧化法。

臭氧因具有极强的氧化能力而得到广泛研究和应用。一般认为，臭氧氧化反应的有两条途径：一是臭氧通过亲核或亲电作用直接参与反应；二是臭氧在碱等因素作用下，通过活泼的自由基，主要是羟基与污染物反应，两种反应的产物不同。直接臭氧氧化反应速度慢，选择性高，自由基型反应速度快，选择性低。目前已开发的有臭氧双氧水联用（O_3/H_2O_2）法、光催化臭氧化（O_3/UV）法、金属催化臭氧化等。臭氧双氧水联用法用于处理城市污水中的挥发性有机化合物（VOCs）。当 O_3与 H_2O_2结合时，发生如下反应：

$$2O_3 + H_2O_2 \longrightarrow 2 \cdot OH + 3O_2$$

O_3/H_2O_2法较传统的汽提法、汽提-气相 GAC 吸附法和液相 GAC 吸附法处理 VOCs 有明显优势，传统方法只能将这些有机物从一种介质（水）转移到另一种介质（空气或 GAC）中，只有氧化法才能将其完全破坏掉。

光催化臭氧化是在投加臭氧的同时，伴以光（一般为紫外光）照射。这一方法不是利用臭氧直接与有机物反应，而是利用臭氧在紫外分光的照射下分解产生的活泼的次生氧化剂来氧化有机物。这种方法的氧化能力和反应速率都远远超过单独使用臭氧能达到的效果，其反应速率是臭氧氧化法的100~1000倍；多种有机化合物均可以被完全降解为CO_2和H_2O等；不需要另外的电子受体（如H_2O_2）；合适的光催化剂具有廉价、无毒、稳定及可以重复使用等优点；可以利用太阳能作为一种光源来激活催化剂。

催化剂的载体主要有玻璃纤维布、石英玻璃板、水泥、沸石砂粒、凝胶等。

②还原法：主要应用于无机离子特别是重金属离子的去除，较少用于有机化合物的去除。常用的还原剂有硫酸亚铁、硫酸氢钠、$Na_2S_2O_3$、$NaHSO_3$、Na_2SO_3、盐酸、溴化氢、碘化氢、SO_2、$NaBH_4$、铁以及铝、锌等金属屑。与氧化法比较，还原法应用的范围要小得多，且费用也较高，所以应用范围受到限制。

3. 废水的物理化学处理法

（1）吸附法　吸附法是利用多孔固体物质作为吸附剂，以吸附剂的表面吸附废水中的某种污染物的一种方法。可用于脱色、除臭，去除重金属离子、可溶性有机物、放射性元素及细菌、病毒等，且效果好、应用广，近年来越来越受到人们的重视。但预处理要求高，吸附成本较大，故一般多用于废水的深度处理。

通常把多孔性固态物质称为吸附剂，把吸附的污染物称为吸附质。目前应用最广泛的吸附剂是活性炭，用它处理废水的方法称活性炭吸附法。除了活性炭以外，根据废水的具体情况还可选用炉渣、焦炭、硅藻土、铝钼土、砂渣、粉煤灰等廉价吸附剂。

吸附作用分为两类，物理吸附和化学吸附。物理吸附没有选择性，吸附强度好，具有可逆性，它是由分子间力相互作用产生的吸附。所以吸附剂和任意吸附质之间都可存在物理吸附，而且是放热过程，降低温度有利于物理吸附过程的进行，活性炭对多种污染物的吸附都属于物理吸附。化学吸附有选择性，吸附力强，具有不可逆性，它是靠化学键力相互作用产生的吸附。这种吸附是吸热过程，温度升高有利于化学吸附过程的进行，例如棉布对染料分子的吸附，活性氧化铝对废水中的氢氟酸分子的吸附都是化学吸附。这两种吸附过程并不一定都只有一个过程在单独进行，有时既存在物理吸附又存在化学吸附，二者可同时进行。

吸附法处理废水工艺流程如图8-10所示，吸附设备有固定床、流动床、沸腾床等形式。吸附剂使用一定时间可以再生，经过再生后的吸附剂可以继续使用。

（2）离子交换法　通过离子交换剂与废水污染物之间的离子交换而净化废水的方法称离子交换法，也称离子交换反应。

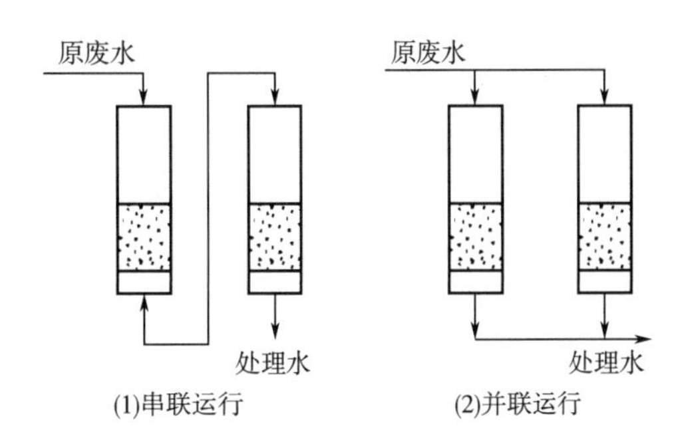

图8-10　吸附法处理废水工艺流程

提供离子交换的物质叫离子交换剂。离子交换剂有离子交换树脂、磺化煤和氟石等。常用的是有机合成的离子交换树脂。当它与废水中的某些离子接触时，即发生交换作用，并能移去废水中的该种离子，使废水得到净化。其他离子剂的作用过程与此类似。离子交换化学反应速度很快，它是在瞬间完成的。这种方法常用于处理含铬、含镍、含镉、含铜等重金属的废水。使用一段时间后离子交换剂渐渐失去效力。此时，进行再生处理。经过再生的离子交换剂可恢复原来的交换能力继续使用。

离子交换设备与吸附设备差不多，按照进行方式的不同，可分为固定床和连续床两大类。将离子交换剂置于床内，让废水连续通过交换剂，反应就能完成。

离子交换法处理废水用途很广，具有广阔的发展前景。现在已出现能处理多种废水的树脂和小型化、系列化的离子交换设备。

（3）电渗析　电渗析可除废水中的无机营养物（磷、氮），在废水处理流程中常作为最后一个步骤。

电渗析槽简图如图 8-11 所示。该槽是一连串离子交换树脂制成的薄膜，这些薄膜只对离子类才具有可渗透性，并对特定类型的离子有选择性。有两种类型薄膜用于电渗析槽：阳离子膜，带有固定的负电荷；阴离子膜，带有固定的正电荷。

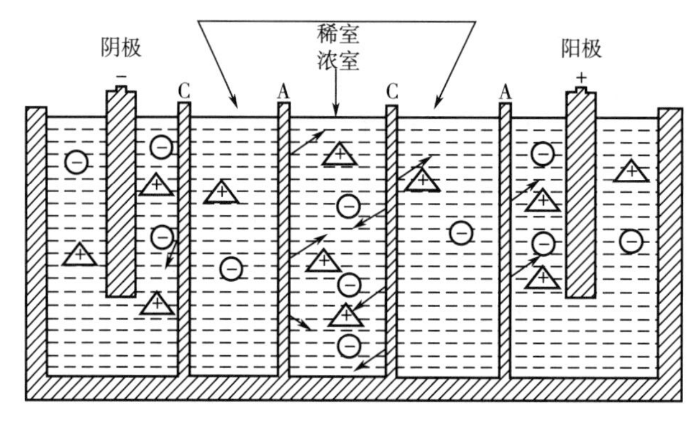

图 8-11　电渗析槽简图

（4）反渗透　反渗透技术主要用来分离水中的分子态或离子态溶解物质。它是利用具有能渗析水的某种特殊的半透膜（孔径 0.0003~0.06μm 的醋酸纤维素制的膜）阻留溶质，即当向溶液施加较大压力［(2.94~9.8) $\times10^6$Pa］时，溶剂水被迫反向透过半透膜成为淡水，而溶质被阻留在另一侧。可以利用反渗透技术从废水中回收净水，所余下的浓废水可进一步处理回收利用或排放。

反渗透器的结构可以有多种形式，最常见的有板式、内压管式、外压管式、空心纤维式等，在选择工艺形式及设备结构时必须考虑工业管理方便、合理的经济效果等。

（5）超过滤　超过滤简称超滤，它是与反渗透法很相似的一种膜分离技术。它同样是利用半渗透膜的选择透过性质，在一定的压力［(2.94~9.8) $\times10^6$Pa］条件下，使水通过半渗透膜（孔径约为 0.002~10μm 醋酸纤维素制的膜），而胶体、微小颗粒等不能通过，从而达到分离或浓缩的目的。

超滤装置和反渗透装置类同，目前我国普遍应用管式装置。国外除应用管式、卷式装置外，近来更多应用空心纤维式装置。

4. 废水的生物处理法

生物处理就是利用微生物新陈代谢分解氧化有机物的这一功能，并采取一定的人工措施，创造有利于微生物的生长、繁殖的环境，使微生物大量增殖，以提高其分解氧化有机物的效率，将复杂的有机物分解为简单物质，将有毒物质转化为无毒物质，使废水得到净化。生物处理法分为好氧生物处理和厌氧生物处理两大类。

（1）好氧生物处理　在供氧充分、温度适宜、营养物充足的条件下，好氧性微生物大量繁殖，并将水中的有机污染物氧化分解为二氧化碳、水、硫酸盐、硝酸盐等简单无机物。用这种途径处理废水的方法称好氧生物处理法。含有碳氧化合物、蛋白质、脂肪、合成洗涤剂的生活污水和有机物废水常用这种方法处理。处理废水时常用的好氧生物处理法有稳定塘法、生物膜法、活性淤泥法等，好氧生物处理废水流程如图 8-12 所示。

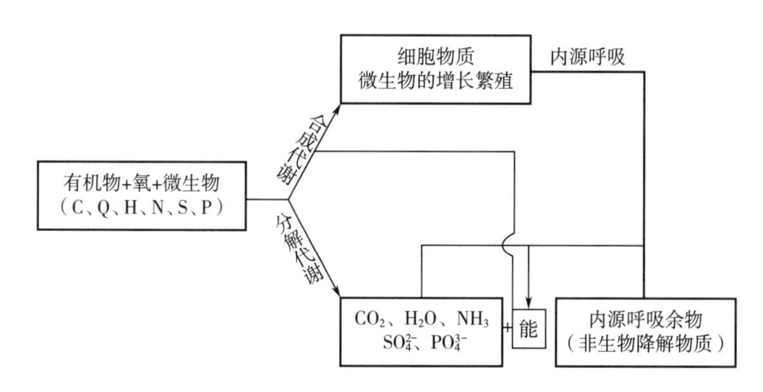

图 8-12　好氧生物处理废水流程

①稳定塘法：稳定塘（stabilization pond）源于早期的氧化塘，故又称氧化塘，是指污水中的污染物在池塘处理过程中反应速率和去除效果达到稳定的水平。

稳定塘可以划分为兼性塘、厌氧塘、好氧高效塘、精制塘、曝气塘等。污水或废水进入塘内后，在细菌、藻类等多种生物的作用下发生物质转化反应，如分解反应、硝化反应和光合反应等，达到降低有机污染成分的目的。稳定塘的深度从十几厘米至数米，水体停留时间一般不超过两个月，能较好地去除有机污染成分。通常是将数个稳定塘结合起来使用，作为污水的一级、二级处理。稳定塘法处理污水、废水技术简单、操作简便、维持运行费用少，但占地面积大。一般用在罐头食品厂、乳品厂、肉类加工厂的污水处理。

②生物膜法：生物膜法主要用于从废水中去除溶解性有机污染物，是一种被广泛采用的生物处理方法，即微生物附着在介质“滤料”表面上，形成生物膜，污水同生物膜接触后，溶解有机污染物并被微生物吸附转化为 H_2O、CO_2、NH_3 和微生物细胞质，使污水得到净化，所需氧气一般直接来自大气。

生物膜法基本流程如图 8-13 所示。废水如含有较多的悬浮固体，应先用沉淀池去除大部分悬浮固体后再进入滤池，在生物处理设施中，溶解有机污染物转化为生物膜，生物膜不断脱落下来，随水流入二次沉淀池被沉淀去除。

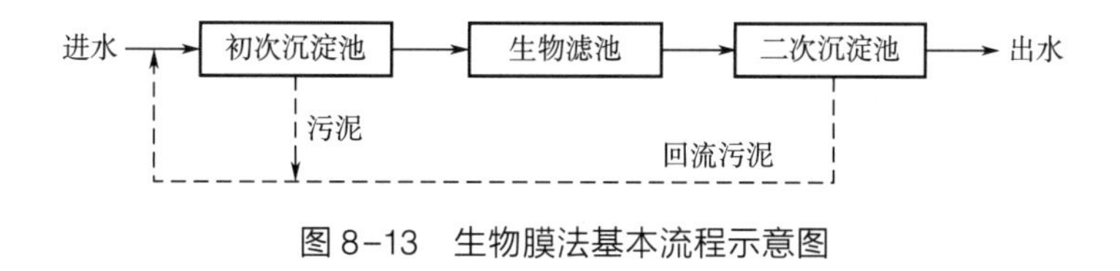

图 8-13　生物膜法基本流程示意图

生物膜法的主要设施是普通生物滤池、生物转盘和生物接触氧化池。

普通生物滤池：平面一般呈圆形、方形或矩形。由滤料、池壁、排水及布水系统组成，普通生物滤池构造图如图 8-14 所示。废水通过布水器均匀分布在滤料表面，沿覆盖在滤料表面的生长膜流下，依靠生物膜吸附氧化废水中有机物。氧气由通过滤料间隙的气流供给。

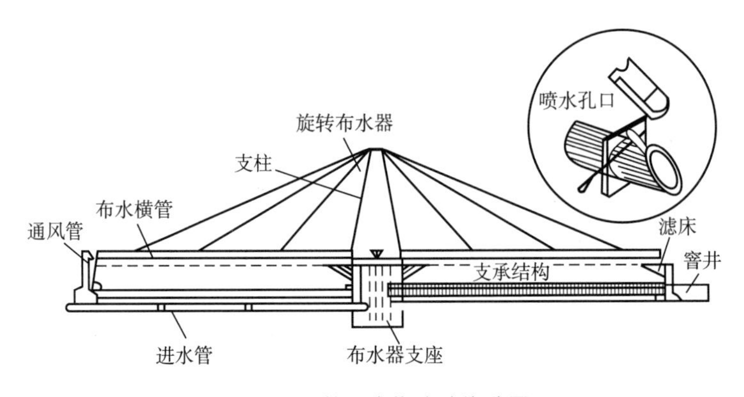

图 8-14　普通生物滤池构造图

③生物转盘生物滤池：由固定于水平转轴上的若干圆形盘片及废水槽组成，四级串联转盘式生物滤池构造简图如图 8-15 所示。转盘下半部浸没于废水槽内，上半部敞露于空气中，以 2~5r/min 的速度转动。转盘浸入废水时，盘面上的生物膜吸附废水中的有机物，盘面露出废水后吸收空气中的氧。不断循环交替，使废水中有机物得到净化。乳品厂、面食加工厂、酿酒厂及调味品厂应用此法处理废水。

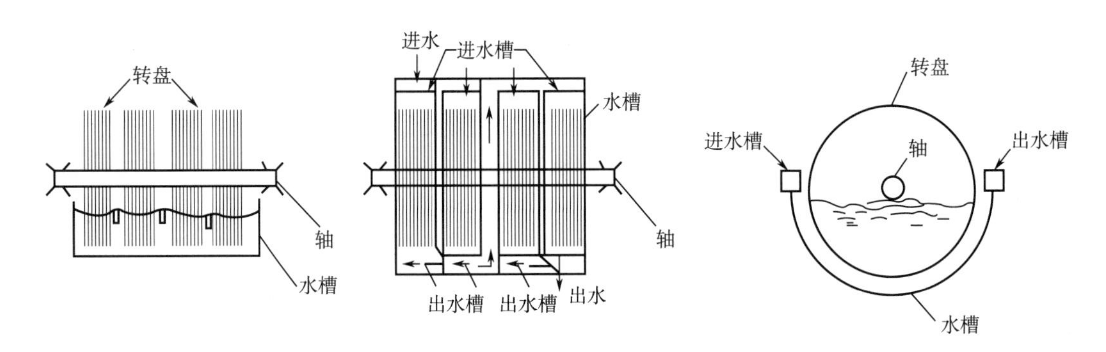

图 8-15　四级串联转盘式生物滤池构造简图

④生物接触氧化池：滤池填料淹没在流动的废水中，并不断鼓入空气补充所需溶解氧。滤池所用填料有蜂窝填料、软性纤维填料、弹性填料与组合填料等。生物接触氧化池是目前较为常用的生物膜工艺。

（2）活性淤泥法　当水中有充足的溶解氧和有机物时，就会使水中的微生物大量地繁殖。微生物从水中吸收有机物，使它加速活动和繁殖，形成生物高度活动的中心，这个凝聚着无数的各种各样的微生物中心称生物絮体，俗称生物泥粒，又称活性污泥。即是有氧气、有养料的无数微生物活动凝聚的中心。它对有机物具有很强的吸附与氧化分解能力，因此，用它来净化食品工厂的污水，即活性污泥法。

活性污泥法的形式有多种，但大都有其共同特征，基本流程如图 8-16 所示。

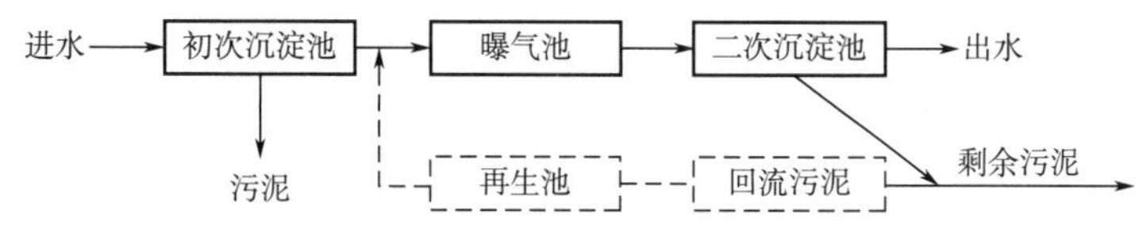

图 8-16 活性淤泥法基本流程

从图 8-16 中可知，需要作活性污泥处理的食品工厂污水，必须先进行沉淀处理，除去某些大的悬浮物及胶体等污物，然后送入曝气池塘（这是活性污泥的活动中心），在这里，污泥中所含有机物将被微生物大量地吸附和氧化，得到净化。经生物净化的污水又被送入二次沉淀池（又称次级沉淀池）进一步沉淀处理，除去污泥。沉淀的污水直接排入水域之中，这样，就完成了一个处理程序。

为提高净化效率、缩短净化周期，可采用活性污泥回流的方法，即把二次沉淀池的活性污泥水打入再生池再生，然后送曝气池塘使用。用好氧生物法处理废水有投资少，运行费用低，操作简单等优点，因而得到广泛应用，但如果不具备氧气、营养物等条件则不能采用。

（3）厌氧生物处理法　在密闭无氧的条件下，有机物如粪便、污泥、厨房垃圾等通过厌氧性微生物及其代谢酶的作用被分解，除去臭味，致使病原菌和寄生虫卵被杀灭。利用这种途径处理废水的方法称厌氧生物处理法，也称厌氧消化。厌氧微生物有产酸菌和甲烷菌。产酸菌能将糖类、脂肪、蛋白质等有机物变为低级脂肪酸、醇和酮，甲烷菌进一步把它们转变为甲烷和二氧化碳。为了保证厌氧消化的正常进行，必须将温度、pH 及氧化还原电势维持在一定范围内，以保证微生物的正常活动。有机物经厌氧消化后生成的残渣可作农田肥料，产生的气体是有价值的能源。农村的沼气池是厌氧生物法应用的典型实例。在工业上应用厌氧生物处理肉类加工厂、制糖厂、罐头厂的废水，均获得良好的效果。厌氧生物处理废水流程如图 8-17 所示。

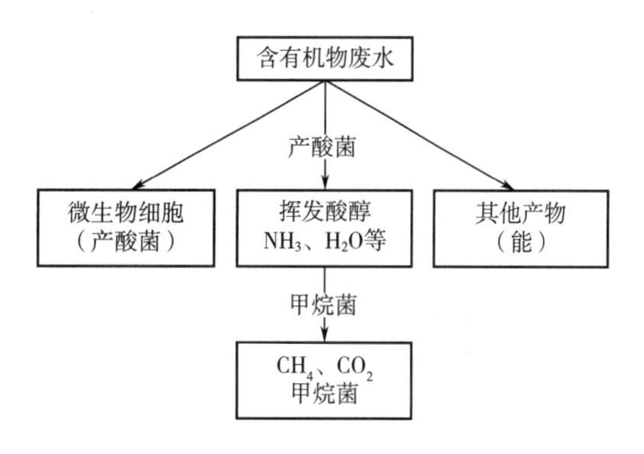

图 8-17 厌氧生物处理废水流程

5. 生化处理法的技术进展

随着生化处理法的广泛应用，对生化处理技术改进方面的研究特别活跃，尤其是对活性污泥法的改进。

（1）活性污泥法的新进展

①纯氧曝气法：最早是在 1968 年由美国建成第一个纯氧曝气的污水处理厂。近来，由于制造氧气的成本不断下降，纯氧曝气法得到广泛应用。

②深水曝气法：增加曝气池的深度可以增加池水的压力，从而使水中氧的溶解度提高，氧的溶解速度也相应增快，因此，深水曝气池水中的溶解氧要比普通曝气池的高，一般是将池深由原来的 4m 增加到 10m 左右。

③射流曝气法：污水和污泥组成的混合液通过射流器，由于高速射流而产生负压，从而有大量的空气吸入，空气与混合液进行充分接触，提高了污水的吸氧率，从而使处理的

污水效率得到提高。

④投加化学混凝剂及活性炭法。在活性污泥法的曝气池中投加化学混凝剂及活性炭，这样相当于在进行生化处理的同时进行物化处理。活性炭又可作为微生物的载体并有协助固体沉降的作用，BOD 及 COD 的去除率提高，使水质净化。

⑤生物接触氧化法：是兼有活性污泥法和生物过滤法特点的一种新型污水处理方法，以接触氧化池代替一般的曝气池，以接触沉淀池代替常用的沉淀池。

⑥管道化曝气：是使污水在压力管道内进行活性污泥曝气，同时进行较长距离的输送。由于设备少，投资费用和操作费用均可降低。

（2）生物过滤法的新进展

①生物转盘的改进：改进转盘材料的性能和增加转盘的直径，可使转盘的表面积增加，有利于微生物的生化过程。根据转盘工作原理，新近又研制成生物转筒，筒内可以增加各种滤料，从而使生物膜的表面积增大。

②活性生物滤池：其构造与生物滤池基本相同，运行方式也相同，只是在污水中混有一定数量的活性污泥。而且也有回流的活性污泥再与污水混合，并一同流入生物滤池。由于滤料上的生物膜和混合液本身含有的活性污泥都有氧化作用，故处理效率比较高，出水质量较好。BOD 的去除率在 90%以上。

③酶制剂处理污水。酶制剂处理污水虽然较早被人们使用，但是酶一般容易溶解于水中，使用后无法回收，因而影响了推广。近年来，可通过固相酶制剂（通过把酶固定在聚合物和载体上）防止酶的流失问题。

二、食品工业的防治噪声措施和具体实施办法

（一）食品工业噪声标准

根据 GB 12438—2008 的规定，工业企业厂界环境噪声不得超过表 8-4 规定的排放限值。食品工业噪声适用 2、3 类标准。工作场所噪声等效声级接触限值（GBZ/T 189.8—2007）见表 8-5。

表 8-4　工业企业厂界环境噪声排放限值

单位：dB（A）

厂界外声环境功能区类别	时段	
	昼间	夜间
0	50	40
1	55	45
2	60	50
3	65	55
4	70	55

表 8-5　工作场所噪声等效声级接触限值

每个工作日接触噪声的时间/h	接触限值/dB（A）
8	85
4	88
2	91
1	94
0.5	97

（二）食品工业噪声控制措施及技术

噪声声源多种多样，涉及面十分广泛，就目前的科学技术水平和经济条件而言，还不

可能完全控制噪声污染，为此加强对噪声的管理就显得格外重要。

1. 噪声控制措施

（1）划分功能区域　将相同或相近功能的建筑集中在一起，不同功能的建筑分别设置在不同区域。

（2）合理利用土地　根据不同使用目的和建筑物的噪声允许标准来选择允许噪声存在的场所和位置。

（3）合理建筑布局　应考虑采取环境噪声影响最小的建筑布局，如对一小区域的建筑物进行布局，除考虑声源的布局外，还应充分利用地形或已有建筑物的隔声屏障的效应，使噪声得以降低。这样的布局在噪声污染发生之前就解决了问题，不但效果理想，而且是最经济的一种方法。

（4）绿化与声衰减　利用树木的散射、吸声作用以及地面吸声，达到降低噪声的目的的方法。

2. 噪声控制技术

噪声在传播过程中有三个要素，即声源、传播途径和接受者。只有当声源、传播途径和接受者三个因素同时存在时，噪声才能对人造成干扰和危害。因此，控制噪声必须考虑这三个因素。

（1）声源控制　控制噪声的根本途径是对声源进行控制，控制声源的有效方法是降低辐射声源声功率。噪声可来源于机械性、气流性和电磁性三个方面。

①机械噪声的控制：机械噪声是由各种机械部件在外力激发下产生振动或相互撞击面产生的，如部件旋转运动的不平衡、往复运动的不平衡及撞击摩擦是产生噪声的主要原因，控制机械噪声的主要方法有：

a. 避免运动部件的冲击和碰撞，降低撞击部件之间的撞击力和速度，延长撞击部件之间的撞击时间；

b. 提高旋转运动部件的平衡精度，减少旋转运动部件的周期性激发力；

c. 提高运动部件的加工精度和光洁度，选择合适的公差配合，控制运动部件之间的间隙大小，降低运动部件的振动振幅，采取足够的润滑减少摩擦力；

d. 在固体零部件接触面上，增加特性阻抗不同的黏弹性材料，减少固体传声，在振动较大的零部件上安装减振器，以隔离振动，减少噪声传递；

e. 采用具有较高内损耗系数的材料制作机械设备中噪声较大的零部件，或在振动部件的表面附加外阻尼，降低其声辐射效率；

f. 改变振动部件的质量和刚度，防止共振，调整或降低部件对外激发力的响应，降低噪声。

②气流噪声的控制：气流噪声是由气流流动过程中的相互作用或气流和固体介质之间的作用产生的，控制气流噪声的主要方法是：

a. 选择合适的空气动力机械设计参数，减小气流脉动，减小周期性激发力；

b. 降低气流速度，减少气流压力突变，以降低湍流噪声；

c. 降低高压气体排放压力和速度；

d. 安装合适的消声器。

③电磁噪声的控制：电磁噪声主要是由交替变化的电磁场激发金属零部件和空气间隙

周期性振动而产生的。对于电动机来说，由于电源不稳定也可以激发定子绕组端部振动而产生噪声。电磁噪声主要分布在1000Hz以上的高频区域。电压不稳定产生的电磁噪声，其频率一般为电源频率的两倍。

④降低电动机噪声的主要措施为：

a. 合理选择沟槽数和级数；

b. 在转子沟槽中充填一些环氧树脂材料，降低振动；

c. 增加定子的刚性；

d. 提高电源稳定度；

e. 提高制造和装配精度。

⑤降低变压器电磁噪声的主要措施有：

a. 减小磁力线密度；

b. 选择低磁性硅钢材料；

c. 合理选择铁心结构，铁心间隙充填树脂性材料，硅钢片间采用树脂材料粘贴。

⑥隔振技术：许多噪声是由振动诱发产生的，因此在对声源进行控制时，必须同时考虑隔振。安装机械设备时，在多数情况下需要安装防振装置，以防止机械设备的振动传向地板和墙壁，形成噪声声源。当振动传给房屋时，会出现二次声音，并造成噪声污染。

控制振动的目的不仅在于消除因振动而激发的噪声，还在于消除振动本身对周围环境造成的有害影响。常用的防振装置有防振垫、防振弹簧、防振圈等，这些防振支撑，能简单而有效地防止振动，减少噪声。控制振动的方法与控制噪声的方法有所不同，通常可归纳为如下几类：

a. 减小振动：减小或消除振动源，即采用各种平衡方法来改善机器的平衡性能，修改或重新设计机器的结构以减小振动，改进和提高制造质量，减小构件加工误差，提高安装中的对中质量，控制安装间隙，对具有较大辐射表面的薄壁结构采取必要的阻尼措施。

b. 防止共振：防止或减小设备、结构对振动的响应。改变振动系统的固有频率，改变振动系统的扰动频率，采用动力吸振器，增加阻尼，减小共振时的振幅。

c. 采取隔振措施减小或隔离振动的传递。按照传递方向的不同，隔振分为隔离振源和隔离响应两种。隔离振源又称主动隔振或积极隔振，目的在于隔离或减小动力的传递，使周围环境或建筑结构不受振动的影响，一般动力机器、回转机械、锻冲压设备的隔振都属于这一类；隔离响应又称被动隔振或消极隔振，目的在于隔离或减小运动的传递，使精密仪器与设备不受基础振动的影响，一般电子仪器、贵重设备、精密仪器、易损件、控制室人体坐垫的隔振都属于这一类。两类隔振尽管不同，但实施方法相通，均通过在设备和基座间装设隔振器，使大部分振动被隔振装置所吸收实现隔振。常用的隔振装置有金属弹簧、橡胶隔振器等。

d. 振动的个人防护：振动对人的危害有局部的和全身的两种，防止振动危害的个人防护也有两种：局部防护和全身防护。

局部防护用品有防振手套，它是供手持风动工具的操作人员使用的。防振手套的防振是通过在手套内侧衬上一层防振材料，如泡沫塑料、微孔橡胶等，以减轻风动工具的反冲击力和高频振动对人的影响，达到传递到手上的振动减弱的效果。全身防护的用品是防振鞋。防振鞋内侧衬以微孔橡胶，衬胶的部位主要在脚跟处，因为人的脚跟没有减振功能，它可以减轻人在站立状态受到的全身振动。

（2）控制噪声的传播途径

①声源密闭：就是用密闭方法切断声源向外传播的措施，即对于能够密闭的机械首先进行密闭，如用金属箱密闭机械，但较薄的金属箱往往不能充分隔住声音，这是因为声能积蓄，箱内声级上升，薄板不能充分消声。这时，在机械与箱体之间填充吸音材料如玻璃丝棉、聚苯板等，则会有更好的消声效果。

②室内吸声：众所周知，声源发出的声音遇到墙面、顶棚、池坪及其他物体时，都会发生反射现象。当机器设备开动时，人们听到的声音除了机器设备发出的直达声外，还听到由这些表面多次来回反射而形成的反射声，也称混响声，同一台机器，在室内（一般房间）开动比室外开动要响。实测结果也表明，一般室内比室外高 3~10dB。如果在室内顶棚和四壁安装吸声材料或悬挂吸声体，将室内反躬声吸收掉一部分，室内噪声级将会降低。这种控制噪声的方法称为吸声降噪，是一种在传播途径上控制噪声强度的方法。

吸声处理只能降低反射声的影响，对直达声是无能为力的，故不能通过吸声处理而降低直达声。可见吸声措施的降噪效果是有限的，其降噪量通常最多不会超过 10dB。吸声效果与材料及其结构有关。光滑坚硬的物体表面能很好地反射声波，增强混响声，而像玻璃棉、矿渣棉、棉絮、海草、毛毡、泡沫塑料、木丝板、甘蔗板、吸声砖等材料，能把入射到其上的声能吸收掉一部分，当室内物体表面由这些材料制成时，可有效地降低室内的混响声强度。

a. 吸声材料：吸声材料的表面具有丰富的细孔，其内部松软多孔，孔和孔之间互通，并深入到材料的内层。当声波透过吸声材料的表面进入内部孔隙后，能引起孔隙中的空气和材料的细小纤维发生振动，由于空气分子之间的黏滞阻力作用和空气与吸声材料的筋络纤维之间的摩擦作用，使振动的动能变为热能而使声能衰减。此外，由于空气在绝热压缩中升温，而在绝热膨胀中温度下降，使热量发生传导作用，在空气与吸声材料之间不断发生热交换，结果使声能转变为热能而使声能衰减。这样就使反射声减少，总的声音强度也就降低了。

优良的吸声材料要求表面和内部均应具有多孔性，孔隙微小，孔与孔之间互通，并且要与外界连通，以使声波容易传到材料内部。常用的吸声材料分三种类型，即纤维型、泡沫型和颗粒型。纤维型多孔吸声材料有玻璃纤维、矿渣棉、毛毡、甘蔗纤维、木丝板等；泡沫型吸声材料有聚氨基甲酸酯泡沫塑料等；颗粒型吸声材料有膨胀珍珠岩和微孔吸声砖等。

b. 吸声结构：多孔吸声材料对高频声有较好的吸声能力，但对低频声的吸声能力较差。因此人们利用共振吸声的原理设计各种具有共振吸声的结构来吸低频声。常用的共振吸声结构有共振吸声器（单个空腔共振结构）、穿孔板（槽孔板）、微穿孔板、膜状和板状等共振吸声结构及空间吸声体。

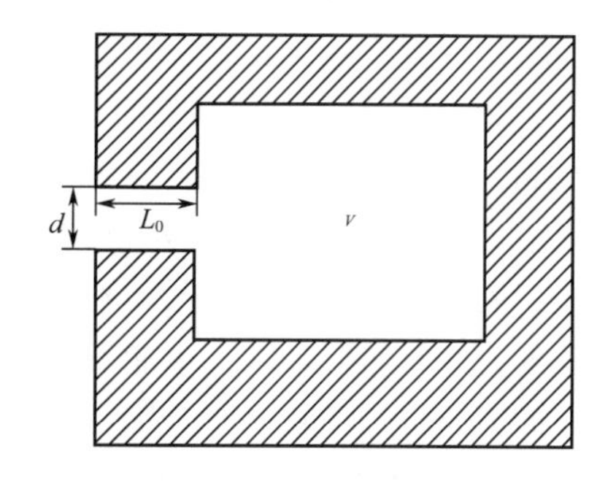

图 8-18 单腔共振吸声结构

c. 共振吸声器：共振吸声器是由腔体和颈口组成的共振结构，又称亥姆霍兹共振器，单腔共振吸声结构如图 8-18 所示。腔体通过颈部与大气相通，在声波的作用下，孔径中的空气柱就像活塞一样往复运动，由于颈壁对空气的阻尼作用，使部分声能转化为热能，当入射声波的频率与共振器的固有频率一致时，即会产生共振现象，此时孔径中的空气柱运动速度最大，因而阻尼作用最大，声能在此情况下得到最大吸收。

共振器的吸声作用在低频，实际工作中可分别设计几种规格的共振器，以便在较宽的低频范围获得较好的吸声效果。改变连接管的尺寸和空腔体的体积，可以获得不同的共振频率。此外在管内铺设吸声材料可以增加共振器的阻尼作用，从而使共振器的吸声系数降低，吸声频带的宽度增大。

d. 穿孔板：穿孔板共振吸声结构是噪声控制中广泛采用的一种吸声装置，它可以被看作是由许多单孔共振腔并联组成的，其结构如图 8-19 所示。

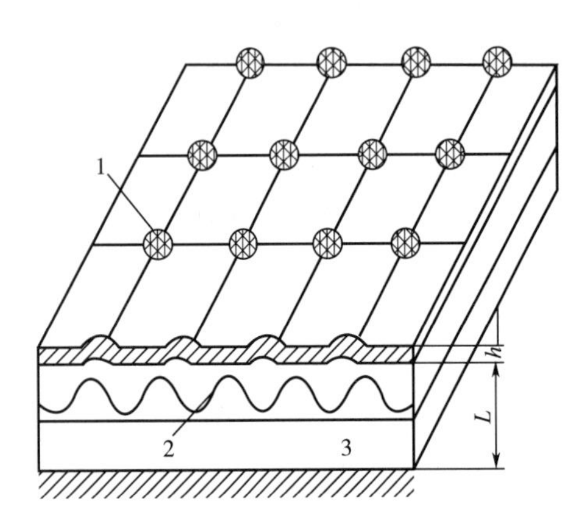

图 8-19　穿孔板共振吸声结构
1—穿孔板　2—吸声材料　3—空气层
h—穿孔板厚度　L—腔深

穿孔板的厚度一般为 1.5~10mm，在板面上均匀地分布孔径为 3~8mm 的孔，穿孔率为 0.5%~5%。穿孔板的缺点是对频率的选择性很强，在共振频率时具有最大的吸声性能，偏离共振频率时则吸声效果较差。它吸收声音的频带比较窄，一般范围只有几十赫兹到两百赫兹。在穿孔板后衬贴织物或填放多孔吸声材料可以使吸收声音的频带加宽。为了提高吸声性能，可采用两层穿孔板组成的吸声结构。

e. 微穿孔板：微穿孔板吸声结构的板厚及孔径均小于 1mm，穿孔率为 1%~3%，它与板后的空腔一起组成微穿孔板吸声结构。这种结构具有较宽的吸声频带。微穿孔板的微孔本身具有足够的声阻，它的背后不需要衬贴多孔吸声材料。

微穿孔板可使用各种薄板材料，如铝板、钢板、不锈钢板和玻璃板等。金属微穿孔板具有防火、防水、耐高温、受风的影响小以及易于清洗等特点，适用于高温、高气流、潮湿、超净等环境条件下的消声器和在吸声降噪设施中使用。对于玻璃纤维布、阻燃装饰布等织物，通过控制其表面覆盖率，即经纬线的粗细和每厘米的根数，也可以作微穿孔吸声结构使用，并获得良好的吸声特性。

f. 薄板吸声结构：不穿孔的薄板如金属板、胶合板、石膏板、塑料板等，使它的周边固定，其背后留一定厚度的空气层，就构成了薄板共振吸声结构，它对低频声有较好的吸声性能。当声波作用于薄板表面时，在声压的交变作用下引起薄板的弯曲振动，由于薄板与固定支点之间和薄板内部引起的内摩擦损耗，使振动的动能转化为热能而使声能得到衰减。当入射声波的频率与振动系统的固有频率，即共振频率，一致时，振动系统会发生共振现象，此时振幅最大，声能消耗也最多，吸收的声能最大。薄板共振吸声结构的共振频率一般为 80~300Hz。

g. 空间吸声体：吸声材料和吸声结构一般安装在墙面和天花板上。如果把吸声材料或吸声结构悬挂在房间内，就成了空间吸声体。常用的空间吸声体有板状、圆柱状、球形和锥形等，几种空间吸声体示意图如图 8-20 所示。吸声体有两个或两个以上的表面与声波接触，从而具有较高的吸声效率，而且制作简单，安装方便，在噪声控制工程中已获得广泛的应用。

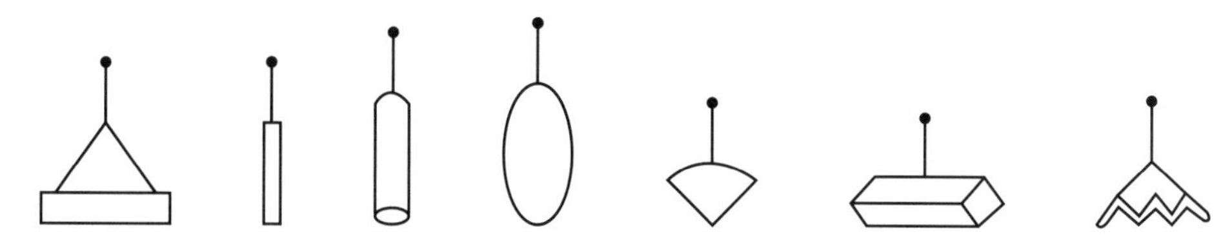

图 8-20 几种空间吸声体示意图

利用吸声材料和吸声结构来降低噪声的方法，需要有一定条件。吸声材料只是吸收反射声，对声源直接发出的直达声是毫无作用的，即吸声处理的最大可能性是把声源在房间的反射声全部吸收。故在一般条件下，用吸声材料来降低房间的噪声的数值不超过 10dB，在特殊条件下也不会超过 15dB。若房间很大，直达声占优势，此时用吸声降噪处理效果较差，甚至察觉不到有降噪的效果。如房间原来的吸声系数较高时，还用吸声处理来降噪，效果是不明显的。因此，吸声处理的方法只是在房间不太大或原来吸声效果较差的场合下才能更好地发挥它的降噪作用。

③消声装置：对内燃机、通风机、鼓风机、压缩机、燃气轮机以及各种高压、高气流排放的噪声控制中广泛使用的消声装置是消声器，即一种既能使气流通过又能有效地降低噪声的设备。通常安装在各种空气动力设备的进出口。一个合适的消声器可直接使气流声源噪声降低 20~40dB，相应响度降低 75%~93%。因此，对消声器有如下要求：

a. 消声性能要求：应具有较好的消声特性，即消声器在一定的流速、温度、湿度、压力等工作环境下，在所要求的频带范围内，有足够大的消声量。

b. 空气动力性能要求：消声器对气流的阻力要小，阻力系数要低，即安装消声器后所增加的压力损失或功率损耗要控制在实际允许的范围内；气流通过消声器时所产生的气流噪声要低。

c. 结构性能要求：消声器要体积小、质量轻、结构简单、便于加工、安装和维修。

d. 经济要求：消声器要价格便宜，使用寿命长。

④消声器的种类：按其消声原理及结构的不同，消声器大体分为五大类：阻性消声器；抗性消声器；微穿孔板消声器；复合式消声器；扩容减压、小孔喷注、排气放空消声器。

a. 阻性消声：利用装置在管道内壁或中部的阻性材料（主要是多孔材料）吸收声能而达到降低噪声的目的。当声波通过敷设有吸声材料的管道时，声波激发多孔材料中众多小孔内空气分子的振动，由于摩擦阻力和黏滞力的作用，一部分声能转换为热能耗散掉，从而起到消声作用。阻性消声器能较好地消除中高频噪声，而对低频的消声作用较差。阻性消声器按气流通道几何形状不同，可分为片式、折板式、圆筒式、迷宫式、蜂窝式、声流式、障板式、弯头式等，阻性消声器如图 8-21 所示。

b. 抗性消声：利用控制声抗的大小进行消声，即利用声波的反射、干涉及共振等原理，吸收或阻碍声能向外传播。它相当于一个声学滤波器。抗性消声器不使用材料，对声

图 8-21　阻性消声器

阻的影响可以忽略不计。它适用于消除中低频噪声或窄带噪声。按其作用原理不同，可分为扩张式、共振腔式和干涉式三种，抗性消声器如图 8-22 所示。

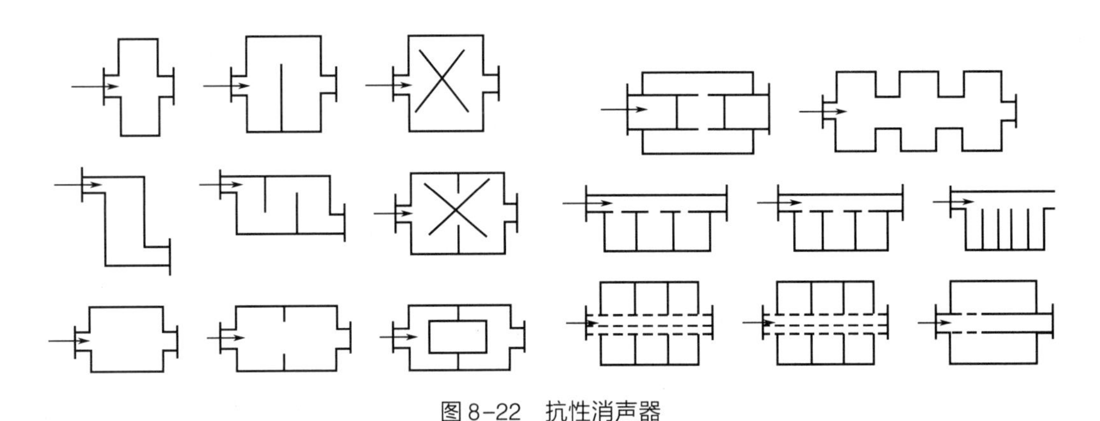

图 8-22　抗性消声器

c. 损耗型消声：在气流通道内壁安装穿孔板或微穿孔板，利用它们的非线性声阻消耗声能，从而达到消声的目的。微穿孔板消声器是典型的损耗型消声器。在厚度小于 1mm 的板材上开孔径小于 1mm 的微孔，穿孔率一般为 1%～3%，在穿孔板后面留有一定的空腔，即为微穿孔板吸声结构。微穿孔板消声器压力损失小，再生噪声低，消声频带较宽，可承受较高气流速度的冲击，耐高温，不怕水和潮湿，能耐一定粉尘。因此，特别适用于食品等行业的消声，对于高速、高温排气放空和内燃机排气消声等，也较适用。微穿孔板消声器如图 8-23 所示。

d. 扩散消声：工业生产中有许多小喷孔高压排气或放空现象，如各种空气动力设备的排气、高压锅炉排气放风等，伴随这些现象的是强烈的排气喷流噪声。这种噪声的特点

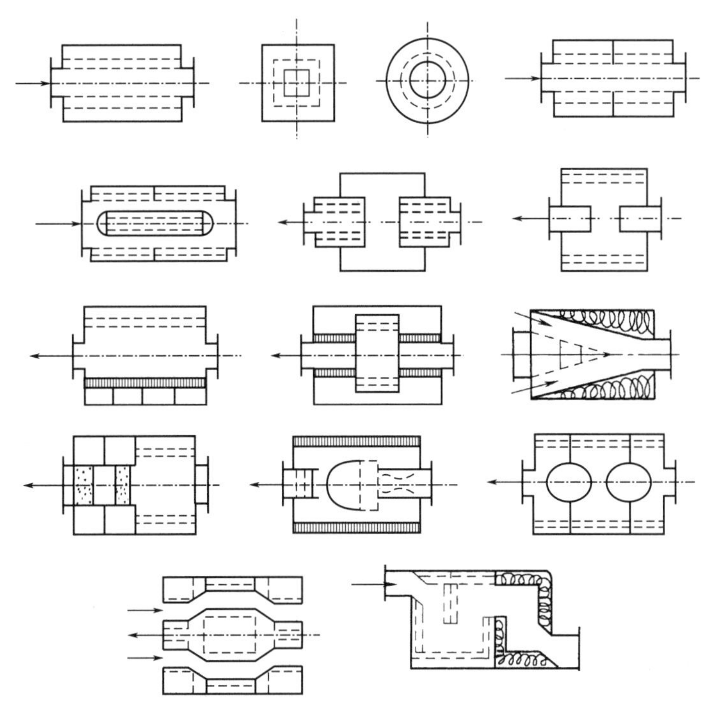

图 8-23　微穿孔板消声器

是声级高、频带宽、传播远、危害极大。扩容减压、小孔喷注式排气放空消声器是为降低高温、高速、高压排气喷流噪声而设计的扩容降压型消声器、节流降压型消声器、小孔喷注型消声器、多孔材料扩散型消声器等，扩散消声器的结构示意图如图 8-24 所示。扩散消声器是利用扩散降速、变频或改变喷注气流参数等机理达到消声的目的，常见的有小孔喷注消声器、多孔扩散消声器和节流降压消声器。小孔喷注消声器直接利用发声机理，将一个大的排气孔用许多小孔来代替，当孔径小到一定值时，噪声频率由低频移到人耳不敏感的频率范围，从而达到降低可听声的目的。

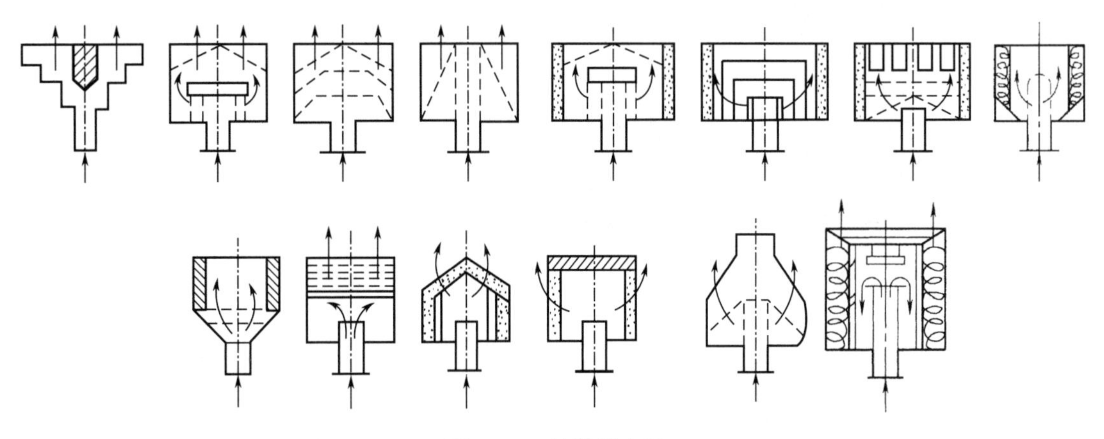

图 8-24　扩散消声器

节流降压消声器是利用节流降压原理制成的。通过多次节流方法将高压降分散为多个小压降以达到降低高压排气放空噪声的目的。多孔扩散消声器所有的材料带有大量的细小孔隙，可以使排放气流被滤成无数个小的气流，气体的压力被降低，流速被扩散减小，因而辐射的噪声强度也就大大减弱。

e. 复合消声：为了达到宽频带、高吸收的消声效果，往往把阻性消声器和抗性消声器组合在一起而构成阻抗复合式消声群。阻抗复合式消声器，既有阻性吸声材料，又有共振器、扩张室、穿孔屏等声学滤波器件。一般将抗性部分放在气流的入口端，阻性部分放在后面。通过不同方式的组合，可以设计出多种阻抗复合式消声器，复合消声如图 8-25 所示。微穿孔板消声器，实际上就是阻抗复合式消声器的一种特殊型式。

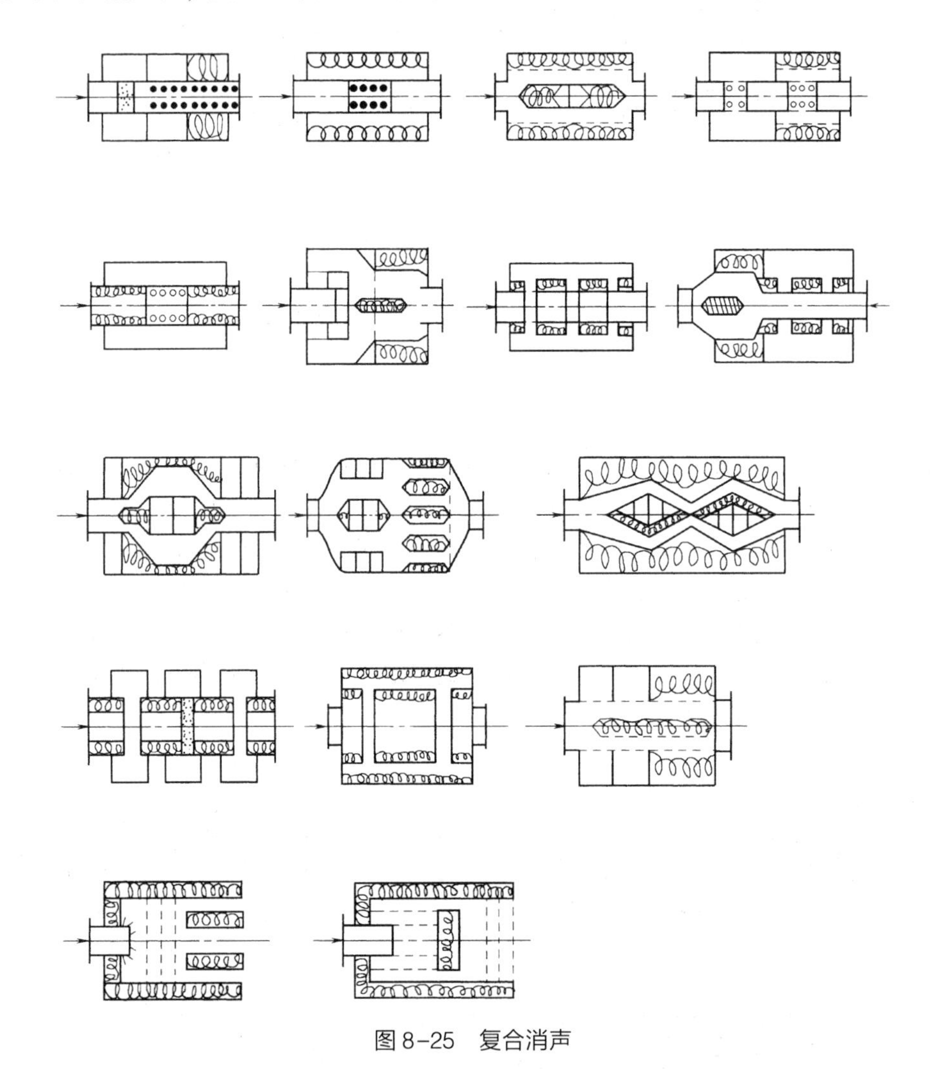

图 8-25　复合消声

⑤隔声技术：按照噪声的传播方式，一般可将噪声分为空气传声和固体传声两种。空气传声是指声源直接激发空气振动并借助空气介质而直接传入人耳，例如汽车的喇叭声和机器表面向空间辐射的声音。固体传声是指声源直接激发固体构件振动后所产生的声音，如人走路撞击楼板时，固体构件的振动以弹性波的形式在墙壁及楼板等构件中传播，在传

播中向周围空气辐射出声波。事实上，声音的传播往往是这两种声音传播方式的组合。在一般情况下，无论是哪种传声，大都需要经过一段空气介质的传播过程，才能到达人耳，两种传播形式既有区别又有联系。

对于空气传声的场合，可以在噪声传播途径中，利用墙体、各种板材及其构件将接受者分隔开来，使噪声在空气中传播受阻而不能顺利地通过，以减少噪声对环境的影响，这种措施通称为隔声。对于固体传声，可以采用弹簧、隔振器及隔振阻尼材料进行隔振处理，这种措施通称为隔振。隔振不仅可以减弱固体传声，同时可以减弱振动直接作用于人体和精密仪器而造成的危害。隔声是噪声控制工程中常用的一种技术措施。常用的隔声构件有各类隔声墙、隔声罩、隔声控制室及隔声屏障等。

a. 隔声墙：实心的均匀墙体的隔声能力决定于墙体的单位面积质量，其值越大则隔声性能越好。当声波投射到墙面时，声压将使墙体发生振动，墙体质量越大则惯性阻力也越大，引起墙体振动越困难，因而隔声效果越好。墙体隔声能力还与入射声波的频率有关，对于高频声的隔声效果更好，对于低频声的隔声效果较差。有空心夹层的双层墙体的隔声结构比同样质量的单层墙的隔声效果更好，这是由于夹层中空气的弹性作用可使声能衰减。如果隔声效果相同，夹层结构比单层结构的质量可减少（2/3）~（3/4）。

b. 隔声间：由隔声墙及隔声门等构件组成的房间称为隔声间。隔声间的实际隔声量不仅与各构件的隔声量有关，还与隔声间内表面的吸声质量及内表面面积有关。一般来说，隔声间内表面的吸声量越大，隔声间内面积越小，其隔声量则越大。隔声间中的门、窗和孔洞往往是隔声间的薄弱环节。孔洞和缝隙对构件的隔声影响甚大。若门、窗、墙体上有较多细小的孔隙，则隔声墙再厚，隔声效果也是不好的。

c. 隔声罩：当噪声源比较集中或只有个别噪声源时，可将噪声源封闭在一个小的隔声空间内，这种隔声设备称为隔声罩，如柴油机、电动机、空压机、球磨机等强噪声设备，常常使用隔声罩来降噪。

一般机器所用的隔声罩由罩板、阻尼涂料和吸声层构成。罩板一般用1~3mm厚的钢板，也可以用密度较大的木质纤维板。罩壳用金属板时要涂以一定厚度的阻尼层以提高隔声量。这主要是因为声波在罩壳内的反射作用会提高噪声的强度。因此，隔声罩还必须在罩板上垫衬吸声材料，例如，用3mm厚的钢板制成的隔声罩，当无吸声材料时隔声量为12dB，当罩内设置吸声系数为0.5的吸声材料后，隔声量增加到32dB。若隔声罩采用太薄的钢板制造，特别是隔声罩与机器或基础是刚性连接，而罩壳的表面积又很大时，隔声罩可能会变成一个噪声放大器，这在隔声罩的设计中应加以注意。隔声罩在制作过程中，一定要注意隔声罩的密封，最好是将声源全部密封，但这是在实际中难以做到的。

d. 隔声门和隔声窗：隔声门和隔声窗是用途相当广泛的隔声构件，例如隔声间和隔声罩都会用到。隔声门、隔声窗的隔声量要与其隔声构件主体的隔声量匹配，否则达不到预期的目的。

普通门的平均隔声量为10~20dB，而隔声门的隔声量应在30dB以上。隔声门在制作中都采用多层复合结构。窗子的隔声效果主要取决于玻璃的厚度，在制作中多采用两层以上玻璃中间夹以空气层的方法，来提高玻璃窗的隔声效果。此外，在隔声门、窗的设计与施工中必须注意解决密封问题。

e. 隔声屏障：隔声屏障是保护近声场人员免遭直达声危害的一种噪声控制手段。当声波在传播中遇到屏障时，会在屏障的边缘处产生绕射现象，从而在屏障的背后产生一个声影区，声影区内的噪声级低于未设置屏障时的噪声级，这就是隔声屏障降噪的基本原理。

⑥噪声的个人防护：最常用的个人防护用品有耳塞、耳罩和头盔三种。

a. 耳塞：耳塞用塑料、橡胶或浸蜡棉纱制成，有多种规格，每个人可根据自己的情况选用。

b. 耳罩：耳罩是仿照耳朵的外形，用塑料及吸声材料做成的，可降低噪声 10~30dB。

c. 防噪声头盔：防噪声头盔的外壳是硬塑料，内衬是吸声材料。它除了防止噪声外，还兼有防碰撞、防寒冷等功能。

三、食品工业的防治大气污染的措施和具体实施办法

工业有害物不仅会危害室内空气环境，如不加控制地排入大气，还会造成大气污染，在更广阔的范围内破坏大气环境。工业化国家大气污染的发展和演变，大致可分三个阶段。第一阶段的大气污染主要是燃煤引起的，即所谓“煤烟型”污染，主要的污染物是烟尘和 SO_2。在第二阶段，随工业的发展，石油代替煤作为主要燃料，同时汽车数量倍增，这时大气污染已不再限于城市和工业区，而是呈现广域污染，主要污染物是 SO_2 与含有重金属的飘尘、硫酸烟雾、光化学烟雾等共同作用的产物，属于复合污染。在第三阶段，即 20 世纪 70 年代以来，各国都重视环境保护，经过严格控制、综合治理，环境污染已基本得到控制，环境质量明显改善。我国是大气污染比较严重的国家，由于以煤作为主要燃料，主要的大气污染物是烟尘和 SO_2，相当于工业化国家的第一阶段。今后随国民经济的高速发展，环境保护的任务十分艰巨，需引起各方面的重视和注意。

（一）食品工业的防治大气污染排放标准

1. 环境空气质量标准

GB 3095—2012 将环境空气质量功能区分为二类：一类区为自然保护区、风景名胜区和其他需要特殊保护的地区；二类区为城镇规划中确定的居住区、商业交通居民混合区、文化区、工业区和农村地区。环境空气质量标准分为二级：一类区适用一级浓度限值；二类区适用二级浓度限值。共限定了污染物六种基本项目浓度限值（SO_2、NO_2、CO、O_3、颗粒物 PM_{10}、颗粒物 $PM_{2.5}$）及四种其他项目浓度限值［总悬浮颗粒物（TSP）、NO_x、Pb、B［a］P］。

2. 大气污染物综合排放标准

GB 16297—1996 规定了 33 种大气污染物的排放限值，其指标体系为最高允许排放浓度、最高允许排放速率和无组织排放监控浓度限值。

该标准规定的最高允许排放速率，现有污染源分一级、二级、三级，新污染源分为二级、三级。按污染源所在的环境空气质量功能区类别，执行相应级别的排放速率标准，即：位于一类区的污染源执行一级标准（一类区禁止新、扩建污染源，一类区现有污染源改建执行现有污染源的一级标准）；位于二类区的污染源执行二级标准；位于三类区的污染源执行三级标准。现有污染源大气污染物排放限值见表 8-6、新污染源大气污染物排放限值见表 8-7。

表 8-6 现有污染源大气污染物排放限值

序号	污染物	最高允许排放浓度/(mg/m^3)	最高允许排放速率(kg/h)				无组织排放监控浓度限值	
			排气筒/m	一级	二级	三级	监控点	浓度/(mg/m^3)
1	二氧化硫	1200 (硫、二氧化硫、硫酸和其他含硫化合物生产) 700 (硫、二氧化硫、硫酸和其他含硫化合物使用)	15	1.6	3.0	4.1	无组织排放源上风向设参照点,下风向设监控点	0.50 (监控点与参照点浓度差值)
			20	2.6	5.1	7.7		
			30	8.8	17	26		
			40	15	30	45		
			50	23	45	69		
			60	33	64	98		
			70	47	91	140		
			80	63	120	190		
			90	82	160	240		
			100	100	200	310		
2	氮氧化物	1700 (硝酸、氮肥和火炸药生产) 420 (硝酸使用和其他)	15	0.47	0.91	1.4	无组织排放源上风向设参照点,下风向设监控点	0.15 (监控点与参照点浓度差值)
			20	0.77	1.5	2.3		
			30	2.6	5.1	7.7		
			40	4.6	8.9	14		
			50	7.0	14	21		
			60	9.9	19	29		
			70	14	27	41		
			80	19	37	56		
			90	24	47	72		
			100	31	61	92		
3	颗粒物	22 (炭黑尘、染料尘)	15	禁排	0.60	0.87	周界外浓度最高点	肉眼不可见
			20		1.0	1.5		
			30		4.0	5.9		
			40		6.8	10		
		80 (玻璃棉尘、石英粉尘、矿渣棉尘)	15	禁排	2.2	3.1	无组织排放源上风向设参照点,下风向设监控点	2.0 (监控点与参照点浓度差值)
			20		3.7	5.3		
			30		14	21		
			40		25	37		
		150 (其他)	15	2.1	4.1	5.9	无组织排放源上风向设参照点,下风向设监控点	5.0 (监控点与参照点浓度差值)
			20	3.5	6.9	10		
			30	14	27	40		
			40	24	46	69		
			50	36	70	110		
			60	51	100	150		

续表

序号	污染物	最高允许排放浓度/(mg/m^3)	最高允许排放速率（kg/h）				无组织排放监控浓度限值	
			排气筒/m	一级	二级	三级	监控点	浓度/(mg/m^3)
4	氟化氢	150	15	禁排	0.30	0.46	周界外浓度最高点	0.25
			20		0.51	0.77		
			30		1.7	2.6		
			40		3.0	4.5		
			50		4.5	6.9		
			60		6.4	9.8		
			70		9.1	14		
			80		12	19		
5	铬酸雾	0.080	15	禁排	0.009	0.014	周界外浓度最高点	0.0075
			20		0.015	0.023		
			30		0.051	0.078		
			40		0.089	0.13		
			50		0.14	0.21		
			60		0.19	0.29		
6	硫酸雾	1000（火炸药厂） 70（其他）	15	禁排	1.8	2.8	周界外浓度最高点	1.5
			20		3.1	4.6		
			30		10	16		
			40		18	27		
			50		27	41		
			60		39	59		
			70		55	83		
			80		74	110		
7	氟化物	100（普钙工业） 11（其他）	15	禁排	0.12	0.18	无组织排放源上风向设参照点，下风向设监控点	20（$\mu g/m^3$，监控点与参照点浓度差值）
			20		0.20	0.31		
			30		0.69	1.0		
			40		1.2	1.8		
			50		1.8	2.7		
			60		2.6	3.9		
			70		3.6	5.5		
			80		4.9	7.5		
8	氯气	85	25	禁排	0.60	0.90	周界外浓度最高点	0.50
			30		1.0	1.5		
			40		3.4	5.2		
			50		5.9	9.0		
			60		9.1	14		
			70		13	20		
			80		18	28		

续表

序号	污染物	最高允许排放浓度/(mg/m³)	最高允许排放速率(kg/h)				无组织排放监控浓度限值	
			排气筒/m	一级	二级	三级	监控点	浓度/(mg/m³)
9	铅及其化合物	0.90	15	禁排	0.005	0.007	周界外浓度最高点	0.0075
			20		0.007	0.011		
			30		0.031	0.048		
			40		0.055	0.083		
			50		0.085	0.13		
			60		0.12	0.18		
			70		0.17	0.26		
			80		0.23	0.35		
			90		0.31	0.47		
			100		0.39	0.60		
10	汞及其化合物	0.015	15	禁排	1.8×10^{-3}	2.8×10^{-3}	周界外浓度最高点	0.0015
			20		3.1×10^{-3}	4.6×10^{-3}		
			30		10×10^{-3}	16×10^{-3}		
			40		18×10^{-3}	27×10^{-3}		
			50		27×10^{-3}	41×10^{-3}		
			60		39×10^{-3}	59×10^{-3}		
11	镉及其化合物	1.0	15	禁排	0.060	0.090	周界外浓度最高点	0.050
			20		0.10	0.15		
			30		0.34	0.52		
			40		0.59	0.90		
			50		0.91	1.4		
			60		1.3	2.0		
			70		1.8	2.8		
			80		2.5	3.7		
12	铍及其化合物	0.015	15	禁排	1.3×10^{-3}	2.0×10^{-3}	周界外浓度最高点	0.0010
			20		2.2×10^{-3}	3.3×10^{-3}		
			30		7.3×10^{-3}	11×10^{-3}		
			40		13×10^{-3}	19×10^{-3}		
			50		19×10^{-3}	29×10^{-3}		
			60		27×10^{-3}	41×10^{-3}		
			70		39×10^{-3}	58×10^{-3}		
			80		52×10^{-3}	79×10^{-3}		
13	镍及其化合物	5.0	15	禁排	0.18	0.28	周界外浓度最高点	0.050
			20		0.31	0.46		
			30		1.0	1.6		
			40		1.8	2.7		
			50		2.7	4.1		
			60		3.9	5.9		
			70		5.5	8.2		
			80		7.4	11		

续表

序号	污染物	最高允许排放浓度/(mg/m³)	最高允许排放速率（kg/h）				无组织排放监控浓度限值	
			排气筒/m	一级	二级	三级	监控点	浓度/(mg/m³)
14	锡及其化合物	10	15 20 30 40 50 60 70 80	禁排	0.36 0.61 2.1 3.5 5.4 7.7 11 15	0.55 0.93 3.1 5.4 8.2 12 17 22	周界外浓度最高点	0.30
15	苯	17	15 20 30 40	禁排	0.60 1.0 3.3 6.0	0.90 1.5 5.2 9.0	周界外浓度最高点	0.50
16	甲苯	60	15 20 30 40	禁排	3.6 6.1 21 36	5.5 9.3 31 54	周界外浓度最高点	0.30
17	二甲苯	90	15 20 30 40	禁排	1.2 2.0 6.9 12	1.8 3.1 10 18	周界外浓度最高点	1.5
18	酚类	115	15 20 30 40 50 60	禁排	0.12 0.20 0.68 1.2 1.8 2.6	0.18 0.31 1.0 1.8 2.7 3.9	周界外浓度最高点	0.10
19	甲醛	30	15 20 30 40 50 60	禁排	0.30 0.51 1.7 3.0 4.5 6.4	0.46 0.77 2.6 4.5 6.9 9.8	周界外浓度最高点	0.25
20	乙醛	150	15 20 30 40 50 60	禁排	0.060 0.10 0.34 0.59 0.91 1.3	0.090 0.15 0.52 0.90 1.4 2.0	周界外浓度最高点	0.050

续表

序号	污染物	最高允许排放浓度/(mg/m^3)	最高允许排放速率(kg/h)				无组织排放监控浓度限值	
			排气筒/m	一级	二级	三级	监控点	浓度/(mg/m^3)
21	丙烯腈	26	15	禁排	0.91	1.4	周界外浓度最高点	0.75
			20		1.5	2.3		
			30		5.1	7.8		
			40		8.9	13		
			50		14	21		
			60		19	29		
22	丙烯醛	20	15	禁排	0.61	0.92	周界外浓度最高点	0.50
			20		1.0	1.5		
			30		3.4	5.2		
			40		5.9	9.0		
			50		9.1	14		
			60		13	20		
23	氯化氢	2.3	25	禁排	0.18	0.28	周界外浓度最高点	0.030
			30		0.31	0.46		
			40		1.0	1.6		
			50		1.8	2.7		
			60		2.7	4.1		
			70		3.9	5.9		
			80		5.5	8.3		
24	甲醇	220	15	禁排	6.1	9.2	周界外浓度最高点	15
			20		10	15		
			30		34	52		
			40		59	90		
			50		91	140		
			60		130	200		
25	苯胺类	25	15	禁排	0.61	0.92	周界外浓度最高点	0.50
			20		1.0	1.5		
			30		3.4	5.2		
			40		5.9	9.0		
			50		9.1	14		
			60		13	20		
26	氯苯类	85	15	禁排	0.67	0.92	周界外浓度最高点	0.50
			20		1.0	1.5		
			30		2.9	4.4		
			40		5.0	7.6		
			50		7.7	12		
			60		11	17		
			70		15	23		
			80		21	32		
			90		27	41		
			100		34	52		

续表

序号	污染物	最高允许排放浓度/(mg/m^3)	最高允许排放速率（kg/h）				无组织排放监控浓度限值	
			排气筒/m	一级	二级	三级	监控点	浓度/(mg/m^3)
27	硝基苯类	20	15	禁排	0.060	0.090	周界外浓度最高点	0.050
			20		0.10	0.15		
			30		0.34	0.52		
			40		0.59	0.90		
			50		0.91	1.4		
			60		1.3	2.0		
28	氯乙烯	65	15	禁排	0.91	1.4	周界外浓度最高点	0.75
			20		1.5	2.3		
			30		5.0	7.8		
			40		8.9	13		
			50		14	21		
			60		19	29		
29	苯并芘	0.50×10^{-3}（沥青、碳素制品生产和加工）	15	禁排	0.06×10^{-3}	0.09×10^{-3}	周界外浓度最高点	0.01（$\mu g/m^3$）
			20		0.10×10^{-3}	0.15×10^{-3}		
			30		0.34×10^{-3}	0.51×10^{-3}		
			40		0.59×10^{-3}	0.89×10^{-3}		
			50		0.90×10^{-3}	1.4×10^{-3}		
			60		1.3×10^{-3}	2.0×10^{-3}		
30	光气	5.0	25	禁排	0.12	0.18	周界外浓度最高点	0.10
			30		0.20	0.31		
			40		0.69	1.0		
			50		1.2	1.8		
31	沥青烟	280（吹制沥青）	15	0.11	0.22	0.34	生产设备不得有明显的无组织排放存在	
			20	0.19	0.36	0.55		
		80（熔炼、浸涂）	30	0.82	1.6	2.4		
			40	1.4	2.8	4.2		
			50	2.2	4.3	6.6		
		150（建筑搅拌）	60	3.0	5.9	9.0		
			70	4.5	8.7	13		
			80	6.2	12	18		
32	石棉尘	2根纤维/cm^3 或 20mg/m^3	15	禁排	0.65	0.98	生产设备不得有明显的无组织排放存在	
			20		1.1	1.7		
			30		4.2	6.4		
			40		7.2	11		
			50		11	17		
33	非甲烷总烃	150（使用溶剂汽油或其他混合烃类物质）	15	6.3	12	18	周界外浓度最高点	5.0
			20	10	20	30		
			30	35	63	100		
			40	61	120	170		

表 8-7 新污染源大气污染物排放限值

序号	污染物	最高允许排放浓度/(mg/m^3)	最高允许排放速率/(kg/h)			无组织排放监控浓度限值	
			排气筒/m	二级	三级	监控点	浓度/(mg/m^3)
1	二氧化硫	960(硫、二氧化硫、硫酸和其他含硫化合物生产)	15	2.6	3.5	周界外浓度最高点	0.40
			20	4.3	6.6		
			30	15	22		
		550(硫、二氧化硫、硫酸和其他含硫化合物使用)	40	25	38		
			50	39	58		
			60	55	83		
			70	77	120		
			80	110	160		
			90	130	200		
			100	170	270		
2	氮氧化物	1400(硝酸、氮肥和火炸药生产)	15	0.77	1.2	周界外浓度最高点	0.12
			20	1.3	2.0		
		240(硝酸使用和其他)	30	4.4	6.6		
			40	7.5	11		
			50	12	18		
			60	16	25		
			70	23	35		
			80	31	47		
			90	40	61		
			100	52	78		
3	颗粒物	18(炭黑尘、染料尘)	15	0.15	0.74	周界外浓度最高点	肉眼不可见
			20	0.85	1.3		
			30	3.4	5.0		
			40	5.8	8.5		
		60(玻璃棉尘、石英粉尘、矿渣棉尘)	15	1.9	2.6	周界外浓度最高点	1.0
			20	3.1	4.5		
			30	12	18		
			40	21	31		
		120(其他)	15	3.5	5.0	周界外浓度最高点	1.0
			20	5.9	8.5		
			30	23	34		
			40	39	59		
			50	60	94		
			60	85	130		

续表

序号	污染物	最高允许排放浓度/(mg/m^3)	最高允许排放速率/(kg/h)			无组织排放监控浓度限值	
			排气筒/m	二级	三级	监控点	浓度/(mg/m^3)
4	氟化氢	100	15	0.26	0.39	周界外浓度最高点	0.20
			20	0.43	0.65		
			30	1.4	2.2		
			40	2.6	3.8		
			50	3.8	5.9		
			60	5.4	8.3		
			70	7.7	12		
			80	10	16		
5	铬酸雾	0.070	15	0.008	0.012	周界外浓度最高点	—
			20	0.013	0.020		
			30	0.043	0.066		
			40	0.076	0.12		
			50	0.12	0.18		
			60	0.16	0.25		
6	硫酸雾	430 (火炸药厂) 45 (其他)	15	1.5	2.4	周界外浓度最高点	1.2
			20	2.6	3.9		
			30	8.8	13		
			40	15	23		
			50	23	35		
			60	33	50		
			70	46	70		
			80	63	95		
7	氟化物	90 (普钙工业) 9.0 (其他)	15	0.10	0.15	周界外浓度最高点	20 (μg/m^3)
			20	0.17	0.26		
			30	0.59	0.88		
			40	1.0	1.5		
			50	1.5	2.3		
			60	2.2	3.3		
			70	3.1	4.7		
			80	4.2	6.3		
8	氯气	65	25	0.52	0.78	周界外浓度最高点	0.40
			30	0.87	1.3		
			40	2.9	4.4		
			50	5.0	7.6		
			60	7.7	12		
			70	11	17		
			80	15	23		

续表

序号	污染物	最高允许排放浓度/(mg/m³)	最高允许排放速率/(kg/h)			无组织排放监控浓度限值	
			排气筒/m	二级	三级	监控点	浓度/(mg/m³)
9	铅及其化合物	0.70	15	0.004	0.006	周界外浓度最高点	0.0060
			20	0.006	0.009		
			30	0.027	0.041		
			40	0.047	0.071		
			50	0.072	0.11		
			60	0.10	0.15		
			70	0.15	0.22		
			80	0.20	0.30		
			90	0.26	0.40		
			100	0.33	0.51		
10	汞及其化合物	0.012	15	1.5×10^{-3}	2.4×10^{-3}	周界外浓度最高点	0.0012
			20	2.6×10^{-3}	3.9×10^{-3}		
			30	7.8×10^{-3}	13×10^{-3}		
			40	15×10^{-3}	23×10^{-3}		
			50	23×10^{-3}	35×10^{-3}		
			60	33×10^{-3}	50×10^{-3}		
11	镉及其化合物	0.85	15	0.050	0.080	周界外浓度最高点	0.040
			20	0.090	0.13		
			30	0.29	0.44		
			40	0.50	0.77		
			50	0.77	1.2		
			60	1.1	1.7		
			70	1.5	2.3		
			80	2.1	3.2		
12	铍及其化合物	0.012	15	1.1×10^{-3}	1.7×10^{-3}	周界外浓度最高点	0.0008
			20	1.8×10^{-3}	2.8×10^{-3}		
			30	6.2×10^{-3}	9.4×10^{-3}		
			40	11×10^{-3}	16×10^{-3}		
			50	16×10^{-3}	25×10^{-3}		
			60	23×10^{-3}	35×10^{-3}		
			70	33×10^{-3}	50×10^{-3}		
			80	44×10^{-3}	67×10^{-3}		
13	镍及其化合物	4.3	15	0.15	0.24	周界外浓度最高点	0.040
			20	0.26	0.34		
			30	0.88	1.3		
			40	1.5	2.3		
			50	2.3	3.5		
			60	3.3	5.0		
			70	4.6	7.0		
			80	6.3	10		

续表

序号	污染物	最高允许排放浓度/(mg/m^3)	最高允许排放速率/(kg/h)			无组织排放监控浓度限值	
			排气筒/m	二级	三级	监控点	浓度/(mg/m^3)
14	锡及其化合物	8.5	15	0.31	0.47	周界外浓度最高点	0.24
			20	0.52	0.79		
			30	1.8	2.7		
			40	3.0	4.6		
			50	4.6	7.0		
			60	6.6	10		
			70	9.3	14		
			80	13	19		
15	苯	12	15	0.50	0.80	周界外浓度最高点	0.40
			20	0.90	1.3		
			30	2.9	4.4		
			40	5.6	7.6		
16	甲苯	40	15	3.1	4.7	周界外浓度最高点	2.4
			20	5.2	7.9		
			30	18	27		
			40	30	46		
17	二甲苯	70	15	1.0	1.5	周界外浓度最高点	1.2
			20	1.7	2.6		
			30	5.9	8.8		
			40	10	15		
18	酚类	100	15	0.10	0.15	周界外浓度最高点	0.080
			20	0.17	0.26		
			30	0.58	0.88		
			40	1.0	1.5		
			50	1.5	2.3		
			60	2.2	3.3		
19	甲醛	25	15	0.26	0.39	周界外浓度最高点	0.20
			20	0.43	0.65		
			30	1.4	2.2		
			40	2.6	3.8		
			50	3.8	5.9		
			60	5.4	8.3		
20	乙醛	125	15	0.050	0.080	周界外浓度最高点	0.040
			20	0.090	0.13		
			30	0.29	0.44		
			40	0.50	0.77		
			50	0.77	1.2		
			60	1.1	1.6		

续表

序号	污染物	最高允许排放浓度/（mg/m³）	最高允许排放速率/（kg/h）			无组织排放监控浓度限值	
			排气筒/m	二级	三级	监控点	浓度/（mg/m³）
21	丙烯腈	22	15	0.77	1.2	周界外浓度最高点	0.60
			20	1.3	2.0		
			30	4.4	6.6		
			40	7.5	11		
			50	12	18		
			60	16	25		
22	丙烯醛	16	15	0.52	0.78	周界外浓度最高点	0.40
			20	0.87	1.3		
			30	2.9	4.4		
			40	5.0	7.6		
			50	7.7	12		
			60	11	17		
23	氯化氢	1.9	25	0.15	0.24	周界外浓度最高点	0.024
			30	0.26	0.39		
			40	0.88	1.3		
			50	1.5	2.3		
			60	2.3	3.5		
			70	3.3	5.0		
			80	4.6	7.0		
24	甲醇	190	15	5.1	7.8	周界外浓度最高点	12
			20	8.6	13		
			30	29	44		
			40	50	70		
			50	77	120		
			60	100	170		
25	苯胺类	20	15	0.52	0.78	周界外浓度最高点	0.40
			20	0.87	1.3		
			30	2.9	4.4		
			40	5.0	7.6		
			50	7.7	12		
			60	11	17		
26	氯苯类	60	15	0.52	0.78	周界外浓度最高点	0.40
			20	0.87	1.3		
			30	2.5	3.8		
			40	4.3	6.5		
			50	6.6	9.9		
			60	9.3	14		
			70	13	20		
			80	18	27		
			90	23	35		
			100	29	44		

续表

序号	污染物	最高允许排放浓度/(mg/m³)	最高允许排放速率/(kg/h)			无组织排放监控浓度限值	
			排气筒/m	二级	三级	监控点	浓度/(mg/m³)
27	硝基苯类	16	15	0.050	0.080	周界外浓度最高点	0.040
			20	0.090	0.13		
			30	0.29	0.44		
			40	0.50	0.77		
			50	0.77	1.2		
			60	1.1	1.7		
28	氯乙烯	36	15	0.77	1.2	周界外浓度最高点	0.60
			20	1.3	2.0		
			30	4.4	6.6		
			40	7.5	11		
			50	12	18		
			60	16	25		
29	苯并芘	0.30×10^{-3}（沥青及碳素制品生产和加工）	15	0.050×10^{-3}	0.080×10^{-3}	周界外浓度最高点	0.008（μg/m³）
			20	0.085×10^{-3}	0.13×10^{-3}		
			30	0.29×10^{-3}	0.43×10^{-3}		
			40	0.50×10^{-3}	0.76×10^{-3}		
			50	0.77×10^{-3}	1.2×10^{-3}		
			60	1.1×10^{-3}	1.7×10^{-3}		
30	光气	3.0	25	0.10	0.15	周界外浓度最高点	0.080
			30	0.17	0.26		
			40	0.59	0.88		
			50	1.0	1.5		
31	沥青烟	140（吹制沥青）	15	0.18	0.27	生产设备不得有明显的无组织排放存在	
			20	0.30	0.45		
		40（熔炼、浸涂）	30	1.3	2.0		
			40	2.3	3.5		
			50	3.6	5.4		
		75（建筑搅拌）	60	5.6	7.5		
			70	7.4	11		
			80	10	15		
32	石棉尘	1根纤维/cm³ 或 10mg/m³	15	0.55	0.83	生产设备不得有明显的无组织排放存在	
			20	0.93	1.4		
			30	3.6	5.4		
			40	6.2	9.3		
			50	9.4	14		
33	非甲烷总烃	120（使用溶剂汽油或其他混合烃类物质）	15	10	16	周界外浓度最高点	4.0
			20	17	27		
			30	53	83		
			40	100	150		

（二）防治食品工业有害物对大气的污染的综合措施

我国多年来防尘、防毒的实践证明，在多数情况下，单靠通风方法防治工业有害物，既不经济也达不到预期的效果，必须采取综合措施。首先应该改革工艺设备和工艺操作方法，从根本上杜绝和减少有害物的产生，在此基础上再采用合理的通风措施，建立严格的检查管理制度，才能有效地防治工业有害物。

1. 改革工艺设备和工艺操作方法，从根本上防止和减少有害物的产生

生产工艺的改革能有效地解决防尘、防毒问题，例如，用湿式作业代替干式作业可以大大减少粉尘的产生。改革工艺时，应尽量使生产过程自动化、机械化、密闭化，避免有害物与人体直接接触。

2. 采用通风措施控制有害物

通过工艺设备和工艺操作方法的改革，如果仍有有害物散入室内，应采取局部通风或全面通风措施，使车间空气中的有害物浓度不超过卫生标准的规定，通风排气中的有害物浓度达到排放标准。采用局部通风时，要尽量把产尘、产毒工艺设备密闭起来，以最小的风量获得最好的效果。总图布置、建筑和工艺设计应与通风措施密切配合，进行综合防治。

3. 个人防护

由于技术和工艺上的原因，某些作业地点达不到卫生标准的控制要求时，应对操作人员采取个人防护措施，如配备防尘、防毒口罩或面具、穿戴按不同工种配备的工作服等。

4. 建立严格的检查管理制度

为了确保通风系统的安全运行，推动防尘、防毒工作，一定要建立严格的检查管理制度或设置专职的防尘、防毒小组。必须加强通风设备的维护和修理，以便取得良好的通风效果。定期测定产尘点和产毒点空气中有害物的浓度，作为检查和进一步改善防尘、防毒工作的主要依据。生产过程中接触尘、毒的人员应定期进行体检，以便发现情况，采取措施。根据国家规定，严重危害工人身体健康，长期达不到卫生标准要求的工作岗位或车间，有关部门可勒令其停止生产。

（三）防治工业有害物对大气的污染的通风方法

通风方法就是人为利用有组织的空气流动改善车间的空气环境。通风方法按照控制范围可分为局部通风和全面通风。在局部地点或整个车间把不符合卫生标准的污浊空气排至室外，或把新鲜空气或经过净化符合卫生要求的空气送入室内，前者称为排风，后者称为送风。防止工业有害物污染室内空气最有效的方法是：在有害物产生地点直接把它们捕集起来，经过净化处理，排至室外，这种通风方法称局部排风。局部排风系统需要的风量小、效果好，设计时应优先考虑。

如果由于生产条件限制、有害物源不固定等原因，不能采用局部排风，或者采用局部排风后，室内有害物浓度仍超过卫生标准，则可以采用全面通风。全面通风是对整个车间进行通风换气，即用新鲜空气把整个车间的有害物浓度稀释到最高容许浓度以下。全面通风所需的风量大大超过局部排风，相应的设备也较庞大。按照通风动力的不同，通风系统可分为机械通风和自然通风两类。自然通风是依靠室外风力造成的风压和室内外空气温度差所造成的热压使空气流动的，机械通风是依靠风机造成的压力使空气流动的。自然通风不需要专门的动力，在某些热车间是一种经济有效的通风方法。

1. 局部通风

局部通风系统分为局部进风和局部排风两大类，它们都是利用局部气流，使局部工作地点不受有害物的污染，营造良好的空气环境。

（1）局部排风系统　局部排风系统如图 8-26 所示，它由以下几部分组成：

①局部排风罩：局部排风罩是用来捕集有害物的。它的性能对局部排风系统的技术经济指标有直接影响。性能良好的局部排风罩，如密闭罩，只要较小的风量就可以获得良好的工作效果。由于生产设备和操作的不同，排风罩的形式是多种多样的。

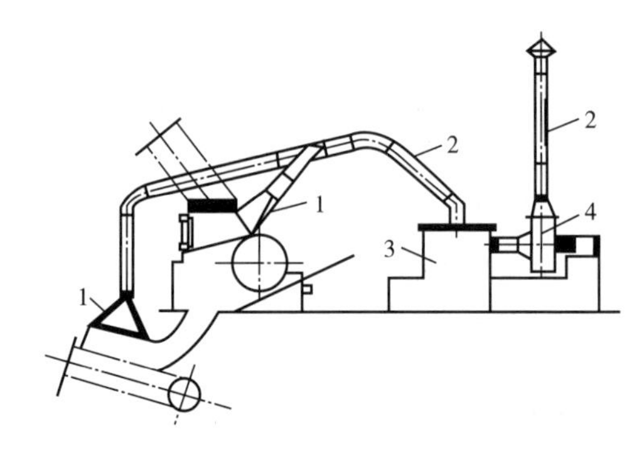

图 8-26　局部排风系统示意图

1—局部排风罩　2—风管　3—净化设备　4—风机

②风管：通风系统中输送气体的管道称风管，它把系统中的各种设备或部件连成了一个整体。为了提高系统的经济性，应合理选定风管中的气体流速，管路应力求短、直。风管通常用表面光滑的材料制作，如薄钢板、聚氯乙烯板等材料。

③净化设备：为了防止大气污染，当排出空气中有害物量超过排放标准时，必须用净化设备处理，达到排放标准后再排入大气。净化设备分除尘器和有害气体净化装置两类。

④风机：风机向机械排风系统提供空气流动的动力。为了防止风机的磨损和腐蚀，通常把它放在净化设备的后面。

（2）局部送风系统　对于面积很大，操作人员较少的生产车间，用全面通风的方式改善整个车间的空气环境，既困难又不经济，同时也是不必要的，例如某些高温车间，没有必要对整个车间进行降温，只需向个别的局部工作地点送风，在局部地点造成良好的空气环境，这种通风方法称局部送风。局部送风系统分为系统式和分散式两种。系统式局部送风系统如图 8-27 所示。空气经集中处理后送入局部工作区。分散式局部送风一般使用轴流风扇或喷雾风扇，采用室内再循环空气。

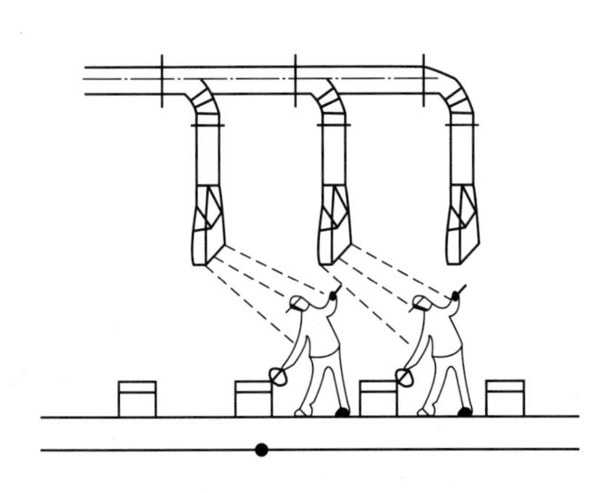

图 8-27　系统式局部送风系统示意图

2. 全面通风

全面通风也称稀释通风，它一方面用清洁空气稀释室内空气中的有害物浓度，同时不断把污染空气排至室外，使室内空气中有害物浓度不超过卫生标准规定的最高允许浓度。应当指出：全面通风的效果不仅与通风量有关，而且与通风气流的组织有关。气流组织方式如图 8-28（1）所示，清洁空气直接送到工作位置，再经有害物源排至室外，使工作地点空气新鲜。气流组织方式如图 8-28（2）所示，是送风空气经有害物源，再流到工作位置，工作区的空气比较污浊。由此可见，要使全面通风效果良好，不仅需要足够的通风量，还要有合理的气流组织。

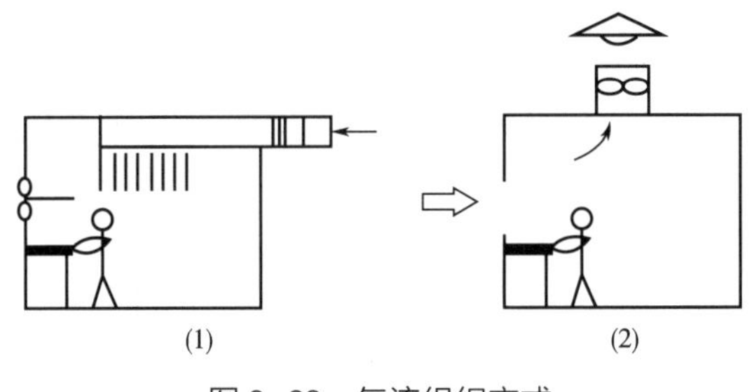

图 8-28　气流组织方式

（四）防治食品加工厂颗粒污染物的措施和具体实施办法

在食品生产过程中经常产生的颗粒污染物是粉尘。防止粉尘在室内扩散的最有效的方法是局部排风（吸风）通风方法。当通风机工作时，由于负压的作用，外界空气通过机器设备外壳的缝隙和专门的风道进入工作区，把机器设备工作时扩散出来的粉尘、热量和水汽带走，经吸风罩沿风管送入除尘器净化，再将净化后的空气排出室外。根据工艺流程和机器设备的配置、厂房条件和吸风量的大小，可设计成单独通风除尘网路，即一台机器设备单独用一台通风机吸风，通风除尘网路如图 8-29（1）所示；或集中通风除尘网路，即两台或两台以上机器设备合用一台通风机吸风，通风除尘网路如图 8-29（2）所示。有些地处寒带的食品企业，由于室外温度很低，进入机器设备的空气都取自室内，但需要经过处理（包括洗涤、加热），净化后的空气又排入室内。如此循环使用空气，形成一个封闭环路，称封闭再循环通风系统。为了克服封闭再循环通风系统中卫生效果差的缺陷，可适当补充（不小于 10%）一些室外新鲜空气（也需经加热后进入机器设备），这种系统称为半封闭再循环通风系统。对于有些自带通风机的设备（如振动筛）或对风量要求准确的设备（如去石机），可装成单机空气封闭循环系统，这样可节省部分风管和除尘设备，风量易调节，也有利于节约电能。

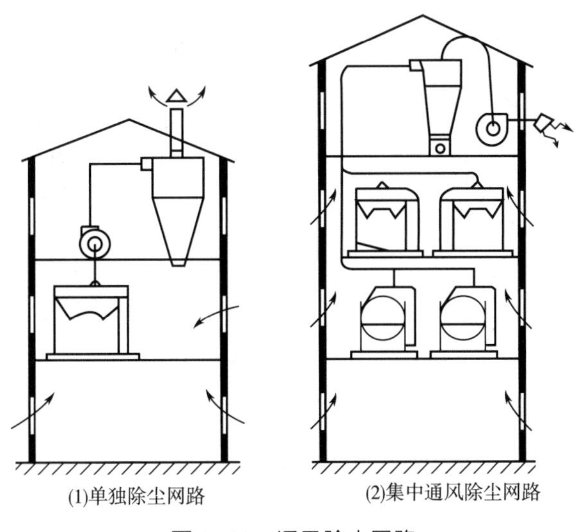

图 8-29　通风除尘网路

食品在加工过程中往往有大量热量产生，这不仅使物料温度升高而影响成品的质量，还会蒸发大量水汽，使机器设备内部和管道内表面发生水汽凝结现象。因此食品加工厂中通风除尘系统除了起控制粉尘的作用外，还是冷却物料必不可少的重要措施。另外，通风作用还可进一步转化，利用空气的动力特性，对物料进行风选分级。此外，合理的通风除尘装置对防止微生物、害虫的滋生及粉尘爆炸事故均起到积极作用。总之，食品加工厂通风除尘系统具有“一风多用”的特点。

1. 食品加工厂常见的局部排风罩

圆盘给料器排风罩如图 8-30 所示，圆筒筛排风罩如图 8-31 所示，皮带输送机转落点排风罩如图 8-32 所示，皮带输送机进料端排风罩如图 8-33 所示，皮带输送机抛料端排风罩如图 8-34 所示，卸料小车排风罩如图 8-35 所示，螺旋输送机排风罩如图 8-36 所示，斗式提升机排风罩如图 8-37 所示，吹式相对密度（比重）去石机排风罩如图 8-38 所示，滚筒精选机排风罩如图 8-39 所示，自动秤排风罩如图 8-40 所示，吸风罩同分支风管的连接如图 8-41 所示。

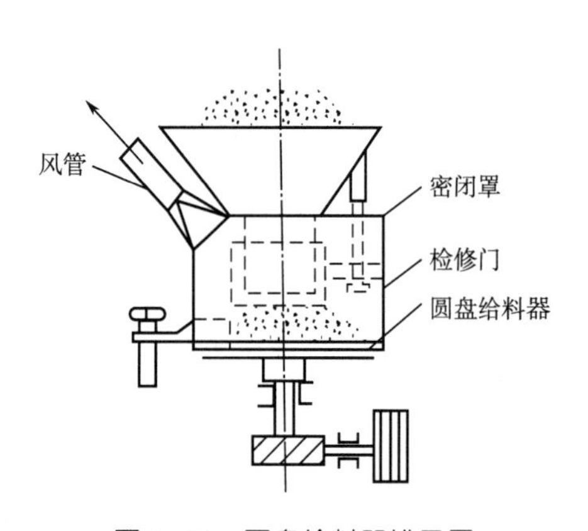

图 8-30　圆盘给料器排风罩

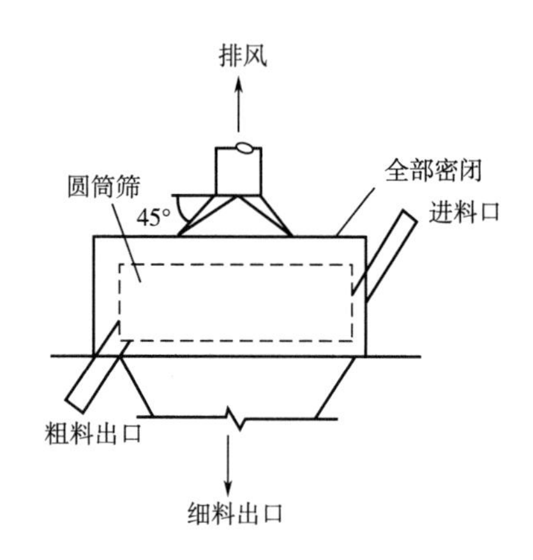

图 8-31　圆筒筛排风罩

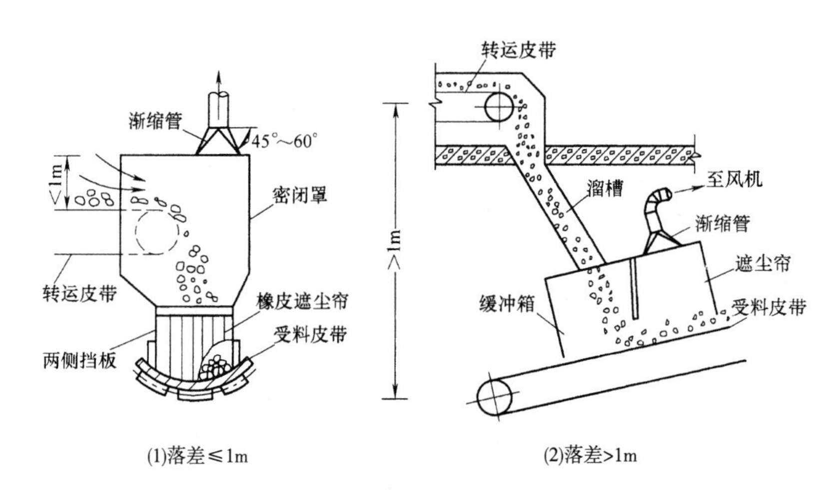

图 8-32　皮带输送机转落点排风罩

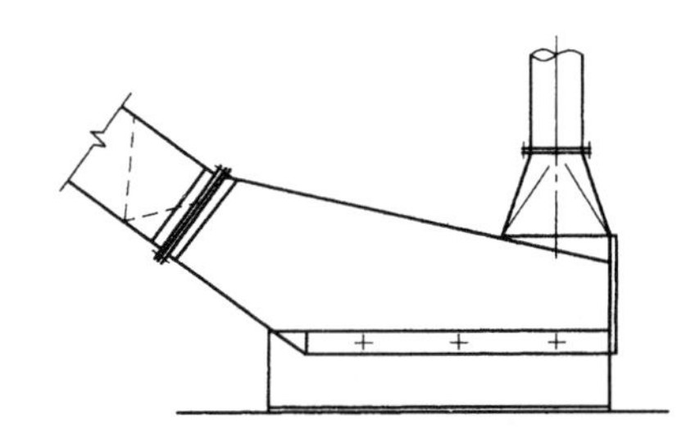

图 8-33　皮带输送机进料端排风罩

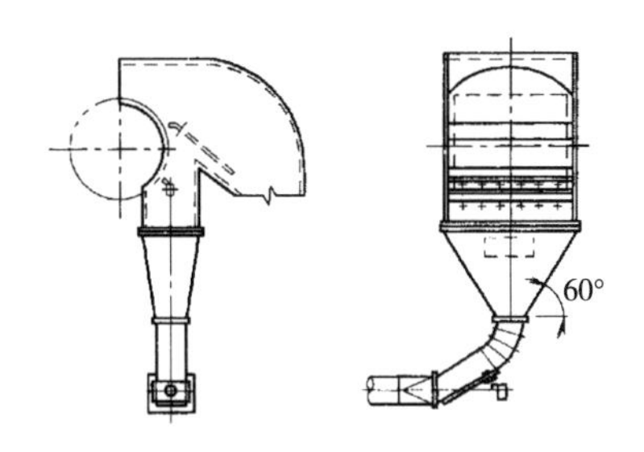

图 8-34　皮带输送机抛料端排风罩

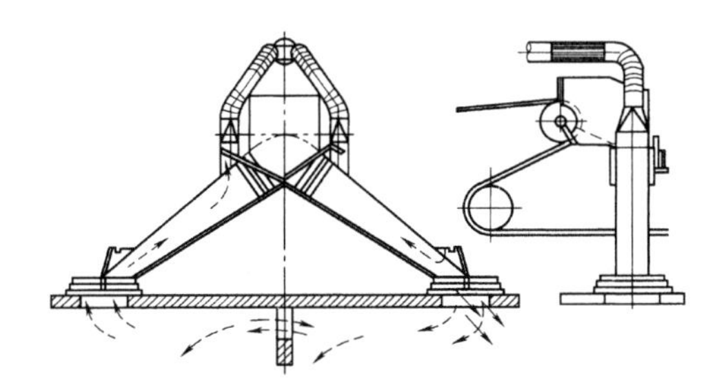

图 8-35　卸料小车排风罩

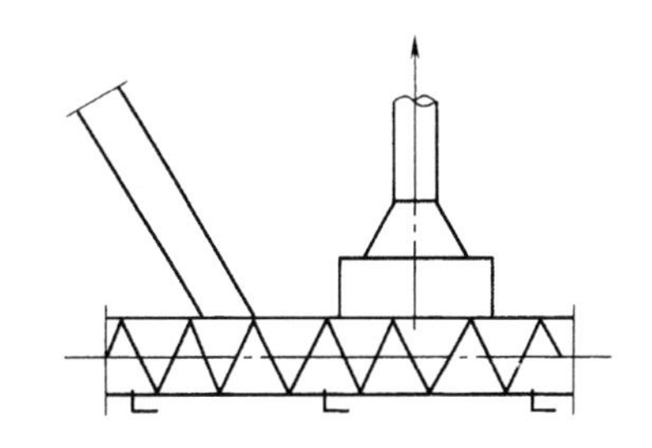

图 8-36　螺旋输送机排风罩

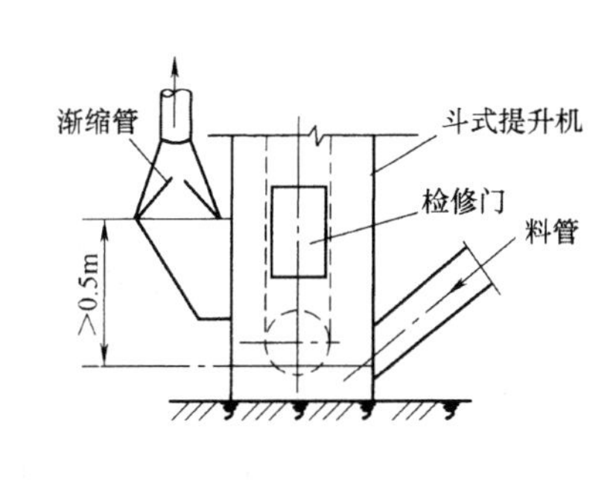

图 8-37　斗式提升机排风罩

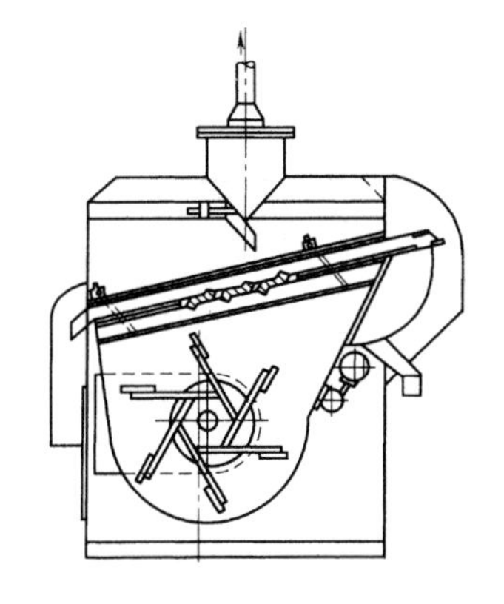

图 8-38　吹式相对密度（比重）去石机排风罩

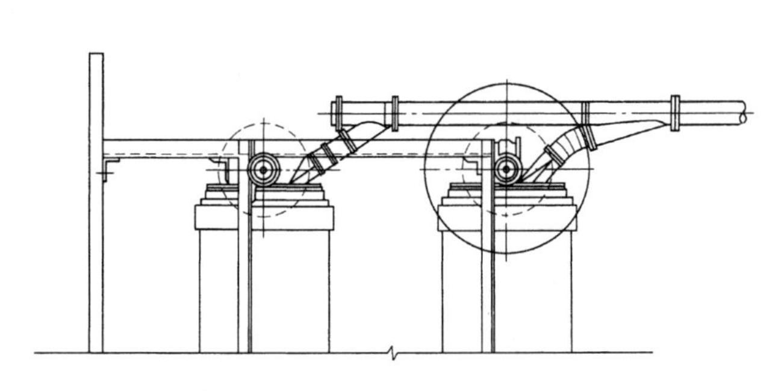

图 8-39　滚筒精选机排风罩

2. 风管

风管是输送含尘空气的管道，其断面一般呈圆形。如图 8-41 所示为吸风罩同分支风管的连接形式。

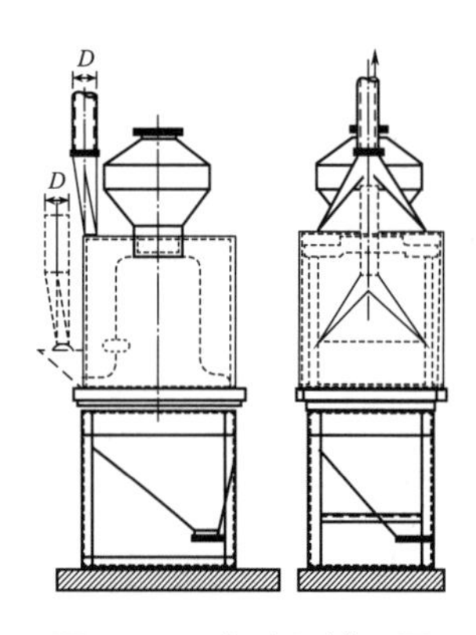

图 8-40　自动秤排风罩

图 8-41　吸风罩同分支风管的连接

3. 除尘器

通风除尘中所含的粉尘浓度如超过排放标准，必须进行净化处理。从含尘空气中除去粉状物料的设备称除尘器。而且在食品企业的通风除尘中收集的粉尘很多是有价值的，有的是生产成品，有的可作饲料，有的可作其他综合利用，必须进行回收。因此，除尘器既是环境保护设备，又是生产设备。

（1）空气的除尘净化　精净化是指除去 1μm 以上的尘粒，并使净化后的空气中剩余含尘量达到极小的程度（$1 \sim 2mg/m^3$）。

食品加工厂对含尘空气的净化程度，应根据卫生要求以及灰尘本身的价值决定，例如清理车间的含尘空气，如果车间远离居民区，则取中净化即可；位于稠密居民区的工厂，无论其灰尘性质如何，都对含尘空气进行精净化处理。根据空气净化要求不同和尘粒性质的差异，采用的除尘原理和方法也必然是多种多样的。常用的有重力除尘如重力沉降室，惯性除尘如惯性除尘器，离心除尘如离心除尘器，过滤除尘如袋式除尘器、颗粒层除尘器，洗涤除尘如自激式除尘器、水膜除尘器，静电除尘如电除尘器，它们的性能、使用范围及条件不同。除尘器压力损失和适用范围见表 8-8，除尘器对操作条件的适应性见表 8-9。

表 8-8　　除尘器压力损失和适用范围

除尘器种类	压力损失/Pa	进口含尘浓度（Y_1）/（g/m^3）							粉尘粒径（d_s）/μm						
		10^{-3}	10^{-2}	10^{-1}	1	10	10^2	10^3	10^{-2}	10^{-1}	1	10	10^2	10^3	10^4
重力沉降室	49~98	····	····	····	····	√	√	√	—	—	—	····	····	√	√
惯性除尘器	245~490	····	····	····	····	√	√	√	—	—	····	√	√	√	√
离心除尘器	490~1470	····	····	····	√	√	√	—	—	—	····	√	√	√	
袋式除尘器	245~1470	√	√	√	√	—	—	—	—	····	√	√	—	—	—
电除尘器	49~245	√	√	√	√	√	√	—	····	√	√	—	—	—	—

注：①用净化细粉尘的除尘器来净化粗粉尘是不经济的。

②“√”表示适用范围，“····”表示勉强可用范围。

表 8-9　　除尘器对操作条件的适应性

除尘器种类	粗粉尘	细粉尘	超细粉尘	各分级效率要求 99%	气体相对适度高	气体温度高	腐蚀性气体	维修量少	占空间少	投资少	造作费用低	风量波动影响小	可燃性气体和粉尘
重力沉降室	○	×	×	×	····	○	○	○	×	○	○	×	○
惯性除尘器	○	×	×	×	····	○	○	○	○	○	○	×	○
离心除尘器	○	×	×	×	····	○	○	○	○	○	○	×	○
袋式除尘器	○	○	○	○	····	····	····	····	×	×	○	×	×
电除尘器	○	○	○	○	····	····	····	×	×	×	×	×	×

注：①“○”代表适用；····代表勉强适用；“×”代表不适用。

② 粗粉尘：大于 75μm 的颗粒质量百分比达 50%；

细粉尘：小于 75μm 的颗粒质量百分比达 90%；

超细粉尘：小于 10μm 的颗粒质量百分比达 50%。

（2）重力沉降室　重力沉降室如图 8-42 所示，垂直气流沉降室是一种风选器，可以除去沉降速度大于气流上升速度的尘粒，它多用于烟囱的除尘。水平气流沉降室实质上是把风管的一部分加以扩大，使流到这里的空气速度减慢，并保持一段时间，让尘粒从空气中沉降下来。如果要使一个尘粒从含尘空气中分离出来，必须让它在通过沉降室这段时间内，从进入沉降室时所在的位置，降落到沉降室底部。重力沉降室阻力小，仅适用于 50μm 以上的粉尘，可作为首道粗净化设备，减少后继除尘设备的含尘空气浓度。

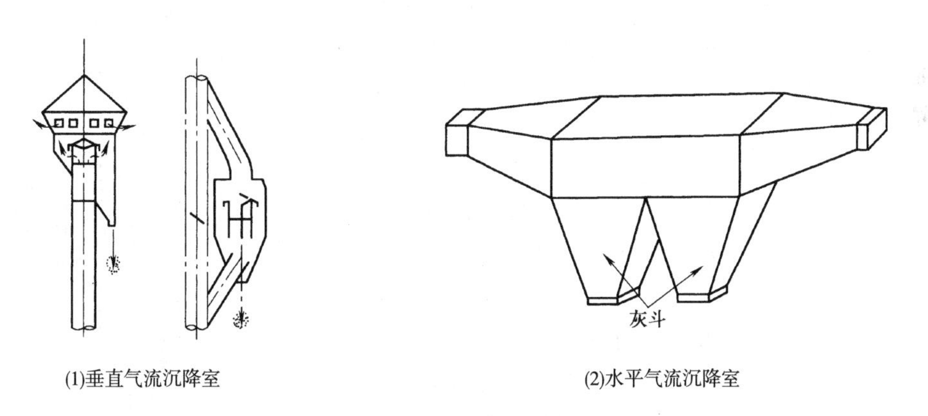

(1)垂直气流沉降室　　(2)水平气流沉降室

图 8-42　重力沉降室

（3）惯性除尘器　为了改善重力沉降室的除尘效果，可在其中设置各种形式的挡板，使气流方向发生急剧转变，利用尘粒的惯性或使其和挡板发生碰撞而捕集。这种除尘器称惯性除尘器。惯性除尘器的结构形式分为碰撞式和回转式两类，惯性除尘器如图 8-43 所示。气流在撞击或方向转变前速度愈高，方向转变的曲率半径愈小，则除尘效率愈高。

百叶窗式分离器图如图 8-44 所示，也是一种惯性除尘器。含尘气流进入锥形的百叶窗式分离器后，大部分气体从栅条之间的缝隙流出。气流绕过栅条时突然改变方向，尘粒由于自身的惯性继续保持直线运动，随部分气流（5%~20%）一起进入下部灰斗，在重力和惯性力作用下，尘粒在灰斗中分离。百叶窗式分离器的主要优点是外形尺寸小，除尘器阻力比离心除尘器小。

惯性除尘器主要用于捕集 20~30μm 以上的粗大尘粒，常用作多级除尘中的第一级除尘。

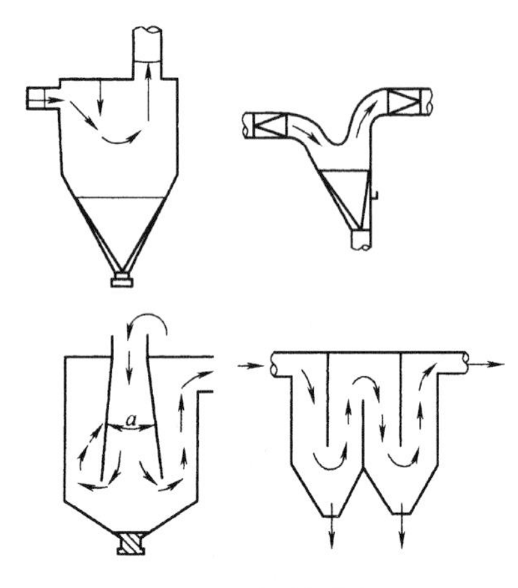

图 8-43 惯性除尘器

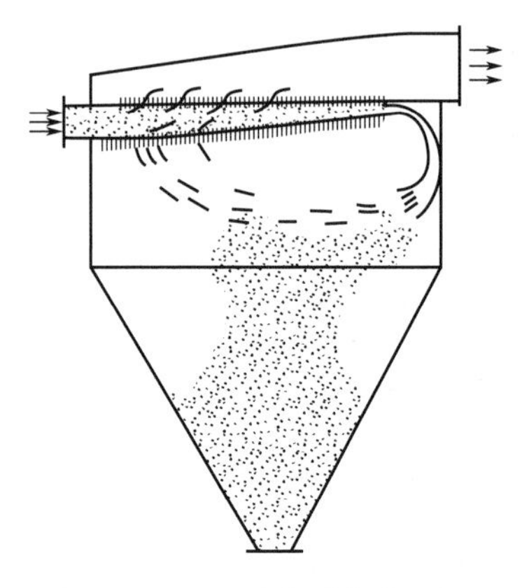

图 8-44 百叶窗式分离器图

（4）离心除尘器 离心除尘器是利用气流旋转过程中作用在尘粒上的惯性离心力，使尘粒从气流中分离的。普通的离心除尘器是由筒体、锥体、排出管三部分组成，有的在排出管上设有蜗壳形出口，离心除尘器如图 8-45 所示。含尘气流由切线进口进入除尘器，沿外壁由上向下作螺旋形旋转运动，这股向下旋转的气流称外涡旋。外涡旋到达锥体底部后，转而向上，沿轴心向上旋转，最后经排出管排出。这股向上旋转的气流称内涡旋。向下的外涡旋和向上的内涡旋，两者的旋转方向是相同的。气流作旋转运动时，尘粒在惯性离心力的推动下，要向外壁移动。到达外壁的尘粒在气流和重力的共同作用下，沿壁面落入灰斗。气流从除尘器顶部向下高速旋转时，顶部的压力发生下降，一部分气流会带着细小的尘粒沿外壁旋转向上，到达顶部后，再沿排出管外壁旋转向下，从排出管排出。这股旋转气流称上涡旋。如果除尘器进口和顶盖之间保持一定距离，没有进口气流干扰，上涡旋表现比较明显。

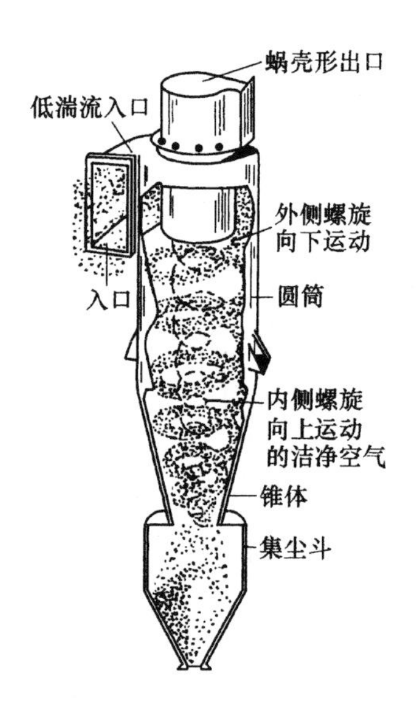

图 8-45 离心除尘器示意图

离心除尘器结构简单，体积小，维护方便，对于 10~20μm 的粉尘，效率为 90%左右。旋风除尘器在通风工程中得到了广泛应用，它主要用于 10μm 以上的粉尘，可用作多级除尘中的第一级除尘器。

（5）袋式除尘器 袋式除尘器是利用直径为 100~500μm 的棉、毛、人造纤维等多孔滤料进行过滤的。滤料本身的网孔较大，一般为 20~25μm，表面起绒的滤料的为 5~10μm。

由于纱线之间的空隙内有单根纤维伸出（一般 5~20μm 长），相互搭成弹性网格，使之成为在开始滤尘时捕集灰尘的障碍物。当干净织物刚开始捕集灰尘时，大部分气流必定是在紧拧成的纱线之间的空隙内通过，除尘效率不高，使用一段时间后，由于筛滤、碰撞、滞留、扩散、静电等机理，尘粉被捕集后减少了纤维相互间的空隙。后来的尘粒又同已经沉降的尘粒接触而逐渐形成尘粒集合体。于是纤维的空隙越来越小，最终形成附着于织物表面的一层粉尘，这层粉尘称初层，过滤过程如图 8-46 所示。在之后的运行过程中，初层成了滤袋的主要过滤层，依靠初层的作用，网孔较大的滤料也能获得较高的除尘效率。随着粉尘在滤袋上的积聚，除尘器效率和阻力都相应增加。当滤袋两侧的压力差很大时，会把有些已附在滤料上的细小尘粒挤压过去，使除尘效率下降。另外除尘器阻力过高，会使除尘系统的风量显著下降，影响局部排风罩的工作效果。因此除尘器阻力达到一定数值后，要及时清灰。清灰时不能破坏初层，以免效率下降。

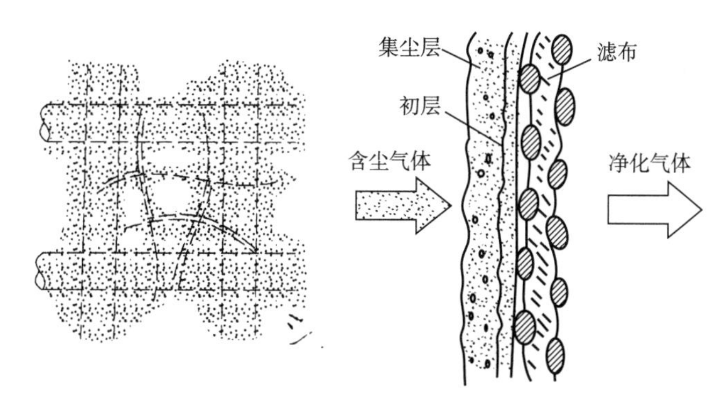

图 8-46　过滤过程示意图

回转反吹式袋式除尘器如图 8-47 所示。含尘气体由下部（多采用下进风、外滤式）切向进入袋滤室，一部分粗颗粒粉尘在离心力作用下被分离，未被分离的粉尘随同空气入流进入扁袋时被阻留在滤袋外表面上，净化后的气体由上部出口排出。当滤袋阻力增加到一定值时，反吹风机将高压空气自中心管送到顶部旋臂内，气流由旋臂垂直向下喷吹。旋臂由一电动机通过减速机构带动，旋臂每旋转一圈，内外各圈上的每一个滤袋被喷吹。每条滤袋的喷吹时间为 0.3~0.5s，喷吹周期为 15~30min，反吹风机风压约为 5kPa，反吹风量约为过滤风量的 15%。采用扁袋与圆袋相比，在单台体积相同的情况下，前者的过滤面积比后者更大，且圆形外壳受力均匀，综合性能好。回转反吹风扁袋除尘器得到了广泛的应用。

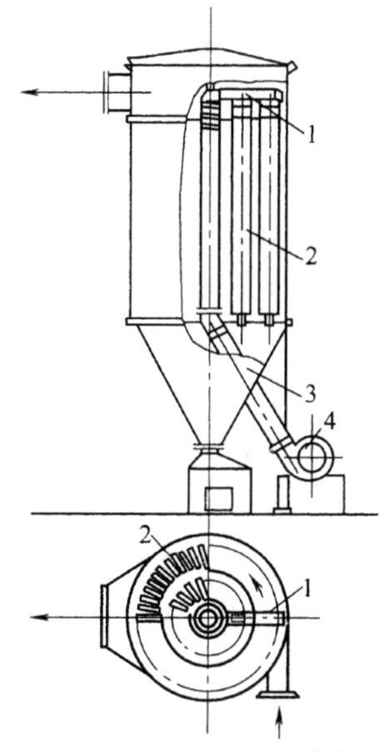

图 8-47　回转反吹式袋式除尘器

1—旋臂　2—滤袋　3—灰斗　4—反吹风机

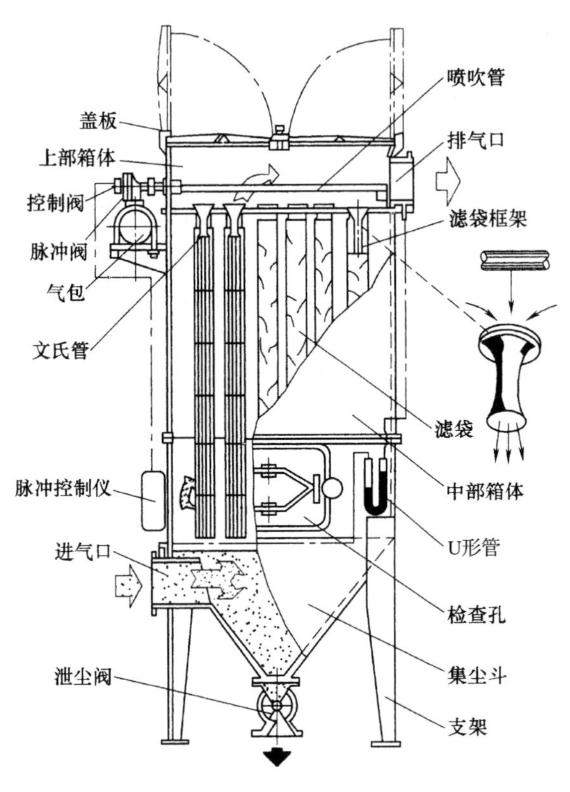

图 8-48　脉冲喷吹袋式除尘器

脉冲喷吹袋式除尘器如图 8-48 所示，通常由四部分组成：上部箱体、中部箱体、下部箱体、脉冲控制装置。过滤室内的滤袋悬挂在多孔板上，其内部有喷吹文氏管，通过多孔板将净气室与过滤室隔开。根据过滤风量的要求，设有若干排直径为 120~300mm，袋长为 2~6m 的滤袋。滤袋内支撑骨架，防止负压运行时把滤袋吸瘪。安装在净气室内的喷吹管对准每条滤袋的文氏管上口，开有 10~30mm 喷吹的小孔，以便压缩空气通过小孔吹向文氏管，并诱导周围空气进入袋内进行清灰。含尘气体进入灰斗后，由于气流断面积突然扩大，气流中一部分颗粒粗大的尘粒在重力和惯性力作用下沉降下来，细小的尘粒随气体进入滤袋后，被阻留在滤袋外侧，透过滤袋的净化气体经文氏管进入上部箱体，最后由净气出口排出。袋式除尘器的阻力值随滤袋表面粉尘层厚度的增加而增大。阻力达到某一规定值时，进行清灰。此时脉冲控制仪控制脉冲阀的启闭，当脉冲伐开启时，气包内的压缩空气通过脉冲伐经喷吹管上的小孔，向文氏管喷射出一股高速高压的引射气流，从而形成一股相当于引射气流体积 5~7 倍的诱导气流一同进入滤袋，此时滤袋急剧膨胀引起冲击振动，使粉尘脱落下来，经排灰装置排出。

这种脉冲喷吹清灰方式，一般是逐排滤袋顺序清灰。脉冲阀开闭一次产生一个脉冲动作。完成一个脉冲动作所需的时间称喷吹时间（也称脉冲宽度，一般为 0.1~0.2s）；脉冲阀相邻两次开闭的间隔时间称脉冲间隔（喷吹间隔），全部滤袋完成一次清灰循环所需的时间称喷吹周期（脉冲周期）。

（6）电除尘器　电除尘器是利用高压电场使尘粒荷电，在库仑力作用下使粉尘从气流中分离出来的一种除尘设备。电除尘器有许多不同的形式，根据集尘极形式不同，可分为板式电除尘器（图 8-49）和管式电除尘器（图 8-50）两种。

电除尘器都由除尘器本体和供电装置两大部分组成。其除尘过程是含尘气体在放电极和集尘极之间通过时，在高压直流电场（20~70kV）的作用下形成气体离子迅速向集尘极运动，并且由于同尘粒碰撞而把电荷转移给它们。然后，同尘粒上的电荷互相作用的电场就使它们向集尘极漂移，并沉积在集尘极上，形成灰尘层。再利用震打电极的作用使灰尘离开电极。这时的灰尘，由于相互粘附而成为集合，可以在重力作用下降落到电极下面的灰斗中去。

图 8-49　板式电除尘器

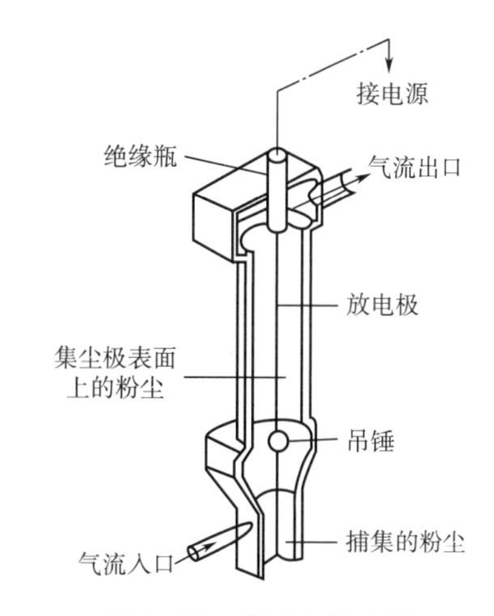

图 8-50　管式电除尘器

（7）湿式除尘器　湿式除尘器捕集灰尘的过程一般是这样几种：

①依靠在湿式除尘器中产生的水滴捕捉尘粒，然后尘粒和水滴一起从气体中分离出来。

②依靠气体通过液体形成的气泡捕集灰尘。

③依靠液体射流捕捉尘粒。

④依靠固体表面覆盖的一层水膜捕捉尘粒。

在这些过程中，捕集尘粒的机理是水滴同尘粒的惯性碰撞、尘粒向水滴表面扩散或滞留和以尘粒为核心的水分凝缩。实际上，对除尘起决定因素的是惯性碰撞。

湍流除尘塔结构如图 8-51 所示。当含尘气流进入湍流除尘塔内的粗料沉降室时，由于气流速度从 12～14m/s 急剧降低到 2.5m/s 以下，一部分粗尘粒靠重力作用沉降下来，残留的粗尘粒则被筒壁上的水膜所粘附，而带有微小尘粒的气流继续进入两道除尘室，在除尘室内，随着气流的上升，托球网上铺的 3～4 层塑料小球做不规则的上下湍动，呈沸腾状态，而微小尘粒随气流穿过小球间的间隙时，即被带有水膜的球表面所粘附，又随着连续不断喷淋的水雾所形成的水流落入水封池中。

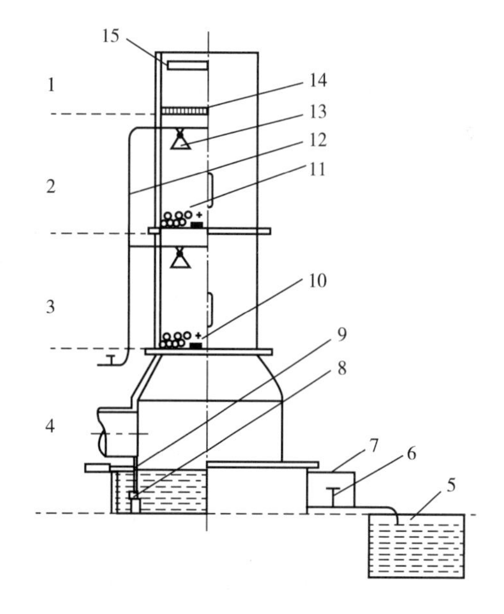
图 8-51　湍流除尘塔结构图
1—消雾防水室　2—二次除尘室　3—一次除尘室　4—粗料除尘室　5—沉淀池　6—排污阀　7—溢流管　8—塔墩　9—水封池　10—托球网　11—塑料球　12—进水管　13—喷雾嘴　14—消雾器　15—防水圈

4. 风机

风机是用于输送气体的机械。从能量

观点来看，它是把原动机的机械能转变为气体的能量的一种机械。

（1）风机种类　风机种类繁多，各有其不同的结构和适用范围。按作用原理不同，输送气体机械可分为透平式和容积式两大类，风机的种类见表 8-10。

表 8-10　　风机的种类

分类		结构示意图	原理
容积式	往复式	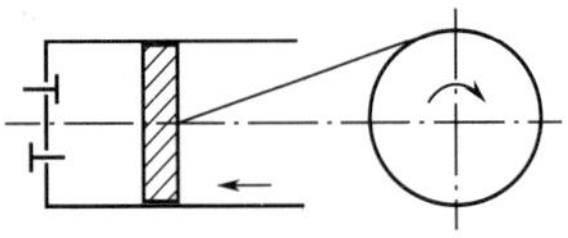	利用曲柄连杆机构使活塞在气缸内做往复运动，以减小气体所占的容积，从而使压力上升
	回转式	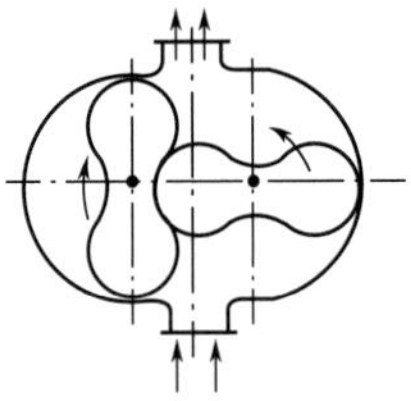	这里介绍的是罗茨风机，靠两个转子做相反的旋转，把吸进的气体压送到排气管道
透平式	离心式	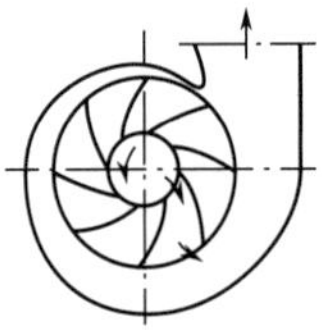	气体进入旋转的叶片通道，在离心力的作用下气体被压缩并抛向叶轮外缘
	轴流式	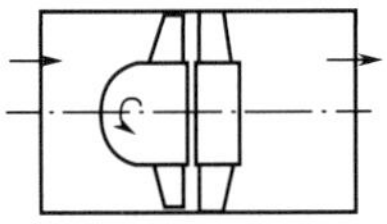	气体进入旋转的叶片通道，由于叶片与气体的相互作用，气体被压缩并轴向排出
	混流式	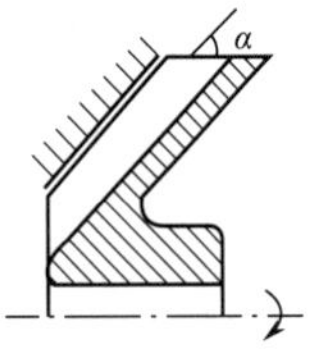	气体以与主轴成某一角度的方向进入旋转叶道，而获得能量
	横流式	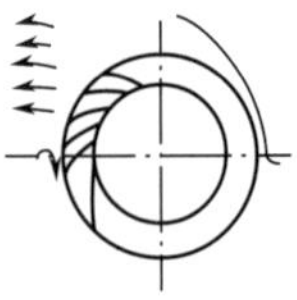	气体横贯旋转叶道，而受到叶片作用升高压力

按产生压力的高低分类，根据排气压力的高低输送气体机械又可分为：

通风机：排气压力≤15kPa；

鼓风机：15kPa<排气压力≤350kPa；

压缩机：排气压力>350kPa。

由于容积式的排气压力较高，它们均属于鼓风机、压缩机的范围，故通风机是指透平式（即离心、轴流等型式）的输送气体机械。

通风机广泛地用于各个工业部门，在食品加工厂通风除尘和气力输送使用最多的是离心式通风机。离心通风机按其升压的大小又可分为：

高压离心通风机，升压 3~15kPa；

中压离心通风机，升压为 1~3kPa；

低压离心通风机，升压低于 1kPa。

由于通风机产生的压力较低，被输送的气体密度变化很小，可以把气体作为不可压缩流体处理。鼓风机和压缩机的压力较高，被输送气体密度变化较大，在这种情况下就必须考虑气体的压缩性。

（2）离心通风机

①离心通风机的构造，如图 8-52 所示，主要由叶轮、机壳、轴、轴承和底座等部分组成。

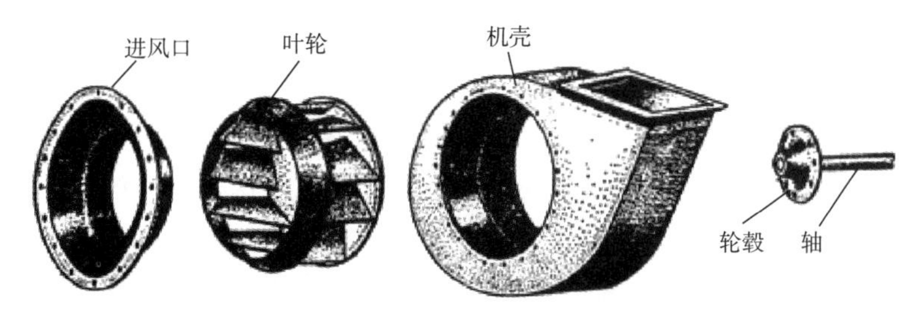

图 8-52　离心通风机的构造

②离心通风机的工作过程。离心通风机内的空气流动如图 8-53 所示，当叶轮在电动机的带动下在机壳内旋转时，迫使叶片之间的空气跟着旋转，因而产生了离心力。在离心力的作用下，使空气从叶轮中甩出，汇集到机壳内，最后从排气口流出。与此同时，由于叶轮中的空气被排出，在叶轮中心处形成一定的负压，外面的空气就在压力差的作用下由进气口吸入。叶轮不断地转动，空气就不断地被吸入和排出，从而实现连续输送一定压力气体的作用。

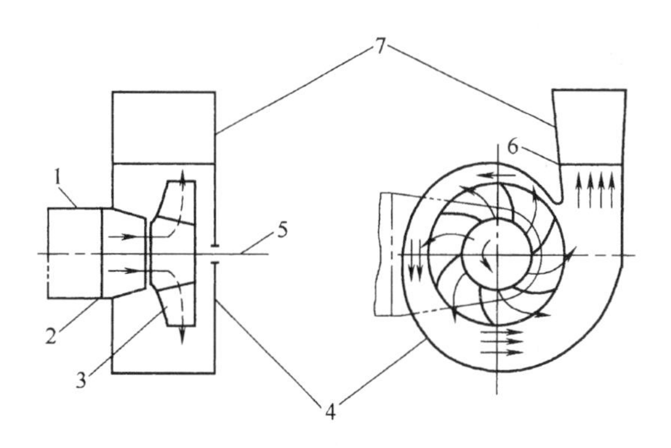

图 8-53　离心通风机内的空气流动

1—进气室　2—进气口　3—叶轮　4—机壳

5—主轴　6—排气口　7—出口扩压器

③ 罗茨鼓风机。罗茨鼓风机是回转容积式风机的一种，主要构件有转子、同步齿轮、机体（气缸及端板）、轴承密封件等，构造如图 8-54 所示。由近乎椭圆形的气缸与两侧端板包容成一个空间，气缸两对面分别设置与吸、排气管道相连接的吸气孔口与排气孔口。一对彼此啮合的转子由气缸外侧的一对同步齿轮带动做方向相反的旋转，借助于两渐开线腰形（或称 8 字形）转子的啮合

（实际上两转子并不接触，两者之间有微小的“啮合间隙”），使吸气口与排气口相互隔绝。在旋转过程中，无内压缩地将气缸容积内的气体从吸气孔口推挤到排气孔口，以达到鼓风的目的。

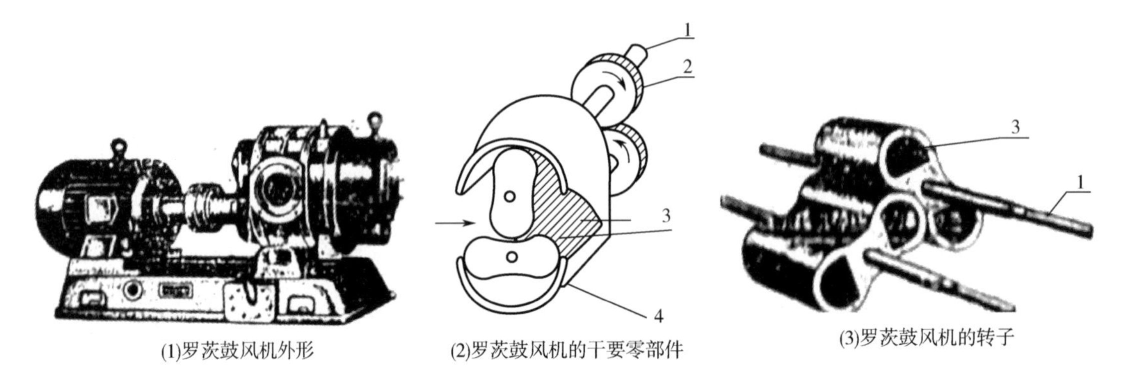

图 8-54 罗茨鼓风机的构造

1—轴 2—同步齿轮 3—转子 4—外壳

（五）防治食品加工厂气体污染物的措施和具体实施办法

为防治大气污染，排入大气的废气必须进行净化处理，达到排放标准的要求。在可能的条件下，还应考虑回收利用，变害为宝。由于对某些有害气体暂时还缺乏经济有效的处理方法，也可采用高烟囱排放，使污染物在高空扩散，在更大范围内稀释，但这种方法并没有减少排入大气的污染物总量。有害气体的净化方法主要有四种：燃烧法、冷凝法、吸收法和吸附法。

1. 燃烧法

燃烧过程是一种热氧化过程，通过氧化反应把废气中的烃类成分有效地转化为二氧化碳和水，其他成分如卤素或含硫的有机物也可转化为允许向大气排放或容易回收的物质。燃烧法广泛应用于有机溶剂蒸气和碳氢化合物的净化处理，也可用于除臭。用于通风排气的有两种：热力燃烧和催化燃烧。

（1）热力燃烧 热力燃烧是在明火下的火焰燃烧，但通风排气中的可燃气体浓度一般较低，燃烧氧化后放出的热量不足以维持燃烧，需要依靠辅助燃料。热力燃烧的反应温度为 600~800℃，工程设计时通常取 760℃，滞留时间为 0.5s。目前在国内主要利用锅炉燃烧室或生产用的加热炉实现。利用锅炉进行热力燃烧应注意以下问题：

①处理的废气量应小于燃烧炉所需的鼓风量。

②废气中的含氧量应与空气相近，如低于 18%应另外补给空气。

③废气中不宜含有腐蚀性气体或颗粒物。

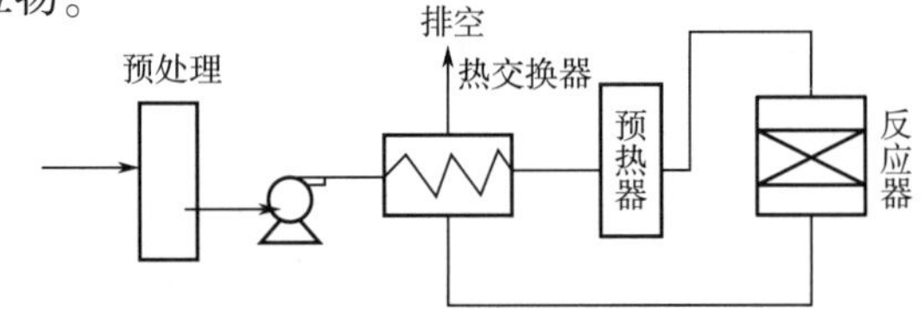

图 8-55 催化燃烧流程示意图

（2）催化燃烧 利用催化剂加快燃烧速度的燃烧过程称催化燃烧，即利用催化剂在低温下实现对有机物的完全氧化，臭味物质多属于有机物，因而它还可以用于除臭。催化燃烧流程如图 8-55 所示。含有有机物的废气经预处理除去粉尘或其他催化剂毒物（能使催化剂活性迅速下降的物质称为催化剂毒物）后，由风机送入热交换器，回收排出废气中的余热。随后送入预热器预热到起燃温度（250~300℃），再进入催化床反应器进行氧化反应，即完全燃烧。净化后的废气（400~550℃）再经热回收器放出部分余热后排空。

采用燃烧法处理有机废气，特别是热力燃烧，必须采取各种安全措施，如控制废气中可燃物浓度，防止火焰蔓延，在可能爆炸处设泄压薄膜等。同时严格操作规程、设计各种自动报警、检测和控制调节装置也是十分必要的。

2. 冷凝法

液体受热蒸发产生的有害蒸气可以通过冷凝使其从废气中分离。这种方法净化效率低，仅适用于浓度高、冷凝温度高的有害蒸气。

3. 吸收法

低浓度气体的净化通常采用吸收法和吸附法，它们是通风排气中有害气体的主要净化方法。

用适当的液体与混合气体接触，利用气体在液体中溶解能力的不同，除去其中一种或几种组分的过程称吸收。吸收法广泛应用于有害气体的净化，特别是无机气体，如硫氧化物、氮氢化物、硫化氢、氯化氢等，它能同时进行除尘，适用于处理气体量大的场合，与其他净化方法相比，费用较低。吸收法的缺点是，要对排水进行处理、净化效率难以达到100%。

吸收分为物理吸收和化学吸收。物理吸收一般没有明显的化学反应，可以看作是单纯的物理溶解过程，例如用水吸收氨。物理吸收是可逆的，解吸时不改变被吸收气体的性质。化学吸收则伴有明显的化学反应。化学吸收的效率要比物理吸收高，特别是处理低浓度气体时。要使有害气体浓度达到排放标准要求，一般情况下，简单的物理吸收是难以满足要求的，常采用化学吸收。

用于气体净化的吸收设备种类很多，下面介绍几种常用的设备。

（1）喷淋塔　喷淋塔如图8-56所示，气体从下部进入，吸收剂从上向下分几层喷淋。喷淋塔上部设有液滴分离器。喷淋的液滴应大小适中，液滴直径过小，容易被气流带走，液滴直径过大，气液的接触面积小，接触时间短，影响吸收速率。

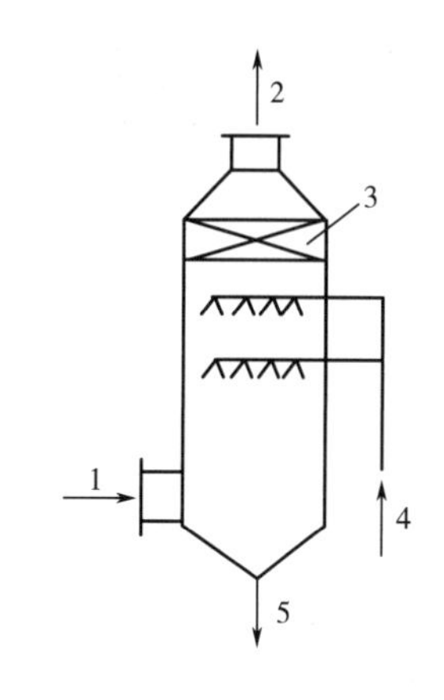

图8-56　喷淋塔

1—有害气体入口　2—净化气体出口
3—液滴分离器　4—吸收剂入口　5—吸收剂出口

气体在吸收塔横断面上的平均流速称为空塔速度，喷淋塔的空塔速度一般为0.6~1.2m/s，阻力为20~200Pa，液气比为0.7~2.7L/m^3。喷淋塔的优点是阻力小，结构简单，塔内无运动部件。但是它的吸收效率不高，仅适用于有害气体浓度低，处理气体量不大和同时需要除尘的情况。近年来已发展大流量高速喷淋塔，以提高其吸收效率。

（2）填料塔　填料塔如图8-57所示，在喷淋塔内填充适当的填料就成了填料塔，放置填料后，可以增大气液接触面积。吸收剂自塔顶向下喷淋，沿填料表面下降，润湿填料，气体沿填料的间隙上升，在填料表面气液接触，进行吸收。填料的种类很多，常用的有拉西环(普通的钢质或瓷质小环)、鲍尔环、鞍形和波纹填料等，常用填料如图 8-58 所示。根据国内测定结果，推荐鲍尔环和鞍形填料为今后推广使用的填料。对填料的基本要求是单位体积填料所具有的表面积大，气体通过填料时的阻力低。

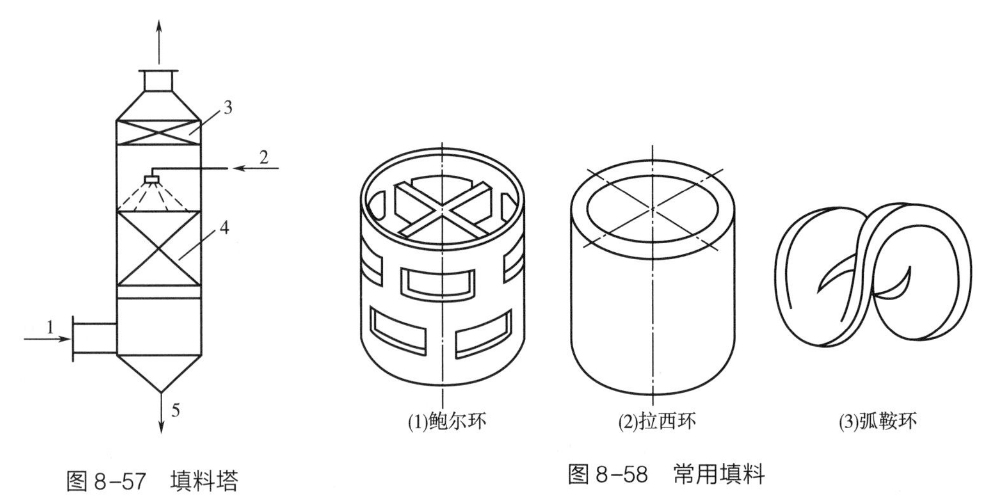

图 8-57 填料塔

1—有害气体入口 2—吸收剂入口

3—液滴分离器 4—填料 5—吸收剂出口

图 8-58 常用填料

填料层高度较大时，液体在流过 3~4 倍塔直径的填料层后，有逐渐向塔壁流动的趋势，这种现象称弥散现象。弥散使塔中部不能湿润，恶化传质。因此填料层较高时，每隔塔径 2~3 倍的高度要另外安装液体再分布装置，将液体引入塔中心或做再分布。为避免操作时出现干填料状况，一般要求液体的喷淋密度在 $10m^3/(m^2 \cdot h)$ 以上，并力求喷淋均匀。填料塔的空塔速度一般为 0.3~1.5m/s，流速过高会使气体大量带液，影响整个塔的正常操作，每米填料层的阻力为 150~600Pa。

填料塔结构简单，阻力中等，是目前应用较广的一种吸收设备。它不适用于有害气体与粉尘共存的场合，以免堵塞。填料塔直径不宜超过 800mm，直径过大，液体在径向分布不均匀，影响吸收效率。

（3）湍球塔 湍球塔是一种高效吸收设备，它是填料塔的特殊情况，让塔内的填料处于运动状态，以强化吸收过程。湍球塔如图 8-59 所示，塔内设有开孔率较大的筛板，筛板上放置一定数量的轻质小球。气流通过筛板时，小球在其中湍动旋转、相互碰撞，吸收剂自上向下喷淋，加湿小球表面，进行吸收。由于

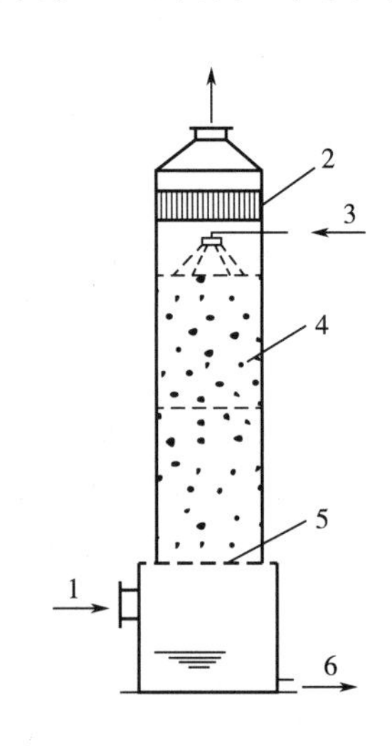

图 8-59 湍球塔

1—有害气体入口 2—液滴分离器

3—吸收剂入口 4—轻质小球

5—吸收剂出口 6—净化气体出口

气、液、固三相接触，小球表面的液膜能不断更新，增大吸收推动力，提高吸收效率。

小球应耐磨、耐腐、耐温，通常用聚乙烯和聚丙烯制作，塔的直径大于 200mm 时，可以采用直径为 25，30，38mm 的小球，填料层高度为 0.2~0.3m。

湍球塔的空塔速度一般为 2~6m/s，对于可能发生结晶的过程，由于小球之间不断碰撞，球面上的结晶不断被清除，不会造成堵塞。在一般情况下，每段塔的阻力为 400~1200Pa，在同样的气流速度下，湍球塔的阻力要比填料塔小。湍球塔的特点是风速高，处理能力大，体积小，吸收效率高。它的缺点是，随小球的运动有一定程度的返混，段数多时阻力较高，另外塑料小球不能承受高温，使用寿命短，需经常更换。

（4）筛板塔　筛板塔如图 8-60 所示，塔内设有几层筛板，气体从下而上经筛孔进入筛板上的液层，通过气体的鼓泡进行吸收。气液在筛板上交叉流动，为了使筛板上的液层厚度保持均匀，提高吸收效率，筛板上设有溢流堰，筛板上液层厚度一般为 30mm 左右。

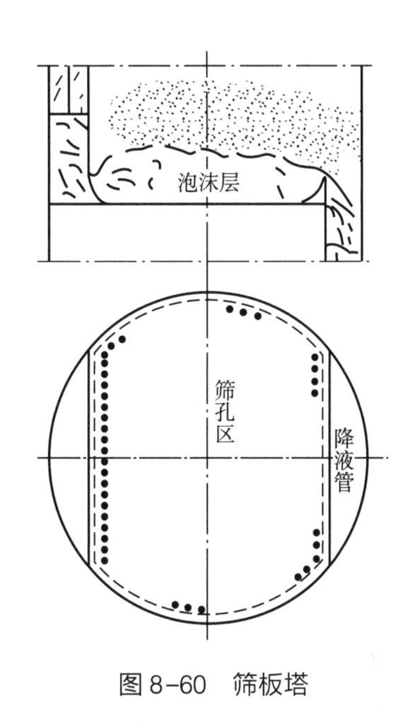

图 8-60　筛板塔

从图上可以看出，在泡沫层中气流和气泡激烈地搅动着液体，使气液充分接触，此层是传质的主要区域。操作时随气流速度的提高，泡沫层和雾沫层逐渐变厚，鼓泡层逐渐消失，而且由气流带到上层筛板的雾滴增多。把雾滴带到上层筛板的现象称“雾沫夹带”。气流速度增大到一定程度后，雾沫夹带相当严重，使液体从下层筛板倒流到上层筛板，这种现象称“液泛”。因此筛板塔的气流速度不能过高，但是流速也不能过小，以免大量液体从筛孔泄漏，影响吸收效率。筛板塔的空塔速度一般为 1.0~3.5m/s，筛板开孔率为 10%~18%，每层筛板阻力为 200~1000Pa，筛孔直径一般为 3~8mm，筛孔直径过小不便加工。近年来发展了大孔径筛板，筛孔直径为 10~25mm。

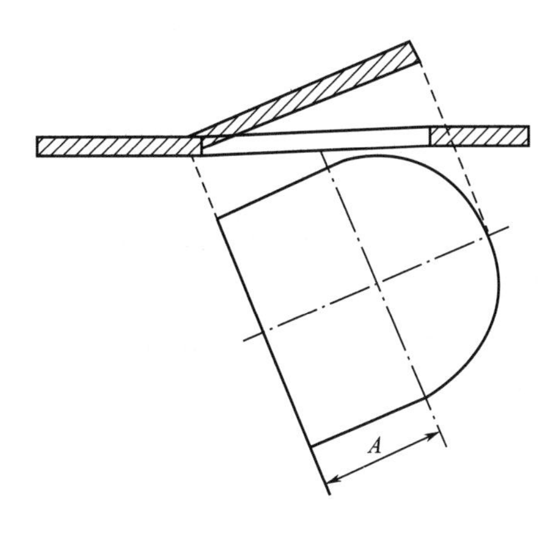

图 8-61　舌形板塔示意图

筛板塔的优点是构造简单，吸收效率高，处理风量大，可使设备小型化。在筛板塔中液相是连续相，气相是分散相，适用于以液膜阻力为主的吸收过程。筛板塔不适用于负荷变动大的场合，操作时难以掌握。

气流通过筛板塔的筛孔垂直向上时，会把液滴喷得很高，容易产生雾沫夹带，而且筛板上有液面落差，引起气体分布不均匀，对提高效率不利。为进行改进，舌形板塔如图 8-61 所示，舌叶与板面成一定角度，向塔板的溢流口侧张开，是一种改进的筛板塔。舌形板塔开孔率较大，可采用较大的空塔速度，处理能力比筛板塔大。气体由舌板斜向喷出时，与板上液流方向一致，使液流受到推动，避免了液体的逆向混合及液面落差问题。板上滞留液量也较小，故操作灵敏，阻力小。目前在某些工厂应用的斜孔板塔就是舌形板塔的变型。

4. 吸附法

让通风排气与某种固体物质相接触，利用该固体物质对气体的吸附能力除去其中某些有害成分的过程称吸附，用于吸附的固体物质称吸附剂，被吸附的气体称吸附质。吸附法广泛应用于低浓度有害气体的净化，特别是各种有机溶剂蒸气。吸附法的净化效率能达到100%。一定量的吸附剂所吸附的气体量是有一定限度的，经过一定时间吸附达到饱和时，要更换吸附剂。饱和的吸附剂经再生（解吸）后可重复使用。

吸附过程是由于气相分子和吸附剂表面分子之间的吸引力使气相分子吸附在吸附剂表面的。吸附和吸收的区别是，吸收时吸收质均匀分散在液相中，吸附时吸附质只吸附在吸附剂表面。因此用作吸附剂的物质都是松散的多孔状结构，具有巨大的表面积。单位质量吸附剂所具有的表面积称比表面积（m^2/kg 或 m^2/g），比表面积愈大，吸附的气体量愈多，例如工业上应用较多的活性炭，其比表面积为 700~1500m^2/g。

吸附过程分为物理吸附和化学吸附两种。物理吸附单纯依靠分子间的吸引力（范德华力）把吸附质吸附在吸附剂表面。物理吸附是可逆的，降低气相中吸附质分压力，提高被吸附气体温度，吸附质会迅速解吸，而不改变其化学成分。吸附过程是一个放热过程，吸附热约是同类气体凝结热的 2~3 倍。吸附热是反映吸附过程的一个特性值，吸附热愈大，吸附剂和吸附质之间的亲和力愈强。处理低浓度气体时可不考虑吸附热的影响，处理高浓度气体时要注意吸附热造成吸附剂温度上升，使吸附的气体量减少。

化学吸附的作用力是吸附剂与吸附质之间的化学反应力，它大大超过物理吸附的范德华力。化学吸附具有很高的选择性，一种吸附剂只对特定的物质有吸附作用。化学吸附比较稳定，必须在高温下才能解吸。化学吸附是不可逆的。如果现有的吸附剂不能满足要求，可用适当的物质对吸附剂进行浸渍处理（即吸附剂预先吸附某种物质），使浸渍物与吸附质在吸附剂表面发生化学反应。常用的吸附装置如下。

（1）固定床吸附装置　处理通风排气用的吸附装置大多采用固定的吸附层（固定床），固定床吸附装置如图 8-62 所示，吸附层穿透后要更换吸附剂。如果有害气体浓度较低，而且挥发性不大，可不考虑吸附剂再生，在保证安全的情况下把吸附剂和吸附质一起丢弃。用于通风排气的吸附装置如图 8-63 所示。

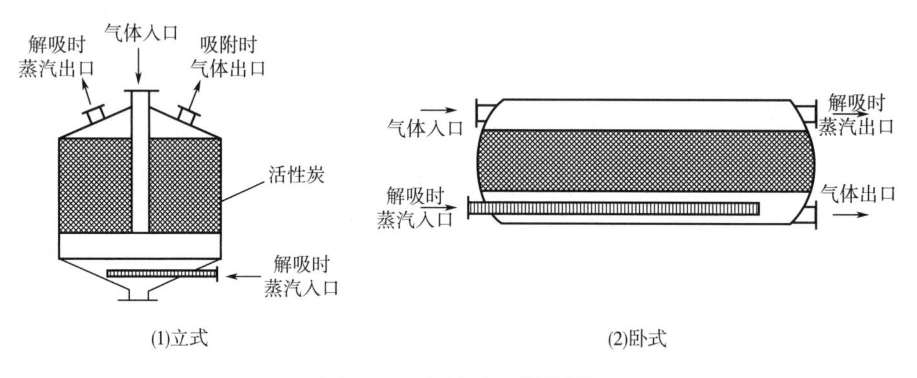

图 8-62　固定床吸附装置

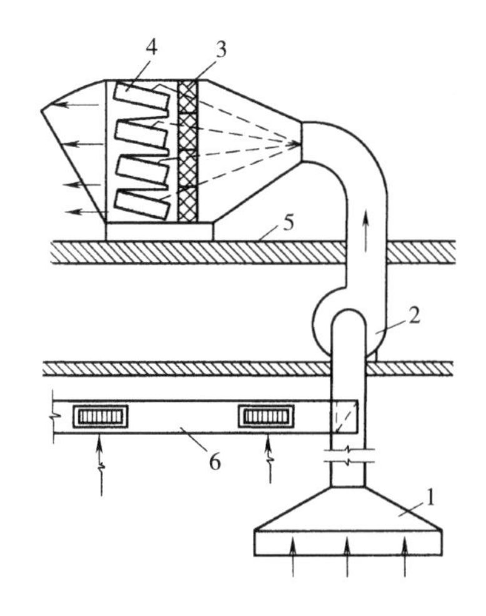

图 8-63　用于通风排气的吸附装置

1—排风罩　2—风机　3—过滤器

4—吸附塔　5—屋顶　6—排风管道

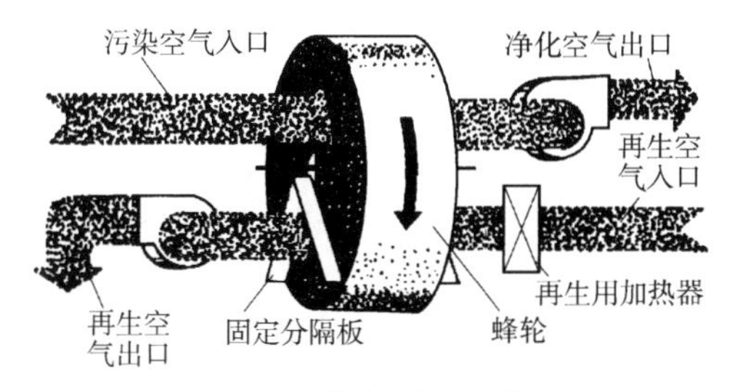

图 8-64　蜂轮式吸附装置

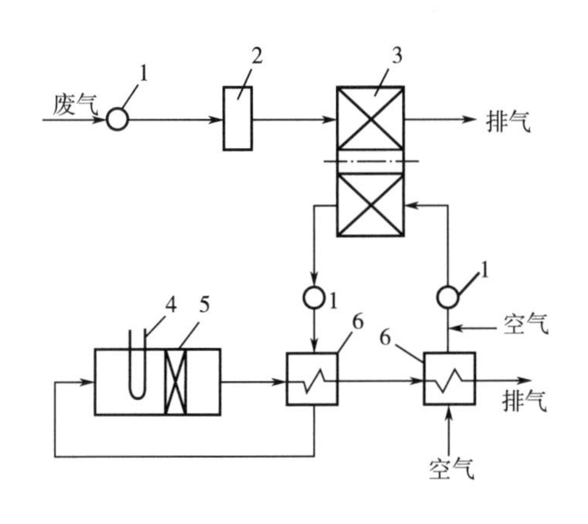

图 8-65　浓缩燃烧工艺流程

1—风机　2—过滤器　3—蜂轮

4—预热器　5—催化层　6—换热器

（2）蜂轮式吸附装置　蜂轮式吸附装置是一种新型的有害气体净化装置，适用于低浓度、大风量的有害气体净化，具有体积小、质量轻、操作简便等优点。蜂轮式吸附装置如图 8-64 所示。蜂轮用活性炭素纤维加工成 0.2mm 厚的纸，再压制成蜂窝状卷绕而成。蜂轮的端面分隔为吸附区和解吸区，使用时，废气通过吸附区，有害气体被吸附。把 100～130℃的热空气通过解吸区，使有害气体解吸，活性炭素纤维再生。随蜂轮缓慢转动，吸附区和解吸区不断更新，可连续工作。排出的废气量仅为处理气体量的 1/10 左右。浓缩的有害气体再用燃烧、吸收等方法进一步处理。浓缩燃烧工艺流程如图 8-65 所示。

5. 有害气体的高空排放

环境保护是一门新兴的科学，某些有害气体至今仍缺乏经济有效的净化方法，在不得已的情况下，只好将未经净化或净化不完全的废气直接排入高空，通过在大气中的扩散进行稀释，使降落到地面的有害气体浓度不超过卫生标准中规定的居住区大气中有害物质最高容许浓度。污染物在大气中的扩散过程假设为两个阶段，在第一阶段只做纵向扩散，在第二阶段再做横向扩散，烟气在大气中扩散如图 8-66 所示。烟气离开排气立管后，在浮力和惯性力的作用下，先上升一定的高度 Δh，然后从 A 点向下风侧扩散。

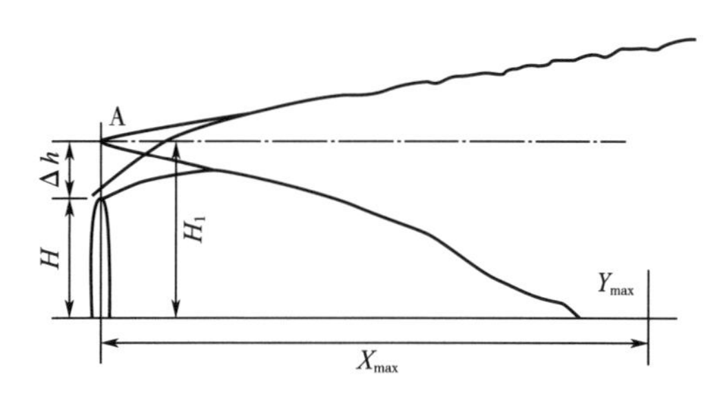

图 8-66　烟气在大气中扩散示意图

思考题

1. 食品工业污水污染来源有哪些？
2. 食品工业的噪声污染有哪些？
3. 食品工业的大气污染来源有哪些？
4. 食品工业废水处理技术有哪些？
5. 废水的生物处理法是什么？
6. 食品工业噪声控制采用什么措施？
7. 防治食品工业有害物对大气的污染的综合措施有哪些？

第九章

CHAPTER 9

食品企业技术经济分析

[本章知识点]

技术经济分析的目的与作用，技术经济分析的内容和步骤，技术方案经济效果的计算与评价方法。

第一节　食品企业技术经济分析的内容和步骤

一、技术经济分析的目的与作用

技术经济分析是指对技术活动的经济效果进行定量的分析和评价，又称技术经济论证。它是工程项目现代管理的重要手段之一，通过应用技术经济理论和方法的定性、定量分析，经过论证和综合评价，在多种方案的比较中选择出技术上可行、先进，经济上有利、合理，资金上有保证的最优方案是技术经济分析的过程，也是技术经济分析的目的。

技术经济分析可以是对建设项目的技术规划、技术方案、技术措施的预期经济效果进行分析、计算、比较和评价，从而选出技术先进、经济合理的最优方案；也可以是针对已投产的产品类型，对拟更新的技术和生产组织形式等变革方案的预期经济效果进行分析、计算、比较和评价，作为经营管理决策时的依据。

技术和经济是人类社会进行物质生产、交换活动中始终并存且不可分割的两个方面，两者相互促进、相互制约。经济的发展始终依赖一定的技术手段，世界上不存在没有技术基础的经济发展，同时技术的实现必须消耗一定的人力、物力和财力。技术具有强烈的应用性和明显的经济目的性，没有应用价值和经济效益的技术是没有生命力的。任何技术若不能在应用中获得经济效益，工业企业家是不会感兴趣的。因此，工程项目的选择与决策需要对项目的技术和经济两个相互依存的问题进行分析。

人类的一切实践活动都具有一定的目的性，即要获得一定的效果。在取得效果与所消耗的活动和物质之间有一个比例关系，这种比例关系称经济效果。进行技术经济分析的目的就是要使建设项目实现最大的经济效果。食品工厂的建设，特别是大型项目的建设，在厂址选择、工厂的整体布局、工艺选择、设备配套等方面涉及大量技术经济问题。

技术经济分析的现实意义是为新技术的采用决策提供定性、定量数据，避免决策中的重大失误。在技术方案决策前，分析比较不同方案的经济价值，根据技术、经济和社会三方面的有利因素和制约因素进行全面论证和平衡，提出详细可靠的依据，从而防止或减少因主观臆断而造成的损失。在初步设计阶段进行认真、细致的技术经济分析，可以避免项目的盲目上马，造成严重的甚至不可挽回的损失。

建设项目经济评价分为财务评价和国民经济评价。财务评价是根据国家现行财税制度和价格体系，从项目财务角度判别项目的财务可行性；国民经济评价是从国家整体角度考察和分析项目对国民经济的净贡献，评价项目的经济合理性。

一般新建项目和技术改造项目，可按本章介绍的方法进行分析评价，如其投资利用了原有企业的资产和资源，新、老项目的投入、产出难以划分时，可以参照“建设项目经济评价方法与参数”改扩建项目的“有、无对比法”判断项目的可行性。

在可行性研究阶段，为寻求合理的经济和技术方案，应该对生产规模、产品方案、工艺流程、设备选型、厂址选择、能源、工厂布置、三废处理等进行多方案论证比较。

由于可行性研究阶段的技术经济分析采用的数据多为预测和估算的，有不同程度的不确定性，需要运用盈亏平衡分析、敏感性分析，必要时用概率分析的方法进行不确定性分析，预测项目可承担风险的程度，以及各种变化因素对经济评价指标的影响程度，提出建议和措施。

可行性研究阶段的技术经济分析、论证和综合评价，可提供给投资者作决策的依据。批准的初步设计阶段的技术经济分析和综合评价，可作为向银行签订贷款合同和与同有关部门或单位签订协议、合同的依据也可作为下一阶段工程设计的基础。

技术经济分析有方案比较和数学分析两种常用的方法，另外还有成本效益分析法和系统分析法。

方案比较法是对完成同一任务的几种技术方案进行计算、分析和比较，从中选出最优方案。这是经常使用的一种传统方法，其步骤是选择对比方案和确定对比方案的指标，常用的指标有：产值、产量、品种、质量、利润等，同时还应考虑投资经济效益和社会效益。为把不可比条件转化为可比条件，应将对比方案的使用价值等同化，以便进行指标对比和综合分析评价。

数学分析法是通过数学运算建立数学模型，找出合理参数值的有效范围。这种方法的基本原理是将某个经济指标（如成本）作为某一个或某几个技术参数的函数，应用数学方法将求出极大值或极小值。当技术参数等于某个数值时，成本最低。

技术经济分析的原则如下：

（1）局部利益服从整体利益　在进行技术分析时，有时可能出现从局部看是经济合理的，但从全局看是不经济合理的现象，这时应遵循局部利益服从整体利益的原则。

（2）当前利益服从长远利益　例如有些新的技术方案（产品）在研制阶段费用很高，但如果通过技术经济论证，确有发展前途、长远利益显著的，一般应支持和促进其发展。

（3）符合国家的经济和技术政策　在进行技术经济分析时，应兼顾技术上的先进性和经济上的合理性，并应符合国家的经济政策和技术政策。

基本建设项目的不同阶段技术经济分析的内容和深度有所区别，本章仅从食品工厂建设项目要求出发，按初步设计阶段的要求介绍方案比较法技术经济分析的有关问题。

二、技术经济分析的内容

工程项目的技术经济分析的主要内容一般包括如下五个方面：

（1）市场需求预测和拟建规模。

（2）项目布局、厂址选择。

（3）工艺流程的确定和设备的选择。

（4）项目专业化协作的落实。

（5）项目的经济效果评价和综合评价。

为了确定一个建设项目，除了做好以上各项分析工作外，还要针对每个项目所需的总投资，逐年分期投资数额，投产后的产品成本、利润率、投资回收期，项目建设期间和生产过程中消耗的主要物质指标进行精确的定量计算，这也是一项十分重要的工作。因为仅有定性分析，还不足以决定方案的取舍，只有把定性分析和定量计算联系起来，才能得出比较正确的方案。经济核算应该全面细致，所用指标应该确切可靠。同时由于确定项目的各项货币与实物指标是进行技术经济分析的前提，对技术和经济两方面都有着较高的要求。因此工程技术人员和经济工作人员一定要通力合作，共同把这项工作做好。要提倡技术人员学点经济学，经济人员了解一定的技术。

根据我国相关规定，建设项目经济评价的内容是通过预测工程项目的投资和生产经营活动，进行财务盈利能力分析、清偿能力分析及外汇平衡分析，计算有关指标，包括财务内部收益率（FIRR）、投资回收期（Pt）、财务净现值（FNPV）、投资利润率、投资利税率、资本金利用率、资产负债率、流动比率、速动比率、固定资产投资借款偿还期以及项目的外汇收支余缺程度等。

以上指标的计算所使用的固定资产投资、流动资金、生产成本、产品产量、销售收入等基础数据，特别是市场预测及价格等关键数据，务求准确，因为它将直接影响项目评价的质量。

技术经济评价是根据国家颁布的《建设项目经济评价方法与参数》和原中国轻工总会制定的《建设项目经济评价方法轻工行业实施细则》，按照国家现行财税制度和价格体系，分析、计算项目直接发生的财务效益和费用，编制财务报表，计算评价指标，与《建设项目经济评价方法与参数》颁布的财务基准收益率、基准投资回收期、基准投资利用率、基准投资利税率等重要（食品工业）评价参数，进行对比得出评价结论，供有关投资主体作为决策依据。

技术经济分析需要工程技术人员和经济专业人员合作完成。初步设计阶段的经济效果分析要求工艺专业设计人员向技术经济分析部门提供准确的技术操作数据、原材料、动力消耗数据、产品、副产品、联产品的产量、产品得率、提取率等相关技术资料，作为定性分析与精确定量分析的基础。要对每一个项目都进行全面的、综合性的研究与分析，既要在技术上做到可行、先进，又要在经济上做到有利、合理。

三、技术经济分析的具体步骤

技术经济分析的基本程序如图 9-1 所示。

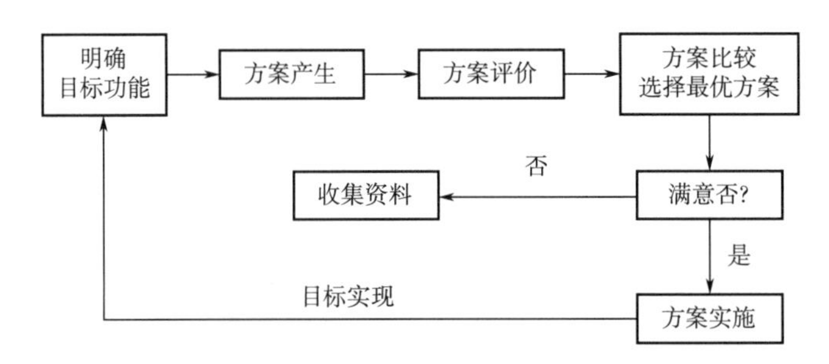

图 9-1　技术经济分析的基本程序

（1）确定目标　任何技术方案都是为了满足某种需要或为了解决某个实际问题而提出的，因此，在进行经济分析之前，首先应确定技术方案要达到的目标和要求，这是经济分析工作的首要前提。

（2）根据项目要求，列出各种可能的技术方案。

（3）经济效益分析与计算　技术方案的经济效益分析主要包括企业经济效益分析与国民经济效益分析。企业经济效益分析是在国家现行财税制度和价格体系条件下，从企业角度分析计算方案的效益、费用、盈利状况以及借款偿还能力等，以判定方案是否可行。国民经济效益分析则是从国家总体的角度分析计算方案需要国家付出的代价和对国家的贡献，以考察投资行为的经济合理性。

（4）综合分析与评价　通过对技术方案进行经济效益分析，可以选出经济效益最好的方案，但不一定是最优方案。经济效益是选择方案的主要标准，但不是唯一标准。方案取舍不仅与其经济因素有关，而且与其在政治、社会、环境等方面的效益有关，因此必须对每个方案进行综合分析与评价。总之，在对方案进行综合评价时，除考虑产品的产量、质量、企业的劳动生产率等经济指标外，还必须对每个方案所涉及的其他方面，如拆迁房屋、占有农田和环境保护等方面进行详尽分析，权衡各方面的利弊得失，才能得出合适的最终结论。

第二节　食品企业技术经济分析的主要指标

一、企业组织

经营企业，实现企业目标，必须把各类人员按不同的管理目的、职能和区域，系统地组织成协调平衡、富有成效的有机整体。组织机构是支撑企业生产、技术、经济及其他活动的运筹体系，是企业的“骨骼”系统。没有组织机构，企业的一切活动就无法正常、有效地进行。

在社会主义市场经济条件下，食品企业的组织应按照现代企业制度要求，符合精简、高效的原则，设置管理与生产的有关部门，实行科学管理，使产品在市场上具有质量、技术、价格的竞争优势。

食品企业的产品大部分属于人民生活必需的消费品，随着国家经济建设的不断发展和人民生活水平的不断提高，人民对美好生活的向往更加强烈，对食品的营养、健康、安全、多元化需求提出更多更高的要求，因此食品企业的组织除一般的人事、供应、财务会计等部门外，技术和质量控制、市场营销和新产品开发等部门是非常重要的。根据以上所述，企业组织结构系统如图 9-2 所示。

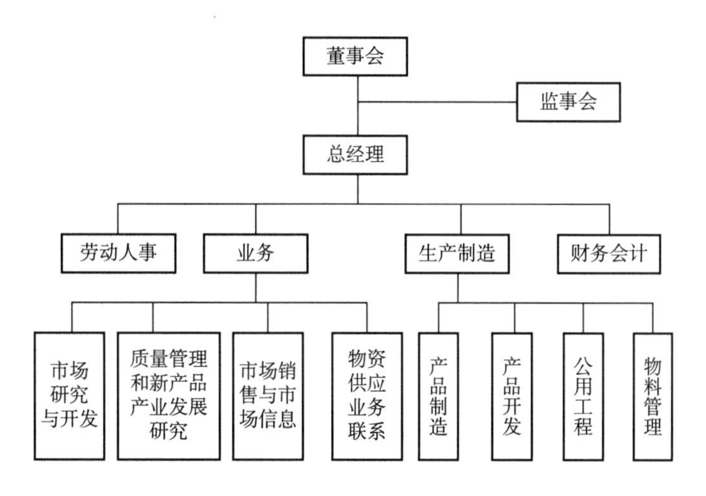

图 9-2 企业组织结构系统简图

企业组织结构系统，应明确规定各部门的职责范围与相互关系，进行食品工厂设计时可以根据企业的规模、工作制度等实际情况撤并与增减。

食品工厂的工作制度按照我国现行 40h 工作周的规定和生产设备维修与检修的需要，确定全年生产天数和制造部门生产班数、轮休制度、出勤率等。一般情况下，食品工厂设计的全年生产日为 250~300d。车间（部门）定员明细见表 9-1。

表 9-1 车间（部门）定员明细表

序号	车间名称	人员类型	定员人数					合计
			日班	早班	中班	夜班	预备	
1	厂部	管理	8					8
2	厂部	技术	6					6
3	车间	管理		1	1			2
4	车间	技术		2	2			4
5	车间	工人		22	22	2		46
6	其他	服务	1	1	1	1	2	6
	合计		15	26	26	3	2	72

注：轮休等人员列入预备人员，不设计量机构时，专职计量人员列入有关车间（部门）人员中。

劳动定员的多少，是企业在正常运作时管理水平和技术水平的标志。根据劳动定员数与计划产量（产值、利润）比较，可以算出“劳动生产率”。这是进行技术经济分析的一个重要指标，也是计算后勤福利设施工程量的依据。全厂定员及人员构成分析见表 9-2。

表 9-2　　全厂定员及人员构成分析表

序号	部门	人员					备注
		管理人员	工程技术人员	工人	服务人员	合计	
1	厂部	8	6			14	
2	生产车间	2	4	42		48	
3	辅助车间			2		2	
4	警卫、消防人员				2	2	
5	其他工作人员			2	2	4	
6	全厂合计	10	10	46	4	70	
7	占全厂人数百分比/%	14	14	66	6	100	
8	其中季节工						

注：①季节工列出年平均人数，并在备注栏内注明雇用月数，因其具体人数随产品不同而变化，此处不列出具体数据。

②改建、扩建项目可增加“原有人数”和“新增人数”栏。

由表 9-1 和表 9-2 可知，根据确定的组织结构和各部门的岗位、生产班数，可以编制出车间定员明细表和全场定员构成分析表。在编制全场定员时应注意工厂的生产计划、劳动定额、产量定额、设备操作人员定额、生产方式、职工出勤率及企业各类人员的比例等方面的协调性。

二、技术经济分析的指标体系

技术方案的经济分析与评价，就是要对不同方案的经济效益进行计算、比较和选优，而指标则是反映方案经济效益的一种工具。一般一个指标只能反映方案经济效益的某一侧面。由于技术方案的经济因素的复杂性，所以任何一个指标都不能全面、准确地反映出方案的经济效益。因此，必须建立一组从各方面反映经济效益的科学的指标体系。技术经济分析指标体系可分为收益类指标、消耗类指标和效益类指标三类。

（一）收益类指标

1. 数量指标

数量指标是指反映技术方案生产活动有用成果的指标。它主要包括：

（1）实物量指标　例如单位时间内的生产量可用吨、台、件等表示。

（2）价值量指标　即以货币计算的反映方案生产量的指标，主要有总产值和商品产值等。

2. 品种指标

品种指标是指反映经济用途相同而使用价值有差异的同种类型产品指标，例如品种数、新增产品品种数、产品配套率等指标。

3. 质量指标

质量指标是指反映产品性能、功能以及满足用户要求程度的指标，包括反映技术性能方面的指标（如生产率、速度、精度、效率、使用可靠性、使用范围、使用寿命等）和反映经济性能方面的指标（如合格率、废次品率等）。

（二）消耗类指标

1. 投资指标

投资是指为实现技术方案所花费的一次性支出的资金，它包括固定资金和流动资金。固定资金是建设和装备一个投资项目所需的一次性支出，流动资金则相当于经营该项目所需的一次性支出，两者都必须在投资初期预先垫付。投资指标主要包括以下内容：

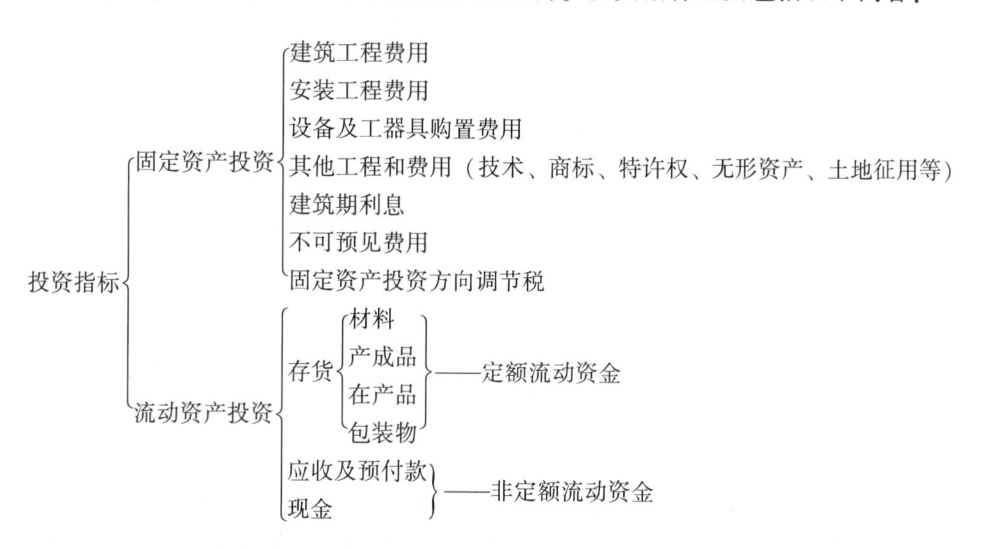

（1）固定资产投资估算　常用的固定资产估算方法有类比估算法和概算指标估算法两类。

类比估算法是根据已建成的与拟建项目工艺技术路线相同的同类产品项目的投资，来估算拟建项目投资的方法。

概算指标估算法是较为详细的投资估算法。该法按下列内容分别套用有关概算指标和定额编制投资概算，然后在此基础上再考虑物价上涨、汇率变动等动态投资。

①建筑工程费用：包括厂房建筑、设备基础处理、大型土石方和场地平整等。

②设备及工器具购置费用。

③安装工程费用：包括设备和工作台安装，以及敷设管线等的费用。

④其他费用：指根据有关规定应计入固定资产投资的除建筑、安装工程费用和设备、工器具购置费以外的一些费用，包括土地征购费、居民迁移费、人员培训费、勘察设计费等。勘察设计费通常占投资总额的3%左右。

⑤基本预备费：指事先难以预料的工程和费用。

综上所述，方案的固定资产总投资为上面提到的5项投资费用之和。

（2）流动资产投资估算　流动资金是企业以货币购买劳动对象和支付工资等所垫支的资金，是企业进行生产和经营活动的必要条件。流动资金的需要量应从生产实际出发，同时也应尽量减少资金的占用，提高流动资金的利用效果。

$$流动资产=流动资金+流动负债$$

流动资产投资估算主要采用类比估算法和分项估算法。

①类比估算法，是一种根据已投产的类似项目的统计数据总结得到的流动资产投资与其他费用之间的比例系数，来估算拟建项目所需流动资产投资的方法。这里的其他费用可

以是固定资产投资，也可以是经营费用、销售收入或产值等。

②分项估算法，即按流动资产的构成分项估算。建设项目的流动资产需求根据项目的年度生产成本费用和最低储备天数（周转天数）确定。有关流动资产项目内容的计算公式如下：

$$流动资产=应收账款+存货+现金$$

$$流动资金=流动资产-流动负债$$

$$流动负债=应付账款$$

$$应付账款=\frac{年外购原材料、燃料及动力费用}{周转次数}$$

$$周转次数=\frac{360}{最低周转天数}$$

（最低周转天数按实际情况并考虑保险系数分项确定。）

$$应收账款=\frac{年经营成本}{周转次数}$$

$$现金=\frac{年职工工资与福利费总额+年其他零星开支}{360}\times最低周转天数$$

$$应收账款=\frac{赊账额\times周转天数}{360}$$

产成品是指已经完成全部生产过程，可以按合同规定的条件送交订货单位，或者可以作为商品对外销售，经验收入库的产品。技术经济分析时可按下式确定产成品资金：

$$产成品=年经营成本/周转次数$$

$$存货=原材料+在产品+产成品+包装物+低值易耗品$$

$$原材料占用资金=日平均消耗量\times单价\times周转天数$$

$$在产品占用资金=\frac{年外购原料、燃料及动力费+年工资及福利费+年修理费+年其他制造费用}{周转次数}$$

流动资金一般应在投产前开始筹措。为简化计算，可在投产第一年开始按生产负荷进行安排。按当年流动资金借款额及年利率计算的年利息（生产期）计入财务费用。

投资指标，是技术经济指标中的主要指标之一，每个方案都要千方百计地降低各项投资和项目的总投资。降低方案投资的主要途径是合理选择厂址，正确选择设备和备用设备，尽可能用扩建代替新建，加强专业化协作，完善施工组织和力争缩短工期等。

2. 成本和费用

成本是指产品生产和销售活动中所消耗的活劳动和物化劳动的货币表现，是为获得商品和服务所需支付的费用。但事实上成本的含义很广，不同的情况需要用不同的成本概念。以下是投资决策过程中所需用到的一些主要的成本概念：

（1）会计成本　会计成本是会计记录在公司账册上的客观的和有形的支出，包括生产和销售过程中发生的原材料、动力、工资、租金、广告、利息等支出。按照我国财务制度，总成本费用由生产成本、管理费用、财务费用、销售费用组成。

生产成本是生产单位为了生产产品或提供劳务而发生的各项生产费用，包括各项直接支出和制造费用。直接支出包括直接材料（原材料、辅助材料、备品备件、燃料动力等）、直接工资（生产人员的工资、补贴）和其他直接支出（如福利费）；制造费用是指企业内的分厂、车间为组织和管理生产所发生的各项费用，包括分厂、车间管理人员工资、折旧费、维修费、修理费及其他制造费用（办公费、差旅费、劳保费等）。

管理费用是指企业行政管理部门管理和组织经营而发生的各项费用，包括管理人员工资和福利费、公司一级折旧费、修理费、技术转让费、无形资产和递延资产摊销费及其他管理费用（办公费、差旅费、劳保费、土地使用税等）。

财务费用是指为筹集资金而发生的各项费用，包括生产经营期间发生的利息净支出及其财务费用（汇兑净损失、银行手续费等）。

销售费用是指为销售产品和提供劳务而发生的各项费用，包括销售部门人员工资、职工福利费、运输费及其他销售费用（广告费、办公费、差旅费）。

管理费用、财务费用和销售费用称为期间费用，直接计入当期损益。

（2）经营成本　经营成本是在一定时期（通常为一年）内由于生产和销售产品及提供劳务而实际发生的现金支出。它不包括虽计入产品成本费用中，但实际没发生现金支出的费用项目。在技术方案财务分析时，经营成本按下式计算：

经营成本＝总成本费用－折旧费－摊销费－维检费－财务费用

（3）固定成本和变动成本　按照与产量的关系，成本可以分为固定成本和变动成本。固定成本指在一定产量范围内不随产量变动而变动的那部分费用，如固定资产折旧费、管理费等。变动成本指总成本中随产量变动而成比例变动的那部分费用，如直接原材料、直接人工费、直接燃料动力费及包装费等。

固定成本和变动成本的划分，对于项目盈亏分析及生产决策有着重要的意义。

（4）边际成本　边际成本是企业多生产一个单位产量所发生的总成本的增加。

例如：产量＝1500t 时，总成本＝450000 元；产量＝1501t 时，总成本＝450310 元，则第 1501t 产量的边际成本＝310 元。

（5）质量成本项目　质量成本是企业为了保证和提高产品质量而支出的一切费用，以及由于产品质量未达到预先规定的标准而造成的一切损失的总和。质量成本只涉及有缺陷的产品，即发现、返工、避免和赔偿不合格品的有关费用。制造合格品的费用不属于质量成本，而属于生产成本。

质量成本由内部故障成本、外部故障成本、鉴定成本和预防成本四大部分组成，这种分类方法已得到世界各国的公认和采用。

（6）折旧费和大修费的计算　折旧费的计算一般采用使用年限法计算，固定资产的原值和预计使用年限是两个主要因素。同时，由于固定资产在报废清理时会有残料，这些残料可以加以利用或出售，其价值称固定资产残值，它的价值应预先估计，在折旧时从固定资产原值中减去。另外，在固定资产清理时，还可能发生一些拆卸、搬运等清理费，这些清理费也应预先估计金额，在计算折旧额时，加到固定资产原值中去，所以年折旧额计算见式（9-1）。

$$A_n = \frac{B - D + G}{n} \tag{9-1}$$

式中　A_n——年折旧额

B——固定资产原值

D——预计残值

G——预计清理费

n——预计使用年限

固定资产折旧额对固定资产原值的比值称折旧率，其计算见式（9-2）。

$$\eta = \frac{A}{B} \times 100\% \tag{9-2}$$

式中 η——折旧率

A——折旧额

B——固定资产原值

上述折旧额和折旧率是按每一项固定资产计算的，因而又称个别折旧额（单项折旧额）和个别折旧率（单项折旧率），在工作实践中也可以按固定资产类别，计算分类折旧额和分类折旧率。有些食品工厂经上级主管部门批准还可以按照全厂应计提折旧的固定资产计算（综合折旧额和综合折旧率）。分类折旧率和综合折旧率，是以单项固定资产的原值和应提折旧额为基础，将各类或全厂固定资产原值和应提折旧额综合在一起计算的，其公式见式（9-3）。

$$\eta_1 = \frac{\sum A}{\sum B} \times 100\% \tag{9-3}$$

式中 η_1——分类或综合折旧率

$\sum A$——同类（或全厂）固定资产折旧额之和

$\sum B$——同类（或全厂）固定资产原值之和

食品工厂企业按规定的综合折旧率计提折旧，每月应计提的折旧额公式见式（9-4）。

$$A_1 = B_1\eta_2 \tag{9-4}$$

式中 A_1——月折旧额

B_1——应计提折旧的固定资产原值

η_2——月折旧率

在实际工作中，企业提取固定资产折旧，大多是根据企业主管部门征得同级财政部门同意，所确定的一个综合折旧率来计算的，它是本系统、本行业的一般平均折旧率，而不是根据本企业的固定资产综合折旧率计算出来的。

固定资产除采用使用年限法以外，对生产不稳定、磨损不均衡的设备，则可按工作时间或完成工作量计算折旧。例如运输卡车可按行驶里程计算折旧，其计算公式见式（9-5）。

$$A_1 = \frac{B_1 - D + G}{X} X_1 \tag{9-5}$$

式中 A_1——月折旧额，万元

B_1——应计提折旧的固定资产原值，万元

D——预计残值，万元

G——预计清理费，万元

X——预计行驶总里程，km

X_1——本月行驶里程，km

凡是在用的固定资产（除土地外），都应计提折旧，房屋、建筑物及季节性使用（如罐头厂番茄酱在非生产期）或因大修理停用的固定资产，应和在使用时固定资产一样，计

提折旧。

固定资产的修理工作，按其修理规范和性质不同，可分为大修理和经常修理（又称中、小修理）两种。大修理的主要特点是：修理范围较大，修理次数较少，每次修理的间隔时间较长，费用较高。由于大修理的间隔较长，所需费用较高，如果把每次发生的大修理费用直接计入当期的产品成本，就会影响各期产品成本的合理负担，所以，大修理费用应采用按月提存大修理基金的办法，以便把固定资产的预计全部大修理费用按照固定资产的预计使用年限，均衡地计入整个使用期的产品成本，见式（9-6）~式（9-9）。

$$J = \frac{H \cdot z}{B \cdot n} \times 100\% \tag{9-6}$$

年大修基金提存额 Y：

$$Y = BJ \tag{9-7}$$

月大修基金提存率 J_1：

$$J_1 = J/12 \tag{9-8}$$

月大修基金提存额 Y_1：

$$Y_1 = BJ_1 \tag{9-9}$$

式中 J——年大修基金提存率，%

H——每次大修计划费用，万元/次

z——全部使用期间预计大修数，次

B——固定资产原值，万元

n——预计使用年限，a

以上大修基金提存率是按单项固定资产计算的，在实际工作中，也可以按照固定资产类别计算的分类提存率或按全部固定资产计算的综合提存率计算，经上级主管部门批准后，可以提取大修基金。

（三）效益类指标

效益类指标是指反映技术方案收益与消耗综合经济效果的指标，分为绝对经济效益指标和相对经济效益指标。

1. 绝对经济效益指标

（1）劳动生产率 劳动生产率反映方案实施后平均每人创造的产品数量或产值大小的指标。

$$劳动生产率 = \frac{总产值（或总产量）}{人数（工厂或全员）} \times 100\%$$

（2）材料利用率 材料利用率反映生产产品时原材料利用程度大小的指标。

$$材料利用率 = \frac{有效产品中所含的原材料数量}{生产该种产品时的原材料消耗总量} \times 100\%$$

（3）设备利用率 设备利用率反映生产过程中设备利用程度的指标。

$$设备利用率 = \frac{设备实际开动台时数}{按制度应开动的设备台时数} \times 100\%$$

（4）投资年产品率 投资年产品率反映方案实施后单位投资可创造的年产品数量或产值大小的指标。

$$投资年产品率 = \frac{产品年产量（或产值）}{投资总额} \times 100\%$$

（5）成本利润率　成本利润率反映方案投产后单位成本支出可带来的利润大小的指标。

$$成本利润率=\frac{净利润}{总成本}\times 100\%$$

（6）流动资金周转率　流动资金周转率反映方案投产后流动资金周转状况的指标，常用流动资金周转次数和周转天数来表示。

$$流动资金周转次数=\frac{一定时期内产品销售收入}{同期周转次数}$$

$$流动资金周转天数=\frac{一定时期的天数}{同期周转次数}$$

（7）投资利润率　投资利润率是反映企业投产后所获得纯利润高低的一个重要指标。

$$投资利润率=\frac{年净利润}{总投资}\times 100\%$$

（8）投资利税率　投资利税率是反映方案投产后单位投资所能产生的利税大小的指标，投资利税越大，说明投资效果越好。

$$投资利税率=\frac{年净利润+税金}{总投资}\times 100\%$$

投资利税率和投资利润率，都是综合反映投资经济效果的重要指标，但投资利税率比投资利润率要高得多，在基本建设项目的投资从无偿拨款改为贷款制度后，只有当投资效果系数和投资利润率大于贷款利率时，才是合理的。不然，工程投产后所获得的利润还不够偿还投资应付的利息。

（9）投资回收期　投资回收期指净收益回收总投资所需的时间（一般以年为单位）。

（10）净现值　净现值为按标准贴现率（基准收益率），将方案分析期内各年的收益与支出折算到基准年的现值的代数和。

（11）净现值率　净现值率反映方案单位投资的现值所“创造”的净现值收益大小的指标。

$$净现值率=\frac{净现值}{总投资现值}\times 100\%$$

（12）内部收益率　内部收益率指方案分析期内各年收益与支出的现值的代数和等于零时的贴现率。

2. 相对经济效益指标

（1）相对投资效益系数　单位数量（1 元）的追加投资，每年可获得的经营费用的节约量。

$$相对投资效益系数=\frac{两方案经营费用之差额（节约额）}{两方案基建投资之差额（追加投资）}（越大越好）$$

（2）追加投资回收期　节约单位数量（1 元）的经营费用，需要追加的基建投资的数额。

$$追加投资回收期=\frac{两方案基建投资之差额（追加投资）}{两方案经营费用之差额（节约额）}（越小越好）$$

3. 财务评价清偿能力的指标

清偿能力分析主要是考察计算期内各年的财务状况偿还能力，一般包括资产负债率、流动比率、速动比率、建设投资偿还期等内容。

（1）资产负债率　资产负债率是反映项目各年所面临的财务风险程度及偿债能力的指标。

$$资产负债率=（负债合计/资产合计）\times 100\%$$

（2）流动比率　流动比率是反映项目各年偿付流动负债能力的指标。

$$流动比率=（流动资产总额/流动负债总额）\times 100\%$$

（3）速动比率　速动比率是反映项目快速偿付流动负债能力的指标。

$$速动比率=[（流动资产总额-存货）/流动负债总额]\times 100\%$$

以上数值出自企业的资产负债表。

（4）建设投资借款偿还期　建设投资借款偿还期是指在具体财务条件下，一项目投产后可用于还款的资金偿还建设期借款的本息所需要的时间，通过企业的借款还本付息估算表计算求得，公式为：

$$借款偿还期=\frac{借款还清年份的年初余额}{当年还款能力（折旧、摊销和可供分配利润之和）}+（借款偿还年份-1）$$

借款偿还期是一项重要的清偿能力指标，偿还期应满足贷款银行的合同要求。

三、税收与税金

（1）税收　税收是国家为实现其管理职能，满足其财政支出的需要，依法对有纳税义务的组织和个人征收的预算缴款，具有强制性、无偿性和固定性。

（2）税金　税金是指纳税义务人依法缴纳的税务款项。

（3）纳税义务人（纳税人或课税主体）　纳税义务人是指税法规定的直接负有纳税义务的单位和个人，包括自然人和法人。

（4）纳税对象（课税客体）　纳税对象是指税法规定的征税的标的物，即征税的客体对象。

（5）税率　税率是指税法规定的所纳税款与应纳税额之比。

我国目前的工商税制分为流转税（增值税、营业税、消费税），资源税（开发矿产品和生产盐），收益税（所得税），财产税（土地增值税、房产税和遗产赠予税），特定行为税（城乡维护建设税、印花税、证券交易税、车船使用税、固定资产投资方向调节税）等。其中与技术方案经济性评价有关的主要税种有：从销售收入中扣除的增值税、营业税、资源税、城市维护建设税和教育费附加；计入总成本费用的房产税、土地使用税、车船使用税、印花税等；计入固定资产总投资的固定资产投资方向调节税以及从利润中扣除的所得税等。

（一）增值税

增值税是以商品生产或劳务等各种环节的增值额为征税对象而征收的一种流转税，其纳税人为在中国境内销售货物或者提供加工、修理、修配、劳务以及进口货物的单位和个人。

我国目前统一采用税款抵扣法计算增值税，应纳税额计算公式如下：

$$应纳税额=当期销项税额-当期进项税额$$

销项税额是按照销售额和规定税率计算并向购买方收取的增值税额。必须采用增值税专用发票，贷款和应负担的增值税分开注明：

$$销项税额=销售额\times适用的增值税率$$

进项税额是指纳税人购进货物或者应税劳务所支付或负担的增值税。根据税法规定，企业准予从销项税额中抵扣的进项税额包括以下方面。

1. 凭票抵税

增值税专用发票，税控机动车销售统一发票，从海关取得的进口增值税专用缴款书，从境外单位或者个人购进劳务、服务、无形资产或者不动产，为从税务机关或者扣缴义务人处取得的代扣缴税款的完税凭证。

2. 计算抵税（农产品进项税额抵扣）

（1）一般农产品　购进农产品除取得增值税专用发票或者海关进口增值税专用缴款书外，按照农产品收购发票或者销售发票上注明的农产品买价和扣除率计算抵扣进项税额：

$$进项税额=买价\times扣除率$$

（2）纳税人购进农产品　纳税人购进农产品如表9-3所示规定抵扣进项税额（部分行业试点增值税进项税额核定扣除方法除外）。

表9-3　纳税人购进农产品抵扣进项税额规定

<table>
<tr><th>来源</th><th>凭证</th><th>进项税额</th></tr>
<tr><td rowspan="2">购入已纳税农产品（不是直接从农业生产者手中购进）</td><td>取得一般纳税人开具的增值税专用发票或海关进口增值税专用缴款书</td><td>法定扣税凭证上注明的增值税额</td></tr>
<tr><td>取得小规模纳税人的税局代开或者自行开具的增值税专用发票</td><td>专票上注明的金额×扣除率（9%）</td></tr>
<tr><td>购入免税农产品（直接从农业生产者手中购进）</td><td>取得农产品销售发票或收购发票</td><td>发票上注明的农产品买价×扣除率（9%）</td></tr>
<tr><td colspan="2">纳税人购进用于生产或委托加工13%税率货物的农产品</td><td>扣除率为10%</td></tr>
<tr><td>购进全环节免税的农产品</td><td>纳税人从批发、零售环节购进适用于免征增值税政策的蔬菜、部分鲜活肉蛋而取得的普通发票</td><td rowspan="2">不得作为计算抵扣进项税额的凭证</td></tr>
<tr><td>小规模纳税人</td><td>开具的增值税普通发票</td></tr>
<tr><td colspan="3">购进农产品既用于生产或委托加工13%税率货物又用于生产销售其他货物服务的应当分别核算，否则均按9%扣除率扣除进项税额</td></tr>
</table>

3. 特殊规定

一些特殊情况则另有规定，如国内旅客运输服务、道路桥闸通行费、不动产进项税抵扣、进项税额加计抵减等。

（二）营业税

营业税是对在我国境内提供应税劳务、转让无形资产或者销售不动产的单位和个人，就其营业额征收的一种税。凡在我国境内从事交通运输、建筑业、金融保险业、邮电通信业、文化体育业、娱乐业、服务业、转让无形资产和销售不动产等业务，都属于营业税的征收范围。

适用税率：娱乐业为 5%～20%，金融保险、服务业、转让无形资产和销售不动产税率为 5%，其余均为 3%。

应纳营业税税额=营业额×适用税率

（三）资源税

资源税是对在我国境内从事开采应税矿产品和生产盐的单位和个人，因资源条件差异而形成的级差收入征收的一种税。资源税实行从量定额征收的办法。

应纳资源税税额=课税数量×适用单位税额

课税数量是指纳税人开采或生产应税产品的销售数量或自用数量。单位税额根据开采或生产应税产品的资源状况而定，具体按《资源税目税额幅度表》执行。

（四）企业所得税

1. 企业所得税

企业所得税是对我国境内企业（不包括外资企业）的生产经营所得和其他所得征收的一种税。国有企业、集体企业、私人企业统一实行 33%的税率，同时实行两档优惠税率：18%（适用于年应税额<3 万元）和 27%（适用于年应税额 3 万～10 万元），计算公式（制造业）如下：

应缴所得税=应纳税所得额×税率

应纳税所得额=利润总额±税收调整项目金额

利润总额=产品销售利润+其他业务利润+投资净收益+营业外收入-营业外支出

产品销售利润=产品销售净额-产品销售成本-产品销售税金及附加-销售费用-管理费用-财务费用

2. 涉外企业所得税

涉外企业所得税是对外商投资企业和外国企业在我国境内设立的机构、场所所取得的生产经营所得征收的一种税，税率 33%。

对外国企业在我国境内未设立的机构、场所而取得的来源于中国境内的利润、利息、租金、特许权使用费等，税率 20%。

对于涉外企业，还包括了许多税收优惠措施条款，主要包括减低税率、定期减免税、再投资退税、预提所得税的减免等内容。

（五）城乡维护建设税

城乡维护建设税是对一切有经营收入的单位和个人，就其经营收入征收的一种税。其收入专用于城乡公用事业和公共设施的维护建设。城市维护建设税以纳税人实际缴纳的产品税、增值税、营业税税额为计税依据，分别与产品税、增值税、营业税同时缴纳。

城市维护建设税实行的是地区差别税率，按照纳税人所在地的不同。税率分别规定为 7%，5%，1%三个档次，具体适用范围如下：纳税人所在地在市区的，税率为 7%；纳税人所在地在县城、镇的，税率为 5%；纳税人所在地不在市区、县城或镇的，税率为 1%。

（六）教育费附加

教育费附加是向缴纳增值税、消费税、营业税的单位和个人征收的一种费用，是以实际缴纳的上述三种税的税额为附征依据，教育费附加税率为 3%。

（七）固定资产投资方向调节税

固定资产投资方向调节税是对在我国境内从事固定资产投资行为的单位和个人（不包

括外资企业）征收的一种税。

固定资产投资方向调节税的依据为固定资产投资项目实际完成的投资额，包括建筑安装工程投资、设备投资、其他投资、转出投资、待摊投资和应核销投资。

固定资产投资方向调节税设置了差别比例税率：

0%——国家急需发展的基建或技改项目；

5%——国家鼓励发展但受能源交通等制约的基建项目；

10%、15%——一般的产业产品建设项目、一般的更新改造项目；

30%——对楼堂馆所以及国家严格限制发展的基建项目。

第三节　食品企业技术方案经济效果的计算与评价方法

技术经济分析中应用最普遍的是方案比较法，也称对比分析法，它是通过一组能从各方面说明方案技术经济效果的指标体系，对实现同一目标的几个不同技术方案，进行计算、分析和比较，然后选出最优方案。

经济效果评价的指标和具体方法是多种多样的，它们从不同角度反映工程技术方案的经济性。这些方法总的可以分为两大类：确定性分析方法和不确定性分析方法。

确定性分析方法主要有：现值法、年值法、投资回收期法、投资利润率法、投资收益率法等。

不确定性分析方法主要有：盈亏平衡分析、敏感性分析和风险分析等。

基于是否考虑资金的时间价值，投资效果评价方法又可分为静态分析法（不考虑资金、时间、价值因素）和动态分析法（考虑资金、时间、价值因素）。

一、技术方案的确定性分析

（一）投资回收期法

投资回收期法也称偿还年限法，是指投资回收的期限，也就是用投资方案所产生的净现金收入回收初始全部投资所需的时间。一般以年为单位，是反映项目财务上偿还总投资的能力和资金周转速度的综合性指标。对于投资者来讲，投资回收期越短越好，以减少投资风险。

如前所述，根据是否考虑资金的时间价值，可分为静态投资回收期和动态投资回收期。

1. 静态投资回收期

静态投资回收期计算见式（9-10）。

$$\sum_{t=0}^{T}(CI-CO)_t = 0 \tag{9-10}$$

式中　T——静态投资回收期

$(CI-CO)_t$——第 t 年的净收益（即该年的收入-支出）

特例：当投资为一次性投资，每年净收益相同时，$T=\frac{K}{R}$，K 为项目总投资，R 为年净收益。

除特例外，投资回收期通常用列表法求得，举例如下。

【例 1】××食品厂某项目的投资及回收情况见表 9-4。

表 9-4 ××食品厂某项目的投资及回收情况 单位：万元

项目	年份						
	0	1	2	3	4	5	6
总投资	6000	4000	—	—	—	—	—
净现金收入	—	—	3000	3500	5000	4500	4500
累计净现金流量	-6000	-10000	-7000	-3500	1500	6000	10500

从表 9-4 可见，静态投资回收期在第 3~第 4 年，实用的计算公式为：

$$T=\begin{pmatrix}\text{累计净现金流量开始}\\ \text{出现正值的年份数}\end{pmatrix}-1+\frac{\text{上年累计净现金流量的绝对值}}{\text{当年净现金流量}}$$

$$T=4-1+\frac{|-3500|}{5000}=3.7(\mathrm{a})$$

2. 动态投资回收期

动态投资回收期 T_p 的计算公式见式（9-11）。

$$\sum_{t=0}^{T_p}(CI-CO)_t(1+i_0)^{-t}=0 \tag{9-11}$$

式中 T_p——动态投资回收期

$(CI-CO)_t$——第 t 年的净收益（即该年的收入-支出）

i_0——折现率，对于方案的财务评价，i_0取行业的基准收益率；对于方案的国民经济评价，i_0取社会折现率

T_p的计算也常采用列表计算法，例如按表 9-3 的数据，i_0取 10%，则动态投资回收期的计算，××食品厂某项目的累计净现金流量折现值见表 9-5。

表 9-5 ××食品厂某项目的累计净现金流量折现值 单位：万元

项目	年份						
	0	1	2	3	4	5	6
(1) 现金流入	—	—	5000	6000	8000	8000	8000
(2) 现金流出	6000	4000	2000	2500	3000	3500	3500
(3) 净现金流量 [(1) - (2)]	-6000	-4000	3000	3500	5000	4500	4500
(4) 累计净现金流量	-6000	-10000	-7000	-3500	1500	6000	10500
(5) 折现系数 (P/F, I, t) (i=10%)	1	0.9091	0.8264	0.7513	0.6830	0.6209	0.5645
(6) 净现金流量现值 [(3) × (5)]	-6000	-3636	2479	2630	3415	2794	2540
(7) 累计净现金流量现值	-6000	-9636	-7157	-4527	-1112	1682	4222

计算动态投资回收期的实用公式为：

$$T_p=\begin{pmatrix}\text{累计净现金流量现值}\\ \text{开始出现正值的年份数}\end{pmatrix}-1+\frac{\text{上年累计净现金流量现值的绝对值}}{\text{当年净现金流量现值}}$$

$$T_p=5-1+\frac{|-1112|}{2794}=4.4(\mathrm{a})$$

采用投资回收期进行单方案评价时，应将计算的投资回收期 T_p 与部门或行业的基准投资回收期 T_a 进行比较，要求投资回收期 $T_p \leq T_a$ 才认为该方案是合理的。

投资回收期指标直观、简单，表明投资需要多少年才能收回，便于为投资者衡量风险。尤其是静态投资回收期，是我国实际工作中应用最多的一种静态分析法，但它不反映时间因素，不如动态分析法来得精确。但投资回收期指标最大的局限性是没有反映投资回收期以后方案的情况，因而不能全面反映项目在整个寿命期内真实的经济效果。所以投资回收期一般用于粗略评价，需要和其他指标结合使用。

3. 追加投资回收期

当投资回收期指标用于评价两个或两个以上方案的优劣时，通常采用追加投资回收期（又称增量投资回收期）。这是一个相对的投资效果指标，是指一个方案比另一个方案所追加（多花的）的投资，用两个方案年成本费用的节约额去补偿所需的年数，计算见式（9-12）。

$$\Delta T = \frac{K_1 - K_2}{C_2 - C_1} \tag{9-12}$$

式中 ΔT——追加投资回收期

K_1、K_2——分别为甲乙两方案的投资额（K_1-K_2 为两个方案的投资差额）

C_1、C_2——别为甲乙两方案的年成本额（C_2-C_1 为两个方案的年成本差额）

【例 2】甲方案投资 3000 万元，年成本 1000 万元，乙方案投资 2200 万元，年成本 1200 万元，则追加投资回收期为：

$$\Delta T = \frac{3000 - 2200}{1200 - 1000} = 4(\mathrm{a})$$

所求得的追加投资回收期（ΔT），必须与国家或部门所规定的标准投资回收期（T_a）进行比较。若 $\Delta T \leq T_a$，则投资大的方案优，即能在标准的时间内由节约的成本回收增加的投资；反之，$\Delta T > T_a$，则应选取投资小的方案。

（二）现值法

现值法是将方案的各年收益、费用或净现金流量，按要求的折现率折算到期初的现值，并根据现值之和（或年值）来评价、选优的方法。现值法是动态的评价方法。

1. 净现值（net present value，NPV）

净现值是指方案在寿命期各年的净现金流量（$CI-CO$），按照一定的折率 i_0（或称目标收益率，作为贴现率），逐年分别折算（即贴现）到基准年（即项目起始的时间，也就是指第 0 年）所得的现值之和。净现值的计算见式（9-13）。

$$\mathrm{NPV} = \sum_{t=0}^{n} [(CI - CO)_t a_t] \tag{9-13}$$

式中 $(CI - CO)_t$——第 t 年的净现金流量

n——方案的寿命年限

a_t——第 t 年的贴现系数，$a_t = (1+i_0)^{-t}$

i_0——基准折现率（或基准收益率）

净现值是反映项目方案在计算期内获利能力的综合性指标。

用净现值指标评价单个方案的准则是：若净现值为正值，表示投资不仅能得到符合预定标准投资收益率的利益，还得到正值差额的现值利益，则该项目是可取的。若净现值为零值，表示投资正好能得到符合预定的标准投资收益率的利益，则该项目也是可行的。若净现值为负值，表示投资达不到预定的标准投资收益率的利益，则该项目是不可行的。

净现金流量就是每年的现金流出量（包括投资、产品成本、利息支出、税金等）和现金流入量（主要是销售收入）的差额。凡流入量超过流出量的，用正值表示；凡流出量超过流入量的，用负值表示。

2. 净现值率（net present value rate，NPVR）

净现值率表示方案的净现值与投资现值的百分比，即单位投资产生的净现值，是一个效益型指标，其经济涵义是单位投资现值所能带来的净现值。净现值率越高，说明方案的投资效果越好。

$$\text{NPVR} = \frac{\text{净现值}}{\text{总投资现值}} = \frac{\text{NPV}}{I_{\text{P}}}$$

净现值用于多方案比较时，没有考虑各方案投资额的大小，不直接反映资金的利用率，而 NPVR 能够反映项目资金的利用效率。净现值法趋向于投资大、盈利大的方案，而净现值率趋向于资金利用率高的方案。

现以某食品厂建设项目为例，说明现值法的计算过程。

【例 3】××食品工厂建设项目投资 1660 万元，流动资金 400 万元（即总投资$\sum K$=1660+400=2060 万元），建设期为 2 年，第 3 年投产，第 6 年达到正常生产能力。免税期为 5 年（即第 3 年至第 7 年），项目的有效使用期为 10 年，则贴现年数为 12 年，假定采用的贴现率为 15%，则各年的贴现系数依次为 $a_1=(1+0.15)^{-1}=0.8696$，$a_2=(1+0.15)^{-2}=0.7561$，……，$a_{12}=(1+0.15)^{-12}=0.1869$。

现金流量和净现金流量、净现值计算表见表 9-6。

表 9-6　现金流量和净现金流量、净现值计算表

建设期年份		现金流入量/万元	现金流出量/万元	净现金流量/万元	贴现系数 a_t（$i_0=15\%$）	净现值/万元
		①	②	③=｜①｜-｜②｜		④=③×a_t
建设期	1	0	-660	-660	0.8696	-574
	2	0	-1000	-1000	0.7561	-756
	3	1375	-1482	-107	0.6575	-70
	4	1875	-1524	351	0.5718	200
	5	2000	-1552	448	0.4972	222
	6	2500	-1846	654	0.4323	282
	7	2500	-1800	700	0.3759	263
	8	2500	-2272	228	0.3269	74
	9	2500	-2072	428	0.2843	121
	10	2500	-2072	428	0.2472	106

续表

建设期年份	现金流入量/万元	现金流出量/万元	净现金流量/万元	贴现系数 a_t（$i_0=15\%$）	净现值/万元
	①	②	③=|①|-|②|		④=③×a_t
11	2500	-2072	428	0.2149	92
12	3200	-2072	1128	0.1869	211
合计	23450	-20424	3026	—	NPV=171

注：第12年现金流入量中包括最终一年的余值700万元，其中，流动资金400万元，土地60万元，房屋建筑240万元。

以上结果表明：NPV=171万元>0，表明该项目的投资不仅能得到预定的标准投资收益率（即贴现率15%）的利益，还得到了171万元的现值利益，故该项目是可行的。

（三）内部收益率法

净现值方法的优点是考虑了整个项目的使用期和资金的时间价值，缺点是预定的标准投资收益（即预定的贴现率）难于确定，而且净现值仅仅说明大于、小于或等于设定的投资收益率，并没有求得项目实际达到的盈利率。内部收益率（internal rate of return，IRR）法则不需要事先给定折现率，它求出的是项目实际能达到的投资效率（即内部收益率）。因此，在所有的经济评价指标中，内部收益率是最重要的评价指标之一。

内部收益率，即项目的总收益现值等于总支出现值时的折现率，或者说，净现值等于零时的折现率。可见内部收益率反映了项目总投资支出的实际盈利率。如图9-3所示，随着折现率的不断增大，净现值不断减小，当折现率取 i_0 时，净现值为零，此时的折现率 i_0 即为内部收益率。内部收益率的求解方程为：

$$NPV=\sum_{t=0}^{n}[(CI-CO)_t(1+IRR)^{-t}]=0$$

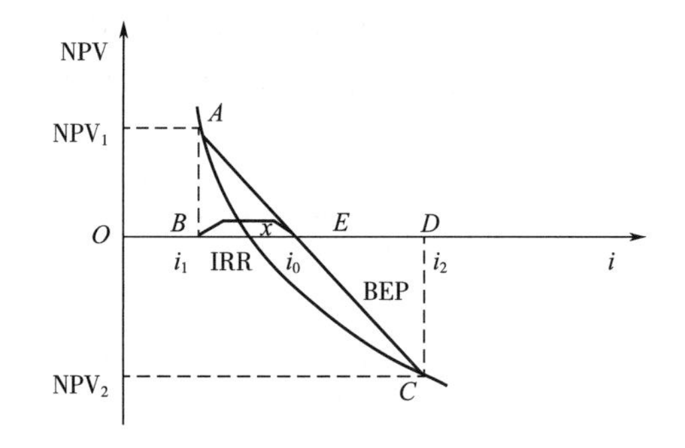

图9-3 试算内插法求IRR原理图

注：BEP—盈亏平衡点；图中A点~E点用于数据计算。

这是一个高次方程，不易直接求解，常用试算内插法求IRR的近似解。试算内插法求IRR原理如图9-3所示。从图中可以看出IRR在 i_1 和 i_2 之间，用 i_0 近似代替IRR，当 i_2 和 i_1 之间的距离足够近时，可以达到要求的精度。

$$IRR=i_1+x=i_1+\frac{NPV_1}{NPV_1+|NPV_2|}(i_2-i_1)$$

具体计算步骤如下：

（1）选取初始试算折现率，一般先取行业的基准收益率作为第一个试算 i_0，计算对应的净现值 NPV_1。

（2）若 $NPV_1\neq0$，则根据 NPV_1 是否大于零，再试算 i_2，一直试算至两个相邻的 i_1、i_2 对应NPV一正一负时，则表明内部收益率就在这两个贴现率之间。

（3）用线性插入法，求得 IRR 的近似解：

$$IRR = i_1 + \frac{NPV_1}{NPV_1 + |NPV_2|}(i_2 - i_1)$$

（4）近似值与真实值的误差取决于（i_2-i_1）的大小，一般控制在 $|i_2-i_1| \leqslant 0.05$ 可以达到要求的精度。

设基准收益率为 i_0，用内部收益率指标 IRR 评价单个方案的判别准则为：

若 $IRR \geqslant i_0$，则项目在经济上可行；

若 $IRR < i_0$，则项目在经济上不可行。

一般情况下，当 $IRR > i_0$ 时，会有 NPV（i_0）$\geqslant 0$；反之，当 $IRR < i_0$ 时，会有 NPV（i_0）$\leqslant 0$。因此，对于单个方案的评价内部收益率准则与净现值的评价结论是一致的。

【例 4】仍按例 3 的数据进行内部收益率的具体计算。

先确定第一个试算折现率进行试算。

假定基准投资收益率为 15%，则取 $i_1=15\%$，经试算结果偏小（$NPV_1=171>0$）；因为 $|i_2-i_1| \leqslant 0.05$ 可以达到要求的精度，所以再取贴现率 18%进行试算，得 $NPV_2=-42<0$，说明贴现率 17%偏大，可见所求的内部收益率在 15%～18%。相邻贴现率净现值比较表见表 9-7。

表 9-7　　相邻贴现率净现值比较表

	净现金流量	$i=15\%$		$i=18\%$	
		贴现系数	净现值/万元	贴现系数	净现值/万元
年份	①	②	③=①×②	④	⑤=①×④
1	-660	0.8696	-574	0.847	-559
2	-1000	0.7561	-756	0.718	-718
3	-107	0.6575	-70	0.609	-65
4	351	0.5718	200	0.516	181
5	448	0.4972	222	0.437	196
6	654	0.4323	282	0.370	242
7	700	0.3759	263	0.314	220
8	228	0.3269	74	0.266	60
9	428	0.2843	121	0.225	96
10	428	0.2472	106	0.191	82
11	428	0.2149	92	0.162	69
12	1128	0.1869	211	0.137	154
NPV		—	171	—	-42

②用线性插入法求得确切的内部收益率：

$$IRR \approx 15\% + \frac{171}{171 + |-42|} \times (18\% - 15\%) = 17.4\%$$

假如标准投资收益率为15%，而本项目的内部收益率为17.4%，说明本项目的投资能获得高于标准投资收益率的盈利率，则该项目在经济上是可取的，假如有几个方案进行比较，则应选取内部收益率最高的方案。

分析建设项目投资经济效果的几种方法各有其着重点，回收期法着重分析收回投资的能力和速度；净现值法和内部收益率法着重分析投资于这个项目所得的效益，是否高于一般标准投资收益或市场一般利率。

二、技术方案的不确定性分析

事先对技术方案的费用、收益及效益进行计算，具有预测的性质。任何预测与估算都具有不确定性，这种不确定性包括两个方面：一是指影响工程方案经济效果的各种因素（如各种价格）的未来变化带有不确定性；二是指测算工程方案现金流量时各种数据由于缺乏足够的信息或测算方法上的误差，使得方案经济效果评价指标值带有不确定性。不确定性的直接后果是使方案经济效果的实际值与评价值相偏离，从而按评价值做出的经济决策带有风险。不确定性分析主要就是对上述这些不确定性因素对方案经济效果的影响程度以及方案本身的承受能力进行分析。常用的方法有盈亏平衡分析、敏感性分析等。下面主要介绍盈亏平衡分析法。

（一）盈亏平衡分析法

盈亏平衡分析法是指项目从经营保本的角度来预测投资风险性。依据决策方案中反映的产（销）量、成本和盈利之间的相互关系，找出方案盈利和亏损在产量、单价、成本等方面的临界点，以判断不确定性因素对方案经济效果的影响程度，说明方案实施的风险大小。这个临界点被称为盈亏平衡点（break even point，BEP），联产品盈亏平衡如图9-4所示。

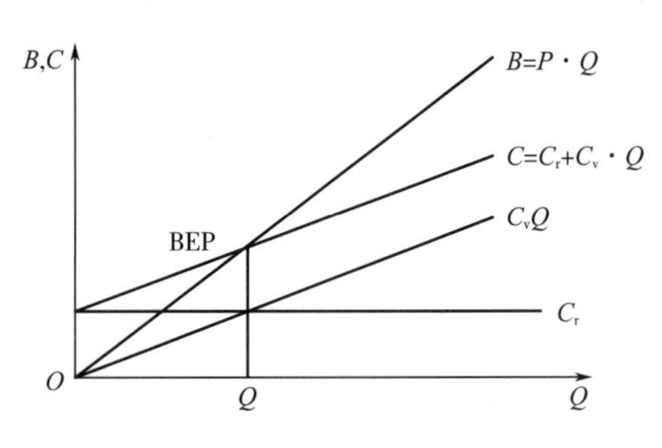

图9-4　联产品盈亏平衡图

1. 盈亏平衡分析的前提

（1）成本可划分成固定成本和变动成本，单位变动成本和总固定成本的水平在计算期内保持不变。

（2）产品产量等于销量。

（3）仅是单纯产量因素变动，其他诸如技术水平、管理水平、单价、税率等因素不变。

2. 盈亏平衡点（BEP）的确定

（1）BEP可以有多种表达，一般是从销售收入等于总成本费用及盈亏平衡方程式中导出：

$$B = P \cdot Q = C + S$$

$$C = C_f + C_v \cdot Q$$

式中　B——税后销售收入（从企业角度）

　　　P——单位产品价格（完税价格）

Q——产品销量

C——产品总成本

C_f——固定成本

C_v——单位产品变动成本

S——利润

当盈亏平衡时，则有：

$$P \cdot Q^* = C_f + C_v \cdot Q^*$$

式中　Q^*——盈亏平衡时的产品销量，假设产品产量等于销量

即盈亏平衡点产量：

$$Q^* = \frac{C_f}{P - C_v}$$

（2）也可直接用图解法：

$$\begin{cases} C = C_f + C_v \cdot Q \\ B = P \cdot Q \end{cases}$$

若项目设计生产能力为 Q_0，BEP 也可以用生产能力利用率 E 来表达，即：

$$E = \frac{Q^*}{Q_0} \times 100\% = \frac{C_f}{(P - C_v) \cdot Q_0} \times 100\%$$

E 越小，即 BEP 越低，则项目盈利的可能性较大。

如果按设计生产能力进行生产和销售，BEP 还可以由盈亏平衡价格来表达：

$$P^* = \frac{C_f}{Q} + C_v$$

【例 5】某工程项目拟设计以脱脂乳粉为原料生产酪蛋白酸钠，其产量为 1000t/a，联产品异构乳糖 1000t/a。单位产品售价 7.36 万元/t 和 3.5 万元/t（含税），总固定成本 1557.63 万元，单位变动成本 5.06 万元/t，增值税 283.3 万元/a。要求对该方案进行盈亏平衡分析。

【解】

$$Q^* = \frac{C_f}{P - C_v} = \frac{1557.63}{(10.86 - 0.28) - 5.06} = \frac{1557.63}{5.52} = 282.2\text{t/a}$$

$$E = \frac{Q^*}{Q_0} \times 100\% = \frac{282.2}{1000} \times 100\% = 28.2\%$$

同样，也可由图解法得到盈亏平衡点。

由计算结果可知，该方案的生产能力利用率为 28.2%，说明项目盈利的可能性较大。

（二）敏感性分析法

盈亏平衡分析法是通过盈亏平衡点 BEP 来分析不确定性因素对方案经济效果的影响程度。敏感性分析法则是分析各种不确定因素变化一定幅度时，对方案经济效果的影响程度。不确定性因素中对经济效果影响程度较大的因素，称敏感性因素。通过敏感性分析，预测方案的稳定程度及适应性强弱，事先把握敏感性因素，提早制定措施，进行预防控制。

敏感性分析可以分为单因素敏感性分析和多因素敏感性分析。单因素敏感性分析是假定只有一个不确定性因素发生变化，其他因素不变。多因素敏感性分析则是不确定性因素两个或多个同时变化。

一般来说，敏感性分析是在确定性分析的基础上，进一步分析不确定性因素变化对方案经济效果影响程度。它可应用于评价方案经济效果的各种指标分析。下面结合实例，以盈亏平衡点等相关指标为例说明敏感性分析的具体步骤。

【例 6】仍按例 5 的数据进行敏感性分析。

【解】不确定性因素有很多，与盈亏平衡点计算有关的产品成本（包括固定成本和变动成本）、产品售价等的波动都会对盈亏平衡点产生影响。

①固定成本上升 10%时对盈亏平衡点的影响：

$$Q^* = \frac{1557.63 \times (1 + 10\%)}{(10.86 - 0.28) - 5.06} = 310.4(t/a)$$

②单位产品变动成本上升对盈亏平衡点的影响。

构成变动成本的原材料和燃料动力等经常会有波动，本方案中酪蛋白酸钠和异构乳糖是以脱脂乳粉为主要原料生产的，目前的问题是脱脂乳粉价格上升幅度较大，另外，水电价格也在上升，因此，假定以单位产品变动成本上升 30%计：

$$Q^* = \frac{1557.63}{(10.86 - 0.28) - 5.06 \times (1 + 30\%)} = 389.4(t/a)$$

③产品售价下降 10%对盈亏平衡点的影响：

$$Q^* = \frac{1557.63}{[10.86 \times (1 - 10\%) - 0.28] - 5.06} = 351.6(t/a)$$

④当以上三因素同时发生时对盈亏平衡点的影响：

$$Q^* = \frac{1557.63 \times (1 + 10\%)}{[10.86 \times (1 - 10\%) - 0.28] - 5.06 \times (1 + 30\%)} = 588.8(t/a)$$

通过以上盈亏平衡点的单因素和多因素敏感性分析可以看出，这些不确定因素形成的盈亏平衡点均在年产 1000t 联产品异构乳糖的范围之内，可见项目具有承受较大风险的能力如图 9-5 所示。

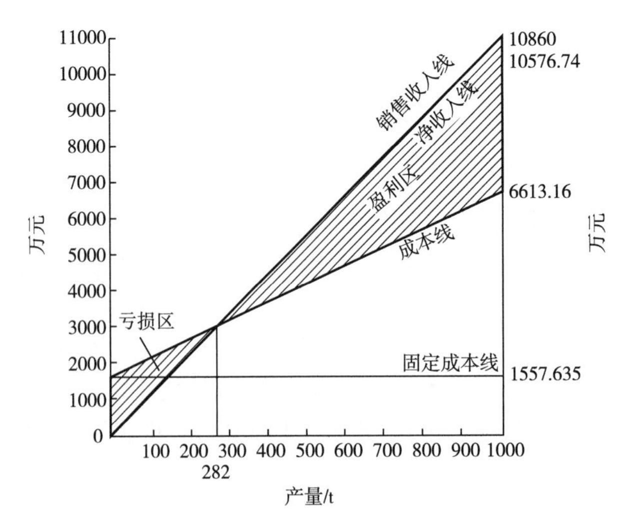

图 9-5 酪蛋白酸钠盈亏平衡图

第四节 食品企业设计方案的选择

设计方案经过技术经济分析后，就进入决策阶段。所谓决策，就是在各个方案中选择最佳方案。为避免在决策中发生重大的、根本性的错误，我们必须先对方案进行综合分析，而后再根据一定的原则进行。

一、方案的综合分析

方案的综合分析，就是将每个方案在技术上、经济上的各种指标、优缺点全面列出，以作为方案评价和选择时的分析依据。方案的综合分析一般包括以下内容：

（1）列出每个方案具体计算好的各项经济效果指标，并对这些指标进行分析。任何一个技术方案，它的投资效果系数和投资利润都应高于国家或部门规定的标准数据。若项目的投资是在有偿使用的条件下，投资效果系数和投资利润率一定要高于银行贷款的利率，否则，在项目建成后，连利息都付不起，这样的项目是不能投资和建设的。

（2）列出各个方案的总投资、单位投资和投资的产品率，并分析投资的构成和投资高低的原因，提出降低投资的方向和具体措施。在分析投资时，特别要注意结合项目技术特点，严格分清项目建设及逐年所需的投资额，避免投资积压，尽量提高投资的使用效果。

（3）列出和分析每个方案投产后的产品成本，分析成本的构成和影响因素，提出降低成本的原则和主要途径。

（4）列出和分析每个方案投产后的产品数量和质量，指出这些产品投产后对发展食品工业提高人民生活水平和发展农业的意义，特别是出口产品，要指明在国际上的竞争能力。

（5）分析各方案投产后的劳动生产率，在国内和国际上与同类企业相比是属高的还是属低的，原因何在，如何提高等。

（6）分析每个方案采用了哪些先进技术，它们的水平和成熟程度如何，这些先进技术对提高产品质量和劳动生产率有什么影响，经济效益如何。

（7）列出和分析每个方案在消耗重要物资材料和占有农田方面的情况，指出采用了哪些措施。

（8）分析每个方案的建设周期，提出保证工程质量、缩短工期的措施。

（9）分析项目的“三废”处理情况。

在进行每个方案的综合分析时，要有科学态度，有叙述，有评论，为正确合理地选择方案提供依据。

二、方案选择的原则

正确、合理地选择方案，就会给人民生活水平的提高，促进农业生产的发展和地区、企业的经济繁荣奠定扎实基础，而方案选择又是一件非常困难和复杂的事。一般在选择时，面对的各个方案，常常是互相矛盾、各有长短，造成优劣难分。为做好方案的决策工作，我们应依据项目特点，遵循下列原则，综合考虑，选出最佳方案：

（1）食品工厂建设方案的选择应在有充足的原料和市场需求的前提下，再考虑经济效果。

（2）方案的选择要符合国情和地区实际情况，例如根据我国能源紧张和劳动力比较富裕的国情特点，在选择进口先进设备时就要具体分析，切勿盲目引进，给国家、地方或企业造成不必要的经济损失。

（3）方案的选择要与方案的实施相结合，选择的方案虽经济效果最好，如实施有困难，则仍是纸上谈兵的效果。在方案选择时，不可忽视方案实施的可能性。

（4）方案选择时要多听不同意见，尽量避免片面性，使方案选择更为合理。这样，当食品工厂投产后，就可获得较好的经济效益和社会效益。

思考题

1. 工程建设项目为什么要进行技术经济分析？
2. 技术经济分析的内容有哪些方面？
3. 技术经济分析的基本步骤是怎样的？
4. 如何理解经济效益最好的方案，不一定是最优的方案？
5. 在技术经济分析中静态投资回收期法有何特点？
6. 经营成本包括哪几部分？
7. 固定成本和变动成本与产品产量的关系是怎样的？
8. 盈亏平衡点计算有何意义？
9. 技术方案的不确定性指的是哪几方面的内容？
10. 进行敏感性分析的意义是什么？
11. 建设方案的综合分析一般包括哪些具体内容？
12. 选择建设方案时应遵循哪些原则？

附录*

APPENDIX

食品工厂设计常用资料

附录一　图纸幅面尺寸（参考 GB/T 14689—2008）

单位：mm

幅面代号	A_0	A_1	A_2	A_3	A_4
$B \times L$	841× 1189	594×841	420×594	294×420	210×297
e	20		10		
c	10			5	
a	25				

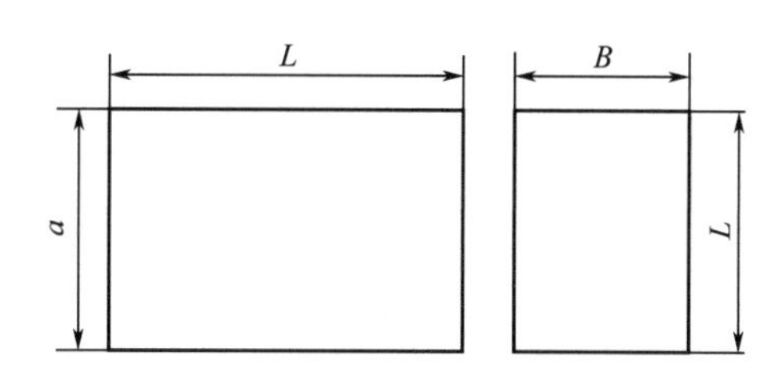

附录二　图框格式（参考 GB/T 14689—2008）

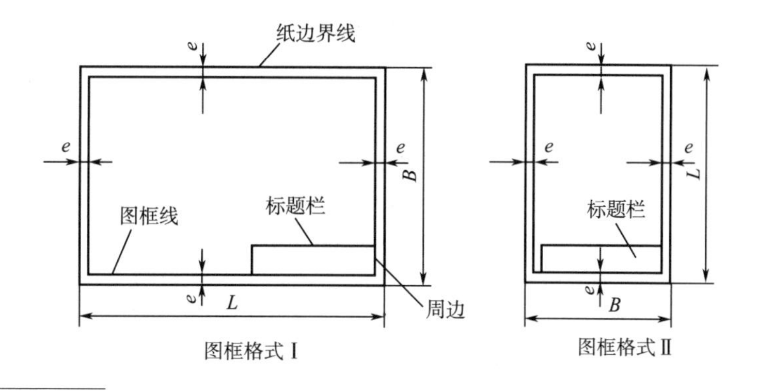

图框格式Ⅰ　　图框格式Ⅱ

* 附录参考国家/行业标准，标准若有修订，请参照最新标准版本。

附录三　部分建筑图例

序号	名　称	图　例	说　明
1	新设计的建筑物	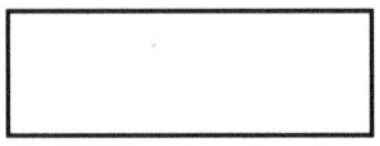	(1) 比例小于 1 : 2000 时，可以不画出入口； (2) 需要时可以在右上角以点数（或数字）表示层数
2	原有的建筑物	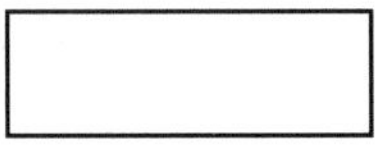	在设计中拟利用者，均应编号说明
3	计划扩建的预留地或建筑物		用细虚线表示
4	拆除的建筑物	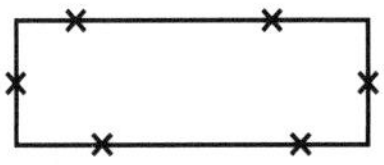	
5	散状材料露天堆场	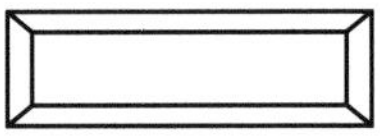	
6	其他材料露天堆场或露天作业场	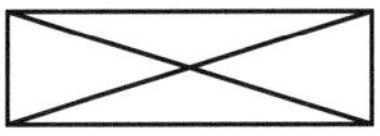	
7	铺砌场地	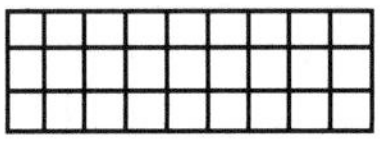	
8	冷却塔	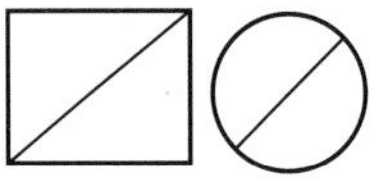	(1) 左图表示方形； (2) 右图表示圆形
9	贮罐或水塔	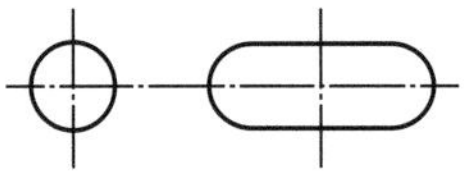	
10	烟囱	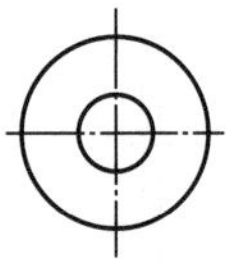	必要时，可注写烟囱高度和用细虚线表示烟囱基础
11	围墙		(1) 上图表示砖石、混凝土及金属材料围墙； (2) 下图表示镀锌铁丝网、篱笆等围墙

续表

序号	名　　称	图　　例	说　　明
12	挡土墙		被挡土在“突出”的一侧
13	台阶	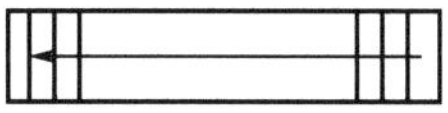	箭头方向表示下坡
14	排水明沟	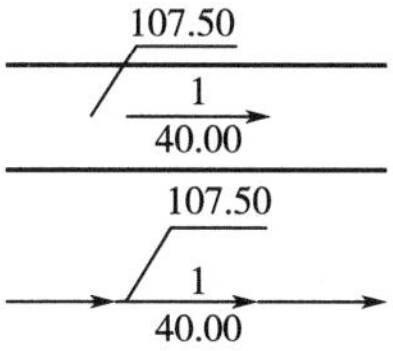 107.50 1 40.00 107.50 1 40.00	(1) 上图用于比例较大的图画中，下图用于比例较小的图画中； (2) 同序号 27 的说明
15	有盖的排水沟	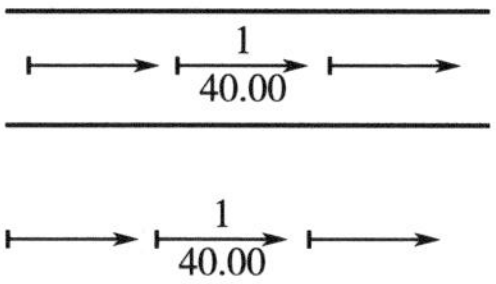 1 40.00 1 40.00	同序号 28 的说明
16	室内地坪标高	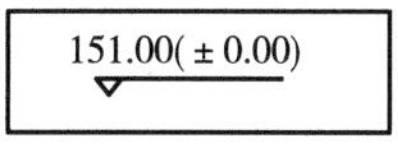 151.00(±0.00)	
17	室外整平标高	● 143.00 ▼ 143.00	
18	设计的填挖边坡	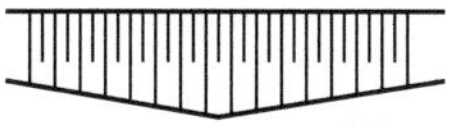	边坡较长时，可在一端或两端局部表示
19	护坡	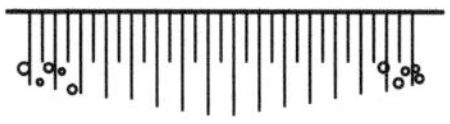	在比例较小的图画中可不画图例，但须注明材料
20	新设计的道路	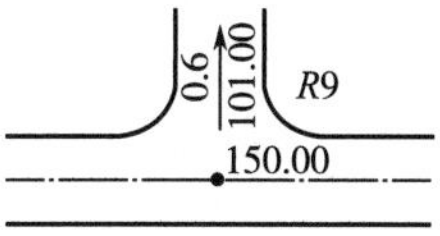 0.6 101.00 *R*9 150.00	(1) *R* 为道路转弯半径，“150.00”表示路面中心标高，“0.6”表示 6% 或 6%，为纵坡度，“101.00”表示变坡点间距离； (2) 图中斜线为道路端面示意，根据实际需要绘制
21	原有的道路	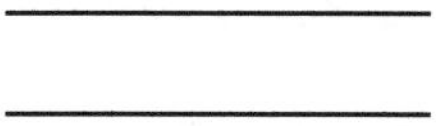	
22	计划的道路		
23	人行道	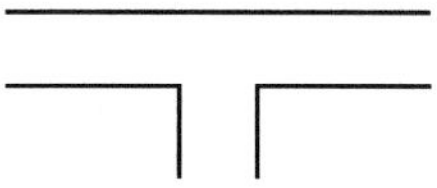	

续表

序号	名　称	图　例	说　明
24	桥梁	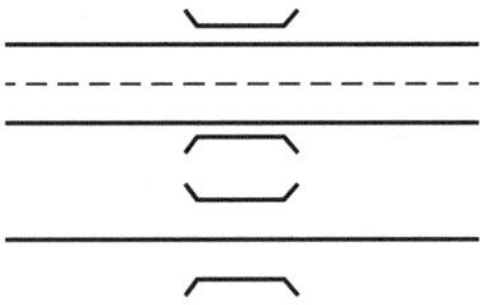	(1) 上图表示公路桥； (2) 下图表示铁路桥
25	码头	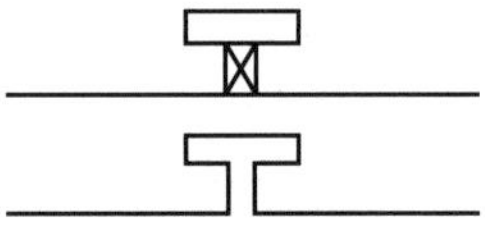	(1) 上图表示浮码头，下图表示固定码头； (2) 新设计的用粗实线，原有的用细实线，计划扩建的用细虚线，拆除的用细实线并加“×”符号
26	汽车衡	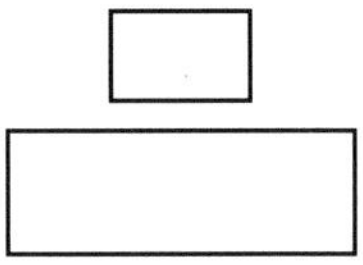	
27	站台	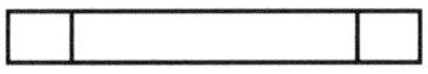	左侧表示坡道，右侧表示台阶； 使用时按实际情况绘制
28	自然土壤		包括各种自然土壤、黏土等
29	素土夯实	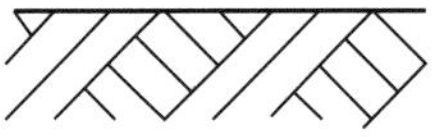	
30	秒、灰土及粉刷材料		上为砂、灰土； 下为粉刷材料
31	沙砾石及碎砖三合土	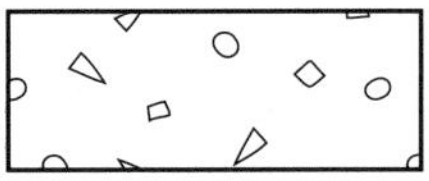	
32	石材	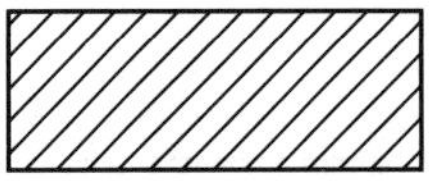	包括岩层及贴面、铺地等材料
33	毛石	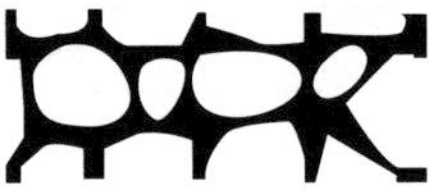	本图例表示砌体
34	普通砖、硬质砖	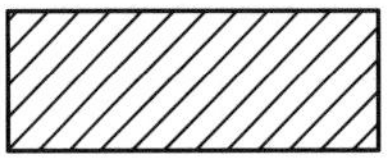	在比例小于或等于 1∶50 的平剖面图中不画斜线，可在底图背面涂红表示

续表

序号	名　称	图　例	说　明
35	非承重的空心砖	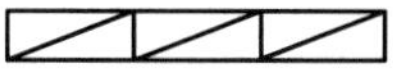	在比例较小的图面中可不画图例，但须注明材料
36	瓷砖或类似材料		包括面砖、马赛克及各种铺地砖
37	混凝土		
38	钢筋混凝土	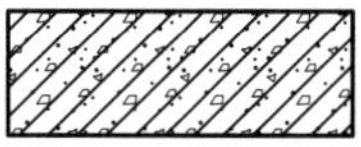	（1）在比例小于或等于 1∶100 的图中不画图例，可在底图上涂黑表示；（2）剖面图中如画出钢筋时，可不画图例
39	木材	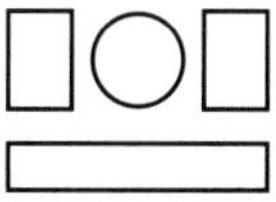	
40	胶合板	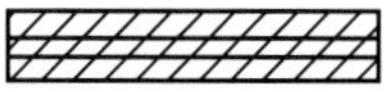	（1）应注意“×层胶合板”；（2）在比例较小的图面中，可不画图例，但须注明材料
41	矿渣、炉渣及焦渣	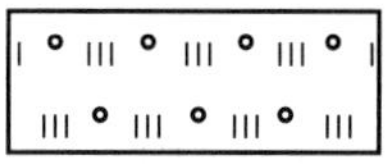	
42	多孔材料或耐火砖	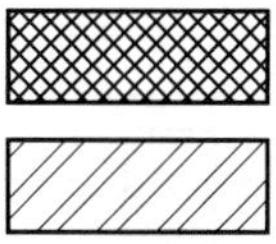	包括泡沫混凝土、软木等材料
43	玻璃		必要时可注明玻璃名称，如磨砂玻璃、夹丝玻璃等
44	防水材料或防潮层		应注明材料
45	橡皮或塑料	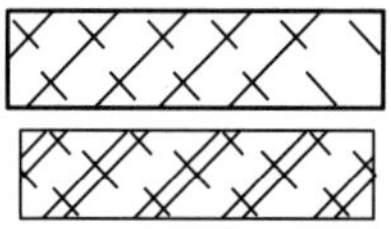	底图背面涂红
46	金属	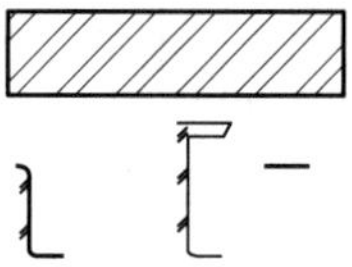	

续表

序号	名　称	图　例	说　明
47	水	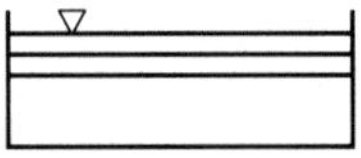	
48	改建时保留的墙	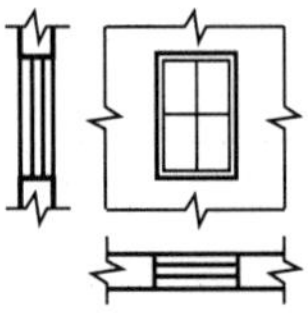	(1) 左图为剖面图，下图为平面图； (2) 墙身不画材料图例
49	新建时或改建时新设计的墙	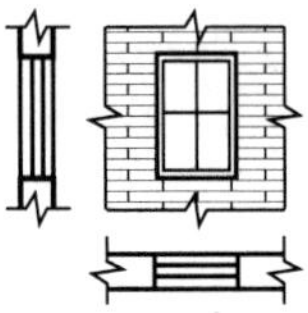	(1) 比例小于 1：2000 时，可以不画出入口； (2) 新设计的墙身材料，必须按 GB/T 50001—2017 所规定的图例表示
50	改建时应拆去的墙	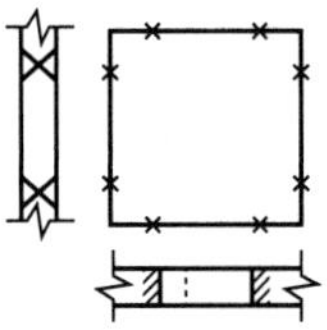	
51	在原有墙上或楼板上新设计的洞孔	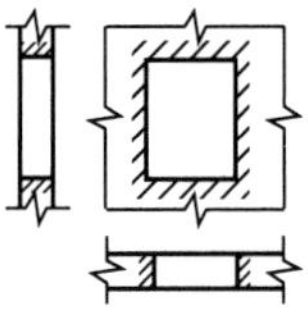	
52	在原有墙上或楼板上需要全部填塞的洞孔	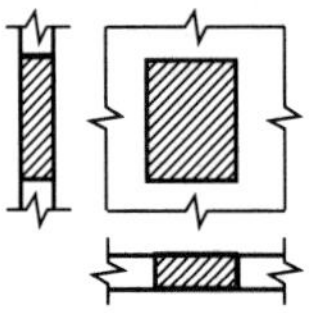	(1) 比例小于 1：2000 时，可以不画出入口； (2) 填塞洞孔的材料应用文字注明
53	墙上原有洞孔需要局部填塞	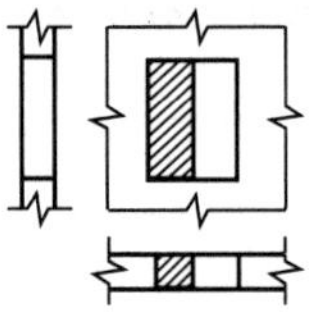	
54	墙上需要放大的原有洞孔	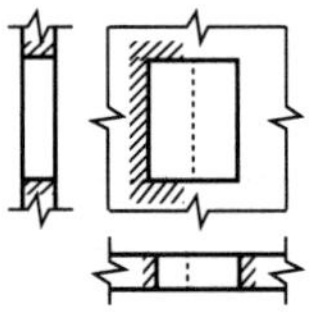	比例小于 1：2000 时，可以不画出入口

续表

序号	名　　称	图　　例	说　　明
55	填上预留洞口	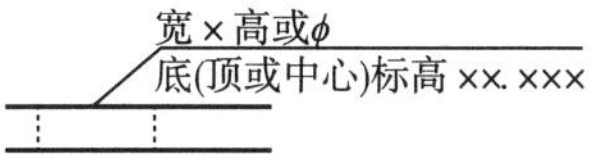 宽×高或ϕ 底(顶或中心)标高××.×××	(1) “底 2.500” 表示洞底标高或槽底标高，“中 2.500” 表示洞中心标高； (2) 如表示洞底、槽底和洞中心距地面、楼面、楼面高度时，注法为“底距地 2500” 或“中距地 2500”
56	墙上预留槽	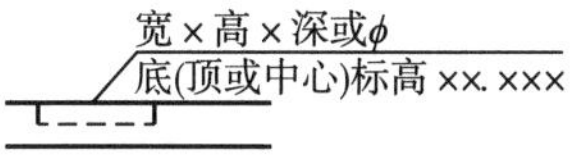 宽×高×深或ϕ 底(顶或中心)标高××.×××	
57	长披道	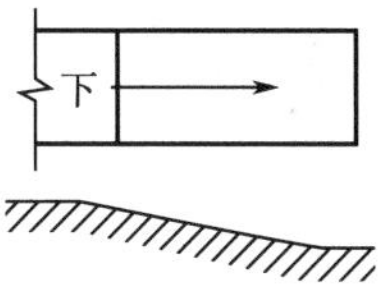 下	在比例较大的画面中，坡道上如有防滑措施时，可按实际形状用细线表示
58	入口坡道	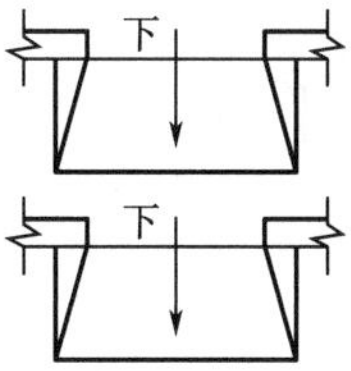 下 下	
59	底层楼梯	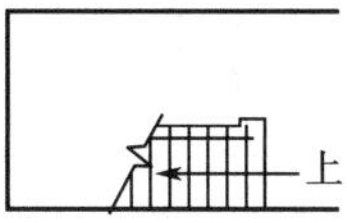 上	楼梯的开关及步数应按设计的实际情况绘制
60	中间层楼梯	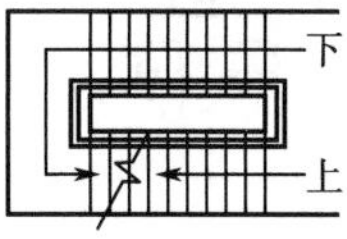 下 上	
61	顶层楼梯	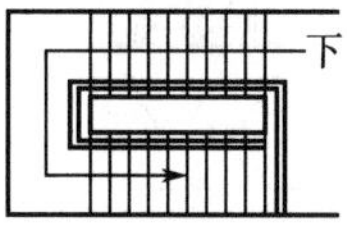 下	
62	检查孔（进入孔）	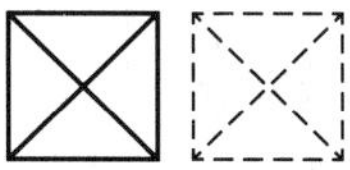	(1) 左图表示地面检查孔； (2) 右图表示吊顶检查孔

续表

序号	名　称	图　例	说　明
63	孔洞		（1）左图表示长方形； （2）右图表示圆形
64	坑槽		
65	烟道	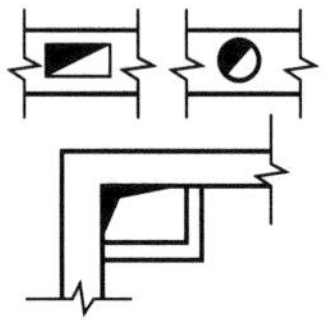	
66	通风道	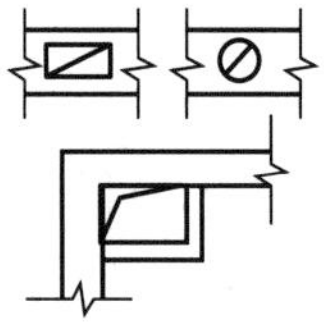	
67	空门洞	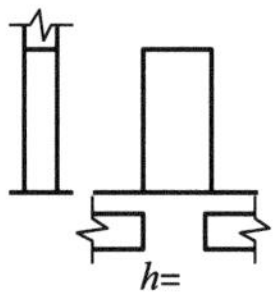	
68	单扇门	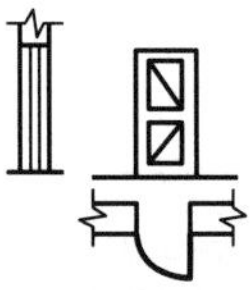	门的名称代号用 M 表示
69	双扇门	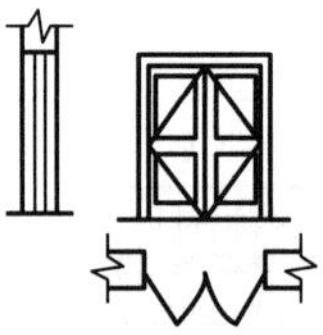	
70	对开折门	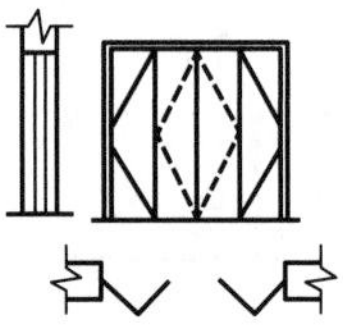	

续表

序号	名　称	图　例	说　明
71	单扇推拉门	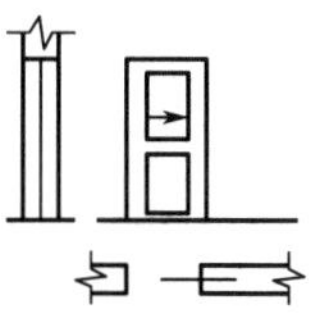	门的名称代号用 M 表示
72	双扇推拉门		
73	单扇双面弹簧门	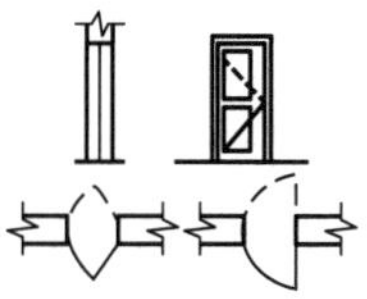	
74	双扇双面弹簧门	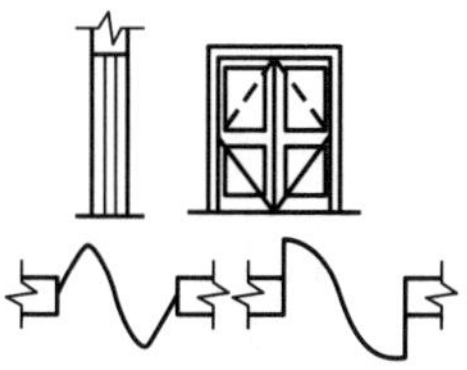	
75	单扇内外开双层门	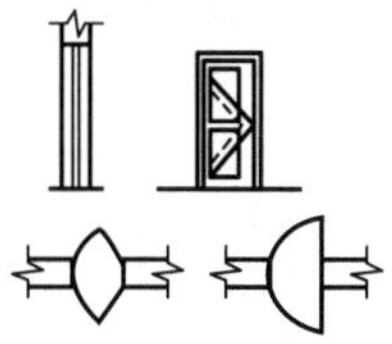	
76	双扇内外开双层门	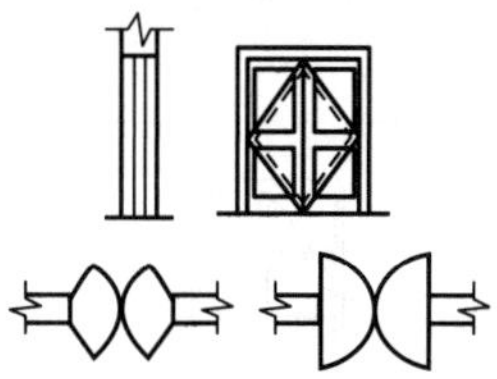	
77	单层固定窗	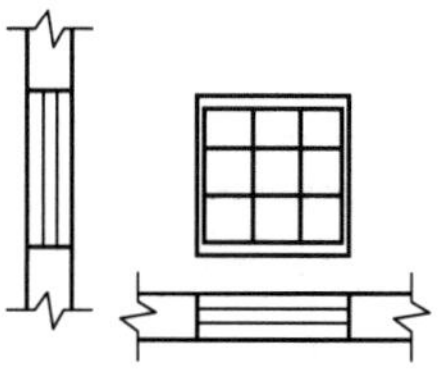	(1) 立面图中的斜线，表示窗扇开关方式，单虚线表示单层内开（双虚线表示双层内开），单实线表示单层外开（双实线表示双层外开）； (2) 平、剖面图中的虚线，仅说明开关方式，在设计图中可不表示； (3) 窗的名称代号用 C 表示

续表

<table>
<tr><th>序号</th><th>名　称</th><th>图　例</th><th>说　明</th></tr>
<tr><td>78</td><td>单层外开上悬窗</td><td> 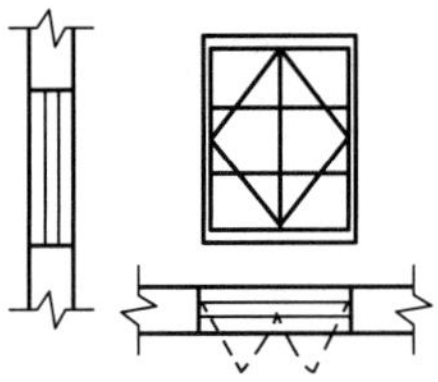</td><td rowspan="7">(1) 立面图中的斜线，表示窗扇开关方式，单虚线表示单层内开（双虚线表示双层内开），单实线表示单层外开（双实线表示双层外开）；
(2) 平、剖面图中的虚线，仅说明开关方式，在设计图中可不表示；
(3) 窗的名称代号用 C 表示</td></tr>
<tr><td>79</td><td>单层中悬窗</td><td></td></tr>
<tr><td>80</td><td>单层内开下悬窗</td><td></td></tr>
<tr><td>81</td><td>单层外开平开窗</td><td></td></tr>
<tr><td>82</td><td>单层垂直旋转窗</td><td></td></tr>
<tr><td>83</td><td>双层内外开平开窗</td><td></td></tr>
<tr><td>84</td><td>高窗</td><td> 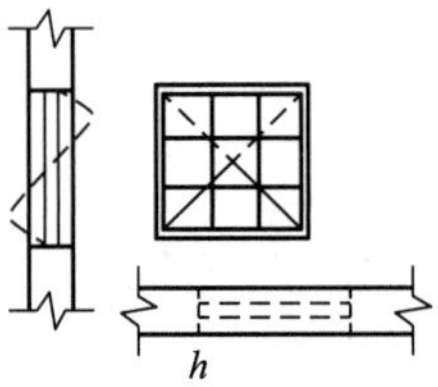h</td></tr>
</table>

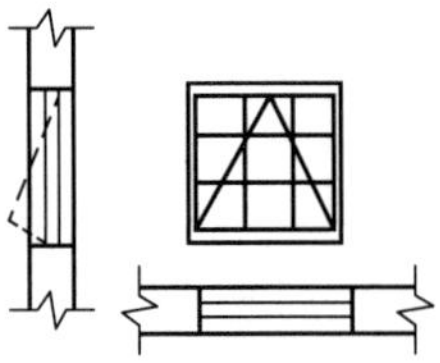

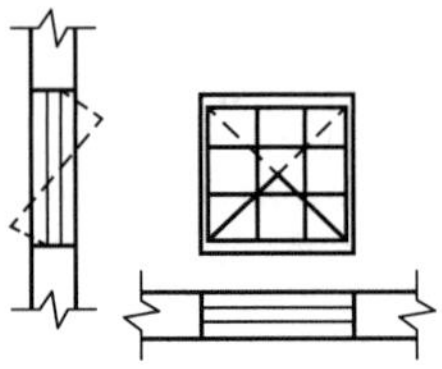

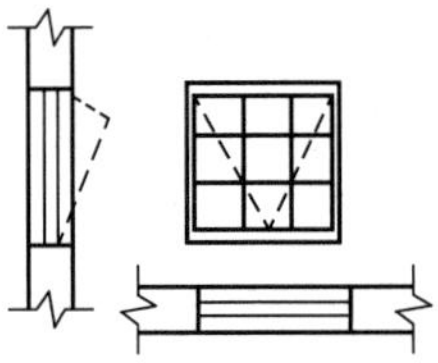

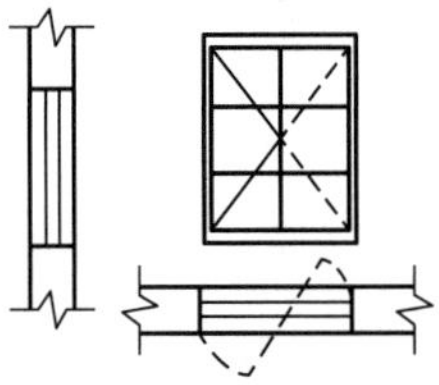

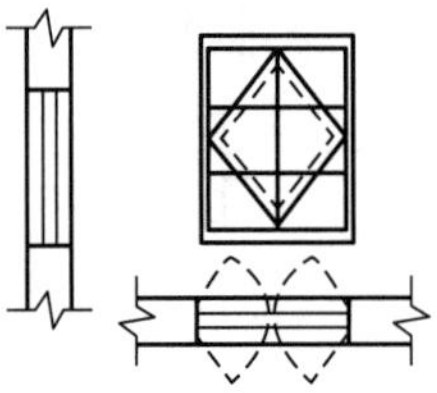

续表

序号	名　称	图　例	说　明
85	铁路	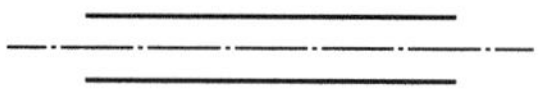	本图例表示标准轨距铁路或窄轨铁路，在设计图中应注明轨距
86	吊车轨道	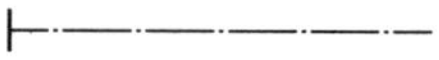	
87	单轨吊车	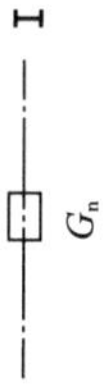 G_n	（1）上图表示立面（或割面），下图表示平面； （2）吊车（起重机）的图例，应按图面的比例绘制； （3）有无操纵室，必须按设计的实际情况绘制； （4）需要时可注明吊车的名称，行驶的轴线范围及工作制度 （5）图例的符号说明： G_n—吊车起重量，以吨（t）计算； S—吊车的跨度或悬壁的长度，以米（m）计算
88	悬挂吊车	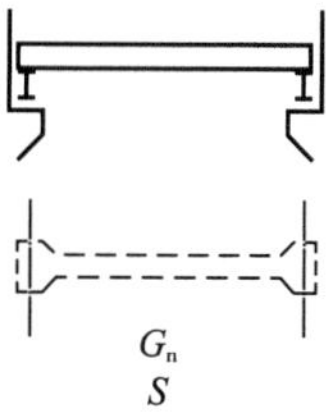 G_n S	
89	梁式吊车	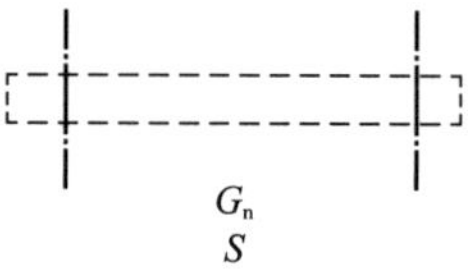 G_n S	
90	封闭式电梯	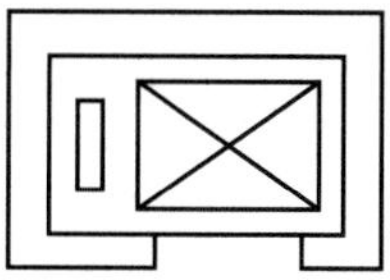	（1）门和平衡锤的位置应按设计的实际情况绘制； （2）电梯应注明类型，例如：载货电梯的载重量以公斤（kg）计算；乘客电梯的载客量以人数（人）计算

附录四　饱和水蒸气的性质（以温度为准）

温度/℃	压强/kPa	蒸汽密度/(kg/m³)	焓/(kJ/kg)		汽化热/(kJ/kg)
			液体	蒸汽	
0	0.6082	0.00484	0	2.461	2491.1
5	0.873	0.0068	20.94	2500.8	2479.86
10	1.2263	0.0094	41.87	2510.4	2468.53
15	1.7068	0.01283	62.8	2520.5	2457.7
20	2.3346	0.01719	83.74	2530.1	2446.3
25	3.1684	0.02304	104.67	2539.7	2435
30	424.74	0.03036	125.6	2549.3	2423.7
35	5.6207	0.0396	146.54	2559	2412.4
40	7.3766	0.05114	167.47	2568.6	2401.1
45	9.5837	0.06543	188.41	2577.8	2389.4
50	12.34	0.083	209.34	2587.4	2378.1
55	15.743	0.1043	230.27	2596.7	2366.4
60	19.923	0.1301	251.21	2606.3	2355.1
65	25.041	0.1611	272.14	2615.5	2343.4
70	31.164	0.1979	293.08	2624.3	2331.2
75	38.551	0.2416	314.01	2633.5	2319.5
80	47.379	0.2929	334.94	2642.3	2307.8
85	57.875	0.3531	355.88	2651.1	2295.2
90	70.136	0.4229	376.81	2659.9	2283.1
95	84.556	0.5039	397.75	2668.7	2270.9
100	101.33	0.597	418.68	2677	2258.4
105	120.85	0.7036	440.03	2685	2245.4
110	143.31	0.8254	460.97	2693.4	2232
115	169.11	0.9635	482.32	2901.3	2219
120	198.64	1.119	503.67	2708.9	2205.2
125	232.19	1.296	525.02	2716.4	2191.8

续表

温度/℃	压强/kPa	蒸汽密度/(kg/m³)	焓/(kJ/kg)		汽化热/(kJ/kg)
			液体	蒸汽	
130	270.25	1.494	546.38	2723.9	2177.6
135	313.11	1.715	567.73	2731	2163.3
140	361.47	1.962	589.08	2737.7	2148.7
145	415.72	2.238	610.85	2744.4	2134
150	476.24	2.543	632.21	2750.7	2118.5
160	618.28	3.252	675.75	2762.9	2087.1
170	792.59	4.113	719.29	2773.3	2054
180	1003.5	5.145	763.25	2782.5	2019.3
190	1255.66	6.378	807.64	2790.1	1982.4
200	1554.77	7.84	852.01	2795.5	1943.5
210	1917.72	9.567	897.23	2799.3	1902.5
220	2320.88	11.6	942.45	2801	1858.5
230	2798.59	13.98	988.5	2800.1	1811.6
240	3347.91	16.76	1034.56	2796.8	1761.8
250	3977.67	20.01	1081.45	2790.1	1708.6
260	4693.75	23.82	1128.76	2780.9	1651.7
270	5503.99	28.27	1176.91	2768.3	1591.4
280	6417.24	33.47	1225.48	2752	1526.5
290	7443.29	39.6	1276.46	2732.3	1457.4
300	8592.94	46.93	1025.54	2708	1382.5
310	9877.96	55.59	1378.71	2680	1301.3
320	11300.3	65.95	1436.07	2648.2	1212.1
330	12879.6	78.53	1446.78	2610.5	1116.2
340	14615.8	93.98	1562.93	2568.6	1005.7
350	16538.5	113.2	1636.2	2516.7	880.5
360	18667.1	139.6	1729.15	2442.6	713
370	21040.9	171	1888.25	2301.9	411.1
374	22070.9	322.6	2098.0	2098.0	0

附录五　部分食品的主要物理性质

食品名称	含水量/%	冰点（t_i）/℃	比定压热容/[kJ/(kg·K)]		潜热/(kJ/kg)	贮藏温度/℃	贮藏相对湿度/%
			>t_i	<t_i			
苹果	84	-2	3.85	2.09	280	-1	85~90
苹果汁	85	-1.7	—	—	—	4.5	85
杏	—	-2	3.68	1.94	285	0.5	78~85
杏干	85.4	—	—	—	—	0.5	75
香蕉	—	-1.7	3.35	1.76	251	11.7	85
樱桃	75	-4.5	3.64	1.39	276	0.5~1	80
葡萄	82	-4	3.6	1.84	297	5~10	85~90
椰子	85	-2.8	3.43	—	—	-4.5	75
干果	83	—	1.76	1.13	100	0~5	70
柠檬	30	-2.1	3.85	1.93	297	5~10	85~90
柑橘	89	-2.2	3.64	—	—	1~2	75~80
桃	86	-1.5	3.77	1.93	289	-0.5	80~85
梨	86.9	-2	3.77	2.01	280	0.5~1.5	85~90
青豌豆	74	-1.1	3.31	1.76	247	0	80~90
菠萝	85.3	-1.2	3.68	1.88	285	4~12	85~90
李子	86	-2.2	3.68	1.88	285	-4	80~95
杨梅	90	-1.3	3.85	1.97	301	-0.5	75~85
番茄	94	-0.9	3.98	2.01	310	1~5	80~90
甜菜	72	-2	3.22	1.72	243	0~1.5	88~92
洋白菜	85	—	3.85	1.97	285	0~1.5	90~95
卷心菜	91	-0.5	3.89	1.97	306	—	85~90
胡萝卜	83	-1.7	3.64	1.88	276	0~1	80~95
黄瓜	96.4	-0.8	4.06	2.05	318	2~7	75~85
干大蒜	74	-4	3.31	1.76	247	0~1	75~80

续表

食品名称	含水量/%	冰点（t_i）/℃	比定压热容/［kJ/(kg·K)］		潜热/(kJ/kg)	贮藏温度/℃	贮藏相对湿度/%
			>t_i	<t_i			
咸肉（初腌）	39	-1.7	2.13	1.34	131	-23	90~95
腊肉（熏制）	13~29	—	1.26~1.8	1.00~1.21	48~92	15~18	60~65
黄油	14~15	-2.2	2.3	1.42	197	-10	75~80
酪乳	87	-1.7	3.77	—	—	0	85
干酪	46~53	-2.2	2.68	1.47	167	-1	65~75
巧克力	1.6	—	3.18	3.14	—	4.5	75
稀奶油	59	—	2.85	—	193	0~2	80
鲜蛋	70	-2.2	3.18	1.67	266	-1	80~85
蛋粉	6	—	1.05	0.88	21	2	极小
冰蛋	73	-2.2	—	1.76	243	-18	—
火腿	47~54	-2.2	2.43~2.64	1.42~1.51	167	0~1	85~90
冰淇淋	67	—	3.27	1.88	218	-30	85
果酱	36	—	2.01	—	—	1	75
人造奶油	17~18	—	3.35	—	126	0.5	80
猪油	46	—	2.26	1.3	155	-18	90
牛乳	87	-2.8	3.77	1.93	289	0~2	80~95
乳粉	—	—	—	—	—	0~1.5	75~80
鲜鱼	73	-1	3.34	1.8	243	-0.5	90~95
冻鱼	—	—	—	—	—	-20	90~95
干鱼	45	—	2.34	1.42	151	-9	75~80
猪肉	35~42	-2.2	2.01~2.26	1.26~1.34	126	0~1.2	85~90
冻猪肉	—	—	—	—	—	-24	85~95
鲜家禽	74	-1.7	3.35	1.8	247	0	80
冻兔肉	60	—	2.85	—	—	-24	80~90

附录六 部分食品材料的含水量、冻前比热容、冻后比热容和融化热数据

食品材料	含水量（质量分数）/%	初始冻结温度/℃	冻前比热容/[kJ/(kg · K)]	冻后比热容/[kJ/(kg · K)]	融化热/(kJ/kg)
蔬菜					
芦笋	93	-0. 6	4. 00	2. 01	312
干菜豆	41	—	1. 95	0. 98	37
甜菜根	88	-1. 1	3. 88	1. 95	295
胡萝卜	88	-1. 4	3. 88	1. 95	295
花椰菜	92	-0. 8	3. 98	2. 00	308
芹菜	94	-0. 5	4. 03	2. 02	315
甜玉米	74	-0. 6	3. 53	1. 77	248
黄瓜	96	-0. 5	4. 08	2. 05	322
茄子	93	-0. 8	4. 00	2. 01	312
大蒜	61	-0. 8	3. 20	1. 61	204
姜	87	—	3. 85	1. 94	291
韭菜	85	-0. 7	3. 80	1. 91	285
莴苣	95	-0. 2	4. 06	2. 04	318
蘑菇	91	-0. 9	3. 95	1. gg	305
青葱	89	-0. 9	3. 90	1. 96	298
干洋葱	88	-0. 8	3. 88	1. 95	295
青豌豆	74	-0. 6	3. 53	1. 77	248
四季萝卜	95	-0. 7	4. 06	2. 04	318
菠菜	93	-0. 3	4. 00	2. 01	312
番茄	94	-0. 5	4. 03	2. 02	315
青萝卜	90	-0. 2	3. 93	1. 97	302
萝卜	92	-1. 1	3. 98	2. 00	308
水芹菜	93	-0. 3	4. 00	2. 01	312
水果					
鲜苹果	84	-1. 1	3. 78	1. 90	281
杏	85	-1. 1	3. 80	1. 91	285

续表

食品材料	含水量（质量分数）/%	初始冻结温度/℃	冻前比热容/[kJ/(kg·K)]	冻后比热容/[kJ/(kg·K)]	融化热/(kJ/kg)
香蕉	75	-0.8	3.55	1.79	251
樱桃（酸）	85	-1.7	3.78	1.90	281
樱桃（甜）	80	-1.8	3.68	1.85	268
葡萄柚	89	-1.1	3.90	1.96	298
柠檬	89	-1.4	3.90	1.96	298
西瓜	93	-0.4	4.00	2.01	312
橙	87	-0.8	3.85	1.94	292
鲜桃	89	-0.9	3.90	1.96	298
梨	83	-1.6	3.75	1.89	278
菠萝	85	-1.0	3.80	1.91	285
草莓	90	-0.8	3.93	1.97	302
鱼					
大麻哈鱼	64	-2.2	3.28	1.65	214
金枪鱼	70	-2.2	3.43	1.72	235
青鱼片	57	-2.2	3.10	1.56	191
贝类					
扇贝肉	80	-2.2	3.68	1.85	268
小虾	83	-2.2	3.75	1.89	278
美洲大龙虾	89	-2.2	3.65	1.84	265
牛肉					
胴体（60%瘦肉）	49	-1.7	2.90	1.46	164
胴体（54%瘦肉）	45	-2.2	2.80	1.41	151
大腿肉	67	—	3.35	1.68	224
小牛胴体（81%瘦肉）	56	—	3.33	1.67	221
猪肉					
腌熏肉	19	—	2.15	1.08	64
胴体（47%瘦肉）	37	—	2.60	1.31	124
胴体（33%瘦肉）	30	—	2.42	1.22	101
后腿（轻度腌制）	57	—	3.10	1.55	191
后腿（74%瘦肉）	56	-1.7	3.08	1.55	188

续表

食品材料	含水量（质量分数）/%	初始冻结温度/℃	冻前比热容/[kJ/(kg·K)]	冻后比热容/[kJ/(kg·K)]	融化热/(kJ/kg)
羊羔肉					
腿肉（83%瘦肉）	65	—	3.30	1.66	218
乳制品					
奶油	16	—	2.07	1.04	54
干酪（瑞士）	39	-10.0	2.65	1.33	131
冰淇淋（10%脂肪）	63	-5.6	3.25	1.63	211
罐装炼乳（加糖）	27	-15.0	2.35	1.18	90
浓缩乳（不加糖）	74	-1.4	3.53	1.77	248
全脂乳粉	2	—	1.72	0.87	7
脱脂乳粉	3	—	1.75	0.88	10
鲜乳（3.7%脂肪）	87	-0.6	3.85	1.94	291
脱脂鲜乳	91	—	3.95	1.99	305
禽肉制品					
鲜蛋	74	-0.5	3.53	1.77	247
蛋白	88	-0.6	3.88	1.95	295
蛋黄	51	-0.6	2.95	1.48	171
加糖蛋黄	51	-3.9	2.95	1.48	171
全蛋粉	4	—	1.77	0.89	13
蛋白粉	9	—	1.90	0.95	30
鸡	74	-2.8	3.53	1.77	248
火鸡	64	—	3.28	1.65	214
鸭	69	—	3.40	1.71	231
杂项					
蜂蜜	17	—	2.10	1.68	57
奶油巧克力	1	—	1.70	0.85	3
花生酥	2	—	1.72	0.87	7
带皮花生	6	—	1.82	0.92	20
带皮花生（烤熟）	2	—	1.72	0.87	2
杏仁	5	—	1.80	0.9	17

附录七　常用物料利用率表

序号	原料名称	工艺损耗率	原料利用率/%
1	芦柑	橘皮 24.74%，橘核 4.38%，碎块 1.97%，坏橘 6.21%，损耗 6.66%	56.04
2	蕉柑	橘皮 29.43%，橘核 2.82%，碎块 1.84%，坏橘 2.6%，损耗 3.53%	59.78
3	菠萝	皮 28%，根、头 13.06%，蕊 5.52%，碎块 5.52%，修整肉 4.38%，坏肉 1.68%，损耗 8.10%	33.74
4	苹果	果皮 12%，籽核 10%，坏肉 2.6%，碎块 2.85%，果蒂梗 3.65%，损耗 4.9%	64
5	枇杷	红种：果梗 4%，皮核 41.67%，果萼 2.5%，损耗 3.05%	48.78
6	桃子	皮 22%，核 11% ，不合格 10%，碎块 5%，损耗 1.5%	50.5
7	生梨	度 14%，籽 10%，果梗蒂 4%，碎块 2%，损耗 3.5%	66.5
8	李子	皮 22%，核 10%，果蒂 1%，不合格 5%，损耗 2%	60
9	杏	皮 20%，核 10%，修正 2%，不合格 4%，损耗 2.5%	61.5
10	樱桃	皮 2%，核 10% ，坏肉 4%，不合格 10%，损耗 2.5%	71.5
11	青豆	豆 53.52%，废豆 4.92%，损耗 1.27%	40.29
12	番茄（干物质 28%~30%）	皮渣 6.47%，蒂 5.20%，脱水 72%，损耗 2.13%	14.2
13	猪肉	出肉率 66%（带皮带骨），损耗 8.39%，副产品占 25.61%，其中：头 5.17%，心 0.3%，肺 0.59%，肝 1.72%，腰 0.33%，肚 0.9%，大肠 2.16%，小肠 1.31%，舌 0.32%，脚 1.72%，血 2.59%，花油 2.59%，板油 3.88%，其他 2.03%	—
14	羊肉	出肉率 40%，损耗 20.63%，副产品占 39.37%，其中：羊皮 8.42%，羊毛 3.95%，肝 2.69%，肚 3.60%，肺 1.31%，心 0.66%，头 6.9%，肠 1.31%，油 2.7%，脚 2.63%，血 4.47%，其他 0.73%	—
15	牛肉	出肉率 38.33%（带骨出肉率 72%），损耗 12.5%，副产品占 49.17%，其中：骨 14.67%，皮 9%，肝 1.37%，肺 1.17%，肚 2.4%，腰 0.22%，肠 1.5%，舌 0.39% ，头肉 2.27% ，血 4.62%，油 3.28%，心 0.52%，脚筋 0.31%，牛尾 0.33%，其他 7.12%	—
16	家禽（鸡）	出肉率 81%~82%（半净膛），66%（全净膛），肉净重占 36%，骨净重占 18%，羽毛净重占 12%，油净重占 6%，血 1.3%，头脚 6.4%，内脏 18, 8%，损耗 1.5%	—
17	青鱼	出肉率 48.25%，损耗 1.5%，副产品占 50.25%，其中：鱼皮 4%，鱼鳞 2.5%，内脏 9.75%，头尾骨 34%	—

附录八　部分原料消耗定额及劳动力定额参考表

序号	产品			固形物装入量/（kg/t）	原料定额		辅助定额/（kg/t）		其他		工艺得率/%					总得率/%	劳动率定额/（人/t）
	名称	净重/g	固形物含量/%		名称	数量/（kg/t）	油	粮	名称	数量	加工处理	预煮	油炸	增重（-）脱水（+）	其他损耗		
1	原汁猪肉	397	65	905	冻猪片	1215					76				2	74.5	8～12
2	红烧扣肉	397	70	670	冻猪片	1200	120				82	88	89		2	56	
3	清蒸猪肉	550	70	954	冻猪片	1280					76				2	74.5	7～10
4	猪肝酱	142		340 648	猪肝肥膘	400 670			玉米粉 丁香面	0.39 0.19	86	100 98			7	85 97	28～31
5	午餐肉	397		831	去膘冻猪片	1170		淀粉 62	玉米粉	0.31	72				2	71	11～15
6	红烧排骨	397	70	744	去膘冻猪片	1260	120				86		70		2	71	
7	红烧圆蹄	397	70	680	去膘冻猪片	1190	猪油 50				82	80	90		2	59	
8	红烧猪肉	397	70	718	去膘冻猪片	1330	100				82	80	75		3	57	
9	猪肉香肠	454	55	529	去膘冻猪片	1150					63		熏 75		2	54	14～17
10	咖喱兔肉	256	60	664	冻兔（胴体）	1150	60	24			82.5	78			3	46	15～18
11	茄汁兔肉	256	60	645	冻兔（胴体）	1100	70	14	丁香粉 12% 番茄酱	0.55 190	82.5	75			5	59	
12	牛羊午餐肉	340		322 322	牛肉、羊肉	475 475		102	玉米粉	0.83	70 70	76			33	68 68	
13	咸牛肉	340		949	牛肉	1600		65			70	85			1	59	
14	咸羊肉	340		949	羊肉	1600		65			70	85			1	59	

15	红烧牛肉	312	60	609	牛肉	1523	70		琼脂	230	74	58			6	40	13～17
16	咖喱牛肉	227	55	529	牛肉	1511	70	20			74	52			8	35	
17	白烧鸡	397	53	1000	半净膛	1490	鸡油 38				70				4	67	11～15
18	白烧鸭	500	53	1019	半净腔	1460	鸭油 40				70				2	69	10～14
19	去骨鸡	140	75	915	半净膛	2800					45	75			8	33	20～27
20	红烧鸡	397	65	730	半净膛	1360	50				70	80			8	54	12～16
21	红烧鸭	397	65	655	半净膛	1380			玉米粉 丁香粉	0.24 0.18	68	75			7	47	10～14
22	咖喱鸡	312	60	525	半净膛	1017	70		面粉	38	70		70		1	49	16～21
23	烤鸭	250		920	半净膛	2440	150		玉米粉	6	68	85	68		4	37.7	
24	烤鹅	397	58	844	半净腔	1835	120	20			70	75	90		2	46	
25	油浸青鱼	425	90	888	青鱼	1620	163				头 15	内脏 20	不合格 1.6		2.4	63	18～22
26	油浸鲅鱼	256	90	1074	鲅鱼	1603	163				头 12	内脏 18	不合格 0.6		2.4	67	
27	油浸鳗鱼	256	90	1152	鳗鱼	1580	148				头 12	内脏 11	不合格 0.6		3.4	73	16～20
28	茄汁黄鱼	256	70	664	大黄鱼	2075		糖 20			头 24	内 15		21	8	32	
29	茄汁鲢鱼	256	70	703	花鲢鱼	2050	100				头 31	内脏 14		17	4	34	
30	凤尾鱼	184		1000	凤尾鱼	1920	290				头 17			56～28	3	52	25～30
31	油炸蚝	227	80	771	熟蚝肉	2106	290	糖 22						56	7.4	36.6	
32	清汤蚝	185	60	703	蚝肉	1520								31	22.7	46.3	
33	清蒸对虾	300	85	997	对虾（秋汛）	3560					头 35	壳 13	不合格 2	15	7	28	18～33
34	原汁鲍鱼	425		595	盘大鲍	2587						内脏 33	不合格 22	13		23	
35	豉油鱿鱼	312	55	609	鱿鱼（春）	2436							不合格 22	43	10	25	

附录九　糖水水果类罐头主要原辅材料消耗定额参考表

编号	产品			固形物装入量/(kg/t)	原料定额		辅料定额	工艺损耗率/%					用率/%	备注
	名称	净重/g	固形物含量/%		名称	数量/(kg/t)	糖	皮	核	不合格料	增重(-)脱水(+)	其他损耗		
601	糖水橘子	567	55	670	大红袍	970	138	21	7			3	69	半去囊衣
601	糖水橘子	567	55	670	早橘	900	147	19	4			2.5	74.5	半去囊衣
601	糖水橘子	312	55	641	本地早	1070	111	24	8			8	60	全去囊衣
601	糖水橘子	312	55	721	温州蜜橘	1100	93	27				8	65	无核橘全去囊衣
602	糖水菠萝	567	58	660	沙捞越	2000	120	65				2	33	
602	糖水菠萝	567	54	660	菲律宾	2200	115	65				5	30	
605	糖水荔枝	567	45	485	乌叶	900	147	19	17	6		4	54	
605	糖水荔枝	567	45	511	槐枝	1020	120	47				3	50	
606	糖水龙眼	567	45	510	龙眼	1000	126	21	19			9	51	
607	糖水枇杷	567	40	441	大红袍	860	180	16	26			7	51	
608	糖水杨梅	567	45	521	荸荠种	660	156			14		7	79	
609	糖水葡萄	425	50	647	玫瑰香	1000	110		3	30	1	1	65	核率指剪枝
610	糖水樱桃	425	55	518	那翁	700	507	杷 2	11	7		6	74	糖盐渍
611	糖水苹果	425	55	565	国光	796	155	12	13	7	-6	3	71	核率包括花梗
612	糖水洋梨	425	55	553	巴梨	1025	145	18	17	7.6		3.4	54	核率包括花梗
612	糖水白梨	425	55	665	秋白梨	942	145	17	14	6.6		2.4	60	
612	糖水莱阳梨	425	55	541	莱阳梨	1200	145	20	19	7.6	5	3.4	45	
612	糖水雪花梨	425	55	541	雪花梨	1100	145	19	17	7.6	4	3.4	49	

613	糖水桃子	425	60	659	大久保	1100	130	11	15	6.6	4	3.4	60	硬肉
613	糖水软桃	425	60	659	大久保	1200	150	5	15	8.6	10	6.4	55	软肉
613	糖水桃子	425	60	659	黄桃	1200	150	12	16	6	4	7	55	
613	糖水桃子	425	60	659	其他品种	1345	150	16	18	8	5	4	49	
614	糖水杏子	425	55	623	大红杏	865	145	15	10		1	2	72	
614	糖水杏子	425	55	623	其他品种	1113	145	20	16	5		3	56	
616	糖水山楂	425	45	494	山楂	1235	180		25	22		13	40	
617	糖水芒果	567	55	617	红花芒果	1500	150	14	37			8	41	
621	糖水金橘	567	50	518	柳州金橘	45	180			2		3	95	
624	什锦水果	425	60	612	合计	880	140							
				235	苹果	331		12	13	7	-6	3	71	
				94	橘子	168		27	5	8		4	56	
				118	菠萝	437		65				8	27	
				66	洋梨	122		18	17	7.6		3.4	54	
				66	葡萄	91			3	20	1	4	72	
				33	樱桃	52			14	9	11	3	83	
627	糖水李子	425	60	601	秋李子	985	160	23		12		4	81	
630	干装苹果	2724		1000	国光	1500	50	12	13	6	-2	4	67	
636	双色水果	425	60	377	洋梨	700	250	18	17	8		3	54	
				294	黄桃	600		12	18	10		7	49	
	糖水苹果	510	52	530	国光	747	170	12	13	7	-6	3	71	500mL 玻璃罐装
	糖水桃子	510	60	657	黄桃	1217	178	12	17	8	4	4	54	500mL 玻璃罐装
	糖水梨	510	55	549	香水梨	1120	118	20	18	9.6		3.4	49	500mL 玻璃罐装
	糖水橘子	525	50	591	早橘	850	140	21	4	1		4	70	500mL 玻璃罐装

附录十　果汁、果酱类罐头主要原材料消耗定额参考表

编号	产品			固形物装入量/(kg/t)	原料定额			辅料定额/(kg/t)		备注
	名称	净重/g	可溶性固形物含量/%		名称	数量/(kg/t)	糖	其他		
								名称	数量	
697	猕猴桃酱	454	65	1000	猕猴桃	2000	600			
701	柑橘酱	700	65	1000	本地早	1350	634	琼脂	2.4	
702	菠萝酱	700	65	1000	菠萝	2800	650	琼脂	1.3	
703	草莓酱	454	65	1000	草莓	840	650			
704	苹果酱	454	65	1000	苹果	680	500	淀粉糖浆	145	
705	桃子酱	454	65	1000	桃子	980	540	淀粉糖浆	100	
706	杏子酱	454	65	1000	大红杏	680	500	淀粉糖浆	160	
708	山楂酱	454	65	1000	山楂	900	550			
715	椰子酱	397	65	1000	椰子 蛋粉 鲜蛋液	1636个 56 80	568 568			
716	李子酱	454	65	1000	李子	930	600			
717	什锦果酱	454	65	1000	苹果 橘子	670 50	600			
741	山楂汁	200	16~17	1000	山楂	870	134			
747	荔枝汁糖酱	600	63	1000	荔枝	1150	630			
748	鲜荔枝汁	200	12~15	1000	荔枝	1380	180			
749	葡萄汁	200	15~18	1000	玫瑰香	1630	80			
755	鲜柑橘汁	200	11~15	1000	柑橙	1750	60			
756	鲜菠萝汁	200	12~16	1000	菠萝	2115	20			
757	鲜柚子汁	555	11~15	1000	酸柚	2700	85			
769	杏子汁	200	15~20	1000	杏子	740	185			
773	苹果汁	200	13~18	1000	苹果	800	130			
773	苹果汁	200		1000	苹果	420	175			
780	洋梨汁	200	14~18	1000	洋梨	1850	80			
780	洋梨汁	200		1000	洋梨	420	145			
793	猕猴桃汁	400	35	1000	中华猕猴桃	750	150			
795	番石榴汁	200	12~15	1000	番石榴	500	145			
	苹果酱	630	60	1000	国光苹果	1219	438	淀粉糖浆	143	500mL 玻璃罐装
	山楂酱	600		1000	山楂	900	650			500mL 玻璃罐装

附录十一　蔬菜类罐头主要原辅料消耗定额参考表

编号	产品			固形物装入量/(kg/t)	原料定额		辅料定额/(kg/t)				工艺损耗率/%					利用率/%
	名称	净重/g	固形物含量/%		名称	数量/(kg/t)	油	糖	其他		皮	核	不合格料	增重(-)脱水(+)	其他损耗	
									名称	数量						
801	青豆	397	60	600	带壳青豆	1500					58			1	1	40
802	青刀豆	567	60	640	白花	710					5			2	3	90
804	花椰菜	908	54	551	花椰菜	1240					44			9	2	45
805	蘑菇	425	53.5	575	整蘑菇	880								-25 55	4.6	65.4
805	片蘑菇	3062	63	677	蘑菇	1035								-25 55		65.4
807	整番茄	425	55	589	小番茄 番茄 合计	607 793 1400		12			3	10		34	2	97 54
809	香菜心	198	75	560	腌菜心	1200		150			20			30	3	47
811	油焖笋	397	75	625	旱竹笋	3290	80	30			75				6.5	18.5
822	蚕豆	397		554	干蚕豆	280	15						10	-110	2	198
823	雪菜	200		875	雪菜粗梗	2500					叶64				1	35
824	清水荸荠	567	60	608	小桂林	1600					53			7	2	38
825	清水莲藕	540	55	560	莲藕	1400					带泥 30			10	20	40
835	茄汁黄豆	425	70	557	干黄豆	268	20							-110	2	208
841	甜酸荞头	198	60	681	荞头坯	1090		170			20				17.5	62.50
847	番茄酱	70	干燥物 28～30	1028	鲜番茄	7200					10			72	3.7	14.30
847	番茄酱	198	干燥物 28～30	1010	鲜番茄	7100					10			72	3.8	14.20
847	番茄酱	198	干燥物 22～24	1010	鲜番茄	5570					10			68	3.8	18.20
851	清水苦瓜	540	65	676	鲜苦瓜	1250					20			20	6	54
854	鲜草菇	425	60	624	鲜草菇	980					14			20	2	64
856	原汁鲜笋	552	65	661	春笋	2500					56			10	7.5	26.5

附录十二　部分物料密度表

原料名称	密度/（kg/m³）	原料名称	密度/（kg/m³）	原料名称	密度/（kg/m³）
辣椒	200~300	花生米	500~630	肥度中等的牛肉	980
茄子	330~430	大豆	700~770	肥猪肉	950
番茄	580~630	豌豆粒	770	瘦牛肉	1070
洋葱	490~520	马铃薯	650~750	肥度中等的猪肉	1000
胡萝卜	560~590	地瓜	640	瘦猪肉	1050
桃子	590690	甜菜块根	600~770	鱼类	980~1050
蘑菇	450~500	面粉	700	脂肪	950~970
刀豆	640~650	肥牛肉	970	骨骼	1130~1300
玉米粒	680~770	蚕豆粒	670~800		

附录十三　冷库开门每 $1m^2$ 库房面积的耗冷量

单位：kJ/(m^2·h)

房间名称	<$50m^2$	50~$150m^2$	>$150m^2$
冷却物冷藏间	62.8	33.5	25
结冻间	67	33.5	25
结冻物冷藏间	46	25	16.7
分发间和接受间	167.5	83.7	42

附录十四　氟利昂制冷压缩机技术性能表

1. 氟利昂制冷压缩机主要技术性能表

型号	8FS10	6FW10	4FV10	8FS7	6FW7	4FV7	2F6.5	6FVW7B	4FV7B	3FL5B
封闭方式	开启式	开启式	开启式	开启式	开启式	开启式	开启式	半封闭式	半封闭式	半封闭式
汽缸直径/mm	100	100	100	70	70	70	65	70	70	50
活塞行程/mm	70	70	70	55	55	55	76	55	55	44

续表

型号	8FS10	6FW10	4FV10	8FS7	6FW7	4FV7	2F6.5	6FVW7B	4FV7B	3FL5B
封闭方式	开启式	开启式	开启式	开启式	开启式	开启式	开启式	半封闭式	半封闭式	半封闭式
吸入管径/mm	89	89	50	50	50	40	19	50	38	24
排出管径/mm	76	76	38	50	50	40	16	38	38	18
使用工质	R-12 R-22	R-12 R-22	R-12	R-12 R-22	R-12 R-22	R-12 R-22	R-12	R-12 R-22	R-12 R-22	R-12 R-22
标准工况制冷量/(kg/h)	351000 351000	263000 454000	117000	134000 213000	100000 159000	67000 109000	17000	97000 154000	65000 102000	15000 24000
电机功率/kW	55 75	40 55	22	22 30	17 22	13 17	3	17 22	13 17	2.2 3

2. 中小型单级氨制冷压缩机技术性能表

型号	汽起直轻/mm	活塞行程/mm	标准制冷量/(kJ/h)	理论排气量/(m^3/h)	电机功率/kW
2AZ10	100	70	96600	63.3	13
4AV10	100	70	195000	126.6	22
6AW10	100	70	293000	190	30
8AS10	100	70	389000	253.3	40
2AV12.5	125	100	209000	141	30
4AV12.5	125	100	417000	283	55
6AW12.5	125	100	628000	424	75
8AS12.5	125	100	837000	566	95
4AV1 7	170	140	924000	606	95
6AW17	170	140	1386000	825	132
8AS17	170	140	1848000	1100	190

附录十五　食品包装常用塑料薄膜性能

塑料名称及常用代号	聚乙烯（PE）				乙烯醋酸乙烯共聚体（EVA）	离子型聚合物	聚丙烯（PP）		聚氯乙烯（PVC）	聚苯乙烯拉伸膜（OPS）	玻璃纸（PT）	聚酯（PET）	尼龙（PA）	丙烯腈类聚合物（PAN）	聚偏二氯乙烯（PVDC）	聚乙烯醇（PVA）	乙烯乙烯醇共聚体（EVAL）
	低密度（LDPE）	中密度（MDPE）	高密度（HDPD）	线性低密度（LLDPE）			非拉伸聚丙烯膜（CPP）	拉伸聚丙烯膜（OPP）									
透明性	从半透明到透明				透明	透明	透明	透明	透明到半透明	透明	透明	透明	透明到半透明	透明	透明	透明	透明
相对密度	0. 910～0. 925	0. 926～0. 940	0. 941～0. 965	0. 915～0. 925	0. 94	0. 94～0. 96	0. 88～0. 90	0. 905	1. 23～1. 5	10. 5	1. 35～1. 4	1. 35～1. 39	1. 13～1. 14	1. 15	1. 59～1. 71	1. 23～1. 35	1. 14～1. 19
每千克膜面（以 0. 1mm 计）/m^2	108～110	106～108	104～106	108～109	106	104～106	111～114	110	67～81	92	65～72	72～74	87～89	87	59～63	74～81	84～87
抗张强度/MPa	7～25	14～35	21～50	25～53	21～35	20～35	21～63	175～210	14～110（软膜 14～50 硬膜 50～110）	63～84	20～100	175～230	49～126	66	56～140	35～80	52～78
伸长率/%	200～600	200～500	100～500	500～700	300～500	350～450	400～800	60～100	5～500（软膜 100～300 硬膜 5～10）	10～50	15～25	90～125	250～500	5	40～100	150～500	230～280

冲击破裂强度/MPa	0.7~1.1	0.4~0.6	0.1~0.3	0.8~1.3	1.1~1.5	0.6~1.1	0.1~0.3	0.5~1.5	1.2~2	0.1~0.5	0.8~1.5	2.5~3	0.4~0.6	高	1~1.5	1.2~2	0.04~0.48
撕裂强度/(g/25.4μm 厚)	100~400	50~300	15~300	80~800	50~100	15~150	40~330	4~6	变化幅度大	4~20	2~10	13~80	20~50	高	10~20	—	—
热焊温度/℃	120~180	130~165	135~165	120~180	100~150	90~204	160~205	单膜不能焊接	100~180	120~165	90~150	单膜不能焊接	180~260	70~150		90~175	130~180
透湿性（30℃，RH90%）/[g/(24h·m²·厚 25μm)]	~19	7.8~15	4.7~10	~19	~60	20~33	7.8~10	4.0~10	25~100（软膜 400~500 硬膜 500~1100）	>100	很大	20	370~400	77.5	1.55~4.65	50 以上	15~80
透气性（23℃，RH0）/[g/(24h·m·厚 25μm)]	3900~13000	2560~5200	510~3875	3875~13000	8000~10000	3500~7500	1300~6400	2400	78~23250	2600~7700	10（湿度高时透过量大）	77	40	12.5	7.7~26.5	<0.2（湿度高时透过量增大）	0.4~0.5
耐油脂性	欠佳	良	良	良	一般	好	良	良	良	良	不透过	良	不透过	不透过	良	不透过	不透过
最高使用温度/℃	65	80	120	75~85	50	70	120	120	100℃以下	77	190℃碳化	120	170~190	70	—	—	—
最低使用温度/℃	-50	-50	-50	-50	-50	-70	不宜低温下用	-50	决定于增塑剂量	<-20	因温度不同而异	-50	-60	<-20	-20	—	—
机械操作适应性	中	中	良	中~良	中	良	良	良	中	良	优	良	良	良	中	中	优

续表

塑料名称及常用代号	聚乙烯（PE）				乙烯醋酸乙烯共聚体（EVA）	离子型聚合物	聚丙烯（PP）		聚氯乙烯（PVC）	聚苯乙烯拉伸膜（OPS）	玻璃纸（PT）	聚酯（PET）	尼龙（PA）	丙烯腈类聚合物（PAN）	聚偏二氯乙烯（PVDC）	聚乙烯醇（PVA）	乙烯乙烯醇共聚体（EVAL）
	低密度（LDPE）	中密度（MDPE）	高密度（HDPD）	线性低密度（LLDPE）			非拉伸聚丙烯膜（CPP）	拉伸聚丙烯膜（OPP）									
印刷性	处理后可印刷	处理后可印制	处理后可印刷	处理后可印刷	处理后可印刷	处理后可印刷	处理后可印刷	处理后可印刷	特定油墨	特定油墨	优	良	良	良	特定油墨	特定油墨	—
热收缩性	有的会收缩	有的会收缩	有的会收缩	有的会收缩	有的会收缩	有的会收缩	不收缩	有的会收缩	有的会收缩	会收缩	不收缩	有的会收缩	不收缩	—	有的会收缩	—	—
简要说明	价格低廉，易加工，性能较均衡，应用广泛 既作单膜用，也用作复膜的热封层，对氧等气体的阻隔性差，用于贮藏期不长的食品包装				耐低温，热封性好，耐应力开裂性好，价格稍贵其余与聚乙烯相近	耐低温，耐油性好，热封性好，对尼龙和聚乙烯都有较好的粘合性能	价廉，性能均衡，易加工，也是使用最广泛的包装薄膜，低温性能较差，对氧等气体的阻隔性差		价廉，性能均衡，易加工，也是使用最广泛的包装薄膜，较大，单位面积价格高，低温下性能较差	透明性、热封性特别好	透明性、刚挺性好，价格较高	强度高，对氧等气体的阻隔性好，是复合膜常用阻透基材之一	强度较高耐穿刺性能特别好，和PET一样是复合膜常用阻透基材之一	具有高阻氧性，是理想的复合基材	具有优良的抗湿阻氧性能，是理想的复合基材	具有高阻透性，是理想的复合基材，单膜易吸温而降低阻透性	具有高阻透性，是理想的复合基材，易贮存加工

附录十六 复合薄膜的包装性能

项目＼薄膜		PET/AI/PO	OET/PO	PA/PO	PET/PE	PET/PVDC/PE	PA/PVDC/PE	PP/EVAL/PE	K-PT/PE	AL/PE/热溶胶	纸/AI/PET/PE	备注
总厚度/μm		100	85	85	60	65	80	85	75	80	105	(0.5s，压力 3×10^5Pa)
抗张强度/(N/2mm)		7~8	5~7	7~8	4~6	4~6	7~8	6~10	3~6	7~10	7~11	若三个值分别为 0，65%，90%RH 时所测得值
伸长率/%		60~100	60~100	80~100	0~100	60~100	40~70	40~250	25~65	20~30	50~100	
热封强度/(N/2mm)		4~6.5	6~7	6~8	4~6	4~6	5~7	4~5	3~4	2~4	3~5	
撕裂强度/g		70~150	70~200	—	30~50	30~60	—	80~150	20~50	—	200~300	
破裂强度/(N/2mm)		4.5	4.0	—	3.0	3.1	—	3.8	2.8	5.0	—	
热封温度/℃		180~250	170~230	180~220	150~220	140~200	150~200	130~170	130~160	130~180	180~230	
透氧/[mL/(24h·m^2·0.1μm·MPa)]		0	118	35，50，60	118	15	10，12，15	<1，4，6	<1，15，25	0	0	
透湿/[g/(m^2·24h)]		0	3	3	7	4	8	6	6	0	9	
温度适应性	冷冻	优	良	优	良	优	优	优	不适用	良	—	
	冷藏	优	优	优	最佳	优	优	优	良	优	—	
	煮沸	优	优	优	良	可	可	优	良	不适用	—	
	蒸煮	最佳	最佳	最佳	不适用	不适用	不适用	不适用	不适用	不适用	—	
用途适应性	阻气性	最佳	可	可	可	良	良	最佳	良	优	最佳	
	强度	最佳	良	最佳	良	良	最佳	优	良	良	优	
应用示例		咖喱、炖(焖)食品、烹调食品	烧卖烹调食品	年糕、饼、烹调食品	烹调食品	液体汤、调料汁、果汁	液态汤、调料汁、果汁	果汁、酱、鱼片、带馅食品点心	酱、腌菜、以及“煮沸汤”	乳制品、酸奶	杀虫剂	所谓“煮沸汤”指可用于需要沸腾条件下消毒的物品（或沸腾条件下煮熟的物品）

注：PO—聚烯烃（聚丙烯等耐热性较佳的聚烯烃）；EVAL—乙烯、乙烯醇共聚体；K-PT—聚偏二氯乙烯乳液涂敷的玻璃纸。

附录十七　常用金属及非金属材料的种类、牌号和用途

名称		牌号	说　明	用　途
黑色金属	灰铸铁 （GB/T 9439—2010）	HT150	HT—“灰铁”代号 150—抗拉强度（MPa）	用于制造端盖、带轮、轴承座、阀壳、管子及管子附件、机床底座、工作台等
		HT200		用于较重要铸件，如汽缸、齿轮、机器、飞轮、床身、阀壳、衬筒等
	球墨铸铁 （GB/T 1348—2019）	QT450-10 QT500-7	QT—“球铁”代号 450—抗拉强度（MPa） 10—伸长率（%）	具有较高的强度和塑性，广泛用于机械制造业中受磨损和受冲击的零件，如曲轴、汽缸套、活塞环、摩擦片、中低压阀门、千斤顶座等
	铸钢 （GB/T 11352—2009）	ZG200-400 ZG270-500	ZG—“铸钢”代号 200—屈服强度（MPa） 400—抗拉强度（MPa）	用于各种形状的零件，如机座、变速箱座、飞轮、重负荷机座、水压机工作缸等
	碳素结构钢 （GB/T 700—2006）	Q215-A Q235-A	Q—“屈”字代号 215—屈服点数值（MPa） A—质量等级	有较高的强度和硬度，易焊接，是一般机械上的主要材料，用于制造垫圈、铆钉、轻载齿轮、键、拉杆、螺栓、螺母、轮轴等
	优质碳素结构钢 （GB/T 699—2015）	15	15—平均含碳量（万分之几）	塑性、韧性、焊接性和冷冲性能均良好，但强度较低，用于制造螺钉、螺母、法兰盘及化工贮器等
		35		用于强度要求较高的零件，如汽轮机叶轮、压缩机、机床主轴、花键轴等
		15Mn 65Mn	15—平均含碳量（万分之几） Mn—含锰量较高	其性能与15号钢相似，但其塑性、强度比15号钢高
				强度高，适宜作大尺寸的各种扁、圆弹簧
	低合金结构钢 （GB/T 1591—2018）	15MnV	15—平均含碳量（万分之几） Mn—含锰量较高 V—合金元素钒	用于制作高中压石油化工容器、桥梁、船舶、起重机等
		16Mn		用于制作车辆、管道、大型容器、低温压力容器、重型机械等
有色金属	普通黄铜 （GB/T 5231—2012）	H96	H—“黄”铜的代号 96—基体元素铜的含量	用于导管、冷凝管、散热器管、散热片等
		H59		用于一般机器零件、焊接件、热冲及热轧零件等

续表

名称		牌号	说　明	用　途
有色金属	铸造锡青铜 （GB/T 1176—2013）	ZCuSn10Zn2	Z—“铸”造代号 Cu—基体金属铜元素符号 Sn10—锡元素符号及名义含量（%）	在中等及较高载荷下工作的重要管件，以及阀、旋塞、泵体、齿轮、叶轮等
	铸造铝合金 （GB/T 1173—2013）	ZAlSi5Cu1Mg	Z—“铸”造代号 Al—基体元素铝元素符号 Si5—硅元素符号及名义含量（%）	用于水冷发动机的汽缸体、汽缸头、汽缸盖、空冷发动机头和发动机曲轴箱等
非金属	耐油橡胶板 （GB/T 5574—2008）	3707 3807	37、38—顺序号 07—扯断强度（kPa）	硬度较高，可在温度为-30~100℃的机油、变压器油、汽油等介质中工作，适于冲制各种形状的垫圈
	耐油橡胶板 （GB/T 5574—2008）	4708 4808	47、48—顺序号 08—扯断强度（kPa）	较高硬度，具有耐热性能，可在温度为-30~100℃且压力不大的条件下，在蒸汽、热空气等介质中工作，用作冲制各种垫圈和垫板
	油浸石棉盘根 （JC/T 1019—2006）	YS350 YS250	YS—“油石”代号 350—适用的最高温度	用于回转轴、活塞或阀门杆上做密封材料，介质为蒸汽、空气、工业用水、重质石油等
	橡胶石棉盘根 （JC/T 1019—2006）	XS550 XS350	XS—“橡石”代号 550—适用的最高温度	用于蒸汽机、往复泵的活塞和阀门杆上做密封材料
	聚四氟乙烯 （PTFE）			主要用于耐腐蚀、耐高温的密封元件，如填料、衬垫、涨圈、阀座，也用作输送腐蚀介质的高温管路、耐腐蚀衬里、容器的密封圈等

附录十八　金属热处理方法及应用

热处理方法	解　释	应　用
退灭	退火是将钢件（或钢坯）加热到适当湿度，保温一段时间，然后再缓慢地冷下来（一般用炉冷）	用来消除铸锻件的内应力和组织不均匀及品粒相大等现象，消除冷轧件的冷硬现象和内应力，降低硬度以便切削
正火	正火是将坯件加热到相变点以上30~50℃，保温一段时间，然后用空气冷却，冷却速度比退火快	用来处理低碳和中碳结构钢件及碳机件，使其组织细化增加强度与韧性，减少内应力，改善低碳钢的切削性能

续表

热处理方法	解　释	应　用
淬火	淬火是将钢件加热到相变点以上某一混度，保温一段时间，然后在水、盐水或油中（个别材料在空气中）急冷下来，使其得到高硬度	用来提高钢的硬度和强度. 但淬火时会引起内应力使钢变脆火，所以淬火后必须回火
表面济火	表面淬火是使零件表面获得高硬度和耐磨性，而心部则保持塑性和韧性	对于各种在动负荷及摩擦条件下工作的齿轮、凸轮轴、曲轴及销子等，都要经过这种处理
高颖表面淬火	利用高频感应电流使钢件表面迅速加热. 并立即喷水玲却，淬火表面具有高的机械性能，淬火时不易氧化及脱碳，变形小，淬火操作及淬火层易实现精确的电控制与自动化，生产率高	表面淬火必须采用含碳量大于0.35%的钢，因为含碳量低淬火后增加硬度不大，一般都是些淬透性较低的碳钢及合金钢（如45，40Cr，40Mn2，9CrSi 等）
回火	回火是将淬硬的钢件加热到相变点以下的某一种温度后，保温一定时间，然后在空气中或油中冷却下来	用来消除淬火后的脆性和内应力，提高钢的冲击韧性
调质	淬火后高温回火，称为调质	用来使钢获得高的韧性和足够的强度，很多重要零件是经过调质处理的
渗碳	渗碳是向钢表面层渗碳，一般渗碳温度900~930℃，使低碳钢或低碳合金钢的表面含碳量增高到0.8%~1.2%，经过适当热处理，表面层得到的高的硬度和耐磨性，提高疲劳强度	为了保证心部的高塑性和韧性，通常采用含碳量为0.08%~0.25%的低碳钢和低合金钢，如齿轮、凸轮及活塞销等
氮化	氮化是向钢表面层渗氮，目前常用气体氮化法，即利用氨气加热时分解的活性氮原子入钢中	氮化后不再进行热处理，用于某种含铬、钼或铝的特种钢，以提高硬度和耐磨性，提高疲劳强度及抗蚀能力
氰化	氰化是同时向钢表面渗碳及渗氮，常用液体碳化法处理，不仅比渗碳处理有较高硬度和耐磨性，而且兼有一定耐磨蚀和较高的抗疲劳能力，在工艺上比渗碳或氮化时间短	增加表面硬度、耐磨性、疲劳强度和耐蚀性。用于要求硬度高、耐磨的中、小型及薄片零件和刀具等
发黑 发益	使钢的表面形成氧化膜的方法叫“发黑，发蓝”	钢铁的氧化处理（发黑、发蓝）可用来提高其表面抗腐蚀能力和使外表美观但其抗腐蚀能力并不理想：一般只能用于空气干燥及密闭的场所

附录十九　常用的标准件

1. 六角头螺栓（参考 GB/T 5782、5783、5785、5786—2016）

(1) 六角头螺栓—A 级和 B 级（参考 GB/T 5782—2016）

六角头螺栓—细牙—A 级和 B 级（参考 GB/T 5785—2016）

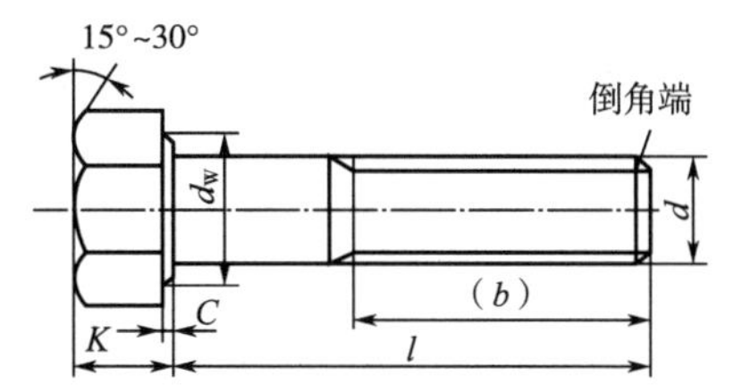

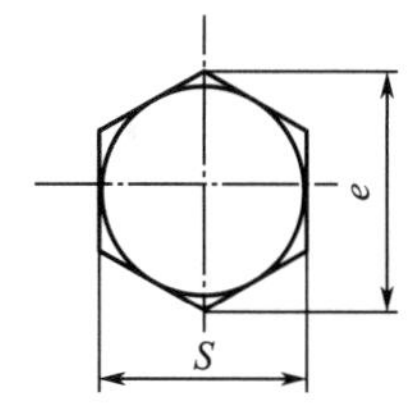

标记示例:
螺栓 GB/T 5782—2016 M12 × 100
（螺纹规格d=M12、公称长度l=100、性能等级为8.8级、表面氧化、杆身半螺纹、A级的六角头螺栓）

(2) 六角头螺栓—全螺纹—A 级和 B 级（摘自 GB/T 5783—2016）

六角头螺栓—细牙—全螺纹—A 级和 B 级（摘自 GB/T 5786—2016）

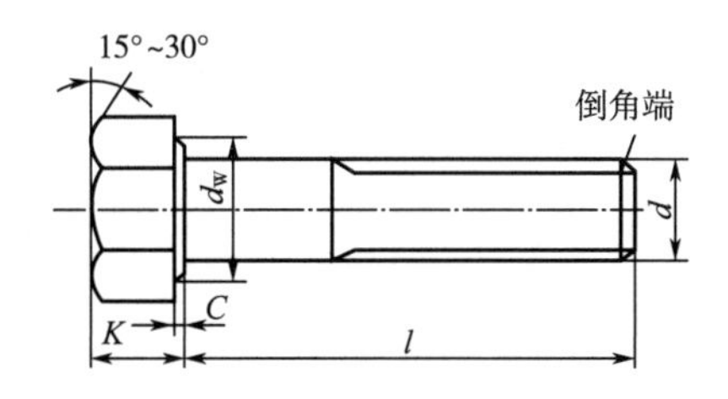

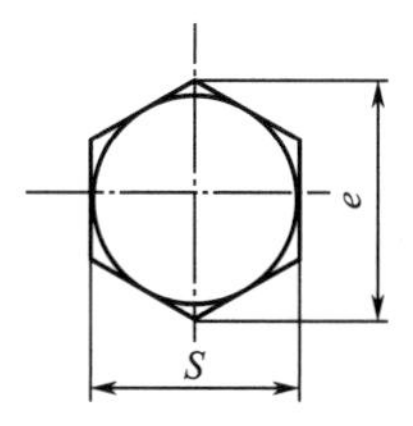

标记示例:
螺栓 GB/T 5786— 2016 M30 × 2 × 80
(螺纹规格d=M30 × 2、公称长度l=80、性能等级为8.8级、表面氧化、全螺纹、B级的细牙六角头螺栓)

六角头螺栓（参考 GB/T 5782、 5783、 5785、 5786—2016）　　单位：mm

螺纹规格	d	M4	M5	M6	M8	M10	M12	M16	M20	M24	M30	M36	M42	M48
	$D\times P$	—	—	—	M8×1	M10×1	M12×15	M16×15	M20×2	M24×2	M30×2	M36×3	M42×3	M48×3
$B_{参考}$	$l\leqslant125$	14	16	18	22	26	30	38	46	54	66	78	—	—
	$125<l\leqslant200$	—	—	—	28	32	36	44	52	60	72	84	96	108
	$l>200$	—	—	—	—	—	—	57	65	73	85	97	109	121
c_{max}		0.4	0.5		0.6			0.8					1	
$K_{公称}$		2.8	3.5	4	5.3	6.4	7.5	10	12.5	15	18.7	22.5	26	30
d_{smax}		4	5	6	8	10	12	16	20	24	30	36	42	48
s_{max}=公称		7	8	10	13	16	18	24	30	36	46	55	65	75
e_{min}	A	7.66	8.79	11.05	14.38	17.77	20.03	26.75	33.53	39.98	—	—	—	—
	B	—	8.63	10.89	14.2	17.59	19.85	26.17	32.95	39.55	50.85	60.79	72.02	82.6
d_{wmin}	A	5.9	6.9	8.9	11.6	14.6	16.6	22.5	28.2	33.6	—	—	—	—
	B	—	6.7	8.7	11.4	14.4	16.4	22	27.7	33.2	42.7	51.1	60.6	69.4

续表

<table>
<tr><td rowspan="2">螺纹规格</td><td>d</td><td>M4</td><td>M5</td><td>M6</td><td>M8</td><td>M10</td><td>M12</td><td>M16</td><td>M20</td><td>M24</td><td>M30</td><td>M36</td><td>M42</td><td>M48</td></tr>
<tr><td>D×P</td><td>—</td><td>—</td><td>—</td><td>M8×1</td><td>M10×1</td><td>M12×15</td><td>M16×15</td><td>M20×2</td><td>M24×2</td><td>M30×2</td><td>M36×3</td><td>M42×3</td><td>M48×3</td></tr>
<tr><td rowspan="4">$L_{范围}$</td><td>GB 5782—2016</td><td rowspan="2">25~40</td><td rowspan="2">25~50</td><td rowspan="2">30~60</td><td rowspan="2">35~80</td><td rowspan="2">40~100</td><td rowspan="2">45~120</td><td rowspan="2">55~160</td><td rowspan="2">65~200</td><td rowspan="2">80~240</td><td rowspan="2">90~300</td><td>110~360</td><td rowspan="2">130~400</td><td rowspan="2">140~400</td></tr>
<tr><td>GB 5785—2016</td><td>110~300</td></tr>
<tr><td>GB 5783—2016</td><td>8~40</td><td>10~50</td><td>12~60</td><td rowspan="2">16~80</td><td rowspan="2">20~100</td><td>25~100</td><td>35~100</td><td colspan="5">40~100</td><td>85~500</td><td>100~500</td></tr>
<tr><td>GB 5786—2016</td><td>—</td><td>—</td><td>—</td><td>25~120</td><td>35~160</td><td colspan="5"></td><td>90~400</td><td>100~500</td></tr>
<tr><td rowspan="2">$L_{系列}$</td><td>GB 5782—2016
GB 5785—2016</td><td colspan="13">20~65（5 进位）、70~160（10 进位）、180~400（20 进位）</td></tr>
<tr><td>GB 5783—2016
GB 5786—2016</td><td colspan="13">6，8，10，12，16，18，20~65（5 进位），70~160（10 进位），180~500（20 进位）</td></tr>
</table>

注：①P—螺距。

②螺纹公差：6g；机械性能等级：8.8。

③产品等级：A 级用于 $d \leqslant 24$mm 和 $l \leqslant 10d$ 或 $l \leqslant 150$mm（按较小值）；B 级用于 $d>24$mm 和 $l>10d$ 或 $l>150$mm（按较小值）。

2. 六角头螺栓（参考 GB/T 5780、5781—2016）

六角头螺栓—C 级（参考 GB/T 5780—2016）

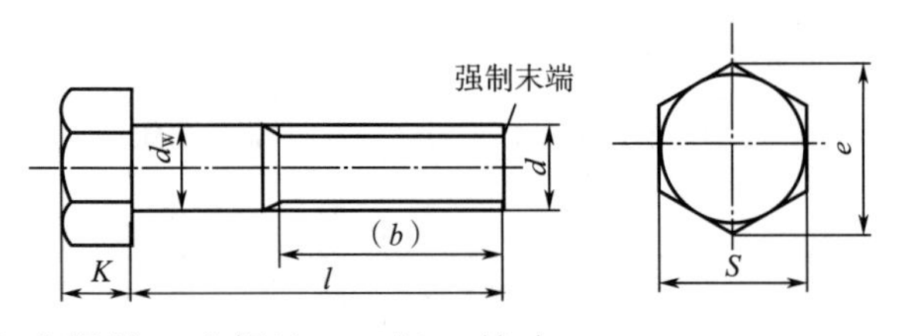

标记示例：
螺栓 GB/T 5780—2016 M20×100（螺纹规格d=M20、公称长度l=100、性能等级为4.8级、不经表面处理、全螺纹、C级的六角头螺栓）

六角头螺栓—全螺纹—C 级（摘自 GB/T 5781—2016）

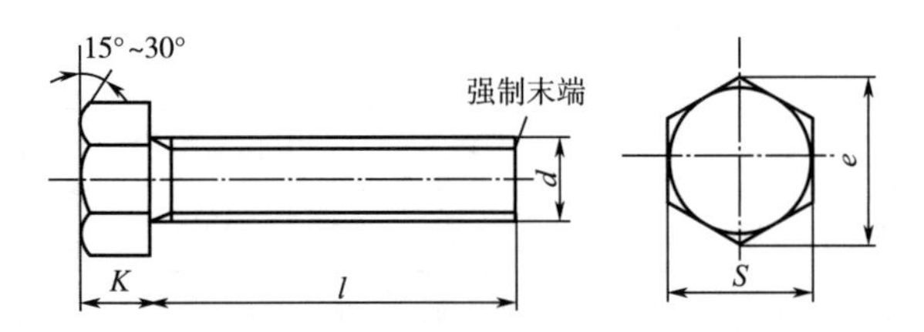

标记示例：
螺栓 GB/T 5781—2016 M12×80（螺纹规格 d=M12、公称长度l=80、性能等级为4.8级、不经表面处理、全螺纹、C级的六角头螺栓）

六角头螺栓（摘自 GB/T 5780、5781—2016）　　单位：mm

螺纹规格		M5	M6	M8	M10	M12	M16	M20	M24	M30	M36	M42	M48
$B_{参考}$	$l \leqslant 125$	16	18	22	26	30	38	46	54	66	78	—	—
	$125<l \leqslant 200$	—	—	28	32	36	44	52	60	72	84	96	108
	$l>200$	—	—	—	—	—	57	65	73	85	97	109	121

续表

螺纹规格		M5	M6	M8	M10	M12	M16	M20	M24	M30	M36	M42	M48
$K_{公称}$		3.5	4	5.3	6.4	7.5	10	12.5	15	18.7	22.5	26	30
s_{max}		8	10	13	16	18	24	30	36	46	55	65	75
e_{max}		8.63	10.89	14.2	17.59	19.85	26.17	32.95	39.55	50.85	60.79	72.02	82.6
d_{smax}		6.7	8.7	11.4	14.4	16.4	22	27.7	33.2	42.7	51.1	60.6	69.4
$L_{范围}$	GB 5780—2016	25~50	30~60	35~80	40~100	45~120	55~160	65~200	80~240	90~300	110~300	160~420	180~480
	GB 5781—2016	10~40	12~50	16~65	20~80	25~100	35~100	140~100	150~100	60~100	70~100	80~420	90~480
$L_{系列}$	10，12，16，20~50（5进位），(55)，60，(65)，70~160（10进位），180，220~500（20进位）												

注：①括号内的规格尽可能不用。

②螺纹公差：8g（GB/T 5780—2016）；6g（GB/T 5781—2016）机械性能等级：4.6、4.8；产品等级：C。

3. 六角螺母（参考 GB/T 41—2016、6170—2015、6171—2016）

1 型六角螺母—A 级和 B 级（参考 GB/T 6170—2015）

1 型六角螺母—细牙—A 级和 B 级（参考 GB/T 6171—2016）

1 型六角螺母—C 级（参考 GB/T 41—2016）

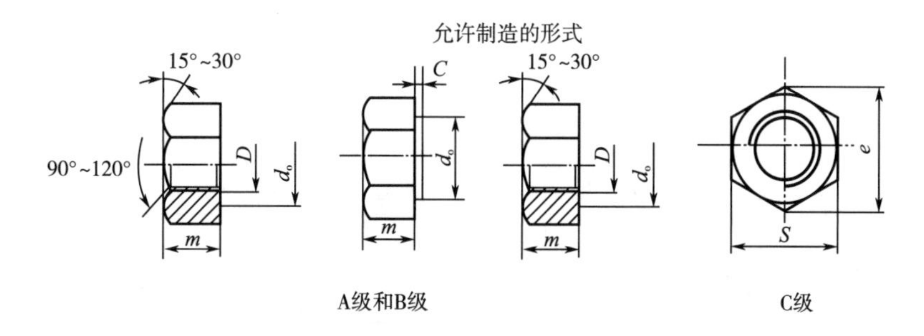

A级和B级　　　　C级

标准示例：

螺母 GB/T 41—2016 M12（螺纹规格 D=M12、性能等级为 5 级、不经表面处理、C 级的 1 型六角螺母）

螺母 GB/T 6171—2016 M24×2（螺纹规格 D=M24、螺距 P=2、性能等级为 10 级、不经表面处理、B 级的 1 型细牙六角螺母）

六角螺母（摘自 GB/T 41—2016、6170—2015、6171—2016）　　单位：mm

螺纹规格		M4	M5	M6	M8	M10	M12	M16	M20	M24	M30	M36	M42	M48
螺纹规格	$D×P$	—	—	—	M8×1	M10×1	M12×1.5	M16×1.5	M20×2	M24×2	M30×2	M36×3	M42×3	M4B×3
C		0.4	0.5		0.6			0.8				1		
S_{max}		7	8	10	13	16	18	24	30	36	46	55	65	75
e_{min}	A，B 级	7.66	8.79	11.05	14.38	17.77	20.03	26.75	32.95	39.95	50.85	60.79	72.02	82.6
	C 级	—	8.63	10.89	14.2	17.59	19.85	26.17						
m_{max}	A，B 级	3.2	4.7	5.2	6.8	8.4	10.8	14.8	18	21.5	25.6	31	34	38
	C 级	—	5.6	6.1	7.9	9.5	12.2	15.9	18.7	22.3	26.4	31.5	34.9	38.9
D_{wmin}	A，B 级	5.9	6.9	8.9	11.6	14.6	16.6	22.5	27.7	33.2	42.7	51.1	60.6	69.4
	C 级	—	6.9	8.7	11.5	14.5	16.5	22						

注：①P—螺距。

②A 级用于 D≤16mm 的螺母；B 级用于 D>16mm 的螺母；C 级用于 D≥5mm 的螺母。

③螺纹公差：A、B 级为 6H，C 级为 7H；机械性能等级：A、B 级为 6、8、10 级，C 级为 4、5 级。

4. 垫圈（摘自 GB/T 95、96.1、96.2、97.1、97.2、848、5287—2002）

小垫圈—A 级（摘自 GB/T 848—2002）
平垫圈—A 级（摘自 GB/T 97.1—2002）
平垫圈　倒角型—A 级（摘自 GB/T 97.2—2002）
平垫圈　C 级（摘自 GB/T 95—2002）
大垫圈　A 级和 C 级（摘自 GB/T 96.1—2002 和 GB/T 96.2—2002）
特大垫圈　C 级（摘自 GB/T 5287—2002）

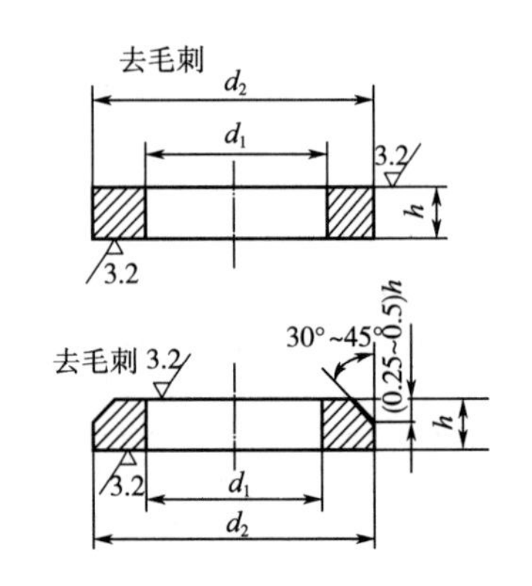

标记示例：

垫圈 GB/T 95—2002　8—100HV（标准系列、公称尺寸 $d=8$、性能等级为 100HV 级、不经表面处理的平垫圈）

垫圈 GB/T 97.2—2002　8—A140（标准系列、公称尺寸 $d=8$、性能等级为 A140 级、倒角型、不经表面处理的平垫圈）

垫圈（摘自 GB/T 95、96.1、96.2、97.1、97.2、848、5287—2002）　单位：mm

公称尺寸（螺纹规格）	标准系列									特大系列			大系列			小系列		
	GB/T 95（C 级）			GB/T 97.1（A 级）			GB/T 97.2（A 级）			GB/T 5287（C 级）			GB/T 96（A 级和 C 级）			GB/T 848（A 级）		
d	$d_{1\min}$	$d_{2\max}$	h	$d_{1\min}$	$d_{2\max}$	h	$d_{1\min}$	$d_{2\max}$	h	$d_{1\min}$	$d_{2\max}$	h	$d_{1\min}$	$d_{2\max}$	h	$d_{1\min}$	$d_{2\max}$	h
4	—	—	—	4.3	9	0.8	—	—	—	—	—	—	4.3	12	1	4.3	8	0.5
5	5.5	10	1	5.3	10	1	5.3	10	1	5.5	18	—	5.3	15	1.2	5.3	9	1
6	6.6	12	1.6	6.4	12	1.6	6.4	12	1.6	6.6	22	2	6.4	18	1.6	6.4	11	1.6
8	9	16		8.4	16		8.4	16		9	28		8.4	24	2	8.4	15	
10	11	20	2	10.5	20	2	10.5	20	2	11	34	3	10.5	30	2.5	10.5	18	
12	13.5	24	2.5	13	24	2.5	13	24	2.5	13.5	44	4	13	37	3	13	20	2
14	15.5	28		15	28		15	28		15.5	50		15	44		15	24	2.5
16	17.5	30	3	17	30	3	17	30	3	17.5	56	5	17	50		17	28	
20	22	37		21	37		21	37		22	72	6	22	60	4	21	34	3
24	26	44	4	25	44	4	25	44	4	26	85		26	72	5	25	39	4
30	33	56		31	56		31	56		33	105		33	92	6	31	50	
36	39	66	5	37	66	5	37	66	5	39	125	8	39	110	8	37	60	5
42*	45	78	8	—	—	—	—	—	—	—	—	—	45	125	10	—	—	—
48*	52	92		—	—	—	—	—	—	—	—	—	52	145		—	—	—

注：* 尚未列入相应产品标准的规格。

①A 级适用于精装配系列，C 级适用于中等装配系列。

②C 级垫圈没有 R.3.2 和去毛刺的要求。

③GB/T 848—2002 主要用于圆柱头螺钉，其他用于标准的六角螺栓螺母和螺钉。

5. 标准型弹簧垫圈（摘自 GB/T 93—1987）

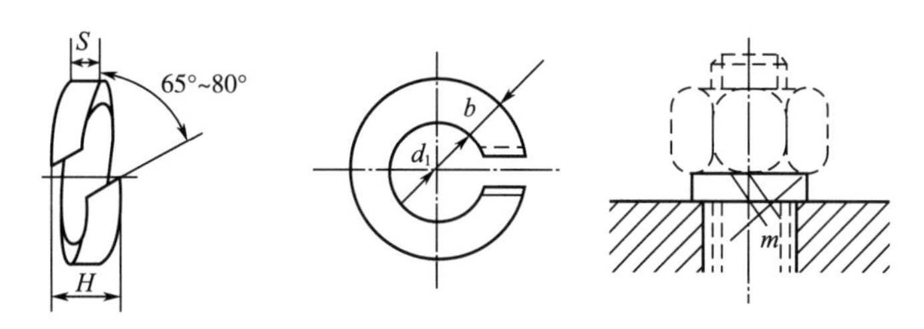

标记示例：
垫圈GB/T 93—1987 10（规格10、材料为65Mn、表面氧化的标准型弹簧垫圈）

标准型弹簧垫圈（摘自 GB/T 93—1987）　　单位：mm

规格（螺纹大径）	4	5	6	8	10	12	16	20	24	30	36	42	48
$D_{1\min}$	4. 1	5. 1	6. 1	8. 1	10. 2	12. 2	16. 2	20. 2	24. 5	30. 5	36. 5	42. 5	48. 5
$S=b_{公称}$	1. 1	1. 3	1. 6	2. 1	2. 6	3. 1	4. 1	5	6	7. 5	9	10. 5	12
$m \leqslant$	0. 55	0. 65	0. 8	1. 05	1. 3	1. 55	2. 05	2. 5	3	3. 75	4. 5	5. 25	6
$H_{\max}$	2. 75	3. 25	4	5. 25	6. 5	7. 75	10. 25	12. 5	15	18. 75	22. 5	26. 25	30

注：m 应大于零。

6. 滚动轴承（摘自 GB/T 276—2013、297—2015、28697—2012）

深沟球轴承
（参考GB/T 276—2013）

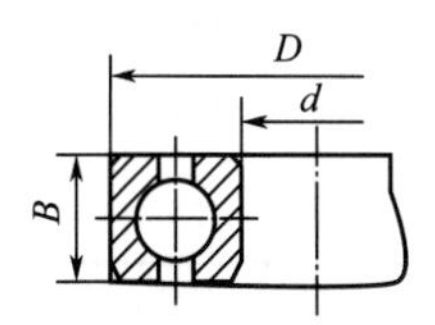

标记示例：
滚动轴承 6310 GB/T 276—2013

圆锥滚子轴承
（参考GB/T 297—2015）

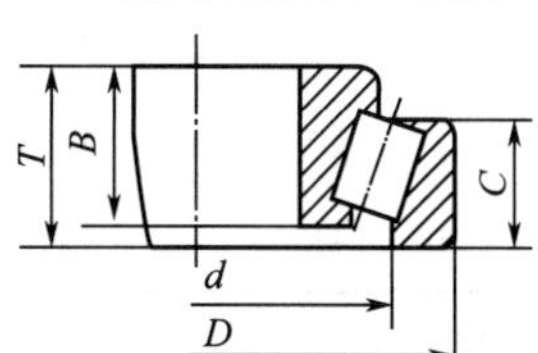

标记示例：
滚动轴承 30212 GB/T 297—2015

推力球轴承
（参考GB/T 28697—2012）

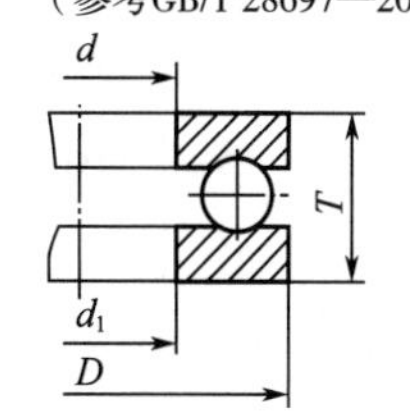

标记示例：
滚动轴承 51305 GB/T 28697—2015

滚动轴承（摘自 GB/T 276—2013、297—2015、28697—2012）

轴承型号	尺寸/mm			轴承型号	尺寸/mm					轴承型号	尺寸/mm			
	d	D	B		d	D	B	C	T		d	D	T	d_1
尺寸系列［(0) 2］				尺寸系列［02］						尺寸系列［12］				
6202	15	35	11	30203	17	40	12	11	13. 25	51202	15	32	12	17
6203	17	40	12	30204	20	47	14	112	15. 25	51203	17	35	12	19
6204	20	47	14	30205	25	52	15	13	16. 25	51204	20	40	14	22
6205	25	52	15	30206	30	62	16	14	17. 25	51205	25	47	15	27

续表

轴承型号	尺寸/mm			轴承型号	尺寸/mm					轴承型号	尺寸/mm			
	d	D	B		d	D	B	C	T		d	D	T	d_1
6206	30	62	16	30207	35	72	17	15	18.25	51206	30	52	16	32
6207	35	72	17	30208	40	80	18	16	19.75	51207	35	62	18	37
6208	40	80	18	30209	45	85	19	16	20.75	51208	40	68	19	42
6209	45	85	19	30210	50	90	20	17	21.75	51209	45	73	20	47
6210	50	90	20	30211	55	100	211	18	22.75	51210	50	78	22	52
6211	55	100	21	30212	60	110	22	19	23.75	51211	55	90	25	57
6212	60	110	22	30213	65	120	23	20	24.75	51212	60	95	26	62
尺寸系列［(0) 3］				尺寸系列［03］						尺寸系列［13］				
6302	15	42	13	30302	15	42	13	11	14.25	51304	20	47	18	22
6303	17	47	14	30303	17	47	14	12	15.25	51305	25	52	18	27
6304	20	52	15	30304	20	52	15	13	16.25	51306	30	60	21	32
6305	25	62	17	30305	25	62	17	15	18.25	51307	35	68	24	37
6306	30	72	19	30306	30	72	19	16	20.75	51308	40	78	26	42
6307	35	80	21	30307	35	80	21	18	22.75	51309	45	85	28	47
6308	40	90	23	30308	40	90	23	20	25.25	51310	50	95	31	52
6309	45	100	25	30309	45	100	25	22	27.25	51311	55	105	35	57
6310	50	110	27	30310	50	110	27	23	29.25	51312	60	110	35	62
6311	55	120	29	30311	55	120	29	25	31.50	51313	65	115	36	67
6312	60	130	31	30312	60	130	31	26	33.50	51314	70	125	40	72

注：圆括号中的尺寸系列代号在轴承代号中省略。

附录二十　筒体

表1　筒体压力容器公称直径　单位：mm

钢板卷焊（内径）							
300	400	500	600	700	800	900	1000
1200	1400	1600	1800	2000	2200	2400	2600
2800	3000	3200	3400	3600	3800	4000	

无缝钢管（外径）					
159	219	273	352	377	426

表2　　　　　　　　　　筒体的容器、面积及质量（钢制）

公称直径/mm	一米高的容积/m^3	一米高的内表面积/m^2	一米高筒节钢板理论质量/kg															
			壁厚/mm															
			3	4	5	6	8	10	12	14	16	18	20	22	24	26	28	30
300	0. 071	0. 94	22	30	37	44	59											
400	0. 126	1. 26	30	40	50	60	79	99	119									
500	0. 196	1. 57	37	50	62	75	100	125	150	175								
600	0. 283	1. 88	45	60	75	90	121	150	180	211								
700	0. 385	2. 20		69	87	105	140	176	213	250								
800	0. 503	2 51		79	99	119	159	200	240	280								
900	0. 636	2. 83		89	112	134	179	224	270	315	363	408						
100	0. 785	3. 14			124	149	199	249	296	348	399	450	503					
1200	1. 131	3. 77			149	178	298	238	358	418	479	540	602	662				
1400	1. 539	4. 40			173	208	278	348	418	487	567	630	700	770	840	914	986	1058
1600	2. 017	5. 03			198	238	317	397	476	556	636	720	800	880	960	1040	1124	1206
1800	2. 545	5. 66				267	356	446	536	627	716	806	897	987	1080	1170	1263	1353
2000	3. 142	6. 28				296	397	495	596	695	795	895	995	1095	1200	1300	1400	1501
2200	3. 801	6. 81				322	436	545	655	714	874	984	1093	1204	1318	1429	1540	1650
2400	4. 524	7. 55				356	475	596	714	834	960	1080	1 194	1314	1435	1556	1677	1798
2600	5. 309	8. 17					514	644	774	903	1030	1160	1290	1422	1553	1684	1815	1946
2800	6. 159	8. 80					554	693	831	970	110	1250	1390	1531	1671	1812	1953	2094
3000	7. 030	9. 43					593	742	881	1040	1190	1338	1490	1640	1790	1940	2091	2242
3200	8. 050	10. 05					632	791	950	1108	1267	1425	1587	1745	1908	2069	2229	2390
3400	9. 075	10 68					672	841	1008	1177	1346	1517	1687	1857	2027	2197	2367	2538
3600	10. 180	11. 32					711	890	1070	1246	1424	1606	1785	1965	2145	2325	2505	2685
3800	11. 340	11. 83					751	939	1126	1315	1514	1693	1884	2074	2263	2453	2643	2834
4000	12. 566	12. 57					790	988	1186	1383	1582	1780	1980	2185	2380	2585	2785	2985

附录二十一　内压筒体壁厚

内压筒体壁厚

材料	工作压力/MPa	公称直径/mm																												
		300	(350)	400	(450)	500	(550)	600	(650)	700	800	900	1000	(1100)	1200	1300	1400	(1500)	1600	(1700)	1800	(1900)	2000	(2100)	2200	(2300)	2400	2600	2800	3000
		筒体壁厚/mm																												
Q235—A Q235—A·F	≤0.3	3	3	3	3	3	3	3	4	4	4	4	5	5	5	5	5	5	5	5	6	6	6	6	6	6	6	8	8	8
	≤0.4																													
	≤0.6					4	4	4			4.5	4.5				6	6	6	6	8	8	8	8	8	8	10	10	10	10	10
	≤1.0		4	4	4.5	4.5	5	6	6	6	6	6	8	8	8	8	10	10	10	10	12	12	12	12	12	14	14	14	16	16
	≤1.6	4.5	5	6	6	8	8	8	8	8	8	10	10	10	12	12	12	14	14	16	16	16	18	18	18	20	20	22	24	24
不锈钢	≤0.3	3	3	3	3	3	3	3	3	3	3	3	3	3	4	4	4	4	4	5	5	5	5	5	5	5	5	7	7	7
	≤0.4																										7			
	≤0.6														5	5	5	5	5	6	6	6	6	7	7		8	8	9	9
	≤1.0				4	4	4	4	5	5	5	5	6	6	6	7	7	8	8	9	9	10	10	12	12	12	12	14	14	16
	≤1.6	4	4	5	5	6	6	7	7	7	7	8	8	9	10	12	12	12	14	14	14	16	16	18	18	18	18	20	22	24

附录二十二　椭圆形封头（参考 GB/T 25198—2010）

1. 椭圆形封头尺寸

表 1　　椭圆形封头尺寸　　单位：mm

以内径为公称直径的封头

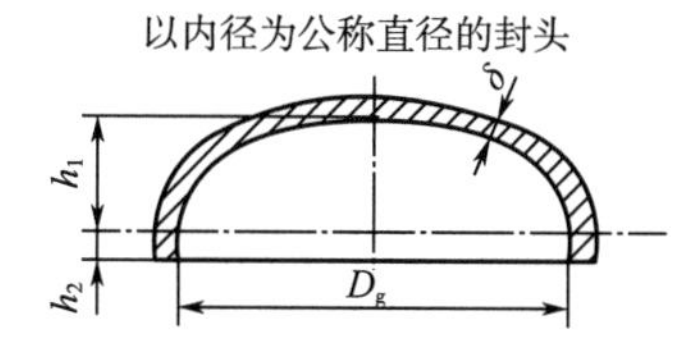

以外径为公称直径的封头

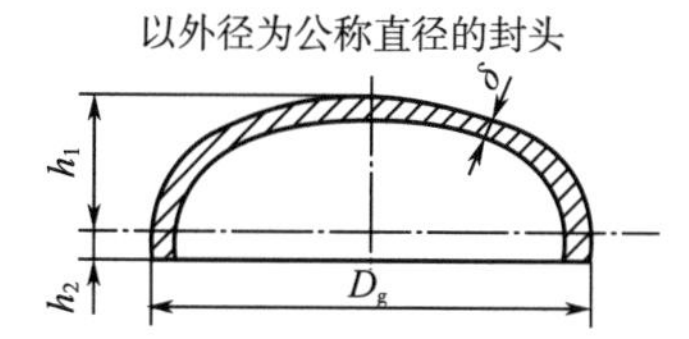

以内径为公称直径的封头

公称直径 D_g	曲面高度 h_1	直边高度 h_2	厚度 δ	公称直径 D_g	曲面高度 h_1	直边高度 h_2	厚度 δ
300	75	25	4~8	800	200	25	4~8
350	88					40	10~18
400	100	25	4~8			50	20~26
		40	10~16	900	225	25	4~8
450	112	25	4~8			40	10~18
		40	10~18			50	20~28
500	125	25	4~8	1000	250	25	4~8
		40	10~18			40	10~18
		50	20			50	20~30
550	137	25	4~8	1100	275	25	6~8
		40	10~18			40	10~18
		50	20~22			50	20~24
600	150	25	4~8	1200	300	25	6~8
		40	10~18			40	10~18
		50	20~24			50	20~34
650	162	25	4~8	1300	325	25	6~8
		40	10~18			40	10~18
		50	20~24			50	20~24
700	175	25	4~8	1400	350	25	6~8
		40	10~18			40	10~18
		50	20~24			50	20~38
750	188	25	4~8	1500	375	25	6~8
		40	10~18			40	10~18
		50	20~26			50	20~24

续表

以内径为公称直径的封头

公称直径 D_g	曲面高度 h_1	直边高度 h_2	厚度 δ
1600	400	25	6~8
		40	10~18
		50	20~42
1700	425	25	8
		40	10~18
		50	20~24
1800	450	25	8
		40	10~18
		50	20~50
1900	475	25	8
		40	10~18
2000	500	25	8
		40	10~18
		50	20~50
2100	525	40	10~14
2200	550	25	8，9
		40	10~18
		50	20~50
2300	575	40	10~14
2400	600	40	10~18
		50	20~50
2500	625	40	12~18
		50	20~50
2600	650	40	12~18

公称直径 D_g	曲面高度 h_1	直边高度 h_2	厚度 δ
2600	650	50	20~50
2800	700	40	12~18
		50	20~50
3000	750	40	12~18
		50	20~46
3200	800	40	14~18
		50	20~42
3400	850	50	20~36
3500	875	50	1238
3600	900	50	20~36
3800	950		
4000	1000		
4200	1050	50	12~38
4400	1100		
4500	1125	50	20~38
4600	1150		
4800	1200		
5000	1250		
5200	1300		
5400	1350		
5500	1375		
5600	1400		
5800	1450		
6000	1500		

以外径为公称直径的封头

公称直径 D_g	曲面高度 h_1	直边高度 h_2	厚度 δ
159	40	25	4~8
219	55		
273	68	25	4~8
		40	10~12

公称直径 D_g	曲面高度 h_1	直边高度 h_2	厚度 δ
325	81	25	8
		40	10~12
377	94	40	10~14
426	106		

注：厚度 δ 系列 4~50 之间 2 进位。

2. 椭圆形封头的尺寸和质量

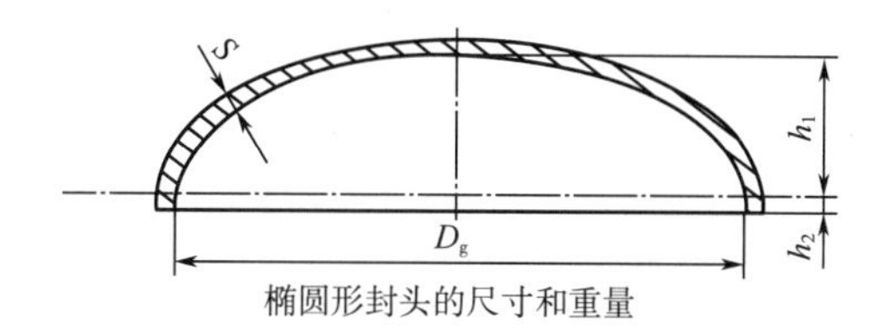

椭圆形封头的尺寸和重量

表 2　　椭圆形封头的尺寸和质量

公称直径 D_g/mm	曲面高度 h_1/mm	直边高度 h/mm																		
		25							40					50						
		厚度 S/mm																		
		4	6	8	10	12	14	16	18	20	22	24	26	28	30	32	34	36	38	40
		质量 G/kg																		
400	100	6.53	9.90	13.3	18.3	22.1	26	30												
500	125	10	15.1	20.1	27.1	32.7	38.5	45.2	50.5	59										
600	150	13.8	21.2	28.3	37.7	46	53.9	61.5	70	80.5	88.6	97.6								
700	175	18.5	28.2	37.7	50.3	60.0	71.4	81.6	91.8	106	118	130								
800	200	23.9	36	48.4	63.6	71.2	91.3	104	117	136	150	165	179							
900	225	30.2	45.2	60.9	79.6	97.3	113	129	147	168	186	204	222	239						
1000	250	36.7	55.5	74.1	97.4	117	137	157	178	203	224	246	268	290	311					
1200	300		78.6	106	137	165	194	222	250	285	315	344	374	404	435	466	497			
1400	350		106	142	184	221	258	296	334	380	420	458	498	538	579	619	659	702	743	
1600	400		137	185	237	285	334	383	431	488	538	590	642	692	743	795	846	910	953	1000
1800	450			232	297	358	419	479	540	606	674	736	800	864	928	993	1060	1120	1180	1250
2000	500			284	364	438	513	588	663	746	822	902	978	1060	1130	1210	1280	1360	1460	1520
2200	550				438	527	616	705	782	895	987	1080	1170	1260	1360	1450	1540	1640	1730	1830
2400	600				519	622	728	835	940	1050	1160	1280	1380	1500	1600	1720	1820	1940	2040	2160
2600	650					730	852	975	1100	1230	1360	1490	1620	1740	1870	2000	2120	2260	2390	2520
2800	700					842	985	1120	1270	1420	1570	1720	1860	2010	2160	2300	2450	2600	2750	2900
3000	750					965	1120	1280	1450	1620	1780	1960	2130	2300	2460	2630	2800	2970	3140	3310
3200	800						1270	1460	1640	1840	2040	2220	2410	2600	2790	2980	3170	3360	3560	3760
3400	850									2080		2500		2920		3350		3780		
3600	900									2320		2800		3260		3740		4220		
3800	950									2570		3100		3630		4160		4680		
4000	1000									2850		3440		4010		4600		5180		

附录二十三　管路法兰及垫片

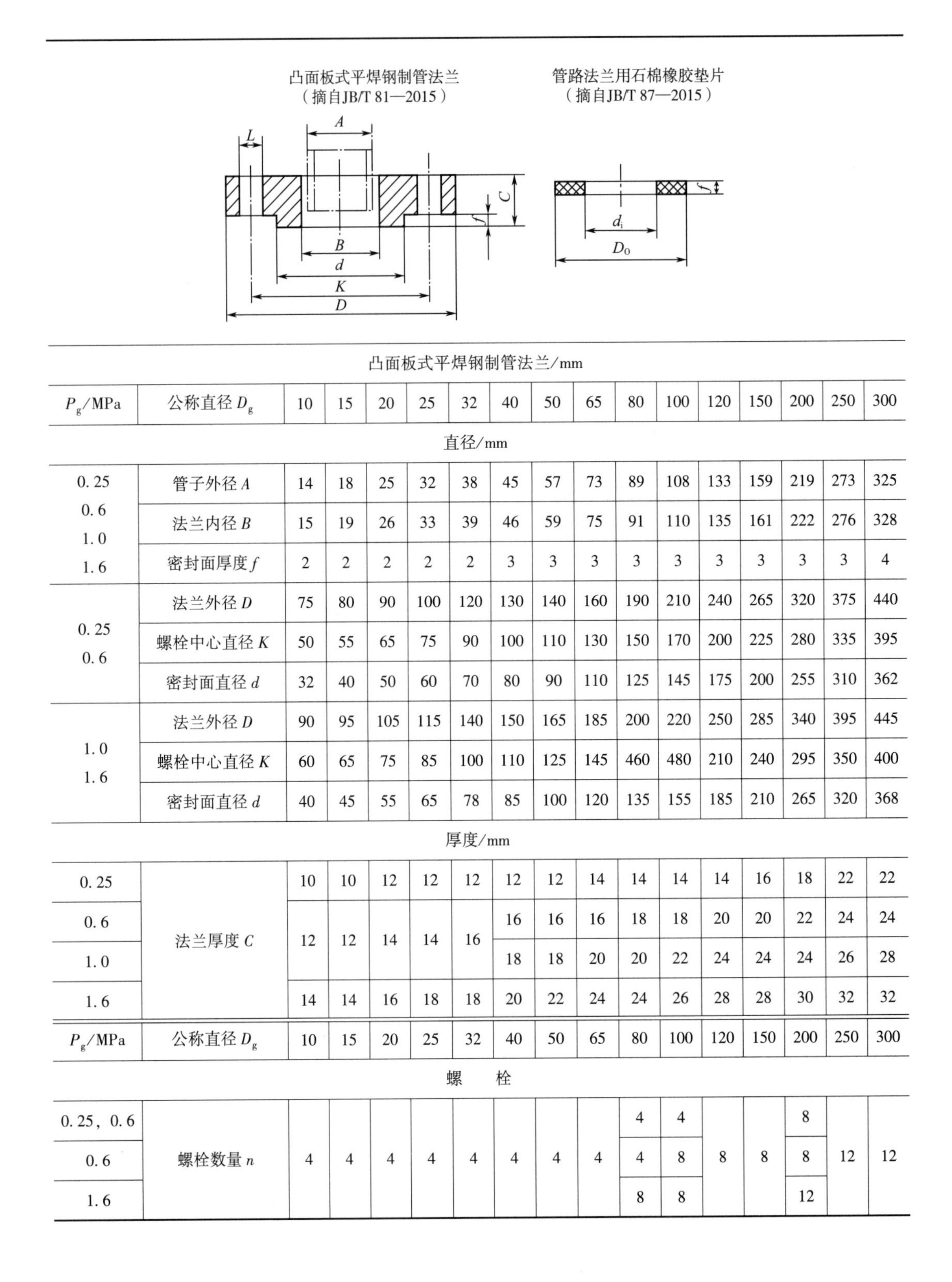

凸面板式平焊钢制管法兰/mm

P_g/MPa	公称直径 D_g	10	15	20	25	32	40	50	65	80	100	120	150	200	250	300
直径/mm																
0.25 0.6 1.0 1.6	管子外径 A	14	18	25	32	38	45	57	73	89	108	133	159	219	273	325
	法兰内径 B	15	19	26	33	39	46	59	75	91	110	135	161	222	276	328
	密封面厚度 f	2	2	2	2	2	3	3	3	3	3	3	3	3	3	4
0.25 0.6	法兰外径 D	75	80	90	100	120	130	140	160	190	210	240	265	320	375	440
	螺栓中心直径 K	50	55	65	75	90	100	110	130	150	170	200	225	280	335	395
	密封面直径 d	32	40	50	60	70	80	90	110	125	145	175	200	255	310	362
1.0 1.6	法兰外径 D	90	95	105	115	140	150	165	185	200	220	250	285	340	395	445
	螺栓中心直径 K	60	65	75	85	100	110	125	145	460	480	210	240	295	350	400
	密封面直径 d	40	45	55	65	78	85	100	120	135	155	185	210	265	320	368
厚度/mm																
0.25	法兰厚度 C	10	10	12	12	12	12	12	14	14	14	14	16	18	22	22
0.6		12	12	14	14	16	16	16	16	18	18	20	20	22	24	24
1.0							18	18	20	20	22	24	24	24	26	28
1.6		14	14	16	18	18	20	22	24	24	26	28	28	30	32	32

P_g/MPa	公称直径 D_g	10	15	20	25	32	40	50	65	80	100	120	150	200	250	300
螺　　栓																
0.25，0.6	螺栓数量 n	4	4	4	4	4	4	4	4	4	4	8	8	8	12	12
0.6										4	8			8		
1.6										8	8			12		

续表

P_g/MPa	公称直径 D_g	10	15	20	25	32	40	50	65	80	100	120	150	200	250	300
0.25 0.6	螺栓孔直径 L	12	12	12	12	14	14	14	14	18	18	18	18	18	18	23
	螺栓规格	M10	M10	M10	M10	M12	M12	M12	M12	M16	M16	M16	M16	M16	M16	M20
1.0	螺栓孔直径 L	14	14	14	14	18	18	18	18	18	18	18	23	23	23	23
	螺栓规格	M12	M12	M12	M12	M16	M16	M16	M16	M16	M16	M16	M20	M20	M20	M20
1.6	螺栓孔直径 L	14	14	14	14	18	18	18	18	18	18	18	23	23	26	26
	螺栓规格	M12	M12	M12	M12	M16	M16	M16	M16	M16	M16	M16	M20	M20	M24	M24
管路法兰用石棉橡胶垫片/mm																
0.25，0.6	垫片外径 D_0	38	43	53	63	76	86	96	116	132	152	182	207	262	317	372
1.0		46	51	61	71	82	92	107	127	142	462	492	217	272	327	377
1.6															330	385
垫片内径 d_1		14	18	25	32	38	45	57	76	89	108	133	159	219	273	325
垫片厚度 t		2														

附录二十四　设备法兰及垫片

甲型平焊法兰（平密封面）
（摘自JB/T 87—2015）

非金属垫片
（摘自 NB/T 47024—2012）

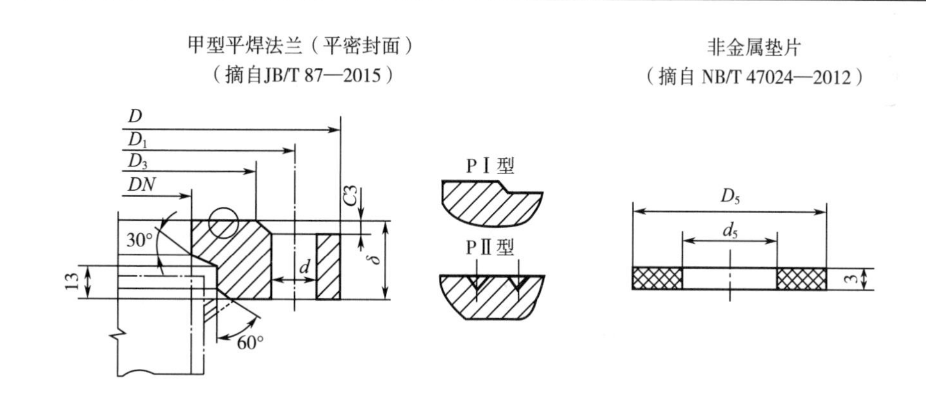

D_g/mm	甲型平焊法兰/mm					非金属垫片/mm		螺柱	
	D	D_1	D_3	δ	d	D_s	d_s	规格	数量
公称压力为 0.25MPa									
700	815	780	740	36	18	739	703	M16	28
800	115	880	840	36		839	803		32
900	1015	980	940	40		939	903		36

续表

D_g/mm	甲型平焊法兰/mm					非金属垫片/mm		螺柱	
	D	D_1	D_3	δ	d	D_s	d_s	规格	数量
公称压力为0.25MPa									
1000	1030	1090	1045	40	23	1044	1004	M20	32
1200	1330	1290	1241	44		1240	1200		36
1400	1530	1490	1441	46		1440	1400		40
1600	1730	1690	1641	50		1640	1600		48
1800	1930	1890	1841	56		1840	1800		52
2000	2130	2090	2041	60		2040	2000		60
公称压力为0.6MPa									
500	615	580	540	30	18	539	503	M16	20
600	715	680	640	32		639	603		24
700	830	790	745	36	23	744	704	M20	24
800	930	890	845	40		844	804		24
900	1030	990	945	44		944	904		32
1000	1130	1090	1045	48		1044	1004		36
1200	1330	1290	1241	60		1240	1200		52
公称压力为1.0MPa									
300	415	380	340	26	18	339	303	M16	20
400	515	480	440	30		439	403		16
500	630	590	545	34	23	544	504	M20	20
600	730	690	645	40		644	604		20
700	830	790	745	46		744	704		24
800	930	890	845	54		844	804		32
900	1030	990	945	60		944	904		40
公称压力为1.6MPa									48
300	430	390	345	30	23	344	304	M20	16
400	530	490	445	36		444	404		20
500	630	590	545	44		544	504		28
600	730	690	645	54		644	604		40

附录二十五　支座

1. 耳式支座摘自（NB/T 47065. 3—2018）

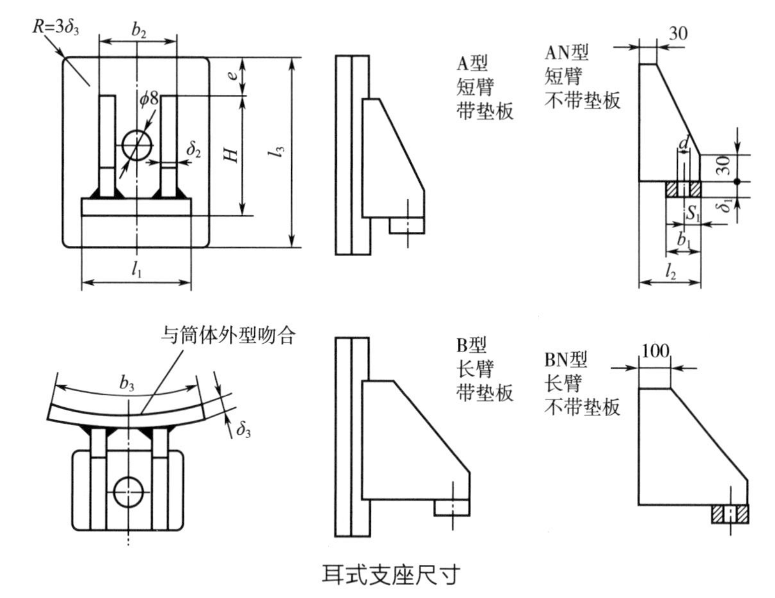

耳式支座尺寸

单位：mm

支座号			1	2	3	4	5	6	7	8
支座本体允许载荷/kN			10	20	30	60	100	150	200	250
适用容器公称直径			300～600	500～1000	700～1400	1000～2000	1300～2600	1500～3000	1700～3400	2000～4000
高度 H			125	160	200	250	320	400	480	600
底板	b_1		60	80	105	140	180	230	280	360
	δ_1		6	8	10	14	16	20	22	26
	S_1		30	40	50	70	90	115	130	145
肋板	l_2	A，AN 型	80	100	125	160	200	250	300	380
		B，BN 型	160	180	205	290	330	380	430	510
	δ_2	A、AN 型	4	5	6	8	10	12	14	15
		B、BN 型	5	6	8	10	12	14	16	18
	b_2		80	100	125	160	200	250	300	380
垫板	l_3		150	200	250	315	400	500	600	720
	b_2		125	160	200	250	320	400	480	600
	δ_2		6	6	8	8	10	12	14	16
	e		20	24	30	40	48	60	70	72
地脚螺栓	d		24	24	30	30	30	36	36	36
	规格		M20	M20	M24	M24	M24	M30	M30	M30

2. 支承式支座（NB/T 47065.4—2018）

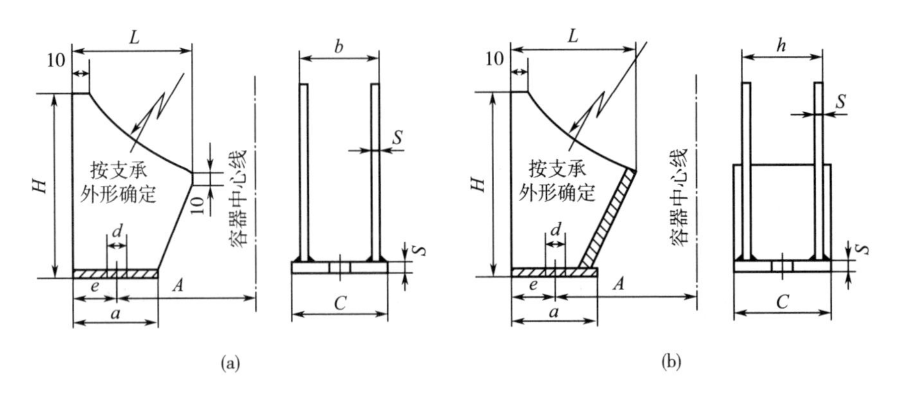

支承式支座标准系列（NB/T 47065.4—2018）

支座的允许负荷/t	支座的支承面积/cm^2	支承面上的单位压力/(N/cm^2)	尺寸/mm							地脚螺栓尺寸		容器公称直径/mm	尺寸 A 的推荐值/mm	每个支座质量/kg
			L	H	a	b	c	e	S	孔径 d	螺纹大径			
0.1	40.5	25	90	150	60	60	70	30	4	15	M12	300	105	0.79
												400	140	
0.25	85.5	29	110	180	80	95	110	40	6	20	M16	500	175	2.03
												600	210	
												650	235	
0.50	172	29	195	240	110	135	160	55	10	25	M20	700	245	6.63
												800	280	
												900	315	
												1000	350	
1.00	311	32	245	300	150	180	210	75	14	25	M20	1400	525	14.5
2.50	444	56	290	350	180	215	250	90	16	30	M24	1600	600	23.4
												1800	675	
4.00	514	78	330	400	200	225	260	100	16	30	M24	2000	750	28.8
												2200	825	
6.00	711	84	370	450	240	260	300	110	18	36	M30	2400	900	59.8
												2600	975	
8.00	839	96	400	500	265	270	320	120	22	36	M30	2800	1050	75.8
												3000	1125	

3. 鞍式支座（摘自 NB/T 47065. 1—2018）

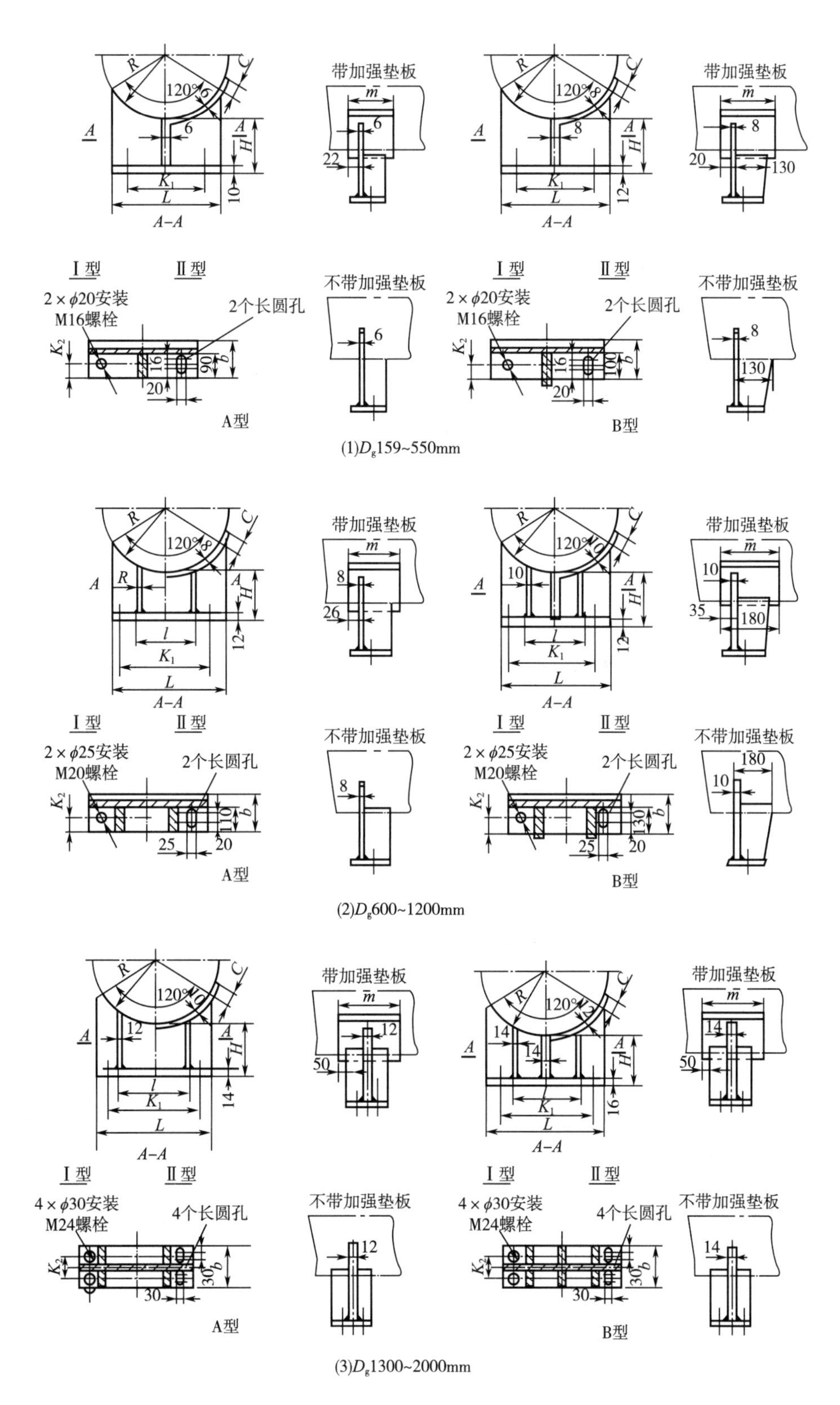

(1)D_g159~550mm

(2)D_g600~1200mm

(3)D_g1300~2000mm

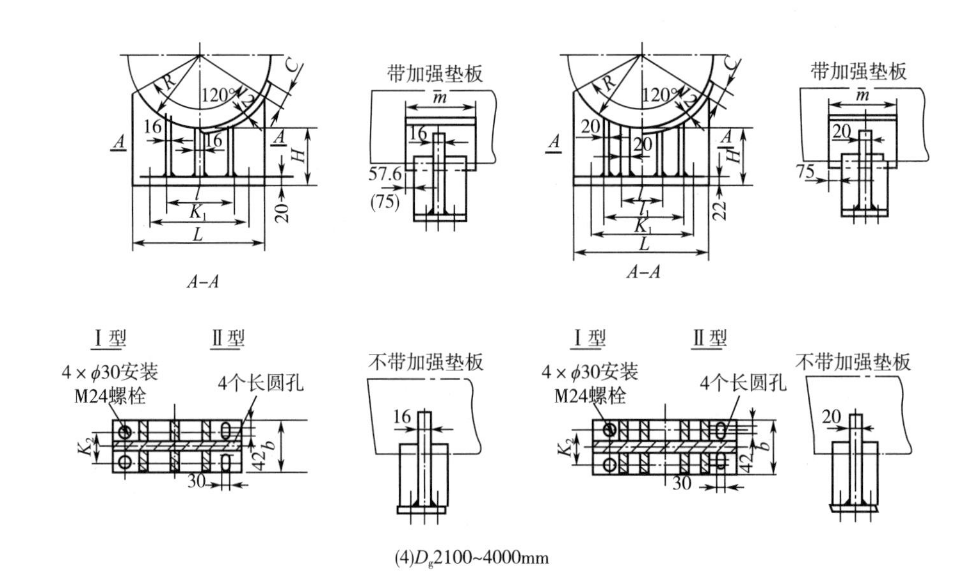

(4)D_g2100~4000mm

较式支座标准系列（摘自 NB/T 47065.1—2018）

容器公称直径/mm	尺寸/mm											H=200mm 每个支座质量/kg			
	L	b		K_1	K_2		l	l_1	C	m		A型		B型	
		A型	B型		A型	B型				A型	B型	不带垫板	带垫板	不带垫板	带垫板
159	140	120	120	90	50	60	—	—	10	140	170	4	5	5	7
219	210	120	120	120	50	60	—	—	12	140	170	5	7	7	9
273	255	120	120	160	50	60	—	—	15	140	170	6	8	8	11
325	300	120	120	200	50	60	—	—	18	140	170	7	9	9	13
400	370	120	120	280	60	60	—	—	22	140	170	8	12	11	16
500	460	120	120	330	50	60	—	—	28	140	170	10	14	13	19
600	540	150	160	420	60	70	320	—	34	170	250	20	27	24	38
700	640	150	160	500	60	70	400	—	38	170	250	23	32	29	45
800	730	150	160	590	60	70	490	—	44	170	250	27	37	33	51
900	810	150	160	660	60	70	560	—	50	170	250	30	41	36	57
1000	900	150	160	740	60	70	640	—	54	170	250	33	46	41	64
1200	1080	150	160	900	60	70	800	—	65	170	250	40	55	50	77
1400	1260	200	250	1050	110	130	910	—	75	300	350	76	114	103	157

续表

容器公称直径/mm	尺寸/mm											H=200mm 每个支座质量/kg			
	L	b		K_1	K_2		l	l_1	C	m		A 型		B 型	
		A 型	B 型		A 型	B 型				A 型	B 型	不带垫板	带垫板	不带垫板	带垫板
1600	1430	200	250	1180	110	130	1040	—	85	300	350	87	131	118	179
1800	1600	200	250	1330	110	130	1190	—	95	300	350	99	148	133	202
2000	1780	200	250	1490	110	130	1350	—	105	300	350	112	167	150	226
2200	1950	250	300	1680	130	160	770	1540	115	365	450	197	285	272	399
2400	2130	250	300	1890	130	160	875	1750	130	365	450	220	316	303	442
2600	2300	250	300	2080	130	160	970	1940	140	365	450	241	345	333	483
2800	2470	300	400	2240	160	210	1050	2100	150	450	550	291	429	433	630
3000	2650	300	400	2430	160	210	1145	2290	160	450	550	318	466	471	682
3200	2820	300	400	2590	160	210	1225	2450	170	450	550	343	501	506	731
3400	3000	300	400	2740	160	210	1300	2600	180	450	550	369	536	543	782
3600	3200	300	400	2920	160	210	1390	2780	190	450	550	402	579	589	842
3800	8350	300	400	3070	160	210	1465	2930	200	450	550	425	625	622	871
4000	3530	300	400	3250	160	210	1555	3110	210	450	550	456	673	644	944

附录二十六　视镜（参考 HG/T 21619、21620—1986）

视镜（摘自HG/T 21619—1986）

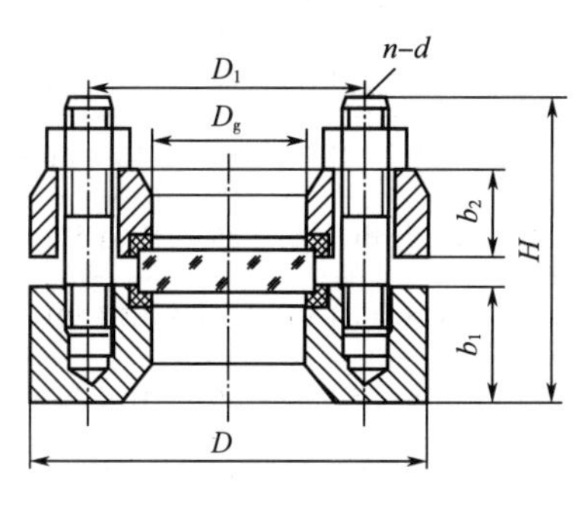

带颈视镜（摘自HG/T 21620—1986）

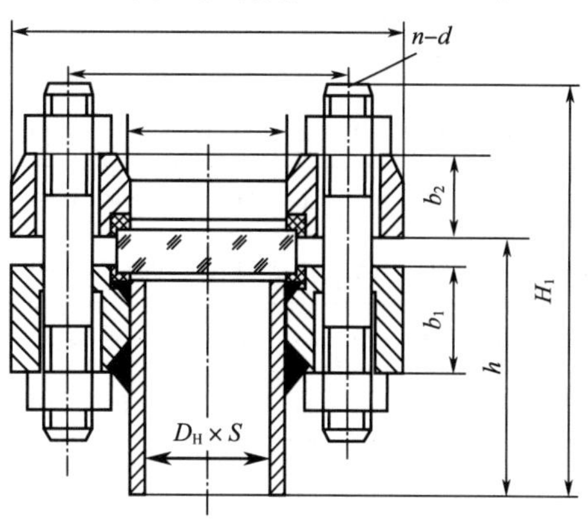

视镜（参考 HG/T 21619、21620—1986） 单位：mm

视镜尺寸

公称直径/mm	公称压力/(kgf/cm^2) (MPa)	D	D_1	b_1	b_2	H	螺柱		质量/kg	标准图图号	
							数量 n	直径 d		碳素钢 Ⅰ	不锈钢 Ⅱ
50	10（0.98）	130	100	34	22	79	6	M12	4.7	HGJ 501—86—1	HGJ 501—86—11
	16（1.57）	130	100	34	24	79	6	M12	4.9	HGJ 501—86—2	HGJ 501—86—12
	25（2.45）	130	100	34	26	84	6	M12	5.1	HGJ 501—86—3	HGJ 501—86—13
80	10（0.98）	160	130	36	24	86	8	M12	6.8	HGJ 501—86—4	HGJ 501—86—14
	16（1.57）	160	130	36	26	91	8	M12	7.1	HGJ 501—86—5	HGJ 501—86—15
	25（2.45）	160	130	36	28	96	8	M12	7.4	HGJ 501—86—6	HGJ 501—86—16
100	10（0.98）	200	165	40	26	100	8	M16	12.0	HGJ 501—86—7	HGJ 501—86—17
	16（1.57）	200	165	40	28	105	8	M16	12.5	HGJ 501—86—8	HGJ 501—86—18
125	10（0.98）	225	190	40	28	105	8	M16	14.7	HGJ 501—86—9	HGJ 501—86—19
150	10（0.98）	225	215	40	30	110	12	M16	17.6	HGJ 501—86—10	HGJ 501—86—20

带颈视镜尺寸

公称直径/mm	公称压力/$(kgf\cdot cm^2)$ (MPa)	D	D_1	b_1	b_2	$D_H \times S$	h	H	螺柱		质量/kg	标准图图号	
									数量 n	直径 d		碳素钢 Ⅰ	不锈钢 Ⅱ
50	10（0.98）	130	100	22	22	57×3.5	70	113	6	M12	4.2	HGJ 501—861	HGJ 501—86—11
	16（1.57）	130	100	24	24	57×3.5	70	116	6	M12	4.5	HGJ 501—86—2	HGJ 501—86—12
	25（2.45）	130	100	26	26	57×3.5	70	120	6	M12	5.0	HGJ 501—86—3	HGJ 501—86—13
80	10（0.98）	160	130	24	24	89×4	70	120	8	M12	6.4	HGJ 501—86—4	HGJ 501—86—14
	16（1.57）	160	130	26	26	89×4	70	127	8	M12	7.0	HGJ 501—86—5	HGJ 501—86—15
	25（2.45）	160	130	28	28	89×4	70	128	8	M12	7.4	HGJ 501—86—6	HGJ 501—86— 16
100	10（0.98）	200	165	26	26	108×4	80	142	8	M16	10.9	HGJ 501—86—7	HGJ 501—86—17
	16（1.57）	200	165	28	28	108×4	80	143	8	M16	11.6	HGJ 501—86—8	HGJ 501—86—18
125	10（0.98）	225	190	28	28	133×4	80	143	8	M16	13.6	HGJ 501—86—9	HGJ 501—86—19
150	10（0.98）	225	215	30	30	159×4.5	80	150	12	M16	17.4	HGJ 501—86—10	HGJ 501—86—20

附录二十七　补强圈（参考 JB/T 4736—2002）

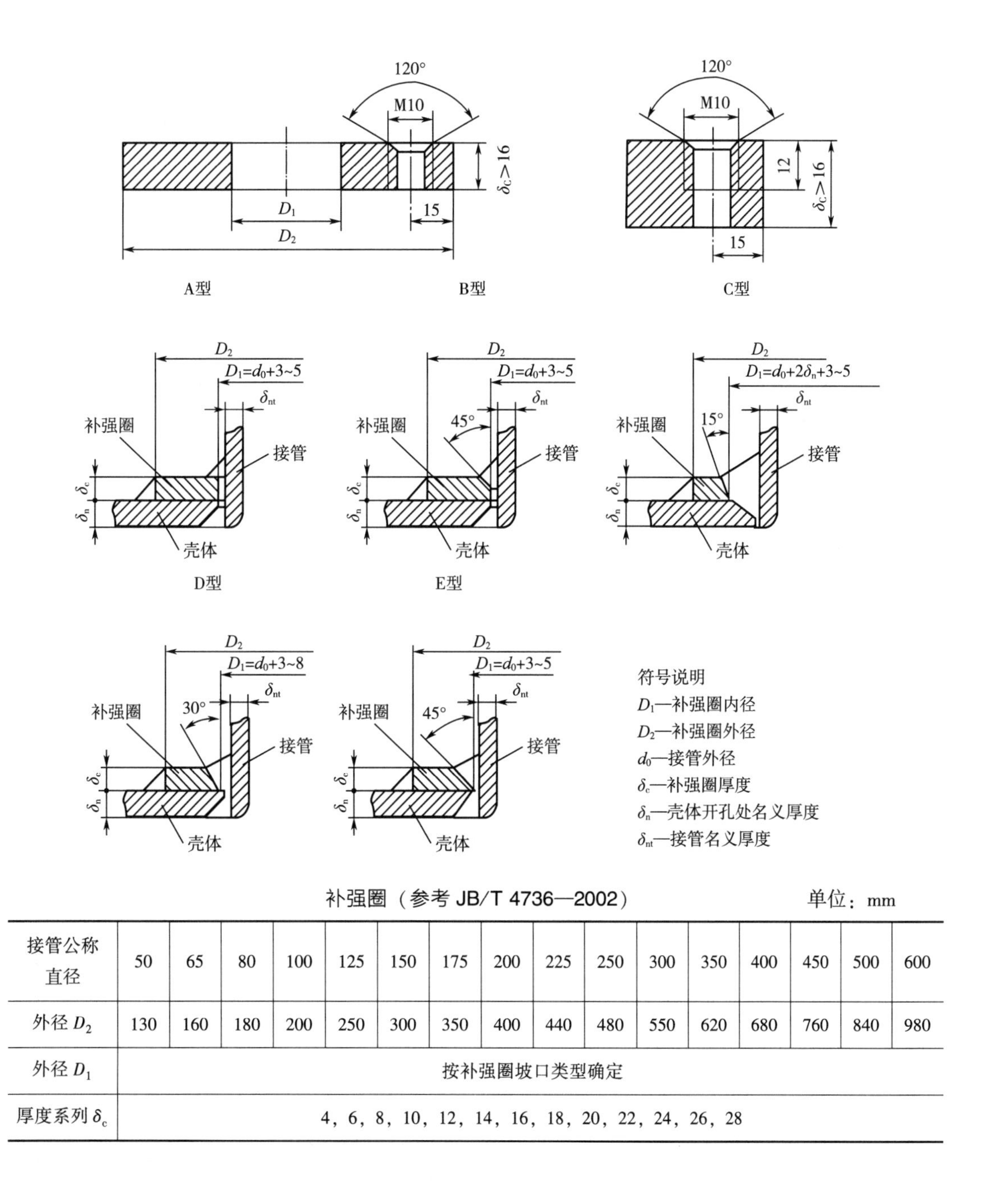

补强圈（参考 JB/T 4736—2002）　　单位：mm

接管公称直径	50	65	80	100	125	150	175	200	225	250	300	350	400	450	500	600
外径 D_2	130	160	180	200	250	300	350	400	440	480	550	620	680	760	840	980
外径 D_1	按补强圈坡口类型确定															
厚度系列 δ_c	4，6，8，10，12，14，16，18，20，22，24，26，28															

附录二十八　常见键和键槽

1. 普通平键的型式尺寸（GB/T 1096—2003）

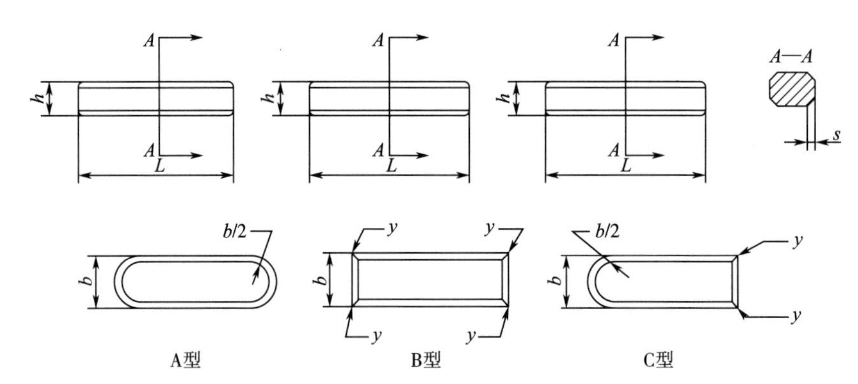

注：$y \leq s_{max}$。

2. 普通平键的尺寸与公差（GB/T 1096—2003）

单位：mm

宽度 *b*	基本尺寸	2	3	4	5	6	8	10	12	14	16	18	20	22
	极限偏差（h8）	0 -0.014		0 -0.018			0 -0.022		0 -0.027				0 -0.033	
高度 *h*	基本尺寸	2	3	4	5	6	7	8	8	9	10	11	12	14
	极限偏差 矩形（h11）	—		—			0 -0.090					0 -0.110		
	极限偏差 方形（h8）	0 -0.014		0 -0.018			—					—		
倒角或倒圆 *s*		0.16~0.25			0.25~0.40			0.40~0.60					0.60~0.80	
长度 *L*														
基本尺寸	极限偏差（h14）													
6	0 -0.36			—	—	—	—	—	—	—	—	—	—	—
8					—	—	—	—	—	—	—	—	—	—
10						—	—	—	—	—	—	—	—	—
12	0 -0.43					—	—	—	—	—	—	—	—	—
14							—	—	—	—	—	—	—	—
16							—	—	—	—	—	—	—	—
18								—	—	—	—	—	—	—
20	0 -0.52							—	—	—	—	—	—	—
22		—			标准				—	—	—	—	—	—
25		—							—	—	—	—	—	—
28		—								—	—	—	—	—

续表

32	0 -0.62	—								—	—	—	—	—
36		—									—	—	—	—
40		—	—								—	—	—	—
45		—	—					长度				—	—	—
50		—	—	—									—	—
56	0 -0.74	—	—	—										—
63		—	—	—	—									
70		—	—	—	—									
80		—	—	—	—	—								
90	0 -0.87	—	—	—	—	—					范围			
100		—	—	—	—	—	—							
110		—	—	—	—	—	—							
125	0 -1.00	—	—	—	—	—	—	—						
140		—	—	—	—	—	—	—						
160		—	—	—	—	—	—	—	—					
180		—	—	—	—	—	—	—	—	—				
200	0 -1.15	—	—	—	—	—	—	—	—	—	—			
220		—	—	—	—	—	—	—	—	—	—	—		
250		—	—	—	—	—	—	—	—	—	—	—	—	
宽度 b	基本尺寸	25	28	32	36	40	45	50	56	63	70	80	90	100
	极限偏差(h8)	0 -0.033		0 -0.039					0 -0.046				0 -0.054	
高度 h	基本尺寸	14	16	18	20	22	25	28	32	32	36	40	45	50
	极限偏差 矩形(h11)	0 -0.110			0 -0.130				0 -0.160					
	极限偏差 方形(h8)	—			—				—					
倒角或倒圆 s		0.60~0.80			1.00~1.20				1.60~2.00			2.50~3.00		
长度 L														
基本尺寸	极限偏差(h14)													
70	0 -0.74		—	—	—	—	—	—	—	—	—	—	—	—
80				—	—	—	—	—	—	—	—	—	—	—
90	0 -0.87				—	—	—	—	—	—	—	—	—	—
100							—	—	—	—	—	—	—	—
110								—	—	—	—	—	—	—
125	0 -1.00								—	—	—	—	—	—
140										—	—	—	—	—
160					标准						—	—	—	—
180												—	—	—

续表

200	0 -1.15												—	—
220														—
250								长度						
280	0 -1.30													
320	0 -1.40	—												
360		—	—								范围			
400		—	—	—										
450	0 -1.55	—	—	—	—	—								
500		—	—	—	—	—	—							

附录二十九 玻璃管液面计

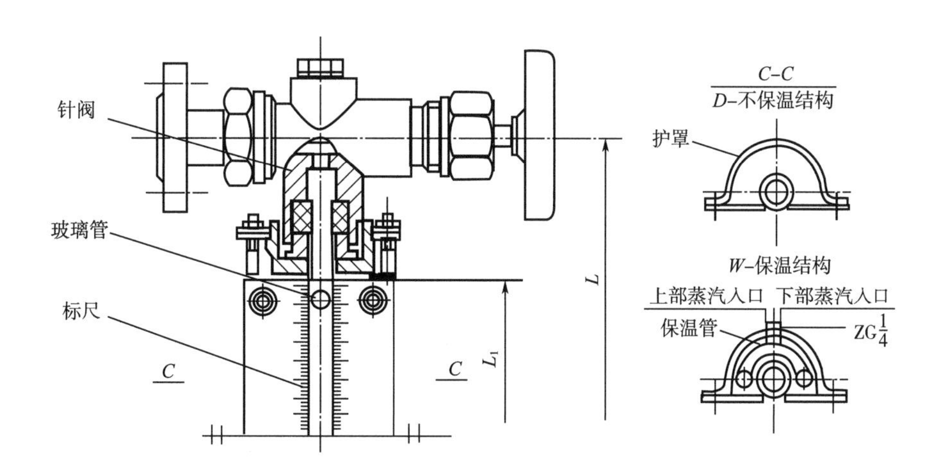

玻璃管液面计尺寸系列

公称长度 L/mm	透光长度 L_1/mm	质量/kg	
		不保温型	保温型
500	350	7.2	8.4
600	450	7.5	8.8
800	650	7.9	9.6
1000	850	8.4	10.3
1200	1050	8.9	11
1400	1250	9.3	11.9

附录三十 常用标准搅拌器

1. 桨式搅拌器

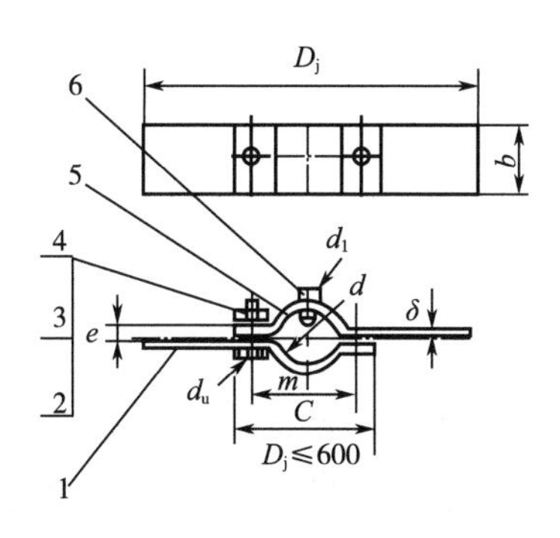

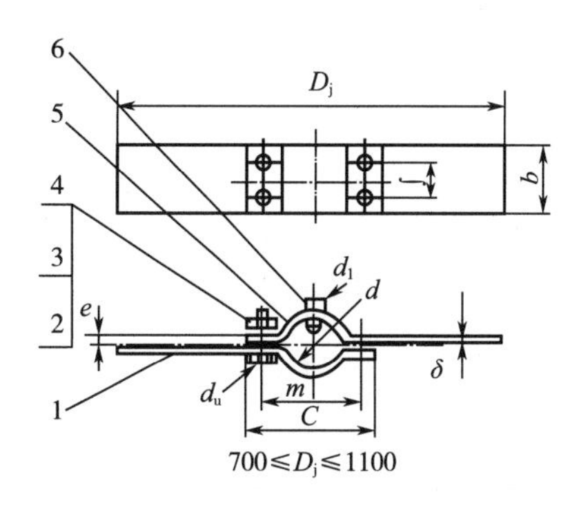

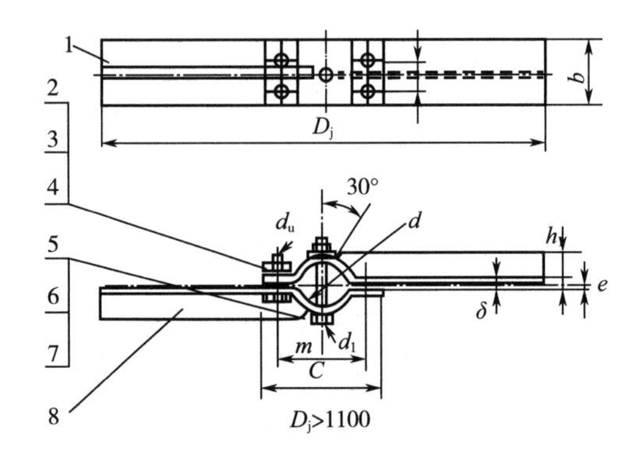

浆式搅拌器的零件明细表

件号	名称	数量	材料	备注
$D_j \leqslant 1100$				
1	浆叶	1	Q235B 扁钢	
2	螺栓	2（4）	钢 4，8 级	GB/T 5781
3	垫圈	2（4）	钢 4 级	GB/T 41
4	浆叶	1	性能等级 100HV	GB/T 95
			Q235 扁钢	
5	螺钉	1	33H（钢）	GB/T 85
$D_j \geqslant 1100$				
1	浆叶	2	Q235B 扁钢	
2	螺栓	4	钢 4.8 级	QB/T 5781
3	螺母	4	钢 4 级	GB/T 41
4	垫圈	4	性能等级 100HV	QB/T 97.1
5	带孔销	1	35 钢	GB 880
6	开口销	2	低碳钢丝	GB/T 91
7	垫圈	2	性能等级 100HV	GB/T 95
8	筋板	2	Q235B 扁钢	

注：括号内的数字为 $D_j \geqslant 700$mm 的数量。

浆式搅拌器的零件尺寸　　单位：mm

D_1	d	螺栓		螺钉		销		δ	b	b_1	c	m	f	e	质量/kg	P/n 不大于
		d_0	数量	d_1	数量	d_2	数量									
350	30	M12	2	M12	1	—	—	10	40	—	120	85	—	3	1.77	0.01
400	30	M12	2	M12	1	—	—	10	40	—	120	85	—	3	1.93	0.01
500	40	M12	2	M12	1	—	—	12	50	—	140	100	—	3	3.38	0.02
550	40	M12	2	M12	1	—	—	12	50	—	140	100	—	3	3.62	0.02
600	40	M12	2	M12	1	—	—	12	60	—	140	110	—	3	4.59	0.025
700	50	M12	4	M12	1	—	—	16	90	—	140	110	45	5	10.42	0.06
850	50	M12	4	M12	1	—	—	16	90	—	140	110	45	5	12.11	0.075

续表

D_1	d	螺栓		螺钉		销		δ	b	b_1	c	m	f	e	质量/kg	P/n 不大于
		d_0	数量	d_1	数量	d_2	数量									
950	50	M16	4	M16	1	—	—	16	90	—	150	110	45	5	13.57	0.075
1100	50	M16	4	M16	1	—	—	16	120	—	150	110	70	5	20.95	0.075
1100	65	M16	4	—	—	16	1	14	120	50	170	130	70	7	24.25	0.2
1250	65	M16	4	—	—	16	1	14	120	50	170	130	70	7	27.07	0.2
1250	80	M16	4	—	—	16	1	14	150	60	190	150	90	7	34.04	0.35
1400	65	M16	4	—	—	16	1	14	150	50	170	130	90	7	35.29	0.25
1400	80	M16	4	—	—	16	1	16	150	60	200	160	90	7	43.10	0.35
1500	65	M16	4	—	—	16	1	14	150	50	170	130	90	7	37.63	0.25
1500	80	M16	4	—	—	16	1	16	150	60	200	160	90	7	45.52	0.35
1700	80	M16	4	—	—	16	1	16	180	65	220	160	110	7	59.20	0.4
1700	95	M22	4	—	—	22	1	18	180	80	220	170	110	7	72.20	0.75
1800	95	M22	4	—	—	22	1	16	180	80	220	170	110	7	67.30	0.54
1800	110	M22	4	—	—	22	1	20	180	80	250	200	110	9	85.37	1.0
2000	95	M22	4	—	—	22	1	14	200	80	220	170	130	7	70.66	0.64
2000	110	M22	4	—	—	22	1	16	200	80	250	200	130	9	80.49	0.8
2100	95	M22	4	—	—	22	1	14	200	80	220	170	130	7	72.70	0.6
2100	110	M22	4	—	—	22	1	18	200	80	250	200	130	9	86.90	1.0

注：P/n—搅拌器桨叶强度所允许的数值，计算温度≤200℃；

P—计算功率，kW；

n—搅拌器每分钟转数。

2. 涡轮式搅拌器

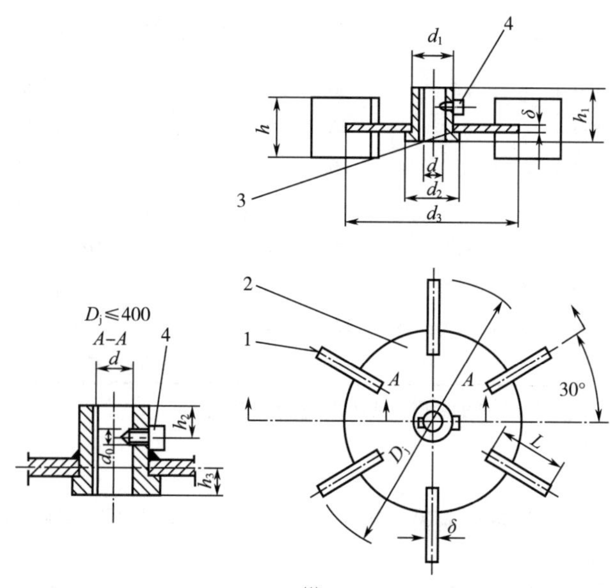

(1)

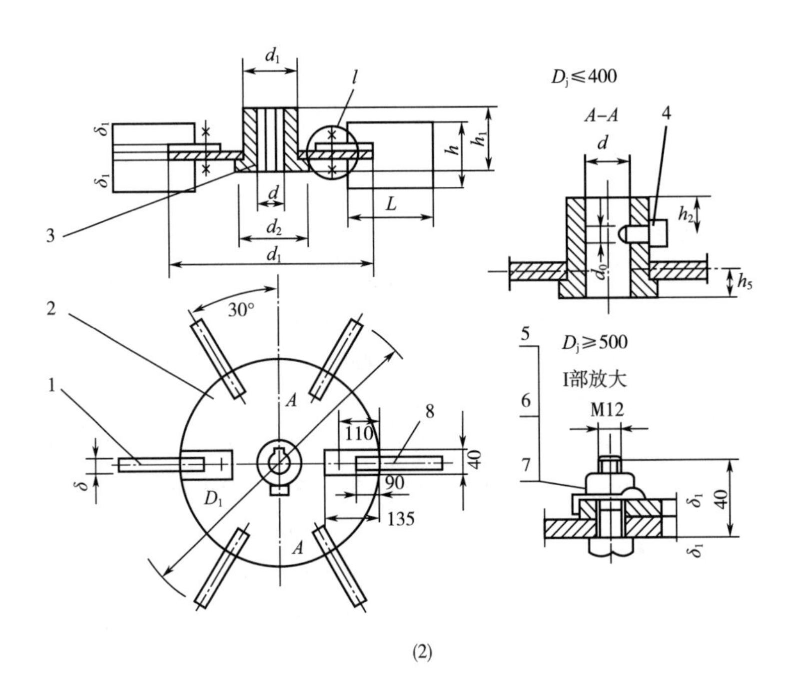

(2)

涡轮式搅拌器的零件明细表

件号	名称	数量	材料	备注	件号	名称	数量	材料	备注
1	桨叶	6（4）	Q235B		5	垫圈	（2）	性能等级 100HV	GB/T 95—85
2	轮盘	1	Q235B		6	螺栓	（2）	钢 4.8 级	GB/T 5781—86
3	轴套	1	Q235B		7	螺母	（2）	钢 4 级	GB/T 41—B6
4	螺钉	1	33H（钢）	GB/T 85—88	8	可折桨叶	（2）	Q235B	

注：括号内的数字为 D_1≤500mm 的数量。

涡轮式搅拌器的零件尺寸　　单位：mm

D_1	d	d_1	d_2	d_3	δ	d_0	δ_1	h	h_1	h_2	h_3	L	键槽		质量/kg	P/n 不大于
													b	t		
150	30	50	55	100	4	M6	—	30	30	8	10	38	8	32.6	0.73	0.008
200	30	50	55	130	4	M6	—	50	30	8	10	50	8	32.6	1.14	0.008
250	40	65	70	170	4	M8	—	60	35	8	10	62	12	42.9	1.91	0.011
300	40	65	70	200	5	M8	—	60	50	10	10	75	12	42.9	2.80	0.018
400	50	80	85	270	6	M10	—	80	60	14	10	100	16	53.6	6.13	0.031
500	65	95	100	330	8	M10	8	100	70	14	40	125	18	69	12.83	0.089
600	65	95	100	400	8	M10	8	120	90	24	40	150	18	69	17.94	0.110
700	80	120	125	470	10	M12	8	140	100	30	40	175	24	85.2	30.48	0.40

注：①表中 P/n 为搅拌器强度所允许的数值，其计算温度≤200℃；

P—计算功率，kW；

n—搅拌器转数，r/min。

②本标准推荐用于：黏度为 2000~25000mPa·s，度 2000kg/m³ 的液体介质，气体在液体中扩散；需要强烈搅拌黏度相差悬殊的液体。

③搅拌器计算厚度裕量取 2mm。

3. 推进式搅拌器

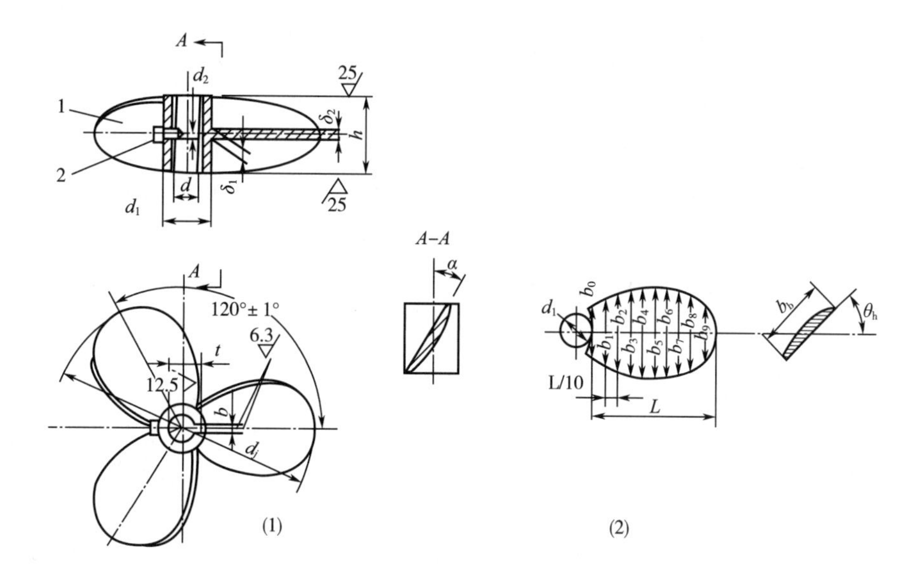

推进式搅拌器的零件明细表

件号	名称	数量	材料	备注
1	桨叶	1	HT200	—
2	螺钉	1	33H（钢）	GB/T 85—1988

推进式搅拌器的零件尺寸　　单位：mm

d_j	d	d_1	螺钉	δ_1	δ_2	h	键槽		a	质量/kg	P/n 不大于
			d_2				b	t			
150	30	60	M12	10	5	40	8	33.1	51°31′	1.06	0.008
200	30	60	M12	10	5	45	8	33.1	43°22′	1.55	0.008
250	40	80	M12	10	5	55	12	43.6	36°11′	2.84	0.01
300	40	80	M12	12	6	65	12	43.6	39°59′	4.09	0.01
400	50	90	M16	14	8	95	16	55.1	35°19′	8.06	0.031
500	65	110	M16	18	10	105	18	70.6	34°39′	15.14	0.062
600	65	110	M20	22	12	125	18	70.6	29°59′	22.93	0.11
700	80	140	M20	22	12	150	24	87.2	32°14′	34.79	0.16

注：P/n—搅拌器桨叶强度所允许的数值，计算温度≤200℃；

P—计算功率，kW；

n—搅拌器每分钟转数。

推进式桨叶展开截面尺寸　　单位：mm

d_j	d_1	R_6	b_0	b_1	b_2	b_3	b_4	b_5	b_6	b_7	b_8	b_9
150	60	59	46	56	65	71	78	80	81	77	69	53
200	60	60	52	64	74	80	88	91	92	88	79	60
250	80	79	67	82	96	104	114	118	118	113	101	78
300	80	80	75	92	107	116	127	131	132	126	113	87
400	90	97	94	116	134	146	159	165	166	159	142	109
500	110	112	117	143	166	180	198	205	206	197	177	136
600	110	116	134	165	191	207	228	235	237	226	204	156
700	140	146	160	197	229	248	273	282	283	271	243	186
d_j	d	θ_1	θ_2	θ_3	θ_4	θ_5	θ_6	θ_7	θ_8	θ_9	θ_{10}	L
150	30	34°37′	31°37′	28°44′	26°25′	24°26′	22°2′	21°12′	19°52′	18°39′	17°39′	45
200	30	40°41′	35°51′	31°57′	28°44′	26°4′	23°50′	21°56′	20°18′	18°53′	17°39′	70
250	40	39°22′	34°56′	31°16′	28°16′	25°45′	23°38′	21°48′	20°15′	18°51′	17°39′	85
300	40	43°5′	37°34′	33°12′	29°35′	26°40′	24°14′	22°11′	20°26′	18°56′	17°39′	110
400	50	46°26′	39°56′	34°48′	30°44′	27°26′	24°52′	22°30′	20°37′	19°1′	17°39′	155
500	65	46°51′	40°13′	35°	30°51′	27°32′	24°48′	22°32′	20°39′	19°3′	17°39′	195
600	65	50°12′	42°32′	36°36′	31°57′	28°15′	25°17′	22°50′	20°48′	19°6′	17°39′	245
700	80	49°4′	41°53′	36°16′	31°50′	28°17′	25°25′	23°1′	21°1′	19°20′	17°39′	280

注：①本标准推荐用于：对于黏度达 2000mPa·s，密度达 2000kg/m^3 液体介质的强烈搅拌；密度相差悬殊的几种液体组分的搅拌。当需要有更大的液流速度和液体循环时，则应装导流筒。

②搅拌器计算厚度裕量取 2mm。

4. 钢制框式搅拌器

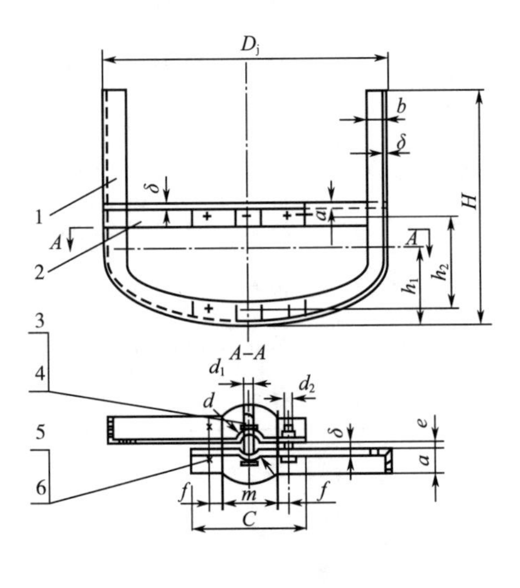

(1) D_j≤140mm,材料:碳钢

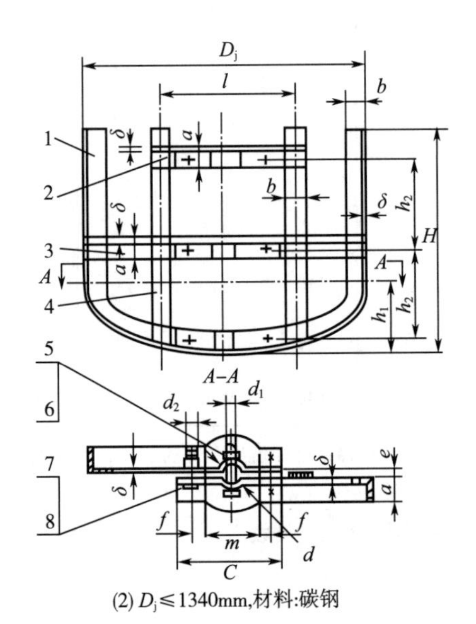

(2) D_j≤1340mm,材料:碳钢

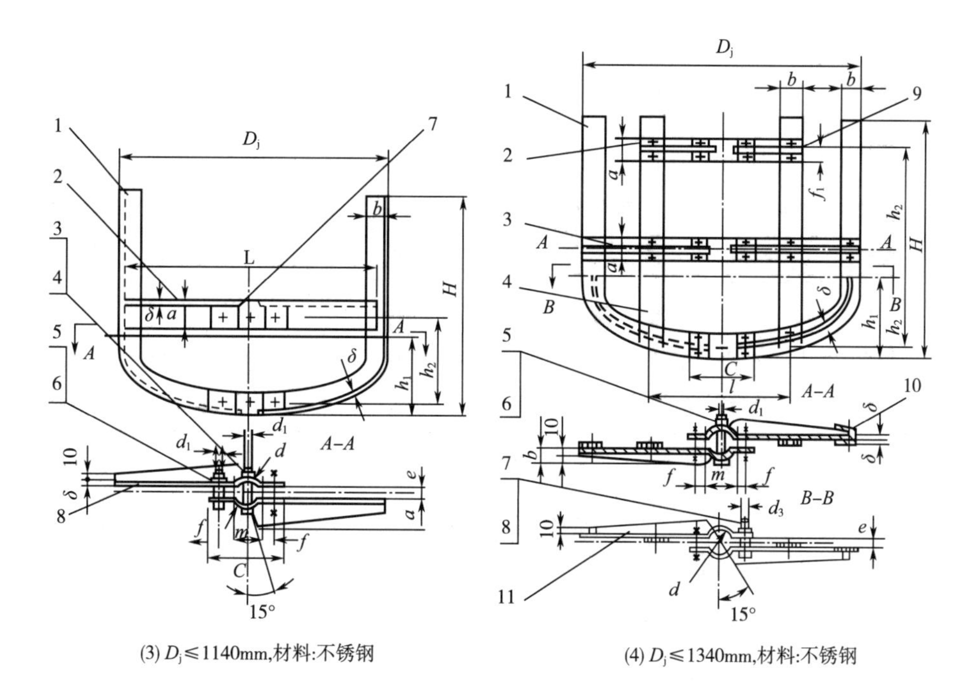

(3) D_j≤1140mm,材料:不锈钢　　(4) D_j≤1340mm,材料:不锈钢

钢制框式搅拌器零件明细表　　单位：mm

件号	名称	数量	材料			备注
			Ⅰ	Ⅱ	Ⅲ	
D_1≤1140						
1	桨叶	2	Q235B	1Ci18Ni9Ti	Cr18Ni12Mo2Ti	
2	横梁	2		1Ci18Ni9Ti	Cr18Ni12Mo2Ti	
3	螺母	4	钢 4 级	1Ci18Ni4Ti	Cr18Ni12Mo2Ti	GB/T 41
4	穿轴螺栓	2	钢 4. 8 级	1Ci18Ni9Ti	Cr18Ni12Mo2Ti	GB/T 7581
5	螺母	8	钢 4 级	1Ci18Ni9Ti	Cr18Ni12Mo2Ti	GB/T 41
6	连接螺栓	8	钢 4. 8 级	1Ci18Ni9Ti	CrBNi12Mo2TI	GB/T 75B1
7	筋板	2	—	1Ci18N9Ti	Cr18Ni12Mo2T	
8	筋板	2	—	1Ci18Ni9Ti	Cr18Ni12Mo2Ti	
D_1≤1340						
1	桨叶	2	Q235B	1Ci18Ni9Ti	Cr18Ni12Mo2Ti	
2	上横梁	2		1Ci18Ni9Ti	Cr18Ni12Mo2Ti	
3	下横梁	2		1Ci18Ni9Ti	Cr18Ni12Mo2Ti	
4	竖梁	2		1Ci18Ni9Ti	Cr18Ni12Mo2Ti	
5	螺母	6	钢 4 级	1Ci18Ni9Ti	Cr18Ni12Mo2T	GB/T 41

续表

件号	名称	数量	材料			备注
			Ⅰ	Ⅱ	Ⅲ	
6	螺栓	3	钢 4.8 级	1Ci18Ni9Ti	Cr18Ni12Mo2T	GB/T 7581
7	螺母	20、28（40）	钢 4 级	1Ci18Ni9Ti	Cr18Ni12Mo2Ti	GB/T 41
8	螺栓	20、28（40）	钢 4.8 级	1Ci18Ni9Ti	Cr18Ni12Mo2Ti	GB/T 7581
9	筋板	2	—	1Ci18Ni9Ti	Cr18Ni12Mo2Ti	
10	筋板	2	—	1Ci18Ni9Ti	Cr18Ni12Mo2Ti	
11	筋板	2	—	1Ci18Ni9Ti	Cr18Ni12Mo2Ti	

注：括号内的数字为不锈钢制框式搅拌器的有关数量。

碳钢制框式搅拌器尺寸　　单位：mm

D_1	d	螺栓		螺孔	螺栓		螺孔	δ	b	H	h_1	h_2	c	t	e	m	f	质量/kg	P/n 不大于
		d_1	数量	d_2	d_2	数量	d_4												
470	30	M8	2	8.5	M8	8	9	3	36	370	117	165	170	—	3	90	25	3.5	0.012
470	40	M12	2	12.5	M12	8	13	4	36	370	117	165	210	—	3	100	35	4.5	0.02
570	30	M8	2	8.5	M8	8	9	3	40	450	142	200	170	—	3	90	25	5	0.012
570	40	M12	2	12.5	M12	8	13	4	40	450	142	200	210	—	3	100	35	7.5	0.038
660	40	M12	2	12.5	M12	8	13	3	50	520	165	210	210	—	3	100	35	7	0.038
660	50	M16	2	16.5	M16	8	17	4	50	520	165	240	240	—	3	120	35	10	0.069
760	40	M12	2	12.5	M12	8	13	4	50	600	190	275	210	—	3	100	35	10	0.047
760	50	M16	2	16.5	M16	8	17	5	50	600	190	275	240	—	5	120	35	13	0.088
850	50	M16	2	16.5	M16	8	17	4	63	680	212	310	240	—	5	120	35	14	0.088
850	65	M16	2	16.5	M16	8	17	5	63	680	212	310	270	—	7	140	40	18	0.16
950	50	M16	2	16.5	M16	8	17	4	63	760	237	350	240	—	5	120	35	16	0.088
950	65	M16	2	16.5	M16	8	17	5	63	760	237	350	270	—	7	140	40	19	0.16
1140	50	M16	2	16.5	M16	8	17	4	70	910	285	420	240	—	5	120	35	20	0.088
1140	65	M16	2	16.5	M16	8	17	5	70	910	285	420	270	—	7	140	40	24	0.16
1340	50	M16	2	16.5	M16	20	17	5	80	1070	335	450	270	670	5	120	50	50	0.088
1340	65	M16	3	16.5	M16	20	17	5	80	1070	335	450	290	670	7	140	50	50	0.25
1340	80	M18	3	18.5	M16	20	19	6	80	1070	335	450	330	670	7	170	50	62	0.47
1530	50	M16	3	16.5	M16	20	17	6	90	1220	382	510	270	770	5	120	50	71	0.088
1530	65	M16	3	16.5	M16	20	17	5	90	1220	382	510	290	770	7	140	50	73	0.25
1530	80	M18	3	18.5	M18	20	19	6	90	1220	382	510	330	770	7	170	50	77	0.47

续表

D_1	d	螺栓		螺孔	螺栓		螺孔	δ	b	H	h_1	h_2	c	t	e	m	f	质量/kg	P/n 不大于
		d_1	数量	d_2	d_2	数量	d_4												
1730	65	M16	3	16.5	M16	20	17	6	100	1380	432	580	330	870	7	140	70	88	0.25
1730	80	M18	3	18.5	M18	20	19	6	100	1380	432	580	370	870	7	170	70	96	0.47
1730	95	M22	3	22.5	M22	20	23	7	100	1380	432	580	400	870	7	200	70	113	0.815
1920	65	M16	3	16.5	M16	28	17	7	110	1530	480	640	330	960	7	140	70	125	0.25
1920	80	M18	3	18.5	M28	28	19	7	110	1530	480	640	370	960	7	170	70	132	0.47
1920	95	M22	3	22.5	M22	28	23	7	110	1530	480	640	400	960	7	200	70	138	0.8
2120	80	M18	3	18.5	M18	28	19	8	125	1600	530	710	370	1060	7	170	70	184	0.47
2120	95	M22	3	22.5	M22	28	23	8	125	1690	530	710	400	1060	7	200	70	191	0.8
2120	110	M22	3	22.5	M22	28	23	8	125	1690	530	710	440	1060	9	230	70	194	1.06
2320	80	M18	3	18.5	M18	28	19	10	140	1850	580	780	370	1160	7	170	70	270	0.47
2320	95	M22	3	22.5	M22	28	23	10	140	1850	580	780	400	1160	7	200	70	277	0.815
2320	110	M22	3	22.5	M22	28	23	10	140	1850	580	780	400	1160	9	130	70	281	1.04
2520	80	M18	3	18.5	M18	28	19	10	160	2010	630	840	370	1260	7	170	70	336	0.47
2520	95	M22	3	22.5	M22	28	23	10	160	2010	630	840	400	1260	7	200	70	341	0.85
2520	110	M22	3	22.5	M22	28	23	10	160	2010	630	840	440	1260	9	230	70	350	1.1

注：P/n—搅拌器强度允许值，计算温度≤200℃；P—计算功率，kW；n—搅拌器每分钟转数，搅拌器计算厚度裕量取 2mm。

不锈钢制框式搅拌器尺寸　　　　单位：mm

D_1	d	螺栓		螺孔	螺栓		螺孔	δ	a	b	L	H	h_1	h_2	c	t	e	m	f	f_1	质量/kg	P/n 不大于
		d_1	数量	d_2	d_2	数量	d_4															
470	30	M8	2	8.5	M8	8	9	3	36	36	450	370	117	165	130	—	3	90	25	—	3	0.012
470	40	M12	2	12.5	M12	8	13	4	36	36	450	370	177	165	140	—	3	100	35	—	4	0.02
570	30	M8	2	8.5	M8	8	9	3	40	40	550	450	142	200	130	—	3	90	25	—	4.5	0.012
570	40	M12	2	12.5	M12	8	13	4	40	40	550	450	142	200	140	—	3	100	35	—	7	0.038
660	40	M12	2	12.5	M12	8	13	3	50	50	640	520	165	240	140	—	3	100	35	—	6.5	0.038
660	50	M16	2	16.5	M12	8	13	4	50	50	640	520	165	240	170	—	5	120	35	—	9	0.059
760	40	M12	2	12.5	M12	8	13	4	50	50	740	600	190	275	140	—	3	100	35	—	9	0.047
760	50	M16	2	16.5	M12	8	13	5	50	50	740	600	190	275	170	—	5	120	35	—	12	0.068
850	50	M16	2	16.5	M12	8	13	4	63	63	830	680	212	310	170	—	5	120	35	—	13	0.068
850	65	M16	2	16.5	M16	8	17	5	63	63	830	680	212	310	190	—	7	140	40	—	17	0.16

续表

D_1	d	螺栓		螺孔	螺栓		螺孔	δ	a	b	L	H	h_1	h_2	c	t	e	m	f	f_1	质量/kg	P/n 不大于
		d_1	数量	d_2	d_2	数量	d_4															
950	50	M16	2	16.5	M12	8	13	4	63	63	930	730	237	350	170	—	5	120	35	—	15	0.068
950	65	M16	2	16.5	M16	8	17	5	63	63	930	760	237	350	190	—	7	140	40	—	18	0.16
1140	50	M16	2	16.5	M12	8	13	4	70	70	1120	910	285	420	170	—	5	120	35	—	19	0.088
1140	65	M16	2	16.5	M16	8	17	5	70	70	1120	910	285	420	190	—	7	140	40	—	23	0.16
1340	50	M16	3	16.5	M12	40	13	8	90	25	—	1070	335	450	260	670	5	120	50	60	45	0.088
1340	65	M16	3	16.5	M12	40	13	8	90	35	—	1070	335	450	280	670	7	140	50	60	48	0.25
1340	80	M18	3	18.5	M12	40	13	10	90	35	—	1070	335	450	310	670	7	170	50	60	60	0.47
1530	50	M16	3	16.5	M12	40	13	8	100	25	—	1220	382	510	270	770	5	120	50	60	64	0.088
1530	65	M16	3	16.5	M12	40	13	10	100	35	—	1220	382	510	290	770	7	140	50	60	70	0.25
1530	80	M18	3	18.5	M12	40	13	10	100	45	—	1220	382	510	320	770	7	170	50	60	75	0.47
1730	65	M16	3	16.5	M16	40	17	10	120	35	—	1380	432	580	330	870	7	140	70	80	85	0.25
1730	80	M18	3	18.5	M16	40	17	12	120	45	—	1380	432	580	360	870	7	170	70	80	96	0.47
1730	95	M22	3	22.5	M16	40	17	12	120	50	—	1380	432	580	380	870	7	200	70	80	108	0.815
1920	65	M16	3	16.5	M16	40	17	10	130	35	—	1530	480	640	330	960	7	140	70	80	120	0.25
1920	80	M18	3	18.5	M16	40	17	12	130	45	—	1530	480	640	360	960	7	170	70	80	130	0.47
1920	95	M22	3	22.5	M16	40	17	12	130	50	—	1530	480	640	390	960	7	200	70	80	135	0.8
2120	80	M18	3	18.5	M16	40	17	12	150	45	—	1690	530	710	360	1060	7	170	70	100	140	0.47
2120	95	M22	3	22.5	M16	40	17	12	150	50	—	1690	530	710	390	1060	7	200	70	100	145	0.80
2120	110	M22	3	22.5	M16	40	17	14	150	60	—	1690	530	710	420	1060	9	230	70	100	175	1.05
2320	80	M18	3	18.5	M16	40	17	10	160	45	—	1850	580	780	360	1160	7	170	70	110	183	0.47
2320	95	M22	3	22.5	M16	40	17	12	160	50	—	1850	580	780	390	1160	7	200	70	110	200	0.815
2320	110	M22	3	22.5	M16	40	17	14	160	60	—	1850	580	780	420	1160	9	230	70	110	235	1.04
2520	80	M18	3	18.5	M16	40	17	10	180	45	—	2010	630	840	360	1260	7	170	70	130	206	0.47
2520	95	M22	3	22.5	M16	40	17	12	180	50	—	2010	630	840	390	1260	7	200	70	130	240	0.85
2520	110	M22	3	22.5	M16	40	17	14	180	60	—	2010	630	840	420	1260	9	230	70	130	256	1.1

注：P/n—搅拌器强度允许值，计算温度≤200℃；

P—计算功率，kW；

n—搅拌器每分钟转数，搅拌器计算厚度裕量取2mm。

配框式搅拌器的搅拌容器直径　　单位：mm

搅拌器直径 D_j	470	570	660	760	850	950	1140	1340	1530	1730	1920	2120	2320	2520
搅拌容器直径 D_i	550	600	700	800	900	1000	1200	1400	1600	1800	2000	2200	2400	2600

附录三十一　管道布置图和轴侧图上管子、管件、阀门及管道特殊件图例（参考 HG/T 20549. 2—1998）

1. 管子、管件和法兰

名称		管道布置图		轴测图
		单线	双线	
管子				
现场焊		F.W	F.W	
伴热管（虚线）				
夹套管（举例）				
地下管道（与地上管道合画一张图时）				
异径法兰（举例）	螺纹、承插焊、滑套	80 × 50	80 × 50	80 × 50
	对焊	80 × 50	80 × 50	80 × 50
法兰盖	与螺纹、承插焊或滑套法兰相接			
	与对焊法兰相接			
同心异径管（举例）	螺纹或承插焊	C.R40 × 25		C.R40 × 25
	对焊	C.R80 × 50	C.R80 × 50	C.R80 × 50
	法兰式	C.R80 × 50	C.R80 × 50	C.R80 × 50
偏心异径管	螺纹或承插焊	E.R25 × 20 FOB E.R25 × 20 FOT		E.R25 × 20 FOB E.R25 × 20 FOT
	对焊	E.R25 × 20 FOB E.R25 × 20 FOT	E.R25 × 20 FOB E.R25 × 20 FOT	E.R25 × 20 FOB E.R25 × 20 FOT
	法兰式	E.R25 × 20 FOB E.R25 × 20 FOT	E.R25 × 20 FOB E.R25 × 20 FOT	E.R25 × 20 FOB E.R25 × 20 FOT
90°弯头	螺纹或承插焊			

续表

1. 管子、管件和法兰				
名称		管道布置图		轴测图
		单线	双线	
90°弯头	对焊	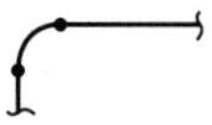	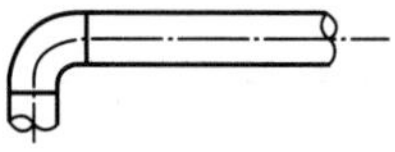	
			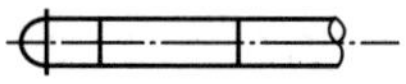	
	法兰式	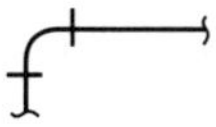	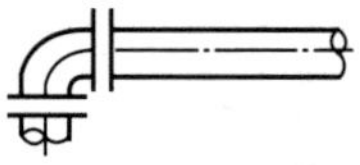	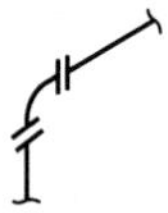
			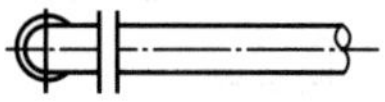	
45°弯头	螺纹或承插焊	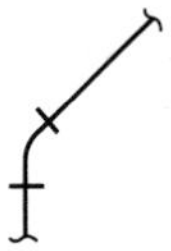		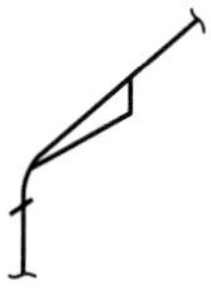
		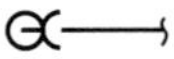		
	对焊			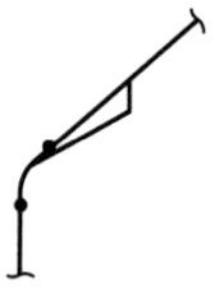
		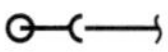		
	法兰式	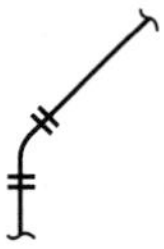		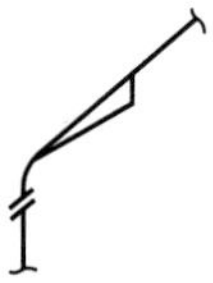
		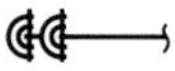		
U形弯头	对焊连接	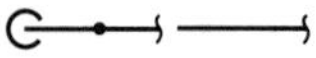	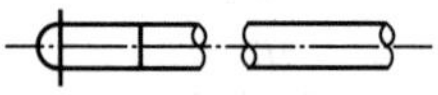	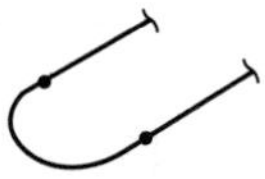
		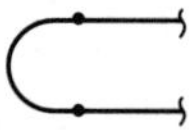	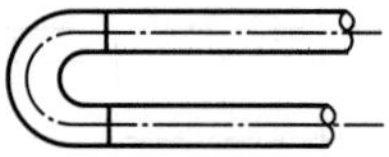	
	法兰连接		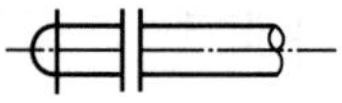	
		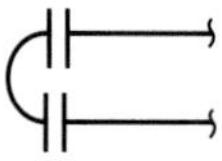	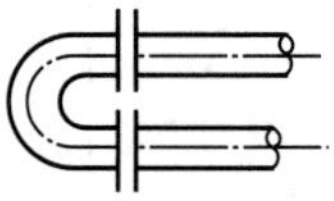	

续表

1. 管子、管件和法兰				
名称		管道布置图		轴测图
		单线	双线	
斜接弯头（举例）		—	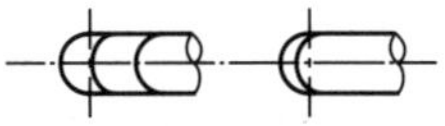	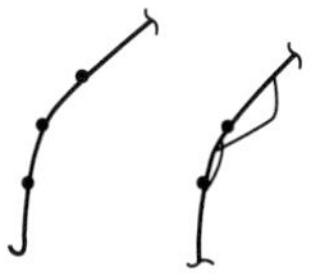
		（仅用于小角度斜接弯头）	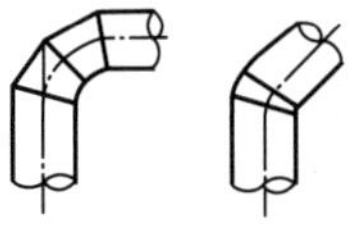	
三通	螺纹或承插焊连接			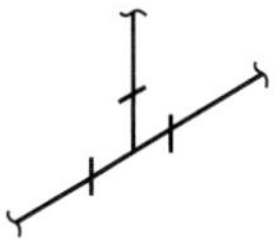
		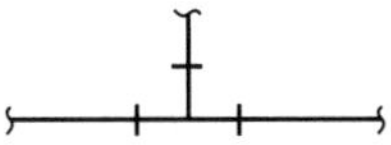		
	对焊连接		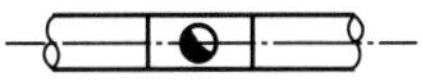	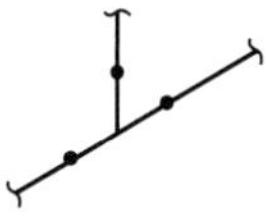
		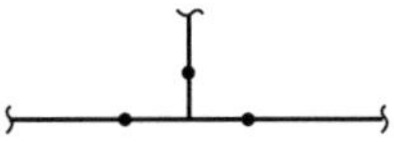	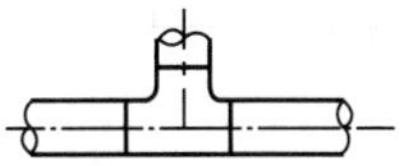	
	法兰连接		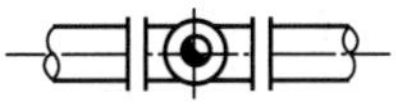	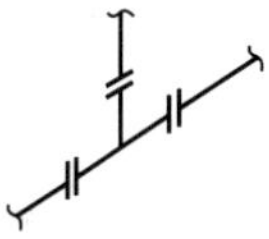
		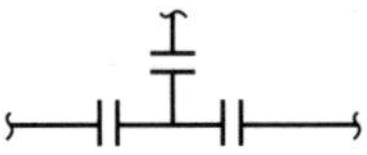	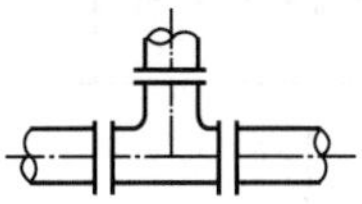	
斜三通	螺纹或承插焊连接	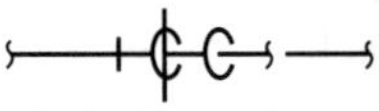		
		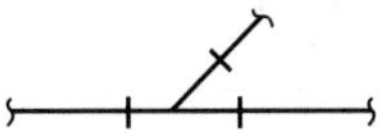		
	对焊连接	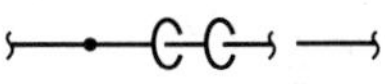	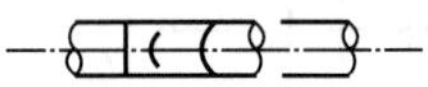	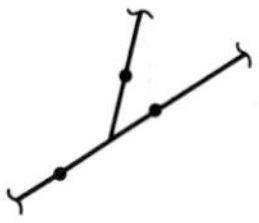
		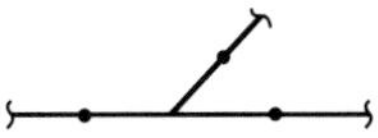	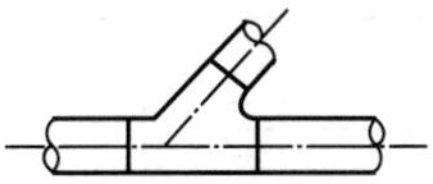	
	法兰连接	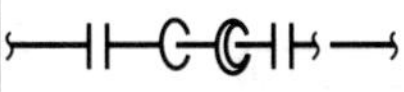	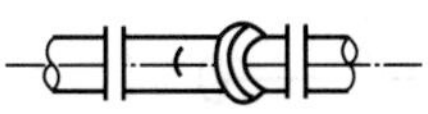	（续1）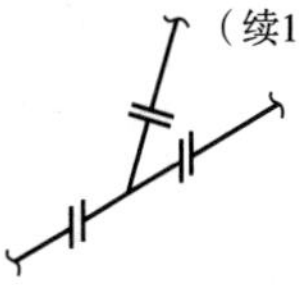
		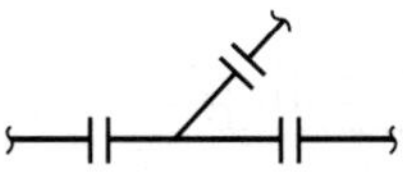		

续表

1. 管子、管件和法兰				
名称		管道布置图		轴测图
		单线	双线	
焊接支管	不带加强板		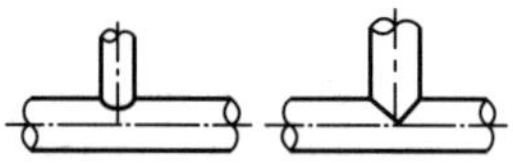	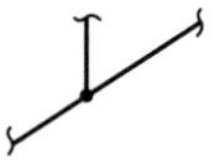
	带加强板	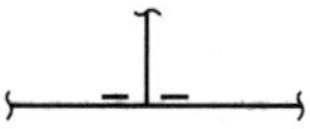	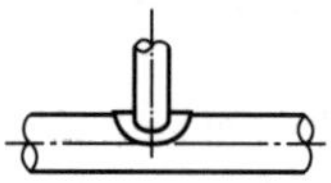	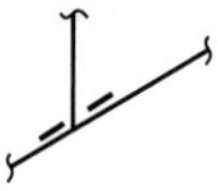
半管接头及支管台	螺纹或承插焊连接	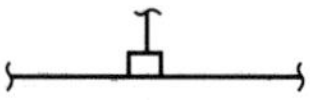	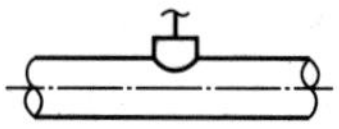	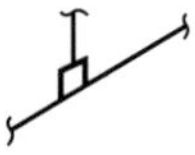
	对焊连接	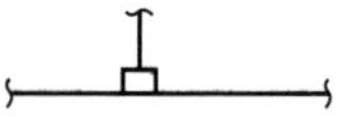	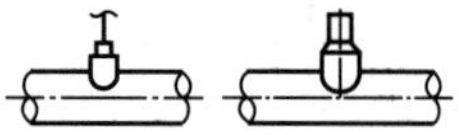 （用于半管接头或支管台）（用于支管台）	
四通	螺纹或承插焊连接	 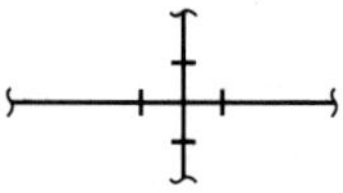		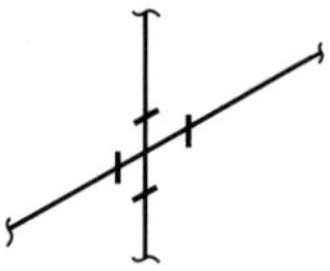
	对焊连接	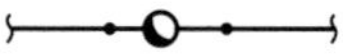 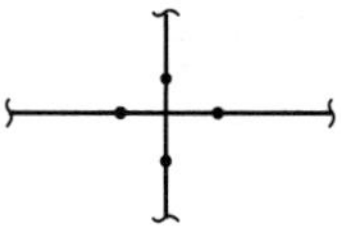	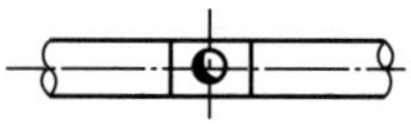 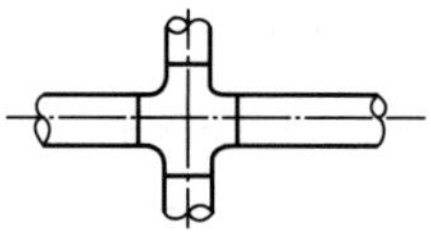	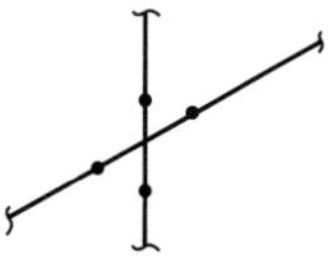
	法兰连接	 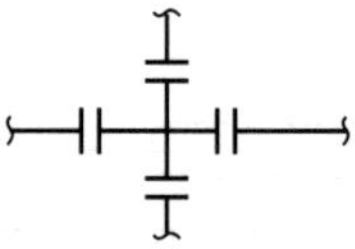	 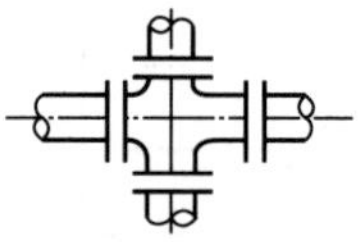	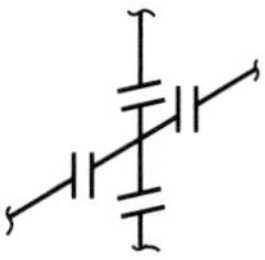
管帽	螺纹或承插焊连接			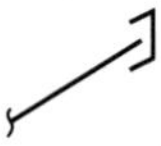
	对焊连接		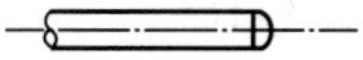	
	法兰连接			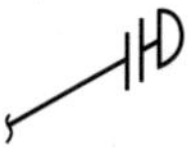

续表

1. 管子、管件和法兰				
名称		管道布置图		轴测图
		单线	双线	
堵头	螺纹连接	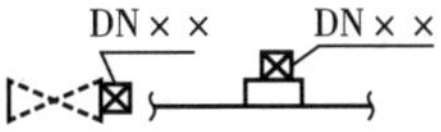 DN×× DN××		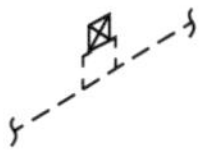
螺纹或承插焊管接头				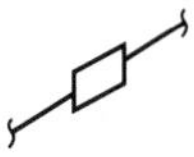
螺纹或承插焊活接头		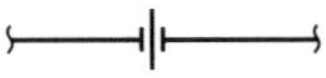		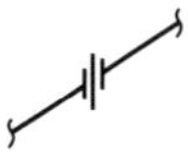
软管接头	螺纹或承插焊连接	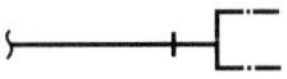		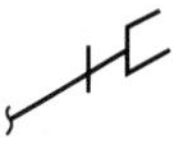
	对焊连接			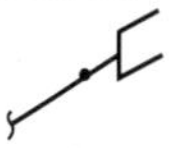
快速接头	阳			
	阴			

2. 阀　门					
名称	管道布置图各视图			轴测图	备注
闸阀	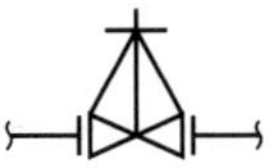			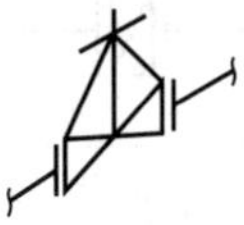	
截止阀					
角阀	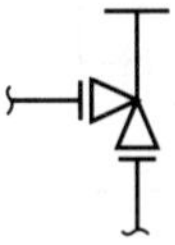	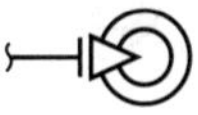			
节流阀					
“Y”形阀			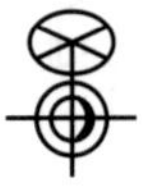		

续表

2. 阀门					
名称	管道布置图各视图			轴测图	备注
球阀		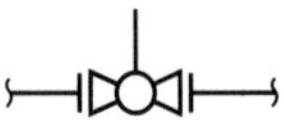		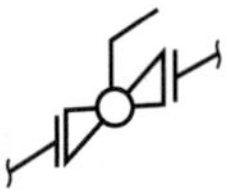	
三通球阀			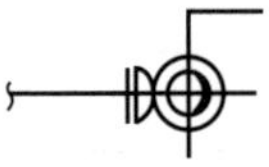		
旋塞阀（COCK及PLUG）	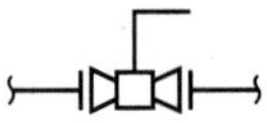	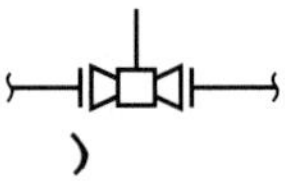			
三通旋塞阀		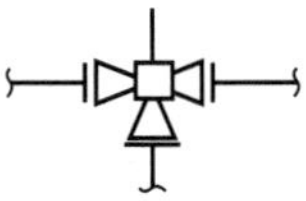	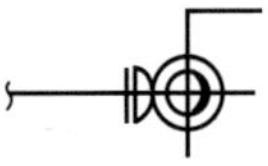	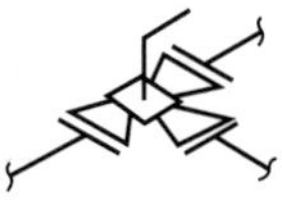	
三通阀	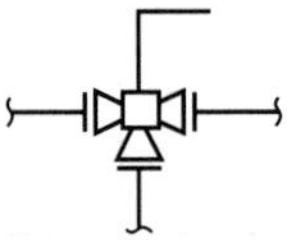			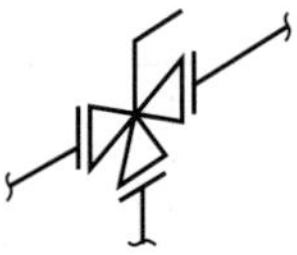	
对夹式蝶阀	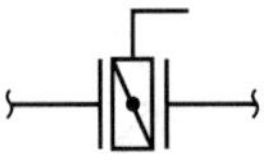	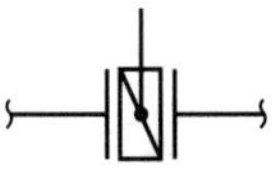	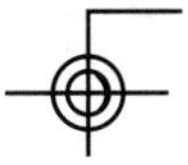	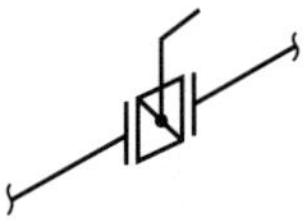	
法兰式蝶阀	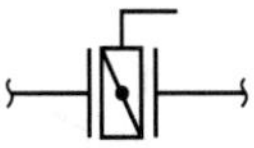	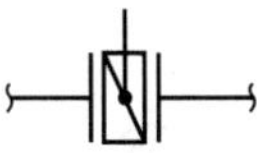	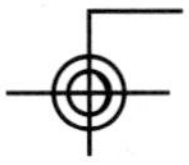	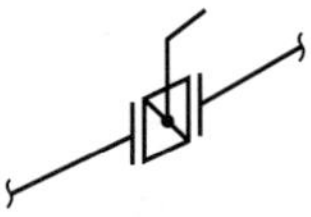	
柱塞阀	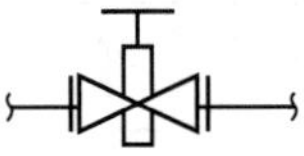	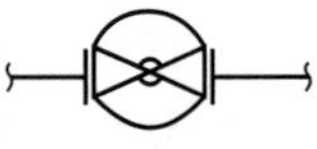		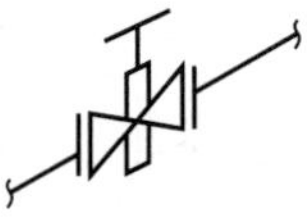	
止回阀				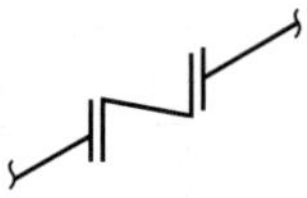	
切断式止回阀					

续表

	2. 阀门				
名称	管道布置图各视图			轴测图	备注
底阀					
隔膜阀					
“Y”形隔膜阀					
放净阀					
夹紧式胶管阀					
夹套式阀					
疏水阀					
减压阀					
弹簧式安全阀					
双弹簧式安全阀					

续表

2. 阀门

名称	管道布置图各视图			轴测图	备注
杠杆式安全阀	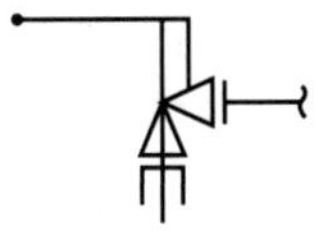	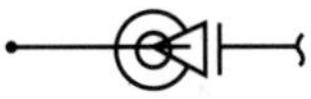			杠杆长度应按实物尺寸的比例画出

非法兰的端部连接

名称	螺纹或承插焊连接		对焊连接		备注
	单线	双线	单线	双线	
闸阀	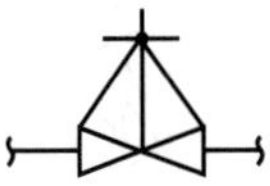	—	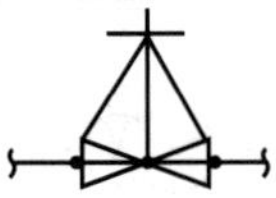		
截止阀	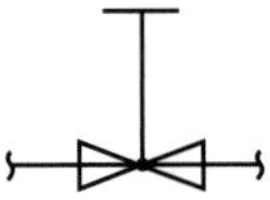	—	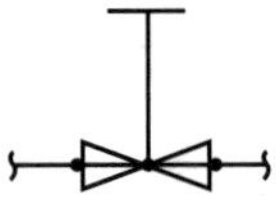	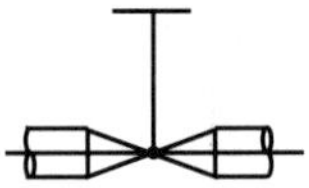	

3. 传动结构

名称		传动结构			轴测图	备注
		管道布置图各视图				
电动式		 M	 M	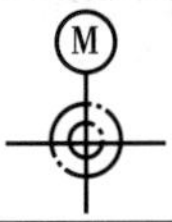 M	 M	1. 传动结构型式适合于各种类型的阀门 2. 传动结构应按实物的尺寸比例画出,以免与管道或其他附件相碰 3. 点面线表示可变部分
气动式						
液压或气压缸式		 C		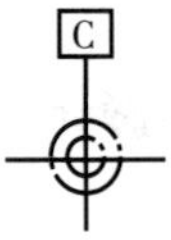 C	 C	
正齿轮式		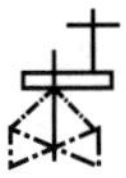				
伞齿轮式			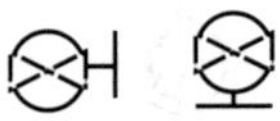	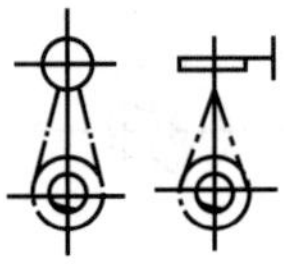		
伸长杆（用于楼面）	普通手动阀门	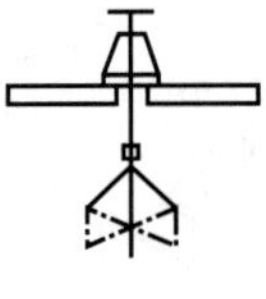		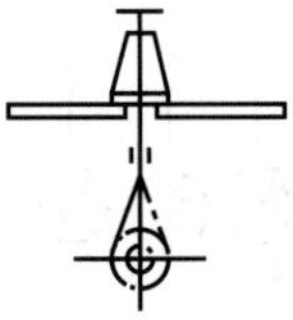		

续表

3. 传动结构

名称		传动结构			轴测图	备注
		管道布置图各视图				
伸长杆（用于楼面）	正齿轮式阀门	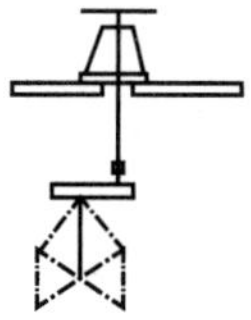		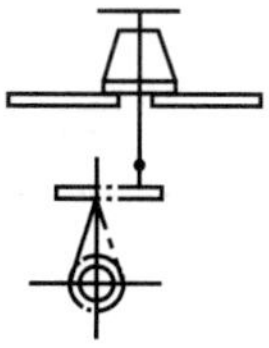	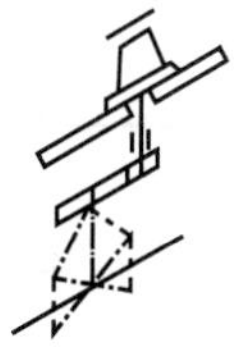	1. 传动结构型式适合于各种类型的阀门 2. 传动结构应按实物的尺寸比例画出，以免与管道或其他附件相碰 3. 虚线表示可变部分
链轮阀		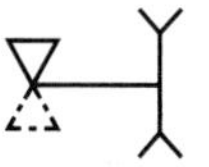	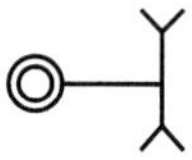			

4. 管道特殊件

名称		管道布置图		轴测图	备注
		单线	双线		
漏斗			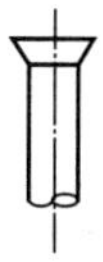		带盖的漏斗画法 
视镜			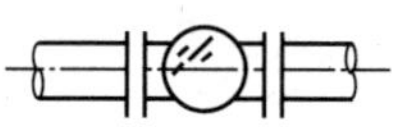	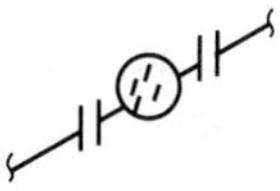	玻璃管式视镜画法举例 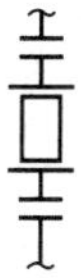
波纹膨胀节		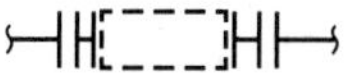	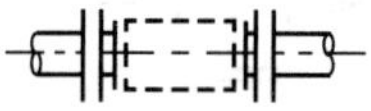	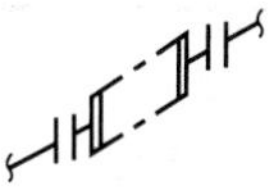	
球形补偿器				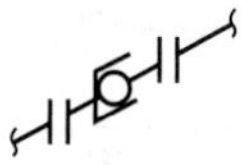	也可根据安装时的旋转角表示
填函式补偿器		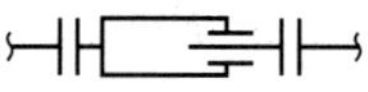	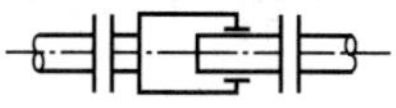	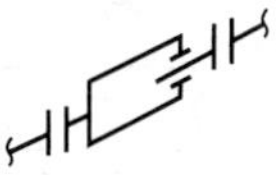	
爆破片			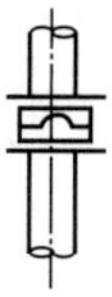		
限流孔板	对焊式	 RO	 RO	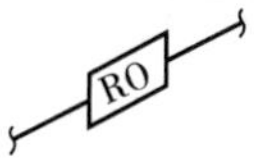 RO	
	对夹式	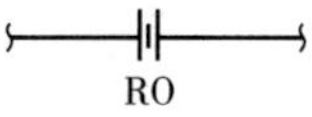 RO	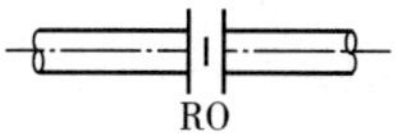 RO	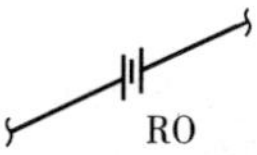 RO	

续表

4. 管道特殊件				
名称	管道布置图		轴测图	备注
	单线	双线		
插板及垫环		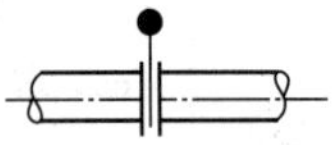		
8字盲板	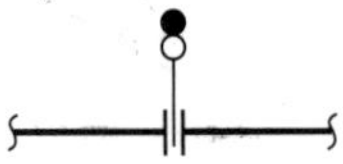	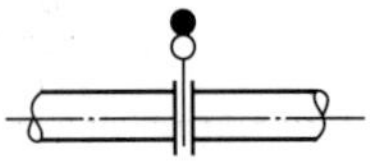	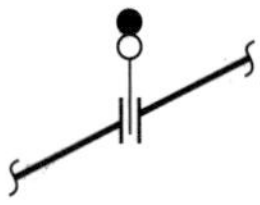	 正常通过  正常切断
阻火器	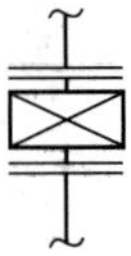	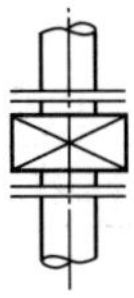		
排液环	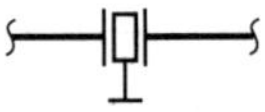	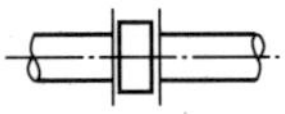	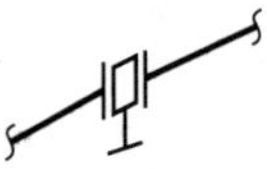	
临时粗滤器		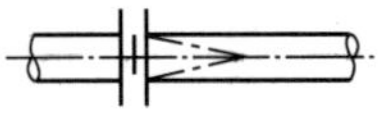		
Y形粗滤器	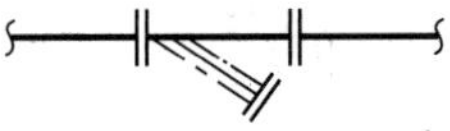	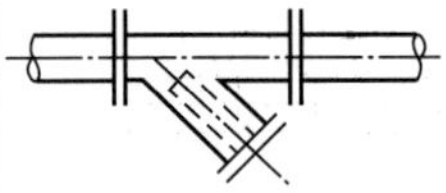	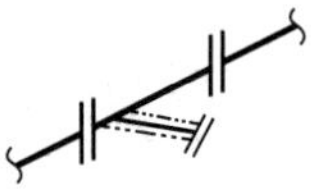	
T形粗滤器	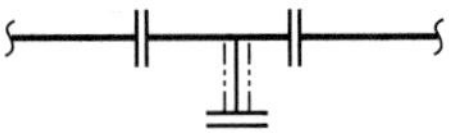	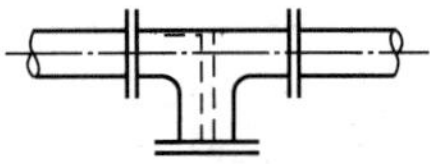	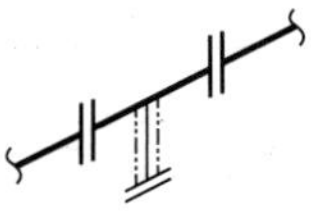	
软管				
喷头	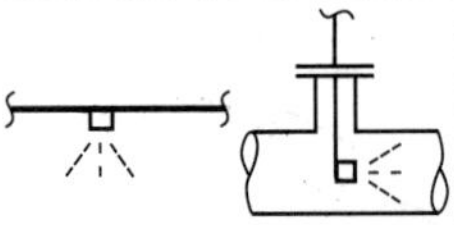	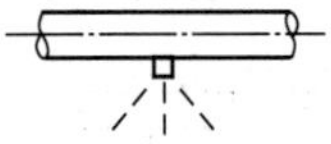	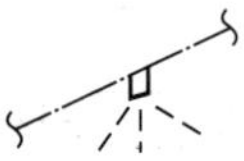	
洗眼器及淋浴		EW （平面用） 立面图按简略外形画		

注：①C.R——同心异径管；
E.R——偏心异径管；
EOB——底平；
EOT——顶平。
②其他未画视图按投影相应表示。
③点划线表示可变部分。
④轴测图图例均为举例，可按实际管道走向作相应的表示。
⑤消声器及其他未规定的特殊件可按简略外形表示。

附录三十二　焊缝的基本符号（参考 GB/T 324—2008）

1. 焊缝的基本符号

序号	名称	示意图	符号
1	卷边焊缝（卷边完全熔化）		八
2	Ⅰ形焊缝		‖
3	V形焊缝		V
4	单边V形焊缝		⊬
5	带钝边V形焊缝		Y
6	带钝边单边V形焊缝		⊬
7	带钝边U形焊缝		 Ƴ
8	带钝边J形焊缝		⊬
9	封底焊缝		⌓
10	角焊缝	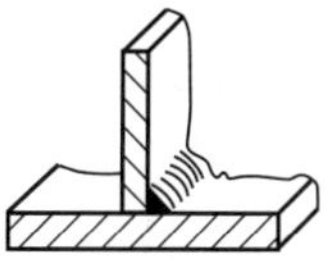	◺
11	塞焊缝或槽焊缝	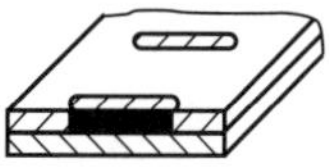	⊓

续表

序号	名称	示意图	符号
12	点焊缝	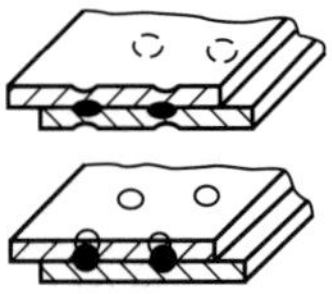	○
13	缝焊缝	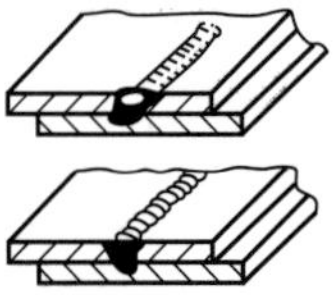	⊖
14	陡边V形焊缝		_/
15	陡边单V形焊缝		|_/
16	端焊缝 		|||
17	堆焊缝		 ⌒⌒
18	平面连接（钎焊）	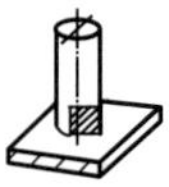 	=
19	斜面连接（钎焊）		//
20	折叠连接（钎焊）		ට

2. 焊接接头形式及代号

序号	接头形式	基本尺寸	适用范围	标注代号	备注
DU1	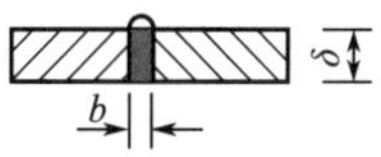	δ: 2~3 / 4 b: 0^{+1} / 1^{+1}	薄板拼接、筒体纵、环焊缝	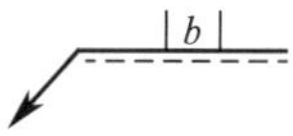	
DU2	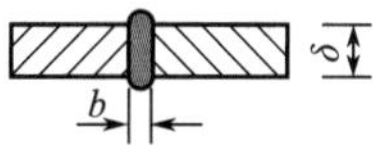	δ: 3~4 / 5~6 b: 0^{+1} / $1^{+1.5}$	钢板拼接、筒体纵、环焊缝	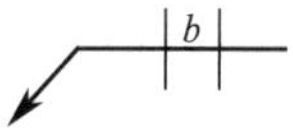	
DU3	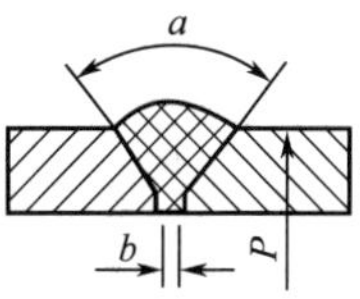	δ: 5~10 / 12~20 a: 60°±5° / 50°±5° b: 1±1 / 2±1 P: 1^{+1} / 2±1	钢板拼接、筒体纵、环焊缝	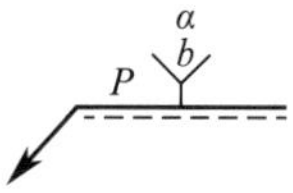	
DU4	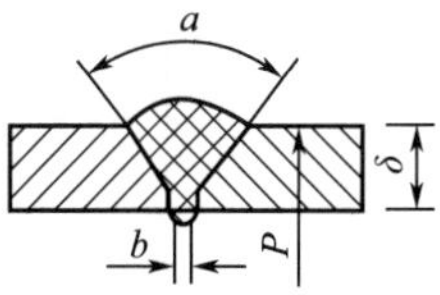	δ: 5~10 / 12~20 a: 60°±5° / 50°±5° b: 1±1 / 2±1 P: 1^{+1} / $2^{\pm1}$	钢板拼接、筒体纵、环焊缝	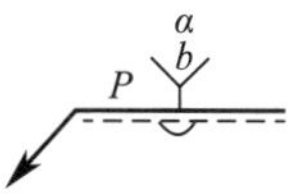	
DU5	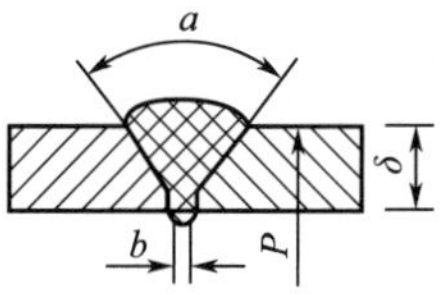	δ: 3~40 a: 60°±5° b: 2^{+1}_{-2}	用于根部间隙较大且无法用机械方法加工坡口的容器环焊缝	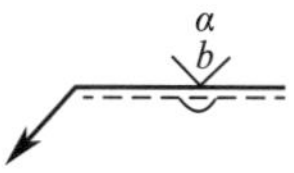	
DU6	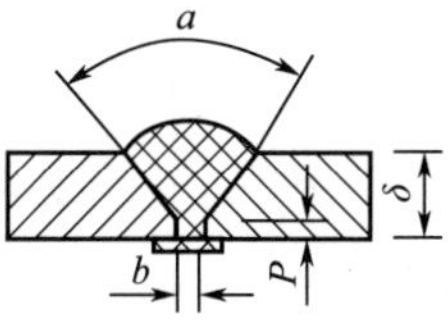	δ: 6~10 / 12~26 a: 40°±5° / 35°±5° b: 7^{+1} / 8^{+1} P: 1±1 / 2^{-1}	筒体内无法焊接，但允许衬垫板的焊缝（一般不推荐使用）	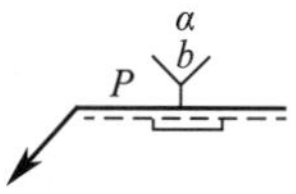	垫板尺寸由施焊者自定
DU7	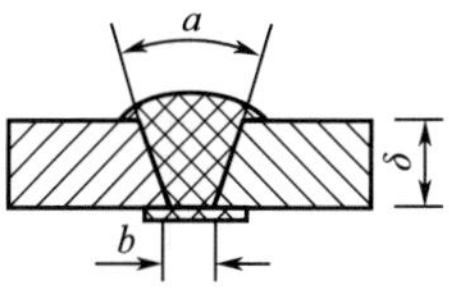	δ: 5~30 a: 40°±5° b: 7^{+1}	筒体内径< 600mm，只能单面焊的且有焊透要求的环向焊缝	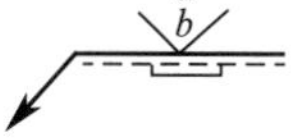	垫板尺寸由施焊者自定
DU8	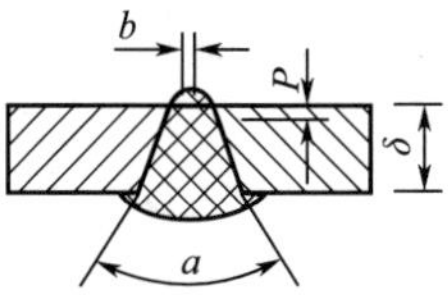	δ: 4~20 a: 65°±5° b: 1±1 P: 1.5±1	筒体内径≥600mm的纵、环焊缝	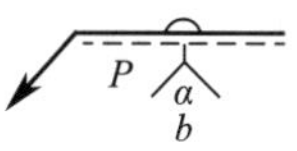	

续表

<table>
<tr><th>序号</th><th>接头形式</th><th>基本尺寸</th><th>适用范围</th><th>标注代号</th><th>备注</th></tr>
<tr><td>DU9</td><td> 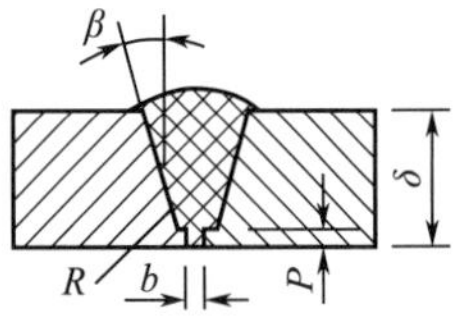</td><td rowspan="2">δ: 20~60
β: 6° ± 2°
b: 2^{+1}_{-2}
P: 2 ± 1
R: 6^{+2}_{-1}</td><td rowspan="2">厚壁筒体的环焊缝</td><td> 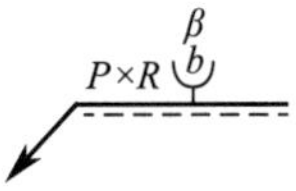</td><td></td></tr>
<tr><td>DU10</td><td></td><td></td><td></td></tr>
<tr><td>DU11</td><td> 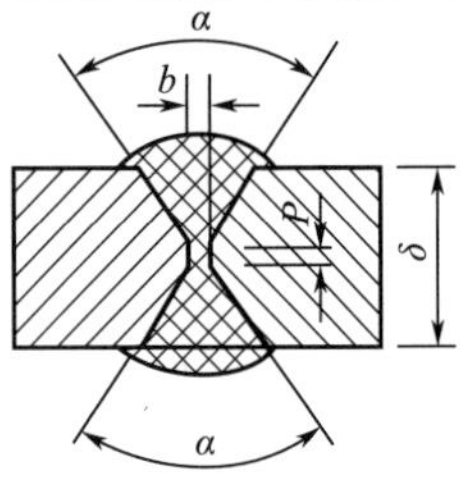</td><td>δ: 16~60
a: 55°± 5°
b: 2 ± 1
P: 2^{+1}</td><td>钢板拼接，筒体的纵焊缝</td><td> 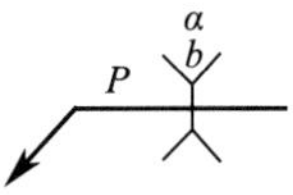</td><td></td></tr>
<tr><td>DU12</td><td> 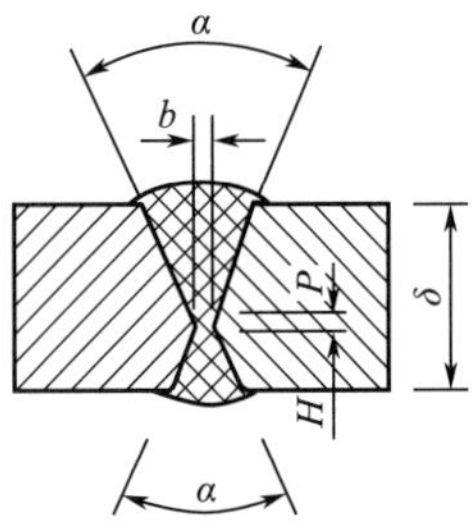</td><td>δ: 16~22 | 24~30
a: 55° ± 5°
b: 2 ± 1
P: 2^{+1}
H: 5^{+1} | 8^{+1}</td><td>钢板拼接、筒体纵的环焊缝</td><td> 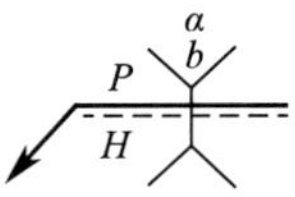</td><td></td></tr>
<tr><td>DU13</td><td> 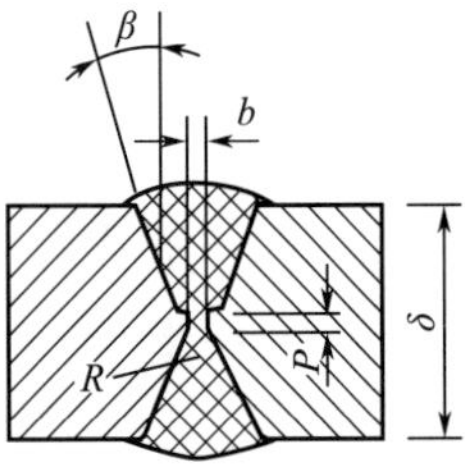</td><td>δ: 30~90 | 92~150
β: 6°± 2° | 4°± 2°
b: 1 ± 1
P: 2 ± 1
R: 6^{+1}</td><td>钢板拼接、筒体的纵焊缝</td><td> 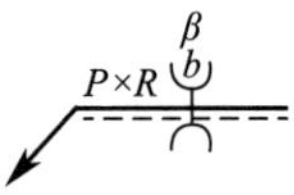</td><td></td></tr>
<tr><td>DU14</td><td> 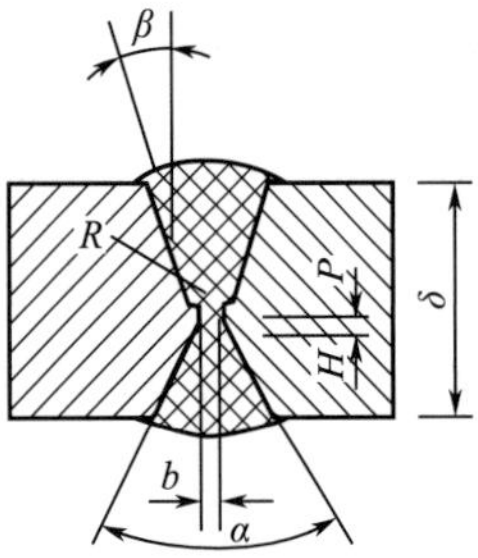</td><td>δ: 30~60 | 62~90
a: 55° ± 5°
β: 6° ± 2° | 4°+2°
b: 0^{+2}
P: 2 ± 1
H: $\frac{\delta-P}{2}$
R: 6^{+1}</td><td>钢板拼接、筒体的环焊缝</td><td> 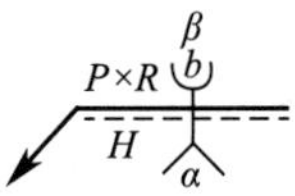</td><td>该接头可倒过来，形成另一种接头即： 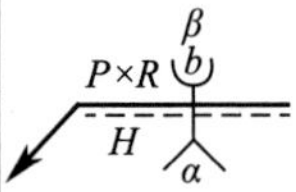</td></tr>
</table>

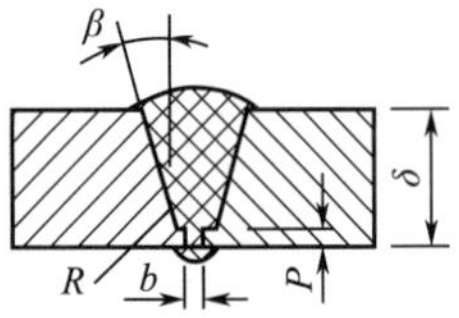

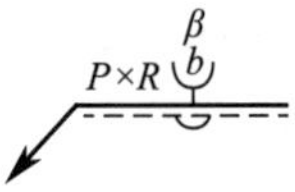

续表

序号	接头形式	基本尺寸	适用范围	标注代号	备注
DU15	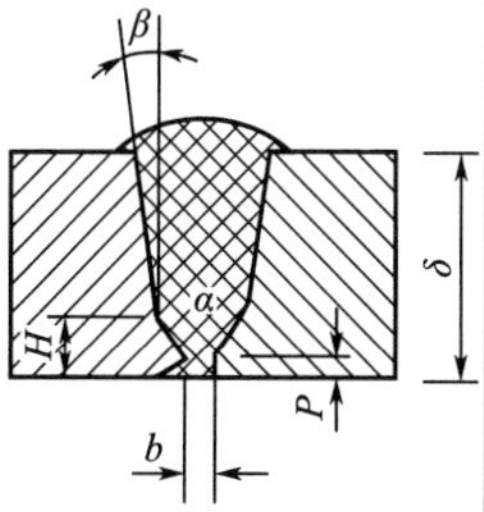	δ: 30~60 α: 65° ± 5° β: 10° ± 2° b: 2^{+1} P: 2 ± 1 H: 10 ± 2	厚壁筒体的环焊缝，多用于筒体内径<600mm的单面焊接	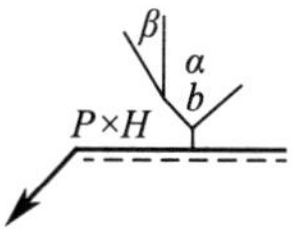	
DU16	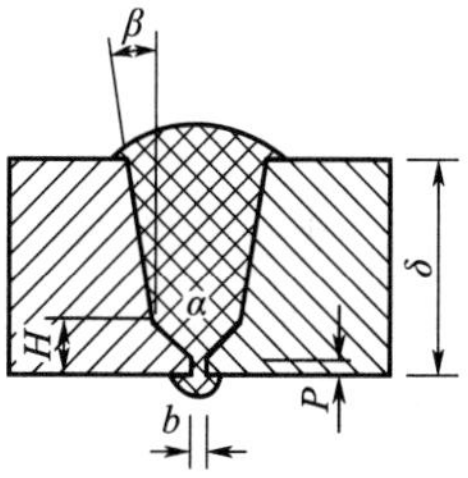		厚壁筒体的环焊缝	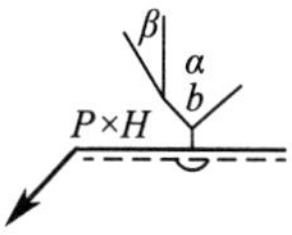	
DU17	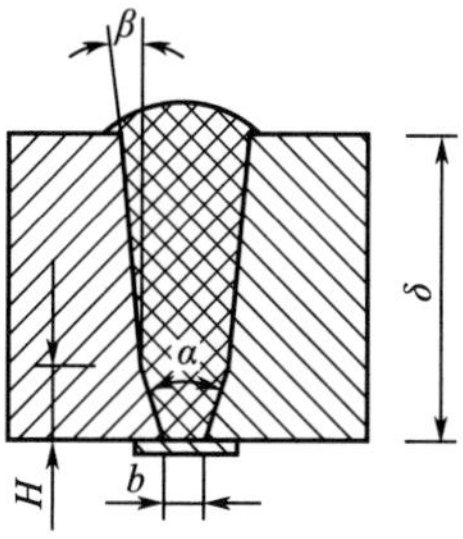	δ: 30~60 α: 65° ± 5° β: 10° ± 2° b: 8^{+2} H: 8^{+1}	厚壁筒体的环焊缝，多用于筒体内径<600mm，允许使用垫板的焊缝	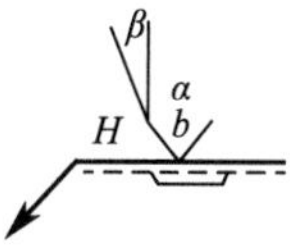	垫板尺寸由施焊者自定
DU22	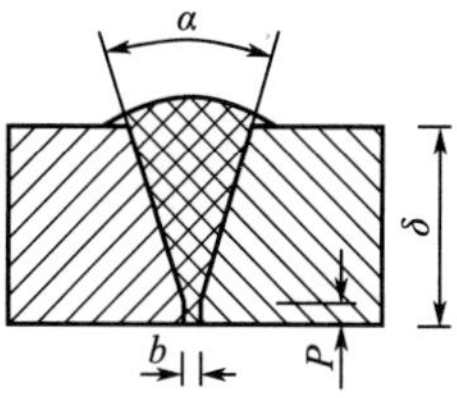	δ: ≤20 α: 60° ± 5° b: $2^{+0.5}$ P: $1^{+0.5}$	筒体内径<600mm，不能进行双面焊的且要求全焊透的纵、环焊缝	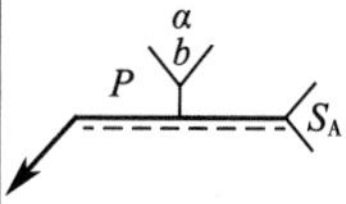	S_A—手工氩弧底焊
DU23	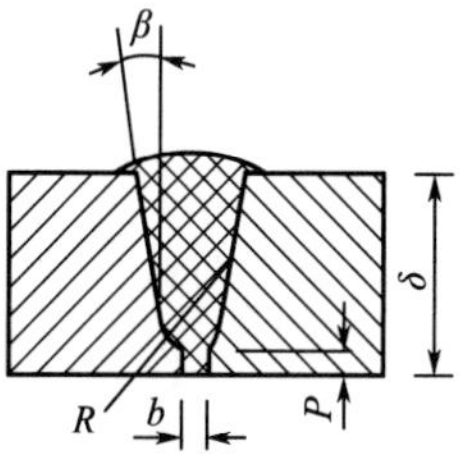	δ: ≥22 β: 10° ± 2° b: $2^{+0.5}$ P: $1^{+0.5}$ R: 5 ± 1	筒体内径<600mm，不能进行双面焊的且要求全焊透的纵、环焊缝	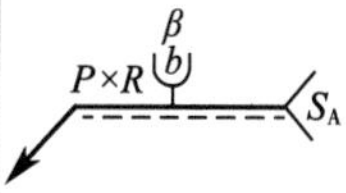	S_A—手工氩弧底焊

附录三十三　食品工厂化验室常用仪器及设备

名　　称	型　号	主 要 规 格
普通天平	TG601	最大称量 1000g，感量 5mg
分析天平	TG602	最大称量 200g，感量 1mg
精密天平	TG328A	最大称量 200g，感量 0.1mg
微量天平	WT2A	最大称量 20g，感量 0.01mg
水分快速测定仪	SC69-02	最大称量 10g，感量 5mg
精密扭力天平	JN-A-500	最大称量 500g，感量 1mg
电热鼓风干燥箱	101-1	工作室：350mm×154mm×450mm，温度：10~300℃
液体比重（相对密度）天平	P2-A-5	测定比重（相对密度）范围 0~2，误差±0.0005
电热恒温干燥箱	202-1	工作室：350mm×450mm×450mm，温度：室温~300℃
电热真空干燥箱	DT-402	工作室：350mm×400mm×400mm，温度：(室温+10)~200℃
霉菌实验箱	MJ-50	温度 29℃±1℃；湿度 97%±2%
离子交换软水器	PL-2	树脂容量 31kg，流量 $1m^3/h$
去湿机	JHS-0.2	除水量 0.2kg/h
自动电位滴定计	ZD-1	测量范围 pH0~14；0~±1400mV
火焰光度计	630-C	钠 10mg/kg，钾 100mg/kg
晶体管光电比色计	JGB-1	有效光密度范围 0.1~0.7
便携式酸度计	29	测量范围 pH2~12
酸度计	HSD-2	测量范围 pH0~14
生物显微镜	L3301	总放大 30~1500 倍
中量程真空计	ZL-3 型	交流便携式，测量范围（13.3×10^{-7}）~13.3Pa
箱式电炉	SR JX-4	功率 4kW，工作温度 950℃
高温管式电阻炉	SR JX-12	功率 3kW，工作温度 1200℃
马弗电炉	RJM-2.8-10A	功率 2.8kW，工作温度 1000℃
电冰箱	LD-30-120	温度-10~-30℃
电动搅拌器	立式	功率 25kW，200~3200r/min
高压蒸汽消毒器		内径 ϕ600mm，自动压力控制
标准生物显微镜	2X	放大倍数 40~1500
光电分光光度计	72	波长范围 420~700nm
光电比色计	581-G	波光片 420nm、510nm、650nm
阿贝折射仪	37W	测量范围 ND：1.3~1.7
手持糖度计	TZ-62	测量范围 0%~50%；50%~80%
旋光仪	WX G-4	旋光测量范围±180°
小型电动离心机	F-430	转速 2500~5000r/min
手持离心转速表	LZ-30	转速测量范围 30~12000r/min

续表

名　称	型　号	主 要 规 格
旋片式真空泵	2X	极限真空度 1.33×10^{-2}Pa
旋片式真空泵	2X-3	极限真空度 6.65×10^{-2}Pa，抽气速率 4L/s
蛋白质快速测定仪		
测泵仪		
投影仪		

附录三十四　食品工厂机修车间常用设备

型号名称	性能特点	加工范围/mm	总功率/kW
普通车床 C127	适于车削各种旋转表面及公、英制螺纹，结构轻巧，灵活简便	工件最大直径 Φ270 工件最大长度 800	1.5
普通车床 C616	适于各种不同的车削工作，本机床床身较短，结构紧凑	工件最大直径 Φ320 工件最大长度 500	4.75
普通车床 C20A	精度较高，可车削 7 级精度的丝杆及多头蜗杆	工件最大直径 Φ400 工件最大长度 750~2000	7.625
普通车床 CQ6140A	可进行各种不同的车削加工，并附有磨铣附件，可磨内外圆铣链槽	工件最大直径 Φ400 工件最大长度 1000	6.34
普通车床 C630	属于万能性车床，能完成不同的车削工作	工作最大直径 Φ650 工件最大长度 2800	10.125
普通车床 CM6150	属于精密万能磨床，只用于精车或半精车加工	工作最大直径 Φ500 工件最大长度 1000	5.12
摇臂钻床 Z3025	具有广泛用途的万能型机床，可以作钻、扩、镗、绞、攻丝等	最大钻孔直径 Φ25 最大跨距 900	3.125
台式钻床 ZQ4015	可以作钻、扩、铰孔加工	最大钻孔直径 Φ15 最大跨距 193	0.6
圆柱立式钻床	属于简易万能立式钻床，易维修，体小轻便，并能钻斜孔	最大钻孔直径 Φ15 最大跨距 400~600	1.0
单柱坐标镗床 T4132	可加工孔距相互位置要求极高的零件，并可作轻微的铣削工作	最大加工孔径 Φ460	3.2
卧式镗床 T616	适用于中小型零件的水平面、垂直面、倾斜面及成形面等	最大创削长度 500	4.0 牛头刨床

续表

型号名称	性能特点	加工范围/mm	总功率/kW
牛头刨床 B665	适用于中小型零件的水平面、垂直面、斜面及成形面等	最大包削长度 650	3.0
弓锯床 G72	适用于各种断面的金属材料的切断	棒料最大直径 Φ200	1.5
插床 B5020	用于加工各种平面、成形面及链槽等	工件最大加工尺寸（长×高）480×200	3.0
万能外圆磨床 M120W	适用于磨削圆柱形或圆锥形工作的外圆、内孔端面及肩侧面	最大磨削直径 Φ200 最大磨削长度 500	4.295
万能升降台铣床 57-3	可用圆片刀和角度成形、端面等铣刀加工	工作台面尺寸 240×810	2.325
万能工具铣床 X8126	适于加工刀具、夹具、冲模、压模以及其他复杂小型零件	工作台面尺寸 270×700	2.925
万能刀具磨床 MQ025	用于刀磨切削工具，小型工件以及小平面的磨削	最大直径 Φ250 最大长度 580	6.75
卧轴矩台磨床 M720A	工作最大	磨削工件最大尺寸 630×200×320	4.225
轻便龙门刨床 BQ2010	用于加工垂直面、水平面、倾斜面以及各种导轨和 T 形槽等	最大刨削宽厚 1000 最大刨前长度 3000	6.1
落地砂轮机 S3SL-350	磨削刀刃及对小零件进行磨削去毛刺等	砂轮直径 Φ350	1.5
焊接变压器 BX1-330	焊接 1~8mm 低碳钢板	电流调节范围 160~450A	21.0
焊接发电机 AX-320-1	使用中 3~7mm 光焊条可焊接或堆焊各种金属结构及薄板	电流调节范围 45~320A	12

附录三十五　食品工厂厂外运输常用设备

类　别	设　备　名　称	主　要　规　格
码头	简易起重机 少先吊	JD_3 型，起重量 3t，工作幅度 5.8m，4.5kW 起重量 0.5t，回转半径 2.9m，2.2kW 起重量 1t，回转半径 2.5m，5kW
公路	解放牌汽车 北京牌汽车	载重 4t 载重 2.5t

附录三十六　食品工厂车间运输常用设备

类　别	设　备　名　称	主　要　规　格
内燃机	内燃铲车	CPQ-0.5 型，载重 0.5t，起升高度 3.5m，11kW
		QC-1 型，载重 1t，起升高度 3m，16kW
		2CB 型，载重 2t，起升高度 3m，29kW
人力车	升降式手推车	SQ-25 型，载重 250kg，升高 50mm
	升降式手推车	SQ-50 型，载重 500kg，升高 40mm
	升降式手推车	SQ-100 型，载重 1000kg，升高 50mm
		2DB 型，载重 2t，拖挂牵引量 4t，25kW
电动车	电瓶搬运车	DC-Ⅰ型，载重 1t，起升高度 2m，4kW
	电瓶铲车	FX-2 型，载重 1.5t，起升高度 0.5m，5kW
		2DC 型，载重 2t，起升高度 4m，4kW

附录三十七　食品工厂厂内运输常用设备

类　别	设　备　名　称	主　要　规　格
胶带式输送机	通用固定式胶带运输机	TD-72 型，胶带宽度 650，800，1000mm， 胶带速度 1.25～3.15m/s
	携带式胶带运输机	胶带宽 400mm，线速 1.25m/s，输送能力 $30m^3/h$， 输送长度 5～10m，1.1～1.5kW
	移动式胶带输送机	T45-10 型，输送长度 10m，胶带宽 500mm， 线速 1～1.6m/s，2.8kW
刮板式输送机	埋刮板式输送机	SMS 型，线速 0.2m/s，输送量 $9～27m^3/h$， 功率 0.8～4kW
螺旋输送机	CX 型螺旋输送机	公称直径 $\phi150$，200，250，300，400mm， 输送量 $3.1～108m^3/h$
斗式提升机	D 型斗式提升机	输送能力 $3.1～42m^3/h$，料斗容量 0.65～7.8L， 斗距 300～500mm，运行速度 1.25m/s， 功率 1.5～7kW
起重设备	LQ 螺旋千斤顶	LQ-10 型，起重量 10t，起升高度 150mm LQ-15 型，起重量 15t，起升高度 180mm
	YQ 型液压千斤顶	YQ-3 型，起重量 3t，起升高度 130mm YQ8 型，起重量 8t，起升高度 160mm

续表

类 别	设 备 名 称	主 要 规 格
起重设备	环链手拉葫芦	YQ16 型，起重量 16t，起升高度 160mm
	电动葫芦	SH 型，起重量 0.5~1.0t，起升高度 2.5~5m
		TVH0.5 型，起重量 0.5t，功率 0.7kW，起升高度 6，12m
		TV-1 型，起重量 1t，功率 2.8kW，起升高度 6，12m
		TVH0.5 型，起重量 0.5t，功率 0.7kW，起升高度 6，12m
		TV-2 型，起重量 2t，功率 4.1kW，起升高度 6，12m
		MD-1 型，起重量 0.5t，功率 1kW，起升高度 6，12m
	手动单梁起重机	SPQ 型，起重量 1~10t，跨度 5~14m，起升高度 3~10m
	手动单梁悬挂式起重机	SPXQ 型，起重量 0.5~3t，跨度 3~12m，起升高度 2.5~10m
	手动单梁起重机	55-L 型，起重量 1~5t，跨度 4.5~17m，起升高度 6m

附录三十八 《污水综合排放标准》（参考 GB 8978—1996）

1. 第一类污染最高允许排放浓度

单位：mg/L

序号	污染物	最高允许排放浓度	序号	污染物	最高允许排放浓度
1	总汞	0.05	8	总镍	1.0
2	烷基汞	不得检出	9	苯并芘	0.00003
3	总镉	0.1	10	总铍	0.005
4	总铬	1.5	11	总银	0.5
5	六价铬	0.5	12	总 α 放射性	1Bq/L
6	总砷	0.5	13	总 β 放射性	10Bq/L
7	总铅	1.0			

2. 第二类污染最高允许排放浓度（1997 年 12 月 31 日之前建设的单位）

单位：mg/L

序号	污 染 物	适 用 范 围	一级标准	二级标准	三级标准
1	pH	一切排污单位	6~9	6~9	6~9
2	色度（稀释倍数）	染料工业	50	180	—
		其他排污单位	50	80	—
3	悬浮物（SS）	采矿、选矿、选煤工业	100	300	—
		脉金选矿	100	500	—
		边远地区砂金选矿	100	800	—
		城镇二级污水处理厂	20	30	—
		其他排污单位	70	200	400

续表

序号	污染物	适用范围	一级标准	二级标准	三级标准
4	五日生化需氧量（BOD_5）	甘蔗制糖、苎麻脱胶、湿法纤维板工业	30	100	600
		甜菜制糖、酒精、味精、皮革、化纤浆粕工业	30	150	600
		城镇二级污水处理厂	20	30	—
		其他排污单位	30	60	300
5	化学需氧量（COD）	甜菜制糖、焦化、合成脂肪酸、湿法纤维板、染料、洗毛、有机磷农药工业	100	200	1000
		味精、酒精、医药原料药、生物制药、苎麻脱胶、皮革、化纤浆粕工业	100	300	1000
		石油化工工业（包括石油炼制）	100	150	500
		城镇二级污水处理厂	60	120	—
		其他排污单位	100	150	500
6	石油类	一切排污单位	10	10	30
7	动植物油	一切排污单位	20	20	100
8	挥发酚	一切排污单位	0.5	0.5	2.0
9	总氰化合物	电影洗片（铁氰化合物）	0.5	5.0	5.0
		其他排污单位	0.5	0.5	1.0
10	硫化物	一切排污单位	1.0	1.0	2.0
11	氨	医药原料药、染料、石油化工工业	15	50	—
		其他排污单位	15	25	—
12	氟化物	黄磷工业	10	20	20
		低氟地区（水体含氟量<0.5mg/L）	10	20	30
		其他排污单位	10	10	20
13	磷酸盐（以P计）	一切排污单位	0.5	1.0	—
14	甲醛	一切排污单位	1.0	2.0	5.0
15	苯胺类	一切排污单位	1.0	2.0	5.0
16	硝基苯类	一切排污单位	2.0	3.0	5.0
17	阴离子表面活性剂（LAS）	合成洗涤剂工业	5.0	15	20
		其他排污单位	5.0	10	20
18	总铜	一切排污单位	0.5	1.0	2.0
19	总锌	一切排污单位	2.0	5.0	5.0
20	总锰	合成脂肪酸工业	2.0	5.0	5.0
		其他排污单位	2.0	2.0	5.0

续表

序号	污染物	适用范围	一级标准	二级标准	三级标准
21	彩色显影剂	电影洗片	2.0	3.0	5.0
22	显影剂及氧化物总量	电影洗片	3.0	6.0	6.0
23	元素磷	一切排污单位	0.1	0.3	0.3
24	有机磷农药（以P计）	一切排污单位	不得检出	0.5	0.5
25	粪大肠菌群数	医院[1]、兽医院及医疗机构含病原体污水	500个/L	1000个/L	5000个/L
		传染病、结核病医院污水	100个/L	500个/L	1000个/L
26	总余氯（采用氯化消毒的医院污水）	医院[1]、兽医院及医疗机构含病原体污水	<0.5[2]	>3（接触时间≥1h）	>2（接触时间≥1h）
		传染病、结核病医院污水	<0.5[2]	≥6.5（接触时间≥1.5h）	>5（接触时间≥1.5h）

注：①指50个床位以上的医院。
②加氯消毒后须进行脱氯处理，达到本标准。

3. 部分行业最高允许排水量（1997年12月31日之前建设的单位）

序号	行业类别			最高允许排水量或最低允许水重复利用率
1	矿山工业	有色金属系统选矿		水重复利用率75%
		其他矿山工业采矿、选矿、选煤等		水重复利用率90%（选煤）
		肽金选矿	重选	16.0m^3/（矿石）
			浮选	9.0m^3/t（矿石）
			氰化	8.0m^3/t（矿石）
			碳浆	8.0m^3/t（矿石）
2	焦化企业（煤气厂）			1.2m^3/t（焦炭）
3	有色金属冶炼及金属加工			水重复利用率80%
4	石油炼制工业（不包括直排水炼油厂） 加工深度分类： A. 燃料型炼油厂 B. 燃料+润滑油型炼油厂 C. 燃料+润滑油型+炼油化工型炼油厂 （包括加工高含硫原油页岩油和石油添加剂生产基地的炼油厂）			A >500万t，1.0m^3/t（原油） 250万~500万t，1.2m^3/t（原油） <250万t，1.5m^3/t（原油）
				B >500万t，1.5m^3/（原油） 250万~500万t，2.0m^3/t（原油） <250万t，2.0m^3/t（原油）
				C >500万t，2.0m^3/（原油） 250万~500万t，2.5m^3/t（原油） <250万t，2.5m^3/t（原油）

续表

序号	行业类别			最高允许排水量或最低允许水重复利用率
5	合成洗涤剂工业	氯化法生产烷基苯		200.0m^3/t（烷基苯）
		裂解法生产烷基苯		70.0m^3/t（烷基苯）
		烷基苯生产合成洗涤剂		10.0m^3/t（产品）
6	合成脂肪酸工业			200.0m^3/t（产品）
7	湿法生产纤维板工业			30.0m^3/t（板）
8	制糖工业	甘蔗制糖		10.0m^3/t（甘蔗）
		甜菜制糖		4.0m^3/t（甜菜）
9	皮革工业	猪盐湿皮		60.0m^3/t（原皮）
		牛干皮		100.0m^3/t（原皮）
		羊干皮		150.0m^3/t（原皮）
10	发酵酿造业	酒精工业	以玉米为原料	100.0m^3/t（酒精）
			以薯类为原料	80.0m^3/t（酒精）
			以糖蜜为原料	70.0m^3/t（酒精）
		味精工业		600.0m^3/t（味精）
		啤酒工业（排水量不包括麦芽水部分）		16.0m^3/t（啤酒）
11	铬盐工业			5.0m^3/t（产品）
12	硫酸工业（水洗法）			15.0m^3/t（价酸）
13	苎麻脱胶工业			500m^3/t（原麻）或750m^3/t（精干麻）
14	化纤浆粕			本色：150m^3/t（浆） 漂白：240m^3/t（浆）
15	粘胶纤维工业（单纯纤维）	短纤维（棉型中长纤维、毛型中长纤维）		300m^3/t（纤维）
		长纤维		800m^3/t（纤维）
16	铁路货车洗刷			5.0m^3/辆
17	电影洗片			5m^3/1000m（35mm的胶片）
18	石油沥青工业			冷却池的水循环利用率95%

4. 第二类污染最高允许排放浓度（1998年1月1日后建设的单位）

单位：mg/L

序号	污染物	适用范围	一级标准	二级标准	三级标准
1	pH	一切排污单位	6~9	6~9	6~9
2	色度（稀释倍数）	一切排污单位	50	80	—

续表

序号	污染物	适用范围	一级标准	二级标准	三级标准
3	悬浮物（SS）	采矿、选矿、选煤工业	70	300	—
		脉金选矿	70	400	—
		边远地区砂金选矿	70	800	—
		城镇二级污水处理厂	20	30	—
		其他排污单位	70	150	400
4	五日生化需氧量（BOD_5）	甘蔗制糖、兰麻脱胶、湿法纤维板、染料、洗毛工业	20	60	600
		甜菜制糖、酒精、味精、皮革、化纤浆粕工业	20	100	600
		城镇二级污水处理厂	20	30	
		其他排污单位	20	30	300
5	化学需氧量（COD）	甜菜制糖、合成脂肪酸、湿法纤维板、染料、洗毛、有机磷农药工业	100	200	1000
		味精、酒精、医药原料药、生物制药、苎麻脱胶、皮革、化纤浆粕工业	100	300	1000
		石油化工工业（包括石油炼制）	60	120	500
		城镇二级污水处理厂	60	120	—
		其他排污单位	100	150	500
6	石油类	一切排污单位	5	10	20
7	动植物油	一切排污单位	10	15	100
8	挥发酚	一切排污单位	0.5	0.5	2.0
9	总氰化合物	一切排污单位	0.5	0.5	1.0
10	硫化物	一切排污单位	1.0	1.0	1.0
11	氨氮	医药原料药、染料、石油化工工业	15	50	—
		其他排污单位	15	25	—
12	氟化物	黄磷工业	10	15	20
		低氟地区（水体含氟量<0.5mg/L）	10	20	30
		其他排污单位	10	10	20
13	磷酸盐（以P计）	一切排污单位	0.5	1.0	—
14	甲醛	一切排污单位	1.0	2.0	5.0
15	苯胺类	一切排污单位	1.0	2.0	5.0

续表

序号	污　染　物	适　用　范　围	一级标准	二级标准	三级标准
16	硝基苯类	一切排污单位	2.0	3.0	5.0
17	阴离子表面活性剂（LAS）	一切排污单位	5.0	10	20
18	总铜	一切排污单位	0.5	1.0	2.0
19	总锌	一切排污单位	2.0	5.0	5.0
20	总锰	合成脂肪酸工业	2.0	5.0	5.0
		其他排污单位	2.0	2.0	5.0
21	彩色显影剂	电影洗片	1.0	2.0	3.0
22	显影剂及氧化物总量	电影洗片	3.0	3.0	6.0
23	元素磷	一切排污单位	0.1	0.1	0.3
24	有机磷农药（以P计）	一切排污单位	不得检出	0.5	0.5
25	乐果	一切排污单位	不得检出	1.0	2.0
26	对硫磷	一切排污单位	不得检出	1.0	2.0
27	甲基对硫磷	一切排污单位	不得检出	1.0	2.0
28	马拉硫磷	一切排污单位	不得检出	5.0	10
29	五氯酚及五氯酚钠（以五氯酚计）	一切排污单位	5.0	8.0	10
30	可吸附有机卤化物（AOX）（以Cl计）	一切排污单位	1.0	5.0	8.0
31	三氯甲烷	一切排污单位	0.3	0.6	1.0
32	四氯化碳	一切排污单位	0.03	0.06	0.5
33	三氯乙烯	一切排污单位	0.3	0.6	1.0
34	四氧乙烯	一切排污单位	0.1	0.2	0.5
35	苯	一切排污单位	0.1	0.2	0.5
36	甲苯	一切排污单位	0.1	0.2	0.5
37	乙苯	一切排污单位	0.4	0.6	1.0
38	邻二甲苯	一切排污单位	0.4	0.6	1.0
39	对二甲苯	一切排污单位	0.4	0.6	1.0
40	间二甲苯	一切排污单位	0.4	0.6	1.0
41	氯苯	一切排污单位	0.2	0.4	1.0
42	邻二氯苯	一切排污单位	0.4	0.6	1.0

续表

序号	污染物	适用范围	一级标准	二级标准	三级标准
43	对二氯苯	一切排污单位	0.4	0.6	1.0
44	对硝基氯苯	一切排污单位	0.5	1.0	5.0
45	2，4-二硝基氯苯	一切排污单位	0.5	1.0	5.0
46	苯酚	一切排污单位	0.3	0.4	1.0
47	间-甲酚	一切排污单位	0.1	0.2	0.5
48	2，4-二氯酚	一切排污单位	0.6	0.8	1.0
49	2，4，6-三氯酚	一切排污单位	0.6	0.8	1.0
50	邻苯二甲酸二丁酯	一切排污单位	0.2	0.4	2.0
51	邻苯二甲酸二辛酯	一切排污单位	0.3	0.6	2.0
52	丙烯腈	一切排污单位	2.0	5.0	5.0
53	总硒	一切排污单位	0.1	0.2	0.5
54	粪大肠菌群数	医院①、兽医院及医疗机构含病原体污水	500个/L	1000个/L	5000个/L
		传染病、结核病医院污水	100/L	500个/L	1000个/L
55	总余氯（采用氯化消毒的医院污水）	医院①、兽医院及医疗机构含病原体污水	<0.5②	>3（接触时间≥1h）	≥2（接触时间≥1h）
		传染病、结核病医院污水	<0.5②	>6.5（接触时间≥1.5h）	≥5（接触时间≥1.5h）
56	总有机碳（TOC）	合成脂肪酸工业	20	40	—
		苎麻脱胶工业	20	60	—
		其他排污单位	20	30	—

注：①指50个床位以上的医院。
②加氯消毒后须进行脱氯处理，达到本标准。
③“其他排污单位”指除在该控制项目中所列行业以外的一切排污单位。

5. 部分行业最高允许排水量（1998年1月1日后建设的单位）

序号	行业类别			最高允许排水量或最低允许水重复利用率
1	矿山工业	有色金属系统选矿		水重复利用率75%
		其他矿山工业采矿、选矿、选煤等		水重复利用率90%（选煤）
		肽金选矿	重选	16.0m^3/（矿石）
			浮选	9.0m^3/t（矿石）
			氰化	8.0m^3/t（矿石）
			碳浆	8.0m^3/t（矿石）

续表

序号	行业类别			最高允许排水量或最低允许水重复利用率
2	焦化企业（煤气厂）			1.2m^3/t（焦炭）
3	有色金属冶炼及金属加工			水重复利用率 80%
4	石油炼制工业（不包括直排水炼油厂） 加工深度分类： A. 燃料型炼油厂 B. 燃料+润滑油型炼油厂 C. 燃料+润滑油型+炼油化工型炼油厂 （包括加工高含硫原油页岩油和石油添加剂生产基地的炼油厂）			A >500 万 t，1.0m^3/t（原油） 250 万 t、500 万 t，1.2m^3/t（原油） <250 万 t，1.5m^3/t（原油）
				B >500 万 t，1.5m^3/（原油） 250 万～500 万 t，2.0m^3/t（原油） <250 万 t，2.0m^3/t（原油）
				C >500 万 t，2.0m^3/（原油） 250 万～500 万 t，2.5m^3/t（原油） <250 万 t，2.5m^3/t（原油）
5	合成洗涤剂工业	氯化法生产烷基苯		200.0m^3/t（烷基苯）
		裂解法生产烷基苯		70.0m^3/t（烷基苯）
		烷基苯生产合成洗涤剂		10.0m^3/t（产品）
6	合成脂肪酸工业			200.0m^3/t（产品）
7	湿法生产纤维板工业			30.0m^3/t（板）
8	制糖工业	甘蔗制糖		10.0m^3/t（甘蔗）
		甜菜制糖		4.0m^3/t（甜菜）
9	皮革工业	猪盐湿皮		60.0m^3/t（原皮）
		牛干皮		100.0m^3/t（原皮）
		羊干皮		150.0m^3/t（原皮）
10	发酵酿造工业	酒精工业	以玉米为原料	100.0m^3/t（酒精）
			以薯类为原料	80.0m^3/t（酒精）
			以糖蜜为原料	70.0m^3/t（酒精）
		味精工业		600.0m^3/t（味精）
		啤酒工业（排水量不包括麦芽水部分）		16.0m^3/t（啤酒）
11	铬盐工业			5.0m^3/t（产品）
12	硫酸工业（水洗法）			15.0m^3/t（硫酸）
13	苎麻脱胶工业			500m^3/t（原麻）
				750m^3/t（精干麻）
14	粘胶纤维工业单纯纤维	短纤维（棉型中长纤维、毛型中长纤维）		300.0m^3/t（纤维）
		长纤维		800.0m^3/t（纤维）

续表

序号	行业类别		最高允许排水量或最低允许水重复利用率
15	化纤浆粕		本色：150m^3/t（浆）；漂白：240m^3/t（浆）
16	制药工业医药原料药	青霉素	4700m^3/t（青霉素）
		链霉素	1450m^3/t（链霉素）
		土霉素	1300m^3/t（土霉素）
		四环素	1900m^3/t（四环素）
		洁霉素	9200m^3/t（洁霉素）
		金霉素	3000m^3/t（金霉素）
		庆大霉素	20400m^3/t（庆大霉素）
		维生素 C	1200m^3/t（维生素 C）
		氯霉素	2700m^3/t（氯霉素）
		新诺明	2000m^3/t（新诺明）
		维生素 B_1	3400m^3/t（维生素 B_1）
		安乃近	180m^3/t（安乃近）
		非那西汀	750m^3/t（非那西汀）
		呋喃唑酮	2400m^3/t（呋喃唑酮）
		咖啡因	1200m^3/t（咖啡因）
17	有机磷农药工业[①]	乐果[②]	700m^3/t（产品）
		甲基对硫磷（水相法）[②]	300m^3/t（产品）
		对硫磷（P_2S_5 法）[②]	500m^3/t（产品）
		对硫磷（$PSCl_3$ 法）[②]	550m^3/t（产品）
		敌敌畏（敌百虫碱解法）	200m^3/t（产品）
		敌百虫	40m^3/t（产品）（不包括三氯乙醛生产废水）
		马拉硫磷	700m^3/t（产品）
18	除草剂工业[①]	除草醚	5m^3/t（产品）
		五氯酚钠	2m^3/t（产品）
		五氯酚	4m^3/t（产品）
		2 甲 4 氯	14m^3/t（产品）
		2，4-滴	4m^3/t（产品）
		丁草胺	4.5m^3/t（产品）
		绿麦隆（以 Fe 粉还原）	2m^3/t（产品）
		绿麦隆（以 Na_2S 还原）	3m^3/t（产品）

续表

序号	行　业　类　别	最高允许排水量或最低允许水重复利用率
19	火力发电工业	3.5m/(MW·h)
20	铁路货车洗刷	5.0m/辆
21	电影洗片	$5m^3$/1000m（35mm 胶片）
22	石油沥青工业	冷却池的水循环利用率 95%

注：①产品按 100%浓度计。

②不包括 P_2S_5、$PSCl_3$、PCl_3 原料生产废水。

附录三十九　我国主要城市风向玫瑰图

主要城镇的风向玫瑰图：
风向玫瑰图上所表示的风的吹向，
是自外吹向中心；
中心圈内的数值为全年的静风频率；
风向玫瑰图中每圆圈的间隔为频率5%；
风向玫瑰图上图形线条为：
—— 表示为全年
—— 表示为冬季
---- 表示为夏季
夏季是6月、7月、8月三个月风速平均值；
冬季是12月、1月、2月三个月风速平均值；
全年是历年年风速的平均值。

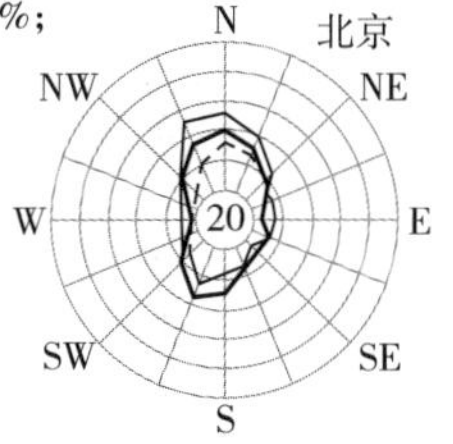

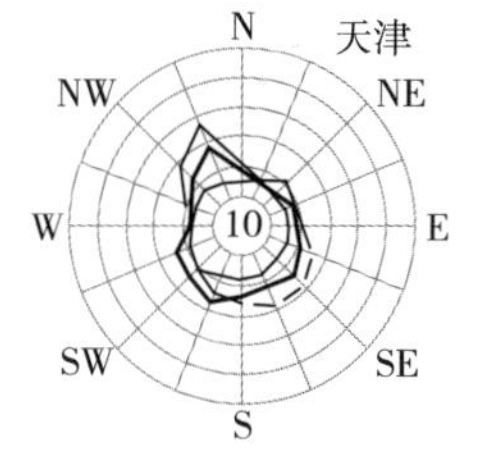

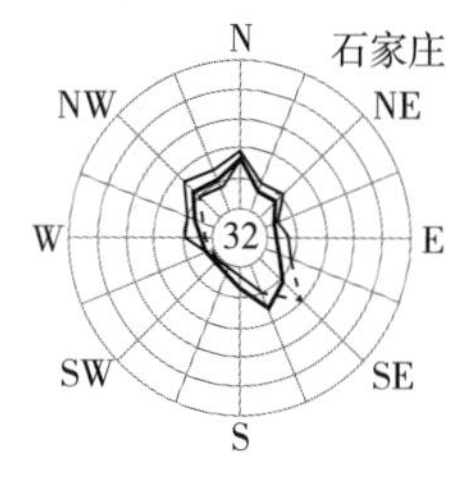

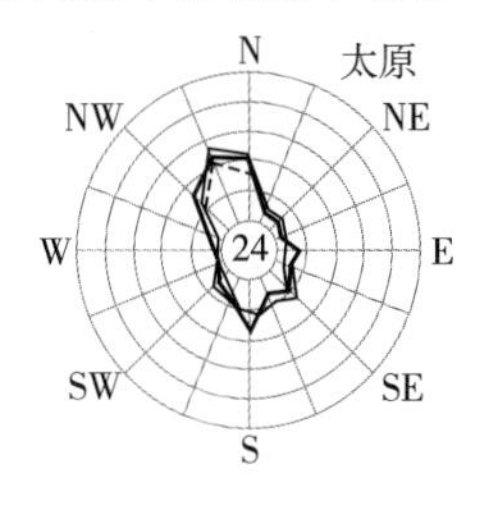

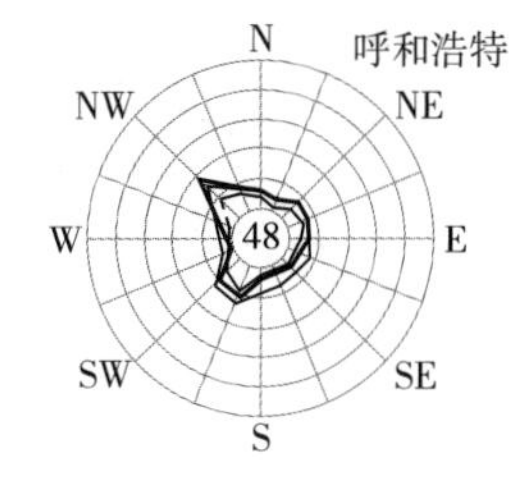

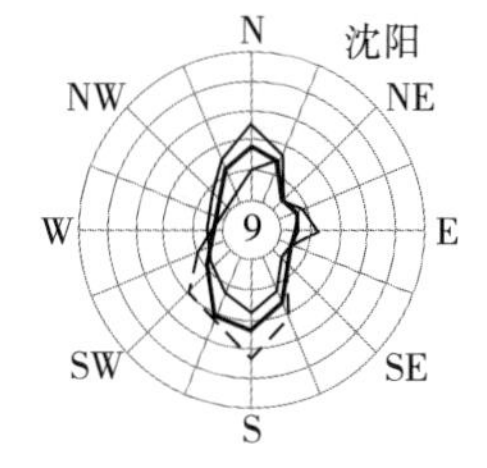

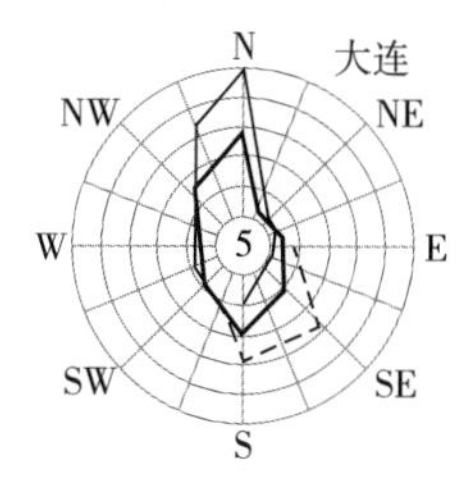

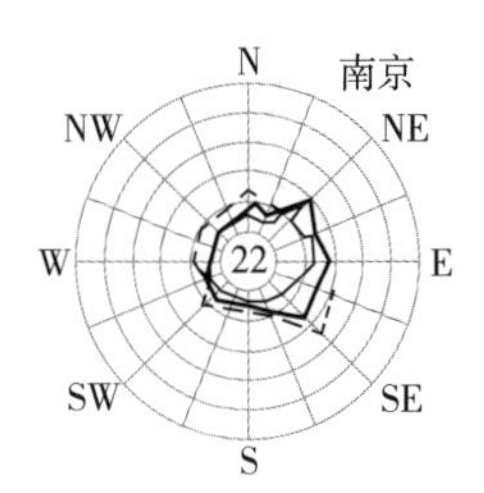

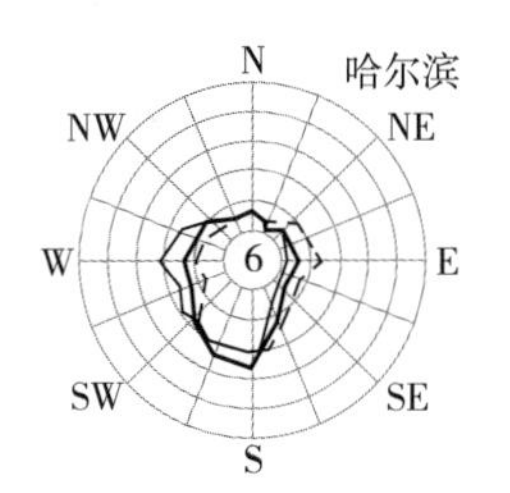

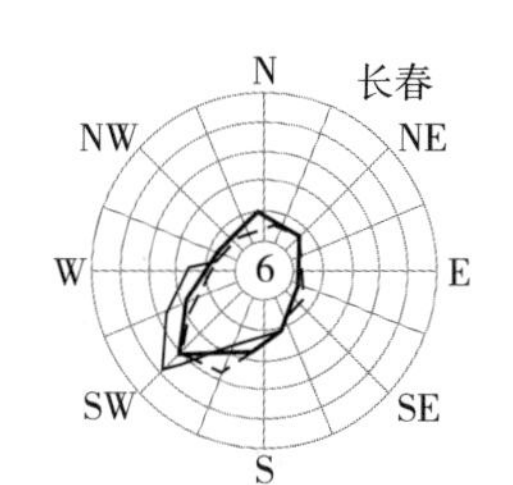

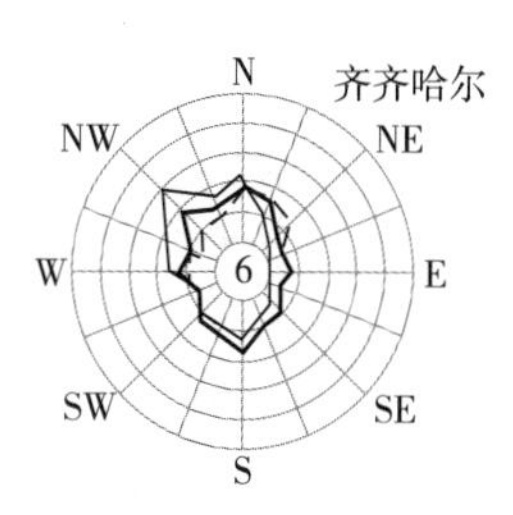

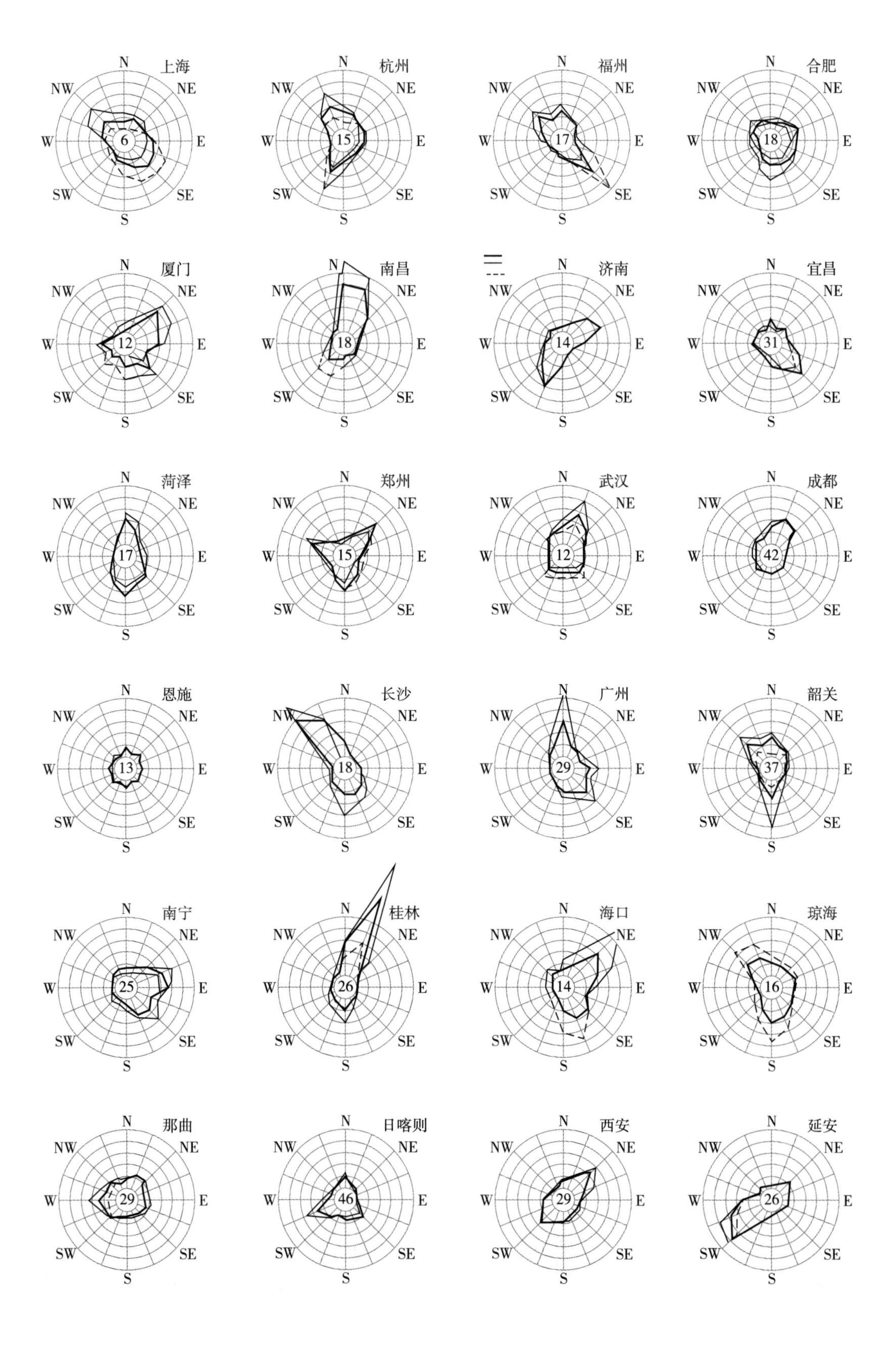
上海
6
杭州
15
福州
17
合肥
18
厦门
12
南昌
18
济南
14
宜昌
31
菏泽
17
郑州
15
武汉
12
成都
42
恩施
13
长沙
18
广州
29
韶关
37
南宁
25
桂林
26
海口
14
琼海
16
那曲
29
日喀则
46
西安
29
延安
26
N
NE
E
SE
S
SW
W
NW

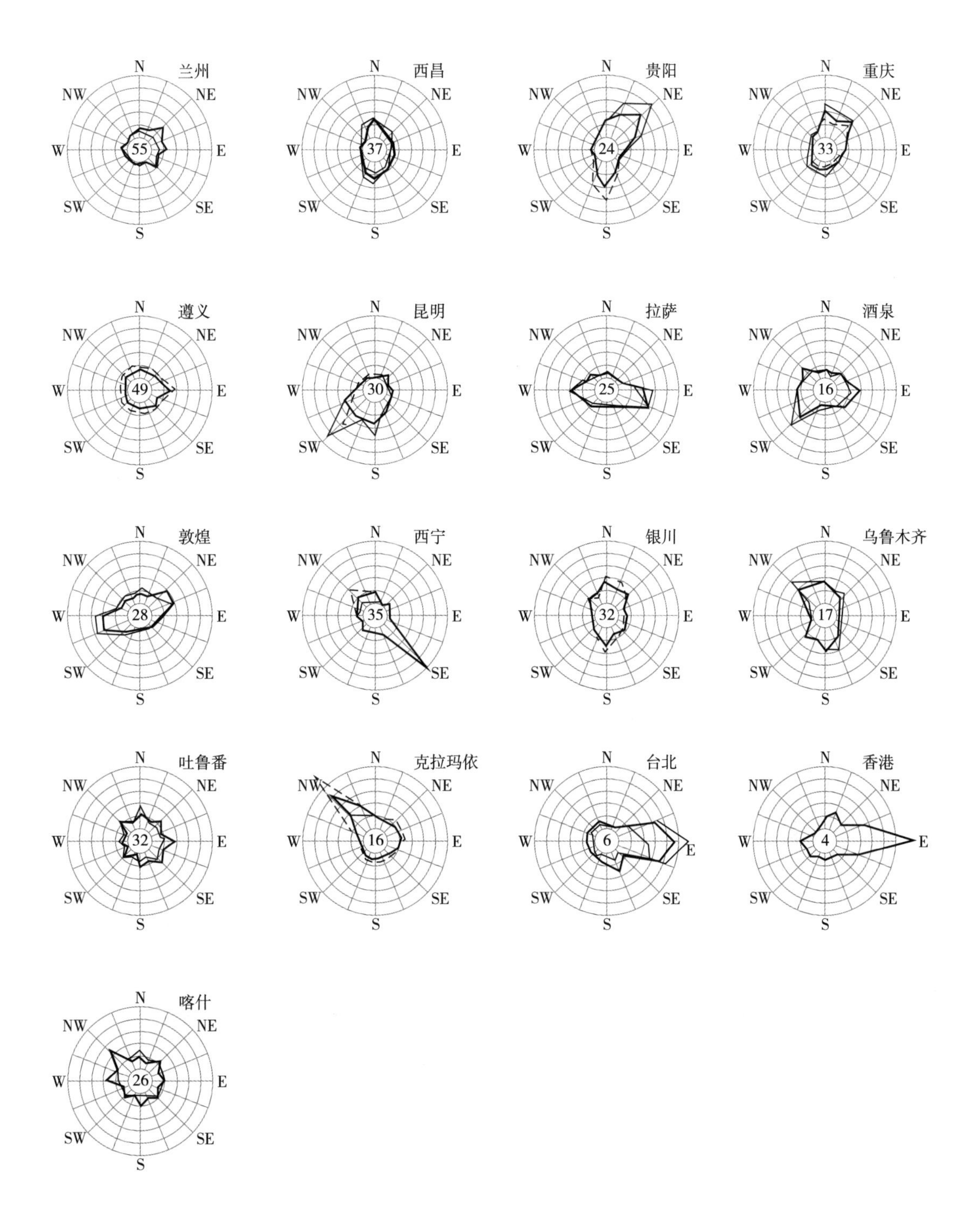
兰州
55
西昌
37
贵阳
24
重庆
33
遵义
49
昆明
30
拉萨
25
酒泉
16
敦煌
28
西宁
35
银川
32
乌鲁木齐
17
吐鲁番
32
克拉玛依
16
台北
6
香港
4
喀什
26
N
NE
E
SE
S
SW
W
NW

附录四十　风名、风速、地面物体象征对照表

序号	风名	相当风速/(m/s)	地面上物体的象征
0	无风	0~0.2	炊烟直上，树叶不动
1	软风	0.3~1.5	风信不动，烟能表示风向
2	轻风	1.6~3.3	脸感觉有微风，树叶微响，风信开始转动
3	微风	3.4~5.4	树叶及微枝摇动不息，旌旗飘展
4	和风	5.5~7.9	地面尘土及纸片飞扬，树的小枝摇动
5	清风	8.0~10.7	小树摇动，水面起波
6	强风	10.8~13.8	大树枝摇动，电线呼呼作响，举伞困难
7	疾风	13.9~17.1	大树摇动，迎风步行感到阻力
8	大风	17.2~20.7	可折断树枝，迎风步行感到阻力很大
9	烈风	20.8~24.4	屋瓦吹落，稍有破坏
10	狂风	24.5~28.4	树木连根拔起或摧毁建筑物，陆上少见
11	暴风	28.5~32.6	有严重破坏力，陆上很少见
12	飓风	32.6以上	摧毁力极大，陆上极少见

参考文献

［1］无锡轻工业学院，轻工业部上海轻工业设计院．食品工厂设计基础［M］．北京：中国轻工业出版社，1990.

［2］张国农．食品工厂设计与环境保护［M］．北京：中国轻工业出版社，2006.

［3］曾庆孝．GMP 与现代食品工厂设计［M］．北京：化学工业出版社，2006.

［4］王颉．食品工厂设计与环境保护［M］．北京：化学工业出版社，2006.

［5］欧阳喜辉．食品质量安全认证指南［M］．北京：中国轻工业出版社，2003.

［6］国家医药管理局上海医药设计院．化工工艺设计手册［M］．北京：化学工业出版社，1989.

［7］艾志录，鲁茂林．食品标准与法规［M］．南京：东南大学出版社，2006.

［8］李洪军．食品工厂设计［M］．北京：中国农业出版社，2005.

［9］吴思方．发酵工厂工艺设计概论［M］．北京：中国轻工业出版社，2002.

［10］中国食品发酵工业研究院，中国海诚工程科技股份有限公司，江南大学．食品工程全书［M］．北京：中国轻工业出版社，2005.

［11］杨芙莲．食品工厂设计基础［M］．北京：机械工业出版社，2005.

［12］刘江汉．食品工厂设计概论［M］．北京：中国轻工业出版社，1994.

［13］张中义．食品工厂设计［M］．北京：化学工业出版社，2007.

［14］熊洁羽．化工制图［M］．北京：化学工业出版社，2007.

［15］中国铁道学会物资管理委员会．物资仓库建设与改造［M］．北京：中国铁道出版社，1994.

［16］鲁晓春．仓储自动化［M］．北京：清华大学出版社，2002.

［17］高均．仓储管理［M］．南京：东南大学出版社，2006.

［18］北京水环境技术与设备研究中心．三废处理工程技术手册（废水卷）［M］．化学工业出版社，2001.

［19］王如福．食品工厂设计［M］．北京：中国轻工业出版社，2001.

［20］郭顺堂，谢焱．食品加工业［M］．北京：化学工业出版社，2005.

［21］梁世中．生物工程设备［M］．北京：中国轻工业出版社，2002.

［22］Randall McMullan. 建筑环境学［M］．张振南，李溯，译．北京：机械工业出版社，2003.

［23］周镇江．轻化工工厂设计概论［M］．北京：中国轻工业出版社，1994.

［24］夏文水．食品工艺学［M］．北京：中国轻工业出版社，2007.

［25］朱有庭．化工设备设计手册（上、下册）［M］．化学工业出版社，2005.

［26］《投资项目可行性研究指南》编写组．投资项目可行性研究指南［M］．北京：中国电力出版社，2002.

［27］许牡丹，毛跟年．食品安全性与分析检测［M］．化学工业出版社，2003.

［28］蔡公禄．发酵工厂设计概论［M］. 北京：中国轻工出版社，2000.

［29］李莫础，樊海舟．轻化工工厂设计基础［M］. 北京：中国轻工出版社，1992.

［30］柏建玲，莫树平，区杏珍，等．食品工厂微生物学检验实验室的建设［J］. 现代食品科技，2006，22（3）：200-202.

［31］叶兴乾．食品感官评定实验室的设计［J］. 食品工业，1988，3：31-33.

［32］张国栋．浅谈食品工业厂房的照明设计［J］. 电气应用，2018，37（22）：24-26.

［33］姜深，宋人楷，杨平．食品工厂常用的废水控制和处理方法［J］. 粮油加工与食品机械，2001（02）：31-33.

［34］朱德修．工厂化屠宰是肉类食品安全卫生的可靠保证［J］. 肉类研究，2001（02）：3-4+9.

［35］徐林，潘登，陆卫礼．冷饮工厂布局设计［J］. 轻工科技，2017，33（04）：125-126.

［36］周明印，李娇娇．GMP 与高盐稀态发酵酱油工厂设计［J］. 中国酿造，2014，33（01）：117-122.

［37］马欣，王葳．食品类工厂参观空间建筑设计［J］. 工业建筑，2010，40（04）：39-41.

［38］高海燕．HACCP 在食品工业中的应用现状与发展［J］. 农产品加工（学刊）. 2007（4）：91-94.

［39］王卫国．HACCP 在植物油厂应用研究［J］. 粮食与油脂. 2004，（11）：39-42.